EARTH 1st Edition

지구시스템 과학 I

THOMPSON · TURK 지음
윤일희 · 최성희 · 박수인 · 경재복 · 안건상 · 조규성 · 김종헌 옮김

CENGAGE Learning® 북스힐

Australia · Brazil · Japan · Korea · Mexico · Singapore · Spain · United Kingdom · United States

CENGAGE Learning®

Earth 1

1th Edition

Graham R. Thompson
Jonathan Turk

ISBN-13: 978-89-5526-813-3

Cengage Learning Korea Ltd.
Suite 1801 Seokyo Tower Building
353-1, 22 Seokyo-Dong, Mapo-Ku
Seoul 121-837, Korea
Tel: (82) 2 322 4926
Fax: (82) 2 322 4927

Cengage Learning is a leading provider of customized learning solutions with office locations around the globe, including Singapore, the United Kingdom, Australia, Mexico, Brazil, and Japan. Locate your local office at: **www.cengage.com/global**

Cengage Learning products are represented in Canada by Nelson Education, Ltd.

For product information, visit **www.cengageasia.com**

Printed in Korea
1 2 3 4 15 14 13 12

옮긴이 머리말

20세기에 들어와 세계 곳곳에서는 자연 재해가 빈번하게 발생하고 있다. 여기에는 지진, 화산분출, 쓰나미, 태풍과 허리케인, 토네이도 등 빈도도 증가할 뿐만 아니라 강도도 더욱더 강해지고 있다. 또한 전 지구적으로 기후 변화의 모습들이 나타나고 있다. 특히 2011년 3월 11일 일본에서 발생한 쓰나미는 역사상 유래를 찾아보기 어려운 재앙으로 우리에게 다가왔다.

지구는 암석으로 덮인 부분, 물로 덮인 부분, 기체로 싸인 부분으로 되어 있다. 덧붙여, 지구는 다양한 종류의 생물군이 살 수 있는데 이 생명체가 지구의 4번째 부분이다. 또한 지구는 태양을 중심으로 공전하고 자전하는 태양계의 행성으로서 우주의 한 부분을 차지하게 된다. 인간의 관점으로 보면, 지구는 큰 행성이다. 지구의 표면적은 500,000,000 km^2이다. 이 넓은 지구는 4가지 독립적인 부분으로 나눌 수 있다. 각 부분들을 권으로 부른다. 따라서 4부분을 육지로 구성되는 지권, 대기로 구성되는 대기권, 해양으로 구성되는 수권, 생명체로 구성되는 생물권으로 부른다. 또한 지구 외의 부분을 외기권이라고 한다. 이 권들은 서로 상호작용하며, 하나의 시스템으로 작용한다. 지구시스템이라 부르는 이유가 여기에 있다.

지구시스템 과학 I은 지구시스템 중에서 주로 지권에 해당되는 현상들을 다루고 있다. 여기에는 모두 14장으로 구성되어 있다. 즉, 1장은 지구시스템, 2장은 광물, 3장은 암석, 4장은 지질시대, 5장은 지질 자원, 6장은 판구조 이론을 다룬 활동하는 지구, 7장은 지진과 지구 내부 구조, 8장은 화산과 심성암, 9장은 산, 10장은 풍화, 토양, 침식, 11장은 담수, 12장은 수자원, 13장은 빙하와 빙하시대, 마지막 14장은 사막과 바람을 다루고 있다. 또한 가상 현장학습을 수행하도록 하였다. 여기에는 퇴적암: 생성 과정과 상호관계(3장), 지질시대(4장), 열수활동(8장), 흐르는 물(11장)이 있다. 각 단원의 뒷부분은 요약과 핵심용어, 연습문제로 구성되어 있다.

이 책이 나오기까지 수고해 주신 북스힐 조승식 사장님을 비롯한 여러 직원들에게 고마움을 전하고자 한다.

2012년 3월

옮긴이 일동

차 례

COPYRIGHT AND PHOTOGRAPH BY DR. PARVINDER S. SETHI

© STEVEN PEPPLE/SHUTTERSTOCK

USGS

9장

10장

11장

12장

COURTESY OF GRAHAM R. THOMPSON/JONATHAN TURK

II 권

© CARLOS AMEGLIO/SHUTTERSTOCK

© ANTON FOLTIN/SHUTTERSTOCK

COPYRIGHT AND PHOTOGRAPH BY DR. PARVINDER S. SETHI

ANGLO-AUSTRALIAN TELESCOPE BOARD

1장
지구시스템

대기권

수권

지권

생물권

지권(geosphere) 핵의 중심으로부터 바깥 지각까지 전체 행성을 구성하고 있는 고체 지구

수권(hydrosphere) 해양, 대륙, 빙하, 대기권 사이를 순환하는 지구 전체의 물

대기권(atmosphere) 주로 질소와 산소, 적은 양의 아르곤, 이산화탄소, 기타 기체들로 이루어진 지표면 위의 기체상 층. 대기권은 중력에 의해서 지구에 묶여 있고 높이에 따라서 급격하게 엷어진다.

생물권(biosphere) 바다, 육지, 공기 내에 존재하는 모든 형태의 생명체로 구성되어 있는 지구의 영역

> "자연 내에 존재하는 한 가지 사물을 끄집어낼 때, 그것이 지구의 나머지 부분과 관련이 있다는 것을 알게 될 것이다."
>
> 존 뮤어(John Muir, 1838~1914)[1)]

푸른 바다가 지구 표면을 2/3 이상 덮고 있기 때문에, 지구를 때로는 물의 행성 또는 푸른 행성으로 부르기도 한다. 지구는 물이 있는 태양계 내의 유일한 행성이다. 물은 강수, 하천, 빙하, 해양 내에 저장되어 있다. 또한 지구는 생명체를 유지하는 유일한 천체로 알려져 있다.

1.1 지구의 4가지 권

폭풍이 휘몰아치는 바닷가에서 암석해안[2)]을 따라 걷고 있다고 상상해 보자. 바람은 바다를 채찍질하여 흰 파도를 만들고, 갈매기들은 머리 위에서 맴돌고, 파도는 해안을 향하여 몰려와 부서진다. 도망갈 시간도 없이, 흩날리는 물보라에 옷을 적시게 된다. 자동차를 세워 둔 곳으로 가기 위해 바위 위를 오르려는 순간, 폭우가 내리기 시작한다. 이런 과정에서, 지구의 4가지 주요 권들을 관찰할 수 있다. 발아래에 있는 암석과 토양은 **지권**(geosphere) 또는 고체 지구의 표면이다. 비와 바다는 지구의 물로 덮인 부분인 **수권**(hydrosphere)의 일부분이다. 지구 표면 위 기체로 구성된 층은 **대기권**(atmosphere)이다. 마지막으로 여러분, 갈매기, 해초, 바닷속, 육지 위와 공기 내에 있는 모든 생명체는 **생물권**(biosphere)의 부분이다.

대기권의 운동은 하늘을 가로질러 흘러가는 구름과 뺨을 스치는 바람으로 쉽게 관찰할 수 있다. 생물권 내에서는 동물과 식물의 이동이 나타난다. 흐르는 강물, 부서지는 파도, 떨어지는 비는 모두 수권 내에서 일어나는 운동의 친숙한 예다. 수권보다 뚜렷하지는 않지만, 지권도 역시 역동적으로 움직인다. 지하 암석의 거대한 덩어리들이 지구의 내권 내에서 유동하고, 대륙이 이동하고, 산맥들이 융기하고 그런 다음 풍화되어 퇴적된다. 이 책을 통하여, 어

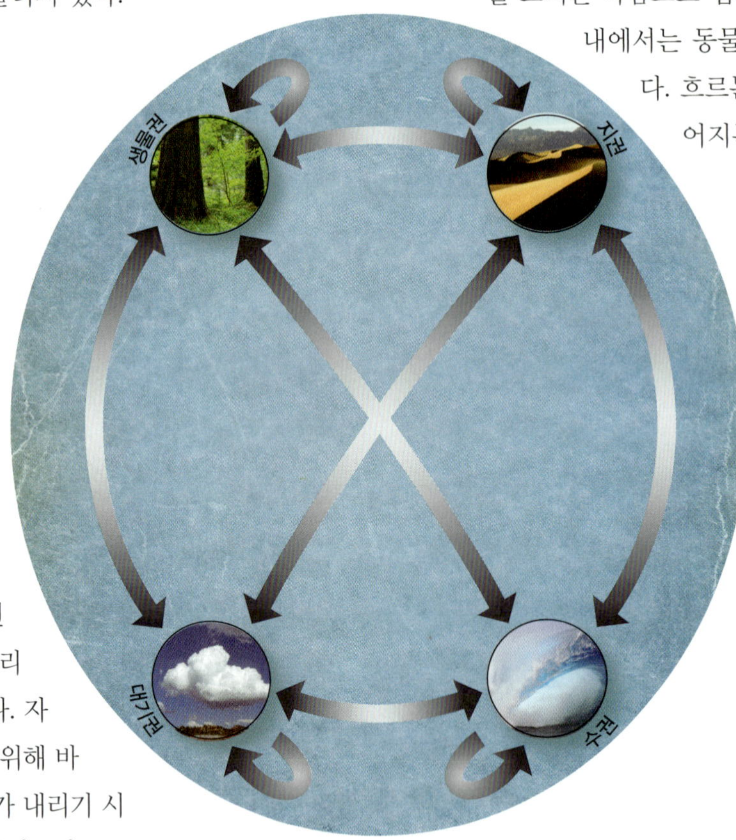

그림 1.1 지구 순환과 권들 모두는 서로 밀접하게 연결된다.

1) 역자 주: 스코틀랜드 태생 미국 박물학자 겸 작가로서 미국 내의 황무지 보호를 주창한 초기 인물이다.

2) 역자 주: 산지나 구릉 또는 대지가 바다까지 직접 다가선 형태를 이루며 암석이 노출되어 있는 해안을 말한다.

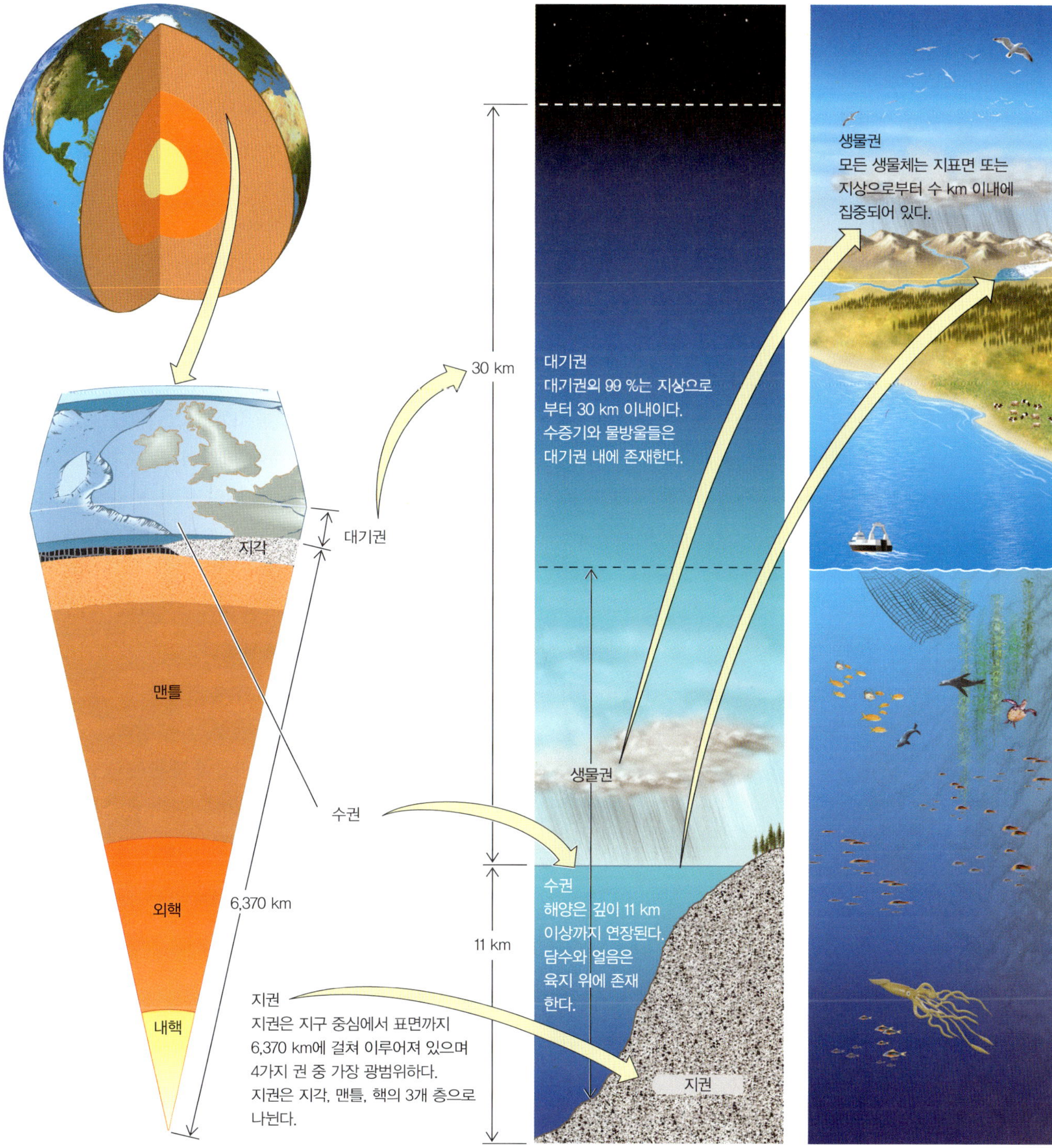

그림 1.2 지권은 지구시스템 중에서 가장 큰 성분이다. 지권은 수권, 생물권, 대기권으로 둘러싸여 있다.

떠한 에너지원들이 지구를 움직이게 하고, 그러한 움직임이 우리가 살고 있는 지구에 어떤 영향을 미치는지를 밝히고 이들 현상들에 대해서 공부하고자 한다. 그림 1.1은 권들 사이에서 일어날 수 있는 상호작용들을 체계적으로 나타낸 것이다.

그림 1.2는 4가지 권 중에서 가장 방대한 지권을 보여주

핵(core) 밀도가 큰 금속으로 지권의 가장 안쪽에 위치하며 주로 철과 니켈로 구성되어 있다. 외핵은 용융 상태이지만 내핵은 고체이다.

맨틀(mantle) 지각 바로 아래와 핵 위에 위치하는 지권의 부분으로 암석으로 되어 있는 대부분 고체 층. 맨틀은 지각의 밑 부분에서부터 약 2,900 km 깊이까지 연장된다.

지각(crust) 지권의 가장 상부 층으로 두께는 약 7~70 km이고 비교적 밀도가 적은 규산 암으로 구성되어 있다.

암석권(lithosphere) 지구의 가장 바깥쪽에 위치하고 있는 두께가 약 100 km인 차갑고 단단한 부분. 지각과 상부 맨틀을 포함한다.

고 있다. 지구의 반지름은 약 6,400 km로 뉴욕과 로스앤젤레스 사이 거리의 1.5배 이상에 해당한다. 이런 큰 크기임에도 불구하고, 여러분이 지구와 직접 접촉하는 거의 모든 부분들은 표면 또는 표면 근처로 한정된다. 뚫고 들어갈 수 있는 최대 거리는 단지 12 km 정도로서, 이것은 지구 중심까지 거리의 0.05 % 미만에 해당한다. 수권의 대부분을 구성하고 있는 해양도 가장 깊은 곳은 11 km에 이르지만 중앙 해양저의 평균 깊이는 약 5 km에 불과하다. 지구 대기권은 대부분 30 km 이내 상공이고, 생물권은 15 km 두께를 가진 껍질과 같다.

지권

우리 태양계는 우주 공간에서 천천히 회전하고 있던 먼지와 가스로 구성된 온도가 매우 낮은 거대한 우주 구름들이 모여서 탄생하였다. 소용돌이의 중심 쪽으로 중력이 물질들을 끌어당김으로 인하여, 태양이 형성되었다. 이와 동시에, 회전하는 힘들이 바깥 구름 내에 있던 물질들을 얇은 원판 속으로 들어오도록 만들었다. 초기 결합으로 인한 난류가 잦아짐에 따라서, 작은 알갱이들이 서로 충돌하여 주먹 크기의 질량을 가진 행성 씨들이 만들어졌다. 그런 다음 이들 행성 씨들이 결합되어 암석 덩어리들을 만들고 이들이 성장하여 지름이 100~1,000 km 정도인 미행성체(planetesimals)라는 더 큰 물체를 형성하였다. 마지막으로, 미행성체들이 모여 행성들을 형성하였다. 이 과정은 약 46억 년 전에 완성되었다.

지구가 형성됨에 따라, 암석 덩어리와 미행성체들이 중력에 의해서 가속화되면서, 그들은 초고속으로 서로 충돌하게 되었다. 암석 덩어리와 미행성체들이 충돌할 때, 입자들은 가열되어 초기 지구는 형성될 당시 따뜻하였다. 그 후, 유성, 혜성 그리고 더 많은 미행성체들이 표면을 깨고 들어와 열을 추가하였다. 이와 동시에, 방사능 붕괴가 일어나 지구 내부를 가열하였다. 이들 3가지 과정이 일어나면서 결과적으로 지구는 너무 뜨거워져 형성되자마자 대부분이 녹아 버렸다.

용융 상태인 지구 내부에서는 밀도가 큰 물질들은 중심 쪽으로 끌리게 되고, 반면 밀도가 작은 물질들은 표면 쪽으로 떠오르게 되어, 층상 구조를 형성되었다. 오늘날, 지권은 3가지 주요 층으로 구성되어 있다. 즉, 밀도가 큰 금속으로 된 **핵(core)**, 밀도가 작은 암석으로 된 **맨틀(mantle)**, 밀도가 가장 작은 지표면인 **지각(crust)**이다(그림 1.2).

현재 지구의 온도는 깊이에 따라서 더 뜨거워진다. 지구 중심에서 온도는 6,000 °C로 태양의 표면만큼 뜨겁다. 핵은 주로 철과 니켈로 구성되어 있으며, 외핵은 금속이 용융된 것이다. 그러나 내핵은 외핵보다 더 고온임에도 불구하고 고체로 존재한다. 왜냐하면 거대한 압력이 금속을 압축시켜 고체 상태로 만들기 때문이다.

맨틀은 핵을 둘러싸고 있고 지각 아래에 위치한다. 맨틀의 물리적인 특성들은 깊이에 따라 변한다. 지표면 근처에서부터 깊이 약 100 km까지 가장 바깥쪽 맨틀은 차갑고, 견고하고, 단단하다. 대조적으로 100 km 이하의 층은 너무 뜨겁기 때문에 암석이 약하고, 부드럽고, 유동적이어서 마치 차가운 꿀처럼 천천히 흐른다. 깊이가 더 깊어지더라도, 압력이 온도를 능가하기 때문에, 맨틀 암석은 다시 단단해진다.

지각은 가장 바깥쪽 층으로서 토양층 아래와 해수 바로 밑에 있으며 얇은 판자와 같다. 지각은 거의 전부가 고체 암석으로 구성되어 있다. 언뜻 보더라도, 지각의 암석들은 서로 다른 모습이다. 일부는 연약하고 다른 것들은 단단하다. 지각의 암석은 그림 1.3에서와 같이 다양한 색깔을 띠고 있다.

상부 맨틀은 비교적 차갑고 압력도 낮다. 온도와 압력 두 가지 요인들이 결합하여 지각을 구성하는 암석과 유사한 단단하고, 딱딱한 암석을 만든다. 상부 맨틀과 지각을 포함하는 지구의 바깥 부분은 **암석권(lithosphere)**을 구성한다. 암석권의 평균 두께는 약 100 km이다.

1960년대 완성된 이론에 따르면, 암석권은 **지구조 판**

지구조 판(tectonic plate) 암석권과 위에 놓여 있는 지각으로 구성되어 있는 가장 바깥쪽에 위치하는 차갑고 단단한 껍질인 7개의 조각. 지구조 판들은 연약하고, 유연한 맨틀 위로 떠다닌다.

그림 1.3 지각은 여러 가지 암석으로 구성된다. (a) 그랜드캐니언의 사우스 림(South Rim)에서 본 사암, 실트암, 석회암, 셰일들의 경관. 퇴적암은 비교적 연약하고, 푸석푸석하고 뚜렷한 수평 층이 있다. (b) 캐나다 북극에 있는 배핀 섬의 화강암은 회색으로 단단하고 견고하다.

(tectonic plate)이라 불리는 7개의 주요 조각으로 나누어진다. 이들 지구조 판들은 지각 바로 아래에 존재하는 연약하고 유연한 맨틀 위로 떠다니고, 지구 내부를 가로질러 미끄러지듯 움직인다(그림 1.4). 예를 들면 북아메리카는 현재 손톱이 자라는 속도로 중국을 향하여 이동하고 있다. 인간의 시간으로 보면 너무 오랜 기간이지만 지구 역사로 보면 짧은 시간인 수억 년 내에, 아시아와 북아메리카는 충돌하게 되어 대륙들의 가장자리는 구겨져 거대한 산맥들을 만

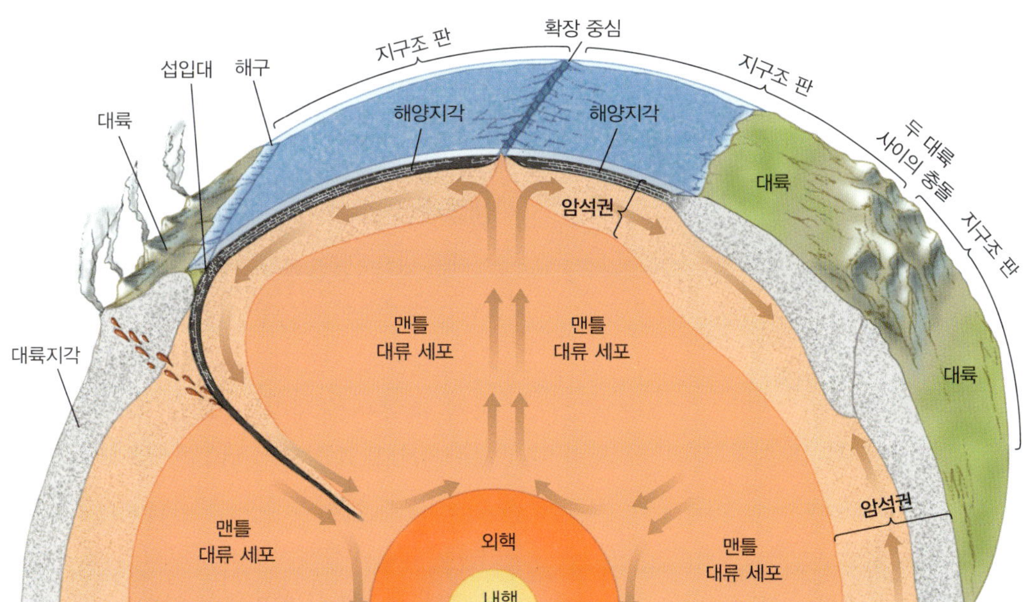

그림 1.4 암석권은 지각과 상부 맨틀로 구성된다. 암석권은 아래에 놓인 유동성을 가진 맨틀 위로 떠다니는 100 km 두께의 층이다. 암석권은 지구조 판으로 불리는 7개의 주요 조각으로 구성되고, 이들은 1년에 수 cm의 비율로 유동하는 맨틀 위로 미끄러지듯이 움직인다. 그림에서 맨틀과 암석권은 상세하게 보여주기 위해서 과장되게 그려져 있다.

지하수(ground water) 토양과 지권의 상층 수 km에 함유되어 있는 아지표수로서 수권 내 전체 물의 약 0.63 %를 차지한다.

들게 될 것이다. 뒤의 단원에서, 판구조 이론이 지진, 화산 분출, 산맥의 생성, 현재 지구와 환경을 생성한 다른 과정과 사건들을 어떻게 설명할 수 있는지에 대해서 배우게 될 것이다.

수권

수권은 해양, 대륙, 빙하, 대기권 사이를 순환하고 있는 지구 상의 모든 물을 포함하고 있다. 그림 1.5는 이들 각 영역에서 물의 비율을 보여주고 있다. 지구의 71 %를 덮고 있는 해양은 전체 물의 97.5 %를 차지하고 있다. 해류는 광대한 거리를 가로질러 열을 운반하면서 지구 기후를 변화시키기도 한다.

약 1.8 %의 물은 빙하 내에 얼어 있다. 오늘날 빙하는 지구 육지면의 약 10 %를 덮고 있지만, 18,000년 전에는 오늘날보다 더 넓은 부분을 덮고 있었다.

지구 상에서 전체 물 양의 단지 0.64 % 정도만이 액체 상태로 대륙에 존재한다. 이는 매우 적은 양이지만, 담수는 지구 상의 생물체에게 꼭 필요하다. 흔히 볼 수 있는 호수, 강, 깨끗하고 맑은 하천들은 대륙의 물 저장소이지만, 지구 전체 물의 0.01 %만을 차지할 뿐이다. 반면, 지권의 상층 수 km의 암석과 토양을 포화시키는 **지하수(ground water)**는 매우 풍부하며 지구 전체 물의 0.63 %를 차지한다. 0.001 %로 아주 적은 양이 대기권에 존재하지만, 대기권 내의 물은 매우 유동적이기 때문에 지구의 날씨와 기후 모두에 크게 영향을 미친다.

그림 1.5 해양은 지구 지표수의 대부분을 차지한다. 담수는 주로 빙하 내에 얼어 있지만 유용한 담수는 대부분 지하수로 저장되어 있다.

대기권

대기권은 대부분이 질소와 산소로 이루어져 있으며, 적은 양의 아르곤, 이산화탄소, 기타 미량 기체들이 섞여 있는 혼합물이다. 대기권은 중력에 의해서 지구에 묶여 있고 높이에 따라서 급격하게 엷어진다. 99 %가 지상으로부터 30 km 이내에 집중되어 있지만, 일부 미량 기체들은 지상 10,000 km까지 분포한다.

동물들은 산소를 필요로 하고, 식물들은 이산화탄소와 산소를 필요로 하기 때문에 대기권은 생명체를 부양한다. 이와 더불어 대기권은 기후를 통제함으로써 간접적으로 생명체를 유지한다. 공기는 담요와 필터의 역할을 모두 담당하여, 밤에는 열을 가두고 낮에는 직접적인 태양복사를 막는 역할을 한다. 바람은 적도에서부터 극 쪽으로 열을 수송하여 적도 지역은 식혀주고 중위도와 한대 지역은 따뜻하게 한다.

생물권

생물권은 생명체가 서식하는 지역으로 지권의 최상층, 수권, 대기권의 하층을 포함한다. 바다 생명체는 햇빛이 비치는 지면 부근에 집중 분포한다. 또한 식물들은 토양 속으로 수 m 뿌리를 내리는 지표면 상에서 성장한다. 동물들은 지상에서 살고 있고, 1 km 이상을 날거나, 지하 수 m 내에 살고 있다. 박테리아의 큰 집단들은 4 km 깊이까지 살고 있고, 일부 유기체들은 해양저에서 있으며, 일부 바람에 날린 미생물들은 10 km 이상 상공까지 이동한다. 그러나 이들 극단적인 경우를 제외하면, 생물권은 지표면의 매우 얇은 층에 존재한다.

식물과 동물들은 분명 지구 환경의 영향을 받는다. 유기체는 호흡하고, 물을 필요로 하고, 비교적 변화가 적은 온도 지대에서 생존한다. 지상 유기체들은 전적으로 지권의 일부분인 토양에 의존한다. 명확하지는 않지만, 식물과 동물 역시 그들이 생존하고 있는 환경을 변화시켜 다른 환경을 만든다. 예를 들면 생존하고 있는 유기체들은 현대 대기권의 진화에 영향을 미쳤다.

1.2 지구시스템

시스템(system)은 복잡한 전체를 구성하며 상호작용하는 성분들의 어떠한 종합적인 상태 또는 결합을 말한다. 예를 들면 인체는 뼈, 신경, 근육, 위, 많은 다른 기관들로 구성된 하나의 시스템이다. 각각의 기관은 독립적이지만, 모든 기관들은 인간을 생존시키기 위해서 상호작용한다. 혈액은 위에 영양분을 주고, 위는 혈액을 유지시키기 위해서 에너지를 공급하는 데 도움을 준다.

시스템들은 물질 및 에너지의 흐름에 의해서 유도된다. 따라서 사람들은 물질과 화학 에너지를 포함하고 있는 음식을 섭취하고 산소를 들이마신다. 노폐물은 오줌, 배설물, 땀, 호흡으로 내보내게 된다. 일부 에너지는 호흡과 활동을 위해서 사용되고 나머지는 열로 방출된다.

단일 박테리아도 사람과 마찬가지로 하나의 시스템이다. 인체는 소화 효소와 같이 물질대사 과정에 관여하는 수백만 개의 박테리아를 내포하고 있다. 그래서 이 거대한 시스템(인체)은 박테리아를 포함하는 많은 작은 개체들로 구성되어 있다.

이와 더불어, 인간들은 주변 환경과 상호작용한다. 석기시대 수렵자와 채집자들이 작은 계곡에 살고 있다고 상상해 보자. 이 계곡 내에 살고 있는 모든 식물들과 동물들은 **생태계**(ecosystem)의 구성 요소들이다. 생태계는 유기체와 그들의 환경으로 구성되는 복잡한 집단으로 정의되고 자연 내의 생태학적 단위로서 기능하고 있다. 그러므로 인간시스템을 이해하기 위해서, 인체 내에 존재하는 더 작은 시스템(예, 박테리아)들을 공부해야만 하고, 또한 어떻게 인간들이 더 큰 생태계와 상호작용하는지에 대해서도 평가해야만 한다.

그러나 아직도 끝난 것은 아니다. 개별 생태계들은 기후시스템, 해류, 다른 지구시스템과 상호작용한다. 따라서 다음 사항들을 고려해야 한다.

- 시스템들의 크기는 극적으로 변동한다.
- 큰 시스템들은 수많은 더 작은 시스템들을 포함한다.
- 시스템들은 복잡한 방법으로 다른 시스템과 상호작용한다.

앞서 살펴본 바와 같이, 지구는 4개의 주요 시스템인 지권, 수권, 대기권, 생물권으로 구성되어 있다. 이들 큰 시스템 각각은 상호작용하는 많은 더욱 작은 시스템으로 나누어진다. 예를 들면 단일 화산 폭발은 시스템의 한 부분이다. 지구 내부 깊은 곳으로부터의 에너지는 암석을 녹이고, 마그마를 상승시키고, 기체들은 깊은 지구 층으로부터 탈출하여 지표면 물질들과 화학적으로 작용한다. 그러나 화산 폭발은 맨틀 대류와 또한 하나의 시스템인 지구 내부의 성분으로서 지구조 판들의 이동에 의해서 유도된다. 이와 동시에, 재는 화산 폭발로부터 하늘 쪽으로 맹렬하게 쏟아져 나와 지구를 냉각시키고 기후시스템의 한 성분이 된다. 다른 관점으로 화산 폭발을 바라본다면, 화산은 배수 유형과 침식율을 변경시키고, 수문시스템의 부분이 된다. 이 책에서는 모든 크기의 시스템들을 공부할 것이고, 그들 사이의 많은 복잡한 상호작용들을 설명할 것이다.

대기권, 수권, 생물권과 같은 지표면시스템들은 전적으로 태양으로부터 힘을 얻는다. 바람은 대기권의 부등 가열에 의해서 동력을 받고, 해파는 바람에 의해서 유도되고, 해류는 바람 또는 온도 차이에 반응하여 움직인다. 다행스럽게도, 지구는 태양 에너지를 지속적으로 공급받고 있으며, 이 에너지는 향후 50억 년 이상 동안 계속해서 받게 될 것이다.

시스템(system) 복잡한 전체를 구성하며 상호작용하는 성분들의 어떠한 결합

생태계(ecosystem) 유기체와 그들의 물리적인 환경으로 구성되는 복잡한 집단으로 정의되고 자연 내의 생태학적 단위로서 기능

반면에, 지구 내부는 방사능 원소들의 붕괴와 행성의 원시 충돌로부터 얻게 된 잉여 열에 의해서 동력을 받게 된다. 다음 단원들에서 이 에너지원들에 대해서 논의할 것이다.

여러 에너지와 물질 순환들에 대한 연구는 지구시스템을 이해하는 데 바탕이 된다. 이에는 암석 순환, 수문 순환 또는 물 순환, 탄소 순환, 질소 순환이 포함된다. 이들이 순환하는 동안, 물질은 항상 보존되지만, 일반적으로 물질의 형태는 계속 변화한다.

예를 들면 얼음은 녹아 물이 되고, 만약 더 많은 열이 가해진다면 물은 기화하여 기체가 된다. 역으로 열이 제거된다면, 이 과정은 반대로 발생한다. 따라서 물의 순환에서 물은 해양으로부터 증발하여 대기권으로 들어오게 되고 비 또는 눈으로 지구 상에 떨어지며 최종적으로 이들은 해양으로 흘러가게 된다. 또한 화학적인 반응은 물질의 물리적 비율을 변화시킨다. 일반적인 식용 소금은 고체 결정이다. 만약 물속에 한 개의 소금 결정을 떨어뜨린다면, 이것은 용해되어 소금과 물 모두의 성질을 변화시킬 것이다.

물질들은 화학적, 물리적으로 다양한 형태로 존재하고, 대부분 물질들은 지구의 4가지 주요 권들인 지권, 수권, 대기권, 생물권 내에서 발생한다. 예를 들면 물은 지각의 성분과 같은 점토와 여러 광물질이 화학적으로 결합되어 있다. 물은 수권의 주된 성분으로 수증기와 구름의 형태로 대기권 내에 존재한다. 그리고 물은 모든 생존하고 있는 유기체의 필수 성분이다. 또 다른 예에 따르면, 두꺼운 소금 층은 화학 퇴적암으로 나타난다. 해양에는 많은 양의 소금이 용해되어 있고, 대기권 내에는 소금 에어로졸들이 떠다니고 있다. 그리고 소금은 생명체를 유지하는 필수 성분이다. 따라서 모든 권들은 물질과 에너지를 계속하여 교환한다. 지구시스템의 연구에 따르면, 4가지 개별 권들과 수많은 물질 순환들이 독립적으로 분류되지만, 지구 상의 물질들과 모든 과정들은 하나의 통합된 시스템의 부분으로 간주한다(그림 1.1).

1.3 지구과학의 변화 시간과 변화율

제임스 허턴(James Hutton, 1726～1797)은 1700년대 후반 스코틀랜드에서 살았던 겸손한 농부이다. 내과의사 수련을 마쳤지만 진료를 시작한 것이 아니라 지질학에 관심을 두었다. 허턴은 사암이라 불리는 어떤 암석이 모래 알갱이들로 서로 결합되어 있다는 것을 관찰하였다.

또한 그는 스코틀랜드 고지 지방에 있는 암석들이 천천

히 모래로 분해되고 하천이 모래들을 저지대로 운반한다는 것을 알게 되었다. 그는 사암이 오래된 절벽과 산의 침식에 의해서 이루어진 모래 알갱이들로 구성되었다고 추측하였다.

허턴은 사암이 두꺼운 지층으로 형성되기까지 얼마나 많은 시간이 걸리는지에 대해서 추론하고자 노력하였다. 그는 모래 알갱이가 암석 노두로부터 서서히 깨어지는 것을 연구하였다. 또한 그는 하천바닥에서 모래가 튀는 것도 보았다. 마지막으로 그는 모래가 모이는 해변과 삼각주를 여행하였다. 허턴은 모래가 해변에 축적되어 두꺼운 모래층을 만드는 데 필요한 시간을 추정함으로써, 사암이 인간의 역사보다 훨씬 더 오래되었다고 결론지었다.

허턴은 지질시대의 크기를 측정할 방법을 알지 못하였다. 그러나 현대 지질학자들은 암석 속에 존재하는 어떤 방사성 물질들은 시간의 경과를 기록하는 시계처럼 작동한다는 것을 알고 있다. 이 방사성 물질과 지각, 달, 태양계로부터 떨어진 운석들 속에 기록되어 있는 여러 실마리들을 이용하여, 지질학자들은 지구가 46억 년 전에 형성되었다고 추정하였다.

원시 지구는 현대 세계와는 매우 달랐다. 오늘날 여러분이 잘 알고 있는 지각도 없었고, 해양도 없었고, 널리 퍼진 대기권은 현대 대기권과는 상당히 달랐다. 생명을 가진 유기체들도 존재하지 않았다.

어느 누구도 최초의 생명을 가진 유기체들이 언제 어떻게 진화되었는지에 대해서 정확히 알지 못하지만, 최소 38억 년 이전에 생명체가 존재하였고, 8억 년 전 이후 식물이 등장한 것은 알고 있다. 33억 년 전 이후부터 생명체는 서서히 진화하였고, 비록 일부 다세포 유기체들이 발달하였지만, 생물권의 대부분은 단일 세포로 된 유기체들로 구성되었다. 유기체들은 빠른 속도로 더욱더 복잡하고 풍부해졌으며, 약 5억 4,300만 년 전에 크게 변동하였다. 공룡은 2억 2,500~6,500만 년 전 사이에 번성하였다.

인류의 직접적인 조상인 호모 사피엔스(*Homo sapiens*)는 지구 역사의 단지 0.1 % 정도에 해당하는 700~500만 년 전에 지구 상에 등장하였다. 존 맥피(John McPhee, 1931~)의 저서 《분지와 산맥(*Basin and Range*)》에서 지질시대에 대한 은유가 있다.[3] 만약 지구의 역사가 고대 잉글랜드 사람에 의해서 표시되었다면, 1 yd(야드)[4]로 측정되었을 것이다. 그렇다면 인간 역사 모두는 중지 손톱 크기 정도로 표시될 것이다. 그림 1.6은 그래프 형태로 지구 역사를 요약한 것이다. 지질학자들은 습관적으로 수백만 년 또는 수백만 년 이상으로 발생한 사건들에 대해서 주로 이야기 한다. 만약 북아메리카 동해안에 살고 있다면, 연안 평원에서부터 50만 년 전에 융기하기 시작한 애팔래치아 산맥과 친숙해질 것이다. 만약 미국 워싱턴 주 시애틀에 살고 있다면, 여러분이 서있는 육지는 공룡이 지구 상을 걷고 있있던 1억~8,000만 년 전 사이에는 태평양 상의 한 섬이었다.

지질시대의 방대한 범주 안에는 2개의 중요한 결과들이 존재한다.

1. 서서히 발생하는 사건들이 중요해진다. 만약 한 대륙이 1년에 수 cm 이동한다고 할 때, 이 움직임이 수십 년 또는 수 세기 동안 지구시스템에 뚜렷한 변화를 만들지는 못할 것이다. 그러나 수억 년 동안 이동이 이루어진다면, 이 결과들은 중요해질 것이다.
2. 불가능한 사건들이 규칙적으로 발생한다. 거대한 운석이 내일 또는 내년, 다음 세기 동안 지구와 충돌하지 않을 확률은 높다. 그러나 과거 5억 년 동안, 재앙적인 충돌이 여러 번 발생하였고, 이것은 아마도 머지않아 발생하게 될 것이다.

제임스 허턴은 암석이 서서히 모래로 분해되고, 모래가 저지대로 운반되면서 알갱이들이 서로 결합하여 사암이 생성되었다고 추론하였다. 이 과정은 많은 세월 동안 단계적으로 발생한다. 허턴의 결론은 현재 **점진주의**(gradualism)와 **동일과정설**(uniformitarianism)로 알려진 원리들을 조직화하였다. 점진주의의 원리는 지질 변화는 거의 감지할 수 없는 사건들이 하나의 순서에 의해서 오랜 시간 동안 발생

3) John McPhee, *Basin and Range* (New York: Farrar, Straus & Giroux, 1982).

4) 역자 주: 1 yard(야드)는 당시 잉글랜드 왕의 코에서부터 뻗은 손까지의 거리로 정의하였고 약 0.9 m에 해당한다.

점진주의(gradualism) 최종적으로 거대한 대륙을 생성시키기 위해서 삼각주에서 모래의 퇴적작용과 같은 느린 결과 또는 작은 사건들의 점진적인 축적으로 지질 변화가 발생한다는 것을 설명하는 이론. 최근에 생물학적 진화를 연구하는 과학자들은 종들이 작은 증분의 영향으로 점진적으로 변화한다는 것을 제안하는 진화 이론을 설명하기 위해서 이 용어를 사용한다.

동일과정설(uniformitarianism) 오늘날 발생하는 지질학적 과정들은 과거에도 같은 방법으로 발생하였다고 설명하는 원리

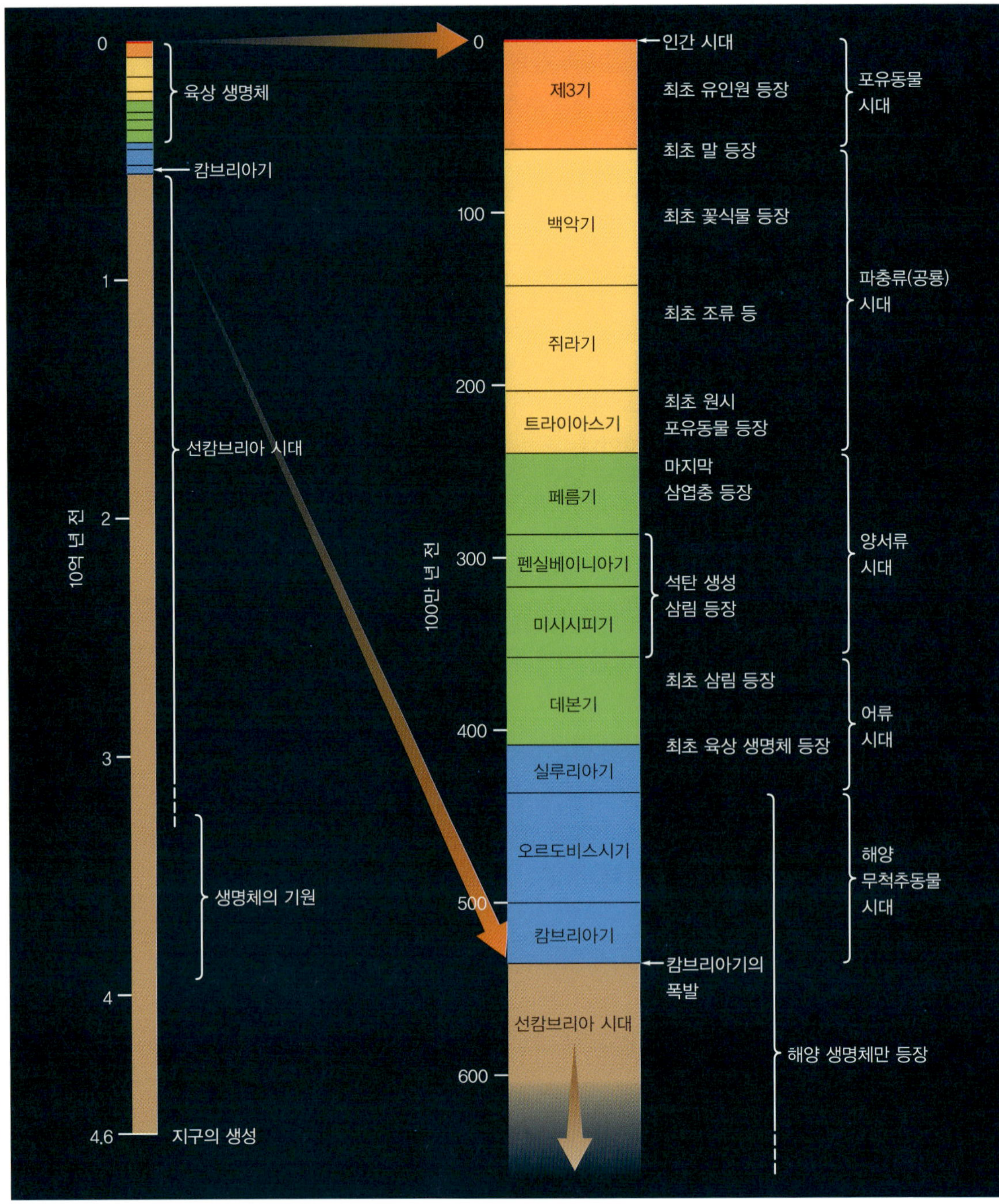

그림 1.6 지질 연대표. 다세포 유기체들이 풍부했던 약 5억 4,300만 년 이전 시간의 길이가 길다는 것에 주목하라.

한다는 것으로 설명된다. 동일과정설은 오늘날 작동하고 있는 지질 과정들은 또한 과거에도 작동하였다는 것을 규정한다. 따라서 과학자들은 현재 발생하고 있는 느린 변화들을 관측함으로써 과거에 발생하였던 사건들을 설명할 수 있다. 때때로 이 생각은 다음과 같은 말로 요약된다. 즉, "현재는 과거를 푸는 열쇠다."

그러나 모든 지질학적 변화가 점진적으로 이루어지지 않는다. 19세기 잉글랜드 지질학자인 윌리엄 휴얼(William Whewell, 1794~1866)은 지질학적 변화가 때로는 급변하였다고 주장하였다. 그는 지질학적 과거는 비교적 평온한

시대들 사이에서도 급진적이고 급변적인 활동이 삽입되어 있다고 썼다.[5] 지진과 화산은 급변적인 사건들의 예다. 휴얼은 이따금 거대한 급변적인 사건들이 지구 역사의 진행을 변경하였다는 **격변설(catastrophism)**의 원리를 주장하였다. 그러나 그는 그러한 사건들의 예를 제시하지는 못하였다. 왜냐하면 그들은 너무 희귀하여 인간 역사 내에서는 발생한 적이 거의 없기 때문이다.

오늘날 지질학자들은 허턴의 점진주의와 휴얼의 격변설 모두가 옳다는 것을 알고 있다. 오랜 지질시대 동안 느리고 균일한 과정들이 지구를 변화시킨다. 이와 더불어 희박한 급변적인 사건들이 느린 변화의 경로를 빠르게 변형시킨다.

지구 역사의 점진적인 변화

지구조 판들은 지표면을 가로질러 천천히 나아간다. 200여 년 전, 최초의 증기 기관이 만들어진 이후, 북아메리카는 서쪽으로 8 m 이동하였다. 이것은 단거리 육상 선수가 1초에 달리는 거리다. 이렇게 지구조 판들의 이동은 너무 느리기 때문에 정밀한 계측기가 아니고서는 측정할 수 없다. 그러나 지질시대 동안 이루어진 이 이동은 해양분지의 모양을 변형시키고, 산맥과 고원을 치솟게 하고, 지진을 발생시키고 화산을 폭발시키는 등 여러 방법으로 지구에 영향을 준다.

지구 역사의 급변적인 변화

도시를 관통하여 흐르는 강이 홍수를 일으키는 것을 볼 기회는 적지만, 만약 여러분이 100세까지 산다면, 아마도 급변적인 홍수를 볼 수 있을지도 모른다. 사실 파괴적인 홍수는 매년 지구 상 여러 곳에서 발생한다. 최근 발생한 3번의 격변적인 지질학적 사건들–동남아시아의 쓰나미, 허리케인 카트리나, 파키스탄과 카스미르 지진–로 인해 막대한 인명 손실을 입었다. 그러나 이들 격변적인 사건들은 과거에 발생하였던 사건들과 비교해 볼 때 너무 적게 발생하였다.

46억 년의 지구 역사에서 지질학자들은 인간 생존 기간 또는 심지어 인간 역사에서 매우 희박할 것 같은 급변적인 사건들을 수없이 발견한다. 예를 들어 암석과 퇴적물 속에 들어 있는 실마리들을 살펴보면, 거대한 운석들이 지각과 충돌하여 지각의 일부가 기화되고, 짙은 먼지들이 상공으로 퍼져나가면서 그림 1.7과 같이 큰 운석 충돌 크레이터가 남게 되었다는 것을 보여주고 있다. 지질학자들은 일부 운석들이 그림 1.7에서 보여주는 것보다 더 큰 운석 충돌 크레이터를 만들어 지구 상에 존재하던 100만 종이 거의 동시에 전멸되었다고 제안하고 있다. 다른 예에서 볼 수 있는 바와 같이, 마지막 빙하기의 끝 무렵 대륙 빙하들이 퇴각할 때, 역사시대에서 발생한 어떠한 홍수보다 더 거대한 홍수가 발생하였다. 이와 더불어, 지구 역사 동안에 발생한 주기적인 화산 폭발들이 전 세계에 걸쳐 생명체들이 살아가는 환경 조건들을 변화시켰다.

격변설(catastrophism) 희박한 급변적인 지질학적 사건들이 지구 역사의 경로를 변경시키고 느린 지질시대의 경로를 변형시킨다는 것을 설명하는 원리

1.4 문턱 효과와 되먹임 메커니즘

지구시스템은 보통 예측하기 어려운 방법으로 변화한다. 지금부터 오늘날 지구과학이 당면하고 하고 있는 도전과 복잡성들에 공헌하는 2가지 메커니즘에 대해 논의할 것이다.

문턱 효과

어떤 과정이 점진적으로 대기권을 온난화시켰다고 가정해 보자. 더 나아가 여름에 그린란드 연안의 빙하 온도가 −1.0 ℃이었다고 가정해 보자. 만약 점진적인 변화가 대기권을 0.2 ℃로 온난하게 만들었다면, 빙하들은 가시적인 영향은 받지 않을 것이다. 왜냐하면, 얼음은 0 ℃에서 녹고 여름 기온이 여전히 결빙점 아래인 −0.8 ℃이기 때문이다. 그러나 이때 점진적인 온난화가 여름 기온을 0.2 ℃로 만들었다고 생각해 보자. 이 시점에서 시스템은 문턱 값에 있게 된다. 온난화의 어떠한 작은 증분이 얼음의 용융점을 올리

5) Charles Lyell, *Principles of Geology*, vol. 2 (London: Murray, 1832), Quarterly Reviews 47, 103–123.

문턱 효과(threshold effect) 작은 섭동에 반응하여 환경이 초기에 서서히 변화하는 것으로 반응하지만, 문턱 값을 넘어선 후에는 작은 섭동이 급격한 변화를 일으키는 것을 말한다.

게 될 것이다. 얼음이 녹기 시작하자마자, 큰 변화가 급격하게 발생한다. 즉, 빙하들이 퇴각하고 전 세계 해수면이 증가한다. **문턱 효과**(threshold effect)는 환경이 작은 섭동에 반응하여 초기에 천천히 변화할 때 발생한다. 그러나 문턱 값을 넘어선 후, 부수적인 작은 섭동은 급격하고 극적인 변화를 일으킨다.

만약 여러분이 시스템을 철저하게 이해하지 못하고 있다면, 자기 중심적으로 해석한 잘못된 생각으로 시스템을 인식하기 쉽다. 바로 앞에 설명된 예에서 여러분이 얼음의 녹는점을 모른다고 가정해 보자. 만약 여러분이 여러 해 동안 조금 조금씩 진행된 온난화는 시스템에 영향을 미치지 않는 것으로 관측했다면, 점진적인 온난화는 어떠한 효과도 나타내지 못할 것으로 결론을 내릴 것이다. 그러나 실제로 문턱 값을 넘어선 다음 일어난 작은 증분은 얼음을 녹이게 된다.

식물, 동물, 인간의 개체 수 또한 문턱 값에 반응한다. 1912년 과학자들은 수컷 순록 4마리와 암컷 순록 21마리를 베링 해의 세인트 폴 섬에 풀어 놓았다. 섬에는 육식동물이 존재하지 않았고 사냥에 대한 압박도 낮았기 때문에 순록의 개체 수는 폭발적으로 증가하였다. 1938년에 이르러 약 2,000마리의 순록들이 세인트 폴 섬의 툰드라 식생에서 평화롭게 풀을 뜯어 먹고 있었다. 비전문가적인 관점에서 보면, 순록의 도입은 성공적으로 보였다. 왜냐하면 순록은 건강하고 번식도 좋았기 때문이다. 그러나 순록 떼들은 풀이 성장하는 것 보다 더 많은 풀을 먹어 치워 유용한 목초지를 과도하게 뜯어 먹게 되어 문턱 값 쪽으로 도달하

그림 1.7 미국 애리조나 주에 있는 운석 충돌 크레이터

METEOR CRATER NATIONAL MONUMENT

게 되었다. 새로운 식량원을 찾아 바다를 횡단하여 섬으로 들어온 것까지는 좋았으나, 섬 전체에 순록이 과도하게 방목이 되면서 갑자기 먹을 것이 아무것도 없게 되어 순록은 굶게 되었다. 1938~1950년 사이 거의 전체 순록 무리들이 굶어 죽게 되었고 결국에는 단 8마리의 쇠약한 동물들만이 남게 되었다.

되먹임 메커니즘

되먹임 메커니즘(feedback mechanism)은 지구시스템 내 하나의 성분 내에서 작은 섭동이 다른 성분에 영향을 미칠 때 발생한다. 이것은 원래 효과를 증폭시키고 심지어는 지구시스템을 섭동시켜 더 큰 효과들을 유발하게 된다. 금성 기후의 진화가 되먹임 메커니즘에 대한 최적의 예다. 태양 에너지는 지표의 물을 증발시켰다. 증발된 수증기는 대기권 내에 더 많은 열을 가두었다. 온도는 상승하였고 더 많은 물이 증발되었다. 물이 증발 될 때, 녹아 있던 이산화탄소가 대기권으로 달아나게 되었고 이 기체 상태의 이산화탄소가 더 많은 열을 가두었다. 그래서 온도는 더욱더 상승하였다.

과학자들은 현대 지구과학 분야에서 많은 되먹임 메커니즘의 예들을 관측하였다. 예를 들어 산업 공정에 따른 배출로 인해 대기권 내 이산화탄소의 농도가 증가하여 전 세계 평균 기온이 상승하였다. 2005년 9월에, 특정한 영향에 대해 두 가지 상반되게 기술된 연구 결과가 출판되었다. (1) 잉글랜드에서 더 높아진 기온은 토양 박테리아를 풍성하게 만든 원인이었다. 박테리아는 더 많은 먹이를 소비하였고 호흡이 증가하여 더 많은 이산화탄소가 대기 중으로 방출되었다. (2) 2003년 여름 동안 프랑스의 극심한 폭염이 식물 광합성을 감소시켜 결과적으로 식물의 이산화탄소 흡수를 감소시켰다. 그래서 대기권 내의 이산화탄소 수준이 증가하였다.

2가지 연구 결과, 산업 공정에 따른 이산화탄소 배출이 온난화를 유발하지만, 이 온난화는 자연시스템에 더 많은 이산화탄소를 방출하여 지속적인 기온 상승을 일으키는 원인이 되었다.

1.5 인간과 지구시스템

되먹임 메커니즘(feedback mechanism) 하나의 성분 내에서 작은 초기 섭동이 지구시스템의 다른 성분에 영향을 미치는 반응으로 원래 효과를 증폭시키고 심지어는 시스템을 섭동시켜 더 큰 효과들을 유발하는 것이다.

1만 년 전, 인구는 적었고 기술은 제한적이었다. 드문드문 흩어진 무리들은 식량을 얻기 위해서 사냥하고 채집하고, 단순한 거처를 짓고, 작은 불을 지펴 따뜻하게 하였다. 인간의 영향력은 지구 상의 많은 다른 종들과 별로 다르지 않았다. 그러나 농업 혁명과 도시가 성장함에 따라 문제점들이 일부 문명에서 야기되었다. 미국 생리학자 겸 작가인 재레드 다이아몬드(Jared Mason Diamond, 1937~)는 저서 《붕괴(*Collapse*)》에서 사람들이 한 지역에 정착하여 사회를 건설함에 따라 자연적으로 대체되는 것 이상으로 더 빠르게 자원을 소비하게 된 여러 사례들에 대해 언급하였다.[6] 그런 다음 세인트 폴 섬의 순록과 같이 인구는 붕괴되었다. 예를 들면 3~9세기까지 마야 문명의 최고 전성기에, 중앙 도시에는 제곱마일당 1,800~2,600명이 살았다. 이에 비해 2000년 로스앤젤레스 카운티인 경우, 평균 인구밀도는 제곱마일당 2,345명이었다. 인간과 환경적인 요인들로 인해 도시들은 황폐해졌고, 인구는 붕괴되어 마야인의 90~95 %가 사망한 것으로 추정된다. 이와 유사한 방법으로, 남서 아메리카에 번성하였던 아나사지 문명은 13세기에 사라졌고, 바이킹 식민지인들은 그린란드에서 굶어 죽었다. 이러한 비극적인 3가지 사건은 모두 기후 변화와 전쟁과 같은 인간 대 인간 상호작용에 의해서 더 악화되었다. 그럼에도 불구하고, 다이아몬드는 "문턱 값에 도달한 후에도, 인구는 바로 감소되어 지탱할 수 있는 수준까지 되돌아가지 않을 것이다"라고 지적하였다. 더 나아가, 그들 문명들은 급격히 붕괴되었다.

2009년 중반, 지구 상에는 67억 명이 살고 있다(그림 1.8). 농장, 목초 지대, 도시들이 지구 육지의 40 %를 차지하고 있다. 대륙 상의 모든 담수의 절반을 유용하고 있고, 전체 지상 생물 순 생산성의 50 %를 제어하고 있다. 육지

6) Jared Diamond, *Collapse: How Societies Choose to Fail or Succeed* (New York: Penguin Group, 2005).

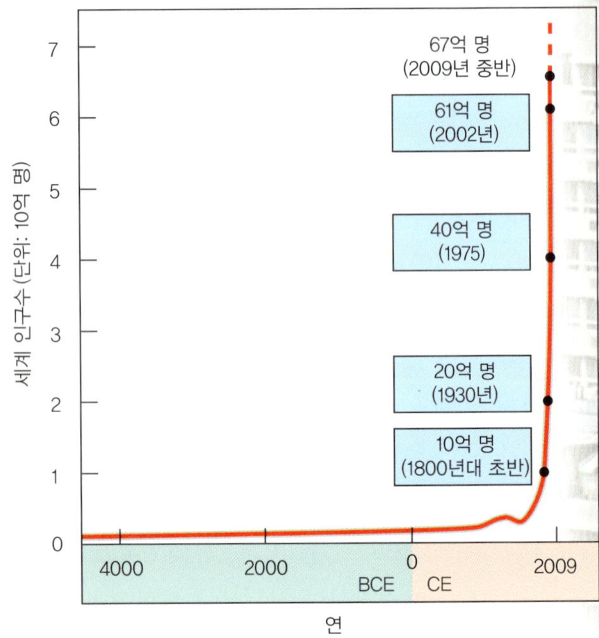

그림 1.8 세계 인구는 1700년대 이후 급격하게 증가하고 있다. 인간 역사의 대부분 동안, 지구 상의 인구는 50만 명 미만으로 존재하였다. 2009년 중반 이후, 67억 명이 지구 상에 살고 있다.

를 재배하고 육지의 물을 조절할 수 있게 됨에 따라서, 다른 동물과 식물 종들이 사라지게 되었다. 오늘날 종의 멸종율은 산업혁명 이전보다 1,000배 빠르게 이루어지고 있다. 사실 6,500만 년 전, 거대한 운석이 지표면과 충돌하여 공룡과 많은 다른 종들의 소멸을 이룬 이후 종의 멸종은 급격하게 나타나지 않았다.

불꽃, 공장, 발전소, 수송기계들로부터의 배출된 이산화탄소는 42만 년 전 대기권 내에 존재하던 이산화탄소 최고치까지 상승시켰다. 산업혁명 이후, 지구 연평균 기온은 0.8 °C 상승하였다.

세계 인구의 대략 20 %가 부유한 서방 국가에서 살고 있다. 여기는 식량, 주택, 청정 음용수, 효과적인 하수 처리, 선진 의료 시설 등을 쉽게 이용할 수 있는 곳이다. 이와 동시에, 세계의 가난한 지역에서 살고 있는 15억 명은 하루에 1 $ 미만으로 생존하고 있다. 지구 상 인구의 1/8~1/2는 영양 부족 상태이고, 매년 1,400만 명에 이르는 유아나 어린이들이 굶어 죽어가고 있다. 만약 여러분이 인디아 북부 지방 히말라야 산맥에 거주하는 가족의 일원이라면, 여러분은 매일 부족한 연료용 소똥이나 땔감을 모으는 데 많은 시간을 보내게 될 것이다. 여기에서의 끼니는 보리죽과 완두 정도이며, 겨울을 나는 동안 집안에서 염소와 함께 잠을 자는 것은 물론 따뜻하게 지내기 위해서는 모든 것들을 난로에 쑤셔 넣어야만 한다. 지구와 지구시스템과 함께 하는 이러한 일들은 아마도 지금 여러분이 경험하는 것과는 아주 다를 것이다.

여러분이 어느 곳에서 살고 있는지에 관계없이, 여러분이 부자이든 가난하든 간에, 여러분의 생존은 지구시스템 사이의 에너지와 물질의 흐름과 관련을 맺게 된다. 여러분은 지구에 영향을 미치고, 이와 동시에 지구도 여러분에게 영향을 준다. 그것은 가장 친밀하며 영원한 결혼이다.

미래에 대한 예측은 여러 가지 상황 때문에 불확실하다. 200년 이전인 1798년, 잉글랜드 경제학자인 토머스 맬서스(Thomas Robert Malthus, 1766~1834)는 인구는 지수함수적으로 증가하는 반면 식량 생산은 매우 느리게 증가한다고 주장하였다. 그 결과 인류는 기아 상태에 직면하게 되어 '궁핍과 죄악'을 동반하게 된다.[7] 그러나 기술의 진보는 식량 생산을 지수함수적으로 증대시켰고, 오늘날 식량은 많은 지역에서 풍부하다. 그러나 이와 동시에 다른 지역에서는 심각한 식량 부족에 시달리고 있는데 특히 아프리카 지역에서 심하다.

많은 과학자들은 미래에 대한 관심이 크다. 미국 하버드 대학교 존 에프 케네디 정책대학원 교수인 존 홀드런(John P. Holdren, 1944~)은 다음과 같이 주장하였다.

> [문제점은] 에너지, 식량 또는 물을 고길시키는 것이 아니라 환경을 고갈시키는 것이다. 즉, 인간의 행복을 위해 에너지를 마구잡이로 추출, 운반, 변형하여 사용한다면, 공기, 물, 흙, 생물군의 능력을 고갈시키는 결과를 초래하게 될 것이다.[8]

현재 인류가 직면하고 있는 3가지 광범위한 경향들은 다음과 같다.

1. 비록 증가율은 느리다 하더라도, 인구는 많고 계속 증가하고 있다. 한 예측에 따르면, 인구는 2020년에 이르면 70억 명으로 안정화될 것이다. 그러나 다른 인구통계학자는 2100년에 140억 명이 지구 상을 걷고 있을 것으로 예측하고 있다.
2. 이와 동시에, 극심한 빈곤은 감소하고 있다. 세계 인구의 1/3을 차지하고 있는 인도와 중국에서, 경제적인 생산량과 생활 수준이 급격하게 향상되고 있다. 사람들은 돈이 생기면, 더 많은 자원을 소비한다.
3. 인구와 1인당 소비 모두가 증가함에 따라 오염과 지구 상의 자원에 대한 압박은 계속 늘어난다.

앞서 언급된 다이아몬드 교수는 인간과 환경이 '경마'를 하고 있다고 주장하였다.[9] 인간의 소비 증대와 이에 따른 환경 파괴와 자원 고갈을 대표하는 한 마리 말은 격변적인 붕괴를 초래하는 지속가능하지 않은 사회 쪽으로 힘껏 달려가고 있다. 개선된 기술, 향상된 인식, 인구 성장율의 감소에 의해서 힘을 받은 다른 말은 행복하고, 건강하고, 지속가능한 사회 쪽으로 여러분들을 유도하고 있다. 어떤 말이 이길 것인가?

이 책에 해답이 존재하지 않기 때문에, 지구 과정들을 이해하기 위한 기본 정보를 제공하여 여러분이 지구의 대한 책무와 그와 관련된 이슈들을 평가하고 인정할 수 있도록 가르칠 것이다. 첨부된 표는 우리가 환경을 위해 해야 할 일을 목록으로 제시한 것이다.

환경을 위해 우리가 해야 할 일

1. 인구의 증가를 더디게 할 것
2. 온실 기체를 줄이고 오존층의 파괴를 막을 것
3. 1인당 자원 소비를 느리게 할 것
4. 화석연료와 화목 자원들을 보존할 것
5. 물을 보존하고 물 부족의 원인들에 대처할 것
6. 환경에 유해한 독성 화합물 생성을 막을 것
7. 토양침식에 대비하여 보존할 것
8. 삼림, 습지, 평원, 산호초와 같은 자연 서식지들의 파괴를 막을 것
9. 전 세계 광합성 능력을 전부 사용하지 말고 일부를 자연 삼림을 지원하도록 남겨 둘 것
10. 해양 어류들의 손실을 막을 것
11. 위기 종들을 보호하여 생물의 다양성을 보존할 것
12. 고유종들을 보호하고 생태계를 파괴하는 침입 종들을 막을 것

7) Thomas Malthus, *An Essay on the Principle of Population*, 1st ed. (Penguin Classics, 1798).
8) John Holdren, "Energy: Asking the Wrong Questions," *Scientific American* 286 (January 2002), 65–67.
9) Jared Diamond, *Collapse: How Societies Choose to Fail or Succeed* (New York: Penguin Group, 2005).

요약

1.1 지구의 4가지 권

지구는 4가지 권으로 구성되어 있다. 지권은 밀도가 크고 뜨거운 중앙 핵, 지구 부피의 대부분을 차지하는 거대한 맨틀, 얇고 단단한 지각으로 구성된다. 지각과 맨틀은 암석으로 되어 있는 반면, 핵은 철과 니켈과 구성되어 있다. 수권은 대부분 해수다. 지구 담수의 대부분은 빙하 속에 갇혀 있다. 액체 담수들의 대부분은 지하수 저장고 내에 존재한다. 하천, 호수, 강들은 지구 전체 물의 0.01 %만을 설명한다. 대기권은 주로 질소와 산소로 이루어진 기체의 혼합물이다. 지구 대기권은 생명체를 부양하고 기후를 규제한다. 생물권은 생명체가 서식하고 있는 얇은 지대다.

그림 1.1 지구 순환과 권들 모두는 서로 밀접하게 연결된다.

1.2 지구시스템

시스템은 복잡한 전체를 구성하며 상호작용하는 성분들의 어떠한 종합적인 상태 또는 결합을 말한다. 지구의 4가지 주요 시스템, 즉 4가지 권들은 상호작용하는 많은 더 작은 시스템으로 나누어진다. 모든 권들은 계속해서 물질과 에너지를 교환한다.

1.3 지구과학의 변화 시간과 변화율

지구는 약 46억 년 전에 탄생하였다. 생명체는 적어도 38억 년 전에 형성되었다. 풍부한 다세포 생명체는 5억 4,400만 년 전에 진화되었고 인류는 500~700만 년 전에 지구 상에 등장하였다. 점진주의 원리는 거의 감지할 수 없는 사건들의 순서에 따라 지질 변화가 오랜 시간 동안 발생하는 것을 설명한다. 반면 격변설의 원리는 지질 변화들이 주로 희박한 급변적인 지질 사건들이 일어나는 동안 주로 발생한다고 가정한다.

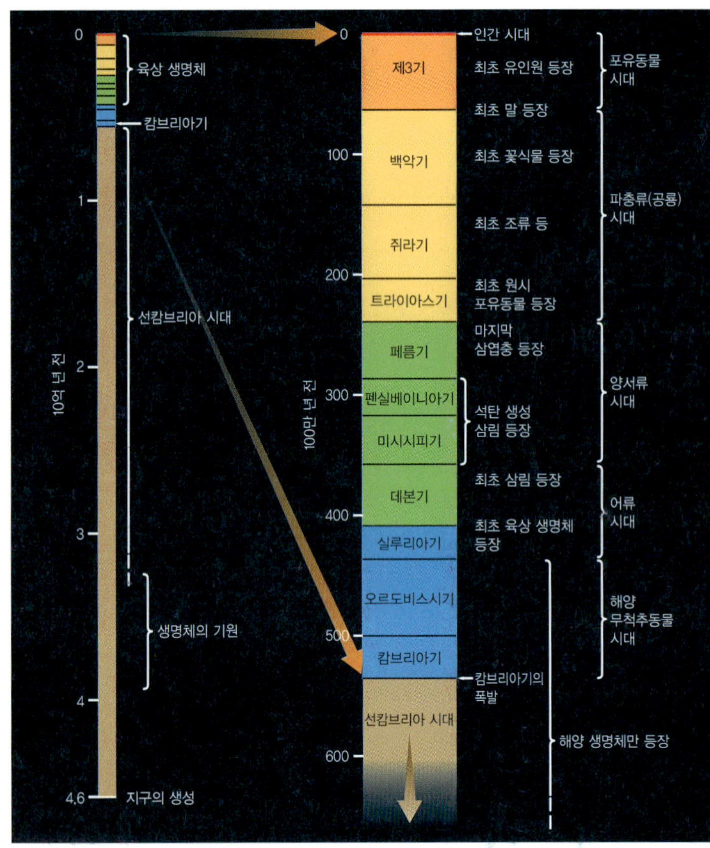

그림 1.6 지질 연대표. 다세포 유기체들이 풍부했던 약 5억 4,300만 년 이전 시간의 길이가 길다는 것에 주목하라.

1.4 문턱 효과와 되먹임 메커니즘

문턱 효과는 환경이 작은 섭동에 반응하여 초기에 천천히 변화할 때 발생한다. 그러나 문턱 값을 넘어선 후, 부수적인 작은 섭동은 급격하고 극적인 변화를 일으킨다. 되먹임 메커니즘은 지구시스템 내 하나의 성분 내에서 작은 섭동이 다른 성분에 영향을 미칠 때 발생한다. 이것은 원래 효과를 증폭시키고 심지어는 지구시스템을 섭동시켜 더 큰 효과들을 유발하게 된다.

1.5 인간과 지구시스템

인구수가 증가하고 기술이 발전함에 따라 인류는 지구시스템의 변화에 주요한 엔진이 되고 있다.

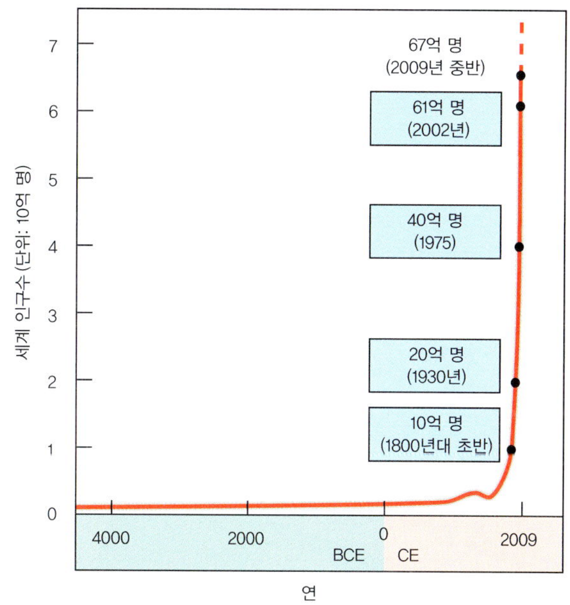

그림 1.8 세계 인구는 1700년대 이후 급격하게 증가하고 있다. 인간 역사의 대부분 동안, 지구 상의 인구는 50만 명 미만으로 존재하였다. 2009년 중반 이후, 67억 명이 지구 상에 살고 있다.

핵심용어

격변설catastrophism (1.3)
대기권atmosphere (1.1)
동일과정설uniformitarianism (1.3)
되먹임 메커니즘feedback mechanism (1.4)
맨틀mantle (1.1)
문턱 효과threshold effect (1.4)
생물권biosphere (1.1)
생태계ecosystem (1.2)
수권hydrosphere (1.1)
시스템system (1.2)
암석권lithosphere (1.1)
점진주의gradualism (1.3)
지각crust (1.1)
지구조 판tectonic plate (1.1)
지권geosphere (1.1)
지하수ground water (1.1)
핵core (1.1)

연습문제

1. 수증기와 이산화탄소가 어떻게 금성, 지구, 화성의 기후와 대기권의 진화에 영향을 미치는지에 대해서 설명하시오.
2. 지구의 4가지 권들을 열거하고 간략하게 설명하시오.
3. 지구 내부의 3가지 주요 층들을 열거하시오. 어느 층(들)이 암석으로 되어 있고, 층(들)이 금속으로 되어 있는가? 어느 층이 가장 크고, 어느 층이 가장 얇은가?
4. 지구 전체 물의 대부분을 수집하여 저장하고 있는 6개의 저장소의 형태를 열거하시오.

5. 지하수는 무엇인가? 수권은 어느 곳에 위치하고 있는가?

6. 지구 대기권을 구성하는 2가지 기체는 무엇인가?

7. 지구 대기권의 두께는 얼마인가?

8. 생물권의 크기와 범위에 대해서 간략하게 설명하시오.

9. 시스템을 정의하고 왜 시스템적인 접근 방법이 지구과학에서 유용한지에 대해서 설명하시오.

10. "물질은 재순환할 수 있지만 에너지는 재순환할 수 없다"라는 말을 간략하게 설명하시오.

11. 지구의 나이는 얼마인가? 최초의 생명체는 언제 진화하였는가? 인류의 조상들은 언제 지구 상에 나타나 얼마나 오랫동안 인류가 존속하고 있는가?

12. 점진주의와 격변설을 비교하고 대조하시오. 지리 변화의 개별 형태에 대한 예를 드시오.

13. 문턱 효과와 되먹임 효과들을 간략하게 설명하시오.

14. 지구에 대한 인간 영향의 정도를 간단하게 제시하시오.

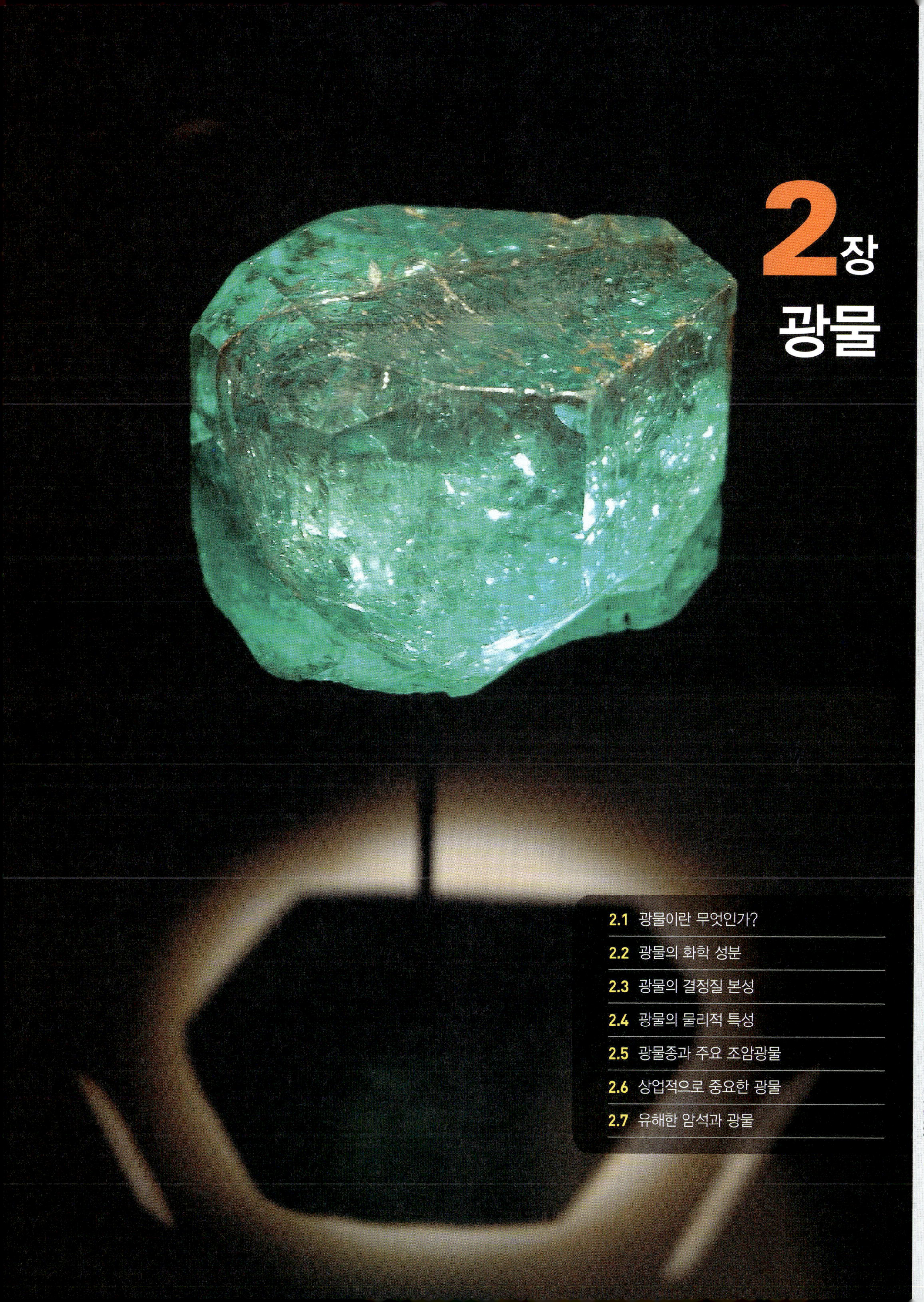

2장 광물

> **"온순한 사람들은 지구를 유산으로 상속받을 수는 있지만, 광물에 대한 소유권을 상속받을 수는 없을 것이다."**
>
> 폴 게티(Jean Paul Getty, 1892~1976)[1)]

광물은 암석을 구성하는 기본 단위다. 그러므로 지권은 광물로 구성되어 있다고 볼 수 있다. 여러분이 발을 디디고 있는 암석도 광물로 구성되어 있으며, 식물을 지지하고 있는 토양도 암석으로 구성되어 있고, 심지어 지구 맨틀을 구성하고 있는 심부의 암석도 바로 광물로 구성되어 있다. 결과적으로 지구에 대하여 심도 있는 연구를 하기 위해서는 반드시 광물에 대한 이해가 선행되어야만 한다. 그러나 지구의 나머지 부분들로부터 광물을 독립시켜 연구하기보다는 지구의 여타 시스템과 광물 간의 상호작용에 대하여 자세히 관찰함으로써 우리는 광물에 대하여 더 많은 것을 배울 수 있다.

자연 상태에서 존재하는 대부분의 광물은 인간(또는 다른 생물종)에게 무해하다. 뿐만 아니라 현대 생활에 필수적인 많은 자원들이 바로 암석과 광물에서 나온다(예를 들면 철, 알루미늄, 금, 콘크리트, 비료, 석탄, 핵연료 등). 석유와 천연가스도 암석 내의 특정한 저장소에서 발견된다. 이러한 지구 물질들을 회수해서 사용하고자 한 과정은 인류 역사의 변천사와도 연계되어 있다. 석기시대, 청동기시대, 철기시대 등의 이름은 각 시대 동안의 문명화를 이끈 암석과 광물 자원 때문에 명명된 것이다. 산업혁명은 석탄이 주요한 에너지원으로 개발되면서 일어났으며, 자동차시대는 인간이 석유 자원을 발견하고 이를 연료로 사용할 수 있는 엔진을 고안하면서 도래한 것이다.

그러나 경우에 따라서 일부 광물들은 광상 개발이나 채석장 건설 또는 도로 건설 과정에서 분쇄되어 먼지가 됨으로

COURTESY OF GRAHAM R. THOMPSON/JONATHAN TURK

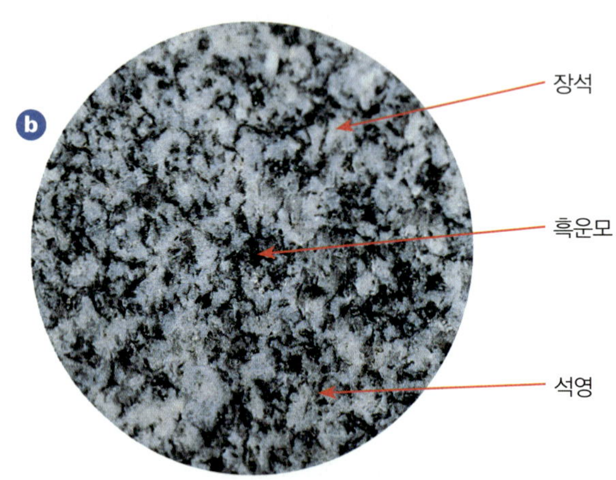

그림 2.1 (a) 캐나다 브리티시컬럼비아 주에 있는 버가부 산은 화강암으로 구성되어 있다. (b) 근접 촬영한 화강암에서 보이는 색깔이 다른 알갱이들은 각각 다른 광물이다. 흰색 알갱이는 장석, 검정색은 흑운모, 유리질의 회색은 석영이다. 화강암 시료의 크기는 지름 4 cm이다.

---

1) 역자 주: 미국 사업가로서 게티 석유회사를 창립하였다.

써 인간이나 동물에게 위협적이 된다. 일부는 용해되어 납, 황, 비소처럼 인간뿐만 아니라 동식물에 유해한 화학 성분으로 방출되기도 한다. 이 단원에서 우리는 광물의 본성에 대하여 배우고, 나아가 자연 자원으로서 그리고 환경 위험 요소로서의 광물에 대해 토의할 것이다.

2.1 광물이란 무엇인가?

암석 하나를 집어서 찬찬히 살펴보자. 근접 촬영한 화강암(그림 2.1)에서 보는 것처럼, 여러분은 아마도 작고, 색깔이 다른 반점들을 보게 될 것이다. 이러한 반점들이 바로 광물이다. 사진에서 흰색 광물은 장석이며, 검정색은 흑운모, 회색 빛의 투명한 광물은 석영이다. 암석은 광물로 구성되어 있다. 대부분의 암석은 2~5개의 주요 광물과 그 외 소량의 다른 광물들로 구성되어 있다. 일부 암석은 단 하나의 광물로 구성되어 있기도 하다.

앞에서 암석을 구성하는 단위 요소로 광물을 정의하였다. 그러나 이러한 정의가 광물의 본성에 대한 많은 정보를 제공해 주지는 않는다. 보다 정밀하게 정의하자면, **광물(mineral)**은 일정한 화학 성분과 결정 구조를 가진 자연에서 만들어지는 고체 무기물로 정의할 수 있다. 화학 성분과 결정 구조는 광물에 관한 가장 중요한 특성이며, 이는 각 광물을 다른 것들과 구분하는 중요한 척도가 된다. 그러나 이 두 가지 특성에 대해 논의하기 이전에 광물에 대한 다른 특성부터 먼저 살펴보자.

자연에서 만들어지는 것

인조 다이아몬드는 천연 다이아몬드와 같다. 그러나 광물에 대한 정의의 관점에서 보면, 인조 다이아몬드는 실제 광물이 아니다. 왜냐하면 광물은 자연적인 과정에서 만들어져야만 하기 때문이다. 다이아몬드처럼 자연적으로 생성되는 대개의 다른 보석들도 공장에서 제조될 수 있다. 그러나 인조 보석보다는 자연산 보석이 더 가치가 높다. 그러므로 '합성'이라는 용어를 인조 보석 이름 앞에 반드시 명시하도록 함으로써, 보석상들은 소비자들에게 그 보석이 자연산인지 아니면 인공적으로 만든 것인지를 반드시 말해 주어야만 한다.

광물(mineral) 일정한 화학 성분과 결정 구조를 가진 자연에서 만들어지는 고체 무기물

원소(element) 일반적인 화학작용으로는 다른 물질로 분해될 수 없는 물질

무기물

유기물은 대개 탄소로 구성되어 있다. 이때 탄소는 수소와 화학결합을 하고 있다. 무기물은 탄소-수소 결합을 하고 있지 않다. 실험실에서나 공업적으로 유기물을 만들 수도 있지만, 지구상의 유기물 대부분은 동식물들이 만든다. 대부분의 동식물 조직은 유기물이다. 이러한 생명체가 죽으면 분해되어 다른 종류의 유기물을 만들게 된다. 석탄과 석유는 동식물이 분해되어 생성된다. 이런 유기적 특성 때문에 석탄과 석유는 광물이라고 할 수 없다. 특히 석유는 고체가 아니며, 또한 결정 구조나 일정 범위 내의 화학 성분도 없기 때문에 광물이라고 할 수 없다.

생명체가 만들어 내는 물질 중에서 유기물이 아닌 경우도 있다. 예를 들면 가장 일반적인 퇴적암 중의 하나인 석회암은 보통 죽은 산호, 조개 또는 유사한 해양 생물체의 껍데기로 되어 있다. 이 껍데기는 바로 방해석 광물로 되어 있다. 생물체가 방해석을 만들었지만, 방해석은 광물이다. 즉, 자연에서 만들어지는 고체 무기물로서, 일정한 화학 성분과 결정 구조를 가지고 있는 것이다.

고체

모든 광물은 고체다. 이에 따르면, 얼음은 광물이지만 물과 수증기는 광물이 아니다.

2.2 광물의 화학 성분

광물은 암석을 구성하는 기본 단위다. 그러면 광물은 무엇으로 구성되어 있을까? 광물을 비롯하여 모든 다른 지구 물질들은 원소로 되어 있다. **원소(element)**는 물질을 구성하는 기본 요소로서, 일반적인 화학작용에 의해서 더 작은

이온(ion) 양이나 음으로 대전된 원자

양이온(cation) 양전하를 띠는 이온

음이온(anion) 음전하를 띠는 이온

조암광물(rock-forming minerals) 지각에 제일 풍부하며 대부분의 암석을 구성하고 있는 9개의 광물 내지는 광물군으로 감람석, 휘석, 각섬석, 운모, 점토광물, 석영, 장석, 방해석, 백운석이 이에 해당한다.

결정(crystal) 구성 원자가 규칙적이고 주기적으로 반복되는 패턴으로 정렬되어 있는 고체 원소나 화합물

입자로 분해될 수 없다는 특성이 있다. 대개의 광물은 보통 2~5개의 원소로 되어 있다.

자연적으로 지각에 존재하는 원소는 모두 88개다. 그러나 8개의 원소(산소, 규소, 알루미늄, 철, 칼슘, 나트륨, 칼륨, 마그네슘)들이 지각의 98 % 이상을 차지한다(표 2.1). 각 원소는 하나 또는 두 자의 영문자로 만든 기호로 표기한다. 예를 들면 산소는 O, 규소는 Si이다. 대부분 원소들은 양전하 또는 음전하를 띤다. 예를 들면 산소는 −2가, 규소는 +4가의 전하를 띤다. 이처럼 양이든 음이든 전하를 띠는 원자를 **이온**(ion)이라고 한다. 양으로 대전된 것을 **양이온**(cation), 음으로 대전된 것을 **음이온**(anion)이라고 한다. 반대 전하로 대전된 이온들은 서로 끌어당긴다.

광물은 일정한 화학 성분을 가지고 있다는 사실을 상기해 보자. 일정한 화학 성분을 가지고 있는 물질은 일정한 비율로 결합하고 있는 원소들로 구성되어 있다. 그러므로 광물 성분은 개개 원소기호가 결합된 화학식으로 표현할 수 있다. 금이나 은과 같은 일부 광물들은 단 하나의 원소로 구성되어 있다. 이들의 화학식은 각각 Au(금의 원소기호)와 Ag(은의 원소기호)이다. 그러나 대개의 광물들은 2~5개의 기본 원소들로 구성되어 있다. 예를 들면 석영의 화학식은 SiO_2이다. 즉, 규소 원자 하나와 산소 원자 두 개의 비율로 구성되어 있다. 우주의 어떤 곳에 존재하는 석영도 이와 동일한 화학 성분을 가지고 있다. 만약 화학 성분이 이와 다르다면 그것은 석영이 아니라 다른 광물일 것이다. 석영처럼 어떤 광물의 화학 성분은 고정되어 있으나, 또 다른 광물의 경우는 제한된 범위이기는 하지만 일정한 범위 내에서 변화할 수도 있다.

자연적으로 지각 내에 존재하는 88개의 원소들은 다양한 방법으로 결합하여 다양한 종류의 광물을 만든다. 사실상 3,500여 종의 광물이 존재하는 것으로 알려져 있지만, 8개의 대표 원소들은 단지 두세 방식으로만 결합한다. 결과적으로 지각을 구성하고 있는 주요 **조암광물**(rock-forming minerals)은 오직 9개뿐이다. 이에 대해서는 2.5절에서 자세히 다룰 것이다.

표 2.1 지각을 구성하는 8대 원소*

원소	기호	중량(%)	원자 수(%)	부피(%)†
산소	O	46.60	62.55	93.80
규소	Si	27.72	21.22	0.90
알루미늄	Al	8.13	6.47	0.50
철	Fe	5.00	1.92	0.40
칼슘	Ca	3.63	1.94	1.00
나트륨	Na	2.83	2.64	1.30
칼륨	K	2.59	1.42	1.80
마그네슘	Mg	2.09	1.84	0.30
	총량	98.59	100.00	100.00

* 존재비는 중량, 원자 수 및 부피를 %로 나타내었다.
† 부피는 계산을 위해 선택한 이온 반지름에 따라 값이 약간 달라질 수 있다.
자료 출처: Brian Mason and Carleton B. Moore, '*Principles of Geochemistry*', 1982, John Wiley & Sons, Inc.

2.3 광물의 결정질 본성

모든 광물은 결정질 구조를 가지고 있다. 그러므로 모든 광물은 **결정**(crystal)이다. 결정이란 구성 원자가 규칙적으로 반복되는 패턴으로 정렬되어 있는 고체 원소나 화합물이다. 광물 '암염'(일반적인 식용 소금)은 염화 이온(Cl^-) 하나당 나트륨 이온(Na^+) 하나가 결합하고 있는 NaCl의 화학 성분을 가지고 있다. 그림 2.2(a)는 암염 내의 이온 배열에 관한 분해도다. 그림 2.2(b)는 보다 사실적인 그림으로 실제로 접촉하고 있는 이온들을 보여주고 있다. 양쪽 그림에서 나트륨 이온과 염화 이온은 서로 수직인 행과 열 속에서 규칙적으로 교호하고 있다. 이처럼 규칙적으로 반

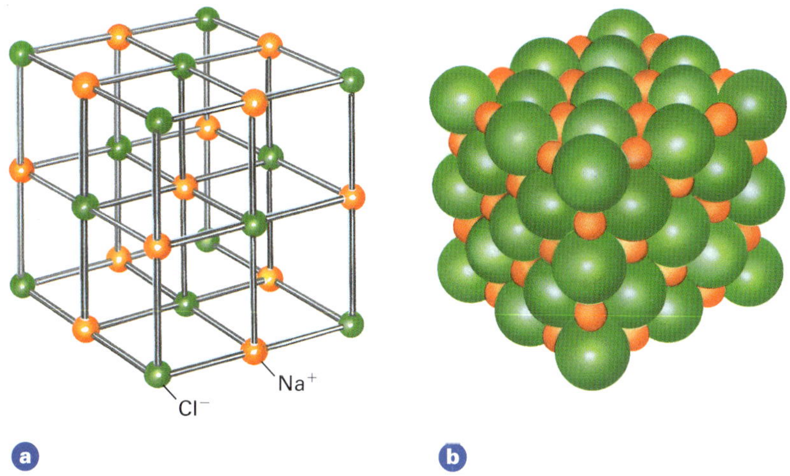

그림 2.2 염화나트륨 또는 암염 내의 나트륨과 염소 이온의 규칙적 배열. (a)의 결정 모델은 여러분이 볼 수 있도록 분해된 것이다. 실제로 이들 이온은 (b)에서 보는 것처럼 바짝 붙어 있다.

결정질 구조(crystalline structure) 규칙적으로 반복되는 결정 내부의 원자 배열

결정면(crystal face) 결정이 여유로운 공간에서 자유롭게 성장할 때 만들어지는 편평한 면이다. 완벽한 조건하에서 결정은 대칭적으로 성장한다.

복되는 이온의 배열이 바로 암염의 **결정질 구조**(crystalline structure)인 것이다.

모든 광물은 처음에는 작은 결정으로 형성되며, 한 층의 원자(또는 이온) 위에 또 다른 층이 덧붙어 자라는 형태로 성장한다. 예를 들어 개펄 웅덩이에서 해수가 증발할 때 암염 결정이 성장하는 경우를 보자. 처음에는 그림 2.2에서 보는 것처럼 작은 암염 결정이 만들어진다. 참고로 이 모델은 125개의 이온으로 되어 있는 암염 결정을 보여주고 있는 그림으로, 길이가 100만 분의 1 mm에 지나지 않아 맨눈으로 보기 어려운 스케일임에 주목하라. 증발이 계속되면 더 많은 이온들이 현재의 성장 결정면 위로 덧붙어 침전할 것이다.

결정면(crystal face)이란 결정이 여유로운 공간에서 자유롭게 성장할 때 만들어지는 편평한 면이다. 예를 들어 증발하는 해수 속에서 암염이 자랄 때와 같은 것이다. 이와 같이 광물이 자유롭게 자랄 때에는 거울처럼 빛을 반사할 수 있는 완벽한 평탄면을 갖는 대칭적인 결정이 생성된다. 그러나 자연 상태에서의 광물 입자들은 흔히 인접한 결정의 성장을 방해하기 마련이다. 결과적으로 보통은 완벽한 결정면을 갖지 못하는 광물들이 생성된다. 그림 2.3은 결정들이 직소퍼즐(jigsaw puzzle) 조각 같이 맞물려 있는 화강암 박편에 대한 현미경 사진이다. 이와 같이 맞물린 구조가 만들어지는 이유는 특정 광물이 성장할 때, 이미 그 주변에 다른 광물들이 존재하고 있었기 때문이다.

그림 2.3 편광현미경으로 본 전기석이 풍부한 화강암 박편(0.03 mm) 사진

정벽(crystal habit) 개개 결정의 특징적인 형태 및 결정군이 성장하는 방식

2.4 광물의 물리적 특성

지질학자들은 어떻게 야외에서 광물을 감정할 수 있을까? 화학 성분과 결정질 구조를 이용하여 여러분은 한 광물을 다른 광물로부터 구분할 수 있다. 예를 들어 암염은 항상 비율이 1:1인 정육면체의 형태로 배열되어 있는 나트륨과 염화 이온으로 구성되어 있다. 그러나 여러분이 암염 결정 하나를 집어서 살펴본다고 하더라도, 그 내부의 원자(이온)들을 육안으로 볼 수 있는 것은 아니다. 실험을 통하여 화학 성분을 측정하거나 결정질 구조를 파악함으로써 암염 시료를 확인할 수는 있겠지만, 그러기 위해서는 상당한 비용과 시간을 투자해야만 한다. 반면에 지질학자들은 대개 육안으로 광물을 감정하고, 간단한 테스트를 통하여 감정 결과를 확인한다.

대개의 광물은 독특한 외형을 띠고 있다. 일단 여러분이 전형적인 광물에 친숙해진다면, 어떤 유사종도 쉽게 판별할 수 있게 될 것이다. 예를 들어 사과는 사과처럼 생겼다. 비록 사과의 색과 형태가 다소 상이하더라도 말이다. 이처럼 지질학자들에게는 석영은 석영처럼 보이게 된다. 석영의 색과 형태는 시료마다 조금씩 다르다. 그럼에도 불구하고 석영은 석영처럼 보인다. 그러나 어떤 광물들은 서로 비슷하게 생겨서 정확한 감정을 위해서는 다른 물리적인 특징들을 알아야만 하는 경우도 있다. 예를 들어 암염은 방해석, 석영 또는 몇 개의 다른 광물들과 비슷하게 생겼다. 그러나 암염은 맛이 짜고, 칼날로 쉽게 긁을 수 있다. 이러한 특징은 다른 광물과 상이한 암염만의 독특한 특징이다. 지질학자들은 이렇게 정벽, 벽개, 단구, 경도, 비중, 색, 조흔색, 광택 등의 특징들을 이용하여 광물을 감정한다.

정벽

정벽(crystal habit)은 개개 광물의 외형 및 이들이 무리를 이루어 성장하고 있는 방식을 지칭한다. 만일 결정이 자유롭게 성장한다면, 정벽은 그 내부의 원자 배열을 반영하는 형태일 것이다. 어떤 광물은 여러 개의 정벽을 가지기도 한다. 예를 들어 그림 2.4(a)는 각기둥 형태의 석영을,

그림 2.4 (a) 길게 늘어난 모양을 한 결정으로 성장한 각기둥 형태의 석영 (b) 특징적인 형태가 없는 괴상의 장미석영

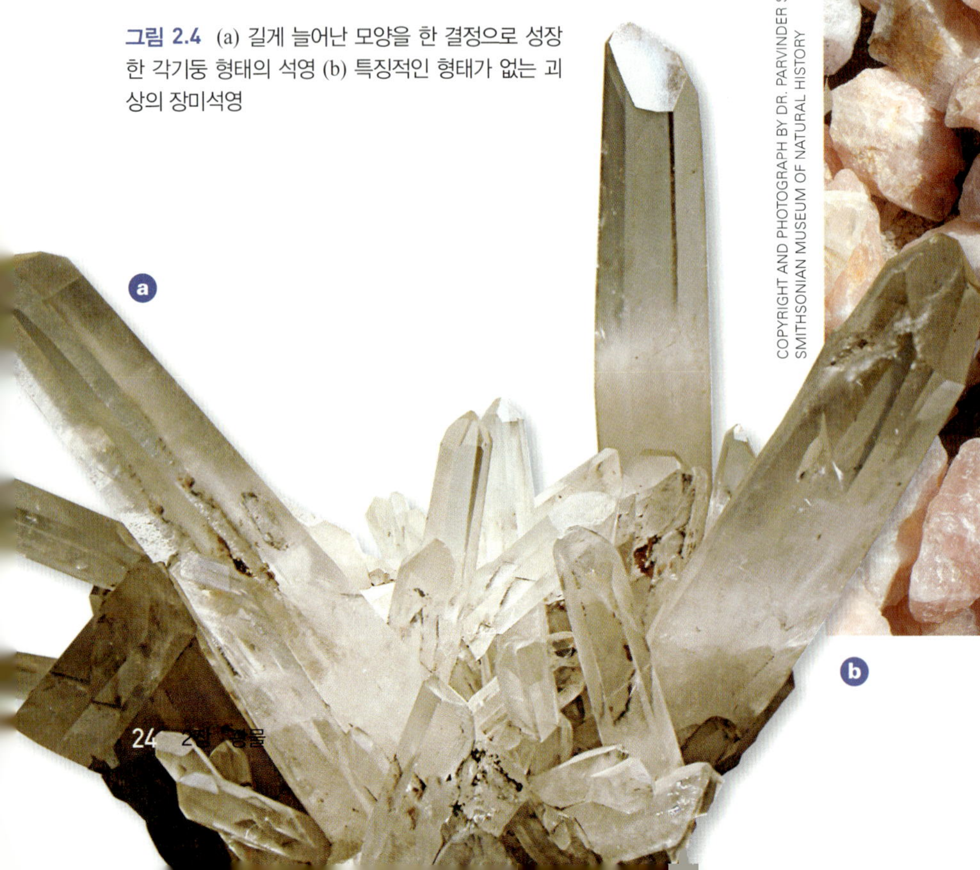
a

b

그림 2.4(b)는 괴상의 석영을 보여주고 있다.

벽개

벽개(cleavage)란 어떤 광물이 평탄한 면을 형성하며 쪼개지는 성질을 말한다. 이때 결정 내에서 결합력이 약한 면이 벽개면이 된다. 운모와 같은 광물은 한 조의 평행한 벽개면을 가진다(그림 2.5). 그림 2.6에 있는 세 사진에서 보는 것처럼 어떤 결정은 두 조, 세 조, 심지어 네 조의 다른 벽개면을 가지기도 한다. 운모는 벽개면이 상당히 잘 나타나는 광물이다. 여러분은 양파의 껍질을 까듯이 운모 결정의 한 층 한 층을 분리해 낼 수 있다. 어떤 광물은 벽개면이 잘 나타나지 않는다. 석영과 같은 광물은 벽개가 없다. 왜냐하면 결합력이 약한 면이 없기 때문이다. 벽개면의 개수, 벽개의 정도, 벽개면 사이의 각, 이 모든 것들은 광물을 감정하는 데 도움을 줄 수 있다.

벽개에 의해서 만들어진 평탄한 면과 평탄한 결정면은 유사해 보일 수 있다. 그러나 벽개면은 결정이 깨질 때 다시 만들어질 수 있는 반면, 결정면은 그렇지 않다. 따라서 여러분이 보고 있는 평탄한 면이 벽개면인지 결정면인지 구분하기 어렵다면, 망치를 들고 시료를 때려보라! (물론, 시료가 없어져도 된다는 전제하에서)

벽개(cleavage) 어떤 광물이 평탄한 면을 형성하며 쪼개지는 경향을 말하며, 그 면은 결정 내에 약한 결합력을 가지고 있는 면이 된다. 광물이 뚜렷한 벽개를 가질 때, 마치 양파껍질을 벗기듯이 결정으로부터 한 층 한 층을 벗겨낼 수 있다.

단구(fracture) 벽개가 없는 광물의 깨진 면의 모양

그림 2.5 한 방향의 완벽한 벽개면을 가지고 있는 운모

a

b

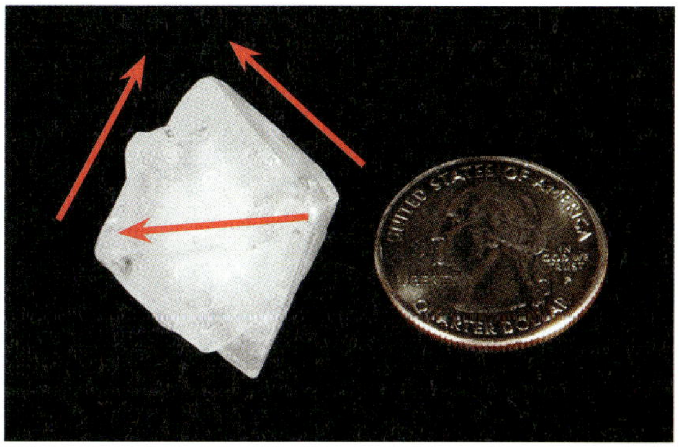

c

단구

단구(fracture)는 벽개와는 다르게 광물이 부서지는 방식을 말한다. 많은 광물들은 독특한 형태로 부서진다. 예를 들

그림 2.6 어떤 광물은 한 방향 이상의 벽개면을 가지고 있다. (a) 장석은 직교하는 두 방향의 벽개를 가지고 있다. (b) 방해석은 세 방향의 벽개면을 가지고 있다. 이들 세 방향은 서로 직교하지는 않기 때문에 방해석의 벽개는 찌그러진 상자처럼 보인다. (c) 형석은 네 개의 벽개면을 가지고 있다. 각 벽개면은 결정의 반대편에 평행한 대칭면을 가지고 있으므로 완벽한 벽개면을 나타내는 형석은 이중 피라미드 형태를 띠고 있다.

경도(hardness) 긁힘에 대한 광물의 저항 정도로서, 원자 사이의 결합력에 의해 좌우된다.

모스경도계(Mohs hardness scale) 꽤 보편적인 10개의 광물에 기초하여 만든 척도로서 1부터 10까지 경도가 증가하는 순으로 배열되어 있으며, 광물의 경도를 측정하거나 표현하는 데 사용된다.

비중(specific gravity) 같은 부피의 물의 중량에 대한 어떤 물질의 중량 비

어 패각상 단구(conchoidal fracture)는 부드러운 곡선상의 표면을 만든다(그림 2.7). 이는 석영과 감람석에서 특징적인 단구다. 어떤 광물은 깔쭉깔쭉하게 쪼개지고, 어떤 광물은 섬유 모양의 단구를 가진다. 그러나 대부분의 경우는 불규칙한 형태로 부서진다.

경도

경도(hardness)는 긁힘에 대한 광물의 저항 정도를 말하며, 광물을 감정하는 데 사용하는 가장 일반적인 물리적 특성 중의 하나다. 경도는 각 광물의 기본적인 특징으로 쉽게 측정할 수 있다. 왜냐하면 경도는 광물을 구성하는 원자들의 결합력에 의해 지배되기 때문이다. 지질학자들은 칼이나 이미 경도가 알려져 있는 다른 물질들을 사용하여 광물을 긁어보곤 한다. 만약 칼로 광물이 긁히면 그 광물은 칼보다 무른 광물인 것이고, 칼로 긁히지 않는다면 칼보다 더 단단한 광물인 것이다.

그림 2.7 석영은 일반적으로 패각상이라고 불리는 부드러운 곡면을 따라 부서진다. 이 시료는 연수정이다.

보다 정확한 경도의 측정을 위하여, 지질학자들은 1에서 10까지 숫자로 된 10개의 표준광물을 사용한다(표 2.2). 숫자가 낮을수록 더 무른 광물이다. 예를 들어 숫자 10의 금강석이 제일 단단하고, 숫자 1의 활석이 가장 무른 광물이다. 19세기에 이를 고안한 오스트리아 광물학자 프리드리히 모스(Friedrich Mohs, 1773~1839)를 기념하여 이 척도를 '**모스경도계**(Mohs hardness scale)'라고 한다.

표 2.2에서 보는 것처럼, 석영으로는 긁히지만 장석으로는 긁히지 않는 광물의 경도는 모스경도 6과 7 사이에 있다. 모스경도계를 가지고 있지 않을 경우를 대비하여, 주변 물질들의 경도를 알아두자. 손톱은 2보다 약간 경도가 작고, 주머니 칼날은 5보다 약간 경도가 크고, 창유리는 경도가 약 5.5, 쇠줄은 약 6.5이다. 칼과 모스경도계를 가지고 한 번 연습해 보라. 그러면 경도 5 이하의 광물들이 칼에 얼마나 쉽게 긁히는지 느낄 수 있을 것이다.

경도 실험을 할 때, 대상광물이 실제로 표준물질에 의하여 긁힌 것인지 아니면 표준물질이 대상광물의 표면에 자신의 흔적을 가루로 남겨놓은 것인지를 판별할 수 있는 능력을 길러야 한다. 그러기 위해서는 생성된 가루를 문질러서 없앤 후, 긁힌 자국 위를 손톱을 이용하여 느껴보는 연습을 하는 것이 도움이 될 것이다. 풍화는 광물 표면을 무르게 하므로, 경도를 측정하기 위해서는 풍화를 받지 않은 깨끗한 표면을 이용하는 것이 좋다.

표 2.2 모스경도계 광물

모스경도계 구성 광물	유사한 경도의 주변 물질
1. 활석	
2. 석고	손톱
3. 방해석	동전(구리)
4. 형석	
5. 인회석	칼날, 창유리
6. 정장석	쇠줄
7. 석영	
8. 황옥	
9. 강옥	
10. 금강석	

비중

비중(specific gravity)이란 같은 부피의 물의 중량에 대한 어떤 물질의 중량 비를 말한다. 만일 어떤 광물이 같은 부피의 물보다 2.5배 무겁다면, 그 광물의 비중은 2.5이다. 간단히 손으로 들어 봄으로써 광물의 비중을 측정할 수 있

다. 이미 알고 있는 광물을 가지고 충분히 연습한다면, 비중에 대한 감각을 익힐 수 있을 것이다. 보통 광물의 비중은 약 2.7 정도다. 금속의 비중은 훨씬 더 크다. 예를 들어 금의 비중은 19로서 모든 광물 중에서 가장 크다. 납의 비중은 11.3, 은은 10.5, 구리는 8.9다.

색

색(color)은 광물의 가장 명백한 특징으로 광물 감정을 위해서 종종 사용된다. 그러나 색을 이용하여 광물을 감정할 수는 있지만 신뢰성은 떨어진다. 왜냐하면 소량의 불순물이 존재하거나 결정 구조에 결함이 생기면 광물의 색이 매우 달라지기 때문이다. 예를 들어 강옥은 대개 흐릿한 반투명의 갈색 내지는 푸른색 광물이다. 그러나 여기에 소량의 크로뮴이 첨가되면 강옥은 아름다운 붉은색 보석인 루비가 된다. 만일 소량의 철이나 타이타늄이 첨가될 경우, 강옥은 푸른색 보석인 사파이어로 바뀌게 된다. 석영은 소량의 불순물과 원자 배열의 사소한 결함으로 인하여 흰색, 투명한 색, 검정색, 보라색, 붉은색 등의 매우 다양한 색상을 띠게 된다.

조흔색

조흔색(streak)은 광물을 세립질 가루로 만들었을 때의 색이다. 유약을 바르지 않은 초벌구이 도자기 판인 조흔 판에 광물을 긁어서 조흔색을 관찰할 수 있다. 많은 광물들은 조흔 판 위에 특징적인 가루 색을 남긴다. 광물을 감정함에 있어서는 광물 자체의 색보다 조흔색을 이용하는 것이 더 신뢰도가 높다. 예를 들면 적철석은 자연 상태에서 대개 어두운 붉은색 내지는 흑운모처럼 반짝이는 검정색의 형태로 산출되나, 조흔색은 모두 붉은색으로 같기 때문이다.

그림 2.8 금속 광택을 띠고 있는 황철석으로 일명 바보 금으로 알려져 있다.

광택

광택(luster)은 광물이 빛을 반사하는 방식을 지칭한다. 금속처럼 보이는 광물은 그 색이 무엇이든 금속 광택을 띤다. 황철석은 금속 광택을 가지는 노란색 광물이다(그림 2.8). 결과적으로 황철석은 금처럼 보여서, 일명 '바보 금'으로 불리기도 한다. 비금속 광물의 광택은 유리 광택, 진주 광택, 토질 광택, 수지 광택 등의 용어로 묘사된다.

그 외의 다른 특성들

산에 대한 반응성, 자성, 방사능, 형광, 인광 등의 특성들 역시 특정 광물의 특징이 될 수 있다. 방해석을 비롯한 탄산염광물은 산에 쉽게 용해되어 이산화탄소를 방출한다. 우라늄과 같이 방사성 원소를 함유하고 있는 광물은 가이거 계수기로 측정할 수 있는 방사능을 방출한다. 형광 물질

조흔색(streak) 초벌구이 도자기 판인 조흔 판에 광물을 긁었을 때 나타나는 광물의 세립질 가루 색

광택(luster) 광물의 표면에서 반사되는 빛의 양과 세기

규산염광물(silicates) 화학 성분에 규소와 산소가 포함되어 있는 광물로서 결정 구조가 규산염 사면체이다. 대개의 암석은 주로 규산염광물로 구성되어 있다.

탄산염광물(carbonates) 탄소와 산소를 주요 화학 성분으로 포함하고 있는 광물이다. 예로 탄산염 이온인 CO_3^{2-}를 가지고 있는 방해석을 들 수 있다.

황화광물(sulfides) 화학 성분에 금속 이온과 결합하고 있는 황이 포함되어 있는 광물이다. 예로 황화철(FeS_2)을 들 수 있다.

원소광물(native elements) 단일 원소로 되어 있는 광물로서 결과적으로 원소가 자연 상태로 산출(다른 원소와 화학결합을 하고 있지 않음)되는 경우이다. 대기 가스를 제외하면 단지 약 20개의 원소가 원소광물로 산출된다.

규산염 사면체(silicate tetrahedron) 모든 규산염광물의 기본 구성 단위로서 규소 이온 하나에 네 개의 산소 이온이 피라미드 형태로 결합하고 있는 구조로서 $(SiO_4)^{4-}$이다.

은 자외선을 이용하여 판별할 수 있으며, 인광 광물은 외부 자극이 멈춘 후에도 빛을 방출한다.

2.5 광물종과 주요 조암광물

지질학자들은 구성 화학 원소에 따라 광물을 분류한다(표 2.3). 예를 들면 **규산염광물**(silicates)은 모두 규소와 산소를 함유하고 있다. **탄산염광물**(carbonates)은 탄소와 산소를 함유하고 있다. **황화광물**(sulfides)은 모두 황을 함유하고 있다. **원소광물**(native elements)은 광물의 작은 종의 하나로서, 단독 원소로 구성되어 있다. 일례로 순수한 금과 은 등을 들 수 있다. 지각에 존재하는 광물은 3,500여 종이 넘지만, 보편적으로 존재하거나 가치가 있는 광물은 약 50~100종에 지나지 않는다. 그중 지각을 구성하는 주요 조암광물은 단지 9개뿐이다. 이 9개의 광물은 가장 흔한 광물이기 때문에 역설적으로 지질학자들에게는 가장 중요한 광물이다. 주요 조암광물 중 7개는 규산염광물이며, 나머지 두 개는 방해석과 백운석으로 탄산염광물이다.

규산염광물

규산염광물은 지각의 약 92 %를 차지하는 광물이다. 규산염광물이 풍부한 것은 다음 두 가지 이유 때문이다. 첫째, 규소와 산소는 지각에서 가장 풍부한 원소다. 둘째, 규소와 산소는 쉽게 결합한다. 규산염광물을 이해하기 위해서는 아래의 네 가지 원리에 유념할 필요가 있다.

1. 지각 내의 모든 규소 원자는 각각 네 개의 산소 원자에 의해 둘러싸여 있다. 이때 규소와 산소 원자들 간의 결합력은 매우 강하다.
2. 규소 원자와 이를 둘러싸고 있는 네 개의 산소 원자들은 **규산염 사면체**(silicate tetrahedron)라고 불리는 피라미드 형태의 구조를 형성한다. 그림 2.9에서 보는 것처럼, 사면체의 네 꼭짓점에는 산소가, 중앙에는 규소가 위치한다. 규산염 사면체는 모든 규산염광물의 기본 구성단위다.
3. 대부분의 규산염 사면체는 다른 원소들과 결합하고 있다. 그중에서 가장 보편적인 원소들을 꼽으면, 알루미늄, 철, 칼슘, 칼륨, 나트륨, 마그네슘 등이 있다. 석영은 가장 일반적인 규산염광물로서 오직 규소와 산소

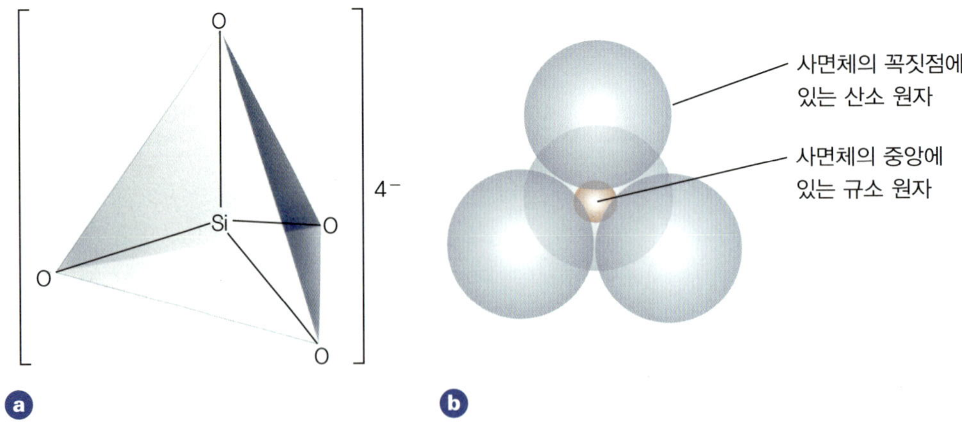

그림 2.9 규산염 사면체는 하나의 규소 원자를 네 개의 산소 원자가 둘러싸고 있는 형태로 구성되어 있다. 이것은 모든 규산염광물의 기본 구성단위다. (a) 모식도 (b) 비율상 정확한 모델

표 2.3 주요 광물군

광물군	구성 광물	화학 성분	사용 용도
산화광물	적철석	Fe_2O_3	철광
	자철석	Fe_3O_4	철광
	강옥	Al_2O_3	보석; 연마제
	얼음	H_2O	물의 고체상
	크로뮴 철석	$FeCr_2O_4$	크로뮴 광
황화광물	방연석	PbS	납광
	섬아연석	ZnS	아연광
	황철석	FeS_2	바부 금
	황동석	$CuFeS_2$	구리광
	반동석	Cu_5FeS_4	구리광
	진사	HgS	수은광
황산염광물	석고	$CaSO_4 \cdot 2H_2O$	석고
	경석고	$CaSO_4$	석고
	중정석	$BaSO_4$	착정 이수
원소광물	금	Au	전자공학; 보석
	구리	Cu	전자공학
	금강석	C	보석; 연마제
	황	S	술파제; 화학약품
	흑연	C	연필심; 건조 윤활제
	은	Ag	보석; 사진 인화
	백금	Pt	촉매
할로겐광물	암염	NaCl	일반 소금
	형석	CaF_2	철강 산업
	실바이트	KCl	비료
탄산염광물	방해석	$CaCO_3$	포틀랜드 시멘트
	백운석	$CaMg(CO_3)_2$	포틀랜드 시멘트
	아라고나이트	$CaCO_3$	포틀랜드 시멘트
수산화광물	갈철석	$FeO(OH) \cdot nH_2O$	철광; 안료
	보크사이트	$Al(OH)_3 \cdot nH_2O$	알루미늄광
인산염광물	인회석	$Ca_5(F,Cl,OH)(PO_4)_3$	비료
	터키석	$CuAl_6(PO_4)_4(OH)_8 \cdot 4H_2O$	보석
규산염광물	규산염광물은 지각의 92 %를 차지한다. (주요 구성 광물에 대해서는 그림 2.10에 요약되어 있다)		

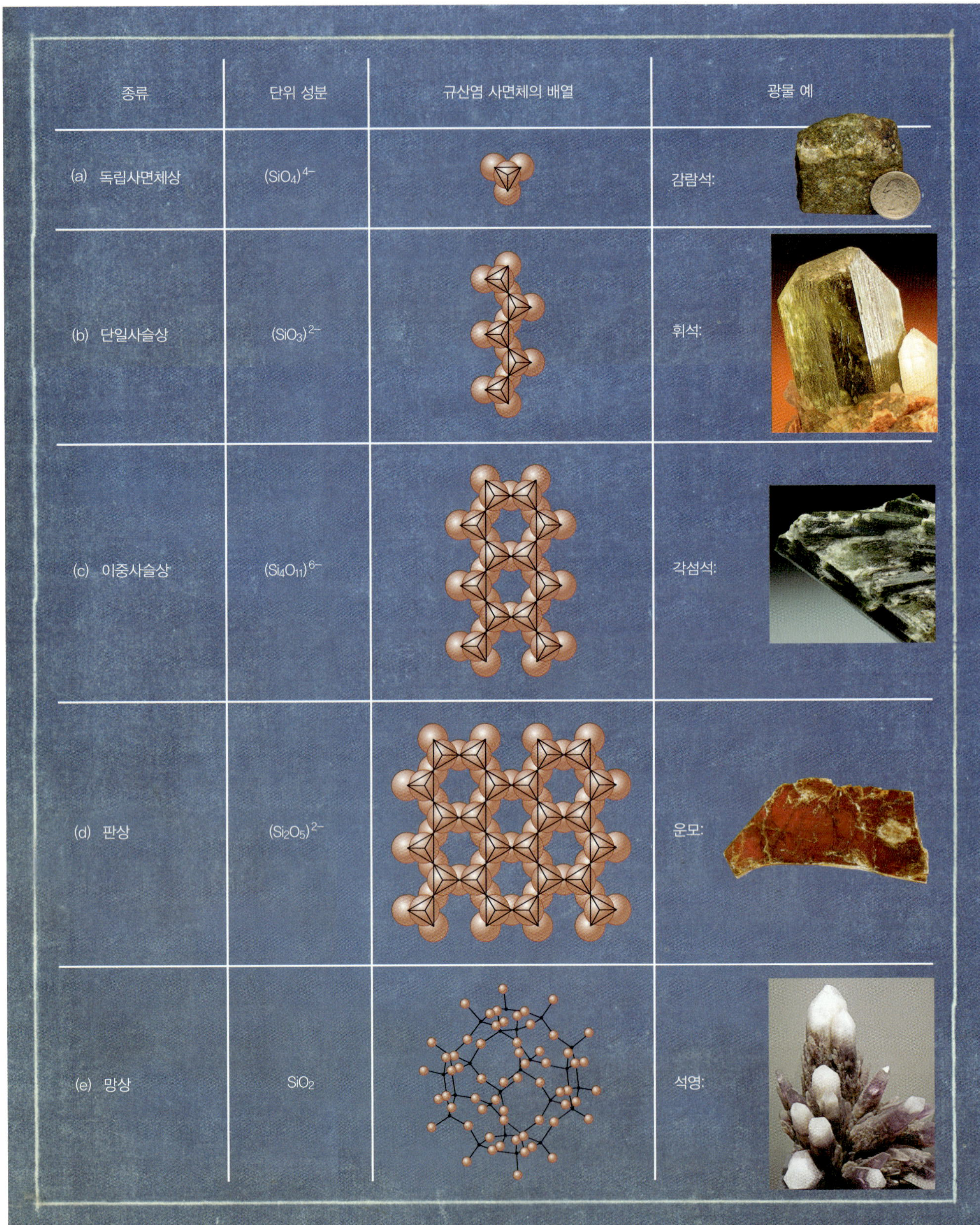

그림 2.10 규산염 사면체 간의 산소 원자 공유 방식에 기초하여 분류되는 다섯 종류의 규산염광물 구조. (a) 독립사면체상은 산소를 공유하지 않는다. (b) 단일사슬상에서 각 사면체는 인접한 사면체와 두 개의 산소를 공유하며 사슬을 형성한다. (c) 이중사슬상은 산소 하나를 더 공유하면서 단일사슬상 두 개가 서로 맞물려 있다. (d) 판상 규산염광물에서 각 사면체는 인접한 사면체와 세 개의 산소를 공유한다. (e) 3차원상인 망상은 각 사면체의 모든 산소, 즉 네 개의 산소를 공유한다.

로만 되어 있다.

4. 그림 2.10에서 보는 것처럼, 대개의 규산염 사면체는 산소 원자를 공유하면서 서로 연결되어 고리, 평면, 삼차원 망상조직 등을 형성한다.

규산염 조암광물

규산염광물은 각 사면체의 연결 방식에 따라 크게 다섯 그룹으로 분류할 수 있다(그림 2.10). 각 그룹은 적어도 하나의 조암광물을 포함하고 있다. 각 그룹의 종류 및 각 그룹 내의 가장 전형적인 규산염광물의 예는 그림 2.10에 소개되어 있다.

그림 2.11에서 보는 것처럼 장석은 지각의 약 절반을 차지하는 주요한 광물이다. 장석은 사장석과 알칼리 장석으로 분류되는데, 사장석은 칼슘을 함유하고 있고, 알칼리 장석은 칼슘대신에 알칼리 원소인 칼륨과 나트륨을 함유하고 있다. 정장석은 대표적인 알칼리 장석이며, 화강암 및 다른 대륙지각 암석에서 흔히 볼 수 있다. 사장석은 해양지각 암석의 약 50 %를 차지하는 광물이다. 사장석과 정장석은 비슷하게 생겨서 구별하기가 쉽지 않다.

석영은 지각의 약 12 %를 차지하는 광물이다. 석영은 대륙지각 암석에서는 흔히 볼 수 있는 광물이지만, 해양지각과 맨틀을 구성하는 암석에서는 보기 드물다. 석영은 규소 이외의 다른 양이온을 포함하고 있지 않은 유일한 주요 규산염광물이다. 즉, 석영의 화학식은 순수한 SiO_2이다. 석영은 +4가 규소 이온 하나당 −2가 산소 이온 2개의 비율로 구성되어 있다. 결과적으로 다른 양이온을 첨가하지 않아도 전기적 중성 상태를 유지할 수 있다.

휘석은 지각의 약 11 %를 구성하는 광물이다. 해양지각을 구성하고 있는 현무암은 거의 전적으로 사장석과 휘석으로 되어 있다. 현무암과 화강암에 대해서는 3장과 8장에서 자세히 다룰 것이다.

현무암은 약 1~2 %의 감람석을 함유하고 있지만, 그 외의 지각 암석에서 감람석은 흔한 구성 광물이 아니다. 반면에 감람석은 맨틀 암석의 대부분을 차지하는 주요 광물이다. 그러므로 지구의 견지에서 보자면, 감람석은 매우 풍부

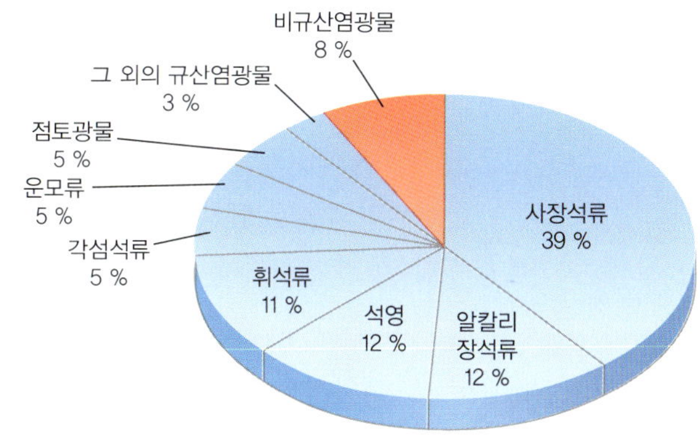

그림 2.11 규산염광물은 지각의 약 92 %를 차지한다. 장석 하나가 지각의 약 50 %를 차지하며, 휘석과 석영은 나머지 약 23 %를 차지한다.

하고 중요한 광물이다.

각섬석, 운모, 점토광물은 또 다른 종류의 규산염 조암광물이다. 각섬석과 운모는 화강암 및 다른 대륙지각 암석에서 흔한 광물인 반면에 해양지각에서는 보기 드문 광물이다. 점토광물은 비나 대기 중의 가스에 의해서 암석이 화학적 풍화를 받을 때 생성된다. 결과적으로 점토광물은 토양을 구성하는 전형적인 광물이다. 점토광물은 셰일이라는 암석을 구성하는 광물인데, 3장에서 다루겠지만 셰일은 퇴적암 중에서 가장 풍부한 암석종이다. 점토광물은 접시나 찻잔 같은 자기 산업의 주요한 원료다.

탄산염광물

탄산염광물은 규산염광물보다는 덜 풍부한 지각 구성 광물이나, 다음 장에서 다루겠지만 모든 대륙의 상

광석광물(ore minerals) 경제적으로 유용한 금속이나 다른 원소들을 채굴할 수 있는 광물

산업광물(industrial minerals) 금속광석, 연료, 보석을 제외한 경제성이 있는 암석이나 광물

당 부분을 덮고 있는 퇴적암을 구성하는 광물이기 때문에 주요 조암광물의 범주에 포함된다. 대부분의 해양 생물체(조개, 굴, 산호 등)의 껍데기나 단단한 부분은 탄산염광물로 되어 있다. 이런 껍질이나 뼈 등이 퇴적되면 석회암이라는 퇴적암이 된다(3장 참고). 방해석($CaCO_3$)은 석회암을, 백운석($CaMg(CO_3)_2$)은 유사종인 백운암을 구성하는 광물이다. 석회암은 시멘트의 원료로 채광된다.

그림 2.12 방연석(황화납)은 가장 중요한 납 광상이다.

2.6 상업적으로 중요한 광물

풍부하지는 않지만 상업적으로 중요한 광물들이 많이 있다. 산업사회는 철, 구리, 납, 아연, 금, 은 등의 금속에 매우 의존적이다. **광석광물(ore minerals)**은 경제적으로 유용한 금속이나 다른 원소들을 채굴할 수 있는 광물을 지칭한다. 자연금이나 자연은과 같이 단독 원소로 구성되어 있는 경우도 있으나 대개의 금속은 다른 원소와 화학결합을 하고 있다. 철은 대개 산소와 결합하고 있다. 구리, 납, 아연은 황과 결합하여 그림 2.12에서 보는 것처럼 방연석과 같은 황화광석광물을 만든다.

산업광물(industrial minerals)은 금속광석, 연료 또는 보석을 제외한 경제성이 있는 광물을 말한다. 산업광물은 금속을 추출할 목적으로 채광되는 것이 아니기 때문에 광석으로 간주되지는 않는다. 암염은 캐내서 식용 소금으로 만들고, 석고는 캐내서 회반죽이나 석고판 제작 등에 사용한다. 인회석 및 다른 종류의 인산염광물은 현대 농업에 매우 중요한 인산염 비료의 원료다. 석회암은 시멘트의 원료다. 자연황은 황산, 살충제, 비료, 고무 제품 등을 만드는 데 사용하며 휴화산이나 활화산의 화구에서 채광한다. 그 이유는 그림 2.13에서 보는 것처럼 화구로부터 뿜어 나오는 가

그림 2.13 칠레와 볼리비아 국경 지대에 있는 올라게 화산(Ollagüe volcano)의 화구에서 노란색 자연황이 정출되고 있다.

그림 2.14 사파이어는 가장 비싼 보석 중의 하나다.

스로부터 자연황이 화구에 침전되기 때문이다.

그림 2.15 무색의 황옥은 준보석의 일종으로 인기가 있다.

보석(gem)은 희소성이나 아름다움 때문에 각광받는 광물이다 (물론 다이아몬드와 같은 보석은 공업용으로도 사용되지만). 보석은 가치에 따라서 귀금속과 준보석으로 분류된다. 다이아몬드, 에메랄드, 루비, 사파이어 등은 귀금속이다(그림 2.14). 자수정, 마노, 벽옥, 묘안석 등의 석영(수정)의 변종들은 준보석이다. 석류석, 감람석, 황옥, 터키석 등은 매력적인 준보석들이다(그림 2.15).

보석(gem) 공업용으로 사용되기 보다는 희소성이나 아름다움으로 가치를 지니는 광물

높은 산맥이나 가파른 낭떠러지를 볼 때, 여러분은 아마도 그런 암석들을 구성하고 있는 작은 광물에 대해서는 순간적으로 생각하지 못할 수도 있다. 그러나 광물은 지구를 구성하는 기본 단위다. 또 어떤 광물은 공업화에 필요한 기본적인 자원으로 사용된다.

이 책을 공부하는 동안 알게 되겠지만, 지표면과 인간 환경은 광물이 공기나 물과 반응할 때, 또는 다른 광물과 반응하거나 생물과 반응할 때 변화한다.

2.7 유해한 암석과 광물

자연 상태로 존재하는 대개의 암석과 광물은 인간에게 또는 다른 유기체에 무해하다. 이와 같은 사실이 새삼 놀라운 것은 아니다. 왜냐하면 모두는 지구를 구성하고 있는 암석과 광물들 사이에서 진화하고 있고, 또 주변이 독성 환경이면 종들은 생존할 수 없게 되기 때문이다. 그러나 일부 광물은 유해하다. 석면이 그 일례인데, 석면은 유독한 발암물질이다. 어떤 암석이나 광물들은 방사성 발암물질인 라돈가스를 방출한다. 수은이나 납, 비소 또는 유황 같은 독성 원소를 함유하고 있는 광물이나 암석도 있다.

자연 상태에서, 대개의 유해 암석이나 광물들은 동물이나 식물이 이용하기 어려운 깊이에 묻혀 있다. 자연적인 풍화나 침식으로 이들은 지표에 노출되지만, 그 반응은 매우 느리므로 대개 무해하다. 납, 수은, 비소 같은 독성 금속이나 원소들을 함유하고 있는 광물들은 대개 물에 용해되지 않는 광물들이다. 자연 상태에서 이들이 풍화되는 속도는 매우 느리기 때문에 독성 물질들의 방출 속도 역시 무시할 만하다. 그러나 환경 오염에 대한 통제가 적절히 이루어지지 않는다면, 광상 개발이나 제련 또는 제분 등의 작업들을 통하여 이러한 유독 물질들이 농축되거나 빠른 속도로 방출됨으로써 인간 내지는 다른 유기체에 유해해질 수 있다.

규폐증과 흑폐증

장석이나 석영과 같은 대개의 광물들은 자연 상태의 고체 암석 속에서는 무해하다. 그러나 이런 광물들이 작은 입자로 갈려서 먼지와 같은 형태가 되면, 폐 속으로 들어가서 치명적인 염증을 일으키거나 폐 조직을 손상시켜 규폐증(silicosis)을 일으킬 수 있다. 심각한 경우에 폐가 부풀어 오르거나 폐수가 차서 호흡곤란 내지는 혈중 산소 농도 저하를 초래할 수도 있다. 규산 먼지에 노출되는 작업장으로는 광산, 암석 절단 장소, 채석장, 건축 현장, 도로 건설 현장, 연마 작업장, 분사 작업장 등을 들 수 있다. 규산에 심하게 노출되면 일 년 안에 규폐증에 걸릴 수 있으나 대개 10~15년 정도의 시간이 경과해야 증상이 나타난다. 규폐증의 발생 빈도는 미국 노동안전위생국이 규산 먼지 흡입을 줄일 수 있는 보호 장비 사용법을 제정하면서 상당히 완화되었다. 탄광 인부들에 의해 다량 흡입되어 흑폐증(black lung)을 일으키던 석탄 먼지도 연방법 제정과 함께 탄광 내 먼지 발생량을 억제시키면서 완화되고 있다.

석면, 석면침착증, 암

석면은 가늘고 긴 섬유상 결정인 광물종을 지칭하는 공업명이다. 판상의 규산염광물 중 하나인 온석면은 운모류와 유사한 결정 구조 및 성분을 가지며, 꼬불꼬불한 섬유가 엉켜 있는 것 같이 생겼다(그림 2.16). 석면의 또 다른 종류에는 곧고 뾰족한 바늘처럼 성장하고 있는 네 종류의 각섬석이 있다. 온석면은 섬유질이 유연하고 단단하며 직물로도 짤 수 있기 때문에 비싸지만 보편적으로 사용되는 석면이다. 어떤 사람들은 온석면이 꼬불꼬불한 섬유상이라 폐에서 쉽게 제거될 수 있기 때문에 덜 유해한 석면이라고 생각한다. 그러나 최근 연구 결과에 의하면 모든 종류의 석면은 발암물질이다.[2)]

COPYRIGHT AND PHOTOGRAPH BY DR. PARVINDER S. SETHI/ SMITHSONIAN MUSEUM OF NATURAL HISTORY

그림 2.16 온석면은 상대적으로 덜 위험한 발암물질이라고 여겨짐에도 불구하고 공공건물로부터 온석면을 제거하는 작업이 활발히 진행되고 있다.

석면은 내화성이 있고, 화학적으로 비활성이며, 매우 강하기 때문에 상업성이 높다. 예를 들어 온석면 섬유는 같은 지름의 강철 와이어보다 8배나 더 강하다. 석면은 브레이크 라이닝, 방화복, 단열재, 지붕널, 타일, 파이프, 개스킷 등을 제작하는 데 사용되어 왔다. 그러나 지금은 브레이크 패드, 지붕널, 파이프의 제작에만 허용하고 있다.

1900년대 초반에 석면 광부나 석면과 관련된 일을 하는 사람들은 그런 섬유에 장기간 노출될 때 회복 불능의 호흡성 질환인 석면침착증(asbestosis)에 걸린다는 사실을 배웠다. 이후 1950~1960년대에는 석면이 폐암을 비롯한 여러 종의 암을 유발한다는 연구 결과가 나왔다. 석면이 발암물질이라는 사실을 과학자들이 인지하는 데 긴 시간이 걸린 이유는 그런 질병들이 대개 석면에 노출된 이후 수십 년이 지나도록 발병하지 않기 때문이다.

석면 섬유가 어떻게 암을 유발하는지 아직 명확히 밝혀지지는 않았지만, 석면의 형태가 중요한 역할을 하는 것처럼 보인다. 비록 양자가 모두 발암물질이라는 사실에는 변

2) "Chrysotile Asbestos Fact Sheet", Environmental Information Association, 2009 (http://www.eia-usa.org/wp-content/post-files/chrysotile-fact-sheet1.pdf); "Scientific and Medical Facts about Chrysotile Asbestos Released by the Environmental Information Association and the ADAO", *Medical News Today*, April 29, 2009 (http://www.medicalnewstoday.com/articles/147938.php); and "Chrysotile Asbestos Represents Little Health Hazard, Study Says", *Air Conditioning, Heating & Refrigeration News*, January 29, 1990 (http://www.accessmylibrary.com/article-1G1-8344361/chrysotile-asbestos-represents-little.html).

함이 없지만, 통계적으로 연구 결과는 뾰족한 각섬석 석면이 유연한 온석면 섬유보다 더 심각한 발암물질로 나왔다. 석면이 건강에 미치는 영향력에 대한 인식이 증대하면서 1978년 미국 환경보호청(the Environmental Protection Agency; EPA)은 건축물에 석면을 사용하는 것을 전격 금지시켰다. 그러나 이러한 조치도 이미 건축물에 설치되어 있는 석면을 어떻게 처리할 것인지에 대해서는 문제시하지 못했다. 1986년 미국 상원은 모든 학교들에 대해 석면 검사를 요구하는 석면위해 긴급대응 법안을 통과시켰다. 이와 같은 공적 조치를 취함으로써 수 조원에 달하는 비용을 치르면서 학교나 다른 공공건물들로부터 석면을 제거하도록 하는 프로그램을 성급하게 가동시켰다. 그런데 도대체 이런 위험들의 실제 수위는 어느 정도일까?

건축물에 사용되는 석면은 대개 덜 위험한 온석면이며, 직물로 짜여 있거나 단단한 기질 속에 잘 접착되어 있는데다가 표면은 페인팅처리 되어 있는 경우가 대부분이다. 그러므로 그런 섬유들이 바람에 날려 공기 중에 돌아다니지는 않는다. 대부분의 건축물의 경우, 석면이 내부 공기 중에 돌아다니고 있을 확률은 바깥 공기 속에서 날리고 있을 확률보다 더 높다고 할 수가 없다. 비록 발암물질이기는 하지만 석면단열재 그 자체로는 건강을 위협하지는 않는 반면, 이를 제거하기 위해서 석면 먼지를 일으킨다면 관련 노동자들뿐만 아니라 그 프로젝트가 끝난 이후 수개월 동안 건물 내부에 석면 먼지가 떠돌아다니게 되어 더 위험해진다고 주장하는 학자들도 있다.

라돈과 암

라돈(radon)은 우라늄이 방사성 붕괴를 할 때 생성되는 일련의 원소들 중 하나다. 자연 우라늄은 몇몇 광물이나 대부분의 암석 속에 소량으로 존재하지만, 화강암이나 셰일 같은 암석 속에는 농축되어 있을 수도 있다. 이에 대해서는 다음 장에서 다루게 될 것이다. 라돈은 화강암과 셰일이 풍화될 경우 생성되는 토양 속에서도 발견된다. 따라서 이런 암석들이 섞인 콘크리트로 만든 건축물에서는 라돈이 발견될 것이다. 라돈은 방사성 원소이므로 시간이 지나면 다른 원소로 붕괴된다. 이런 방사성 때문에 라돈과 그 붕괴산물은 발암물질이며, 또한 가스이기 때문에 여러분이 호흡할 때 폐 속으로 들어간다.

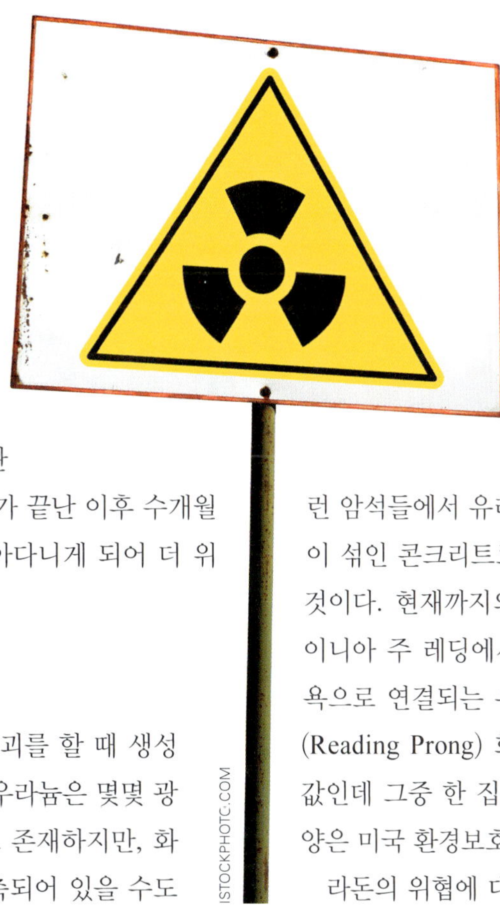
ISTOCKPHOTC.COM

라돈은 땅 속에서부터 집이나 건축물 내부로 스며들어 실내 공기 속에 농축되며, 미국인 중 연간 5,000~20,000명을 암환자로 만들어 죽음으로 몰아간다. 미국에서 라돈에 기인한 폐암으로 죽을 확률은 약 0.4 %로 석면이나 농약 또는 다른 대기 오염으로 인하여 죽을 확률보다 훨씬 높으며, 집에서 화재로 죽거나 자동차 사고로 죽을 확률에 견줄 수 있다.

모든 미국인들이 동일한 양의 라돈에 노출되어 있는 것은 아니다. 어떤 집은 라돈 가스의 농도가 낮은 반면, 어떤 집은 높다. 이러한 농도를 조절하는 인자에는 지질학과 집안 통풍, 두 가지가 있다. 화강암이나 셰일 같은 암석은 다른 암석에 비해 우라늄이나 라돈 함량이 매우 높으므로 지질학은 중요 한 요소가 된다.

라돈은 기반암, 토양 또는 건축물 내부에 있는 우라늄이 천천히 방사성 붕괴할 때 만들어져서 지하실로 스며들어와 집안 전체로 퍼져간다. 라돈 함량이 최대치가 되는 경우는 화강암이나 셰일 위에 세워진(또는 이런 암석들에서 유래한 토양 위에 세워졌거나 이런 암석들이 섞인 콘크리트로 지은) 통풍이 잘되지 않는 집 내부일 것이다. 현재까지의 측정 기록 중 최대치는 미국 펜실베이니아 주 레딩에서 출발하여 뉴저지 주 북부 지방과 뉴욕으로 연결되는 우라늄이 풍부한 화강암체인 리딩 프롱(Reading Prong) 화강암체 위에 세워진 집들에서 측정된 값인데 그중 한 집의 실내 공기 속에 함유되어 있는 라돈양은 미국 환경보호청의 한계수준보다 약 700배나 높았다.

라돈의 위협에 대하여 여러분은 두 가지 질문을 해야 한다. “우리 집 내부의 라돈 농도는 얼마인가?”, “만약 농도가 높으면 어떤 조치를 취해야만 하는가?” 라돈은 방사성 원소이기 때문에 철물점에서 파는 간단한 탐지기로도 측정할 수 있다. 만약 탐지기에 라돈이 많다고 탐지될 경우 3가지 대처 방안이 있다. 먼저 지하실에 외부로 환기구를 만든다. 이 방법으로 지하실 내부 공기가 집안으로 퍼지는 것을 막을 수 있고, 또 라돈 가스가 지하실에 축적되는 것을 막을 수도 있다. 두 번째는 집안 환기를 철저히 하는 것이다. 그러나 이 방법은 따뜻한 실내 공기가 유실되어 난방비를 높이는 역효과를 낼 수도 있다. 세 번째는 바깥 공기를 집안으로 끌고 들어와 실내 공기압이 실외 공기압보다 약간 높도록 유지시키는 방법이다. 이러한 양의 압력은 토양이나 기반암으로부터 지하실로 공기가 스며드는 것을 방지시켜 준다.

라돈은 도처에 있기 때문에 완벽하게 제거하는 것은 불가능하다. 그러나 노출을 최소화할 수는 있으므로 발암의 가능성을 현저히 줄일 수는 있다.

산성 광산 배수와 중금속 오염

납, 아연, 구리, 카드뮴, 수은 및 다른 여타 중금속이 황과 결합되어 있는 광물을 황화광석광물이라 한다. 경우에 따라서는 이런 중금속 외에 비소나 다른 독성 원소들이 포함되어 있기도 하다. 이런 광물들은 현대 공업사회의 필수 요소로, 금속광상으로 채광된다.

그러나 이런 광물들을 탐광하고 정련하는 것은 심각한 대기 오염이나 수질 오염의 원인이 되기도 한다. 적절한 오염 방지 시설 없이 황화광석광물을 탐광하고 정련하는 것은 하천이나 지하수 또는 공기 속으로 유황이 빠져나가게 하는 것이 되며, 거기서 이것들은 황화수소나 황산이 된다. 수용성 황화광물은 수생 유기체에 치명적이며, 대기 중의 황화물은 산성비를 초래한다.

납, 수은, 카드뮴, 비소와 같은 독성 원소들은 폐광에서 빠져나와 대기나 물속으로 용해될 수 있다. 아울러 제련이나 정련 과정에서 수은, 납, 비소 같은 독성 원소들은 불용성에서 가용성으로 성질 변화가 일어나서 독성을 띠게 될 수도 있다. 대개의 유황이나 독성 금속들은 오염 방지 시설로 제거될 수 있으므로 법제정이 절실하다.

요약

2.1 광물이란 무엇인가?

광물이란 암석을 구성하는 물질이다. 광물은 자연에서 생성되는 고체 무기물로서 일정한 화학 성분과 결정 구조를 가지고 있다.

2.2 광물의 화학 성분

각 광물은 일정한 비율로 결합하고 있는 화학 원소들로 구성되어 있다. 그래서 각 광물의 화학 성분은 화학식으로 나타낼 수 있다.

2.3 광물의 결정질 본성

모든 광물은 결정질 구조, 즉 규칙적이며, 주기적으로 반복되는 원자들의 배열을 가지고 있다. 그러므로 모든 광물은 결정이다. 결정의 형태는 이런 단위포의 형태와 배열에 의해 결정된다. 모든 광물은 화학 성분과 결정질 구조를 바탕으로 다른 광물과 구분된다.

표 2.1 지각을 구성하는 8대 원소*

원소	기호	중량(%)	원자 수(%)	부피(%)†
산소	O	46.60	62.55	93.80
규소	Si	27.72	21.22	0.90
알루미늄	Al	8.13	6.47	0.50
철	Fe	5.00	1.92	0.40
칼슘	Ca	3.63	1.94	1.00
나트륨	Na	2.83	2.64	1.30
칼륨	K	2.59	1.42	1.80
마그네슘	Mg	2.09	1.84	0.30
	총량	98.59	100.00	100.00

* 존재비는 중량, 원자 수 및 부피를 %로 나타내었다.
† 부피는 계산을 위해 선택한 이온 반지름에 따라 값이 약간 달라질 수 있다.
자료 출처: Brian Mason and Carleton B. Moore, '*Principles of Geochemistry*', 1982, John Wiley & Sons, Inc.

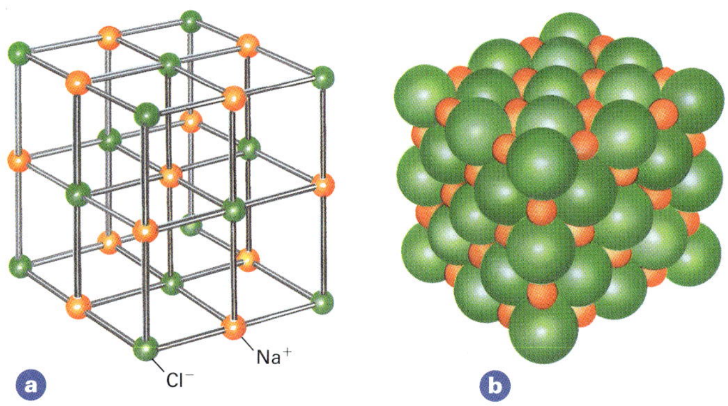

그림 2.2 염화나트륨 또는 암염 내의 나트륨과 염소 이온의 규칙적 배열. (a) 이 결정 모델은 여러분이 볼 수 있도록 분해된 것이다. 실제로 이들 이온은 (b)에서 보는 것처럼 바짝 붙어 있다.

2.4 광물의 물리적 특성

대부분의 보편적인 광물들은 육안으로 쉽게 구분하여 감정할 수 있다. 정벽, 벽개, 단구, 경도, 비중, 색, 조흔색, 광택 등을 포함하는 두세 개의 물리적인 특성들을 관찰하는 것은 감정에 도움이 된다.

2.5 광물종과 주요 조암광물

지각에 존재하는 것으로 알려진 광물은 3,500여 종이 넘지만, 단 9개의 주요 조암광물이 지각의 대부분을 구성하고 있다. 이들에는 장석, 석영, 휘석, 각섬석, 운모, 점토광물, 감람석, 방해석과 백운석이 있다. 이 중에서 장석부터 감람석까지 7개의 광물은 규산염광물이다. 이들의 구조와 화학 성분은 규산염 사면체에 기초하는데, 여기서 규산염 사면체란 규소 원자 하나가 네 개의 산소 원자에 의해 둘러싸여 피라미드와 같은 형태를 하고 있는 구조를 지칭한다. 나머지 두 개의 탄산염광물인 방해석과 백운석 역시 주요 조암광물이라고 할 수 있을 만큼 충분히 풍부하다.

2.6 상업적으로 중요한 광물

광석광물, 산업광물 그리고 보석광물은 경제적으로 가치가 있는 중요한 광물이다.

2.7 유해한 암석과 광물

대부분의 광물과 암석은 자연 상태에서 환경적으로 안전하다. 그러나 일부 광물은 광상이 개발되거나 제분 또는 제련될 때 환경적으로 유해한 물질을 방출할 수 있다.

핵심용어

결정crystal (2.3)
결정면crystal face (2.3)
결정질 구조crystalline structure (2.3)
경도hardness (2.4)
광물mineral (2.1)
광석광물ore minerals (2.6)
광택luster (2.4)
규산염광물silicates (2.5)
규산염 사면체silicate tetrahedron (2.5)
단구fracture (2.4)
모스경도계Mohs hardness scale (2.4)
벽개cleavage (2.4)
보석gem (2.6)
비중specific gravity (2.4)
산업광물industrial minerals (2.6)
양이온cation (2.2)
원소element (2.2)
원소광물native elements (2.5)
음이온anion (2.2)
이온ion (2.2)
정벽crystal habit (2.4)
조암광물rock-forming minerals (2.2)
조흔색streak (2.4)
탄산염광물carbonates (2.5)
황화광물sulfides (2.5)

연습문제

1. 다른 물질과 구분하는 광물의 특성에는 무엇이 있는가?
2. 석유와 석탄은 광물이 아니다. 그 이유에 대하여 설명하시오.
3. 석영의 화학식인 SiO_2로부터 여러분은 석영의 화학 성분에 대해 무엇을 유추할 수 있는가? $KAlSi_3O_8$로부터 여러분은 정장석에 대하여 무엇을 말할 수 있는가?
4. 원자란 무엇인가? 이온은? 양이온은? 음이온은? 이들이 광물에서 하는 역할은 무엇인가?
5. 모든 광물은 결정질 구조를 가지고 있다. 이것은 무엇을 의미하는가?
6. 결정의 고유 형태를 지배하는 요소에는 어떤 것들이 있는가?
7. 결정면이란 무엇인가?
8. 광물이 잘 발달한 외형의 결정으로 자라기 위해서 필요한 조건은 무엇인가? 또한 광물의 성장을 방해하는 요인에는 무엇이 있는가?
9. 광물 감정에 가장 유용한 물리적 특성들을 나열하고 설명하시오.
10. 어떤 광물은 벽개를 가지는 반면, 어떤 광물은 그렇지 않다. 그 이유는 무엇인가? 또 어떤 광물들은 한 조 이상의 벽개면을 가진다. 그 이유는 무엇인가?
11. 광물을 감정함에 있어서 광물의 색은 각 광물 고유의 물리적 특성이라고 보기 어려운 경우가 종종 있다. 그 이유는 무엇인가?
12. 주요 조암광물을 나열하시오. 그들이 주요 조암광물이라고 불리는 이유는 무엇인가? 그중 규산염광물에는 어떤 것들이 있는가? 그들 중 상당수가 규산염광물인 이유는 무엇인가?
13. 규산염 사면체 하나를 삼차원적으로 그리시오. 주요 조암 규산염광물에서 발견되는 다섯 종의 규산염 사면체의 배열 형태를 각각 그리시오. 이들 다섯 종의 배열에서 인접한 사면체 간에 공유하는 산소 원자는 각각 몇 개인가?
14. 두 개의 열을 가지고 있는 표를 만드시오. 왼쪽 열에 기본적인 규산염 구조를 열거하시오. 오른쪽 열에 각 구조에 해당하는 주요 조암광물을 한두 가지 들어보시오.
15. 광상 개발이 자연 상에서 친화적이었던 암석으로부터 어떻게 유해하고 독성이 있는 물질을 방출시키는지 설명하시오.

3장 암석

마그마(magma) 지각 하부에서 만들어지는 암석 용융체로서 이로부터 화성암이 생성된다.

화성암(igneous rock) 마그마가 지표로 상승하면서, 냉각하고 고화되어 만들어진 암석

풍화(weathering) 화학적 또는 물리적인 과정에 의해 지표면에서 암석과 광물이 분해 내지는 분열되는 것

> “여러분을 지치게 하는 것은 올라가야 할 산이 아니라, 여러분 신발 속에 있는 돌멩이다”
>
> 무하마드 알리(Muhammad Ali, 1942~)[1)]

지구는 지하 2,900 km 깊이까지 고체 암석으로 되어 있고 여기에서 맨틀은 액체 상태의 외핵과 만나게 된다. 얼핏 보더라도 암석이 모두 동일하지는 않다. 미국 캘리포니아 주에 위치한 시에라네바다 산맥 정상은 단단한 화강암으로 되어 있다. 반면 유타 사막의 붉은색 절벽은 부드러운 사암으로 되어 있다. 에베레스트 산맥의 정상은 조개화석 내지는 작은 해양 생물 화석들을 포함하고 있는 석회암이다.

에베레스트 정상에 있는 해양생물 화석은 이 석회암이 과거 바다에서 생성되었다는 사실을 여러분에게 알려준다. 어떤 힘이 그 암석을 히말라야 최고봉으로 밀어 올린 것일까? 미국 유타 주 사막의 사암을 형성한 방대한 양의 모래는 어디서 온 것일까? 시에라네바다 화강암은 어떻게 생성되었을까?

이런 일련의 질문들은 암석이 어떤 과정을 통해서 생성되었는지, 또 지질 역사를 통하여 어떻게 변화해 왔는지에 대해 묻고 있다. 이 단원에서 여러분은 암석에 대해 공부할 것이다. 즉, 암석이 어떻게 생성되며, 무엇으로 만들어지는가에 대해 배울 것이다.

3.1 암석과 암석윤회

암석은 하나 이상의 광물로 구성된 고체 상태의 혼합물이다. 그 성인에 기초해서 지질학자들은 암석을 화성암, 퇴적암, 변성암 세 종류로 구분한다.

지구의 내부는 뜨겁고 유동적이다. 지하 200~300 km 깊이에서의 높은 온도는 고체인 암석을 녹여서 **마그마(magma)**라고 불리는 액체를 만들어 낼 수 있다. 마그마는 지표를 향하여 천천히 상승한다. 마그마가 상승하면서 냉각하고, 다시 고체인 암석이 된다. **화성암(igneous rock)**은 마그마가 고결되어 만들어진 암석이다.

인간의 수명 시간 단위로 볼 때, 암석은 영원하며 변화하지 않는 것 같다. 그러나 이런 겉보기 영원성은 짧은 시간 틀 안에서 보이는 착각일 뿐이다. 지질학적 시간 단위로 보면, 물과 공기는 지표 상의 모든 종류의 암석을 공격한다. 이렇게 암석이 작은 입자로 부수어지는 것을 **풍화(weathering)**라고 한다. 암석이 풍

1) 역자 주: 미국 권투 선수로 전 세계헤비급 챔피언을 지냈다. 본명은 카시우스 클레이이다.

그림 3.1 지질학적 시간에 걸쳐 암석이 변화하는 것을 보여주는 암석윤회. 화살표는 암석의 변화 경로를 보여준다.

퇴적물(sediment) 바람, 물, 중력 또는 얼음에 의해 운반되거나 퇴적되거나; 자연적인 힘에 의해 풍화되거나, 화학반응에 의해 침전되거나, 생물체의 분비물이거나, 미고결층 내에 쌓여 있는 고체 암석이나 광물의 파편 따위의 물질이다.

퇴적암(sedimentary rock) 퇴적물이 암석화작용을 통하여 다져지거나 교결되어 만들어진 암석

변성암(metamorphic rock) 화성암, 퇴적암, 혹은 다른 변성암이 온도와 압력의 상승이나 화학 성분의 변화 내지는 변형 등에 의해 재결정되어 생성된 암석

화 침식을 받을 때 만들어지는 자갈, 모래, 점토 등의 입자들이 쌓여서 느슨하며 고결되지 않은 **퇴적물**(sediment) 층을 형성한다. 퇴적물의 일례로 해변의 모래나 호수 바닥의 점토를 들 수 있다. 풍화 과정은 지하수나 하천에 용해되어 있는 나트륨이나 칼슘과 같은 이온들을 형성하기도 한다. 유수, 바람, 빙하, 중력 등은 퇴적물을 침식시키고 또 이온으로 용해시켜서 하류로 운반시키며 저지대에 퇴적시킨다. 퇴적물이 고화되어 고체의 암석이 되면 이를 **퇴적암**(sedimentary rock)이라고 한다. 조개나 굴, 산호 같은 해양 생명체는 해수 속에 용해되어 있는 칼슘을 선택적으로 받아들인다. 그리하여 칼슘을 이산화탄소와 결합시킴으로써 껍데기를 만들거나 단단한 부분을 만드는 데 사용한다. 여기서 사용되는 이산화탄소는 대기로부터 해수 속에 녹아들어 온 것이다. 이들 생명체가 죽은 이후에 그런 껍데기나 산호의 유해는 퇴적되어 암석이 되는 데 이를 석회암이라고 한다. 그러므로 가장 일반적인 퇴적암 중의 하나인 석회암은 지권, 수권, 생물권과 대기권 사이의 직접적인 상호작용에 의해 생성된다.

변성암(metamorphic rock)은 열, 압력 또는 열수가 기존의 암석을 변화시킬 때 만들어진다. 예를 들어 지각이 천천히 가라앉아서 지름 수백 km, 깊이 수천 m의 분지를 만들었다고 가정하자. 이 분지 내에 퇴적물이 쌓여서 고화되면

암석윤회(rock cycle) 암석이 지질학적 과정에 의해 생성되고, 파괴되며, 변질되고, 변형되는 사건들의 연속

퇴적암이 만들어진다. 퇴적물이 계속하여 쌓이게 되면, 최하층은 상당한 하중을 받게 된다. 이처럼 지각이 계속 매몰되면 그 분지 내 암석의 온도와 압력을 상승시키게 되며, 결과적으로 구성 광물의 종류와 조직을 변형시켜 퇴적암을 변성암으로 변하게 한다. 예를 들면 지난 150만 년 동안 미시시피 강은 멕시코 만 북단부로 수조 ton의 진흙과 모래를 이동시켰고 이것이 퇴적되어 현재 분지 내 최심부 층의 두께는 12 km 이상에 달한다.

지질학적 시간 동안 영원불멸하는 암석은 없다. 대신에 모든 암석은 전술한 세 종류의 암석 중 하나에서 다른 것으로 변화하는 과정을 겪게 된다. 이런 일련의 과정을 **암석윤회**(rock cycle)라고 한다(그림 3.1). 전술한 변성작용의 예에서, 퇴적물은 미시시피 삼각주 하부에 쌓여서 퇴적암이 된다. 분지가 침강함에 따라 새로운 퇴적물이 기존의 퇴적암을 덮어 온도와 압력이 상승하게 되면 기존의 퇴적암은 변성암으로 변하게 된다. 온도가 충분히 높아지면 변성암은 급기야 녹아서 마그마를 만들게 될 것이다. 그러면 마그마는 상승하게 되고 결국 고화하여 화성암이 될 것이다. 수백만 년이 지난 후에 지각운동은 이 화성암을 지표면으로 이동시킬지도 모른다. 그러면 화성암은 풍화되어 퇴적물이 될 것이다. 비와 유수는 이러한 퇴적물을 쓸어내어 새로운 분지로 이동시킬 것이며, 암석윤회는 반복될 것이다.

암석윤회의 경로가 단순히 하나의 정해진 순서대로 움직이는 것은 아니다. 거기에는 매우 다양한 경로들이 있다. '암석윤회'라는 용어는 단순히 암석이 영원불멸하다는 것이 아니라 지질학적 시간의 경과와 함께 변해간다는 생각을 표현하는 것일 뿐이다.

암석윤회와 지구시스템 간의 상호작용

암석윤회는 몇 가지 유형의 지구시스템 간의 상호작용(예를 들면 암석권, 대기권, 생물권, 수권 간의 상호작용)으로 설명할 수 있다. 비나 공기는 산(acid) 또는 생물 기원의 다른 화학 성분들의 도움을 받아 고체 암석을 분해하여 점토광물을 포함한 여러 종류의 퇴적물을 만든다. 이 과정 동안 물과 대기 중의 가스 성분은 화학반응을 하여 점토의 한 성분으로 들어가게 된다. 즉, 대기권과 수권의 공기와 물이 지권의 고체 광물로 변화하게 되는 것이다. 비가 더 많이 내리면 점토를 비롯한 퇴적물들은 빗물에 씻겨 하천으로 흘러가며, 궁극적으로 대륙의 가장자리에 위치하는 미시시피 강 삼각주 같은 퇴적분지로 운반된다. 1장에서 다룬 것처럼, 이러한 물의 순환은 태양 에너지에 의해 유도된다. 즉, 햇빛이 수분을 증발시켜 비를 만들고, 이 비가 하천수로 공급되는 것이다. 그러나 이는 또한 암석윤회의 한 부분이다. 즉, 지구에서 발생하는 모든 과정은 상호작용한다고 말할 수 있다.

암석윤회는 지구 내부 에너지에 의해서도 유도된다. 예를 들어 퇴적분지가 계속되는 퇴적물 공급에 의한 하중으로 침하할 때, 최하층은 지구 내부 에너지에 의해 가열되어 변성작용을 겪게 된다. 이와 유사한 열이 바로 암석을 용융시켜 마그마를 만들기도 한다. 그러나 마그마가 상승하여 지표로 분출할 때, 지구 내부 기원의 열은 대기 중으로 이동하게 된다.

이 단원에서 우리는 대기권, 생물권, 수권과 지권에서 벌어지는 이와 같은 상호작용들을 강조할 것이다. 또한 이러한 시스템들이 계속하여 에너지와 물질을 교환하기 때문에 지구는 하나의 통합된 시스템으로 작동한다는 사실에 주목할 것이다.

3.2 화성암

마그마: 화성암의 근원

만일 여러분이 지각을 뚫어서 우물을 파본다면, 지구 내부의 온도가 1 km 들어갈 때마다 약 30 ℃ 상승한다는 사실을 발견하게 될 것이다. 지각 하부로 갈수록 온도는 상승하지만 그렇게 빠른 속도로 상승하는 것은 아니다. 지하 100~350 km 깊이에서 온도는 암석의 용융점에 달해서 일부 지역들은 녹아서 마그마를 만들게 된다. 마그마의 온도는

약 600~1,400 ℃의 범위로 화학 성분과 생성 깊이에 따라서 다소 차이가 있다. 참고로 쇠막대기는 약 600 ℃가 되면 벌겋게 달아오르고 약 1,500 ℃가 넘으면 녹기 시작한다.

암석이 녹아서 마그마가 되면 약 10 %쯤 부피가 증가하므로 주변 암석보다 가벼워져 상승하게 된다. 이것은 뜨거운 풍선이 공기 중으로 올라가는 원리와 동일하다. 마그마가 상승하여 지표면으로 접근하면 냉각하게 되고 결국은 굳어져서 고체인 화성암을 만들게 된다.

화성암의 종류

어떤 화성암은 마그마가 지각 내부에서 고결될 때 만들어지고, 또 어떤 화성암은 마그마가 지표로 분출할 때 만들어진다. 마그마가 고결될 때는 대개 광물을 정출시킨다. 암석의 **조직**(texture)이란 구성 광물의 크기, 형태 및 배열 상태를 언급하는 용어이다(표 3.1). 어떤 화성암의 구성 광물은 너무 작아서 맨눈으로 보기가 어려운 경우도 있고, 어떤 화성암의 경우는 손톱 크기 내지는 그 이상 크기의 광물로 구성되어 있기도 하다.

표 3.1 결정 크기에 따른 화성암의 조직

조직명	결정 크기
유리질	결정이 없음(흑요암)
극세립질	너무 세립이라 맨눈으로는 보이지 않음
세립질	1 mm까지
중립질	1~5 mm
조립질	5 mm 이상
반상	세립의 기질 내에 상대적으로 큰 결정

분출암(화산암)

마그마가 상승하여 지각을 뚫고 지표로 올라오면 화산암이라고도 하는 **분출화성암**(extrusive igneous rock)이 만들어진다. **용암**(lava)이란 분출암의 일종으로 균열대나 화산체를 따라 지표까지 올라온 유동성 마그마를 지칭한다. 물론 용암은 그런 유동성 마그마가 식어서 굳은 암석을 지칭하는 용어이기도 하다. 용암이 상대적으로 차가운 지표면으로 분출한 이후에는 빠르게(대략 2~3일에서 수년에 걸쳐서) 고화한다. 이때 결정이 정출되기는 하나 성장할 만한 충분한 시간이 주어지지는 못하기 때문에 대개의 화산암은 맨눈으로는 보기 힘든 정도의 결정 크기를 가지는 세립질 암석이 된다. 현무암은 가장 일반적인 세립질 화산암이다.

특별한 경우에는 용암이 분출하여 두세 시간 안에 굳어버리기도 한다. 마그마는 빠른 속도로 굳어버리기 때문에 원자들을 배열하여 결정을 만들 만큼의 시간 여유가 없다. 결과적으로 원자들은 유리에서 볼 수 있는 것처럼 무질서한 패턴을 띤다. 유리질 화산암은 흑요암(또는 흑요석)이라고 명명된다(그림 3.2).

그림 3.2 흑요암은 결정이 없는 자연 상의 화산유리다. 시료의 너비는 약 15 cm다.

조직(texture) 암석 내 광물 입자의 크기, 형태 및 배열

분출화성암(extrusive igneous rock) 지각을 통해 지표면으로 분출한 물질로부터 생성된 화성암으로 대개 세립질이다. 화산암이라고도 한다.

용암(lava) 화구나 열하(fissure)를 통해 지표면 위로 흐르는 유동성 마그마. 유동성 마그마가 식어서 생성된 암석을 지칭하기도 한다.

관입화성암(intrusive igneous rock) 마그마가 지표로 분출하지 않고 지각 내부에서 고화될 때 만들어지는 암석으로 대개 중립에서 조립질이다. 심성암이라고도 한다.

마그마가 분출하기 이전에 지각 내를 천천히 통과하여 올라오면, 대부분의 마그마가 용융 상태를 유지한다고 하더라도 일부 결정들이 성장할 수도 있다. 이와 같이 마그마와 결정이 혼합된 채 지표로 분출하면, 마그마는 빠르게 고화되어 '반정(phenocryst)'이라고 불리는 큰 결정이 세립의 기질 속에 박혀 있는 반암이 만들어진다(그림 3.3).

그림 3.3 반암은 세립의 기질 속에 큰 결정이 박혀 있는 화성암이다. 사진은 유문암질 반암이다.

관입암(심성암)

마그마가 분출하지 못하고 지각 내부에서 고화되어 생성된 암석이 바로 **관입화성암**(intrusive igneous rock)이며 심성암이라고 불리기도 한다. 이때 상부의 암석은 마치 두꺼운 담요처럼 마그마를 덮고 있게 된다. 이런 경우 마그마로부터의 정출은 매우 느리게 진행되며, 수십만 년에서 심지어는 수백만 년의 시산에 걸쳐서 결정이 성장하게 된다. 결과적으로 대부분의 심성암은 중립에서 조립질의 결정 크기를 가지게 된다. 대륙지각에서 가장 풍부한 암석인 화강암은 중조립의 심성암이다. 화강암의 결정은 육안으로도 쉽게 관찰된다. 일부 결정은 훨씬 더 크게 성장하기도 하지만 대개는 지름이 1 mm 정도이다.

화성암의 명명 및 분류

지질학자들은 광물종과 조직을 이용하여 화성암을 명명한다. 예를 들어 석영과 장석이 주를 이루고 있는 중립질 내지는 조립질의 화성암이 있으면 이것을 화강암이라고 명명한다. 유문암은 대개 석영과 장석으로 되어 있지만 입자의 크기가 매우 작다. 여러분은 그림 3.4에서 그 차이를 인지할 수 있을 것이다. 지각 내부에서 고화되어 화강암을 만드는 것과 유사한 성분의 마그마가 지표로 분출하게 되면 유문암이 된다.

화강암과 유문암처럼 대개의 화성암은 하나의 쌍으로 분류된다. 이때 각 쌍은 동일한 광물로 되어 있지만 조직이 다르다. 조직은 그 암석이 화산암(세립질)인지 심성암(조립질)인지에 주로 좌우된다.

일단 여러분이 주요 조암광물을 구분할 수 있게 되면, 광물이 충분히 커서 눈에 보이는 조립암을 명명하기란 어렵지 않을 것이다. 그러나 화산암의 경우, 대개 그 구성 광물은 눈에 보이지 않기 때문에 명명하기가 쉽지 않다. 야외 지질학자들은 종종 색깔을 이용하여 화산암을 명명한다. 유문암은 대개 밝은 색(흰색, 황갈색, 붉은색, 분홍색 등)이다. 안산암은 대개 회색이나 녹색이다. 현무암은 일반적으

그림 3.4 화강암과 유문암의 결정 크기 비교

로 검정색이다. 대개의 화산암은 그 구성 광물이 너무 작아서 현미경으로도 식별하기 어려운 경우가 많다. 이런 경우에는 실험실에서 이루어지는 화학 성분 분석 내지는 X선 회절 분석 등을 바탕으로 분류한다.

일반 화성암

논의를 계속 진행시키기 전에 먼저 몇 가지 용어를 정의해보자. 지질학자들은 기반암, 원암 또는 모암 등의 용어를 사용한다. 지표면을 덮고 있는 얇은 퇴적층 또는 퇴적암의 하부에 놓여 있는 화성암과 변성암을 **기반암**(basement rock)이라고 한다. 한편, **기반암**(bedrock)이란 토양 내지는 고결되지 못한 퇴적물 하부에 놓여 있는 단단한 암석을 지칭하기도 한다. **원암**(parent rock)이란 풍화나 변성작용을 받기 이전의 본래 암석을 의미한다. 원래 그 지역에 존재하던 암석이 관입화성암이나 광상에 의해 잘려 있으면 이를 **모암**(country rock)이라고 부른다.

화강암과 유문암

화강암(granite)은 대개 장석과 석영으로 되어 있다. 소량의 흑운모나 각섬석이 종종 반점과 같은 형태로 존재하기도 한다. 화강암은 화강변성암과 함께 대륙지각을 구성하는 가장 보편적인 암석이다. 화강암과 화강변성암은 거의 모든 장소에서 기반암으로 산출된다. 화강암은 단단하며 풍화에 강하다. 결과적으로 화강암은 거대한 산맥에서 깎아지른 절벽을 이루고 있는 경우가 많다. 산악인들은 단단하고 가파른 화강암 절벽을 매우 좋아한다.

화강암질 마그마(즉, 화강암 성분의 마그마)가 지각을 통과하며 상승할 때, 일부는 유문암(rhyolite)의 형태로 분출하여 화산체를 형성하기도 하지만 대개는 화산체 밑에서 고화되어 화강암을 생성한다. 흑요암은 대개 화강암질(유문암질) 마그마로부터 만들어진다.

현무암과 반려암

현무암(basalt)은 대개 같은 양의 사장석과 휘석으로 구성되어 있다. 현무암은 해양지각의 대부분을 구성하는 암석이다. 아울러 대륙지각에서 거대한 용암대지의 형태로 존재하기도 한다. 반려암(gabbro)은 현무암의 심성암체로서 광물 입자의 크기가 더 클 뿐 구성 광물은 현무암과 유사하다. 반려암은 지표면을 구성하는 보편적인 암석은 아니다. 그러나 현무암질 마그마가 서서히 고화하는 해양지각의 심부에서는 매우 보편적인 암석이다.

안산암과 섬록암

안산암(andesite)은 현무암과 화강암의 중간 성분인 화산암이다. 회색이나 녹색을 띠는 것이 일반적이며, 사장석과 유색 광물(대개 흑운모, 각섬석 내지는 휘석)로 되어 있다. 안산암이라는 암석명은 남미의 서쪽에 분포하는 화산대인 안데스 산맥에서 유래되었는데, 거기서 가장 풍부한 암석 종을 이루고 있다. 섬록암(diorite)은 안산암의 심성암체다. 섬록암은 안산암과 같은 성분의 마그마 기원이므로 안데스 산맥과 같은 안산암 화산대의 하부를 구성하고 있다.

페리도타이트와 코마티아이트

페리도타이트(peridotite)는 상부 맨틀의 대부분을 구성하고 있는 초염기성(마그네슘과 철이 풍부함)암이다. 페리도타이트는 감람석과 소량의 휘석, 각섬석 내지는 운모로 되어 있는 조립질의

STEVEN SHERIFF

기반암(basement rock) 지표면의 상당 부분을 덮고 있는 얇은 퇴적암과 토양 하부에 놓여 있는 오래된 화성암과 변성암으로 지각의 기반을 구성하고 있다.

기반암(bedrock) 토양 내지는 미고결 퇴적물 하부에 놓여 있는 단단한 암석으로 화성암일 수도 있고, 변성암 또는 퇴적암일 수도 있다.

원암(parent rock) 풍화, 변성 또는 다른 지질학적 과정에 의해 변화되기 이전의 본래 암석

모암(country rock) 보다 젊은 화성암의 관입 내지는 광상에 의해 잘려 있는 그 지역 내에 이미 있었던 오래된 암석

암석화작용(lithification) 느슨한 퇴적물이 고체 암석으로 바뀌는 과정

침전(precipitation) 용액에서 고체 입자가 용액 바닥에 침적하는 화학반응

암석이며, 장석이 없다는 것이 특징이다. 코마티아이트(komatiite)는 페리도타이트와 유사한 성분의 세립질의 분출암이다. 지질학자들은 코마티아이트가 약 40억 년 전 지구가 용융 상태에서 냉각하여 만들어졌던 초기 지각의 구성 암석이었을 것으로 추정하고 있다. 초기 지각으로 추정되는 곳으로 현재 남아 있는 곳은 불과 몇 군데에 지나지 않는다.

그림 3.5 지구의 퇴적암: 셰일, 실트암, 사암은 전체 퇴적암의 약 85 %를 차지하는 쇄설성 퇴적암이다. 석회암과 일부 다른 퇴적암들이 15 % 이하를 구성한다.

3.3 퇴적암

지질시대 동안 대기권, 생물권, 수권은 암석을 풍화시켜 점토, 모래, 자갈 내지는 물속에 용해된 이온 등의 형태로 바꾸어 왔다. 풍화는 물리적인 과정과 화학적인 과정 모두에 의해 진행된다. 유수, 바람, 중력, 빙하 등은 암석을 분해시키고 하류로 이동시켜 연안이나 호수, 강바닥 등에 퇴적시킨다. 시간이 지나면 고화되지 않은 이런 느슨한 퇴적물들은 **암석화작용**(lithification)이라고 불리는 다져짐작용과 교결작용을 받아 퇴적암이 된다. 강은 용해된 이온들을 바다로 운반시키고, 그것들은 대양에서 퇴적된다. 조개, 굴, 산호 등의 해양 생물체는 이런 이온들을 사용하여 껍데기와 단단한 조직을 만들기도 한다. 이런 생명체가 죽어서 쌓이게 되면 석회암이 된다. 퇴적암은 지각의 약 5 %를 구성하는 암석이다. 그러나 퇴적암은 대개 지표면에서 형성되기 때문에 그 하위에 놓이는 화성암과 변성암을 얇은 판상의 형태로 덮고 있다. 결과적으로 퇴적암은 대륙의 약 75 %를 덮고 있다. 대개의 경우 퇴적물이 생성되고 암석화되는 과정에는 지구의 다양한 시스템들 간의 복잡한 상호작용이 수반된다. 그러므로 우리는 지표에서 암석을 만드는 토양, 공기, 물과 생명체 간의 상호작용에 대해 주목해야만 한다.

퇴적암은 크게 네 개의 범주로 분류된다.

1. 쇄설성 퇴적암은 암석이 풍화되어 생성되는 입자들, 즉 모래나 자갈 등의 쇄설물이 이동하고 퇴적되어 고화된 암석을 지칭한다(쇄설성이라는 용어는 보다 오래된 암석의 조각들로 구성되어 있는 암석을 지칭). 셰일, 실트암, 사암 등이 쇄설성 퇴적암에 속한다. 쇄설성 퇴적암은 전체 퇴적암의 약 85 %를 차지한다(그림 3.5).
2. 유기적 퇴적암은 동식물의 잔해로 구성된 암석을 지칭한다. 석탄은 대표적인 유기적 퇴적암인데, 분해되고 다져진 식물 잔해들로 구성되어 있다.
3. 화학적 퇴적암은 용액에서 직접 침전된 광물로 구성되어 있는 암석을 지칭한다. 예를 들어 암염은 해수나 염호가 증발하면서 침전할 때 소금이 만들어진다. 여기서 **침전**(precipitation)이란 용액에서 고체 소금을 만들어내는 화학반응을 지칭한다.
4. 생쇄설성 퇴적암은 부서진 조개껍데기 및 이와 유사한 생명체의 잔해들로 구성되어 있는 암석을 지칭한다. 이 입자들은 쇄설성이지만 생명체 기원이다. 대개의 석회암은 부서진 껍데기들로 구성되어 있으므로 전형적인 생쇄설성 퇴적암의 일종이다.

쇄설성 퇴적암

입자의 크기가 작아지는 순서대로 배열할 때, 자갈, 모래, 실트, 또는 점토로 불리는 것들이 바로 쇄설성 퇴적물이다. 조립의 실트에서 자갈까지의 크기에 해당하는 쇄설

그림 3.6 자갈과 암석은 하류로 이동하면서 충돌한다. 충돌을 거치면서 날카로운 모서리는 마모되어 둥근 돌이 된다.

성 입자들은 하류로 이동함에 따라 날카로운 모서리는 점점 마모되어 그림 3.6에서 보는 것처럼 둥근 형태가 된다. 세립의 실트와 점토는 너무 작고 가벼워서 하류로 이동하면서 되튀어도 물과 공기가 쿠션 역할을 하기 때문에 쉽게 둥글어지지 않는다.

여러분이 계량컵에 모래(또는 다른 쇄설물)를 가득 담았다고 가정하자. 그러나 그 상태에서 입자들 사이의 빈 공간, 즉 **공극**(pore space)을 채우기 위해서 여러분은 아마도 어느 정도의 물(또는 공극수)을 더 부을 수 있을 것이다(그림 3.7(a)). 일반적으로 모래(또는 유사 퇴적물)는 공극이 약 20~40 %를 차지한다.

퇴적물이 계속 쌓이면 하중 때문에 하부에 놓인 퇴적물은 압축된다. 이때 얼마간의 물이 빠져나가 결과적으로 공극은 줄어들게 된다(그림 3.7(b)). 이러한 과정을 **다져짐작용**(compaction)이라고 한다. 만일 알갱이가 점토나 실트처럼 편평하게 생긴 판상이라면 다져짐작용만으로도 퇴적물은 고화될지도 모른다. 왜냐하면 판상의 알갱이들은 퍼즐 조각처럼 서로 맞물리게 될 것이기 때문이다.

퇴적물이 매몰될 때, 물은 공극 사이를 순환한다. 이와 같은 공극수는 대개 용해된 이온들을 가지고 있으며, 이 이온들은 공극에서 침전한다. 이온들은 침전하면서 교결물이 되는데, 교결물은 쇄설성 입자들을 서로 붙여서 단단한 암석이 될 수 있도록 하는 역할을 한다(그림 3.7(c)). 방해석, 석영, 산화철 등이 퇴적암에서 가장 흔한 교결물이다.

퇴적물이 고화되어 퇴적암이 되기까지 걸리는 시간은 매우 다양하다. 캘리포니아 남단과 같이 관개가 잘되어 있는 지역에서는 방해석이 관개수로부터 침전되어 교결물이 되는 데 걸리는 시간은 20~30년이면 족하다. 로키 산맥에서 방해석이 빙하퇴적물을 교결시키는 데는 2만여 년의 시간이 걸린다. 반면에 미국 몬태나 주 서남부에서 약 3,000만 년 전에

공극(pore space) 암석, 퇴적물 또는 토양 내 입자들 사이의 빈 공간

다져짐작용(compaction) 퇴적물 입사들의 치밀한 다짐을 의미하며, 대개 상부에 놓인 퇴적물의 하중에 기인한다. 공극을 감소시켜 약한 정도의 암석화작용이 일어나게 하는 원인이 된다.

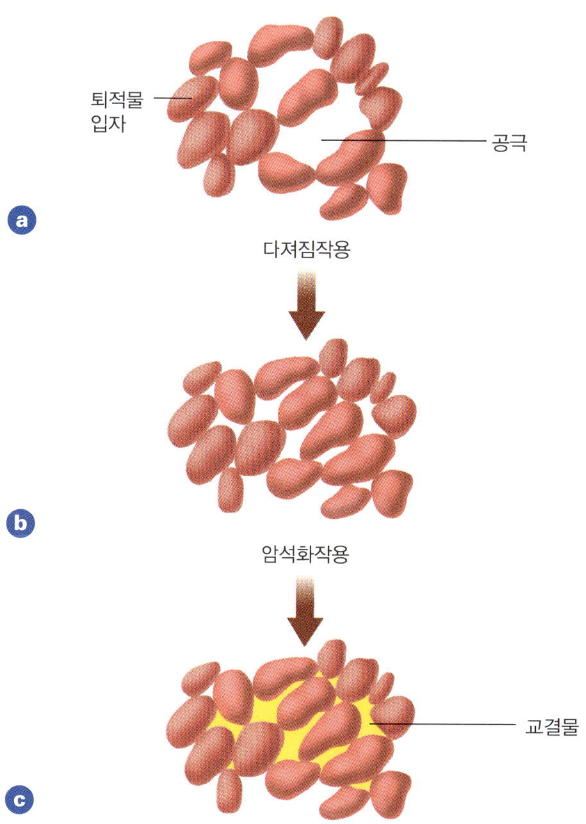

그림 3.7 (a) 공극은 퇴적물 입자들 사이의 빈 공간이다. (b) 다져짐작용을 통하여 입자들은 으스러져 공극은 감소하고, 서로 맞물린 퇴적물 입자들은 암석화되어간다. (c) 교결물이 나머지 공극을 채워서 입자들을 서로 붙이면서 암석화된다.

역암(conglomerate) 쇄설성 퇴적암으로 암석화된 자갈로 구성되어 있다.

셰일(shale) 작은 점토광물과 소량의 석영 및 유기물 입자로 구성되어 있는 쇄설성 퇴적암. 셰일 내의 유기물은 석유나 천연가스의 근원이 된다.

퇴적된 모래와 자갈은 여전히 삽으로 풀 수 있는 상태를 유지하고 있다.

역암(conglomerate)은 자갈이 고화된 암석이다. 대다수의 역암에서 쇄설물의 크기는 주먹 내지 그 이상이다. 결과적으로 역암 내의 쇄설물은 원암의 특징을 대체적으로 잘 유지한다. 만일 역암이 발견되는 지역의 지질학이 충분히 잘 알려져 있다면, 역들의 기원을 정확히 밝혀낼 수도 있다. 예를 들어 화강암역은 대개 인접한 화강암 기반암 기원일 경우가 많다.

다음번에 여러분이 자갈 하상을 따라서 걷게 된다면, 자갈을 주의 깊게 관찰해 보라. 아마도 여러분은 쇄설물들 사이를 채우고 있는 모래나 실트를 볼 수 있을 것이다. 이처럼 대개의 역암은 상대적으로 큰 쇄설물들 사이를 채우고 있는 세립의 퇴적물을 가지고 있다.

사암은 모래 알갱이가 고화되어 만들어진 암석이다(그림 3.8). 대륙을 구성하는 가장 보편적인 암석인 화강암은 대개 석영과 장석으로 되어 있다. 화강암 내지는 이와 유사한 종류의 암석들이 풍화되면, 장석은 공기나 물과 화학적으로 반응하여 세립의 점토광물을 만든다. 반면에 석영은 화학적 풍화에 매우 강하다. 풍화받지 않은 석영은 단순히 토양 내에 모래로서 퇴적될 뿐이다. 비는 모래를 침식시켜 하천을 따라 연안으로 이동시킨다. 모래 알갱이들은 하천 바닥을 따라 이동하면서 되튀어서 서로 부딪힌다. 그러면서 날카로운 모서리는 닳아서 둥글둥글해진다. 결국 둥근 모래 알갱이는 해변에 퇴적된다. 이들은 시간이 지나면서 다져지고 고화되어 사암이 된다. 해변의 모래와 사암은 대개 원형의 석영 알갱이로 이루어져 있다.

셰일(shale)은 작은 점토광물이 주를 이루면서 소량의 석영과 유기물 입자로 구성되어 있는 쇄설성 퇴적암이다. 셰일은 대개 작은 층으로 구성되어 쉽게 나누어진다. 셰일은 회색이나 검정색을 띠는 경우가 많다. 이는 점토가 풍부한 퇴적물과 함께 흔히 부패한 동식물의 잔해가 부분적으로 포함되어 있기 때문이다. 이와 같은 셰일 내의 유기물은 석유나 천연가스의 근원 물질이다(이런 유기물로부터 석유와 천연가스가 만들어지는 과정은 5장에서 다룬다).

그림 3.8 사암은 모래 알갱이가 고화되어 만들어진 암석이다. (a) 미국 유타주에 있는 아치스 국립공원의 사암 (b) 원마도가 발달한 사암 알갱이를 보여주는 근접 사진

유기적 퇴적암

유기적 퇴적암(organic sedimentary rock)은 동식물의 잔해가 고화되어 만들어진 암석이다. 처트는 규산(silica)으로만 구성된 유기적 퇴적암이다. 처트 퇴적물에는 층상처트와 단괴상처트, 두 종류가 있다. 층상처트는 퇴적층의 형태로

COURTESY OF GRAHAM R. THOMPSON/JONATHAN TURK

그림 3.9 담색 석회암 내의 붉은 처트 단괴. 단괴의 크기는 주먹만 하다.

산출되며, 단괴상처트는 퇴적암에서 흔히 단괴라고 불리는 불규칙하게 생긴 혹 덩어리처럼 산출된다(그림 3.9). 층상처트를 현미경으로 관찰해 보면, 그 골격이 탄산칼슘이 아니라 규산인 작은 해양 생물체의 잔해로 되어 있다. 즉, 층상처트는 해수면 가까이에 떠다니면서 해수에서 규산을 뽑아내어 골격을 만드는 작은 해양 생물체로 되어 있다. 이들이 죽으면 유해는 해저 바닥에 층상으로 가라앉아 최종적으로 처트를 만든다. 반면에 단괴상처트는 규산이 풍부한 지하수에서 침전되는 것으로 사료되며, 대개 석회암 속에 포함되어 있다. 그러니까 단괴상처트는 수권과 지권의 상호작용으로 만들어진다. 처트는 초창기 지질 자원 중의 하나였다. 암회색에서 검정색에 걸쳐 있는 처트의 변종인 부싯돌(flint)은 화살촉, 투창의 끝, 흙손 내지는 날카로운 가장자리를 만들기 위해 얇게 잘라낸 도구를 제작하는 데 흔히 사용되었다.

식물이 죽으면 잔해는 대개 산소와 반응하여 분해된다. 그러나 식물의 성장이 빠른 온난한 습지 같은 장소에서는 죽은 식물의 매몰 속도가 매우 빨라서 분해가 완전히 끝나기도 전에 산소가 고갈되어 버린다. 이처럼 부분적으로 분해된 식물의 잔해는 **토탄**(peat)을 형성한다. 토탄이 매몰되어 그 상층의 퇴적물에 의해 다져지게 되면 고화되어 검고 단단한 가연성 암석인 석탄으로 변한다. 석탄의 생성 과정에 대해서는 5장에서 다룬다.

토탄(peat) 느슨하며 고결되지 않은 부분적으로 부패된 식물의 갈색 덩어리로 석탄의 선구물질이다.

탄산염암(carbonate rocks) 탄산염광물(탄소와 산소가 화학원소로 포함되어 있는 광물)로 구성된 생쇄설성 퇴적암

화학적 퇴적암

암석이나 광물에서 흔히 볼 수 있는 원소들, 예를 들면 칼슘, 나트륨, 칼륨, 마그네슘 등은 화학적 풍화작용이 일어나는 동안 분해되어 지하수나 하천수를 따라 호수나 해양으로 이동한다. 소금을 해양으로 운반하는 하천수는 대개 호수를 말리붙게 만든다. 그러나 유타 주의 그레이트솔트 호(Great Salt Lake) 같은 일부 호수는 바다와 단절되어 있다. 그러니까 하천수가 호수도 들어가기는 하지만, 빠져나오지는 않는다. 결과적으로 물이 호수 밖으로 탈출할 수 있는 방법은 오직 증발뿐이다. 물이 증발할 때 소금은 남게 되어 호수의 염도는 점차 높아지게 된다. 증발암은 이처럼 소금이 용액에서 침전할 수 있는 지점까지 증발이 극대화 될 때 생성될 수 있는 암석이다(그림 3.10). 해수가 근해나 내륙분지에 고립되어 외해와의 교환이 일어나지 않으면 유사한 과정이 발생할 수 있다.

생쇄설성 퇴적암

2장에서 언급한 것처럼, **탄산염암**(carbonate rocks)은 주로 방해석이나 백운석 같은 탄산염광물로 구성되어 있다. 방해석이 풍부한 암석은 석회암으로 불리는 반면, 백운석이 풍부한 암석은 백운석이라고 불린다. 광물과 백운석을 구분하기 위해서 백운석이 풍부한 암석을 백운암이라고 명명하기도 한다.

칼슘을 함유하고 있는 암석이 화학적 풍화를 받으면 칼슘 이온은 용해되어 물속으로 방출된다. 탄산염 음이온은 대기 중에 있는 이산화탄소 기체가 물속에 용해될 때 만들어진다. 해수는 용해된 칼슘과 이산화탄소를 모두 다량으로 함유하고 있다. 대합조개, 굴, 산호, 일부 조류들 그리고 다양한 종류의 해양 생물체들은 용해된 칼슘과 탄산염 이

그림 3.10 두꺼운 소금 층을 침전시킨 볼리비아 살라르데 우유니(Salar de Uyuni)의 증발 호수. 여기에 보이는 소금 다각형의 지름은 약 2 m 정도다.

온을 변환시켜 껍데기나 단단한 골격 부위를 만들 수 있다. 이러한 생명체가 죽으면 해파와 해류는 이런 껍데기들을 작은 조각으로 부순다. 이러한 퇴적물이 고화되어 만들어진 암석을 생쇄설성 석회암이라고 한다. 용어에서 보듯이 생쇄설성 퇴적암은 생물학적 과정과 쇄설성 작용 양자 모두에 의해서 만들어진다. 대개의 석회암은 생쇄설성이다. 그림 3.11에서 자세히 볼 수 있는 것처럼, 그런 암석 속에 있는 껍데기 조각들은 마치 화석처럼 보인다.

석회암을 만드는 생물체는 햇빛에 의해 가열되는 따뜻한 천해에서 번성한다. 그러므로 생쇄설성 퇴적암은 대개 저위도나 중위도의 연안을 따라 천해에서 생성된다. 상당수의 세계적인 산맥들이 바로 석회암으로 되어 있다. 예를 들면 에베레스트 산맥의 정상부는 해양 화석을 포함하고 있는 석회암으로 되어 있다. 레오나르도 다빈치(Leonardo da Vinci, 1452~1519)는 산 정상부에서 화석이 발견된다는 사실에 상당히 당황했다. 하지만 해저에 있던 암석이 지구에서 발생하는 어떤 과정으로 인해 산 정상부로 들어 올려진다고 제안했던 최초의 인물일 것이다.

그림 3.11 석회암 내 조개껍데기 조각의 근접 사진. 대개의 석회암은 암석화된 조개껍데기 조각 및 해양 생물체의 잔해로 되어 있다.

패각암은 전적으로 조립의 껍데기 조각들로만 교결되어 있는 생쇄설성 퇴적암이다. 백악은 매우 세립질의 부드럽고 하얀 생쇄설성 석회암인데 해수면 가까이에서 떠다니는 해양미생물체의 껍데기와 골격으로 되어 있다. 이들이 죽으면 그 유해는 바닥으로 가라앉아 백악으로 퇴적된다. 연노랑색의 캔자스 백악, 텍사스의 회백색 백악, 앨라배마의 회색 백악 등은 이 지역들이 모두 한때 바다 밑이었다는 사실을 말해 준다.

석회암과 범지구적 기후

이산화탄소는 대기 중의 열을 저장하는 온실 기체다. 석회암은 단단한 암석이다. 반직관적인 것처럼 보이기는 하지만, 석회암은 대개 이산화탄소로 되어 있다. 대기 중의 이산화탄소가 해수에 용해된 후, 역시 용해되어 있는 칼슘과 결합하면 석회암을 만들게 된다. 그러므로 석회암의 생성은 해수와 대기 중의 이산화탄소를 제거하는 역할을 하게 된다.

1장에서 지구의 외곽 껍질이 몇 개의 판으로 나뉜다는 사실에 대해 언급하였다. 이 판들은 하부에 놓여 있는 연약하고 유동적인 맨틀 위를 떠다니면서 지구를 활주한다. 6장에서 다루겠지만, 판들은 지표면 위를 수천 km 이동한 이후에 급기야 맨틀 속으로 섭입한다. 경우에 따라서 섭입하는 판이 석회암을 맨틀 속으로 끌고 들어감으로써, 지표 상에 있는 다량의 이산화탄소를 맨틀 심부 속에 가두기도 한다. 또 어떤 경우에는 섭입하는 판의 상층부에 위치하는 석회암은 점차 가열되면서 이산화탄소로 분해되어 화산활동을 통하여 바로 대기 중으로 돌아가기도 한다. 이러한 방법으로 온실 기체는 지표의 석회암, 심부의 맨틀암석 그리고 대기 사이를 순환한다. 그러므로 석회암과 대기 중의 이산화탄소, 그리고 해수에 용해되어 있는 이산화탄소 사이의 상호작용은 범지구적 기후를 결정하는 중요한 인자다.

퇴적구조

거의 모든 퇴적암은 퇴적물이 퇴적되는 동안이나 바로 직후에 발달하는 특징적인 **퇴적구조**(sedimentary structures)를 가지고 있다. 이런 구조를 통해 여러분은 퇴적물이 이동하고 퇴적하는 과정에 대해 보다 잘 이해할 수 있게 된다. 퇴적암은 지표에서 생성되는 암석이기 때문에 퇴적구조나 퇴적암 내의 다른 특징들은 퇴적암이 생성된 지표 환경에 대한 정보를 담고 있다.

가장 두드러지며 일반적인 퇴적구조는 **층리**(bedding)다. 층리란 퇴적물이 쌓일 때 만들어지는 층 구조를 말한다(그림 3.12). 퇴적물은 한 층씩 순차적으로 쌓이게 되므로 층리가 만들어지는 것이다. 대개의 퇴적물은 수평면 가까이에 퇴적되므로 거의 대부분의 퇴적암층은 초기에 수평 층으로 생성된다.

사층리(cross-bedding)는 주요 퇴적층에 대해 경사를 이루며 쌓여 있는 소규모의 층으로 된 구조다(그림 3.13(a)). 사층리는 바람이나 물이 퇴적물을 이동시키고 퇴적시키는 환경에서 만들어질 수 있다. 예를 들어 바람은 모래를 쌓아서 평행한 둑의 형태인 사구(dune)를 만들며, 유수는 이와 유사한 형태인 사파(sand wave)를 만든다. 그림 3.13(b)는 사층리가 사구나 사파의 가파른 하류 면으로 모래 알갱이가 굴러 떨어지면서 형성되는 층임을 보여준다.

사층리는 바람, 유수, 해류 내지는 해변 가의 파도에 의해 쌓이는 모래에서 흔히 보인다.

퇴적구조(sedimentary structure) 퇴적되는 동안 내지는 그 이후의 퇴적 과정에 의해 생성되는 퇴적암에서 볼 수 있는 제반 특징이다. 예를 들어 층리, 연흔, 또는 화석이 있다.

층리(bedding) 퇴적물이 퇴적되면서 발달하는 층

사층리(cross-bedding) 바람이나 물이 주요 퇴적층에 대해 사교하는 소규모의 층을 퇴적시켜 놓은 퇴적구조

그림 3.12 미국 유타 주 캐피틀리프 국립공원(Capitol Reef National Park) 내에 있는 노출된 퇴적층

가상 현장학습

퇴적암: 생성 과정과 상호관계

준비됐나요?

이번 가상 현장학습을 통해 여러분은 미국 유타 주 아치스 국립공원과 캐피틀리프 국립공원을 방문할 것이다. 밝은 색의 벽, 아치, 탑을 구성하고 있는 암석은 3장에서 다룬 바 있는 가장 흔한 퇴적암인 사암, 세일, 이암으로 되어 있다. 각 관측점에서 여러분은 흥미롭고 중요한 특징들을 보게 될 것이고, 퇴적 층상 구조, 지층 누중의 원리, 지층 수평의 원리 등 퇴적암의 일반적인 원리들에 대해 배우게 될 것이다. 퇴적 층상 구조의 기원에 대해서는 3장의 퇴적구조에서 이미 다루었다. 지층 누중의 원리와 지층과 수평의 원리에 대해서는 4장 4.3절(상대 지질연대)에서 다루게 될 것이다. 이번 여행을 하는 동안 3장과 4장의 논제들을 다시 찾아보라. 여러분은 또한 모든 종류의 암석들이 풍화 침식되는 과정에 대한 일례들을 보게 될 것이다. 이것에 대해서는 10장 10.1절(풍화와 침식)에서 다루고 있다.

현장학습의 목적

이번 현장학습의 목적은 다음을 이해하는 것이다.

1. 퇴적암은 퇴적물이 지표에서 연속적인 층을 이루면서 쌓이는 것이기 때문에 성층화되어 있다.
2. 퇴적암에서 각 층은 보다 오래된 층 위에 쌓이는 것이기 때문에 층서적으로 위로 갈수록 젊어진다.
3. 퇴적암은 수평 층으로 쌓인다. 이것을 지층 수평의 원리라고 한다. 각 층의 경사는 그 암석이 퇴적물로 쌓인 이후에 지구조운동이나 다른 힘에 의해 변형되었음을 의미한다.
4. 양 공원의 벽, 아치, 탑 등은 영구불변하는 것이 아니라 계속 풍화 침식을 받아서 변하고 있다.
5. 양 공원에 있는 사암의 상당수는 풍성사구가 암석화된 것이다. 사암 내에 사층리를 만드는 과정은 3장의 "퇴적구조"에서 설명하고 있다.

질문

1. 퇴적암의 층들이 어떻게 지층 누중의 원리를 위배하게 되는지 설명하시오(즉, 어떻게 오래된 층이 젊은 층 위해 놓이게 되는가?). 4장의 "상대 지질연대"를 참조하시오.
2. 사암에서 생성될 수 있는 지질 과정 두세 개를 기술하시오. 3장의 "퇴적구조"를 참조하시오.
3. 미국 유타 주에서 발견되는 층을 애리조나 주에서 발견되는 층과 비교할 때 지질학자들이 이용하는 정보에는 어떤 것들이 있는가? 4장 4.4절 "부정합과 대비"를 참조하시오.

볼거리

여러분은 이번 여행을 통해 아름다운 풍경들을 보게 될 것이고, 또 미국 유타 주 공원들의 지질학에 대해서 배울 수 있을 것이다. 그러나 언급한 것처럼 3장, 4장, 10장의 절들을 읽거나 또는 여행하면서 이 절들을 찾아본다면 지질학을 이해하는 데 상당한 발전이 있을 것이다.

야외 조사를 할 때, 퇴적암에서 특징적으로 보이는 층, 즉 층리에 주목하라! 또한 탑, 낭떠러지, 아치가 풍화나 침식에 의해 부서져 없어지고 있다는 사실도 주목하여 보라.

여러분이 3장의 "퇴적구조"에서 배운 것처럼, 사암은 암석화된 모래 알갱이로 되어 있다. 여기서 여러분은 모래 알갱이가 유수나 바람에 의해 퇴적될 때 어떻게 비대칭적인 잔물결이 만들어지는가에 대해서 볼 수 있을 것이다.

3장의 "퇴적구조"에서 다루는 논제에는 물속에 퇴적된 습한 퇴적물이 건조되어 수축할 때 생성되는 셰일 내의 건열에 대해 설명하는 부분이 있다. 이때 수심은 퇴적물이 주기적으로 공기 중으로 노출될 수 있을 만큼 충분히 얕음을 암시한다.

연흔(ripple mark) 바람, 유수, 파도에 의해 퇴적물 내에 생성된 작고 평행한 기복들(둑과 골)이 퇴적물의 고화작용 동안 보존된 것

건열(mud crack) 진흙이 건조될 때 생기는 불규칙한 다각형의 깨짐이 진흙이 암석화될 때 보존된 것

화석(fossil) 암석 내에 보존되어 있는 동식물의 흔적이나 잔해

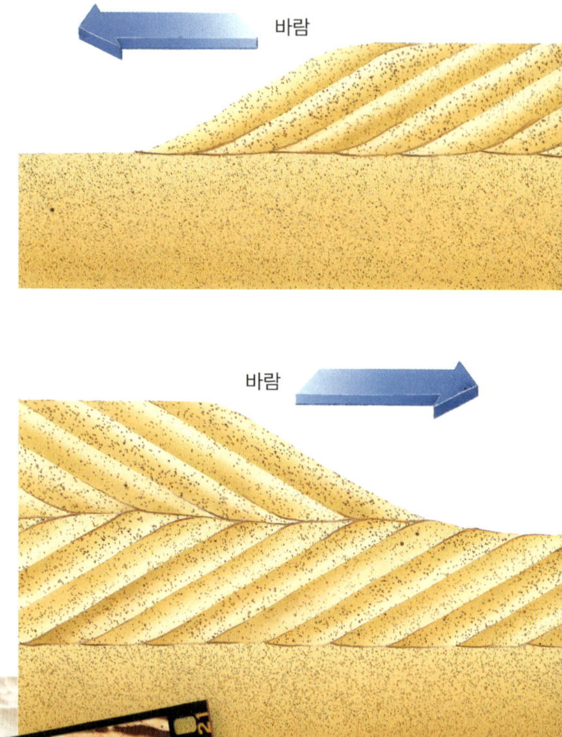

그림 3.13 (a) 미국 유타 주 자이언 국립공원(Zion National Park) 내에 있는 암석화된 사층리로서 오래된 사구 안에 보존되어 있다. (b) 탁월풍의 풍향 변화와 사층리의 성장

연흔(ripple mark)은 역시 유수와 바람에 의해 모래나 진흙에서 만들어지는 물결 모양의 무늬로서 작고, 거의 평행한 둑과 골(trough)로 구성되어 있다. 여러분은 진흙탕이나 얕은 개울에서 연흔을 볼 수 있을 것이다. 연흔은 사구나 사파와 유사하지만 더 작다. 연흔은 퇴적암에서 흔히 볼 수 있는 구조다.

건열(mud crack)은 진흙이 마르면서 수축할 때 만들어지는 불규칙한 다각형의 균열이다. 건열은 진흙이 주기적으로 말라버릴 수 있는 얕은 물에서 퇴적되었음을 암시한다. 예를 들어 건열은 조수가 고조일 때는 해수면 밑에 놓이지만 저조일 때는 해수면 위로 노출되는 조간대의 개펄에서 흔히 볼 수 있다. 균열 부위는 다음번 고조 때 운반되어 온 퇴적물에 의해 채워지기도 하며, 암석 내에 흔히 잘 보존되어 있다.

종종 매우 미묘한 퇴적구조가 암석 내에 보존되어 있기도 한다. 지질학자들은 수십억 년 전 진흙 표면에 떨어진 빗방울의 흔적도 발견하고, 염수 웅덩이가 증발할 때 만들어지는 소금 결정의 흔적도 발견한다. 건열처럼 빗방울과 소금의 흔적은 진흙이 간헐적으로 마르곤 하는 얕은 물속에 퇴적되었음을 지시한다.

화석(fossil)은 암석 내에 보존되어 있는 과거 동식물의 유해나 흔적이다. 화석에는 껍데기나 뼈의 잔해, 이빨, 호

박이나 얼음 속에 보존되어 있는 완전한 생물체, 다양한 흔적이나 땅굴 내지는 화학적인 잔해 등이 있다. 화석은 4장에서 더 자세히 다룰 것이다.

3.4 변성암

옹기장이는 축축한 점토로 정교한 도자기를 만든다. 그들은 부드러운 조각을 가마에 넣고 천천히 가열시켜 1,000 ℃에 이르게 한다. 온도가 상승할 때, 점토광물은 분해된다. 그때 점토 내의 원자들은 재결합하여 새로운 광물을 만드는 데 이것이 도자기를 강하게 만든다. 점토광물이 분해되고 새로운 광물이 만들어지며 또 도자기가 단단해지는 과정은 모두 고체 상태에서 발생하는 것이지 용융이 수반되는 것은 아니다.

변성작용(metamorphism)은 온도와 압력이 상승하거나, 또는 화학 성분이 변해서 암석과 광물의 조직이나 조성이 바뀌어지는 현상이다. 변성작용은 가마에서 옹기장이가 도자기를 굽는 과정에서 일어나는 변형처럼, 고체 암석에서 이루어진다. 소량의 물(또는 다른 유체)은 변성 광물의 화학반응을 가속화시키지만, 이러한 변화 과정 동안 암석은 고체 상태를 유지한다. 변성작용은 어떤 종류의 모암(퇴적암, 화성암, 심지어 다른 종류의 변성암)도 변화시킬 수 있다.

아무리 시간이 많이 지나더라도 분해되거나 변화하지 않는 광물은 안정광물이다. 오늘날 옹기장이가 도자기를 만들기 위해 사용하는 점토광물은 수백만 년 전의 풍화 과정 동안 생성되었을지도 모른다. 이때 만들어진 점토광물은 안정하여 생성된 이후로 변화되지 않고 보존되어 온 것이다.

안정한 광물도 환경 변화를 겪게 되면 불안정해질 수 있다. 광물의 안정도에 영향을 미쳐서 변성되게 하는 환경 변화에는 세 가지 종류가 있다. 즉, 온도 상승, 압력 상승, 화학 성분 변화(대개는 고온수의 유입에 의해 유도됨)이다. 예를 들어 옹기장이가 가마에 점토를 넣고 온도를 상승시킬 때, 점토는 고온에서 불안정하기 때문에 분해된다. 점토광물처럼 모든 광물은 특정 온도 범위 내에서만 안정하다. 마찬가지로 각 광물은 오직 특정 압력 범위 내에서만 안정하다.

게다가 광물은 특정한 화학적 환경에서만 안정하다. 만일 뜨거운 물이 기반암을 침투해 오면서 새로운 화학 성분을 끌고 온다면, 각 성분은 기존 광물과 반응하여 새로운 화학 환경하에서 안정적인 다른 종류의 광물을 만들게 된다. 만일 뜨거운 물이 암석으로부터 특정 화학 성분을 용해시켜 버리면, 역시 화학반응이 일어나 새로운 광물이 만들어질지도 모른다. 그러므로 수권의 물은 지권의 암석과 고온에서 반응하여 새로운 암석을 만든다. 결과적으로 지구는 여러 영역으로 나뉘어져 있지만 각 영역은 계속해서 상호작용하면서 우리 행성의 모습을 갖추어 가고 있다.

변성작용은 각 광물이 오직 특정한 온도와 압력 범위 그리고 특정한 화학 성분 환경에서만 안정하기 때문에 발생하는 것이다. 만일 온도와 압력이 그 범위 이상으로 상승하거나, 화학 성분이 가감되면 암석을 구성하는 초기 광물은 분해되어 새로운 환경에서 안정한 새 광물을 만들기 위해 재결합한다.

변성도

암석의 **변성도(metamorphic grade)**는 그 암석을 생성한 변성작용의 세기를 말한다. 온도는 변성작용에서 가장 중요한 인자이기 때문에 변성도는 변성온도를 잘 반영한다. 온도는 지구 내부로 들어갈수록 상승하기 때문에 온도와 변성도도 일정한 관계를 가지고 있다(그림 3.14). 저변성작용(low-grade metamorphism)은 깊이 10 km 이내의 천부에서 발생한다. 여기서 온도는 300~400 ℃ 이하다. 고변성작용(high-grade metamorphism)은 깊이 40~55 km 범위의 지각 심부나 상부 맨틀에서 발생한다. 여기서의 온

변성작용(metamorphism) 온도, 압력, 화학 성분 또는 변형 등의 변화에 의해 암석과 광물의 조직이나 조성이 바뀌는 현상

변성도(metamorphic grade) 변성암을 만든 변성작용의 세기로, 변성작용 동안 얻어진 최대 온도와 압력을 말한다.

엽리(foliation) 운모 내지는 다른 광물이 변성작용을 받았을 때 생성되는 면 구조

점판벽개(slaty cleavage) 초기 퇴적 층리와 사교하며 평행으로 쪼개지는 변성 엽리

도는 암석의 용융점인 600~800 ℃에 달한다. 그러나 고변성작용 환경은 뜨거운 마그마와 접촉한 암석 주변처럼 천부에서도 만들어질 수 있다. 예를 들어 뜨거운 마그마가 지표 가까이에 근접해 있는 옐로우스톤 국립공원(Yellowstone Park) 하부에서는 오늘도 변성암이 만들어지고 있다.

변성작용에 수반되는 변화

변성작용은 대개 암석의 조직과 구성 광물의 조성을 모두 변화시킨다.

조직 변화

암석이 변성작용을 받으면, 어떤 광물 입자는 더 크게 자라고 또 어떤 것은 크기가 줄어든다. 입자의 형태 역시 변할 수 있다. 그림 3.11의 조직을 가지는 함화석 석회암을

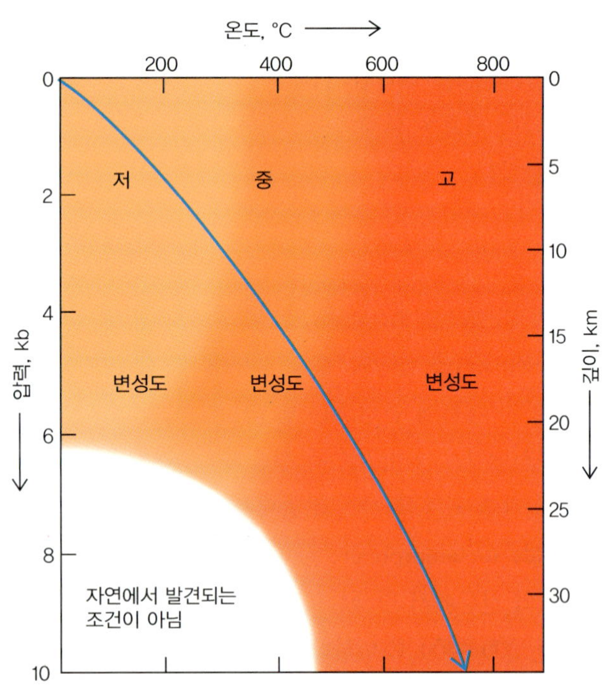

그림 3.14 변성도는 깊이와 함께 증가한다. 왜냐하면 온도와 압력은 깊이와 함께 상승하기 때문이다. 파란색 화살표는 깊이에 따른 지각 내의 보편적인 온도 압력 상승 경로다.

예로 들어보자. 이때 화석과 교결물 모두는 작은 방해석 결정으로 구성되어 있다. 만일 석회암이 가열되면, 어떤 방해석 결정은 다른 방해석 결정을 파괴시키면서 더 크게 성장한다. 이 과정 동안 함화석 조직은 파괴된다. 퇴적암인 석회암이 변성작용을 받으면 대리암으로 변한다. 함화석 석회암처럼 대리암은 방해석으로 되어 있지만 그 조직이 조립의 입자로 바뀌에 되면 화석은 사라지게 된다.

운모는 다양한 종류의 모암이 변성작용을 받을 때 만들어지는 흔한 변성광물이다. 운모는 판상광물이다. 변성작용이 변형을 수반하지 않고 발생할 때(즉, 암석의 형태 변화가 없을 때), 운모는 특정한 방향성이 없이 무질서하게 자란다(그림 3.15(a)). 그러나 지구조적 힘이 암석을 압착할 때, 암석은 변형되어 습곡을 만든다. 암석이 변형되면서 운모가 성장하게 되면 운모는 압착되는 방향에 대하여 수직 방향으로 편평한 면을 배치시키면서 자란다. 이러한 운모의 배열은 **엽리(foliation)**라고 불리는 변성 면구조를 형성하게 된다(그림 3.15(b)). 변성암은 엽리 면을 따라 쉽게 나누어진다. 이와 같이 평행하게 깨어지는 패턴을 **점판벽개(slaty cleavage)**라고 한다. 대개의 경우 점판벽개는 초기 퇴적 층리의 방향과 사교하면서 발달한다.

엽리면의 두께는 mm에서 m 단위까지 또는 그 이상의 두께까지 다양한 변화폭을 가지고 있다. 변성 엽리는 퇴적암의 층리와 유사하지만 기원은 상이하다. 엽리는 변성작용 동안 변성광물들이 분별 배열되면서 만들어지며, 그 방향은 암석에 작용하는 힘의 방향에 대하여 수직이다. 반면에 퇴적 층리는 퇴적물이 한 층씩 계속하여 쌓임으로써 생성된다.

광물의 조성 변화

모암이 한 종류의 광물로만 구성되어 있을 때, 그 암석의 변성광물은 역시 동일한 종류의 광물로 구성되지만 반면에 조립질 조직을 갖게 된다. 이에 대한 좋은 예가 바로 석회암이 대리암으로 변하는 경우이다. 이때 양자는 모두 방해석 결정으로 구성되어 있지만 각각의 조직은 상이하다. 다른 예로 석영 사암이 변성되어 재결정된 석영으로 구성되어 있는 규암의 경우를 들 수 있다.

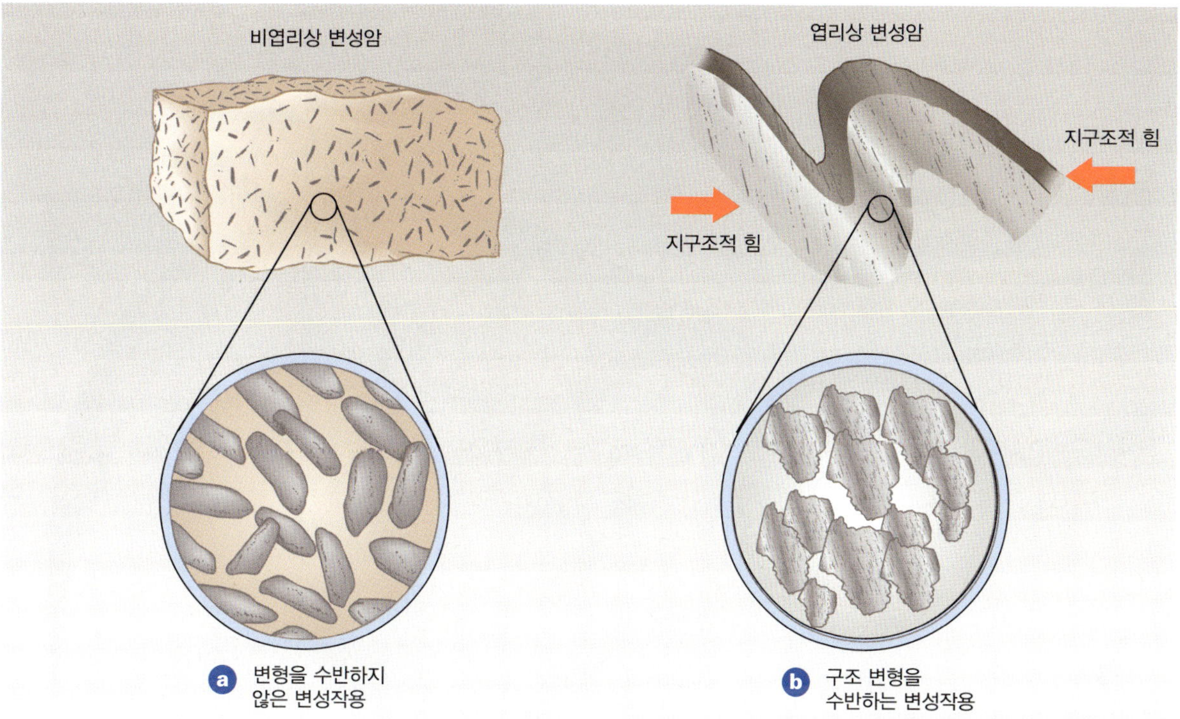

그림 3.15 (a) 변형을 수반하지 않고 변성작용이 발생할 때, 판상의 운모는 방향성 없이 무작위로 자란다. (b) 변형을 수반하는 변성작용이 발생할 때, 판상의 운모는 암석에 미치는 압력에 수직인 방향으로 배열하면서 엽리상 변성암을 만든다. 구불구불한 선들은 변형에 의해 습곡된 초기 퇴적층이다.

반면에 모암이 두 종류 이상의 광물로 구성되어 있을 때, 변성작용은 대개 새로운 광물과 조직으로 된 암석을 만들게 된다. 예를 들어 셰일은 석영, 장석과 함께 다량의 점토 광물로 구성되어 있는 암석이다. 셰일이 가열되면 일부의 광물은 분해되며, 구성 원자는 재결합하여 운모, 석류석 그리고 다른 종류의 장석 등의 새로운 광물을 만들게 된다. 그림 3.16은 변성작용 동안 셰일의 구성 광물과 조직이 모두 바뀌면서 만들어지는 편마암을 보여주고 있다. 암석의

그림 3.16 (a) 셰일과 (b) 셰일이 변성작용을 받아 만들어진 편마암

그림 3.17 심성암을 둘러싸고 있는 붉은색은 접촉변성암의 변성륜을 보여주고 있다. 이후에 판상의 관입암인 현무암 맥이 관입하여 심성암과 기존의 퇴적암 모두를 변성시켜 2차적인 접촉변성륜을 만들었다.

화학 성분을 변화시키는 유체가 함께 공급되면, 새로운 광물이 자라게 된다.

변성작용과 변성암의 종류

온도 상승, 압력 상승, 화학 성분의 변화는 변성작용을 일으킨다는 사실을 상기하라! 게다가 지각의 운동에 기인한 변형은 엽리를 발달시키고, 그럼으로써 변성암의 조직에 상당한 영향을 미치게 된다. 이러한 변화를 일으키는 것에는 네 가지 종류의 지질학적 과정이 있다.

접촉변성작용

접촉변성작용(contact metamorphism)은 뜨거운 마그마가 차가운 주변 암석인 화성암, 변성암, 퇴적암 내에 관입하였을 때 발생한다. 고변성작용 기원 암석은 마그마에 가장 가까운 접촉부에서 형성된다. 심성암 주변 변성륜(metamorphic halo)의 너비는 1 m 이하에서 100 m까지 다양하며, 물 또는 다른 유체의 함량이나 관입암의 온도에 좌우된다(그림 3.17). 접촉변성작용은 대개 변형을 수반하지 않는다. 결과적으로 변성광물은 특정한 방향성이 없이 무작위로 자라며, 그 결과물인 변성암은 특정한 면구조가 없다.

매몰변성작용

매몰변성작용(burial metamorphism)은 퇴적분지에서 암석이 매몰될 때 생성된다. 미시시피 강처럼 큰 강은 매년 다량의 퇴적물을 해양으로 운반시켜, 삼각주에 퇴적시킨다. 수십 내지는 수백 년이 지나면 퇴적물의 무게가 매우 커져서 전 지역이 가라앉게 된다(여러분이 카누에 올라타면 카누가 내려앉는 원리처럼). 큰 분지의 경우 젊은 퇴적물은 오래된 퇴적물을 10 km 이상의 깊이까지 매몰시킨다. 시간이 지나면 심층부의 온도와 압력은 상승하여 매몰변성작용이 시작된다.

매몰변성작용은 오늘날에도 미시시피 강 삼각주, 남미 동

셰일의 변성

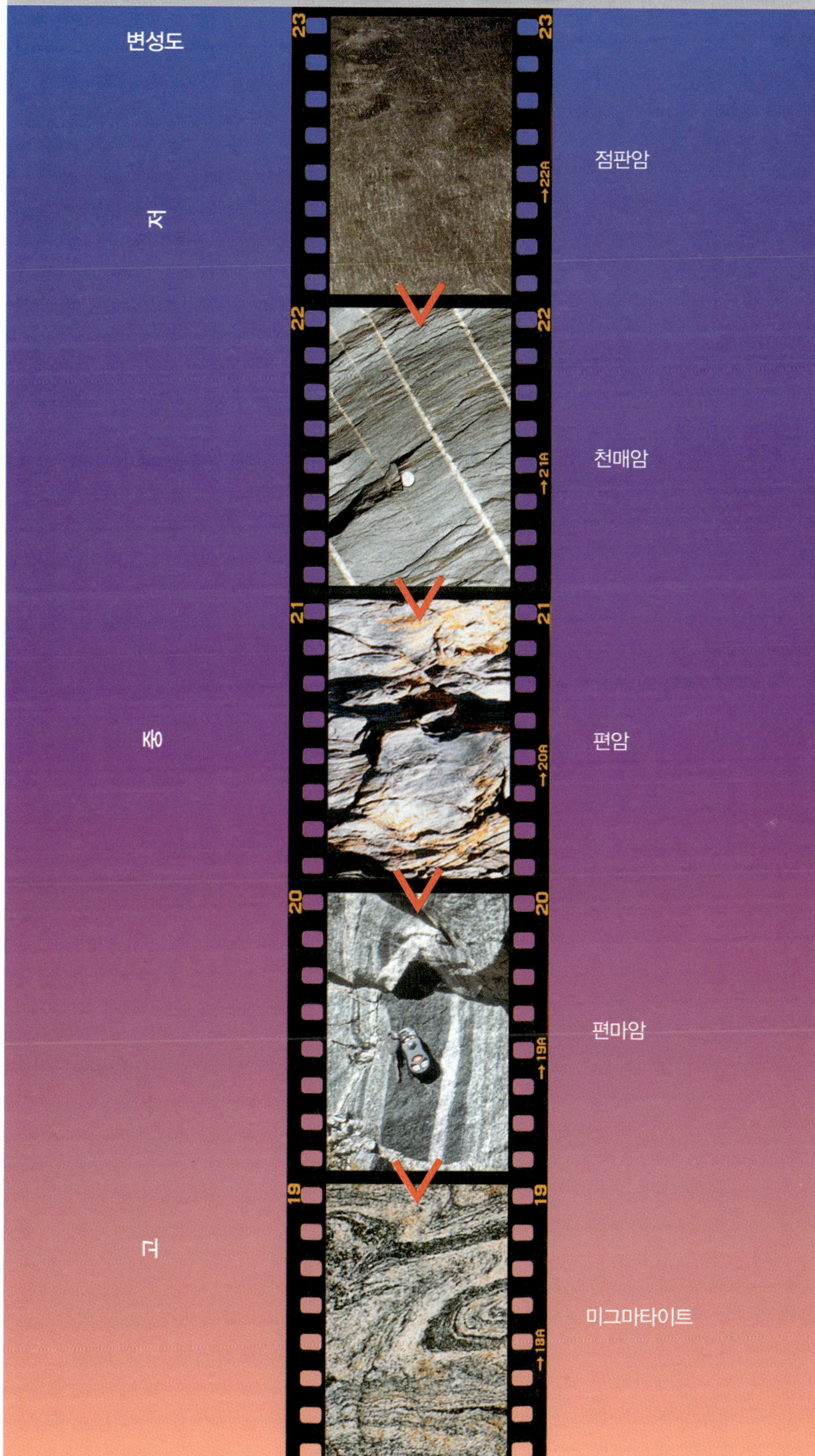

측의 아마존 분지, 아프리카 서안의 니제르 강 삼각주 같은 대형 삼각주 하부의 퇴적물들에서 발생하고 있다. 접촉변성작용처럼 매몰변성작용도 변형을 수반하지 않는다. 결과적으로 변성작용은 특정한 방향성이 없이 무작위로 자라기 때문에 매몰변성작용은 엽리가 발달하지 않는다.

광역 동력열변성작용

광역 동력열변성작용(regional dynamothermal metamorphism)은 지각운동이 산맥을 만들고 암석을 변형시키는 장소에서 발생한다. 동력열변성작용이라는 용어는 암석이 변형되는 동시에 가열된다는 것을 의미한다. 이는 가장 일반적인 변성작용의 형태로서 방대한 지역에 영향을 미친다.

판이 수렴하는 장소의 경우, 마그마가 생성되면 상승하여 지각의 상당한 부분을 가열시킨다(6장 참조). 높은 온도는 그 지역 전체에 걸쳐 새로운 변성광물이 자라게 하는 요인이 된다. 상승하는 마그마는 상부로 힘을 가하면서 뜨겁고 유동적인 주변 암석 역시 변형시킨다. 아울러 지각운동은 암석을 압축시키고 변형시킨다. 이런 일련의 작용을 통하여 광역 동력열변성암은 엽리가 뚜렷하게 발달하며, 또한 산맥이나 화성암 지대에서 우세하다. 광역 동력열변성작용은 수십에서 수백 km에 걸친 엽리상 변성암 대를 만든다.

예를 들어 변성도가 증가할 때 셰일에 미치는 전형적인 변성작용의 순서를 생각해 보자. 셰일은 가장 흔한 퇴적암이며 점토광물, 석영, 장석으로 구성되어 있다. 광물 입자는 너무 작아서 맨눈으로는 보이지 않고, 현미경으로도 가까스로 볼 수 있다. 광역변성작용이 시작될 때, 점토광물은 붕괴되고 운모와 녹니석이 이를 대체하게 된다. 이렇게 새로이 생긴 판상광물은 압축 방향에 대하여 수직으로 성장한다. 결과적으로 암석은 점판벽개를 발달시키는데 이를 점판암이라고 한다. 온도 상승과 함께 변형이 계속되면 운모와 녹니석은 더 크게 자라게 되어 기존의 편평한 점판벽개와 달리 파동치거나 주름진 표면을 만들게 되어 천매암이 된다. 천매암은 둔탁한 점판암과는 달리 실크와 같은 광택 면을 가진다.

온도가 계속 상승하면, 운모와 녹니석은 맨눈으로도 보일 만큼 충분히 크게 성장하면서 엽리가 발달하게 된다. 이와 같은 종류의 암석을 편암이라고 한다. 편암은 대개 저변성도에서 중변성도로 천이하는 과정에서 생성된다.

고변성도에서는 밝은 색과 어두운 색의 광물들이 분리되어 편암의 층후보다 더 두꺼운 호상 구조의 암석으로 되는데 이를 편마암이라고 한다. 최고도의 변성도가 되면 암석은 용융하기 시작하여 비록 부분적이기는 하지만 소량의 화강암질 마그마 맥을 만들게 된다. 변성작용이 약해지고 암석이 냉각될 때 이런 마그마 맥은 고화하여 화성암과 변성암의 혼합체인 미그마타이트(migmatite)를 만들게 된다.

셰일이 유일한 예는 아니다. 예를 들면 석영 사암과 석회암도 광역변성작용 동안 각각 엽상규암과 엽상대리암을 만들 수 있다.

열수변성작용

물은 화학적 활성이 높은 유체로서 암석과 광물을 공격하여 용해시킨다. 뜨거운 물은 훨씬 더 빠른 속도로 광물을 공격한다. 열수변질작용 또는 변성교대작용으로도 불리는 열수변성작용(hydrothermal metamorphism)은 뜨거운 물, 그리고 뜨거운 물속에 용해되어 있는 이온들이 암석과 반응하여 화학 성분과 광물을 변화시킬 때 발생한다.

대개의 암석과 마그마는 소량의 금, 은, 구리, 납, 아연 등의 금속들을 함유하고 있다. 예를 들어 금은 평균 지각암석의 약 0.0000002 %를 차지하며, 구리는 0.0058 %, 납은 0.0001 %를 차지한다. 비록 금속들이 매우 소량으로 존재하기는 하지만, 열수(hydrothermal solution)는 넓은 범위의 모암을 천천히 통과하면서 금속들을 용해시키고 또 특정 장소에 퇴적시킨다. 용해되어 있던 금속은 온도, 압력, 내지는 화학 성분 환경에 변화가 있을 때 퇴적된다(그림 3.18). 이런 방식으로 열수용액은 평균 지각암석으로부터 금속을 용출시켜 농축시킨 후 특정 장소에 퇴적시킴으로써 국지적인 광상(ore)을 만든다. 열수 광상은 5장에서 더 자세히 다룰 것이다.

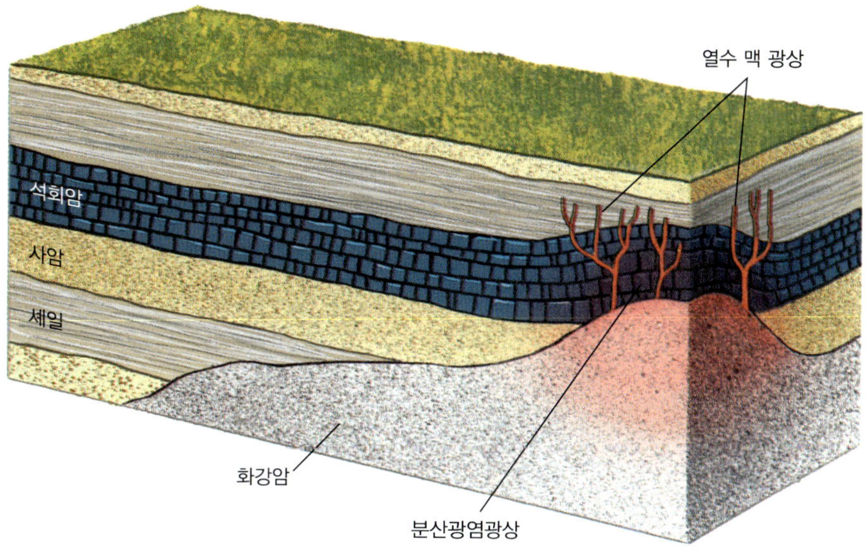

그림 3.18 뜨거운 열수가 주변 암으로부터 금속을 용해시켜 주변 암의 외연 또는 균열대 내에 퇴적시킴으로써 생성된 열수 맥 광상

일반 화성암

규장질	중성	고철질	초고철질
흑요암	안산암	현무암	페리도타이트
화강암	섬록암	반려암	
유문암			

일반 퇴적암

쇄설성	생쇄설성	유기적	화학적
역암	석회암	처트	증발암
사암	백운석 (백운암)	석탄	
실트암	패각암		
셰일	백악		

일반 변성암

비엽리상	엽리상
석회암	점판암
규암	천매암
	편암
	편마암
	미그마타이트

요약

3.1 암석과 암석윤회

지질학자들은 각 암석이 생성되는 방식에 따라 암석을 세 종류로 구분한다. 화성암은 마그마로부터 고화된 암석이다. 퇴적암은 지표에 모인 점토, 모래, 자갈 및 그 외의 퇴적물로부터 생성된 암석이다. 변성암은 온도, 압력 또는 열수의 유입에 의해 기존 암석이 변화될 때 만들어진 암석이다. 암석윤회란 암석이 지구의 외층에서 계속해서 재순환하면서 오래된 암석으로부터 새로운 암석을 만드는 과정을 말한다. 암석윤회 과정은 대기권, 수권 및 생물권과 에너지와 물질의 교환을 수반한다.

3.2 화성암

분출암(화산암)은 마그마가 지표로 분출하였을 때 마그마로부터 고화된 세립질 암석이다. 화강암과 현무암은 화성암 중에서 가장 보편적인 암석이다. 관입암(심성암)은 마그마가 지각 속에서 고화할 때 만들어지는 중립질 내지는 조립질 암석이다.

그림 3.1 지질학적 시간에 걸쳐 암석이 변화하는 것을 보여주는 암석윤회. 화살표는 암석의 변화 경로를 보여준다.

표 3.1 결정 크기에 따른 화성암의 조직

조직명	결정 크기
유리질	결정이 없음(흑요암)
극세립질	너무 세립이라 맨눈으로는 보이지 않음
세립질	1 mm까지
중립질	1~5 mm
조립질	5 mm 이상
반상	세립의 기질 내에 상대적으로 큰 결정

3.3 퇴적암

퇴적물은 암석과 광물의 풍화에 의해서 생성된다. 퇴적물에는 암석과 광물 조각, 유기물의 잔해, 침전된 광물 등의 모든 고체 입자들이 포함된다. 이들은 유수, 빙하, 바람 또는 중력에 의해 이동하고 층으로 퇴적되며 결국에는 고화되어 퇴적암이 된다. 셰일, 사암과 석회암은 가장 일반적인 퇴적암이다.

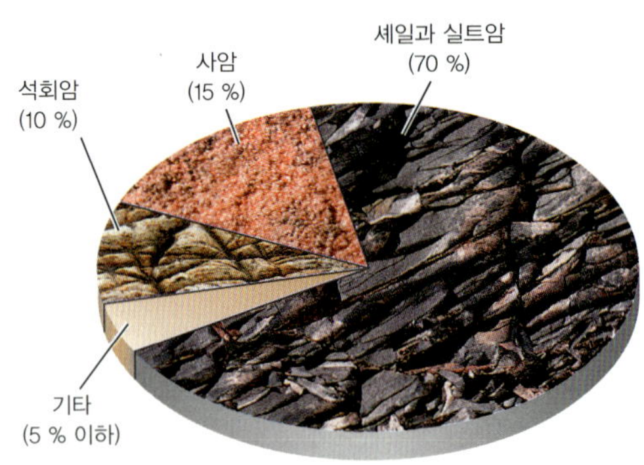

그림 3.5 지구의 퇴적암: 셰일, 실트암, 사암은 전체 퇴적암의 약 85 %를 차지하는 쇄설성 퇴적암이다. 석회암과 일부 다른 퇴적암들이 15 % 이하를 구성한다.

3.4 변성암

암석이 가열될 때, 압력이 증가할 때, 또는 열수가 화학 성분을 변화시킬 때, 구성 광물의 조성과 조직은 변성작용이라고 불리는 과정하에서 변화한다. 접촉변성작용은 인접한 화성암 관입에 의해 암석이 가열될 때 발생한다. 매몰변성작용은 암석이 지각 내부로 깊이 매몰될 때 발생한다. 지구조 판이 수렴하는 지역에서는 상승하는 마그마에서 기인한 온도 상승과 변형 그리고 판의 운동이 모두 복합적으로 작용하여 광역 동력열변성작용을 일으킨다. 열수변성작용은 뜨거운 용액이 암석을 스며들 때 발생하며, 종종 맥광상의 관입을 수반한다. 점판암, 편암, 편마암 그리고 대리암은 가장 일반적인 변성암이다.

핵심용어

건열mud crack (3.3)
공극pore space (3.3)
관입화성암intrusive igneous rock (3.3)
기반암basement rock (3.2)
기반암bedrock (3.2)
다져짐작용compaction (3.3)
마그마magma (3.1)
모암country rock (3.2)
변성도metamorphic grade (3.4)
변성암metamorphic rock (3.1)
변성작용metamorphism (3.4)
분출화성암extrusive igneous rock (3.2)
사층리cross-bedding (3.3)
셰일shale (3.3)
암석윤회rock cycle (3.1)
암석화작용lithification (3.3)
역암conglomerate (3.3)
연흔ripple mark (3.3)
엽리foliation (3.4)
용암lava (3.2)
원암parent rock (3.2)
점판벽개slaty cleavage (3.4)
조직texture (3.2)
층리bedding (3.3)
침전precipitation (3.3)
탄산염암carbonate rocks (3.3)
토탄peat (3.3)
퇴적구조sedimentary structure (3.3)
퇴적물sediment (3.1)
퇴적암sedimentary rock (3.1)
풍화weathering (3.1)
화석fossil (3.3)
화성암igneous rock (3.1)

연습문제

1. 암석윤회가 지구작용에 관해 우리에게 알려주는 바가 무엇인지 설명하시오.
2. 암석윤회 과정이 대기권, 수권 및 생물권과 에너지와 물질을 교환하는 방식에 대해 기술하시오.
3. 지각에 존재하는 3가지의 주된 암석 종에는 어떤 것들이 있는가?
4. 이들 세 종류의 암석은 각각 어떻게 다른가?
5. 마그마란 무엇인가? 마그마는 어디서 생성되는가?
6. 화성암이 분류되고 명명되는 방식에 대해 기술하시오.
7. 가장 보편적인 화성암 두 가지는 무엇인가?
8. 심성암과 분출암의 차이에 대해 설명하시오.
9. 퇴적물이란 무엇인가? 퇴적물은 어떻게 생성되는가?
10. 퇴적물 입자는 어떤 과정을 통해 둥글어지는가?

11. 여러분이 사는 지역에서 둥근 퇴적물을 찾을 수 있는 장소는 어디인가?

12. 퇴적물이 어떤 과정을 통하여 고화되는지 기술하시오.

13. 셰일, 사암, 석회암 간의 차이점은 무엇인가?

14. 거의 모든 퇴적암들은 층을 이루고 있다. 그 이유는 무엇인가?

15. 사층리는 어떻게 생성되는가?

16. 변성작용이란 무엇인가? 변성작용을 일으키는 인자에는 무엇이 있는가?

17. 암석이 변성될 때 암석 내에서 발생하는 변화에는 어떤 것들이 있는가?

18. 변성 엽리란 무엇인가? 변성 엽리와 퇴적 층리는 어떻게 다른가?

19. 접촉변성작용과 광역변성작용 간의 차이점과 유사점은 각각 무엇인가?

4장

지질시대: 암석 속의 이야기

대량 멸종(mass extinction) 지구 상의 모든 생물의 상당 부분이 멸종하게 된 갑작스러운 격변적인 사건

> "암석들은 그들이 생성된 시기에 일어난 사건들의 기록이다. 그들은 책이다. 그들은 다양한 어휘와 다양한 알파벳으로 쓰여 있기 때문에 우리는 그들을 읽는 법을 배워야 한다."
>
> 존 맥피(John McPhee, 1931∼)[1]

4.1 지구의 암석, 지구 역사, 대량 멸종

19세기 지질학자들은 많은 지역에서 수백만 또는 수억 년의 지구 역사를 나타내는 화석을 풍부하게 포함한 지층의 연층(sequence)[2]을 발견하였다. 그러나 화석이 풍부한 지층 위에 놓인 더 젊은 지층은 화석을 매우 조금 포함하거나 또는 전혀 포함하지 않는다. 심지어 지층의 연층에서 더 상위 층준을 조사하면 지질학자들은 다시 풍부한 화석을 발견하지만 이들 화석은 하부의 오래된 지층에서 발견된 화석들과 매우 다르다. 더욱더 놀라운 것은 하부 지층에서 가장 풍부했던 동물과 식물 화석의 대부분은 더 젊은 지층에서는 더 이상 찾을 수 없다는 것이다. 이들 생물체들은 지구 상에서 아주 영원히 사라져버렸다.

이 화석 기록은 갑작스럽고 격변적인 사건들이 갑자기 지구 상의 생물들을 죽게 하고 이들 **대량 멸종(mass extinction)**에 뒤이어 새로운 생물체들이 출현하였음을 암시한다. 그러나 과학자들은 격변적인 사건이 갑작스런 대량 멸종의 원인이었다는 주장을 쉽게 받아들이지 않는다. 그 대신 이들은 암석 기록이 완전하지 않을 수 있다고 말한다. 어쩌면 일부 암석은 침식작용에 의해 깎여 나가거나 혹은 퇴적암은 어쩌면 오랜 기간 동안 쌓이지 않았을 것이다. 이러한 논법에 따르면 사라진 기록 부분은 멸종된 종의 점이적인 감소와 장시간에 걸친 새로운 종의 출현의 증거를 포함할 수 있다. 시대의 통념에 따라 과학자들은 오래된 생물의 멸종과 새로운 생물들의 출현은 환경의 점진적인 변화의 결과에 의해 서서히 일어나는 것으로 결론을 내렸다.

그러나 만약 어떤 지역에서 암석 기록의 일부분이 빠져 있다면 이들은 지구 상의 다른 장소에 틀림없이 존재할 것이다. 지질학자들은 공백 기간을 채우고 점진적인 멸종의 증거를 찾기 위해 암석을 자세히 조사하였다. 그러나 이들은 그러한 암석을 발견하지 못하였다. 실제로 거의 순간적인 멸종에 대한 증거는 뚜렷하다. 이러한 형태의 연구로부터 과학자들은 지구 역사상 적어도 6번의 격변적인 멸종이 지구 상의 많은 생물을 죽게 하였다는 것을 알게 되었다(그림 4.1).

가장 극적인 멸종은 페름기 말인 2억 4,800만 년 전에 일어났다. 이때 바다에 살았던 모든 생물 종의 약 90 %가 갑자기 죽어 없어졌다. 육상에서는 파충류와 양서류의 약 2/3와 곤충 종의 30 %가 사라졌다.

현대의 한 과학자는 이 멸종 사건은 "경쟁이 가장 심한 생물들이 출현한 이래 완전히 멸종하게 되었다"라고 말하였다.[3] 페름기 말의 대부분 생물체의 죽음은 생물권에 거대한 생태적 공간을 남겼다. 포식자와 경쟁자가 없는 환경에서 새로운 생물체들이 출현함에 따라 바다 생태계는 변하였다. 육상에는 공룡과 그 밖의 육상동물과 식물이 출현하여 번성하였다.

페름기 말의 멸종으로부터 약 1억 8,000만 년 후 백악기 말에 또 다른 격변적인 멸종이 공룡을 포함하여 모든 종의 1/4을 전멸시켰다. 이 대량 멸종은 6,500만 년 전에 일어났다. 소형의 포유동물들이 이 참사에서 살아남아 그들을 잡아먹는 무서운 포식자들이 없는 새로운 세상을 맞았다.

1) 역자 주: 미국의 작가로서 퓰리처 상 수상자다.

2) 역자 주: sequence는 일련의 지층이 연속적으로 쌓여 있는 퇴적층을 말하므로 이를 연층(連層)이란 용어를 사용할 것을 제안한다.

3) Douglas Erwin, *The Great Paleozoic Crisis*(New York: Columbia University Press, 1993), 187.

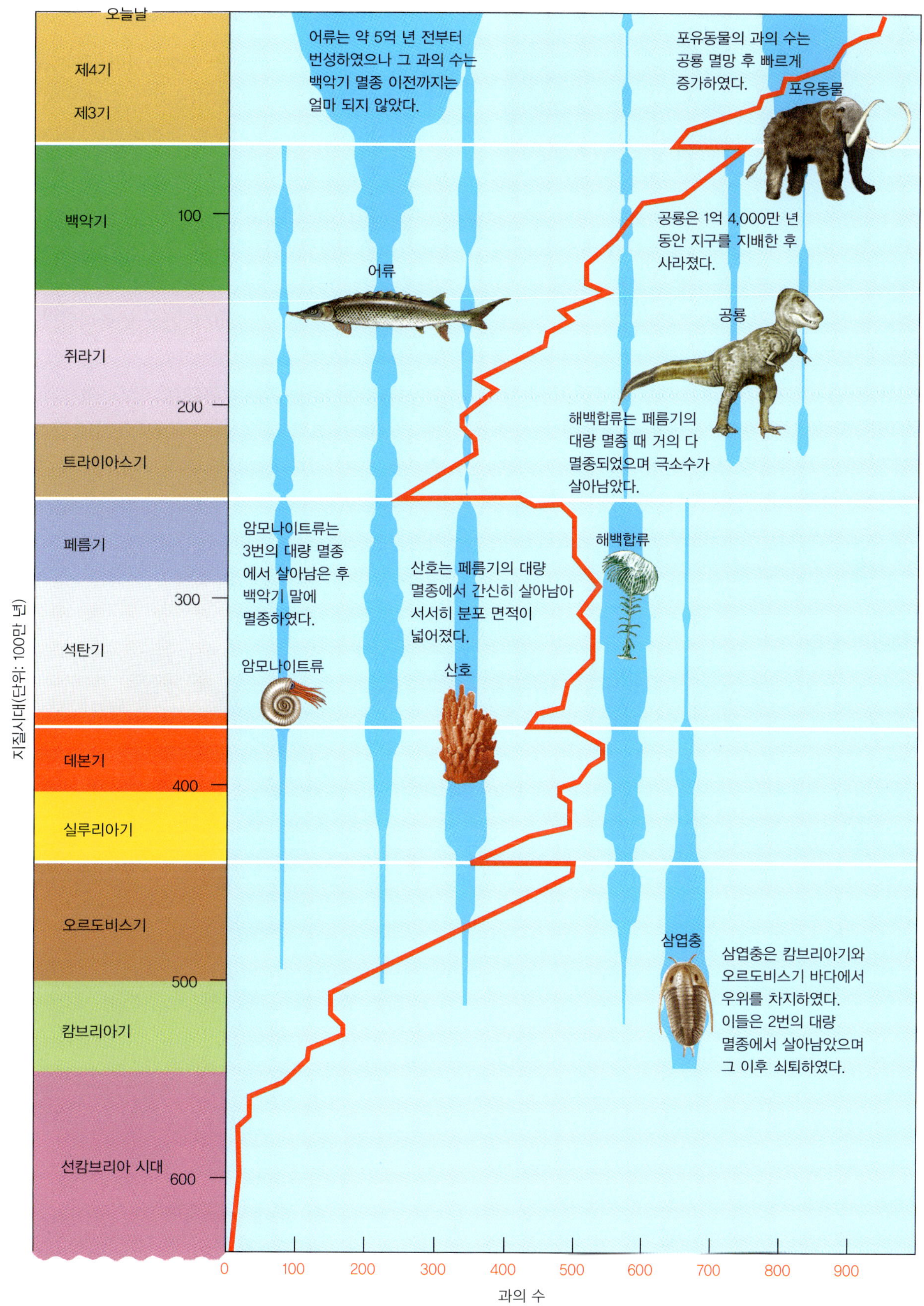

그림 4.1 빨간색 선은 생물의 과(family)의 수를 나타내며 파란색 음영의 두께는 변화 정도를 나타낸다. 빨간색 선이 갑작스럽게 왼쪽으로 이동된 것은 대량 멸종을 나타낸다. 왼쪽 기둥의 숫자는 100만 년 전 시간을 나타낸다.

이 멸종 사건 이후에 새로운 포유동물의 종의 수는 빠르게 증가하였으며 결국에는 인류의 출현을 이끌었다.

어떤 종류의 격변적인 사건들이 이와 같이 갑작스런 생물의 멸종을 일으키는가? 왜 수천만 년 동안 살아남았던 종들이 순식간에 사라졌는가? 우리는 대량 멸종에 대해 3가지 가설을 생각할 수 있다. 이들 가설의 각각은 생물권, 지권, 대기권 및 수권 사이에서 상호작용을 하는 대규모의 계를 포함한다. 첫 번째 가설에서는 다음에 기술할 제5의 지구 밖의 계가 4개의 모든 지구시스템 안에서 급진적인 변화를 일으킨 원인으로 간주된다.

외계 천체와의 충돌

1977년 미국 지질학자 월터 앨버레즈(Walter Alvarez, 1940~)와 물리학자 루이스 앨버레즈(Luis Walter Alvarez, 1911~1988) 부자는 공룡과 다른 매우 많은 생물들이 멸종할 때에 생성된 암석을 연구하고 있었다. 한 지층에서 이들은 많은 공룡 화석을 발견하였다. 이 지층 바로 위에서는 어떤 종류의 화석도 거의 발견하지 못하였으며 공룡 화석도 발견하지 못하였다. 이들 두 지층 사이에서 앨버레즈 부자는 거무스름한 얇은 점토층을 발견하였다. 이들은 점토 표품을 실험실로 가져왔으며 이 점토가 이리듐(Ir) 원소를 높은 농도로 포함하고 있음을 발견하였다. 이리듐은 지구 암석 내에는 드물기 때문에 이 발견은 놀라운 것이었다. 이 이리듐은 어디에서 왔을까?

이리듐은 비록 지구 지각 내에서는 드물지만 운석 내에는 한층 더 풍부하다. 앨버레즈 부자는 6,500만 년 전에 지름이 10 km인 운석이 지구와 부딪쳤으며, 이때 오늘날 전 세계 핵무기 재고량의 10,000배와 맞먹는 위력으로 에너지가 방출되었다고 주장하였다. 이 충돌은 운석과 충돌 지점의 지구 지각을 증발시켜버렸으며 지구 주위를 불태웠던 뜨거운 먼지와 가스 기둥을 형성하였다. 광범위한 연소에서 유래된 그을음과 이리듐이 풍부한 운석 먼지가 상부 대기권까지 상승하여 전 지구를 순환하였다. 어둡고 두꺼운 구름이 햇빛을 차단하여 1년 정도 식물들은 광합성을 하지 못했다. 바다 표면은 얼어붙었으며 많은 식물과 동물들이 죽었다. 치명적인 백악기 대량 멸종으로 불리는 이 사건은 공룡과 다른 많은 생물을 멸종시켰다. 그 당시에 이리듐이 풍부한 그을음투성이의 먼지가 지구에 가라앉아 특이한 점토층을 형성하였다.

다른 과학자들은 멕시코 유카탄 반도 북쪽의 카리브 해에서 6,500만 년 전에 형성된 거대한 운석 충돌 크레이터의 증거를 발견하였다. 현재 대부분의 과학자들은 치명적인 백악기 대량 멸종에 대한 운석 충돌 가설에 동의한다. 어떤 과학자들은 외계 천체의 충돌이 또한 페름기 말의 멸종을 야

기했다고 말하고 있으나 이에 대한 증거는 확실하지 않다.[4)]

화산 분출

화산이 분출하면 가스와 미세한 화산재가 대기권으로 뿜어 나온다. 화산재는 햇빛을 우주 공간으로 반사시키는 우산처럼 작용하여 기후를 하강시킨다. 화산 가스 중 이산화황(SO_2)은 에어로졸이라고 하는 미립의 알갱이를 형성하며 햇빛을 반사시키고 지구를 냉각시킨다. 화산에서 분출되는 또 다른 가스에는 이산화탄소가 있다. 이 가스는 지구 대기를 온난화시키는 온실 기체다. 따라서 화산은 대기의 냉각과 온난화를 동시에 일으키는 물질을 분출한다. 이러한 냉각은 화산 분출 후 수주 또는 수개월 내에 급격히 일어날 수 있다.

과학자들은 어떤 대량 멸종은 현저하게 높은 화산 활동과 일치함을 알아냈다. 예를 들면 시베리아에서 대규모의 현무암 용암이 2억 4,800만 년 전에 지표로 범람하였으며, 이와 동시에 페름기 말의 대량 멸종이 일어났다. 한 가설에 따르면, 폭발적인 화산 분출은 막대한 양의 화산재와 황 에어로졸을 대기 중으로 높이 내뿜는다. 화산재와 에어로졸은 상부 대기권에 장막처럼 넓게 펼쳐져 햇빛을 차단한다. 지구 대기와 해수의 온도는 급강하하여 식물은 시들어 죽고 동물들은 굶어 죽거나 얼어 죽었다. 만약 이 가설이 옳다면 페름기 말의 대량 멸종과 어쩌면 다른 대량 멸종들도 전형적인 지구시스템의 상호작용의 결과에 의해 일어났다고 볼 수 있다. 그리고 지권에서 일어난 화산 분출은 대기와 해수의 온도 및 생물에 중대한 영향을 끼침과 동시에 대기의 성분이 달라지게 하였을 것이다.

초대륙과 지구의 이산화탄소의 수지

현대 해양에서 극지방의 차가운 해수는 해저로 침강하여 심층류가 되어 적도를 향해 흐른다. 이 해류는 심해 분지로 산소를 운반하며 심층수가 적도 근처에서 상승하게 한다. 상승한 심층수는 적도에서 가열된다. 따라서 해류는 전 해양과 대기에 걸쳐 열과 기체를 혼합시킨다.

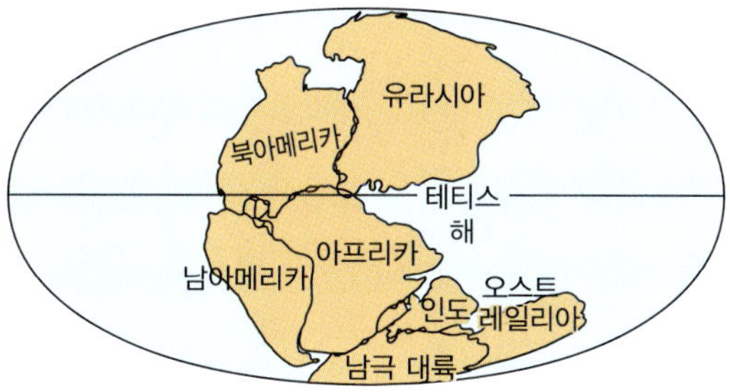

그림 4.2 페름기 동안 모든 대륙이 초대륙인 판게아로 뭉쳐져 해수의 연직적인 혼합을 막았다.

해류는 대륙의 위치에 따라 부분적으로 지배를 받는다. 1장으로부터 대륙은 지구 표면을 가로질러 느리게 표류한다는 것을 상기해 보자. 지구 역사 동안 모든 대륙들은 여러 번에 걸쳐 합쳐져 하나의 거대한 초대륙을 형성하였다. 이와 같은 초대륙의 하나가 페름기에 형성되었다(그림 4.2). 컴퓨터로 실행한 모의 계산에서 모든 대륙이 하나의 땅덩어리로 합쳐지고 그 결과로 생성된 하나의 세계적 규모의 해양은 표층수와 심층수 사이의 연직적인 혼합을 막고 있음을 볼 수 있다.[5)]

해수의 표층에 사는 생물들은 대기 중의 이산화탄소를 흡수하고 이를 이용하여 생물체의 조직을 만든다. 이들 생물들이 죽게 되면 해저에 가라앉는다. 이 과정은 대기에서 이산화탄소를 제거하고 탄소를 생물체의 조직으로 변환시키며 이것을 해저로 운반한다. 심해저 근처에 사는 생물들은 동시에 물속으로 가라앉는 생물의 잔해를 섭취 분해하여 심해 해수에 이산화탄소를 방출한다. 이 기체의 대부분은 해수 내에 용해되며 상부에 있는 해수의 압력에 의해 그곳에 머무른다. 현재 해류는 심층수와 표층수를 혼합시키며 이산화탄소를 대기 중으로 되돌려 보낸다.

그러나 페름기 바다에서는 연직적인 혼합이 거의 없었기 때문에 탄소는 심해 바다에 계속 축적되어 농도가 증가하였다(그림 4.3(a)). 이 작용은 대기 중에서 이산화탄소

4) Douglas Erwin, *The Great Paleozoic Crisis*(New York: Columbia University Press, 1993).

5) A. H. Knoll, R. K. Bambach, D. E. Canfield, and J. P. Grotzinger, "Comparative Earth History and Late Permian Mass Extinction", *Science* 273(July 26, 1996), 452–457.

를 계속하여 제거하였으며 후기 페름기 동안 이를 깊은 바다에 저장하였다. 그런데 이산화탄소는 열을 흡수하여 대기를 따뜻하게 하는 온실 기체다. 이산화탄소가 대기 중에서 제거되어 심층수에 저장됨에 따라 대기는 냉각되었다. 어떤 과학자들은 전 지구적인 냉각의 결과로, 대륙 빙붕이 형성되었다고 주장하였다. 해양에서 바닷물이 증발하여 대륙 빙하에 쌓임에 따라 해수면이 낮아지고 대륙붕이 대기 중에 노출되어 얕은 바다에 사는 생물들의 군집이 괴롭힘을 당했다.

차가운 대기는 해수의 표면을 냉각시켰다. 해수가 냉각되면 밀도가 증가한다. 결국 극지방의 표층수의 밀도가 심층수의 밀도보다 커지는 경계에 다다르게 된다. 이 지점에서 차고 밀도가 큰 표층수는 침강한다. 침강하는 표층수는 이산화탄소가 풍부한 심층수를 바다 표면으로 상승시켰으며, 상승한 표층수는 해수 표면에서 막대한 양의 이산화탄소를 대기 중으로 급격하게 방출하였다(그림 4.3(b)). 이 가설에 따르면 이산화탄소는 바다와 대륙에 사는 생물들을 질식시켰으며 지구 상의 대부분의 생물을 죽게 하였다. 그 후 이산화탄소의 농도가 떨어졌을 때 새로운 생물들이 출현하였다.

이들 3가지 가설은 각각 대기권, 수권, 생물권, 지권 사이의 대규모의 상호작용을 포함한다. 그리고 첫 번째 가설은 외계 요소를 포함한다. 세 번째 가설은, 만약 옳다면, 지구의 작은 시스템들의 되먹임 메커니즘과 경계 효과 모두의 고전적인 예다. 되먹임 과정은 판의 이동이 해양분지의 모양을 달라지게 함에 따라 일어난다. 해양분지가 달라지면 해류가 바뀌게 된다. 해류의 변화는 대기 성분을 변화시켰으며 지구 상에 사는 생물들의 대부분을 급격하게 죽게 한 한계 사건을 촉발시켰다.

4.2 지질시대

보통 사람들은 대부분 시간하면 날이나 연을 떠올리는 반면에, 지구과학자들은 흔히 수백만 년 또는 수십억 년 전에 일어난 사건에 대해 언급한다. 1장에서 우리들은 지구 나이는 대략 46억 년이라는 것을 배웠다. 그럼에도 불구하고

그림 4.3 (a) 후기 페름기의 전 지구 한랭화

인류와 우리 조상은 단지 500～700만 년 동안 지속되어 왔으며 기록된 역사도 겨우 수천 년에 지나지 않는다. 과학자들은 기록된 역사나 또는 심지어 인류의 출현보다 훨씬 오래 전의 암석과 사건의 나이를 어떻게 측정할까?

과학자들은 지질연대를 2가지 방법으로 측정한다. **상대 연령**(relative age)은 단지 사건이 일어난 순서만을 측정한다. 상대 연령은 간단한 원리에 근거하여 결정한다. 한 사건이 어떤 암석에 영향을 미치기 위해서는 우선 암석이 반드시 존재해야 한다. 따라서 암석은 사건보다 틀림없이 오래되었다. 이 원리는 분명해 보인다. 그런데도 이것은 많은 지질학적인 연구의 기초가 된다. 3장에서 배웠듯이 퇴적물은 일반적으로 수평 층으로 쌓인다. 그러나 그림 4.4에서 퇴적암은 휘어져 있고 기울어져 있다. 우리는 지층의 습곡작용과 기울어짐은 퇴적물이 쌓인 후에 일어났다는 것을 추론할 수 있다. 암석과 지질구조의 생성 순서는 일반적으로 이와 같은 관찰과 논리로 해석할 수 있다.

절대 연령(absolute age)은 나이를 연으로 나타낸다. 공룡은 6,500만 년 전에 멸종하였다. 치명적인 페름기 대량 멸종은 2억 4,800만 년 전에 일어났다. 미국 와이오밍 주에 있는 티톤 산맥(Teton Range)은 600만 년 전에 상승하기 시작하였다. 절대 연령은 사건이 일어난 순서와 사건이 일어난 후 경과한 시간 모두를 말해 준다.

상대 연령(relative age) 사건이 일어난 순서에 근거하여 지질연대를 측정하는 방법이며 연으로 측정하지 않는다.

절대 연령(absolute age) 연으로 측정하는 지질연대

4.3 상대 연령

절대 연령은 불과 20세기 후반기 이래 측정이 일반화 되었다. 이 시기 이전에는 지질학자들은 상대 연령을 결정하기 위해 야외 관찰 결과를 이용하였다. 심지어 고도로 발달된 실험실 처리 방법을 이용할 수 있는 오늘날에도 대부분의 야외 지질학자들은 일상적으로 상대 연령을 측정한다. 지질학자들은 상식이나 단순한 원리 몇 개를 조합하여 암석이 생성된 순서와 시간의 경과에 따라 변화된 순서를 결정한다.

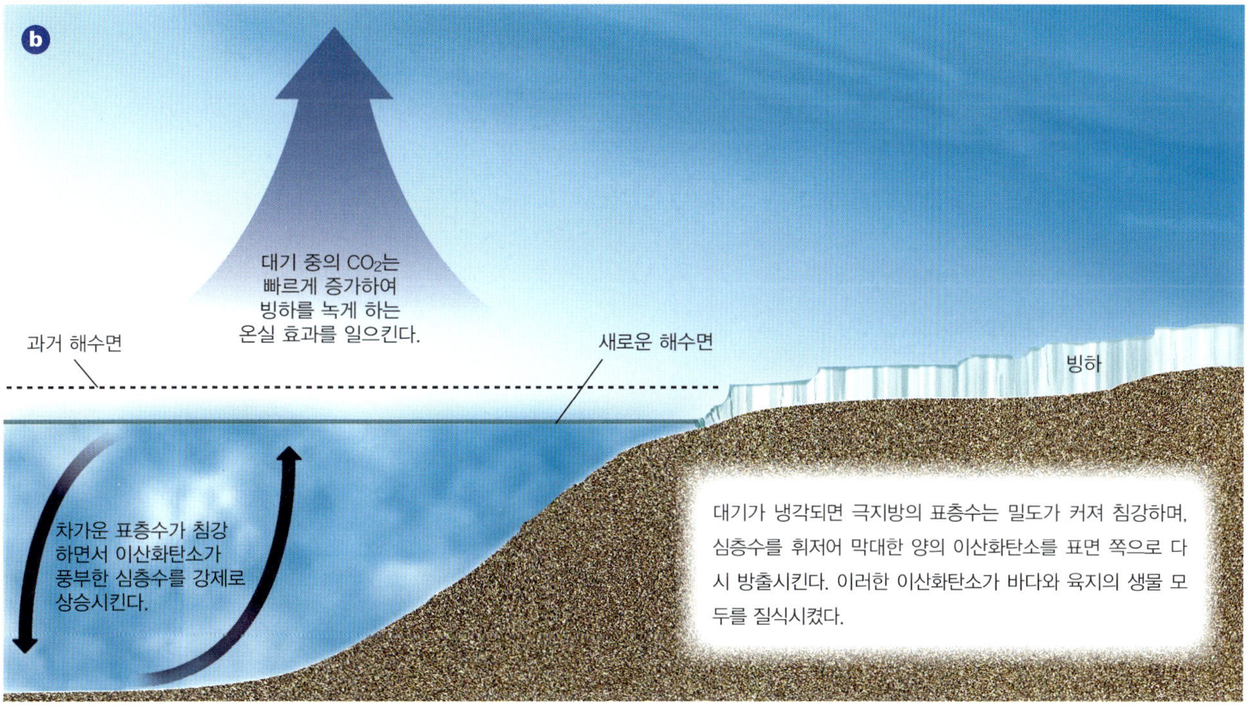

그림 4.3 (b) 페름기 대량 멸종

지층 수평의 원리(principle of original horizontality) 대부분의 퇴적물은 거의 수평으로 쌓이며, 따라서 대부분의 퇴적암은 거의 수평인 층으로부터 시작한다는 원리

지층 누중의 원리(principle of superposition) 어떤 교란되지 않은 퇴적물 또는 퇴적암 지층에서의 연령은 밑에서 위로 점진적으로 젊어진다는 원리로서 젊은 지층은 항상 더 오래된 지층 위에 쌓인다.

관입의 원리(principle of crosscutting relationship) 암석이나 지질 구조는 어떤 사건이 일어나기 전에 반드시 먼저 존재해야 한다는 원리. 따라서 암석의 관입이 기존의 암석을 가로지르면 암맥(관입암)은 더 젊다.

COURTESY OF GRAHAM R. THOMPSON/JONATHAN TURK

그림 4.4 이 석회암은 5억 년 전에 얕은 바다에서 수평한 지층으로 쌓였다. 그 다음 4억 년 후에 구조적인 힘이 앨버타의 캐나다 로키 산맥의 석회암을 융기시키고 습곡지게 하였다.

지층 수평의 원리(principle of original horizontality)는 일반적으로 퇴적물은 수평 층으로 쌓인다는 관찰에 기초한다(그림 4.5(a)). 만약 퇴적암이 그림 4.5(b)에서처럼 경사져 있거나 또는 퇴적암들이 그림 4.4에서 보는 바와 같이 습곡되어 있다면 우리들은 퇴적암이 생성된 후에 어떤 구조적인 힘이 퇴적암을 경사지게 하거나 휘어지게 하였다는 것을 추론할 수 있다.

지층 누중의 원리(principle of superposition)는 구조적인 힘이 지층을 역전시키지 않았거나 또는 젊은 지층 위로 오래된 지층을 밀어 올리지 않았다면 퇴적암은 밑에서 위로 갈수록 젊어짐을 말해 준다. 이것은 퇴적암의 젊은 지층은 항상 오래된 지층 위에 쌓이기 때문이다. 그림 4.6에서 퇴적층은 1, 2, 3, 4, 5 순으로 점점 더 젊어진다.

관입의 원리(principle of crosscutting relationships)는 암

COPYRIGHT AND PHOTOGRAPH BY DR. PARVINDER S. SETHI

COURTESY OF GRAHAM R. THOMPSON/JONATHAN TURK

그림 4.5 (a) 지층 수평의 원리는 유타 주의 산후안 강가에 분포하는 수평 층과 같이 대부분의 퇴적암이 처음에는 수평으로 쌓인다는 것을 말해 준다. (b) 미국 코네티컷 주에 분포하는 암석과 같이 기울어진 암석을 보면, 우리는 지층이 쌓인 후에 기울어지게 되었다는 것을 알 수 있다.

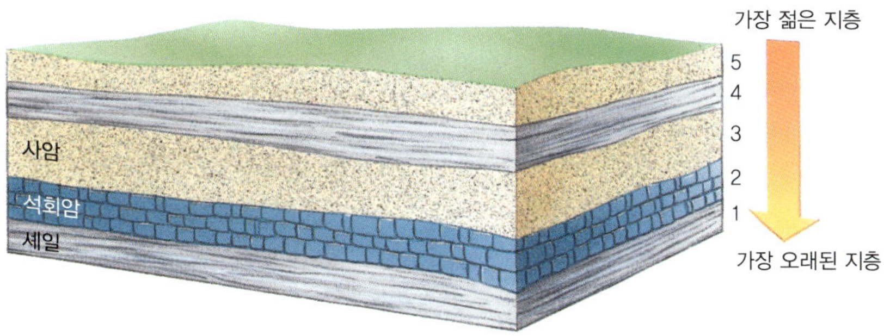

그림 4.6 지층 누중의 원리. 퇴적암 층의 연층에서 가장 오래된 지층(지층 1)은 가장 밑에 있으며, 가장 젊은 지층(지층 5)은 가장 위에 있다.

진화론(theory of evolution) 시간이 지남에 따라 생물의 형태가 물리적, 유전적 기질에 의해서 변화한다는 생물학적 이론

석에 어떤 일이 일어나기 전에 반드시 암석이 맨 먼저 존재해야 한다는 분명한 사실에 기초한다. 그림 4.7은 암맥이라고 부르는 화성암의 관입체가 편마암을 관입하고 있는 것을 보여준다. 분명한 것은 암맥은 편마암보다 틀림없이 더 젊다. 그림 4.8은 3개의 화성암 암맥이 퇴적암을 관입한 것을 보여준다. 암맥 2는 암맥 1을 가로지르며 암맥 3은 암맥 2를 가로지르고 있다. 따라서 암맥 2는 암맥 1보다 더 젊으며, 암맥 3이 가장 젊다. 퇴적암은 틀림없이 모든 암맥들보다 더 오래된 것이다.

그림 4.7 편마암을 가르고 있는 화성암 암맥. 관입의 원리에 따라 암맥은 편마암보다 반드시 젊어야 한다.

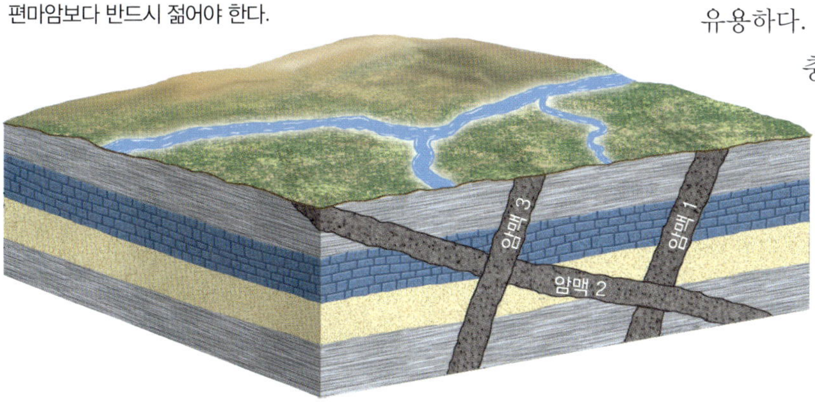

그림 4.8 3개의 화강암 암맥이 퇴적암을 관입하고 있다. 암맥은 1, 2, 3 순으로 젊어진다. 퇴적암은 모든 암맥보다 반드시 오래되어야 한다.

진화론(theory of evolution)은 지질시대를 통해 꾸준히 변화하여 왔음을 말해 준다. 종은 출현하여 일정 기간 동안 생존한 다음에 멸종하게 된다. 화석은 역사시대 이전의 생물들의 잔해와 그 밖의 흔적들이 퇴적암 내에 보존된 것이라는 것을 3장으로부터 상기해 보자. 서로 다른 동물과 식물들이 지구 역사에서 각기 다른 지질시대에 살았기 때문에 화석은 암석의 상대 연령을 결정하는 데 유용하다. 예를 들면 삼엽충(그림 4.9)은 5억 4,300만~2억 4,800만 년 전까지 살았으며 최초의 공룡은 약 2억 4,800만 년 전에 출현하였다.

그림 4.9 삼엽충은 공룡시대 이전의 옛날 지구 바다에 살았던 바다생물이다. 점판암에서 삼엽충이 발견되었다는 것은 점판암이 한때 바다 환경에 놓여 있었다는 것을 말해 준다.

지층 누중의 원리는 퇴적층이 밑에서 위로 갈수록 더 젊어짐을 말해 준다. 만약 암석이 긴 시간 동안에 생성되었다면 밑에서 위로 가

면서 생물들이 출현한 다음에 멸종한 순서와 동일하게 다양한 화석이 출현한 다음 사라진다. 공룡 뼈를 포함한 암석은 삼엽충 화석을 포함한 암석보다 반드시 더 젊어야 한다.

동물군 변화의 원리(principle of faunal succession)는 종은 시간을 지남에 따라 인식할 수 있을 정도로 일정한 순서로 서로 다른 종으로 이어가기 때문에 퇴적암의 상대 연령은 암석 내의 화석을 통해 알아낼 수 있다는 것을 말해 준다.

화석에 의한 지질 역사의 해석

고생물학자들은 생물의 역사와 진화를 이해하기 위해 화석을 연구한다. 가장 오래된 화석으로 알려진 것은 35억 년 전에 살았던 박테리아 같은 생물체의 흔적이다. 이보다 훨씬 젊은 화석은 최근에 오스트리아와 이탈리아 국경 근처의 빙하에서 발견된 청동기시대의 사람으로 추측되는 냉동 인간의 미라다.

화석은 또한 지질학자들로 하여금 고환경 해석을 가능하게 한다. 왜냐하면 대부분의 생물은 특정한 환경에서 번성하며 다른 환경에서는 살아남을 수 없기 때문이다. 예를 들면 산호는 맑고 따뜻한 얕은 바다에 산다. 그럼에도 불구하고 산호 화석은 캐나다 로키 산맥과 에베르트 산 정상과 같이 추운 산악 환경의 암석 속에 풍부하게 보존되어 있다. 산호 화석은 이들 산악 지대에 노출된 채 놓여 있는 암석이 한때 맑고 따뜻한 얕은 바다 밑에 잠겨 있었음을 말해 준다. 오늘날 지질학자들은 구조적 작용이 이들 바다 기원의 암석과 화석을 융기시켜 세계에서 가장 높은 산 정상 몇몇을 형성하였다는 것을 알고 있다.

4.4 부정합과 대비

미국 애리조나 주 그랜드캐니언의 2 km 높이의 절벽은 오래된 화성암과 변성암 위에 쌓인 퇴적암으로 이루어져 있다(그림 4.10). 이들 화성암과 변성암의 나이는 약 2억 년에서 20억 년 범위로 다양하다. 지층 누중의 원리는 가장 밑에 있는 퇴적암이 가장 오래된 것이며, 협곡 절벽을 따라 위로 올라갈수록 암석이 젊어진다는 것을 말해 준다. 그러나 어떤 원리도 암석이 20억 년에서 2억 년 전까지 연속적으로 생성되었다는 것을 보장해 주지 않는다. 암석 기록은 어쩌면 불완전할 수 있다. 일정 기간 동안 퇴적물이 쌓이지 않았거나 또는 침식작용에 의해 젊은 지층이 쌓이기 전에 일부 퇴적층이 깎여나갔다고 상상해 보자. 어느 경우에나 암석 기록에 시간 공백이 존재할 것이다. 우리들은 어떤 지층이든 아래에 놓인 지층보다 더 젊다는 것을 알고 있다. 그

그림 4.10 미국 애리조나 주 그랜드캐니언의 2 km 높이의 절벽은 오래된 화성암과 변성암 위에 쌓인 퇴적암으로 구성되어 있다. 이 절벽 암석의 연령은 약 2억 년에서 20억 년까지 다양하다. 사진 아랫부분에 있는 20억 년 된 편암은 수평으로 층을 이룬 젊은 퇴적암 아래에 발달되어 있다.

COURTESY OF GRAHAM R. THOMPSON/JONATHAN TURK

ⓐ 해수면 아래에서 퇴적물이 쌓인다.

ⓑ 암석이 해수면 위로 노출되고, 지층 4와 3이 침식작용에 의해 깎여 나간다.

ⓒ 암석이 해수면 아래로 침강하고 지층 5와 6이 침식면 위에 쌓인다.

그림 4.11 비정합은 지층의 융기와 침식작용이 일어난 후에 퇴적물층에 추가적인 퇴적작용이 발생하여 생성된다. 비정합은 암석 기록에서 큰 간격을 나타낸다.

러나 더 많은 정보 없이는 얼마나 더 젊은지는 알 수 없다.

부정합

만약 퇴적암이 인지할 만한 시간 공백 없이 쌓였다면 퇴적암의 지층들은 **정합**(conformable)이다. **부정합**(unconformity)은 일반적으로 퇴적작용에서 장기간의 공백을 나타낸다. 어떤 퇴적물도 쌓이지 않는 기간 동안에 어떤 지층들은 침식되었을 것이다. 따라서 부정합은 그 장소에 어떤 지질 기록도 존재하지 않는 장시간의 시간 공백을 나타낸다. 사라진 기록은 수억 년에 달할 수 있다.

부정합에는 여러 형태가 있다. 비정합의 경우 부정합 위와 아래에 있는 지층들은 나란하다(그림 4.11과 4.12). **비정합**(disconformity)은 뚜렷한 고토양층이나 침식면이 발달되어 있지 않는 한 인지하기가 어려울 수 있다. 그러나 지질학자들은 이 단원의 뒤에서 기술할 화석과 절대 연령에 기초한 측정 방법을 이용하여 비정합을 확인할 수 있다.

정합(conformable) 인지할 만한 시간 공백 없이 연속적으로 쌓인 퇴적층을 기술하는 용어

부정합(unconformity) 퇴적층 내의 중단이나 또는 침식을 받은 화성암과 그 위에 쌓인 퇴적층 사이의 시간 공백으로 그 지역의 지질 기록에 큰 공백이 생기게 한다. 부정합의 종류에는 비정합, 사교부정합, 난정합이 있다.

비정합(disconformity) 부정합의 한 유형으로 부정합의 상부와 하부에 있는 퇴적층들이 서로 나란한 형태다.

COURTESY OF GRAHAM R. THOMPSON/JONATHAN TURK

그림 4.12 미국 와이오밍주에 분포하는 나란한 사암층과 이를 덮고 있는 역암층을 구분하고 있는 비전합이다. 일부 사암층들은 역암이 쌓이기 전에 침식되어 깎여 나갔다.

사교부정합(angular unconformity) 부정합의 한 유형으로 젊은 퇴적물이나 퇴적암이 기울어지거나 습곡 받은 오래된 암석의 침식면 위에 쌓인 형태다.

난정합(nonconformity) 부정합의 한 유형으로 층을 이루고 있는 퇴적암이 화성암이나 변성암이 깎여 나간 침식면 위에 놓인 형태다.

사교부정합(angular unconformity)에서는 조산운동이 오래된 퇴적암의 지층을 경사지게 하고 침식작용이 젊은 퇴적층이 쌓이기 전에 이들 지층을 평탄하게 깎아냈다(그림 4.13과 4.14). **난정합**(nonconformity)은 화성암이나 변성암 위에 퇴적층이 쌓여 있는 경우다. 그림 4.10에 제시된 부정합은 약 1억 년의 시간 간격을 나타낸다.

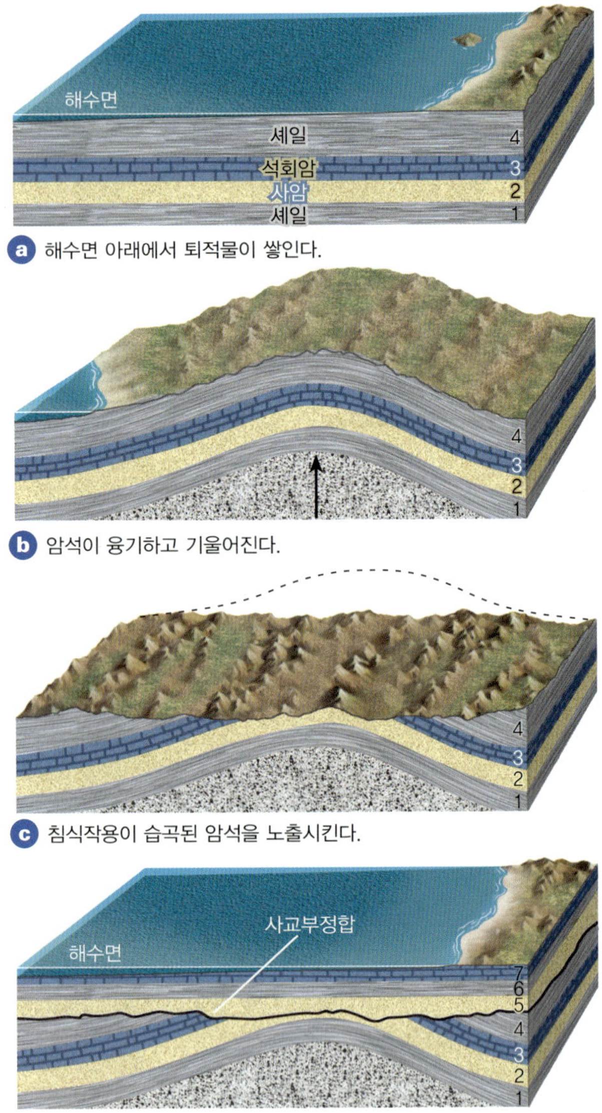

a 해수면 아래에서 퇴적물이 쌓인다.

b 암석이 융기하고 기울어진다.

c 침식작용이 습곡된 암석을 노출시킨다.

d 암석이 해수면 아래로 침강하고 새로운 퇴적암이 쌓인다.

그림 4.13 젊은 퇴적물이 쌓이기 전에 오래된 퇴적암이 습곡되고 침식작용을 받으면 사교부정합이 생긴다.

대비

지질학자들은 지질시대 동안에 한 장소에 생성된 암석을 이상적으로 해석함으로써 지구 각 지역에 대한 연속적인 역사를 구성하는 것을 좋아한다. 그러나 암석이 생성되어 연속적으로 보존된 곳은 지구 상에 단 한 지역도 없다. 침식작용이 일부 지층을 깎아내며, 암석은 또한 때때로 생성되지 않는다. 따라서 어떤 한 지역에서 암석 기록은 부정합 또는 역사적인 공백으로 가득 차 있다. 가능한 한 완전하고 연속적인 기록을 모으기 위해서 지질학자들은 많은 지역에서 지질학적인 증거를 수집하고 서로 다른 지역의 암석들의 생성 시기가 같은가를 **대비**(correlation)라고 하는 방법에 따라 맞추어 본다(그림 4.15). 그런데 어떻게 매우 먼 거

사교부정합

그림 4.14 미국 유타 주에 있는 캐피틀리프 국립공원 근처에 발달된 사교부정합. 검정색 선은 사교부정합 밑면을 나타낸다.

리에 있는 같은 시대의 암석을 대비할까?

만약 우리들이 퇴적층 하나를 한 장소에서 다른 지역까지 계속하여 추적할 수 있다면 이때는 이 지층이 두 지역에서 동일한 지층임이 분명하다. 그러나 이러한 조사 방법은 아주 먼 거리나 암석이 노출되어 있지 않는 곳에는 실행할 수 없다. 만약 시간 대비가 사암과 같은 특정한 암석으로 이루어진 퇴적층의 연속성에 바탕을 둔다면 또 다른 문제가 발생한다. 만약 지질 계통표를 작성할 목적으로 암석을 대비한다면 지질학자들은 어떤 특정 암석은 모두 같은 시대에 생성되었음을 보여주기를 원할 것이다. 해수면이 상승할 때 생성된 해빈 사암을 추적한다고 가정해 보자. 해변은 시간이 지남에 따라 내륙 쪽으로 이동하였을 것이며 그 결과 사암은 육지 쪽 방향으로 젊어지게 된다(그림 4.16).

한 시간 정도 걸어서 도달할 수 있을 정도로 가까운 거리에서의 시대차는 중요하지 않을 수 있다. 그러나 만약 우리들이 비슷한 해빈 사암을 수백 km를 추적한다면 이 사암의 연령은 수백만 년 정도의 차가 있을 것이다. 따라서 대비에는 두 종류가 있다. 시간 대비(time correlation)는 동일한 시대를 나타내며, 암상 대비(lithologic correlation)는 사암과 같

대비(correlation) 지구상의 서로 다른 지역에 분포하는 암석이나 지질 현상의 생성 시기의 관계를 확립하는 과정으로 지층의 특징이나 지층에서 발견되는 화석의 종류를 비교하여 수행한다. 대비에는 시간 대비(생성 시기의 동시성)와 암상 대비(암석 단위의 연속성)의 2가지 형태가 있다.

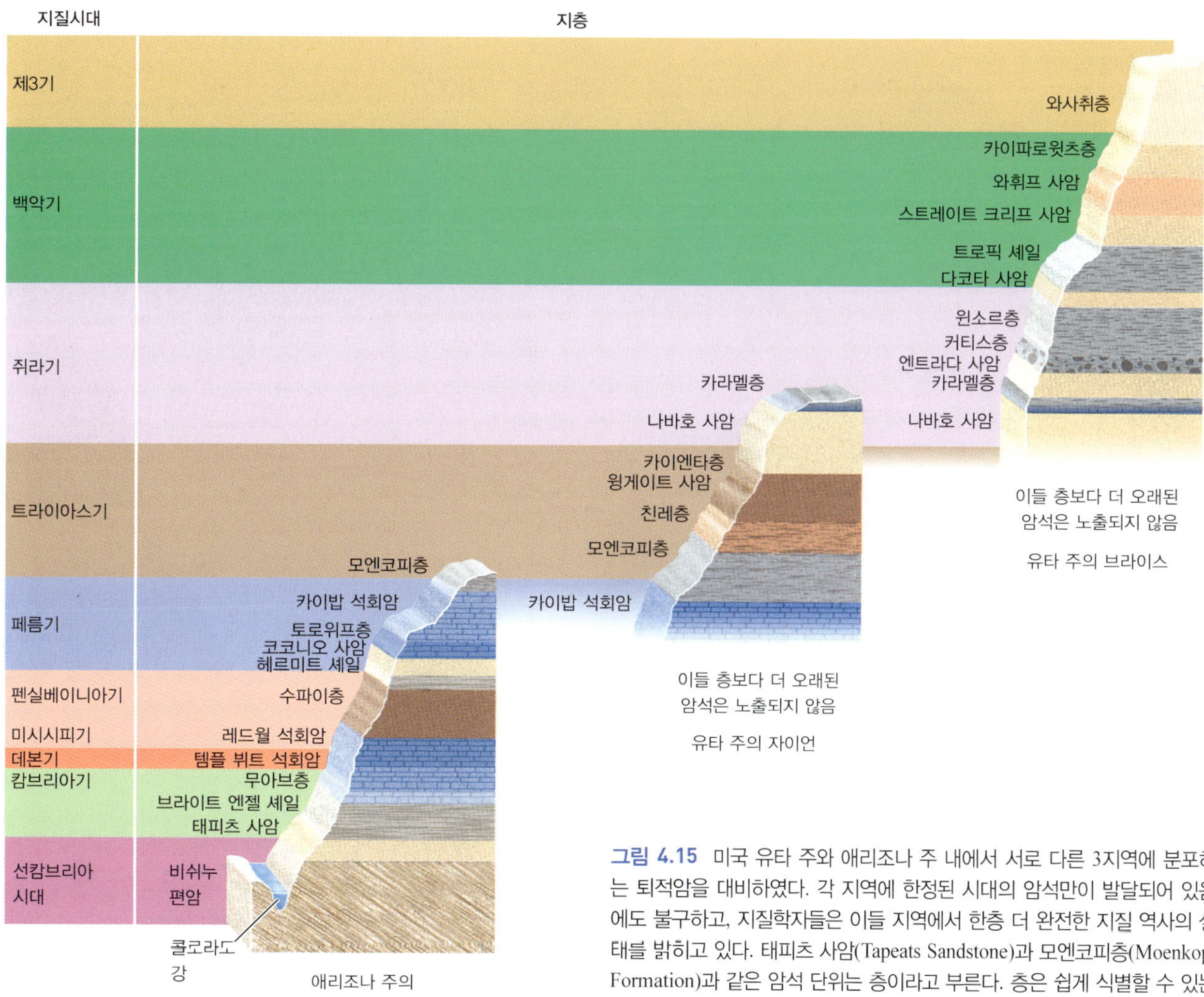

그림 4.15 미국 유타 주와 애리조나 주 내에서 서로 다른 3지역에 분포하는 퇴적암을 대비하였다. 각 지역에 한정된 시대의 암석만이 발달되어 있음에도 불구하고, 지질학자들은 이들 지역에서 한층 더 완전한 지질 역사의 실태를 밝히고 있다. 태피츠 사암(Tapeats Sandstone)과 모엔코피층(Moenkopi Formation)과 같은 암석 단위는 층이라고 부른다. 층은 쉽게 식별할 수 있는 암석 단위이며, 이들 지역의 층과 같이 단면도에 표시할 수 있다.

표준 화석(index fossil) 해당 화석이 발견되는 지층의 생성 시기를 밝혀주는 화석. 왜냐하면 암석 내에 풍부하게 보존되고, 지리적으로 넓게 분포하며, 종 또는 속으로 오로지 비교적 짧은 시간 동안만 살았던 생물이 표준 화석이 되기 때문이다.

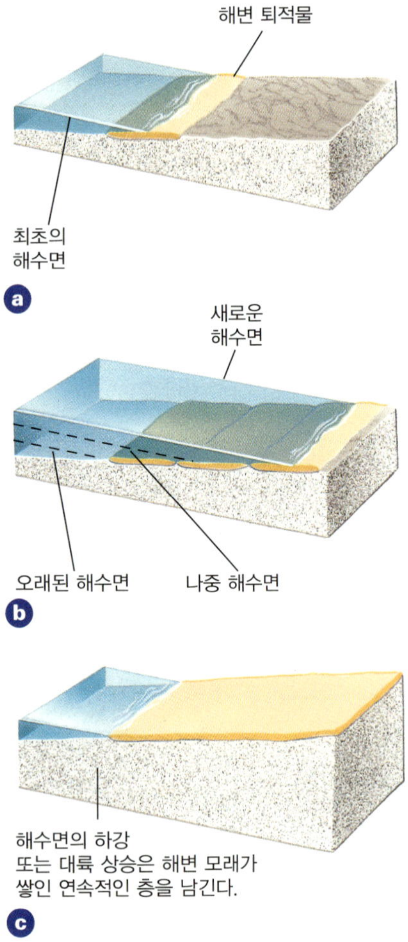

그림 4.16 시간이 경과함에 따라 해수면이 서서히 상승(A와 B)하거나 또는 하강(C)할 때, 해변의 모래층은 측면으로 이동하며 위치에 따라 나이가 서로 다른 단 하나의 모래층을 형성한다.

은 암석 단위의 연속성을 나타낸다. 이 둘은 항상 같지 않다. 왜냐하면 사암과 같은 어떤 암석 단위는 서로 다른 장소에서 각기 다른 시기에 쌓였을 수 있기 때문이다. 지구 역사의 기록과 지질 연대표를 작성하기 위해 지구과학자들은 같은 시대의 암석 대비에 있어 다양한 형태의 증거를 이용한다.

대비의 한 원천(source)은 **표준 화석**(index fossil)이다. 표준 화석은 퇴적암의 연령을 정확하게 지시할 수 있다. 왜냐하면 표준 화석은 (1) 암석 내에 풍부하게 보존되며, (2) 지리적으로 넓게 분포하고, (3) 종이나 속으로서 단지 짧은 기간 동안 존속하며, 그리고 (4) 야외에서 쉽게 감정할 수 있는 생물들로 이루어지기 때문이다. 떠다니거나 수영할 수 있는 바다생물은 전 바다에 걸쳐 빠르고 넓게 퍼져나가기 때문에 이들이 가장 좋은 표준 화석이 된다. 한 종이 존속하는 기간이 짧으면 짧을수록 표준 화석은 암석의 나이를 한층 더 명확하게 지시해준다.

많은 경우에 단 한 종류의 표준 화석만 있어도 암석의 나이를 확증하는 데 충분하다. 일반적으로 여러 화석의 군집이 암석의 나이를 측정하고 대비하는 데 이용된다. 그림 4.17은 표준 화석과 화석 군집이 대비에 어떻게 이용되는

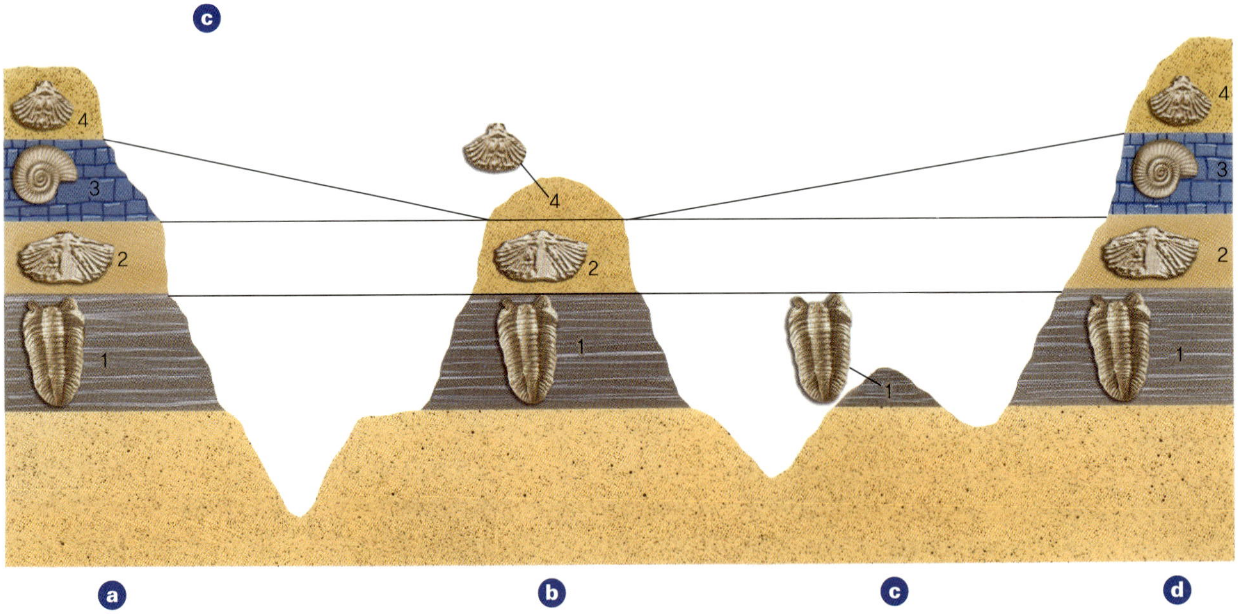

그림 4.17 표준 화석은 멀리 떨어진 지역의 퇴적암의 나이가 같음을 증명해 준다. 동일한 표준 화석을 포함한 퇴적층은 동일한 시대로 해석한다. 이 그림에서 화석들은 지층 3이 (b) 지점에 발달되어 있지 않음을 보여준다. 왜냐하면 지층 4가 지층 2 바로 위에 발달되어 있기 때문이다. 지층 3은 퇴적된 후에 (b) 지점에서 지층 4가 쌓이기 전에 완전히 침식되었거나 또는 이곳에 지층 3이 전혀 쌓이지 않았거나 둘 중 하나다. (c) 지점에서는 지층 1 위의 모든 지층이 보이지 않는다. 이것은 침식작용 때문에 또는 이 지층들이 이 지역에 전혀 쌓이지 않았기 때문이다.

지 그 예를 보여준다. 대비에 이용되는 또 다른 원천은 **건층**(key bed)이다. 건층은 넓은 지역에 걸쳐 동시에 빠르게 퇴적된 얇고 넓게 분포하며 쉽게 알아볼 수 있는 퇴적층이다. 많은 화산 분출은 막대한 부피의 세립 유리질 화산재를 대기 중으로 내뿜는다. 바람은 화산재가 가라앉기 전에 이들을 매우 먼 거리까지 운반한다.

역사적으로 몇몇 화산재 구름은 전 지구를 둘러쌌다. 화산재가 가라앉을 때 유리는 빠르게 결정화하여 퇴적암 내에 혼합된 연한 점토층을 형성한다. 이와 같은 화산 분출은 시간에 있어 동일한 시점에 발생하므로 화산재는 모든 지역에서 나이가 같다. 6,500만 년 전 거대한 운석 충돌 때 발생한 먼지가 쌓여 만들어진 얇고 거무스름한 이리듐이 풍부한 점토층은 건층의 전형적인 예다.

4.5 절대 연령

지질학자들은 역사시대 전에 일어난 사건의 절대 연령을 측정하려는 도전적인 과업을 수행하고 있다. 절대 연령은 (1) 지구가 매 24시간마다 한 번 자전하는 것과 같이 일정한 속도로 일어나는 작용과 (2) 해가 뜨는 매시간을 달력에 표시하는 것과 같이 작용의 누적된 기록을 간직하는 어떤 방법에 의존하여 측정한다. 달력, 시계, 모래시계 및 이 밖의 어떤 장비로 측정한 시간은 이들 두 요소에 의존한다.

지질학자들은 일정한 속도로 일어나고 그의 고유한 기록을 누적시키는 자연 작용을 발견하였다. 이것은 많은 암석 내에 들어 있는 원소의 방사성 붕괴다. 따라서 많은 암석은 타고난 기록을 갖고 있다.

우선 방사성을 이해하기 위해서는 원자에 대한 기초 지식이 필요하다. 원자는 전자구름으로 둘러싸인 밀도가 큰 작은 핵으로 이루어져 있다. 핵은 양 전하를 띠는 양성자와 중성자라고 하는 중성 입자로 이루어져 있다. 어떤 주어진 동일한 원소의 모든 원자는 핵 내에 동일한 수의 양성자를 갖는다. 그러나 중성자 수는 다를 수 있다. **동위원소**(isotope)는 중성자 수가 다른 동일한 원소다. 예를 들면 칼륨-40(K-40)의 모든 동위원소는 19개의 양성자와 21개의 중성자를 갖고 있다. 이에 비해 칼륨-39(K-39)는 19개의 양성자와 중성자 20개만을 갖는다.

건층(key bed) 넓은 지역에 걸쳐 동시에 빠르게 쌓였기 때문에 대비에 사용될 수 있는 얇고 넓게 분포하며 쉽게 인식되는 퇴적층

동위원소(isotope) 양성자 수는 같고 중성자 수가 다른 동일한 원소의 원자들

많은 동위원소는 안정하며 이는 이들이 시간이 지나도 변하지 않는다는 것을 의미한다. 만약 우리들이 칼륨-39의 표품을 100억 년 동안 연구해도 모든 원자는 변하지 않고 남아 있을 것이다. 다른 동위원소는 불안정하거나 방사성을 갖는다. 주어진 시간에 이들의 핵

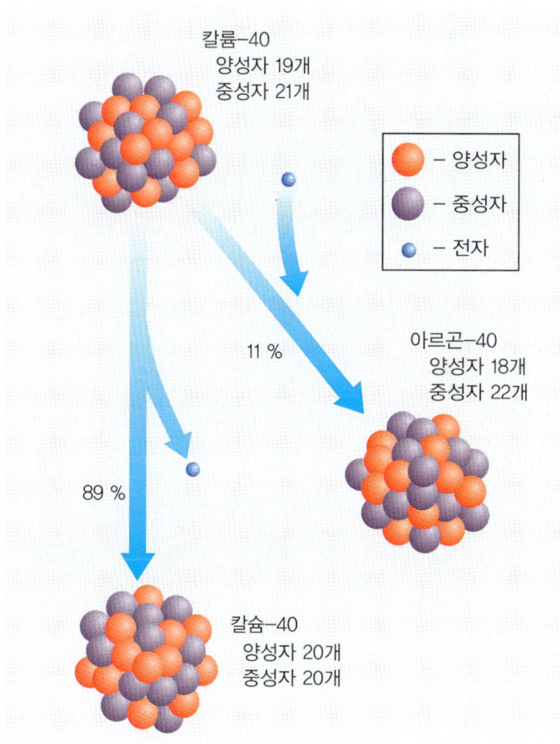

그림 4.18 칼륨-40은 자연적으로 아르곤-40 또는 칼슘-40으로 붕괴한다. 칼륨-40 원자의 11 %는 아르곤-40으로 붕괴한다. 이 경우에 칼륨-40은 전자를 하나 포획한다. 전자는 양성자와 결합하여 중성자가 된다. 이 과정은 18개의 양성자와 22개의 중성자를 가진 아르곤-40을 생성한다. 나머지 89 %의 칼륨-40 핵은 핵으로부터 전자를 하나 방출함으로써 칼슘-40으로 붕괴한다. 이 과정은 중성자를 양성자로 변환시키며, 20개의 양성자와 20개의 중성자를 가진 칼슘-40을 생성한다.

반감기(half-life) 표품 내에서 방사성 원소의 원자 절반이 붕괴하는 데 걸리는 시간

방사성 연대 측정(radiometric dating) 방사성 동위원소와 이들의 붕괴 산물의 농도를 측정하여 암석, 광물 및 화석의 절대 연령을 측정하는 방법

은 스스로 붕괴한다. 칼륨-40은 자연적으로 붕괴하여 2개의 다른 동위원소인 아르곤-40과 칼슘-40이 된다(그림 4.18).

칼륨-40과 같은 방사성 원소는 모원소라고 한다. 아르곤-40 또는 칼슘-40과 같이 방사성 붕괴에 의해 생성된 동위원소는 자원소라고 한다.

칼륨과 같은 많은 일반 원소는 방사성 동위원소와 비방사성 동위원소가 혼합되어 있다. 시간이 지나면 방사성 동위원소는 붕괴하지만 비방사성 동위원소는 붕괴하지 않는다. 우라늄과 같은 어떤 원소는 모두 방사성 동위원소로만 이루어져 있다. 지구 상의 우라늄의 양은 우라늄이 납과 같은 다른 원소로 붕괴함에 따라 서서히 감소한다.

방사성과 반감기

만약 우리들이 칼륨-40이라는 원자 단 하나를 관찰한다면 이 원자는 언제 붕괴할까? 이 물음에는 답을 할 수가 없다. 왜냐하면 어떤 특정한 칼륨-40 원자는 어떤 시간에 붕괴할 수도 있고 또는 붕괴하지 않을 수도 있기 때문이다. 시간에 따라 평균하면 표품 내 칼륨-40 원자의 절반은 13억 년 동안에 붕괴한다. **반감기(half-life)**는 방사성 동위원소의 표품 내에 있는 원자의 절반이 붕괴하는 데 걸리는 시간이다. 칼륨-40의 반감기는 13억 년이다. 따라서 1 g의 칼륨-40이 용기에 들어 있다면 13억 년 후에는 0.5 g이 남아 있고, 26억 년 후에는 0.25 g이 남아 있을 것이다. 각각의 방사성 동위원소는 고유한 반감기를 갖는다. 어떤 반감기는 1초의 몇 분의 몇이며 다른 반감기는 수십억 년이다.

방사성 연대 측정

두 가지의 방사성 특성이 암석 속의 달력에서 가장 중요하다. 첫째, 방사성 동위원소의 반감기는 일정하다. 반감기는 실험실에서 쉽게 측정된다. 반감기는 지질 또는 화학작용의 영향을 받지 않으므로 방사성 붕괴는 이미 알려진 일정한 속도로 붕괴한다. 둘째, 모원소가 붕괴함에 따라 자원소는 암석 내에 축적된다. 암석이 오래 존재할수록 더 많은 자원소가 축적된다. 자원소의 축적은 달력에 날짜를 표시하는 것과 비슷하다. 방사성 동위원소는 지구 곳곳에 널리 분포하기 때문에 많은 암석들은 자신들의 나이를 측정할 수 있게 하는 고유한 달력을 갖는다. **방사성 연대 측정(radiometric dating)**은 모원소와 자원소의 상대적인 양을 측정함으로써 암석, 광물 및 화석의 절대 연령을 결정하는 방법이다.

그림 4.19는 모원소와 자원소의 상대적인 양과 연령의 관계를 보여준다. 한 번의 반감기가 끝나는 시점에서 50 %

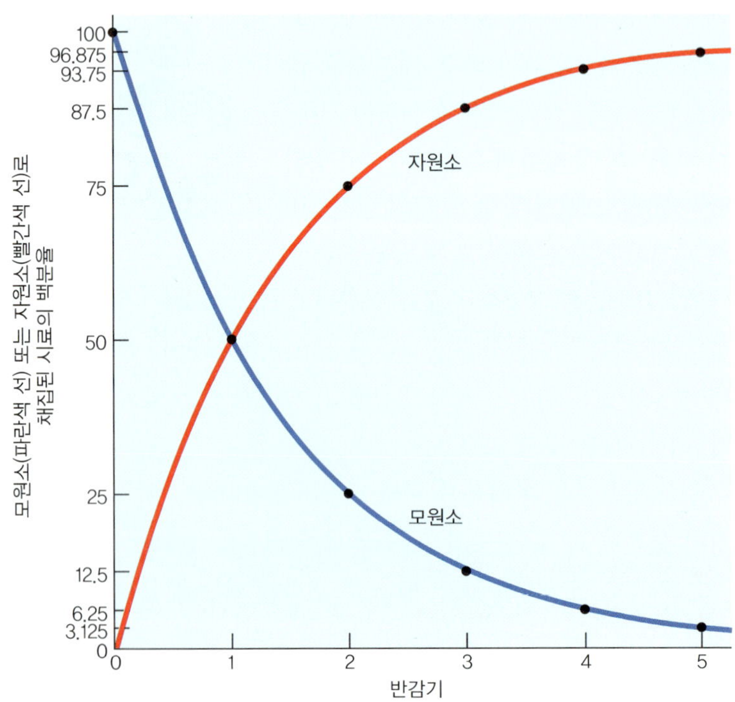

그림 4.19 방사성 원소의 모원소가 자원소로 붕괴함에 따라 모원소 비율(파란색 선)은 감소하며, 자원소의 양(빨간색 선)은 증가한다. 반감기는 모원소의 절반이 붕괴하는 데 걸리는 시간이다. 시간이 0일 때, 즉 방사성 달력이 출발할 때, 표품의 모원소는 100 %이다. 한 번의 반감기가 지나면 50 %의 모원소가 자원소로 변환된다. 반감기가 두 번 지나면 표품의 25 %는 모원소이고 75 %는 자원소이다. 따라서 암석 내의 모원소와 자원소의 비율을 측정하면 암석의 나이는 반감기를 이용하여 구할 수 있다. 모든 방사성 동위원소의 반감기는 잘 알려져 있기 때문에 반감기로 구한 나이를 연으로 환산하는 것은 쉽다.

의 모원소가 자원소로 붕괴하였다. 두 번째의 반감기가 끝날 때에는 25 %의 모원소와 75 %의 자원소로 이루어진 혼합물이 된다. 암석의 나이를 결정하기 위해 지질학자들은 표품 내의 모원소와 자원소의 비율을 측정하고 그 비를 그래프와 비교한다. 가상적인 모원소-자원소로 된 방사성 원소의 반감기가 100만 년이라고 하자. 만약 우리들이 암석을 분석하여 시료 내에 25 %의 모원소와 75 %의 자원소가 들어 있는 것을 확인하였다면 그림 4.19는 암석의 나이가 반감기의 2배, 즉 이 경우에 200만 년임을 보여준다.

만약 방사성 동위원소의 반감기가 짧다면 이 동위원소는 젊은 시료에 대해 정확한 나이를 제공한다. 예를 들면 탄소-14의 반감기는 5,730년이다. 탄소-14 연대 측정은 5만 년보다 젊은 시료에 대해서는 정확한 나이를 제공한다. 그러나 이것은 아주 오래된 물질에 대해서는 활용할 수 없다. 왜냐하면 5만 년 된 시료에서는 실질적으로 모든 탄소-14가 붕괴되어 더 이상의 추가적인 변화를 측정할 수 없기 때문이다.

반감기가 긴 동위원소는 오래된 암석에 대해서는 만족할 만한 나이를 제공하지만 젊은 암석 내에는 측정할 수 있는 정도로 자원소가 충분하게 축적되지 않는다. 예를 들면 루비듐-87의 반감기는 470억 년이다. 지질학적으로 짧은 기간인 1,000만 년 동안에 루비듐-87의 자원소가 매우 적게 축적되므로 정확하게 측정하는 것은 불가능하다. 따라서 루비듐-87은 약 1,000만 년보다 젊은 암석에는 적합하지 않다. 연대 측정에 가장 일반적으로 이용되는 방사성 동위원소는 표 4.1에 요약되어 있다.

4.6 지질 주상도와 지질 연대표

이미 앞에서 말한 바와 같이 어떤 한 지역에 전 지질시대에 걸쳐 연속적으로 쌓여 형성된 암석의 완전한 연층은 지구 상 어디에도 없다. 그러나 지질학자들은 지질시대를 거의 완전하게 종합적으로 기록하는 **지질 주상도**(geologic column)와 **지질 연대표**(geologic time scale)를 작성하기 위해 전 세계 여러 곳의 많은 지역의 암석을 대비하였다(그림 4.20). 전 세계에 알려진 지질 주상도는 지질 조사가 진행되면서 빈번히 개정되고 있다.

1년을 달로, 달은 주로, 그리고 주는 요일로 나누는 것처럼 지질시대도 여러 작은 단위로 구분한다. 이들 단위는 달과 요일처럼 이름이 붙여졌다. 가장 긴 단위는 **이언**(eon)이며 이는 **대**(era)로 나눈다. 대는 차례로 **기**(period)로 세

지질 주상도(geologic column) 주어진 장소나 지역에 분포하는 암석의 순서를 보여주고, 지질 연대표에서 이들의 위치를 나타내기 위해 배열한 복합적인 주상도

지질 연대표(geologic time scale) 이언, 대, 기, 세로 나눈 지질시대를 연대순으로 배열한 표

이언(eon) 지질시대의 가장 긴 단위. 가장 최근 이언인 현생이언은 대로 세분된다.

대(era) 지질시대의 구분 단위. 이언은 대로 나누고, 대는 다시 기로 나눈다.

기(period) 지질시대의 구분 단위로 세보다는 길고 대보다는 짧다. 지질시대 구분 단위 중 가장 기본 단위다.

표 4.1 방사성 연대 측정에 일반적으로 이용되는 동위원소

동위원소 모원소	동위원소 자원소	반감기(연)	유효 측정 범위(연)	연대 측정에 이용되는 시료
탄소-14	질소-14	5,730±30	100~50,000	한때 살았던 생물 잔해: 나무, 뼈, 살, 또는 껍데기; 지하수, 바다의 심층수, 또는 빙하의 얼음 속에 녹아 있는 이산화탄소 내의 탄소
칼륨-40	아르곤-40 칼슘-40	13억	50,000~46억	백운모, 흑운모, 각섬석, 화산암의 전암
우라늄-238	납-206	45억	1천만~46억	저어콘, 우라니나이트, 피치블렌드
우라늄-235	납-207	7억 1천만		
토륨-232	납-208	140억		
루비듐-87	스트론튬-87	470억	1천만~46억	백운모, 흑운모, K-장석, 변성암 또는 화성암의 전암

세(epoch) 지질시대 중 가장 짧은 단위다. 기는 세로 세분된다.

분하며, 기는 더 나아가 **세(epoch)**로 구분한다.

지질 주상도와 지질 연대표는 원래 상대 연령 측정에 근거하여 작성되었다. 지질학자들이 방사성 연대 측정법을 개발하면서 이들은 절대 연령을 지질 주상도와 지질 연대표에 덧붙였다. 지질학자들은 흔히 야외에서 암석의 연대를 알아보기 위해 지질 연대표를 사용한다. 여러분이 그랜드캐니언 절벽의 퇴적암을 조사한다고 상상해 보자. 만약 우리들이 표준 화석이나 다른 과학자가 방사성 연대를 이미 측정한 건층을 발견했다면, 우리들은 조사하고 있는 암석의 연령을 알 수 있으므로 방사성 연대를 측정하기 위해 암석 표품을 실험실로 보낼 필요가 없다.

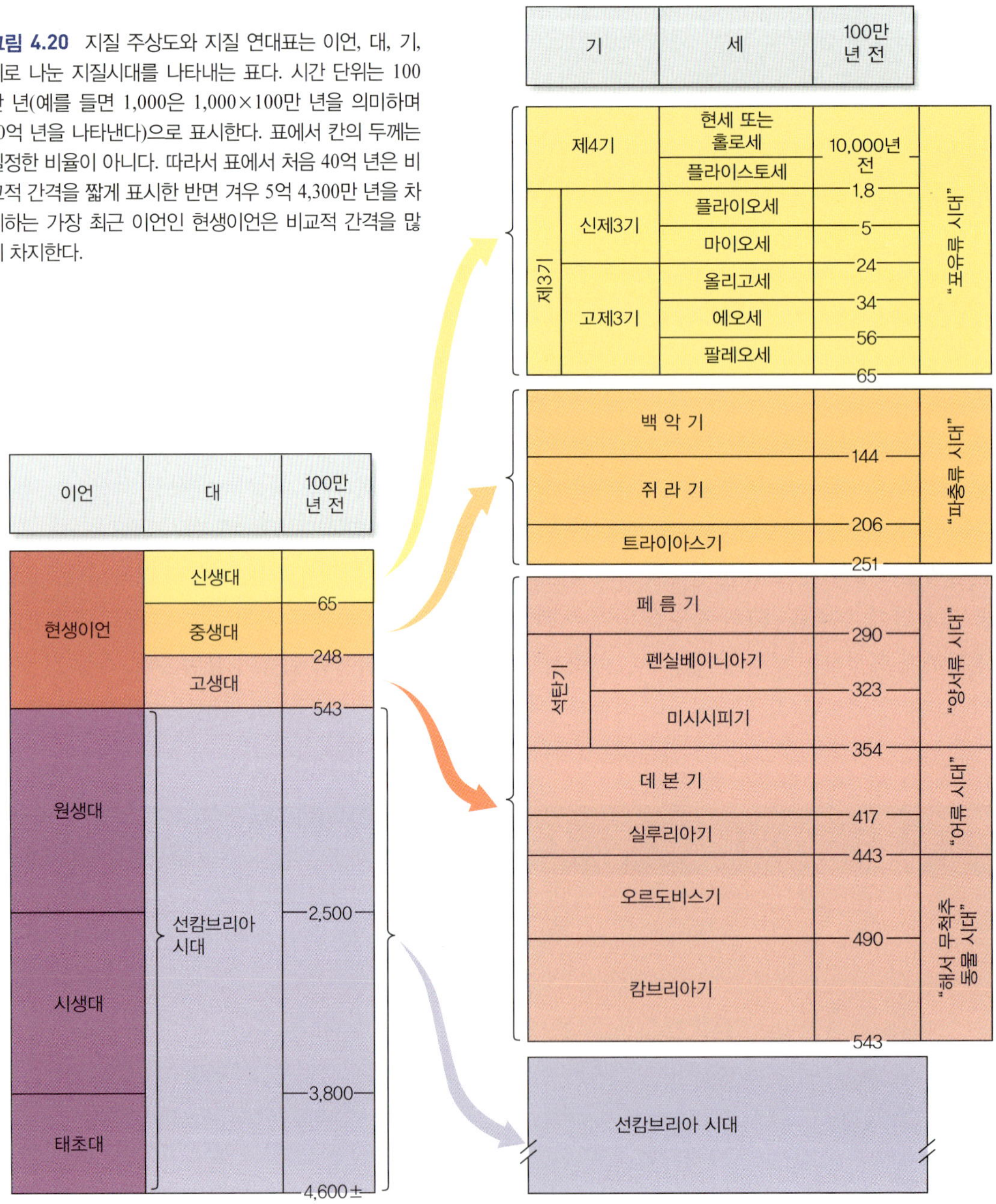

그림 4.20 지질 주상도와 지질 연대표는 이언, 대, 기, 세로 나눈 지질시대를 나타내는 표다. 시간 단위는 100만 년(예를 들면 1,000은 1,000×100만 년을 의미하며 10억 년을 나타낸다)으로 표시한다. 표에서 칸의 두께는 일정한 비율이 아니다. 따라서 표에서 처음 40억 년은 비교적 간격을 짧게 표시한 반면 겨우 5억 4,300만 년을 차지하는 가장 최근 이언인 현생이언은 비교적 간격을 많이 차지한다.

가장 초기의 지질시대: 선캄브리아 시대

비록 가장 초기의 3가지 영년인 태초대(Hadean Eon), 시생대, 원생대는 40억 년이란 긴 시간 간격을 이루고 있지만 이들 영년은 많은 경우에 더 이상 세분하지 않는다. 일반적으로 이들 초기 영년은 화석 산출이 매우 풍부해지는 캄브리아기보다 앞서기 때문에 비공식적인 용어로 **선캄브리아 시대**(Precambrian)라고 부른다.

태초대(Hadean Eon)[6]는 지구 역사에서 가장 초기의 시대로 지구가 탄생한 46억 년 전부터 38억 년 전까지의 범위다. 태초대에 생성된 지구 암석은 극소수밖에 알려지지 않았으며 이 시대의 어떤 화석도 발견되지 않아 화석에 근거하여 태초대를 세분하는 것을 어렵게 하고 있다.

시생대(Archean Eon)[7]의 암석에서는 화석이 아주 드물며 이들은 38억 년 전에서 25억 년 전에 걸친 이 시대를 자세하게 정리하여 충분히 세분할 수 있을 정도로 잘 보존되어 있지 않는다. 비록 정확한 연대를 말하기는 어렵지만 화석 기록은 지구 상의 생명체는 35억 년 전에서 32억 년 전에 출현하였음을 암시한다.

25억 년 전에서 5억 4,300만 년 전인 **원생대**(Proterozoic Eon)[8]의 암석에서는 다양한 그룹의 화석이 발견되었다. 가장 복잡한 생물은 다세포 생물이며 이들은 조직과 기관으로 배열된 독특한 종류의 세포를 가졌다. 껍데기를 가진 몇몇 종류의 원생대 생물이 발견되었다. 그러나 껍데기를 가진 생물은 고생대에 이르기까지는 풍부하지 못했다.

현생이언

가장 가까운 지질시대의 5억 4,300만 년을 포함하는 **현생이언**(Phanerozoic Eon)[9]의 퇴적암에서는 화석이 풍부하게 발견된다. 현생이언이 시작될 때 화석 기록을 증대시키는 4가지 변화가 일어났다.

1. 껍데기와 골격을 가진 종의 수가 급격히 증가하였다.
2. 화석으로 보존된 개체 생물의 총수가 크게 증가하였다.
3. 화석으로 보존된 종의 총수가 크게 증가하였다.
4. 개체 생물들의 평균 크기가 커졌다.

껍데기와 골격은 식물의 잔해와 연한 살 조직보다 훨씬 더 쉽게 보존된다. 따라서 가장 초기와 전기의 현생이언의 암석 내에서 가장 풍부한 화석은 단단하고 튼튼한 껍데기와 골격이다.

현생이언을 3개 대로 나누는 것은 각 대 동안에 가장 공통적인 생물의 종류에 기초한다. **고생대**(Paleozoic Era)[10]에 생성된 퇴적암은 무척추동물, 물고기, 양서류, 파충류, 양치식물 및 구과식물과 같은 초기 생물의 화석을 포함한다(그림 4.21). 고생대는 페름기의 치명적인 대량 멸종이 90 %의 바다생물 종과 2/3의 파충류와 양서류의 종, 그리고 30 %의 곤충의 종을 죽여 없앤 약 2억 4,800만 년 전에 갑작스럽게 끝났다.

중생대(Mesozoic Era)는 육지를 활보하던 공룡으로 가장 유명하다. 포유동물과 꽃식물 또한 이 대 동안에 출현하였다. 중생대는 공룡을 멸종시킨 또 다른 대량 멸종과 함께 6,500만 년 전에 끝났다.

6) 그리스어로 '지구 이전'을 뜻함.
7) 그리스어로 '태고'를 뜻함.
8) 그리스어로 '초기 생물'을 뜻함.
9) 그리스어로 '분명한'을 뜻함.
10) 그리스어로 '오래된 생물'을 뜻함.

선캄브리아 시대(Precambrian) 고생대 이전의 모든 지질시대를 나타내는 용어로 이는 지구 역사의 대략 처음 40억 년을 포함한다. 또한 이 기간 동안에 생성된 모든 암석을 나타낸다.

태초대(Hadean Eon) 지구 역사에서 가장 초기의 시대로 46억 년에서 38억 년 전까지다.

시생대(Archean Eon) 38억 년에서 25억 년 전 사이의 지질시대의 구분 단위. 가장 오래된 것으로 알려진 암석은 시생대 초나 또는 시생대 시작 바로 직전에 생성되었다.

원생대(Proterozoic Eon) 25억 년 전에서 5억 4,300만 년 전까지의 기간을 차지하는 지질시대의 부분

현생이언(Phanerozoic Eon) 현재를 포함한 가장 최근 5억 4,300만 년의 지질시대로 분명하고 풍부한 화석을 포함한 암석으로 상징된다.

고생대(Paleozoic Era) 5억 4,300만 년에서 2억 4,800만 년 전까지를 차지하는 지질시대의 한 부분. 이 대 동안에 무척추동물, 어류, 양서류, 파충류, 양치식물, 구과식물이 우위를 차지하였다.

중생대(Mesozoic Era) 대략 2억 4,800만 년에서 6,500만 년 전까지의 지질시대 부분. 이 대 동안에 공룡은 융성하였지만 멸종하였다.

가상 현장학습

지질시대

현장학습의 목적

이번 현장학습의 목적은 다음을 이해하는 것이다.

1. 지구의 나이는 약 46억 년이다.
2. 지구 환경과 지질 사건을 포함한 지구 역사 대부분은 그랜드캐니언과 캐피틀리프 국립공원에 분포하는 암석과 같은 암석 내에 기록되어 있다.
3. 우리들은 암석이 어떻게 생성되었으며, 이들 암석이 생성된 환경 조건 및 암석이 생성된 후 이들에게 영향을 미친 지질 사건을 이해하기 위해 앞서 열거한 원리와 같은 간단한 지질학적인 수단과 개념을 적용할 수 있다.
4. 우리들은 또한 암석과 지질학적 사건의 상대 연령을 판단하는 데 이들 원리를 적용할 수 있다.

준비됐나요?

이번 가상 현장학습을 통해 우리들은 미국 애리조나 주에 있는 그랜드캐니언 국립공원과 유타 주에 있는 캐피틀리프 국립공원을 방문할 것이다. 경관은 매우 수려하며 양 공원의 암석들은 장구한 지질시대의 흔적을 보여준다. 암석들은 또한 지질학자들이 암석과 지질학적 사건들의 상대 연령을 결정하는 데 적용하는 원리들을 예증해 주고 있다. 이 원리들은 이 장의 4.3절(상대 연령)에서 설명한 지층 누중의 원리, 지층 수평의 원리, 관입의 원리, 동물군 변화의 원리를 포함한다. 비록 초기 지질학자들이 이들 개념을 법칙과 원리라고 부름으로써 이들을 존귀하게 여겼으나 실제로 이들은 암석이 생성되는 방법을 이해하는 데 적용되는 단순한 상식에 불과하다. 예를 들면 이 장의 "상대 연령" 절에 있는 한 사진에서 편마암을 관입하고 있는 화성암 암맥을 보았다. 상식적으로 볼 때 편마암을 관입한 암맥 이전에 편마암이 반드시 존재했어야 한다. 따라서 암맥은 편마암보다 틀림없이 더 젊어야 한다. 이것이 관입의 원리의 예다. 우리들은 또한 아름다운 국립공원에 분포하는 암석의 생성 과정을 추가적으로 토론하기 위해 3.3절(퇴적암)을 참조할지도 모른다.

질문

1. 지층 누중의 원리는 그랜드캐니언 절벽에 분포하는 브라이트 앵글 셰일은 밑에 놓여 있는 태피츠 사암보다 반드시 더 젊어야 한다는 것을 말해 준다. 이 장의 4.5절을 참조하여 지질학자들이 어떻게 상대 연령보다는 두 층의 나이를 연으로 측정할 수 있는지 설명하시오.
2. 이 가상 현장학습의 보고서는 태피츠 사암은 캄브리아기에 해수면이 상승하고 천해가 범람하여 북아메리카의 서부 지역의 대부분을 침수시킴으로써 쌓인 해빈 모래로 구성되어 있음을 설명해 준다. 이 단원의 4.4절(부정합과 대비)을 참조하여, 비록 태피츠 사암이 수평으로 연속적일지라도, 이 층이 어떻게 한 지역에서는 나이가 더 많고 다른 지역에서는 더 젊을 수 있는지 설명하시오.
3. 이 단원의 "부정합과 대비"와 "상대 연령" 절을 참조하여 지질학자들이 부정합을 확인하는 데 화석을 어떻게 이용하는지 설명하시오.

볼거리

이번 가상 현장학습에서 찍은 사진과 비디오는 그랜드캐니언과 캐피틀리프 국립공원에 분포하는 암석과 대단히 아름다운 지형적인 특징과 굉장한 규모를 보여준다. 설명 부분에서 공원의 암석을 보여주고 4장의 "상대 연령"과 3장의 "퇴적구조"에서 다룬 지질학적인 원리와 개념을 설명해 준다. 특히 층을 이루고 있는 퇴적암의 특징에 주목하고 왜 지층들은 위쪽으로 가면서 점차 젊어지는지 깊이 생각해 보라. 또한 지층들은 왜 수 km, 어떤 경우는 수백 km에 걸쳐, 수평으로 이어지는지 생각해 보라. 이러한 퇴적물이 쌓일 때 지구 표면은 어떤 환경이었을까? 어떻게 해서 퇴적물은 단단한 암석이 되었을까?

아래 사진에서 사교부정합을 고려할 때, 그랜드캐니언의 절벽에 무엇이 발달되어 있는가? 이 장의 "부정합과 대비" 절을 복습하고 부정합을 형성한 사건의 순서를 생각해 보라.

아래 그림과 같은 화석들은 그랜드캐니언의 일부 퇴적암과 전 세계에 분포하는 많은 다른 퇴적암 내에서 풍부하게 발견된다. 지질학자가 수백 km 이상 떨어져 있는 퇴적암층을 대비하는 데 화석을 어떻게 이용할 수 있는지 생각해 보라.

신생대(Cenozoic Era) 지질시대 구분에 있어 4개의 대 중 가장 나중의 대이며 6,500만 년 전에서 현재까지지다.

그림 4.21 고생대 동안 육지에는 파충류와 양서류가 살았으며, 양치식물, 은행류 및 구과식물로 뒤덮였다.

신생대(Cenozoic Era)[11] 동안에는 포유동물과 풀이 많아졌다. 인류가 출현하여 전적으로 신생대에 살았다.

현생이언의 대는 지질학자들이 가장 일반적으로 사용하는 시간 단위인 기로 세분된다. 몇몇 기는 그 기 동안에 형성된 암석의 독특한 특징에 따라 이름을 붙였다. 예를 들면 백악기는 아프리카, 북아메리카, 유럽에 분포하는 지층인 백악(chalk)을 뜻하는 라틴어 "creta"에서 유래되었다. 다른 기들의 이름은 기에 속하는 암석이 최초로 기술된 지리적인 장소의 지명을 따서 붙여졌다. 예를 들면 쥐라기는 프랑스와 스위스의 쥐라 산맥의 이름을 따서 명명되었다. 캄브리아기는 이 기의 암석이 처음 조사되었던 로마어로 웨일즈를 뜻하는 캄브리아(Cambria) 지명을 따서 붙인 이름이다.

화석의 풍부함에 더해 현생이언의 자세한 내용이 선캄브리아 시대의 내용보다 더 잘 알려진 또 다른 이유는 오래된 다수의 암석은 변성작용, 변형작용 및 침식작용을 받았기 때문이다. 이것은 단순히 암석의 나이가 많으면 많을수록 변성작용이나 침식작용이 지구 역사를 기록하고 있는 암석이나 지질구조를 파괴할 가능성이 더욱 더 커진다는 것을 말해준다.

11) 그리스어로 '현세 생물'을 뜻함.

요약

4.1 지구의 암석, 지구 역사, 대량 멸종

지구 역사에서 적어도 6번에 걸친 격변적인 대량 멸종이 일어났다. 2억 4,800만 년 전에 일어난 가장 큰 대량 멸종은 바다생물 종의 90 %, 파충류와 양서류 종의 2/3, 그리고 곤충 종의 30 %를 전멸시켰다.

4.2 지질시대

과학자들은 지질시대를 두 가지 방법으로 측정한다. 상대 연령은 오직 사건이 일어난 순서만을 측정한다. 절대 연령은 연으로 측정한다.

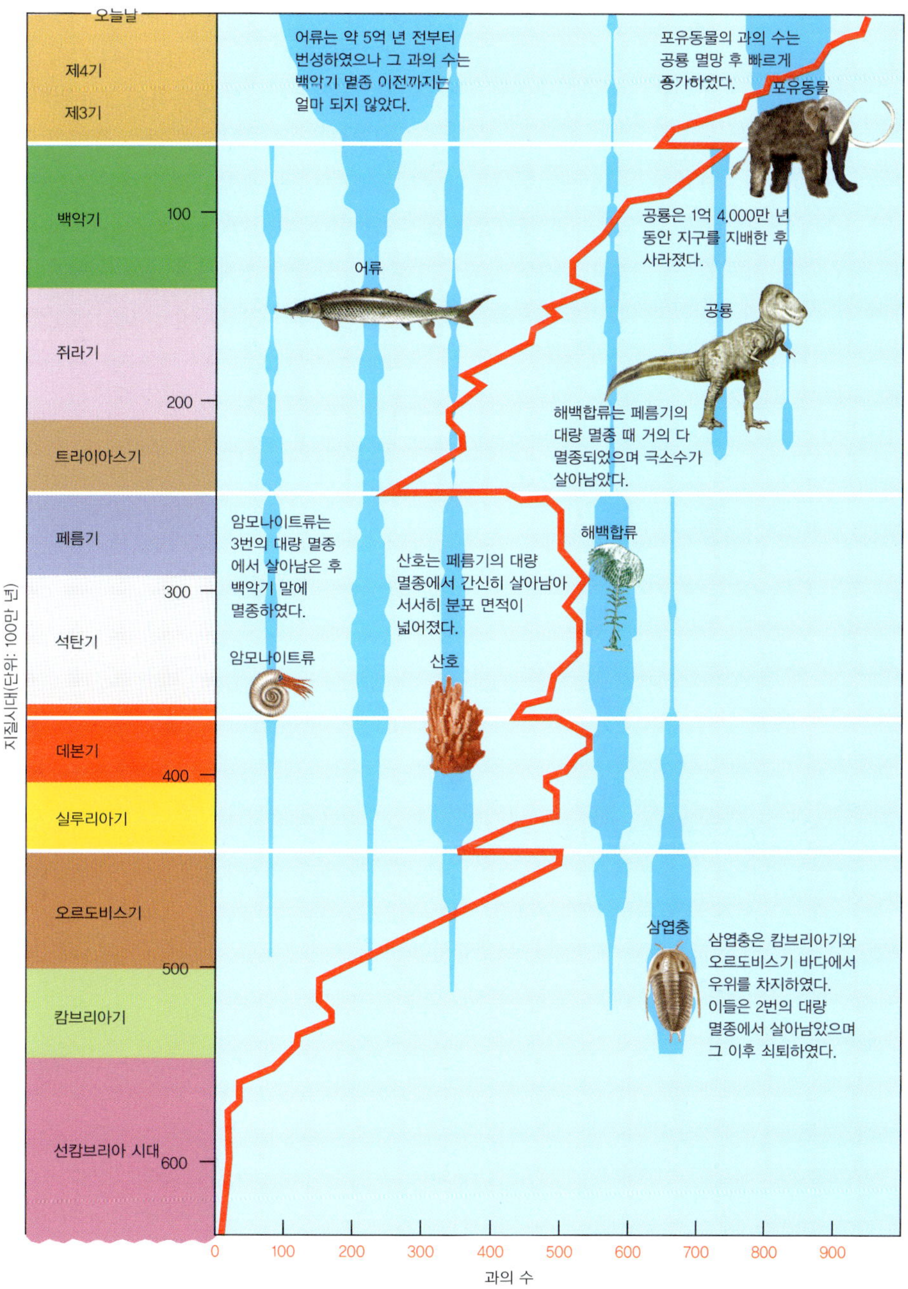

그림 4.1 빨간색 선은 생물의 과(family)의 수를 나타내며 파란색 음영이 두께는 변화 정도를 나타낸다. 빨간색 선이 갑작스럽게 왼쪽으로 이동된 것은 대량 멸종을 나타낸다. 왼쪽 기둥의 숫자는 100만 년 전 시간을 나타낸다.

4.3 상대 연령

상대 연령은 암석의 지질적인 관계와 시간에 따른 생물들의 진화에 기초하여 측정한다. 상대 연령 측정의 기준은 몇 개의 간단한 원리로 요약된다. 지층 수평의 원리, 지층 누중의 원리, 관입의 원리, 동물군 변화의 원리다.

4.4 부정합과 대비

만약 퇴적암층들이 큰 중단 없이 쌓여 있으면 이들은 정합이다. 부정합은 퇴적작용의 큰 중단과 연속적인 암석층의 생성 사이에 상당한 공백을 나타낸다. 비정합에서 부정합 바로 위아래 있는 퇴적암층들이 서로 나란하다. 사교부정합은 부정합 위의 지층이 쌓이기 전에 부정합 아래 있는 암석층이 기울어지고 부분적으로 침식될 때 생성된다. 난정합에서는 퇴적암층이 화성암이나 변성암 위에 생성된 침식면 위에 쌓여 있다. 대비는 지층의 특징이나 이들 지층에서 발견되는 화석을 비교함으로써 지구 상의 서로 다른 지역에 분포하는 암석의 연령 관계를 확립하는 과정이다. 표준 화석과 건층은 지리적으로 다른 지역에서 발견된 퇴적암이 동시에 생성되었다는 증거인 시간 대비에서 중요한 수단이다.

4.5 절대 연령

절대 연령은 방사성 동위원소의 모원소가 반감기로 나타내는 일정한 비율로 붕괴하여 자원소가 생성된다는 사실에 바탕을 둔 방사성 연대 측정법으로 측정한다. 방사성 붕괴 과정의 누적 결과는 광물과 암석 내에 자원소가 누적되기 때문에 측정할 수 있다.

4.6 지질 주상도와 지질 연대표

모든 지질시대 암석의 전 세계적인 대비는 지구 역사 동안에 생성된 암석 기록의 복합체인 지질 주상도로 귀착된다. 지질 연대표의 주요 단위는 이언, 대, 기 및 세이다. 지질시대의 가장 최근인 5억 4,300만 년인 현생이언은 세밀하고 정확하게 구분된다. 왜냐하면 이 시대에 쌓인 퇴적암은 많은 경우에 잘 보존되어 있으며 이들 퇴적암은 보존이 잘된 화석을 풍부하게 포함하고 있기 때문이다. 이와 달리 선캄브리아 시대의 암석과 시대는 화석이 드물고 보존이 불량하며 암석이 대개 변성작용을 받았기 때문에 세밀하고 정확하게 구분하지 않는다.

COURTESY OF GRAHAM R. THOMPSON/JONATHAN TURK

그림 4.12 미국 와이오밍 주에 분포하는 나란한 사암층과 이를 덮고 있는 역암층을 구분하고 있는 비정합이다. 일부 사암층들은 역암이 쌓이기 전에 침식되어 깎여 나갔다.

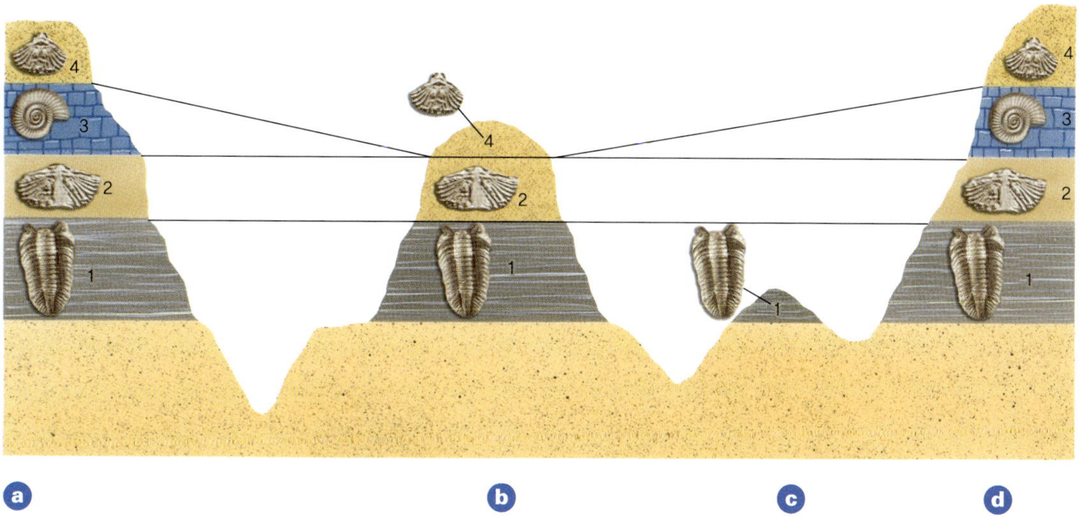

그림 4.17 표준 화석은 멀리 떨어진 지역의 퇴적암의 나이가 같음을 증명해 준다. 동일한 표준 화석을 포함한 퇴적층은 동일한 시대로 해석한다. 이 그림에서 화석들은 지층 3이 (b) 지점에 발달되어 있지 않음을 보여준다. 왜냐하면 지층 4가 지층 2 바로 위에 발달되어 있기 때문이다. 지층 3은 퇴적된 후에 (b) 지점에서 지층 4가 쌓이기 전에 완전히 침식되었거나 또는 이곳에 지층 3이 전혀 쌓이지 않았거나 둘 중 하나다. (c) 지점에서는 지층 1 위의 모든 지층이 보이지 않는다. 이것은 침식작용 때문에 또는 이 지층들이 이 지역에 전혀 쌓이지 않았기 때문이다.

핵심용어

건층key bed (4.4)
고생대Paleozoic Era (4.6)
관입의 원리principle of crosscutting relationship (4.3)
기period (4.6)
난정합nonconformity (4.4)
대era (4.6)
대량 멸종mass extinction (4.1)
대비correlation (4.4)
동물군 변화의 원리principle of faunal succession (4.3)
동위원소isotope (4.5)
반감기half-life (4.5)
방사성 연대 측정radiometric dating (4.5)
부정합unconformity (4.4)
비정합disconformity (4.4)
사교부정합angular unconformity (4.4)
상대 연령relative age (4.2)
선캄브리아 시대Precambrian (4.6)
세epoch (4.6)
시생대Archean Eon (4.6)
신생대Cenozoic Era (4.6)
원생대Proterozoic Eon (4.6)
이언eon (4.6)
절대 연령absolute age (4.2)
정합conformable (4.4)
중생대Mesozoic Era (4.6)
지질 연대표geologic time scale (4.6)
지질 주상도geologic column (4.6)
지층 누중의 원리principle of superposition (4.3)
지층 수평의 원리principle of original horizontality (4.3)
진화론theory of evolution (4.3)
태초대Hadean Eon (4.6)
표준 화석index fossil (4.4)
현생이언Phanerozoic Eon (4.6)

연습문제

1. 지질시대를 측정하는 방법 두 가지를 설명하시오. 이들 방법은 어떻게 서로 다른가?
2. 지층 수평의 원리가 습곡작용을 받은 퇴적암의 순서에 영향을 미친 사건의 순서를 결정하는 데 어떻게 이용될 수 있는지 예를 들어 설명하시오.
3. 퇴적암에서 정합적인 관계를 설명하시오.
4. 표준 화석을 정의하고 그것이 암석 생성을 연대 측정하는 데 어떻게 사용되는지를 설명하시오.
5. 방사성 동위원소 연대 측정법에 사용되는 4가지 주된 원소는 무엇인가?
6. 화석화의 3가지 방법들을 기술하시오.
7. 선캄브리아 시대 동안 지구 상에서 일어난 사건들에 대해서 간단히 설명하시오.
8. 언제 캄브리아기가 시작되었고, 그 시대 동안 살았던 유기체에는 어떤 것들이 있는가?
9. 석탄기의 중요성은 무엇인가?
10. 페름기에 생성된 산맥은 무엇이고, 얼마나 오래 전에 생성이 시작되었는가?
11. 중생대에 지구 상에 번성하였던 유기체는 무엇인가?
12. 백악기의 종말을 이끈 사건으로 여겨지는 것은?
13. 어느 지질 기간 동안 인간의 최초 조상이 등장하였고, 이것은 얼마나 오래 전에 발생하였는가?
14. 화석 기록이 어떻게 진화의 이론을 지원하는 데 도움을 주는지에 대해서 설명하시오.

5장 지질 자원

멕시코 만에 설치된 연안 석유 시추용 플랫폼

광물 자원(mineral resource) 금속 광석과 비금속 광물 모두를 포함한 지질 자원

에너지 자원(energy resource) 석유, 석탄, 천연가스 및 핵연료를 포함한 지질 자원으로 난방, 조명, 작업 및 통신하는 데 이용된다.

비금속 광물 자원(nonmetallic mineral resource) 소금, 석재, 모래 및 자갈과 같이 금속이 아닌 경제적으로 유용한 암석과 광물

> "비옥한 토양, 평탄한 평원, 산맥을 가로지르는 완만한 고개, 암석 내에 들어 있는 석탄, 철, 기타 금속들, 활기를 띠게 하는 기후 등 모두는 인류에게 축복을 듬뿍 안겨 주었다."
>
> 엘즈워스 헌팅턴(Ellsworth Huntington, 1876~1947)[1)]

700~500만 년 전 인류의 조상이 출현한 이래 인류에 의한 지질 자원의 이용은 더욱더 복잡해졌다. 초기 인류는 막대기와 암석을 단순한 무기와 도구로 사용하였다. 그 후 선사시대 인류는 더욱 효율적인 무기와 도구를 만드는 데 처트와 흑요석을 사용하였으며, 동굴 벽에 고상한 예술 작품을 그리는 데 천연 염료를 사용하였다. 공통 기원 이전 약 8000년에 사람들은 점토를 빚어 구어서 도기를 만드는 방법을 습득하였다. 고고학자들은 터키에서 공통 기원 이전 6500년의 구리 장신구를 발견하였으며, 그로부터 1,500년 후에는 메소포타미아 농부들은 구리로 만든 농기구를 사용하였다. 오늘날 지질 자원은 컴퓨터를 작동시키는 규소 칩, 우주 탐사선의 타이타늄 덮개 및 자동차에 동력을 공급하는 휘발유로서 사용된다.

우리들은 2가지 형태의 지질 자원, 즉 **광물 자원**(mineral resource)과 **에너지 자원**(energy resource)을 이용한다. 광물 자원은 유용한 모든 암석과 광물을 포함한다. 다음의 여러 절에서 알 수 있듯이 많은 광물 자원은 지권의 암석, 대기권의 기체 및 수권의 물의 상호작용을 포함하는 과정에 의해 농축된다. 사람들은 우리 행성을 변화시킨 산업 사회를 이루는 데 광물 자원을 이용하였다. 21세기의 주된 에너지 자원은 석탄, 석유 및 천연가스이며, 이들 모두는 지구시스템의 상호작용에 의해 변화된 역사시대 이전의 식물과 동물이 부식된 잔해로부터 생성된다.

5.1 광물 자원

광물 자원은 금속 광석과 비금속 광물 모두를 포함한다. 2장으로부터 광석은 하나 또는 그 이상의 광물이 경제성이 있어 채광할 수 있을 정도로 충분히 농축된 암석임을 상기해 보자. 일반적으로 지질학자들은 금속 광물 광상을 나타내는 데 광석이라는 용어를 사용하며, 철광석 또는 은광석 등과 같이 보통 금속의 이름을 붙여 부른다.

비금속 광물 자원(nonmetallic mineral resource)은 암염, 석재, 모래 및 자갈과 같은 금속이 아닌 유용한 암석과 광물을 말한다. 광업으로부터 "뜻밖의 횡재를 했다"고 하면 사람들은 통상적으로 금을 떠올린다. 그러나 모래를 채취하는 것이 금을 채굴하는 것보다 더 많은 돈을 번다. 예를 들면 미국은 2004년에 모래와 골재를 채취하여 총수입으

1) 역자 주: 미국 지리학자, 기상학자로서 중앙아시아와 소아시아를 탐험하고 기후와 인류의 활동, 문화의 분포 관계, 기후변동에 관한 연구를 수행하였다. 예일 대학교 교수를 역임하였다.

그림 5.1 중국에서 큰 쇠망치로 큰 화강암 덩어리를 떼내고 있는 채석공. 암석을 떼어 낸 후 뒤로 보이는 원형 톱을 이용하여 암석을 벽과 바닥용 얇은 석판으로 자른다.

로 62억 $를 벌어들인 반면에 금은 단지 32억 $를 벌어들였다. 모래와 자갈은 강과 빙하 퇴적물, 모래 사구 및 해빈에서 채굴한다. 이들 비금속 자원은 포틀랜드 시멘트–분쇄한 석회석과 점토의 혼합물을 가열하여 생산한 제품–와 혼합하여 콘크리트를 만든다. 철로 강화된 콘크리트는 도로, 교량 및 건물을 짓는 데 이용된다. 따라서 강화 콘크리트는 현대 사회에서 기본적인 건축 자재 중 하나다. 또한 많은 건물들의 벽면은 암석–일반적으로 화강암이나 석회암–으로 되어 있다. 비록 건물을 짓는 데 사용되는 대리석, 점판암, 사암 및 그 밖의 암석들 역시 채석장에서 기반암을 절개하여 채취하더라도 말이다(그림 5.1).

우리들의 생활에서 기본적인 부분을 차지하고 매일 사용하는 많은 물건들을 생산하는 산업 분야에서 중요한 금속과 그 밖의 원소들이 많다. 철, 납, 구리, 알루미늄, 은 및 금과 같은 몇몇 금속은 잘 알려져 있고, 몰리브데넘(총신), 텅스텐(백열전구의 필라멘트) 및 붕사(비누, 방부제)와 같은 다른 원소들은 보다 덜 알려져 있다.

모든 광물 자원은 재생이 불가능하다. 사람들은 자연이 만들어 내는 것보다 훨씬 빠른 속도로 이들을 소비하고 있다. 비록 대다수가 재활용될 수 있을지라도 말이다.

5.2 광석과 광상

만약 우리들이 어떤 암석을 채취하여 실험실에 가져와 분석한다면, 아마 이 암석이 무시할 수 없을 정도의 철, 금, 은, 알루미늄, 그밖에 유용한 금속을 포함하고 있다는 결과를 보게 될 것이다. 그러나 이들 금속의 농축은 대부분의 암석에서 매우 낮아서 금속을 팔아서 벌어들이는 수입보다 추출 비용이 훨씬 더 많이 들 것이다. 그러나 어떤 지역에서는 자연적인 지질작용을 통해서 금속이 보통 농도보다 몇 배나 높게 농축된다. 표 5.1은 광석 내의 금속의 농도가 일반 암석의 평균 함량보다 10만 배 이상 높음을 보여준다.

새로운 광상을 성공적으로 개발하기 위해서는 금속을 농축시켜 광석을 형성하는 과정에 대한 지식이 필요하다. 예를 들면 백금은 어떤 특정한 종류의 화성암 내에 농축된다. 따라서 만약 백금을 탐사한다면 우리는 사암이나 석회암보다는 화성암에 집중할 것이다. 다음 주제들은 한층 더 보편적인 광상의 형성 과정의 일부를 설명한다.

표 5.1 지각 내의 특정 원소의 농축과 경제성 있는 광산 개발에 필요한 농축의 비교

원소	지각 내 농축 (무게 %)	광산 개발에 필요한 농축 (무게 %)	농축률
알루미늄	8.0	24~32	3~4
철	5.8	40	6~7
구리	0.0058	0.46~0.58	80~100
니켈	0.0072	1.08	150
아연	0.0082	2.46	300
우라늄	0.00016	0.19	1,200
납	0.00010	0.20	2,000
금	0.0000002	0.0008	4,000
수은	0.000002	0.20	100,000

화성작용(magmatic processe) 액체 상태의 마그마가 화성암으로 고결됨에 따라 광상이 생성되는 지질작용

결정분화작용(crystal settling) 광물은 마그마보다 밀도가 더 높기 때문에 냉각하는 마그마에서 처음 정출된 결정이 마그마 방 밑바닥으로 가라앉는 작용. 최종 산물은 층을 이룬 암석체이며, 각 층은 서로 다른 광물을 포함한다.

열수작용(hydrothermal processe) 뜨거운 열수 또는 증기가 암석 또는 마그마로부터 금속과 광물을 용해시키는 지질학적 작용. 그 다음에 용액은 냉각되기 전에 갈라진 틈 속으로 침투하여 광상을 생성한다.

지각 내 깊은 곳에서 일어나는 화성작용을 제외하고 광석광물을 농축시키는 자연적인 과정 모두는 지권의 암석 및 광물과 수권의 물과의 상호작용을 포함한다.

화성작용

화성작용(magmatic processe)은 액체 상태의 마그마가 고화되어 화성암을 생성할 때 광상을 형성한다. 이들 작용은 금속 광상뿐만 아니라 일부 보석 광물 및 황과 석재를 포함한 비금속 광상을 형성한다.

규모가 큰 어떤 화성암체, 특히 고철질(마그네슘과 철 함량이 높은 현무암질) 성분의 암석은 층상으로 고결된다. 각 층은 서로 다른 광물을 포함하며 인접한 층에서 발견되는 성분과 다른 화학 성분을 갖는다. 이들 층의 몇몇은 품위가 높은 광상을 포함한다. 층은 적어도 두 가지 과정을 통해 형성될 수 있다.

1. 냉각하는 마그마는 일시에 모두 고화되지 않는다. 마그마가 냉각하고 온도가 낮아짐에 따라 고온의 광물이 먼저 정출되고 저온의 광물은 나중에 정출된다. 대부분의 광물은 마그마보다 밀도가 높다. 따라서 초기에 생성된 광물은 **결정분화작용**(crystal settling)에 의해 마그마 방에 가라앉는다(그림 5.2). 어떤 경우에 광석광물은 초기에 생성된 다른 광물과 함께 결정화 되어 심성암의 바닥 근처에 층상으로 쌓인다.
2. 규모가 큰 어떤 고철질 마그마는 하부에서 상부로 결정화가 일어난다. 따라서 초기에 생성된 광석광물은 심성암의 밑바닥 근처에 농축된다.

고철질 층상의 심성암에서 발견된 규모가 가장 큰 광상은

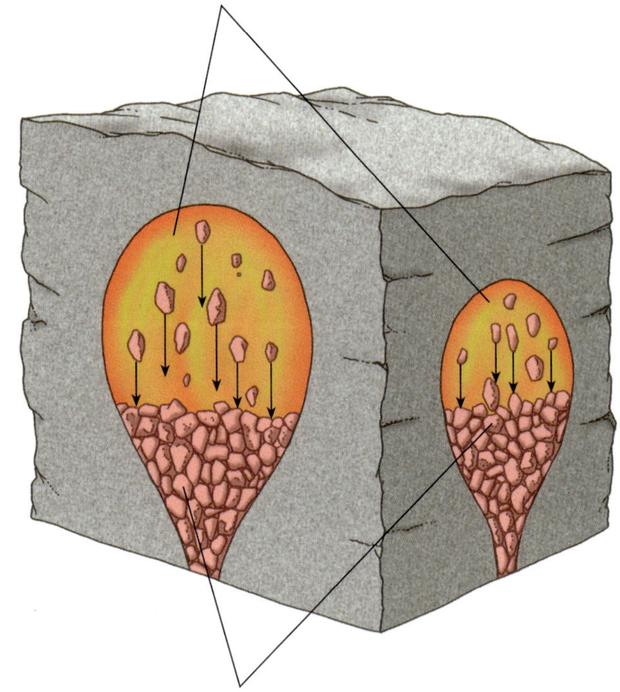

그림 5.2 냉각하는 마그마에서 생성된 최초의 결정은 가라앉아 마그마 방의 밑바닥 부근에 밀집된다. 여기서는 결정들을 뚜렷이 보이기 위해 확대하였다. 실제로 결정들은 지름이 겨우 수 mm인 반면에 마그마 방의 너비는 수 km일 수 있다.

남아프리카의 저지대 관입암 내에 발달된 품위가 높은 크로뮴과 백금 광상이다. 심성암의 넓이는 약 375×300 km^2(대략 메인 주의 크기)이며 두께는 약 7 km이다. 부시벨드 광상은 200억 ton 이상의 크로뮴과 10억 g 이상의 백금을 배태하며, 지구 상에서 알려진 어떤 광상보다 매장량이 가장 많다.

열수작용

고온의 물 또는 증기가 암석 혹은 광물과 상호작용하는 **열수작용**(hydrothermal processe)은 아마 다른 모든 광화작용을 합친 것보다 훨씬 더 많은 양의 광상과 광석을 만들어 낼 것이다. 열수 광상을 형성하기 위해서는 고온의 물이 암석이나 마그마에서 금속을 용해해야 한다. 그런 다음 금속을 포함한 용액이 갈라진 틈이나 다공질 암석 속으로 침투

하여 거기에 침전되어 광상을 형성한다.

열수는 3가지 근원으로부터 유래된다. 즉, 화강암질 마그마, 지하수, 그리고 해수이다.

1. 화강암질 마그마는 고체 상태의 화강암보다 용해된 물을 더 많이 포함한다. 따라서 마그마는 고화되면서 열수를 방출한다. 이러한 이유 때문에 열수 광상은 흔히 화강암과 이와 유사한 화성암을 수반한다.
2. 지하수는 지각 내로 침투할 수 있으며, 이곳에서 가열되어 열수가 된다. 특히 이러한 현상은 뜨거운 암석이나 마그마가 얕은 깊이에서 지하수를 가열하는 화산 지대에서 보통 일어난다. 이러한 이유에서 열수 광상은 화산 지대에 흔하다.
3. 바다의 경우 중앙해령 근처에서 뜨겁고 젊은 현무암은 해저에 발달된 갈라진 틈을 침투하는 해수를 가열하여 열수를 형성한다.

물 자체로 광물을 용해할 수는 있지만 대부분의 열수에는 염류가 용해되어 있다. 이들 염류는 물이 광물을 녹일 수 있는 성능을 크게 증가시킨다. 따라서 염류가 풍부한 고온의 열수는 금속을 녹이고 운반할 수 있는 매우 강력한 용매다.

지구 지각의 보통 암석에서 발견되는 금속량을 보여주는 표 5.1을 다시 참조해 보자. 예를 들면 금은 지각의 0.0000002 %를 차지하는 반면에 구리는 0.0058 %를, 그리고 납은 0.0001 %를 차지한다. 비록 금속들은 모암 내에 매우 낮은 농도로 존재할지라도 열수 용액은 막대한 부피의 암석에 침투하여 금속을 녹이고 축적시킨다. 그런 다음 이 용액은 온도, 압력 또는 화학적 환경이 달라진 곳에 금속을 침전시킨다(그림 5.3). 이와 같은 방법으로 열수 용액은 막대한 부피의 일반 암석으로부터 금속을 끄집어낸 다음 이들을 국부적으로 침전시켜 광상을 형성한다.

열수 맥 광상(hydrothermal vein deposit)은 용해된 금속이 암석 내에 발달된 파쇄대에 침전될 때 형성된다. 광맥의 너비는 1 mm 미만에서 수 m에 이른다. 단 하나의 맥이 수백만 $ 가치의 금과 은을 생산할 수 있다. 동일한 열수 용액은 또한 맥 근처 모암의 공극 속에 스며들어 거대하나 품위가 훨씬 낮은 **광염 광상**(disseminated ore deposit)을 형성한다. 이들 광상은 일반적으로 같은 열수 용액으로부터 생성되기 때문에 품위가 높은 광맥과 광염 광상은 많은 경우에 함께 발견된다. 많은 광산 지역에서의 기록 중

열수 맥 광상(hydrothermal vein deposit) 뜨거운 열수 용액에서 용해된 광물들이 침전되어 단층이나 그 밖의 균열을 충전하여 생성된 판상의 품위가 높은 광상

광염 광상(disseminated ore deposit) 일반적으로 금속을 함유한 광물이 암석 전체에 넓게 산재하는 품위가 낮은 대규모 열수 광상. 열수 맥 광상처럼 농축되어 있지 않다.

그림 5.3 뜨거운 열수는 모암으로부터 금속 성분을 녹여내어 광석이 풍부한 암맥 내에 금속 광물 침전시켜 기반암 내에 있는 균열을 채운다. 이 열수 용액은 또한 암맥을 둘러싸고 있는 커다란 암석 내에 널리 퍼져 있는 품위가 낮은 금속 광석을 침전시킨다.

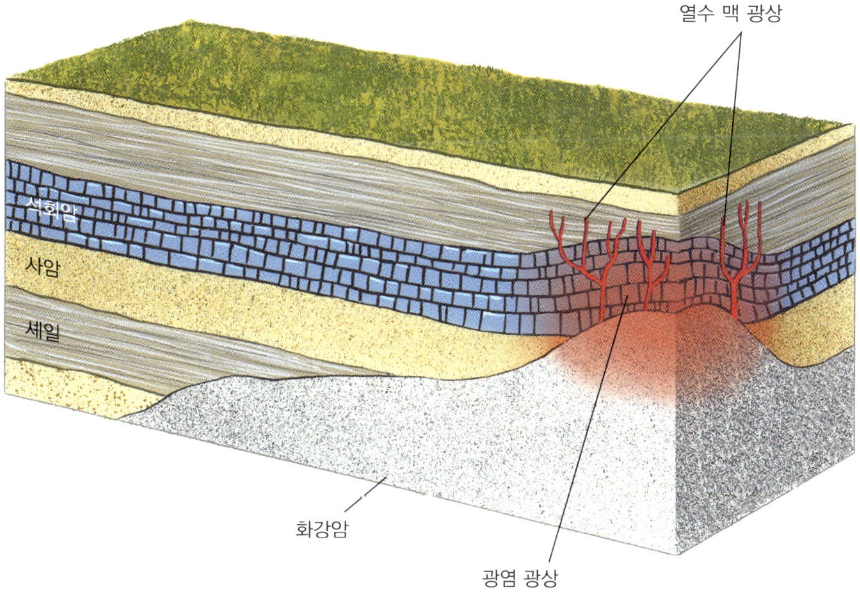

해저 열수 광상(submarine hydrothermal ore deposit) 뜨거운 해수가 해저 지각으로부터 금속을 녹여낸 다음 이 뜨거운 해수가 해저 지각의 상부 층을 통해 상승할 때 냉각되면서 금속을 침전시켜 생성된 광상

흑색 열수구(black smoker) 일반적으로 중앙해령 근처에 있는 해저의 균열로부터 분출되는 흑색 열수의 분출물. 흑색은 열수 용액이 해수와 접촉할 때 세립의 금속 황화물의 침전에 기인한다.

의 하나는 초기 광부들은 품위가 높은 광맥을 따라 수갱과 갱도를 파나갔다는 것이다. 광맥이 고갈된 후에는 광부들은 맥을 둘러싸고 있는 광염 광상의 품위가 낮은 광석을 채굴하기 위해 거대한 동력삽(shovel)을 사용하였다.

중앙해령과 해저 화산 근처의 해저 화산활동이 활발한 지역에서 해수는 고온의 파쇄된 해양 지각의 틈을 통해 순환한다. 뜨거워진 해수는 암석으로부터 금속을 녹여낸 다음 해양 지각의 상부를 통해 상승할 때 냉각되면서 금속을 침전시켜 **해저 열수 광상**(submarine hydrothermal ore deposit)을 형성한다.

금속을 포함한 용액은 오늘날 중앙해령의 파쇄대에서 분출되는 **흑색 열수구**(black smoker)라고 부르는 흑색 열수의 분출물로서 관찰된다. 분출물이 흑색인 것은 열수 용액이 해수와 접촉할 때 냉각되면서 세립의 금속 황화광물이 침전되기 때문이다. 침전되는 금속은 열수구 근처에 굴뚝 같은 형태로 쌓인다. 이러한 환경에서는 품위가 높은 광상이 형성된다. 그러나 해저에서 광상을 개발하기 위해 장비를 운용하는 경비는 엄청나게 비싸다.

퇴적 광상

사광상

금은 다른 어떤 광물보다도 밀도가 높다. 따라서 만약 우리가 물과 금가루와 모래로 된 혼합물을 선광 접시에서 세게 휘저으면 금이 제일 먼저 접시 바닥에 가라앉는다. 차등적인 침전작용은 또한 자연에서도 일어난다. 많은 하천은 실트, 모래 및 자갈과 함께 때때로 작은 금 입자를 운반한다. 물의 흐름이 느려지면 금이 먼저 가라앉는다. 수년 동안 물의 흐름은 퇴적물을 교란시키며 밀도가 큰 금은 강바닥에 발달된 갈라진 틈과 균열 내에 모이게 된다. 따라서 금 입자들은 강바닥에 있는 자갈과 기반암에 발달된 갈라

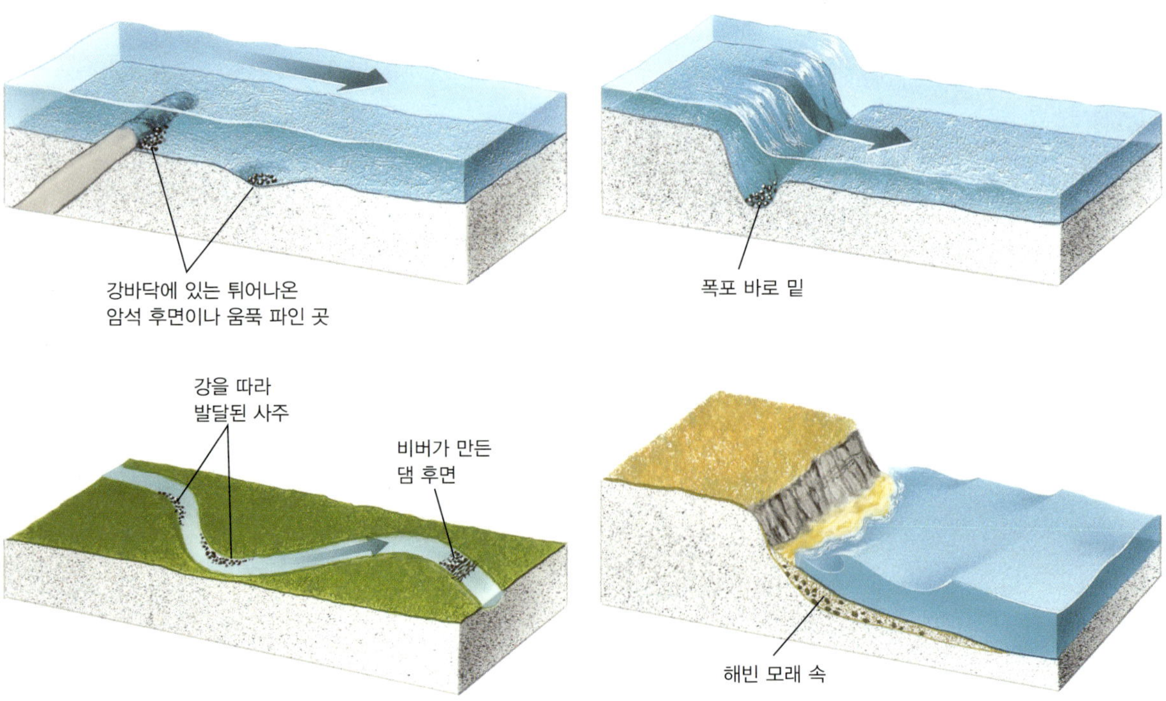

그림 5.4 사광상은 물에 흐름이 느려져 밀도가 높은 광물들이 쌓이는 곳에 생성된다.

진 틈에 농축되어 사광상(placer deposit)을 형성한다(그림 5.4). 1849년 골드러시 때 미국 캘리포니아 주로 모여들었던 투기꾼들 대부분은 사광상을 찾아 탐사하였다.

침전 광상

지하수는 토양과 기반암 속으로 침투할 때 광물을 녹여낸다. 대부분의 환경에서 지하수는 결국 강으로, 그 다음에는 바다로 흘러 들어간다. 나트륨과 염소 같은 원소가 용해된 이온의 일부는 해수를 짠맛이 나게 한다. 그러나 사막에는 바다로 연결된 유출구가 없는 플라야 호수가 발달한다. 물은 호수로 흘러들지만 단지 증발에 의해서만 빠져나갈 수 있다. 물이 증발함에 따라 용해된 염류는 침전하여 증발 광상을 형성할 때까지 농축된다(3장 참조). 사막 호수에서 증발 광상은 식염, 붕사, 황산나트륨 및 탄산나트륨을 포함한다. 이들 염류는 종이, 비누, 의약품, 그리고 가죽을 무두질하는 데 이용된다.

지난 5억 년 동안 여러 번에 걸쳐 얕은 바다가 북아메리카와 모든 다른 대륙의 넓은 지역을 덮었다. 때때로 이들 바다는 열린 바다와 연결성이 좋지 못하여 물은 이들 얕은 바다와 열린 바다 사이를 자유롭게 순환하지 못하였다. 따라서 증발작용은 염류가 해성 증발 광상으로 침전할 때까지 염류를 농축시켰다. 폭풍은 주기적으로 열린 바다로부터 새로운 해수를 얕은 바다로 흘러들게 하여, 새로운 소금 공급원이 되었다. 이러한 방법으로 생성된 두꺼운 해성 기원의 증발암층이 북아메리카의 거의 30 %에 달하는 밑바닥에 발달되어 있다. 식염, 석고(회반죽과 석고 보드 제작에 이용) 및 칼륨염(비료 제조에 이용)이 이들 광상으로부터 광범위하게 채굴되고 있다.

세계가 사용하는 철의 대부분은 층상 철광층(banded iron formation)이라고 하는 퇴적암으로부터 채굴하여 공급된다. 이들 철광층은 철이 풍부한 층과 규산이 풍부한 층이 교대로 쌓여 생성된 광상이다(그림 5.5). 철이 풍부한 이들 암석은 26억 년 전에서 19억 년 전 사이에 대기 중의 산소의 농도가 증가한 결과로 바다에서 침전되었다.

풍화 광상

강우량이 많은 환경에서 많은 양의 물은 지표 근처의 토양과 암석으로부터 쉽게 녹을 수 있는 이온의 대부분을 용

사광상(placer deposit) 물의 흐름이 느려져 밀도가 큰 광물들이 퇴적될 때 강의 하상, 폭포 밑 또는 해빈에 생성된 표층 광물 광상

층상 철광층(banded iron formation) 철이 풍부한 퇴적암으로 철이 풍부한 층과 규산의 층이 반복된다. 세계 대부분의 철을 공급하는 원천이다.

망가니즈단괴(manganese nodule) 대양저에서 발견되는 것으로 망가니즈가 풍부한 감자 모양의 암석

망가니즈단괴

태평양 해저의 약 25~50 %는 골프공 내지 볼링공 크기의 망가니즈단괴(manganese nodule)로 덮여 있다. 보통 단괴는 망가니즈 20~30 %, 철 6 %, 구리와 니켈 각각 1 %, 기타 금속을 소량 포함한다. 나머지 60~70 %의 대부분은 금속과 화학적으로 결합한 산소와 다른 음이온으로 이루어져 있다. 금속들은 아마 중앙해령에서 일어나는 화산활동, 어쩌면 흑색 열수구에 의해 공급된다. 해수와 해저 퇴적물 사이의 화학반응이 용해된 금속을 침전시켜 단괴를 생성한다.

1조 톤 또는 그 이상의 망가니즈가 해저에 분포한다. 이들은 시추나 발파작업을 하지 않고 얻을 수 있는 매우 유용한 몇몇 산업용 금속에 해당한다. 우리는 단괴를 찾고 있는 해저 카메라와 단괴를 빨아들여 배로 들어 올리는 거대한 진공청소기와 같은 기계를 상상할 수 있다. 그러나 해양저는 복잡한 장비들을 작동하기에 매우 까다로운 환경이기 때문에 망가니즈단괴를 채취하는 것은 현 시점에서는 수익성이 없다.

풍화 잔류 광상(residual ore deposit) 가용성 이온의 대부분이 용해되고 많은 물에 의해 제거된 후에 지구 표면 근처 토양 내에 남아 있는 불용성이 상대적으로 큰 이온으로 구성된 광상

보크사이트(bauxite) 산화알루미늄과 수산화물의 혼합물로 이루어진 회색, 황색 또는 적갈색의 암석으로 풍화 잔류 광상에서 생성된다. 알루미늄의 주된 원료다.

광물 매장량(mineral reserves) 지하에 부존된 광석의 알려진 양을 나타내는 용어로서 지역, 국가 또는 세계 규모로 사용될 수 있다.

그림 5.5 미국 미시간 주에 분포하는 층상의 철광층

해시켜 운반한다. 이 작용은 상대적으로 불용성이 큰 이온들을 토양 내에 남게 하여 **풍화 잔류 광상**(residual ore deposit)을 형성한다. 알루미늄과 철 모두는 물에 전혀 녹지 않는다. 알루미늄의 주요 원천인 **보크사이트**(bauxite)는 잔류 광상에서 생성되며, 어떤 경우에는 철 역시 충분히 농축되어 광석이 된다. 대부분의 보크사이트 광상은 화학적 풍화가 빠르게 일어나는 따뜻하고 비가 많이 내리는 열대 또는 아열대 환경에서 형성된다. 따라서 보크사이트 광상은 자메이카, 쿠바, 기니, 오스트레일리아, 미국 동남부 지역에 풍부하게 발달되어 있다(그림 5.6).

그림 5.6 알루미늄이 풍부한 암석이 열대 지방에서 강한 풍화작용을 받아 생성된 구형의 잔류 광상으로 보크사이트의 대표적인 특징이다.

5.3 광물 매장량

광물 매장량(mineral reserves)은 지하에 부존된 광석의 알려진 양이다. 이 용어는 특정 광산에 남아 있는 광석의 양을 나타내거나 전 지구적, 혹은 국가적인 규모로 사용될 수 있다. 광석을 채굴하면 지하에 남아 있는 광석의 양이 감소하여 광물 매장량을 줄어든다. 그러나 매장량은 다음의 2가지 방법으로 증가할 수 있다. 첫째, 지질학자들이 새로운 광상을 찾아냄으로써 광상의 양을 늘릴 수 있다. 둘째, 금속이 충분히 농축되어 있지 않아 수익성이 떨어지는 준광상은 금속의 가격이 비싸지거나 채광 혹은 정제 기술이 향상되어 추출 경비가 줄어들면 이윤을 낼 수 있으므로 개발에 들어간다.

1966년 지질학자들은 철의 전 세계 매장량을 약 50억 ton으로 추정하였다.[2] 당시 세계의 철 소비는 1년에 약 2억 8천만 ton이었다. 1966년의 비율로 계속 소비한다고 가정하면, 1966년에 확인된 전 세계 매장량은 18년 후에 고갈되어 1984년에는 철은 바닥났을 것이다. 그러나 품위가 낮은 철광석을 처리하는 새롭지만 비싸지 않은 방법이 개발되었기 때문에 철광석은 오늘날까지도 여전히 풍부하고 저렴하다. 따라서 1966년에는 준광상이어서 매장량으로 계산되지 않았던 대규모 광상이 지금은 광석이 되었다.

금속 자원의 지리적 요인

지구의 자원은 불공평하게 분포하여 모든 광물을 자급자족할 수 있는 나라는 하나도 없다. 예를 들면 전 세계 몰리

2) Brian Mason, *Principles of Geochemistry,* 3rd ed. (New York: John Wiley & Sons, 1966), Appendix III.

브데넘 매장량의 거의 2/3와 납 매장량의 1/3 이상이 미국에 있다. 알루미늄 매장량의 1/2 이상은 오스트레일리아와 기니에서 발견된다. 미국에는 대규모의 보크사이트 광상이 없음에도 불구하고 미국은 세계에서 생산되는 모든 알루미늄의 약 30 %를 소비한다.

미국, 러시아, 남아프리카, 캐나다, 오스트레일리아 다섯 나라가 현대 사회에서 소비하는 광물 자원의 대부분을 공급한다. 많은 다른 나라들은 소수의 광물 자원을 갖고 있다. 예를 들면 일본에는 금속과 화석 연료의 매장량이 거의 없다. 일본은 현저히 높은 경제력과 높은 생산성에도 불구하고 금속과 화석 연료는 전적으로 수입에 의존하고 있다.

선진국들이 지구 광물 자원의 대부분을 소비한다. 미국, 일본, 독일, 러시아가 전통적으로 가장 큰 소비국이었던 반면에 현재는 중국의 산업 기반이 매우 빠르게 성장하고 있어 자원 소비에서 선진국을 앞선다.

현재 미국은 광물 자원의 절반 이상을 25개의 다른 나라에서 수입하고 있다. 일부 자원은 매장량이 풍부하지만, 다른 자원은 매장량이 풍부하지 않기 때문이다. 그러나 미국은 이들을 개발할 수 있는 것보다 훨씬 더 빠르게 소비하거나, 이들을 개발하는 것보다 훨씬 더 싸게 구매하고 있다.

그림 5.7 지하 석탄 광산에서 석탄을 채광 하고 있는 채탄기

5.4 광산과 광업

지하 광산(underground mine) 일반적으로 광맥이나 또는 탄층을 따라가는 지하 갱도로 이루어진 광산

노천 광산(surface mine) 광물이나 연료 자원을 개발할 목적으로 지표면 아래로 굴착해 들어가는 광산

광부들은 광석이나 석탄을 지하 광산이나 노천 광산에서 채광하고 있다. 대규모의 지하 광산은 흔히 광맥이나 탄층을 따라 서로 연결된 수십 km의 갱도로 이루어져 있다(그림 5.7). 가장 깊은 **지하 광산(underground mine)**의 깊이는 수 km이다. 이와는 현저히 다르게 **노천 광산(surface mine)**은 지표면에서 굴착해 들어가는 광산이다. 지구 상에서 사람이 만든 가장 큰 노천 굴착 갱은 미국 유타 주의 빙햄캐니언(Bingham Canyon)에 있는 노천 구리 광산이다(그림 5.8).

이 광산은 지름이 4 km이며 깊이는 0.8 km이다. 2004년에 이 광산에서 263,700 ton의 구리와 소량의 금, 은, 몰리브데넘을 생산하였다. 가장 현대적인 석탄 채굴은 대단히 큰 노천 광산에서 거대한 동력삽을 이용하여 석탄을 채탄

그림 5.8 미국 유타 주 빙햄캐니언에 있는 노천 구리 광상은 지구 상에서 사람이 만든 가장 큰 굴착 갱이다. 굴착 갱의 지름은 4 km이고 깊이는 0.8 km이다.

화석 연료(fossil fuel) 동물과 식물의 잔유물이 분해하여 생성된 석유, 석탄 및 천연가스를 포함한 에너지 자원으로 화석 연료는 재생과 재활용이 불가능하다.

하는 것이다(그림 5.9).

1977년 미국에서는 광산 회사들에게 채굴된 지역을 복원할 것을 명하는 노천 광산 관리 및 복원법이 제정되었다. 그 결과 광산 지역은 채굴이 시작되기 전과 동일한 목적으로 이용될 수 있게 되었다. 또한 노천 광산 관리 및 복원법이 시행되기 전에 채굴된 지역을 복원하기 위해 세금이 부과되었다. 워싱턴의 정치적인 정세에 따라 환경법의 집행과 준수는 강화되기도 하고 약화되기도 한다. 게다가 환경에 대한 인식은 지난 세대 동안 급격히 증가하였으며, 전반적으로 오늘날의 광산업은 우리들의 부모님들이 10대였을 때보다 환경을 덜 오염시킨다. 미래에 대한 큰 도전 중의 하나는 엄격하지 않았거나 환경법 제정 이전에 이루어진 채굴로 인해 폐광된 광산을 정화하는 것이다. 미국에 있는 6,000개 이상의 석탄 광산과 금속 노천 광산을 합하면 거의 버지니아 주의 넓이에 해당하는 약 90,000 km^{2}에 달한다. 하지만 이 값은 어쩌면 한층 더 넓게 차지하고 있을 버려진 모래와 자갈 채취장과 암석 채석장을 포함하지는 않는다.

H. E. MALDE/USGS

그림 5.9 멕시코 나바호 노천 광산에서 거대한 동력삽으로 채굴을 하고 있다.

CHUCK MEYERS/U.S. DEPARTMENT OF THE INTERIOR

그림 5.10 지하에 있는 폐 석탄 광산 때문에 지반이 가라앉아 반쯤 파손된 기울어진 집

비록 지하 광산은 지표면을 직접 교란시키지는 않지만 몇몇 폐광된 광산은 붕괴되었고 때때로 건물들이 갱도 안으로 무너졌다(그림 5.10). 중앙 애팔래치아에서 80만 ha (8,000 km^2) 이상의 토지가 지하의 석탄 광산의 갱도 안으로 내려앉았다.

금속 광석과 석탄을 채굴할 때는 막대한 양의 버력도 함께 파낸다. 만약 버력 더미가 적절히 처리되지 않으면 빗물은 느슨해진 암석을 흘러내리게 하고, 버력 더미로부터 비소, 황 및 중금속 같은 독성 원소를 침출시켜 하천을 퇴적물로 메우며 하천수와 지하수 모두를 오염시킨다.

5.5 에너지 자원: 석탄, 석유, 천연가스

석탄, 석유, 천연가스는 식물과 동물의 잔해로부터 생성되므로 **화석 연료**(fossil fuel)라고 한다. 화석 연료는 재생이 불가능할 뿐만 아니라 재활용도 되지 않는다. 석탄 한 덩어리나 기름(석유) 1 L를 연소시키면 에너지가 방출되면서 모든 실용적인 목적을 달성하고 소멸한다. 따라서 화석 연료는 공급이 끊임없이 감소한다.

석탄

석탄(그림 5.11)은 주로 탄소로 이루어진 가연성의 암석이다. 석탄은 채굴이 쉽고 정제하지 않고도 연소시킬 수 있기 때문에 인류는 석유와 천연가스를 사용하기 전부터 석탄을 사용하기 시작하였다.

그림 5.11 무연탄은 단단하고 치밀한 석탄의 한 종류로 탄소 함량이 높고 불순물의 함량이 가장 낮다. 오늘날 무연탄은 손난로와 자동 급탄 용광로에 이용된다.

석탄 화력 발전소는 미국에서 사용하는 약 92 %의 석탄을 소비한다. 나머지는 철을 생산하거나 혹은 공장에서 증기를 만드는 데 사용된다. 석탄은 채광이 쉽고 세계 여러 지역에서 풍부하게 생산되지만 대기 오염 물질을 방출하기 때문에 이를 제거하는 데는 값비싼 제어 장치가 필요하다. 석탄은 적어도 2200년까지는 광범위한 활용성을 가진 것으로 추정되는 여전히 풍부한 자원이다.

석탄은 따뜻하고 습윤한 늪지가 낮은 지대의 넓은 지역을 덮었던 3억 6,000만 년에서 2억 8,600만 년 전에 해당하는 석탄기와 백악기를 거쳐 팔레오세에 이르기까지 전 세계에 걸쳐 막대한 양이 생성되었다. 식물이 숲과 초원에서 죽으면 생물들이 식물의 잔해 일부를 부패시키고, 산소와 물이 화학반응을 일으켜 나머지를 분해시킨다. 그 결과 토양의 표토층을 제외하면 유기물은 거의 쌓이지 않는다. 그러나 몇몇 따뜻한 늪지대에서는 식물이 매우 빠르게 자라고 죽어서 쓰러진 식물이 오래된 식물 잔해를 빠르게 매몰하였다. 새로운 퇴적층은 하부의 깊은 층으로 침투하는 산소를 막고, 분해가 완료되기 전에 분해작용이 멈춰 부분적으로 부패된 토탄(peat)이라고 하는 식물 잔해가 남는다(3장 참조). 그런 후 토탄은 흔히 늪지에 쌓이는 진흙에 의해 매몰된다.

식물체는 주로 탄소, 수소 및 산소로 이루어지며 많은 양의 물을 포함한다. 묻혀 있는 동안 압력이 상승하여 물은 방출되며 화학반응이 일어나 대부분의 수소와 산소도 방출된다. 그 결과 탄소의 함량은 석탄이 생성될 때까지 증가한다(그림 5.12). 석탄을 태워 구한 석탄의 품위와 열량은 탄소의 함유량에 따라 상당히 변할 수 있다(표 5.2).

그림 5.12 늪지에서 퇴적물이 생물체의 잔류물 위에 두껍게 쌓임으로써 토탄과 석탄이 생성된다.

석유(petroleum) 식물과 동물의 잔류물이 분해되어 생성된 탄화수소의 복잡한 액체 상태의 혼합물로 퇴적층으로부터 뽑아내 정제하여 프로판, 휘발유 및 그 밖의 연료로 만든다. 원유 또는 단순히 기름이라고도 한다.

근원암(source rock) 기름 또는 천연가스가 생성되는 셰일 또는 그 밖의 퇴적암

저류암(reservoir) 기름으로 포화된 투수성의 암석으로 액체 상태의 석유나 천연가스가 집적되어 있다.

표 5.2 품위, 열량 및 탄소의 함유량에 따른 석탄의 분류

종류	색깔	물(%)	기타 휘발 성분과 불연성 성분(%)	탄소(%)	열량(BTU/lb)
토탄	갈색	75	10	15	3,000~5,000
갈탄	암갈색	45	20	35	7,000
유연탄	검정색	5~15	20~30	55~75	12,000
무연탄	검정색	4	1	95	14,000

석유

석유(petroleum)라는 용어는 '암석 기름' 또는 '땅에서 나오는 기름'을 뜻하는 라틴어에서 유래하였다. 1859년 최초의 유정이 개발되어 석유를 대량 생산하게 되면서 새로운 에너지 시대가 열렸다. 지하에서 퍼 올린 원유는 수천 가지의 화합물로 이루어진 끈적끈적하고 점성이 큰 검은 액체다. 퍼 올린 원유는 정제 과정을 거쳐 프로판, 휘발유, 난방용 기름 및 그 밖의 연료가 된다(그림 5.13). 석유는 또한 플라스틱, 나일론, 그 밖의 유용한 제품을 생산하는 데 사용된다.

석유 생성

하천은 분해 중인 육상 식물과 동물에서 유래된 유기물을 바다와 대단히 큰 호수로 운반하여 이들을 진흙과 함께 얕은 연안에 쌓이게 한다. 바다에 사는 식물과 동물이 죽어 해저에 가라앉으면 이들은 한층 더 많은 유기물을 진흙에 공급한다. 수백만 년 이상 유기물이 풍부한 진흙 위로 퇴적물이 쌓여 매몰 깊이가 수 km에 달하면 온도와 압력이 상승하여 진흙은 셰일이 된다. 동시에 상승한 온도와 압력은 유기물을 액체 상태의 석유로 변환시키며 이를 암석 전체에 걸쳐 분산시킨다(그림 5.14). 박테리아의 활동이 석유 생성 과정을 촉진시킬 수도 있다. 일반적으로 석유는 50~100 °C 사이의 온도에서 생성된다.

그림 5.13 원유는 석유 정제 시설을 거쳐 휘발유와 같은 유용한 산물로 바뀐다.

석유가 생성되는 셰일이나 그 밖의 암석을 근원암(source rock)이라고 한다. 셰일 내에 분산되어 있는 기름은 유정으로부터 퍼 올릴 수 없다. 왜냐하면 셰일은 불투수성이기 때문이다. 즉, 기름이 셰일을 통해 빠르게 이동할 수 없기 때문이다. 그러나 적합한 조건하에서 석유는 근처의 투수성이 좋은 지층−통상적으로 사암이나 석회암−으로 서서히 이동하는데, 이 지층에서는 석유가 빠르게 이동할 수 있다. 석유는 물이나 암석보다 밀도가 낮기 때문에 투수성이 좋은 암석을 통해 암석 내에 집적될 때까지 이동하거나 또는 지표면으로 흘러나온다.

대부분의 집유장은 셰일과 같은 불투수성의 암석층이 막고 있어 석유가 더 이상 이동할 수 없는 곳에 생성된다. 그렇게 해서 기름이나 천연가스가 저류암(reservoir)에 모이게 된다. 저류암은 지하에 있는 기름 웅덩이나 저수지가 아니다. 저류암은 기름에 흠뻑 젖은 스펀지와 같이 기름으로 포화된 투수성 암석으로 이루어져 있다.

석유 추출, 수송, 정제

석유를 뽑아내기 위해서 석유 회사는 저류암에 유정을 뚫어야 한다. 유정을 뚫은 후 고가의 유정 굴착 장비는 떼어내고 석유를 천천히 뽑아내는 펌프식 유정으로 교체한다. 50년 전에는 대부분의 유정은 지표 가까이 발달되어 있어서 기름을 얕은 유정으로부터 쉽게 퍼 올렸다. 그러나 이들 유정은 고갈되었으며, 오늘날 유정은 많은 경우에 수 km 또는 그 이상의 깊이에 있다.

우선 1차 회수 기술(primary recovery technique)로써 저류암 내에서 압력을 이용하여 기름을 유정으로 밀쳐 모이게 한다. 기름이 빠져나가면 압력이 감소하여 이들은 '불활성(inert)'이 된다. 평균적으로 유정 내 기름의 반 이상은 재래식 기술로 지표로 퍼 올리는 데 점성이 너무 크고 유정이 말라 가면 더 이상 개발하지 않고 남겨둔다. 최근에 석유 회사들은 저류암을 통해 수평으로 시추할 수 있는 방법을 개발하였으며, 이로 인해 이전 유정에 남겨진 막대한 양의 기름에 접근할 수 있게 되었다. 추가적인 기름은 물, 세정제, 압축가스 또는 그 밖의 어떤 액체를 주입함으로써 저류암 내의 에너지를 증대시키는 **2차 및 3차 회수 기술**(secondary and tertiary recovery techniques)로 뽑아낼 수 있다. 먼저 2차 회수를 적용하고, 유정이 고갈되면 3차 회수를 사용한다. 단순한 2차 회수의 하나는 주입 유정(injection well)에 물을 집어넣는 것이다. 압축된 물은 저류암을 가득 채우고 기름을 근처의 유정으로 이동시킨다. 이 유정에서는 물과 기름을 품어 올린다. 지표에서 물은 기름으로부터 분리시켜 재사용하며 기름은 정제소로 보낸다. 3차 회수의 하나는 저류암에 세정제를 주입시키는 것이다. 세정제는 남아 있는 기름을 용해시켜 인접한 유정으로 운반한다. 그런 다음에 이 유정에서 기름은 회수하고 세정제는 재활용한다.

2차 및 3차 회수 기술(secondary and tertiary recovery techniques) 물, 세정제, 압축가스 및 그 밖의 액체를 인위적으로 주입하여 저류암의 에너지를 증대시켜 기름이나 천연가스를 추출하는 기술

유정은 단지 수백 m^2의 넓이만을 차지하므로 대부분의 유정은 비교적 환경 훼손이 적다. 그러나 석유 회사들은 현재 해저와 북극의 툰드라와 같은 취약한 환경에서 석유를 개발하고 있다. 해저에서 기름을 얻기 위해서 기술자들은 해저에 박은 파일 위에 플랫폼을 세우고 유정 굴착 장비를

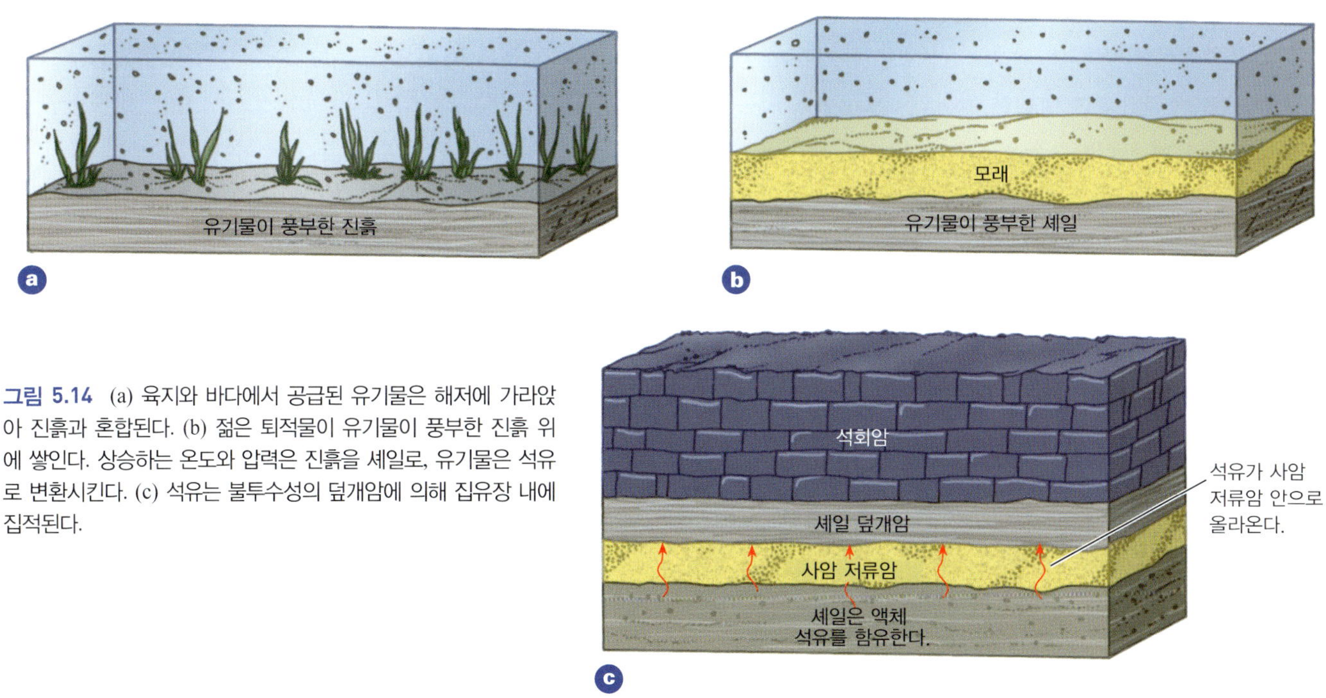

그림 5.14 (a) 육지와 바다에서 공급된 유기물은 해저에 가라앉아 진흙과 혼합된다. (b) 젊은 퇴적물이 유기물이 풍부한 진흙 위에 쌓인다. 상승하는 온도와 압력은 진흙을 셰일로, 유기물은 석유로 변환시킨다. (c) 석유는 불투수성의 덮개암에 의해 집유장 내에 집적된다.

천연가스(natural gas) 천연적으로 산출되는 가벼운 탄화수소의 혼합물로 주로 메테인 (CH_4)으로 구성되며, 가정용 난방, 조리 및 대규모 화력 발전소에서 연료로 사용하고 있다.

석탄층 메테인(coal bed methane) 석탄과 화학적으로 결합된 메테인. 메테인은 석탄층 내에 있는 지하수를 지표로 뽑아 올려 압력을 감소시킴으로써 지하수에 녹아 있는 메테인을 석탄으로부터 기체로 분리하여 회수한다.

SUN OIL

그림 5.15 천해 밑에 있는 대륙붕으로부터 석유를 품어 올리는 석유 시추 플랫폼

이들 철제 섬에 설치한다(그림 5.15). 세심한 주의에도 불구하고 시추와 기름을 뽑아내는 동안 사고가 발생한다. 바다에서 사고가 발생하면 수백만 bbl의 기름이 전 바다로 퍼져 나가며, 바다생물을 중독시키고 바다 생태계를 교란시킨다. 심각한 기름 유출은 실질적으로 모든 근해 시추 지역에서 발생하였다.

천연가스

천연가스(natural gas)는 근원암이나 유정에서 원유가 매몰되는 과정에서 100 °C 이상으로 가열될 때 생성된 에너지 자원이다. 천연가스는 대부분 메테인(CH_4)이며, 이는 하나의 탄소 원자에 4개의 수소 원자가 결합하여 생성된 유기 분자다. 따라서 대부분의 유정은 무거운 액체 상태의 석유 위에 천연가스가 떠 있는 기름의 혼합물을 포함하고 있다. 이 밖의 경우에, 가볍고 이동성이 큰 천연가스는 대기 중으로 빠져 나가거나 또는 분리되어 지하의 저류암에 집적된다.

천연가스는 정제하지 않고 가정용 난방과 취사 및 대규모 발전소에 연료로 공급된다. 천연가스는 불순물을 거의 포함하지 않기 때문에 연소 시 천연가스는 황이나 또는 다른 오염 물질을 방출하지 않는다. 비록 모든 화석 연료와 같이 천연가스의 연소는 온실 기체인 이산화탄소를 방출한다. 이 연료는 순 에너지 생산율이 높으며, 오염 물질을 적게 방출하고 석유보다 생산비가 더 싸다. 현재의 비율로 소비하더라도 전 세계 천연가스의 공급은 앞으로 80~200년까지는 지속될 것이다.

대량으로 생산되는 천연가스는 대부분 저류암에서 개발되고 있으며, 미국에서는 지구의 고유 열과 미생물의 활동이 매몰된 석탄을 **석탄층 메테인**(coal bed methane)으로 변환시키는 석탄층에서 현 천연가스 생산량의 7 %를 얻고 있다. 석탄층 메테인은 화학적으로 석탄과 결합된 메테인이다. 미국에서 석탄층 메테인의 매장량은 700 Tcf(trillion cubic feet) 이상으로 추정된다. 100 Tcf 미만이라도 경제적으로 개발할 수 있을지 모르지만 말이다.

대부분의 탄층은 석탄 자체 내에 발달된 작은 빈 공간에 물을 저장할 수 있어 높은 흡수력을 갖는다. 자연에서 미생물의 작용으로 석탄이 메테인으로 변환될 때 메테인은 상부에 놓인 암석의 압력 때문에 탄층 내 지하수에 용해된 상태로 있게 된다. 천연가스 회사들은 석탄층에 수천 개의 시추공을 뚫어 지하수를 지표로 품어 올림으로써 탄층 내에 남아 있는 물의 압력을 감소시킨다. 압력이 감소되면 물로부터 메테인이 분리된다. 그러고 난 후 관을 설치하여 메테인을 지표로 뽑아내고 이를 압축시켜 시장으로 보낸다.

석탄층 메테인은 매우 많은 물을 저장하기 때문에 특히 현재 광대한 석탄층 메테인 개발이 진행되고 있는 건조 및 반 건조 지대인 미국 서부에서 석탄층은 농부와 목장 주인에게 중요한 지하수의 저장소이다. 이 지역에서 석탄층 메테인 개발은 지역 농업과 생태계에 2가지의 심각한 영향을 미치고 있다. 첫째, 석탄층에서 물을 너무 많이 뽑아내어 주요 대수층을 고갈시키고 넓은 지역에 걸쳐 지하수면을 낮추고 있다. 둘째, 석탄층의 지하수는 일반적으로 소금기가 있기 때문에 지표로 품어 올린 지하수는 하천과 토양을 오염시키며, 농업과 야생 생물에게도 아무 쓸모가 없다. 주와 연방 정부에서는 지하수 개발과 처리 방법에 대한 법

규를 제정하여 이들의 영향을 최소화 하려고 애쓰고 있다.

5.6 에너지 자원: 역청사암과 함유셰일

2008년 미국에서 소비되는 에너지 자원의 85 %는 전통적으로 가장 값이 싼 화석 연료인 석유, 석탄 및 천연가스에서 얻는다. 그러나 원유의 값은 2004~2005년 사이에 1 bbl당 40 $ 미만에서 거의 60 $로 크게 올랐다. 원유 값은 계속 상승하여 2009년 한 해 동안 1 bbl당 평균 70 $를 유지하였다.

과거에는 중유와 그 밖의 재생 가능한 에너지 자원은 전통적인 3가지 화석 연료보다 훨씬 비쌌다. 그러나 이들 대체 에너지를 생산하는 데 드는 비용이 감소하는 반면에 전통적인 화석 연료의 값은 상승하고 있다. 그 결과 세계는 바야흐로 포괄적인 에너지 정책을 개혁하려는 중요한 시점에 놓여 있다. 심지어 1년 전만 해도 경제성이 없었던 많은 연료 자원들이 현재는 재래 에너지 자원보다 값이 더 싸졌다.

역청사암

몇몇 지역에서 발견되는 대규모 **역청사암**(tar sand) 광상의 사암은 중유와 끈적끈적하고 석유와 유사한 탄화수소인 **역청**(bitumen)으로 흠뻑 배어 있다. 원유는 양자 물질로부터 얻을 수는 있으나 이들은 품어 올리기에는 너무 진해 추출하는 데 다른 방법이 필요하다.

역청사암은 캐나다 앨버타 주, 미국 유타 주, 베네수엘라에 가장 풍부하게 분포한다. 캐나다 앨버타 주 한 지역만 해도 역청사암은 1조 bbl로 추정되는 석유를 포함하고 있다. 이 연료의 약 10 %는 지표에서 개발할 수 있을 만큼 얕게 부존되어 있다. 역청사암은 채굴된 다음 모래로부터 중유와 역청을 분리하여 액체로 만들기 위해 증기로 가열한다. 그 다음에 기름과 역청은 화학적으로 처리하고 원유로 변환하기 위해 가열한다. 현재 수개의 회사가 역청사암을 채굴하여 이윤을 내고 있으며 캐나다가 필요로 하는 석유의 13 % 이상을 생산하고 있다. 역청사암으로부터 원유를 생산하는 세계에서 가장 큰 회사인 캐나다 신크루드(Syncrude) 사는 2008년에 재래 화석 연료로부터 생산하는 석유 시장 가격보다 상당히 낮은, bbl당 35 $의 비용으로 1억 500만 bbl의 기름을 생산하였다. 2009년 상반기에 캐나다 신크루드 사는 재래 기름의 가격을 낮게 책정하여 생산 경비가 bbl당 35 $에서 50 $ 이상으로 크게 증가하는 것을 지켜볼 수밖에 없었다. 매장량의 나머지 90 %를 이루고 있는 심부 광상은 2차 및 3차 회수 방법과 비슷한 지표 개발 기술을 이용하여 추출할 수 있다.

역청사암(tar sand) 중유와 역청이라고 하는 기름 같은 물질로 가득 채워진 사암으로 된 광상

역청(bitumen) 역청사암을 꽉 채우고 있는 끈적끈적하고 진한 석유 같은 물질로 원유로 변환될 수 있다.

케로겐(kerogen) 함유셰일 내에 들어 있는 밀납질의 고체 상태의 유기물로 셰일을 가열하여 증류하면 석유가 된다.

함유셰일(oil shale) 가열하면 액체나 기체 상태의 탄화수소가 되는 케로겐을 함유한 퇴적암

함유셰일

일부 셰일과 그 밖의 퇴적암은 **케로겐**(kerogen)이라는 고체 상태의 밀랍질의 유기물을 포함한다. 케로겐은 아직 기름으로 변환되지 않은 유기물이다. 케로겐을 포함한 암석을 **함유셰일**(oil shale)이라고 한다(그림 5.16). 함유셰일을 개발하여 물과 혼합시킨 후 가열하면 케로겐은 석유로 변환된다. 미국에서 함유셰일은 석유 2~5조 bbl과 맞먹는 에너지를 내포한다. 이 양은 2006년의 소비율로 계산하면 300~700년간 미국에 연료를 충분히 공급할 수 있다(그림 5.17). 그러나 대부분의 함유셰일은 얻은 석유를 연소시켜 생산하는 에너지보다 함유셰일을 개발하여 케로겐을 석유로 변환하는 과정에 더 많은 에너지가 필요할 정도로 품위가 낮다. 따라서 품위가 낮은 이들 함유셰일은 결코 연료로 사용될

그림 5.16 함유셰일은 유기물이 풍부한 세립의 퇴적암으로 많은 양의 케로겐을 함유하고 있다.

태양 전지(solar cell) 햇빛으로부터 직접 전기를 생산하는 장치로서 때때로 광전지라고도 부른다.

수 없을 것이다.

함유셰일 개발에 있어 물의 소비가 심각한 문제다. 함유셰일로부터 1 bbl의 석유를 생산하는 데 대략 2 bbl의 물이 필요하다. 함유셰일은 반 건조 지대인 미국 서부에 가장 풍부하게 분포한다. 이 지역에서 물은 농업, 가정 및 산업 용수로도 부족하다.

랜드 사(Rand Corporation)는 최근 연구에서 8억 bbl을 회수할 수 있는 함유셰일이 미국 콜로라도 주 그린리버(Green River) 계곡, 유타 주 및 와이오밍 주 지역에 분포하는 것으로 추정하였다. 이 양은 현재 석유 소비율로 계산하면 미국이 필요로 하는 석유를 100년 간 충족시킬 만큼 충분하다. 그러나 함유셰일에서 원유를 회수하는 과정은 비용이 많이 들어, 이 연구는 처리 공정이 경제성을 갖기 전까지 석유 가격은 1 bbl당 70～95 $에 달할 것으로 예상하였다. 앨버타의 역청사암의 경우에서처럼 세계 석유 가격이 상승하고 함유셰일로부터 석유를 회수하는 기술이 발전하면 함유셰일은 미래의 유망한 에너지 자원이 될 것이다.[3)]

그림 5.17 2차 회수 기술, 역청사암, 함유셰일은 미국의 석유 매장량에서 현저하게 증가하고 있다.

5.7 에너지 자원: 재생 가능한 에너지

태양, 바람, 지열, 수력발전, 나무, 그 밖의 바이오매스 연료는 재생 가능한 에너지 자원이다. 우리들이 이들 에너지를 사용하면 자연 작용이 이를 보충해 준다. 비록 오늘날 재생 가능한 자원에 의해 생산되는 에너지양은 화석 연료와 핵연료에 의해 공급되는 양에 비하면 적을지라도 재생 가능한 에너지 자원은 우리들이 필요로 하는 모든 에너지를 공급할 정도로 잠재력을 갖는다. 재래 화석 연료의 가격이 상승함에 따라 몇몇 재생 가능한 자원은 재래 에너지보다 값이 싸졌다. 바이오매스 연료를 제외한 재생 가능한 에너지 자원은 이산화탄소를 배출하지 않으며 따라서 전 지구 온난화에 기여하지 않는다.

태양 에너지

현대 기술은 태양 에너지를 3가지 방법으로 이용할 수 있게 한다. 즉, 수동적 태양열 난방, 능동적 태양열 난방 및 태양 전지에 의한 전기 생산이다.

수동적 태양열 가옥은 태양열을 직접 흡수하고 저장할 수 있도록 지은 집이다. 능동적 태양열 난방시스템에서는 태양열 수집 장치가 태양 에너지를 흡수하고 이를 물을 가열하는 데 이용한다. 그런 다음에 건물을 난방하기 위해 펌프를 이용하여 라디에이터를 통해 온수를 순환시키거나 거주자들이 뜨거운 물로 세수하고 목욕하는 데 사용한다. 태양열 수집 장치는 전체 용적이 4억 5,000만 m^2로 추산될 정도로 전 세계적으로 점점 인기가 높아지고 있다.

태양 전지(solar cell) 또는 광전지는 햇빛으로부터 전기를 직접 생산한다. 현대의 태양 전지는 어떤 조건하에서는 전류를 통하고 다른 조건하에서는 전류가 통하

3) James T. Bartis, *Oil Shale Development in the United States* (Santa Monica, CA: Rand Corporation, 2005).

COPYRIGHT AND PHOTOGRAPH BY DR. PARVINDER S. SETHI

그림 5.18 청정 에너지를 공급하는 태양 전지판

지 않는 반도체 장치다. 햇빛은 반도체 내의 전자에 전압을 가하여 전류를 생산한다. 태양은 어떤 주어진 시간에 86,000조 W의 에너지로 지구를 감싼다. 이 에너지는 현재 인류가 1년에 사용하는 에너지의 6,600배 이상이다.

그림 5.18은 태양 전지판의 시설을 보여준다. 태양열 발전은 여전히 세계가 필요로 하는 에너지의 1 % 미만을 차지하고 있지만 태양 에너지는 가장 풍부한 에너지 자원이며 광전지 생산은 에너지 산업에서 가장 빠르게 성장하는 분야다. 오늘날 광전지의 설치는 미국 캘리포니아 주에서 전기 최대 수요 시간 동안의 전기 생산 원가와 경쟁할 수 있다. 특히 단독 주택 단위로 설치된 시설에서 가격 경쟁력이 높다. 광전지는 또한 송전선에서 멀리 떨어진 곳에서 필요로 하는 전기 수요에 대해 비용 효율이 높다.

2008년 미국에서 태양 전지판의 전기 생산량은 499 MW이며, 이는 전체 사용량의 1 %보다 훨씬 적다. 태양 에너지 분야에서 세계 선두를 달리는 일본에서 정부는 2030년까지 국가가 필요로 하는 전력의 10 %를 생산할 것을 계획하고 있다.

풍력 에너지

미국에서 2004~2008년 사이 풍력 에너지는 매년 평균적으로 32 %씩 증가하였다. 미국의 전체 풍력 생산 전력은 오늘날 25,000 MW 이상이며, 이는 미국 전체 전기 수요량의 1 % 이상이다. 그림 5.19는 캐나다 앨버타 주에 있는 풍력 발전 기지다. 미국 캘리포니아 주 알타몬트 패스(Altamont Pass), 샌고르고니오 패스(San Gorgonio Pass), 테하차피 패스(Tehachapi Pass)에 있는 세계에서 가장 큰 3개의 풍력 발전 기지는 실제로는 수명의 소유자들이 소유한 수십 개의 독립적인 풍력 발전 기지로서 수십 년 이상 설치되고 개선된 다양한 형태의 터빈 집합체다. 오늘날 가장 작은 가정용 풍력 터빈은 약 700 kW의 전력을 생산하였으며, 몇몇 터빈의 생산량은 5,000 kW(5 MW)에 근접하고 있다. 풍력 전기의 1 MW는 미국의 평균 가정의 240~300가구에 에너지를 충분히 공급할 수 있다. 오늘날 그 밖의 대규모 풍력 발전 기지는 텍사스, 동부 오리건 및 그 밖의 수개 주에서 전력을 생산하고 있다. 거대한 풍력 발전이 기대되는 유망한 후보지로는 바람이 거의 연속적으로 세게 부는 중서부와 서부 몇몇 주의 미개발 지역이다.

풍력 발전기의 건설 경비가 새로운 화석 연료 화력 발전소를 짓는 것보다 적게 들기 때문에 풍력 에너지 생산은 빠르게 성장하고 있다. 풍력 에너지는 또한 청정하며 실제로 무한하다.

전 세계적으로 풍력은 두 번째로 빠르게 성장하는 에너지 자원이며 많은 나라들이 새로운 풍력 발전 기지에 빠르

KENETECH WINDPOWER, INC.

그림 5.19 캐나다 앨버타 주 카울리(Cowley) 능선에 설치된 풍력 터빈이 전기를 생산하고 있다.

게 투자하고 있다. 2008년 미국은 풍력 에너지 생산에 있어 세계적인 선구자로 독일을 앞질렀다. 그러나 독일은 2008년에 24,000 MW에 약간 못 미친 풍력 에너지 생산력으로 우열을 가리기 힘든 2위를 유지하고 있다. 그렇지만 이 발전량은 독일 전체 에너지 소비량의 7 %인 반면에 미국의 더 많은 풍력 에너지 생산량은 미국 전체 에너지의 겨우 1 %를 차지한다.

지열 에너지

지구 내부 열로부터 얻는 에너지를 지열 에너지라고 한다(그림 5.20). 천연의 뜨거운 지하수는 전력을 생산하기 위해 지표로 품어 올리거나 주택과 그 밖의 건물을 직접 난방하는 데 사용된다. 이와 대조적으로, 차가운 지표수는 지하 깊이 주입시켜 지하 암석에 의해 가열된 다음 지표로 순환시켜 이용한다. 미국은 이제 막 3,000 MW 이상의 지열 발전 용량을 갖는 전 세계에서 가장 큰 지열 전기 생산국이 되었다.

그림 5.20 지열 에너지의 한 예. 와이오밍 주 옐로우스톤 국립공원에 있는 노리스(Norris) 지열 분지의 분기공에서 뜨거운 증기와 그 밖의 기체가 분출하고 있다.

수력 발전 에너지

강에 댐을 건설하면, 댐을 통해 하류로 떨어지는 물의 에너지를 동력화시켜 전기를 생산하는 터빈을 회전시킨다. 수력 발전기는 전 세계 전력의 15~20 %를 공급한다. 수력 전기는 미국에서 소비되는 전체 에너지의 약 3 %를 공급하지만 전력 소비량에서는 약 8 %를 차지한다.

미국은 수력 발전 에너지의 생산량을 늘리지는 않을 것 같다. 대규모 댐은 건설하는 데 드는 비용이 너무 비싸며 적당한 부지도 거의 남아 있지 않다. 일반적으로 환경보호론자들은 댐 건설에 반대한다. 왜냐하면 댐 건설에 따른 저수지는 넓은 지역을 범람하여 야생동물의 서식처, 농경지, 도심지구 및 회귀성 어류의 군집을 파괴한다. 예를 들면 컬럼비아 강과 지류에 건설된 댐은 태평양 북서부의 연어 군집의 소멸을 대부분 초래하였다. 댐이 없는 자연 상태의 강과 계곡은 미학적이고 휴양적인 가치 때문에 높이 평가받고 있다.

바이오매스 에너지

바이오매스(식물) 연료는 현재 약 11,000 MW의 에너지를 생산하고 있다. 나무는 모든 바이오매스 중 가장 생산적이며, 분리수거된 쓰레기의 소각과 알코올 연료가 그 뒤를 잇는다. 농작물과 농업 폐기물에서 나온 생물 연료의 사용은 전 세계적으로 빠르게 증가하고 있다. 일반적으로 이들 연료는 화석 연료보다 더 청정하게 연소하며 대부분의 나라의 국내에서 생산될 수 있다. 그 때문에 지방의 일자리를 창출하며 외국으로부터 석유의 수입을 줄여준다. 그러나 생물 연료의 생산이 항상 순 에너지 획득으로 이어지지는 않는다. 어떤 경우에는 생물 연료로부터 얻을 수 있는 에너지보다 이들 연료를 생산하고 가공 처리하는 데 더 많은 에너지가 사용되기도 한다. 생물 연료의 중요한 두 가지 형태는 에탄올과 바이오디젤이다.

재생 가능 에너지 자원의 미래

생물 연료를 제외하고, 앞에서 논의된 어떤 재생 가능 자원도 자동차와 트럭 같은 이동 수송시스템에 동력을 공급하는 데는 직접 사용될 수 없다.[4] 그러나 이들 에너지 자원을 수송시스템에 사용할 수 있도록 변환하는 데는 여러 가지 방법을 이용할 수 있다.

어쩌면 사람과 상품을 수송하는 데 에너지를 사용하는 가장 손쉬운 방법은 구식 전차다. 시내 전차, 컴퓨터 열차(전차) 및 지하철은 수십 년간 사용되었다. 만약 사람들이 더 많은 대량 전기 수송시스템을 건설하고 이용한다면, 내연 기관과 석유에 대한 의존도를 바꿔 놓을 수 있다. 결국 필요한 전력은 재생 가능 에너지 자원으로 충당할 수 있을 것이다.

또 다른 해결책은 전기 차이다. 배터리만 사용하는(battery-only) 배터리 차와 휘발유-전기 하이브리드 차는 최근에 인기가 상승하고 효용성이 증가하였다. 만약 이러한 추세가 계속된다면, 아마 우리는 경비와 석유에 대한 의존도를 한층 더 줄일 수 있을 것이다.

에너지 경제 입안자들은 또한 **수소 경제**(hydrogen economy)를 계획하여, 물이 수소와 산소로 분해되고 수소가 연료로 사용되는 과정을 이용하였다. 이 과정에서 필요한 부분은 **연료 전지**(fuel cell)라고 하는 전기화학적인 장치다. 이 전지는 전기를 생산하는 데 수소의 화학 에너지를 청정하고 효율적으로 이용하며, 부산물로 물과 열이 생성된다. 연료 전지의 한 형태는 수소 핵으로부터 음전하를 띤 수소의 전자를 분리하는 것이며, 그러고 나면 수소 핵은 양전하를 띤 단 하나의 양성자가 된다. 전자는 산소와 결합하고, 산소는 수소 양성자와 반응하여 물과 열 에너지를 생성한다. 연료 전지의 몇몇 형태에서 전자들은 전기 회로를 통해 이동한 후 전지의 다른 쪽에 도달한다. 이와 같은 전자의 이동이 전류다. 따라서 연료 전지는 열과 전류를 모두 생산할 수 있으며, 이 전류는 동시에 수송, 전기 제품 및 그 밖의 대부분의 전기를 이용하는 장비의 원동력으로 사용될 수 있다.

연료 전지는 발전소처럼 대규모 시스템이나 랩톱 컴퓨터와 같이 작은 시스템에 에너지를 공급할 수 있다. 이들은 또한 승용차, 트럭, 기차 및 그 밖의 다른 자동차에 동력을 공급할 수 있다. 연료 전지는 현재 발전소와 자동차에 사용되고 있는 화석 연료와 핵 기술보다 많은 장점을 갖는다. 그 하나는 연료 전지는 스모그를 발생시키거나 건강에 문제를 일으키는 오염 물질을 방출하지 않는다. 이들은 오직 수증기만을 방출한다. 비록 수증기가 온실 기체일지라도, 이 기체는 이산화탄소보다는 환경에 대한 위협이 더 적은 것으로 여겨진다. 수소는 물과 다른 일반 물질을 이루는 풍부한 구성 요소로 거의 무한정 사용할 수 있다.

4) 전기는 자동차에 동력을 제공하는 배터리를 충전하는 데 사용된다.

수소 경제(hydrogen economy) 전기로써 물을 수소와 산소로 분해한 다음에 수소를 연료로 사용하는 에너지 경제

연료 전지(fuel cell) 수소와 같은 연료를 외부에서 공급하여 전기를 생산하는 전기화학적 에너지 변환 장치

핵연료(nuclear fuel) 우라늄과 같은 방사성 원소로 핵 원자로에서 전기를 생산하는 데 사용된다.

5.8 에너지 자원: 핵연료와 원자로

핵연료(nuclear fuel)는 핵반응을 통해 열을 생산하는 방사성 동위원소다. 이때 생성된 열은 원자로에서 전기를 생산하는 데 이용된다. 우라늄은 가장 일반적으로 사용되는 핵연료다. 비록 우라늄은 풍부할지라도, 이들 에너지 자원은 광물 자원처럼 재생이 불가능하다.

핵연료의 채광, 가공 처리 및 사용의 각 단계에서 방사성 폐기물이 배출된다. 채광 과정에서 버려진 광산 폐기물은 방사능을 포함하고 있다. 광석이 농축되면 방사성 폐기물을 추가적으로 생산해낸다. 우라늄 핵이 원자로에서 핵분열이 일으킬 때 우라늄은 두 개의 쓸모없는 방사성 핵으로 쪼개지며, 이들은 반드시 버려져야만 한다. 수개월 후에 반응로 내에 있는 연료 봉 내의 유용한 우라늄의 농도는 연료 펠릿이 더 이상 쓸모가 없을 때까지 낮아진다. 몇몇 나라에서는 이들 펠릿은 유용한 우라늄 연료를 회수하기 위해 재처리되지만, 미국에서는 재처리 과정을 경제성이 없다고 판단해 펠릿은 방사성 폐기물로 폐기된다.

1970년대 초에 원자력 발전 산업은 빠르게 성장하였으며, 많은 에너지 전문가들은 원자력 에너지가 전기 에너지 생산을 주도할 것으로 예측하였다. 심지어 몇몇 전문가들은 전력은 "너무 싸서 계량기로 측정할 수 없게" 될 것이라

고 말했다. 이들 예측은 실현되지 않았다. 4가지 요소가 원자력 발전 산업의 감퇴를 이끌었기 때문이다. (1) 미국에서 새로운 원자로를 건설하는 데 너무 경비가 많이 들어서 원자력 발전소에서 생산하는 전기가 석탄 화력 발전소에서 생산하는 전기보다 더 비싸졌다. (2) 미국 스리 마일 섬(Three Mile Island)과 우크라이나 체르노빌 원자력 발전소의 대폭발 사건 이후 사람들은 안정성에 관심을 갖게 되었다. (3) 핵폐기물의 안전한 처리에 관한 심각한 우려가 남아 있다. (4) 지난 30년 동안의 전력 수요는 기대했던 것보다 낮은 증가율을 보였다. 그 결과 원자력 발전 산업의 성장은 거의 멈추었다. 1974년 이후 계획된 많은 원자력 발전소 건설이 취소되었으며, 거의 30년 전인 1981년 이후 미국에서는 어떠한 새로운 원자력 발전소 건설 주문이 없다. 이러한 극적인 전환은 재계에서 심각한 격론을 초래하는 원인이 되고 있다. 1985년 경제 전문지 〈포브스(*Forbes*)〉에서 미국의 원자력 발전 프로그램은 "1조 $의 낭비된 투자와 주식 투자자의 100억 $의 직접 손실과 함께 미국의 경제 역사에서 가장 큰 경영상 참사"라고 했다.

세계의 다른 나라에서는 원자력 발전량은 2003~2004년 사이에 생산 용량의 2 %가 증가하였으며, 이는 지금까지 달성한 가장 높은 성장률이었다. 원자력 발전소는 지금도 인도, 일본 및 중국을 포함하여 몇몇 나라에서 건설 중이다. 어떤 나라에서는 오래된 원자력 발전소의 운행을 중단하고 다른 형태의 전력으로 대체하고 있는 사이에 많은 나라는 새로운 핵 발전 원자로를 다가오는 몇 년 내에 건설할 계획을 갖고 있다.

오늘날 연료 가격의 상승과 함께 미국의 정책 입안자들은 원자력 발전 선택은 재고되어야 한다고 제안하고 있다. 그러나 이와 동시에 풍력과 태양열과 같은 대체 에너지 자원이 적극적으로 개발되고 있다.

5.9 대체 에너지 자원으로서 절약

에너지 소비를 줄이고 화석 연료의 사용 기간을 늘리는 데 가장 빠르고 가장 효과적인 단순한 방법은 에너지를 절약하는 것이다(그림 5.21 참조). 에너지 효율을 향상시키는 정책은 새로운 발전소를 짓는 것보다 한층 더 비용 효율이 높다. 이러한 정책들은 대기 오염과 석유 수입에 대한 의존도를 줄이고 소비자와 경영자가 돈을 절약하는 데 도움을 준다.

에너지 절약은 이미 에너지 소비가 지난 30년 동안 국내총생산의 1 $당 47 %가 줄어든 미국에서 극적인 성과를 거두었다. 전체 연료 소비는 계속 증가하고 있지만 지속적인 개선에는 많은 여지가 있다. 일부 에너지 전문가들은 만약 산업화된 나라의 사람들이 더욱 효율적인 장비를 사용하고 더욱 효율적인 습관을 개발한다면 소비하는 에너지의 절반 정도는 절약할 수 있다고 말한다.

미국에서 에너지 사용은 건물, 산업, 수송의 3가지 범주로 나뉜다. 다음 2가지 형태의 절약 전략이 이들 범주 각각에 적용될 수 있다. 기술적인 해결책은 더욱 효율적인 방법으로의 전환과 밀접하게 관계된다. 사회적인 해결책은 현재 있는 에너지시스템을 더욱 효율적으로 사용하려는 결단력과 밀접하게 관계된다.

기술적인 해결책

건물

주거 및 상업용 건물은 미국에서 생산되는 모든 에너지의 약 39 %를 소비한다. 이 에너지의 대부분은 난방, 공기조절 및 조명에 사용된다. 가정과 사무용 건물 설계에 에너지 효율을 계산하여 넣거나 또는 에너지 낭비를 줄이기 위해 현 구조를 변경하는 것은 건물의 수명이 다하는 동안 에너지 경비에서 수천 $를 절약할 수 있다.

건물에서의 에너지 소비는 모든 관점에서 상당히 많이 절약할 수 있다. 한 예로 미국에서 생산되는 전력의 약 22 %는 조명하는 데 사용된다. 백열등 조명은 에너지 소비에 있어서 약 95 %가 비효율적이기 때문에 이 영역 하나만의 절약도 잠정적으로 막대하다. 형광등은 백열등에 비해 1/4 정도의 에너지를 소비한다(그림 5.21). 형광등은 개당 약 5 $가 더 들지만 백열등보다 10배 이상 수명이 더 길며, 에너지 절약에 있어서는 전구 값의 3배와 맞먹는다. 또한 고

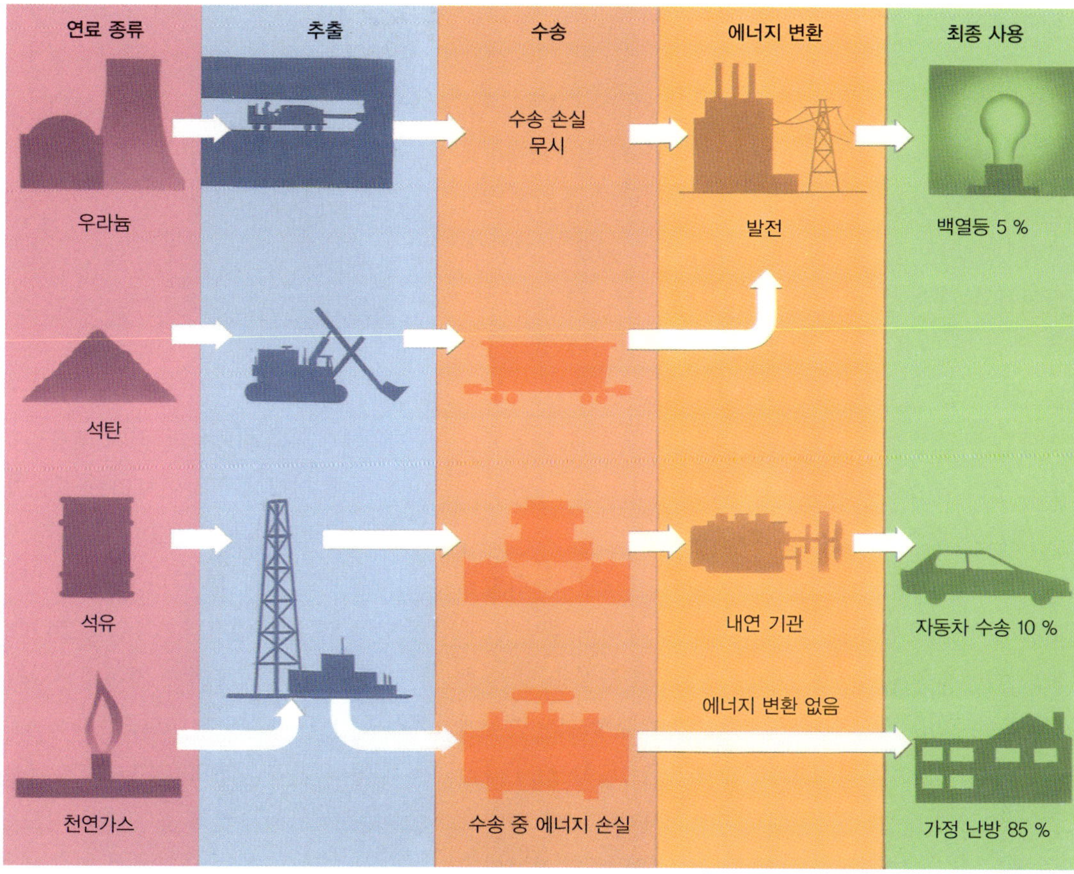

그림 5.21 일반 에너지 소비시스템의 최종 사용 효율. 가정 난방은 심지어 멀리 떨어진 곳에서도 효율이 높은 유일한 에너지 소비시스템을 나타낸다. 심지어 이곳에서도 15 %가 낭비된다. 백열등 조명은 에너지의 95 %가 낭비된다. 자동차 수송은 90 %의 에너지를 낭비한다.

체 소자를 이용한 새로운 기술은 LED 전구가 가까운 미래에 백열등보다 9배 이상 효율을 높일 것이라는 산업 전문가들의 예측과 함께 에너지 효율이 높은 조명에 있어 한층 더 발전할 것 같다. LED(발광 소자)는 뜨거워지지 않으며, 훨씬 적은 에너지를 소비하며, 일반 백열등보다 훨씬 더 수명이 길다. 비록 이들이 현재 대부분 가정의 용도로는 너무 비싸지만 말이다.

한층 더 효율이 높은 전구로 교체하면 약 120개의 대규모 발전소가 생산하는 전력을 절약할 것이며 매년 연료비와 유지비를 300억 $ 정도 절약할 것이다. LED 조명으로 교체하면 훨씬 더 많이 절약할 것이다.

산업

미국에서 사용되는 에너지의 33 %를 산업에서 소비한다. 일반적으로 절약은 비용 효율이 높으며, 많은 회사들이 에너지를 절약하는 것이 이익이 된다는 사실에 바탕을 두고 실천하고 있다. 미국 환경보호청에 따르면 1996~2005년 중반 사이에 평균 미국 에너지 사용은 매년 GDP의 1 $당 2.1 %씩 감소하였다. 이 기간 동안 에너지 수요량은 증가하였지만 증가한 수요량의 78 %는 증대된 효율로 충족시켰다.

예를 들면 산업에서 소비되는 전력의 약 70 %－미국에서 생산되는 전체 전력의 절반－는 기계류와 연장용 전동기를 작동시키는 데 사용된다. 대부분의 전동기는 최고 속력에서만 돌아가고, 적당한 속력으로 움직여서 업무를 수행하기 위해서는 브레이크로 속력을 낮춰야 하기 때문에 효율이 낮다. 이러한 방식은 사람들이 가속 페달을 최대로 밟은 다음에 브레이크로 속력을 조절하여 자동차를 운전하는 것과 비슷하다. 낡은 전동기를 가변 속력 전동기로 교체하는 것은 150개의 대규모 발전소에서 생산하는 전력량과 맞먹는 전력량을 절약할 것이다. 그러나 이러한 교체는 느

© MOPIC/SHUTTERSTOCK

리게 이루어지고 있다.

수송

미국에서 사용되는 모든 에너지의 28 %와 석유의 50 % 이상은 사람과 상품을 수송하는 데 소비되며(그림 5.22), 이로부터 방출되는 탄소는 미국 탄소 배출의 1/3을 차지한다.

자동차와 트럭 엔진의 효율은 약 10 %다(그림 5.21). 따라서 한층 더 효율이 높은 자동차와 트럭을 이용함으로써 많은 에너지를 절약할 수 있다. 지난 수십 년 동안 자동차 제조사들은 점점 효율이 높은 내연 기관을 갖춘 자동차를 내놓고 있다. 자동차 회사들이 개발하고 있는 다른 동력 수단은 전기와 수소 동력을 포함하고 있다.

하이브리드 자동차(hybrid car)는 구동 전동기와 휘발유 엔진을 같이 사용한다. 하이브리드 차는 재래식 휘발유 엔진보다 휘발유를 덜 사용하고 마일당 오염 물질을 덜 배출한다. 하이브리드 자동차의 최근 모델은 제작사와 연식에 따라 1 gal당 82/77 km(일반도로/고속도로)에서 50/43 km 범위의 연료 효율을 달성하였다. 혼다 시빅(Civic) 하이브리드 자동차는 일반 휘발유 엔진을 장착한 같은 차보다 1 gal당 16~24 km를 더 운행할 수 있다. 토요타의 프리우스(Prius) 하이브리드 차는 해로운 배출 가스를 동급의 휘발유 엔진보다 90 % 더 적게 배출한다.

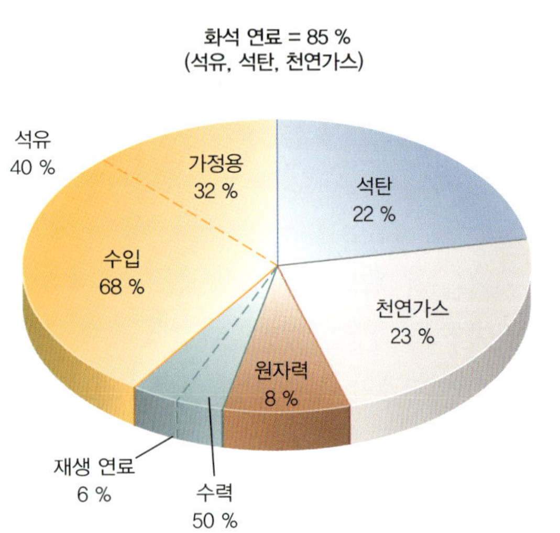

ENERGY INFORMATION ADMINISTRATION/ANNUAL ENERGY REVIEW 2004

그림 5.22 2008년에 미국에서 사용되는 모든 에너지의 85 %를 화석 연료가 공급하였다. 석유 단독으로는 40 %, 천연가스가 23 %, 그리고 석탄이 22 %를 차지하였다.

현재 시장에서 하이브리드 자동차는 재래식 휘발유 엔진을 장착한 동급의 차보다 1대당 3,500 $에서 6,000 $ 이상 차량 구입비가 더 든다. 따라서 만약 휘발유 가격을 1 gal당 2.50 $로 매긴다면 1년에 24,000 km를 운행하는 일반 운전자가 하이브리드 자동차의 높은 가격을 상환하는 데 5~10년이 걸릴 것이다. 추가적으로 하이브리드 자동차의 배터리 가격은 1,000~3,000 $ 정도다. 보증 기간 동안 하이브리드 배터리를 잘 관리하여도 보증 기간이 일단 만료되어 배터리를 교체하려면 비용이 오를 수 있다.

하이브리드 자동차와 그 밖의 연비가 좋은 자동차를 이용함으로써 미국 자동차 운전자들은 연료 경제에서 50 % 또는 그 이상의 증대를 달성할 수 있다. 이 증대는 매일 300만 bbl의 석유–약 석유 수입의 1/3–를 절약할 수 있다.

사회적인 해결책

사회적인 해결책은 에너지를 절약하는 사람들의 생활양식의 전환을 포함한다. 에너지 절약 행동은 건물, 산업 및 수송에서 이루어질 수 있다. 어떤 행동은 개인들에게는 불편함을 초래한다. 예를 들면 만약 사람들이 자기 개인차를 운행하는 것보다 카풀제(합승 이용)를 선택한다면 연료를 절약할 수 있으나 개인적인 계획을 카풀 차에 합승한 사람들과 조정함으로써 불편해진다.

© STEPHEN FINN/SHUTTERSTOCK

연비가 나쁜 대형 스포츠 범용차와 픽업트럭에 대한 미국

인들의 전국적인 선호도는 미국 내의 모든 자동차와 경트럭의 평균 연비가 1987년에 1 gal당 42 km에서 2003년에는 1 gal당 40 km로 낮아지는 결과를 초래하였다.

앞에서 설명한 것처럼 연비가 높은 차들이 시장에 나와 있지만 사람들이 이들을 사용하려는 사회적인 결정을 내려야만 비로소 이들 자동차는 영향을 미칠 것이다. 사람들은 이러한 사회적 결정은 희생을 수반한다고 논쟁을 벌인다. 왜냐하면 경차들은 사고가 날 경우 운전자와 승객을 한층 더 위험에 노출시키기 때문이다. 그러나 조사 결과 방향 전환 능력이 뛰어나고 효율이 높은 브레이크를 장착한 가볍고, 기민한 자동차가 실제로 육중한 SUV보다 더 안전하다는 것이 밝혀졌다.

가정과 작업장에서 겨울철에 스웨터를 입어 자동 온도 조절 장치의 온도를 낮추고, 여름철에 공기 조절 장치를 덜 사용함으로써 쾌감 한계는 줄지만 상당한 에너지를 절약할 수 있다. 많은 다른 사회적인 해결책들은 불편할 뿐 비용은 들지 않는다.

여러분이 방을 비울 때 단순히 전구, 텔레비전 및 그 밖의 전기 제품의 전원을 끄는 것만으로도 많은 양의 에너지를 절약할 수 있다.

5.10 21세기의 에너지

미국은 전 세계 기름의 25 %를 소비함에도 불구하고 알려진 매장량의 겨우 3 %만을 소유하고 있다. 2007년에 화석 연료는 미국에서 사용되는 모든 에너지의 85 %를 공급하였다. 석유 단독으로는 40 %, 천연가스가 23 % 그리고 석탄이 22 %를 차지하였다(그림 5.22). 따라서 석유는 인류의 주요 에너지 자원이다. 또한 석유는 현재 대중적으로 사용하고 있는 에너지 자원 중 유일하게 휴대할 수 있다. 이리하여 석유는 미국에서 수송에 있어서 주된 에너지 자원이 되고 있다. 현 소비율로 사용한다면 미국 내 석탄 매장량은 200년 이상 사용할 수 있으며, 천연가스의 매장량은 적어도 수십 년간 사용할 수 있다. 그러나 석유는 사정이 다르다.

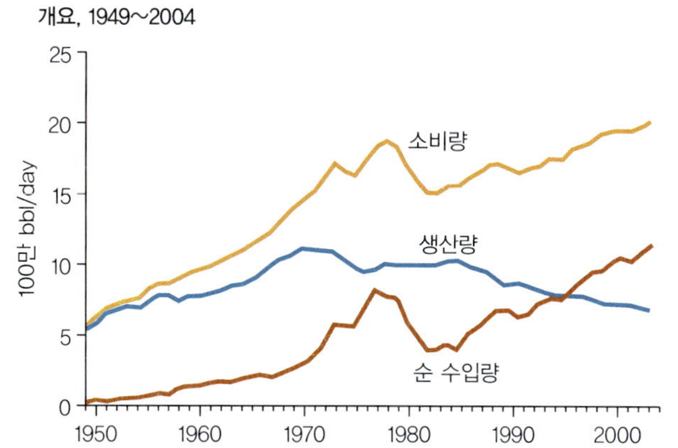

그림 5.23 1950년 이래 미국의 석유 수입, 생산 및 소비. 석유 수입에 대한 미국의 의존도는 킹 허버트가 예측한 것처럼 1971년 이래 끊임없이 증가하였다.

1956년 미국 텍사스 주 휴스턴에 있는 셸(Shell) 연구소에 근무하는 지질학자 매리언 킹 허버트(Marion King Hubbert, 1903~1989)는 미국 국내 석유 매장량을 현재와 예측한 석유 소비율과 비교하였다. 그 다음에 그는 미국의 석유 생산량은 1970년대 초기에 절정에 달하며 그 이후로 계속해서 감소할 것으로 예상하였다. 그는 미국인들은 국내 석유 공급과 점점 수입에 많이 의존하는 소비 형태 사이에서 계속 벌어지는 차이를 보충하거나 다른 에너지 자원으로 전환해야 한다는 것을 예고하였다.[5] 다른 전문가들과 경제학자들은 비웃었지만 1970년 미국의 국내 석유 생산량은 최대에 달하였으며 그 이후 생산량은 서서히 감소하고 있다.

2009년 미국은 전 세계 석유 생산에서 3위를 차지하였다. 여기서 사우디아라비아가 1위며 러시아가 2위다. 그러나 미국의 석유 소비는 1970년의 석유 소비보다 더 높고, 생산은 더 낮기 때문에 미국은 석유의 거의 70 %를 수입하였다(그림 5.23). 외국 석유에 대한 이와 같은 높은 의존도 때문에 미국 에너지 미래는 전 세계 에너지 미래와 밀접하게 연결되어 있다. 1971년에 허버트는 전 세계 석유 생산은 1995~2000년 사이에 절정에 달할 것이며, 2020~2030년 사이에 전 세계 석유 공급의 90 %가 고갈될 것이라고

5) M. King Hubbert, *Nuclear Energy and the Fossil Fuels*, Publication No. 95, Shell Development Company (June 1956); available online at http://www.hubbertpeak.com/hubbert/1956/1956.pdf.

예측하였다.[6)]

2008년 원유 가격은 1 bbl당 거의 120 $로 상승하였다. 많은 사람들은 이 가격이 생산자들을 자극하여 생산을 증대시킴으로써 수요에 반응하기를 원하였다. 그러나 멕시코, 러시아 및 사우디아라비아와 같은 몇몇 대형 석유 생산국들은 생산 원가와 경비를 언급하면서 실제로 이들의 석유 생산을 줄였다. 동시에 이란과 이라크의 분규 때문에 석유수출국기구(OPEC)의 석유 생산도 추정된 것보다 낮아 유가 상승에 한층 더 기여하였다. 2009년 석유 가격은 주로 2008년 후반에서 2009년의 전 세계적인 경제적 침체 때문에 bbl당 65~75 $ 사이에서 안정화 되었다.

전 세계 석유 생산이 수요 이하로 떨어진다면 실제로 어떤 일이 일어날까? 우선, 모든 유정이 갑자기 고갈되는 동시에 석유가 하루아침에 바닥을 드러내지는 않을 것이다. 공급이 감소하고 수요가 증가함에 따라 연료의 가격은 상승하고 함유셰일과 역청사암으로부터의 석유 생산이 증가할 것이다. 몇몇 경제학자들과 지질학자들은 근년에 경험한 휘발유 가격 폭등은 전 세계적인 석유 매장량의 감소로부터 야기된 가격 붕괴의 첫 번째 파동이며 훨씬 더 큰 혼란이 급박하게 일어날 것이라고 암시하였다.

사람들이 원하는 만큼의 연료를 공급할 수 없으므로 전에는 실행하지 않던 사회 및 기술적인 절약 전략이 이행될 것이다. 그러나 만약 이러한 절약이 충분하지 않으면 석유 가격은 계속 상승할 것이다. 많은 경제학자들은 가격은 단적으로 상승할 것으로 예상하였다. 이것은 절약의 한계 효과의 한 예다. 잠재적인 공급이 수급보다 더 큰 동안에는 석유의 가격은 주로 시추, 수송, 정제에 소요되는 경비를 반영한다. 그러나 공급보다 수요가 더 큰 한계를 넘는 순간에 부자들이 가난한 사람들보다 가격을 비싸게 매기는 경매가 일어난다.

전 세계적인 에너지 생산을 화석 연료 경제에서 재생 가능 자원 경제로의 전환이 가능할까? 2001년에 UN의 IPCC는 화석 연료 사용의 현저한 감소는 재생 가능한 '기술'로 가능하다는 결론을 내렸다. "이 기술은 오늘날 운전 또는 시험 공장 단계 내에 … 어떤 과감한 기술적인 큰 발전 없이도 존재한다."[7)] 바꾸어 말하면 IPCC는 만약 5.7절에 열거된 모든 재생 가능 에너지 자원을 활발히 개발한다면, 세계적인 경제시스템은 큰 혼란 없이 석유 생산의 급격한 감소를 흡수할 수 있다는 것을 제시하였다. 1년 후에 탁월한 에너지 전문가 18명은 〈사이언스(*Science*)〉 지에 논박 글을 발표하였으며, 정확히 반대되는 결론을 제시하였다. 이들은 단순히 단어 '아니다(not)'를 추가한 거의 동일한 문구를 사용하여 "현 세계 전력 소비의 100~300 %를 화석 연료와 온실 기체의 배출 없이 생산할 수 있는 에너지 자원은 없다"라고 주장하였다.[8)] 이들의 기본적인 반론은 세계적인 에너지 소비는 막대하고 재생 가능한 자원은 낮은 전력 밀도를 갖는다는 것이다. 따라서 사람들은 활용할 수 있는 대지를 갖고 있지 않으며, 또한 화석 연료를 대체하기 위해 필요한 기반을 빠르게 건설할 수도 없다. 이러한 논쟁은 재생 가능한 자원의 지속적인 개발과 연구에도 불구하고 계속되고 있다.

만약 전문가들이 동의하지 않을 때에는 아마추어가 정반대 주장의 장점을 평가하기는 어렵다. 그러나 누가 옳다 하더라도 만약 세계적인 에너지 수요가 공급을 아주 크게 초과하면 세계는 전에 없던 새로운 경제적인 혼란 속에 빠질 것은 분명하다. 경제는 상상할 수 없는 불황으로 빠져들 것이다. 식료품 공급은 줄어들어 식료품이 비싸게 유통될 것이다. 이미 영양실조의 끝자락에 있는 가난한 사람들은 굶어죽을 것이다. 우리는 다만 이들 대참사가 현실화되기 전에 사람들의 지혜가 대체 에너지 자원을 개발하기 위해 경제적이고 정치적인 책무와 협력하기를 바랄 뿐이다.

6) M. King Hubbert, "The Energy Resources of the Earth," in *Energy and Power*, a Scientific American Book(San Francisco: W. H. Freeman, 1971), 31–40; available online at 〈http://www.hubbertpeak.com/Hubbert/energypower〉.

7) Bert Metz, Ogunlade Davidson, Rob Swart, and Jiahua Pan, Eds., *Climate Change 2001: Mitigation*(New York: Cambridge University Press, 2001), 8.

8) Martin I. Hoffert, Ken Caldeira, Gregory Benford, David R. Criswell, Christopher Green, Howard Herzog, et al., "Advanced Technology Paths to Global Climate Stability: Energy for a Greenhouse Planet," *Science* 298(November 1, 2002), 981–987.

요약

5.1 광물 자원

유용한 암석과 광물을 광물 자원이라고 한다. 이들은 비금속 광물 자원과 금속 광물 자원 모두를 포함한다. 모든 광물 자원은 재생이 불가능한 자원이다. 광석은 하나 또는 그 이상의 광물들이 채굴되어 이윤을 낼 수 있을 정도로 충분히 농축된 암석이다. 지질학자들은 일반적으로 금속 광물 광상을 나타낼 때 광석이라는 용어를 사용한다.

5.2 광석과 광상

4가지 형태의 지질 과정이 원소를 농축시켜 광상을 생성한다. (1) 화성작용은 마그마가 화성암으로 고화될 때 광상이 생성된다. (2) 열수작용은 뜨거운 열수로부터 금속을 운반하고 침전시킨다. (3) 퇴적작용은 사광상, 증발 광상, 층상 철광층을 생성한다. (4) 풍화작용은 암석과 광물에서 쉽게 녹을 수 있는 원소들을 제거하고 보크사이트와 같은 풍화 잔류 광상을 형성한다.

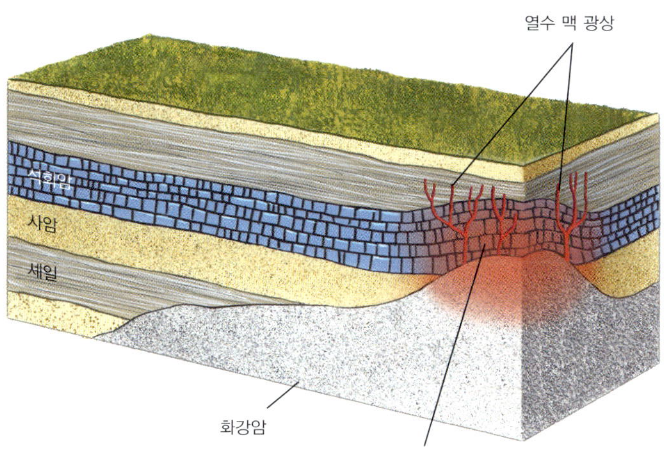

그림 5.3 뜨거운 열수는 모암으로부터 금속 성분을 녹여내어 광석이 풍부한 암맥 내에 금속 광물 침전시켜 기반암 내에 있는 균열을 채운다. 이 열수 용액은 또한 암맥을 둘러싸고 있는 커다란 암석 내에 널리 퍼져 있는 품위가 낮은 금속 광석을 침전시킨다.

5.3 광물 매장량

광물 매장량은 지하에 부존된 광석의 알려진 양이다.

5.4 광산과 광업

금속 광석과 석탄은 지하 광산과 노천 광산에서 채굴된다.

5.5 에너지 자원: 석탄, 석유, 천연가스

화석 연료는 중요한 에너지 자원으로 석탄, 석유 및 천연가스 등이 있다. 화석 연료는 재생이 불가능하며 재활용이 안 된다. 식물 물질이 분해되어 토탄이 생성된다. 토탄이 깊이 묻힌 후 높은 열과 압력을 받으면 석탄으로 변환된다. 석유는 해저 밑바닥이나 또는 호수 바닥에 가라앉은 생물들의 잔류물로부터 생성되며, 근원암 내로 스며들어 간다. 유기 물질이 깊이 묻힌 후 열을 받으면 액체 상태의 기름으로 전환된다. 그런 다음에 석유는 집유장이 석유를 보유하고 있는 저류암으로 이동한다. 천연가스는 근원암 또는 저류암에서 높은 열을 받으면 생성된다. 따라서 많은 저류암은 기름과 무거운 액체 상태의 석유 위에 떠 있는 천연가스와의 혼합물을 포함한다.

그림 5.8 미국 유타 주 빙햄캐니언에 있는 노천 구리 광상은 지구 상에서 사람이 만든 가장 큰 굴착 갱이다. 굴착 갱의 지름은 4 km이고 깊이는 0.8 km이다.

5.6 에너지 자원: 역청사암과 함유셰일

2차 및 3차 회수 기술로써 폐유정과 역청사암 및 함유셰일에서 추가적으로 석유를 추출할 수 있다.

5.7 에너지 자원: 재생 가능한 에너지

태양, 바람, 지열, 수력 발전 및 바이오매스 연료는 재생 가능한 에너지 자원이다.

5.8 에너지 자원: 핵연료와 원자로

원자력 발전은 값이 비싸며, 안정성에 관한 문제와 핵폐기물의 처리는 미국에서 원자력 발전의 장래 전망을 어둡게 했다. 광물 자원과 같이 핵연료는 재생 불가능하다. 비록 우라늄은 풍부하지만 말이다. 별로 비싸지 않은 우라늄 광석은 1세기 또는 그 이상 이용이 가능할 수 있다.

5.9 대체 에너지 자원으로서 절약

에너지 소비를 줄이고 화석 연료의 이용 가능성을 연장할 수 있는 가장 빠르고 가장 효과적인 유일한 방법은 절약이다.

5.10 21세기의 에너지

대체 에너지 자원은 현재 에너지 수요의 작은 부분을 담당하고 있지만 풍부한 재생 가능한 에너지를 공급할 잠재력을 가지고 있다.

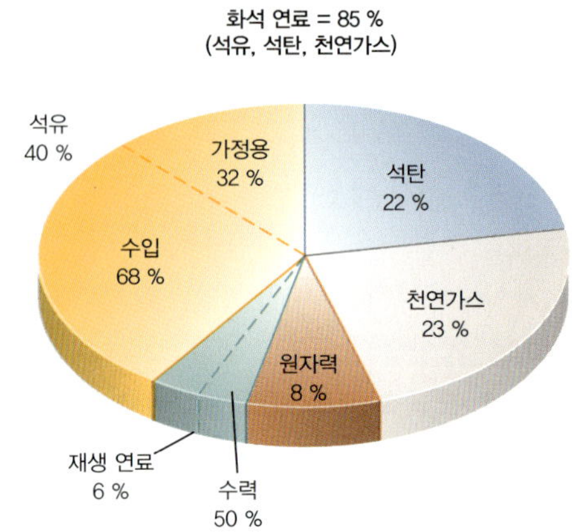

ENERGY INFORMATION ADMINISTRATION/ANNUAL ENERGY REVIEW 2004

그림 5.22 2008년에 미국에서 사용되는 모든 에너지의 85 %를 화석 연료가 공급하였다. 석유 단독으로는 40 %, 천연가스가 23 %, 그리고 석탄이 22 %를 차지하였다.

핵심용어

2차 및 3차 회수 기술 secondary and tertiary recovery techniques (5.5)
결정분화작용 crystal settling (5.2)
광물 매장량 mineral reserves (5.3)
광물 자원 mineral resource (5.0)
광염 광상 disseminated ore deposit (5.2)
근원암 source rock (5.5)
노천 광산 surface mine (5.4)
망가니즈단괴 manganese nodule (5.2)
보크사이트 bauxite (5.2)
비금속 광물 자원 nonmetallic mineral resource (5.1)
사광상 placer deposit (5.2)
석유 petroleum (5.5)
석탄층 메테인 coal bed methane (5.5)
수소 경제 hydrogen economy (5.7)
에너지 자원 energy resource (5.0)
역청 bitumen (5.6)
역청사암 tar sand (5.6)
연료 전지 fuel cell (5.7)
열수 맥 광상 hydrothermal vein deposit (5.2)
열수작용 hydrothermal processe (5.2)
저류암 reservoir (5.5)
지하 광산 underground mine (5.4)
천연가스 natural gas (5.5)
층상 철광층 banded iron formation (5.2)
케로겐 kerogen (5.6)
태양 전지 solar cell (5.7)
풍화 잔류 광상 residual ore deposit (5.2)
함유셰일 oil shale (5.6)
해저 열수 광상 submarine hydrothermal ore deposit (5.2)
핵연료 nuclear fuel (5.8)
화석 연료 fossil fuel (5.5)
화성작용 magmatic processes (5.2)
흑색 열수구 black smoker (5.2)

연습문제

1. 지질 자원의 두 가지 주요 종류를 설명하시오.
2. 재생 가능 자원과 재생 불가능 자원의 차이점을 설명하고 각각의 예를 하나씩 열거하시오.
3. 열수 광상의 생성에 대해 토론하시오.
4. 수소 연료의 유일한 장점을 설명하시오.
5. 광석은 무엇인가? 광물 매장량은 무엇인가? 광물 매장량의 추정치를 변화시킬 수 있는 3가지 요소를 설명하시오.
6. 광상을 정의하고 광상을 만드는 과정들에 대해서 설명하시오.
7. 광물 자원이란 용어를 정의하고 광물 자원의 2가지 범주를 설명하시오.
8. 금속 광물 자원의 몇 가지 예를 드시오.
9. 비금속 광물 자원의 2가지 예를 드시오.
10. 지구 상에서 광물 광석 광상이 생성되는 4가지 방법은 무엇인가?
11. 광물 자원이 지각으로부터 채굴되는 3가지 방법을 설명하시오.
12. 대체 에너지 자원에 대해서 설명하시오.

6장 활동하는 지구: 판구조

시나이 반도와 홍해 북부의 색이 대조를 이루는 위성 사진은 이집트 나일 강 주변 비옥한 계곡과 삼각주의 초록색 식물들을 보여주고 있다. 회색 자국처럼 보이는 카이로 시루부터 나일 강은 부채꼴 모양으로 넓은 삼각주를 이룬다.

JACQUES DESCLOITRES, MODIS RAPID RESPONSE TEAM, NASA/GSFC

판구조(plate tectonics) 암석권이 몇 개의 판으로 나누어져 유동적인 연약권 위를 미끄러지듯이 떠다니며 운동하여 상대적 움직임을 가진다는 전 지구적 구조 이론. 판의 경계부에서 주로 지진과 구조적 활동이 일어난다.

> "우주에 더 이상 나머지 조각은 없다. 모든 조각은 여기에 다 있으며, 어떤 조각이든 직소 퍼즐처럼 맞물려 공간을 채운다."
>
> 디팍 초프라(Deepak Chopra, 1946~)[1)]

약 50억 년 전, 우주에서 수십억 개 중의 하나인 먼지와 가스 덩어리가 천천히 회전하는 회전 원판으로 붕괴되었다. 회전 원판의 안쪽 부분은 우리의 태양으로 성장했고, 반면 바깥 부분은 태양 주변을 도는 행성들을 형성하며 뭉쳤다. 우리 지구는 이들 행성 중 하나다. 중력에 의해 먼지와 가스 입자들이 모여들게 되면서 지구를 형성하기 시작했고, 입자들은 충돌하면서 충격 에너지가 발생함에 따라 점점 더 뜨거워졌다. 시간이 가면서, 얼어 있던 이산화탄소, 메테인 그리고 암모니아 입자들은 녹기 시작했다. 온도가 점점 상승하면서 얼음은 더 잘 녹았다. 젊은 행성은 소행성, 혜성 그리고 다른 공간 내 부스러기들과 표면이 충돌하면서 계속 뜨거워졌다. 응집력이 강한 구형 모양으로 형성된 지구는 내부의 방사성 동위 원소의 붕괴로 추가 열을 생성했다. 약 46억 년 전, 행성은 녹을 수 있을 만큼 충분히 뜨거워졌다. 그때, 외부로부터 충돌은 느려지고 방사성 동위 원소가 붕괴하면서 그 양도 감소하고, 많은 양의 지구 열이 우주 공간으로 방출되어 우리 지구는 차가워지기 시작했다.

오늘날, 지구의 표면은 생명체가 살 수 있을 만큼 차가워졌음에도 불구하고, 내부에는 초기 용융 사건 이후 남은 열과 지속적인 방사성 동위 원소 붕괴에 의한 열이 남아 있다. 그 결과, 지구는 깊어질수록 뜨거워져서 지구 중심부 온도는 태양 표면의 온도와 유사한 약 6,000 ℃다. 이 열은 지구 내부 엔진에 동력을 공급하여 지진, 화산 분출, 조산작용 그리고 대륙과 해양분지가 지속적인 운동을 하게 한다. 결과적으로, 이런 작용들은 우리의 환경인 대기권, 수권, 생물권에 깊은 영향을 준다. 지구의 엔진과 그 영향은 지구의 행동 방식과 지구시스템들이 우리의 환경을 형성하는 데 어떻게 상호작용하는지를 이해하기 위한 통합적인 체계를 제공하는 간단한 이론인 **판구조**(plate tectonics) 이론에 의해 설명된다. 'tectonic'이라는 용어는 그리스어인 'tektonikos'에서 유래했고, '구조(construction)'라는 의미를 가진다.

가장 위대한 과학 혁명처럼, 판구조 이론의 발달은 시간이 흐름에 따라 초기 관찰, 가설 그리고 이론들을 기반으로 순차적으로 발전하였다. 이것은 과학적 이론이 어떻게 진화하고 초기 과학자들의 발견 작업에 어떻게 도움을 주었는지를 보여준다.

6.1 알프레트 베게너와 생각의 기원: 대륙이동설

1960년대까지 판구조 이론이 발달되지 않았지만, 20세기 초 독일의 젊은 과학자 알프레트 베게너(Alfred Lothar Wegener, 1880~1930)는 아프리카와 남아메리카 대륙에서 대서양의 반대편 해안선이 마치 직소 퍼즐의 인접한 조각처럼 잘 맞는 것을 알아내어 판구조 이론의 전조를 보였다(그림 6.1). 그는 해안선의 모양이 잘 맞는 것을 보고 두 대륙은 원래 한 조각이었으나 대서양이 형성되면서 수천 km 이상 떨어져 나간 것으로 인식했다.

베게너가 이것을 최초로 발견한 것은 아니었으나, 그가 추가적인 조사를 계속해나간 최초의 과학자였다. 세계 지도를 연구함에 따라, 베게너는 대서양의 양쪽 해안뿐만 아니라 다른 대륙들도 직소 퍼즐처럼 잘 들어맞는 대륙 조각이 있음을 깨달았다(그림 6.2). 그의 지도에서, 모든 대륙들을

1) 역자 주: 인도 태생 미국 내과의사, 대중 연설가 겸 작가다.

그림 6.1 베게너가 재구성한 지도에서 아프리카와 남아메리카 대륙의 해안선이 직소 퍼즐의 인접한 조각처럼 잘 들어맞음을 볼 수 있다. 붉은색 부분은 남아메리카와 아프리카에서 독특한 암석 유형을 가진 지역을 나타낸다. 갈색 지역들은 대륙들의 실제 가장자리인 대륙붕 지역이다.

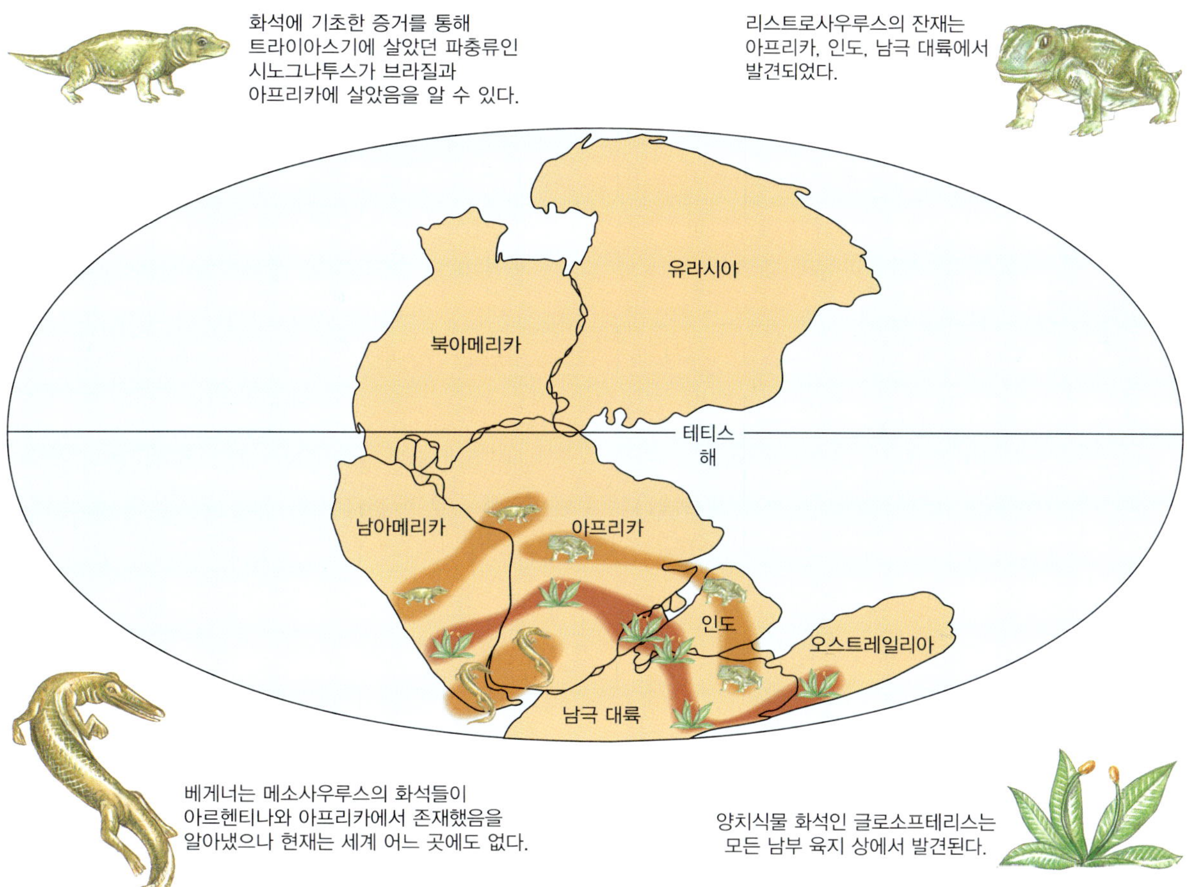

그림 6.2 베게너가 만든 약 3~2억 년 전에 존재했던 판게아라고 불리는 하나의 초대륙을 표현한 지도에 나타난 식물과 동물 화석들의 지리적 분포

판게아(Pangea) 약 3~2억 년 전, 지구의 모든 대륙이 하나로 합쳐졌을 때의 초대륙으로 알프레트 베게너에 의해 처음으로 명명되었다.

로라시아(Laurasia) 판게아의 북쪽 부분으로 현재 북아메리카와 유라시아 대륙으로 구성된다.

곤드와나(Gondwanaland) 판게아의 남쪽 부분으로 현재 남아메리카, 아프리카, 남극 대륙, 인도, 오스트레일리아 대륙으로 구성된다.

대륙이동설(continental drift) 독일 기상학자인 알프레트 베게너가 제안한 이론으로, 지구의 대륙지각이 하나로 합쳐져 있다가 나중에 미끄러지고 이동하여 분리되었다는 가설이다. 대륙이동설은 나중에 더 완벽한 판구조론으로 대치되었다.

잘 조합하면 하나의 초대륙이 형성되는데 그는 그것을 그리스 어원 '모든 땅들'에서 비롯하여 **판게아**(Pangea)라고 불렀다. 판게아의 북쪽 부분을 **로라시아**(Laurasia), 남쪽 부분을 **곤드와나**(Gondwanaland)라고 일컬었다.

베게너는 대륙들이 잘 들어맞는다는 사실 하나만으로 초대륙이 존재했음을 입증하는 것은 아니라고 생각했다. 그는 1910년 추가적인 증거를 조사하기 시작했고 1930년 그가 죽음에 이를 때까지 그 일은 계속되었다.

그는 몇몇 종의 식물과 수영을 잘 할 수 없거나 날지 못하는 동물의 화석들을 지도에 기입하였다. 같은 종의 화석들이 현재의 남극 대륙, 아프리카, 오스트레일리아, 남아메리카, 인도에서 발견되었다. 해양에 의해 수천 km 이상 떨어진 대륙들에서 왜 같은 종이 발견될까? 베게너는 그가 만든 판게아 지도에 화석의 위치를 나타내었을 때, 같은 종의 화석들이 판게아의 같은 지역에서 표현됨을 알아냈다(그림 6.2). 그는 개별 종들이 열린 해양을 이주한 것이라기보다는 초대륙이 분리되기 전인 판게아일 때 진화되고 퍼져 나간 것이라고 제안했다.

퇴적암들 중 확실한 유형들은 분명한 기후대를 형성한다. 예를 들어 빙하기의 빙하와 자갈 침전물들은 찬 기후대를 형성하고 따라서 고위도 지역에서 발견된다. 사암의 경우 사막의 모래 사구 구조를 보존하고 있는데, 사막은 보통 남북위 약 30° 지역에 분포한다. 산호 암초와 석탄 습지는 적도 근처의 열대 기후에서 잘 번창한다. 따라서 이런 암석들은 각각 그것들이 형성된 위도대를 반영한다. 베게너는 2억 5,000만 년 된 빙하 지점을 현재의 대륙이 분포된 지도 위에 나타내었다(그림 6.3(a)). 빙하 지점들이 열대와 아열대 지역에 형성됨을 알 수 있다. 그림 6.3(b)는 베게너의 판게아 지도 위에 같은 빙하 지점들과 다른 기후대를 지시하는 암석들을 보여준다. 이 빙하 무리는 남극 지역을 나타낸다. 다른 암석들 또한 지역적 논리가 잘 들어맞는다.

또한, 베게너는 대서양의 한쪽 연안에서 보기 드문 암석 유형이나 독특한 구조로 연속적으로 나타나는 암석들이 대서양의 다른 쪽에도 동일하게 나타난다는 몇 가지 사례들을 알아내었다. 그가 판게아 지도 위에 암석들을 표시해 보았을 때, 대서양 동쪽의 암석들이 서쪽의 암석들과 대응 관계로 연결되었다(그림 6.1). 예를 들어 남아프리카의 케이프 습곡대의 변형된 암석들은 아르헨티나의 부에노스아이레스 지방에서 발견된 암석들과 유사하다.

하나의 초대륙이 분리되어 현재의 대륙이 형성된다는 베게너의 개념은 **대륙이동설**(continental drift)이라고 불렸다. 그 이론은 매우 혁명적이어서 그 이론을 의심하는 과학자들은 어떻게 대륙이 움직일 수 있는지에 대한 설명을 요구했다. 그들은 대륙이동 메커니즘에 대한 설명을 원했다. 베게너는 무엇이 대륙을 이동시켰는지에 대한 원인보다, 대륙이 이동되었다는 발전적인 증거를 찾는데 집중해 왔다. 결국, 베게너는 그의 이론의 중요한 부분이 무엇이지 나중에 생각한 끝에 두 가지 대체 가능성을 제안하였다. 첫 번째, 배가 물을 밀치면서 나아가듯이 대륙이 대륙지각 사이를 밀치며 나아가는 것이다. 두 번째, 대륙지각이 해양지각 위를 미끄러져 가는 것이다.

물리학자들은 베게너의 2가지 메커니즘이 불가능하다는 것을 빠르게 입증하였다. 해양지각을 통해 대륙지각이 이동하기에는 해양지각이 너무 딱딱하다. 그것은 마치 무거운 타르를 통과하기 위해 성냥개비 배를 미는 것과 같다. 이런 경우, 배 또는 대륙은 파손될 수밖에 없다. 게다가 대륙지각이 해양지각 위를 미끄러져 나가기에는 마찰 저항이 너무나 크다.

이런 결론들은 대부분의 과학자들에게 베게너의 대륙이동설이 틀리다는 것을 입증하는 것으로 받아들여졌다. 그러나 물리학자들의 추정은 단지 베게너가 정확하지 않다는 것을 제안하는 메커니즘만을 입증하였다. 그들은 대륙 조각

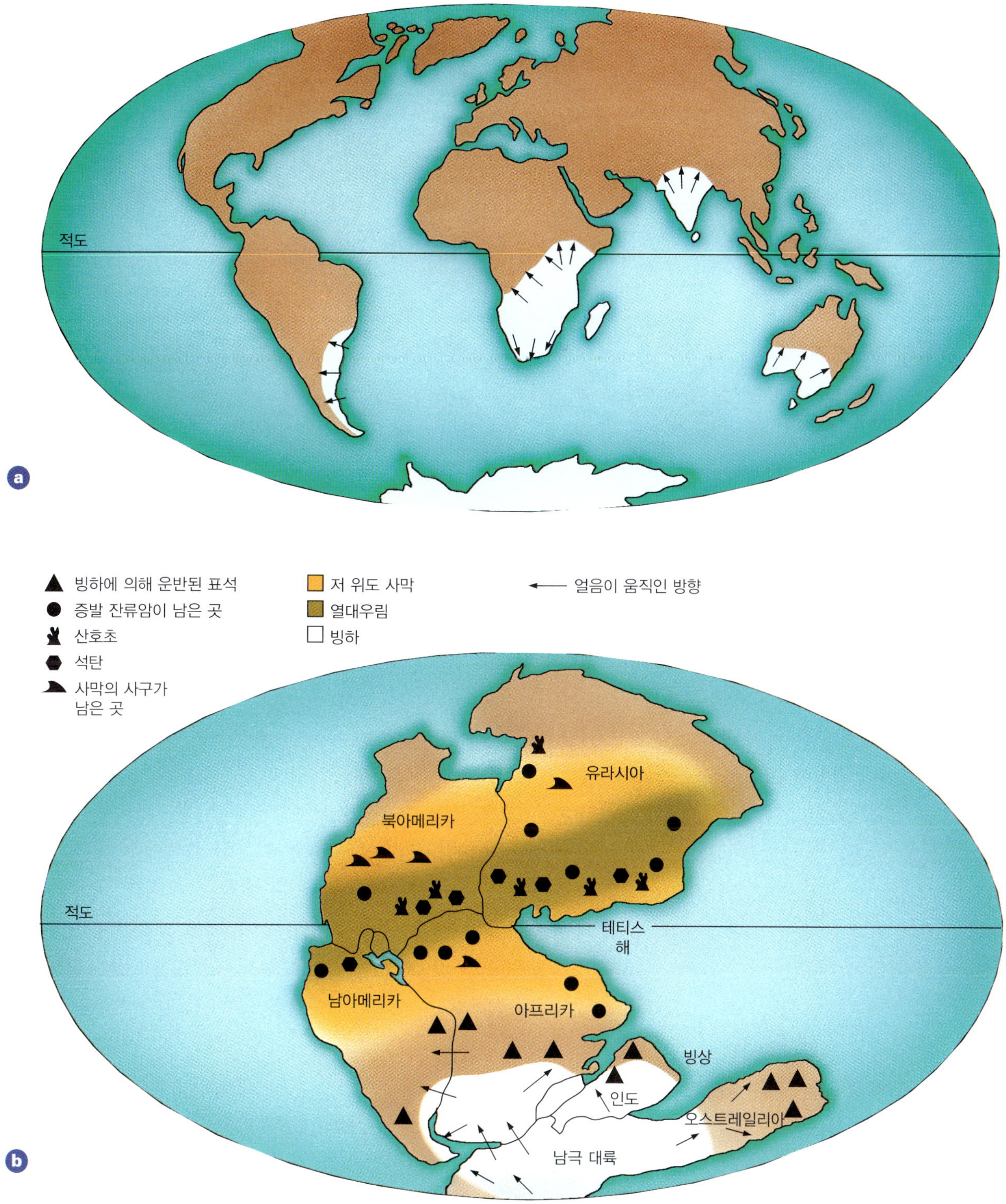

그림 6.3 (a) 25억 년 된 빙하기의 잔재를 현재 대륙의 모습을 보여주는 지도 위에 하얀 부분으로 나타내었다. 검정색 화살표는 13장에 묘사된 빙하 모습의 이동 방향을 나타낸다. (b) 30억 년 된 빙하기의 잔재와 서로 다른 기후대를 나타내는 퇴적암들을 베게너의 판게아 지도 위에 표시했다.

들이 잘 들어맞는다는 확실한 증거에 대해서는 틀렸음을 입증하지 못했고, 고려하지도 못했다.

베게너의 대륙이동설에 대한 반대는 과학 커뮤니티의 모든 면에서 계속되었다. 왜냐하면 베게너는 다른 과학자들의 거부에 대해 그의 가설을 옹호할 수 없었고, 대륙이동설은 잊혀졌다. 1930~1960년 사이의 30년 동안, 몇몇 지질학자들은 대륙이동설을 지지했었지만 대부분 무시되었다.

대륙이동설의 대부분이 현재의 판구조론과 유사하다. 현재의 증거는 대륙지각들이 베게너가 그의 판게아 지도에 묘사했듯이 잘 합쳐진다는 것을 보여준다. 오늘날 대부분의 지질학자들은 베게너의 공헌이 중요함을 인식하고 있다.

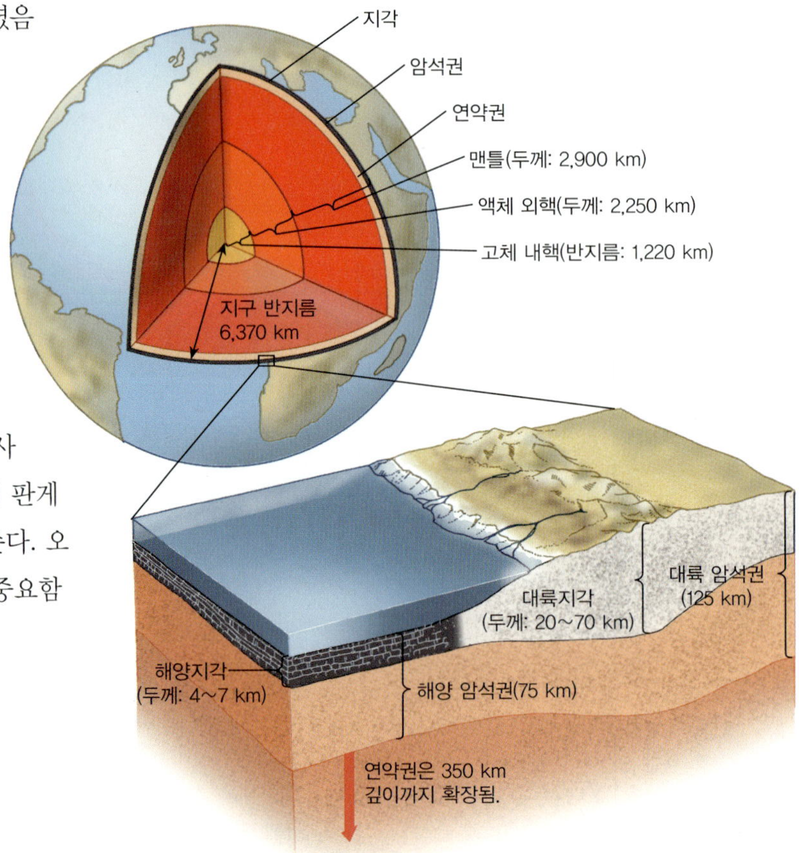

그림 6.4 지구는 층상 구조를 가진 행성이다. 내부는 거의 표면의 층상 구조를 자세히 보기 위한 스케일로 그려져 있다. 암석권의 두께는 해양 아래 75 km에서 대륙 아래 125 km까지 다양하다.

6.2 지구의 층상 구조

지진이 발생하면 에너지는 지진파의 형태로 방출된다. 베게너가 죽은 뒤 그의 이론은 거의 잊혔고, 지질학자들은 지구를 통과하는 파가 어떤 특정 깊이에서 갑자기 속도와 방향을 바꾼다는 것을 발견했다. 그들은 곧 이러한 변화를 통해 지구가 층상 구조를 가지는 행성이라는 것을 깨달았다. 그림 6.4와 표 6.1은 층상 구조를 묘사하고 있다. 판구조이론을 학습하기 전에 지구의 층상 구조를 이해하는 것은 필수적이다.

지각

지각은 가장 바깥쪽의 가장 얇은 층이다. 지각은 아래의 다른 층보다 상대적으로 차갑기 때문에 단단하고, 견고한 암석으로 구성된다(그림 6.4). 해양 아래의 지각은 대륙 아래의 지각과 다르다.

해양지각은 4~7 km 정도의 두께이고 대부분 어둡고, 밀도가 큰 현무암으로 구성된다. 대조적으로 대륙지각은 산 아래의 두께는 약 70 km인 곳도 있지만 평균 두께는 약 20~40 km 정도다. 대륙지각은 주로 현무암보다 밀도가 낮은 밝은 색을 띠는 화강암으로 구성된다.

맨틀

맨틀은 지각 바로 아래에 위치한다. 맨틀의 두께는 약 2,900 km 정도이고 지구 부피의 80 % 정도를 차지한다. 맨틀은 주로 지각을 이루는 현무암과 화강암보다 밀도 높은 암석인 감람암으로 구성된다.

화학적 구성 요소가 전체 맨틀을 통해 기본적으로 균일할지라도, 온도와 압력은 깊이에 따라 증가한다. 그림 6.5(a)

표 6.1 지구의 층상 구조

층		조성	깊이	특성
지각	해양지각	현무암	4~7 km	차고 단단하고 강함
	대륙지각	화강암	20~70 km	차고 단단하고 강함
암석권	지각과 맨틀의 최상부	다양; 지각과 맨틀은 서로 조성이 다름	75~125 km	차고 단단하고 강함
	연약권		~350 km	뜨겁고 약함. 1~2 % 정도는 용융상태
맨틀(암석권의 일부인 최상부 맨틀 제외)	상부 맨틀의 나머지 부분	유동적인 초염기성암으로 맨틀 전체에 걸쳐 주로 감람암; 깊이에 따라 다양한 광물 조성	350~660 km	고온, 고압을 받음. 역학적으로 강함
	하부 맨틀		660~2,900 km	고압을 받아 상부 맨틀과 광물 조성이 다름
핵	외핵	철과 니켈	2,900~5,150 km	액체
	내핵	철과 니켈	5,150 km~지구 중심까지	고체

는 맨틀 상부의 온도가 거의 1,000 ℃이고, 맨틀과 핵 경계 부분은 약 3,300 ℃임을 보여주고 있다. 이런 변화는 깊이에 따라 맨틀 암석의 강도가 다양하고 맨틀 내에 강도가 다른 암석의 층상 구조를 만든다. 그림 6.5(b)는 내부 압력 또한 깊이에 따라 증가함을 보여준다.

여기서 암석은 온도와 압력의 영향을 받는다는 사실을 이해하는 것이 매우 중요하다. 대부분의 사람들은 온도가 상승하면 암석을 녹일 수도 있다는 사실을 이해하고 있다. 하지만 명백하지는 않으나 압력이 높아지면 용융작용이 억제되는 것도 사실이다. 암석은 녹으면서 약 10 % 정도 팽창

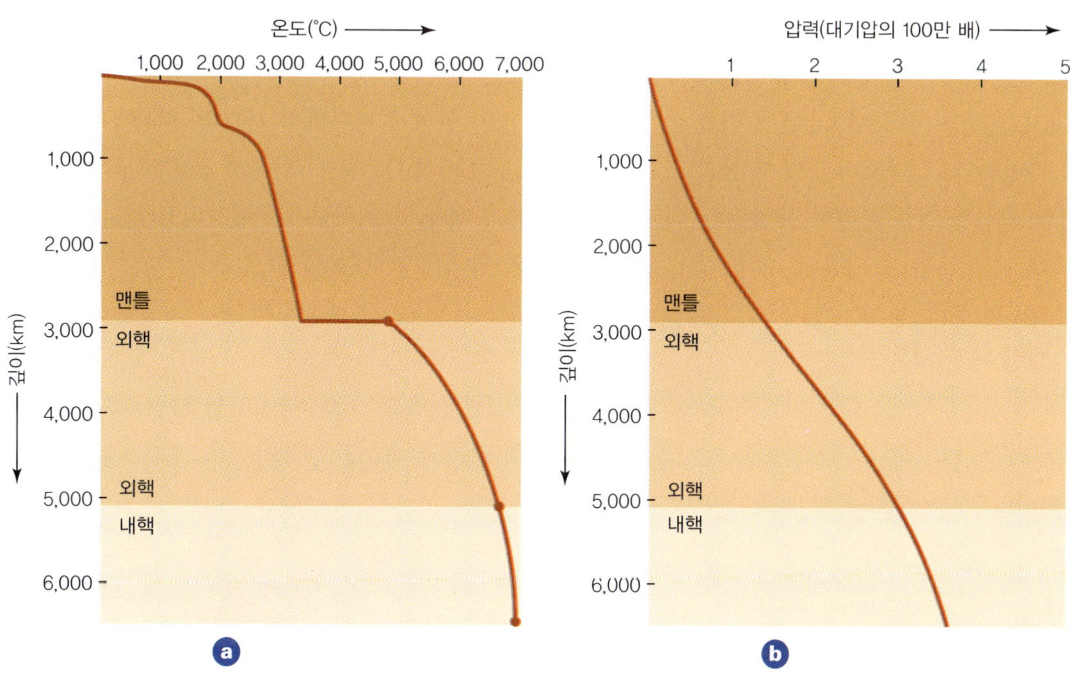

그림 6.5 (a) 지구의 내부 온도는 깊이에 따라 증가한다. 지구 중심부의 온도는 태양의 표면보다 뜨거운 7,000 ℃에 가깝다. 참고로 초콜릿 케이크를 굽기 위한 온도는 약 175 ℃ 정도이고 철이 녹는 온도는 746 ℃다. (b) 온도와는 달리 지구 내부 압력은 깊이에 따라 거의 선형으로 증가한다.

연약권(asthenosphere) 암석권 바로 아래 맨틀 상부로, 지표면 아래로 약 100~350 km 정도의 깊이에 존재하고 마그마를 형성하는 약하고 유동성 있는 암석으로 구성된다.

하는데 압력이 높아지면 암석이 팽창하기 어려워지고, 따라서 용융작용이 방해를 받는다. 만약 암석의 녹는점에 거의 가까운 온도와 압력－하지만 약간 낮은－의 영향이 함께 작용하게 되면, 암석은 강도는 약하지만 고체 상태로 남게 되고 따라서 약하고 유동성을 띠게 된다. 따라서 암석은 아주 더운 날의 길 위의 타르처럼 흐르거나 천천히 움직일 수 있다. 이때 만약 온도가 오르거나 압력이 낮아지면, 암석은 녹기 시작할 것이다.

온도와 압력은 지구에서 깊이에 따라 증가하기 때문에, 그 효과는 깊이에 따라 암석의 속성 변화를 일으키게 된다. 이런 변화들은 상부 맨틀 암석의 강도를 바꾸고, 상부 맨틀 부분에 명백한 2개의 서로 다른 층상 구조를 만든다. 맨틀 내 두 층상 구조의 구성 요소가 같을지라도 암석의 강도는 매우 다르다.

암석권

그림 6.5에서 최상부 맨틀은 차갑고 압력이 낮아서 거의 지각의 상태와 유사함을 보여준다. 두 요인이 결합하면 지각의 상태와 유사한 단단하고 강한 암석이 형성된다. 1장에서 지각과 최상부 맨틀을 포함한 지구의 바깥 부분은 암석권(lithosphere)을 이루고 있다고 언급하였다. 암석권의 평균 두께는 약 100 km이지만 해양 아래 75 km에서 대륙 아래 125 km까지 두께가 다양하다(그림 6.4). 그래서 암석권은 대부분 차갑고 단단한 최상부 맨틀 물질로 구성된다. 지각은 단지 맨틀 위에 박혀 떠 있는 아주 얇은 층이다. 암석권의 어떤 부분은 해양지각이 위에 놓이는 경우도 있지만, 다른 부분들은 대륙지각이 떠 있다.

연약권

지표면 아래 75~125 km의 다양한 깊이에서 온도와 압력의 증가라는 두 영향력이 결합되어 맨틀 암석은 녹는점에 가까워지게 된다. 결과적으로 맨틀은 갑작스럽게 강도가 약해지고 유동성이 생긴다. 물론 맨틀은 여전히 고체 상태로 남아 있지만 암석의 1~2 % 정도가 용융된 상태이다. 유동성이 있는 부분용융된 특성은 약 350 km 깊이까지 계속되고, 거기서 압력이 증가하면 온도 상승 효과를 제압하여 암석은 다시 단단해진다. 약 100~350 km 사이의 약한 맨틀 층이 **연약권**(asthenosphere)[2]이다. 지구의 다른 층상 부분은 깊이에 따라 온도가 증가할지라도 연약권의 평균 온도는 약 1,800 ℃다. 연약권의 압력은 상부 약 35 kb[3]에서 하부 약 120 kb까지 증가한다.

만약 유동성 있는 고체에 힘을 주게 되면, 그것은 천천히 흐르게 될 것이다. 고체 상태이면서 유동성 있는 물질의 예로는 실리콘이나 뜨거운 길 위의 타르가 있다. 집을 지을 때 단단하고 강한 기초로 시작한다. 하지만 지구는 이런 방식으로 구성되어 있지 않다. 단단하고 딱딱한 암석권이 부드럽고 약한 연약권 위에 놓여 있다. 따라서 암석권은 아래의 암석에 의해 완고하게 지지되어 있지 못하다. 대신 암석권은 부드럽고 유연한 연약권 암석 위를 떠다니고 있다. 떠다니는 암석권의 개념은 판구조와 지구 내부 구조를 이해하는 데 아주 중요하다.

연약권 아래 맨틀 하부

연약권 아래에서 압력이 증가하여 온도 상승 효과를 제압하면 맨틀의 강도는 다시 증가한다. 350 km 아래의 맨틀은 연약권보다 단단하지만, 암석권의 강도에는 이르지 못한다. 유동성이 있어서 지질학적 시간의 경과에 따라 천천히 흘러나갈 수는 있다. 최근 핵 경계 근처의 최하부 맨틀이 부분용융 상태에 있다는 증거가 제시되고 있다. 그림 6.5에서 온도와 압력의 개요를 볼 수 있다.

핵

1장에서 배웠듯이 핵(core)은 지구의 가장 내부에 있다. 핵은 화성의 크기와 비슷한 반지름이 약 3,470 km 정도인

2) 그리스어로 '약한 층'을 뜻함.

3) 1 kb(킬로바) 압력은 약 987대기압의 크기와 같고, 제곱인치당 14,504 파운드와 같은 크기이다. 1대기압은 해수면에서 나타나는 대기 압력의 크기와 같다.

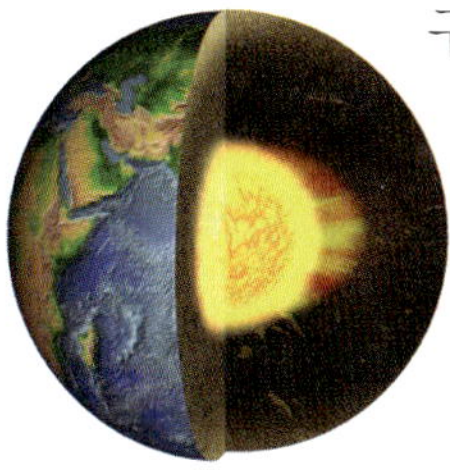

구형이다. 지구의 핵은 대부분 철과 니켈로 구성되어 있다. 외핵은 높은 온도에 비해 상대적으로 낮은 압력 때문에 액체 상태다. 중심에 가까워지면 핵의 온도의 거의 7,000 ℃에 이르러 태양의 표면보다 뜨겁다. 압력은 지구 해수면에서의 대기압보다 350만 배 높다. 극도로 강한 압력이 내핵에 작용하여 액체인 외핵보다 더 뜨거움에도 불구하고 고체 상태다.

6.3 해저확장설

2차 세계대전 직후, 과학자들은 지구 해양의 바닥을 탐사하기 시작했다. 궁극적으로 판구조론 발전에 큰 역할을 했지만, 그들은 처음에 군사 및 경제적인 이유로 연구를 실시했었다. 방어 시설 전략가들은 해저에 전화 케이블을 놓기 위해 해저지형에 대한 자세한 지식을 원했다. 그들이 해저 지형을 지도로 제작함에 따라, 해양학자들은 현재 **대양저 산맥(Mid-Oceanic Ridge system)**이라고 불리는 지구에서 가장 큰 산맥을 발견했다(그림 6.6). **대서양 중앙해령(Mid-Atlantic Ridge)**이라고 부르는 이 거대한 산맥의 일부 구간은 대서양의 중앙에 놓여 있다. 즉, 서쪽으로 북아메리카와 남아메리카의 중간, 그리고 동쪽으로 유럽과 아프리카의 중간에 위치한다.

3장에서 설명된 바와 같이, 해양지각은 대부분 철 성분이 풍부한 화성암인 현무암으로 구성되어 있다. 현무암질 용암이 식고 암석화됨에 따라, 철 성분이 풍부한 광물은 약한 자성을 갖게 되어 지구 자기장과 나란하게 배열된다. 따라서 현무암은 암석이 식을 당시의 지구 자기장의 방향을 기록한다.

게다가 해저의 지형을 지도화하면서, 해양학자들은 자기 탐지기를 개발하여 깊은 해양의 자기 패턴을 탐지하고 기록하였다. 그림 6.7은 아이슬란드 남서쪽 대서양 중앙해령 주변 해저 암석의 자기장 방향을 보여준다. 이 그림에서, 초록색 줄무늬는 지구의 현재 자기장 방향과 나란한 자기장 방향으로 **정자화(normal magnetic polarity)**된 현무암을 상징한다. 그 사이의 파란색 줄무늬는 현재 자기장의 방향과 정확하게 반대인 방향으로 **역자화(reversed magnetic polarity)**된 암석을 상징한다. 줄무늬는 해령 축에 대하여 정상과 역전 극성의 대칭적인 형태를 이루고 있고, 중심 줄무늬가 초록색인 것은 해령 축의 현무암이 지구의 현재 자기장 방향과 나

대양저 산맥(Mid-Oceanic Ridge system) 해양지각 사이에서 판이 갈라지면서 그 경계에 형성된 해저의 산맥이다. 공 모양으로 행성을 둥글게 둘러싸고 있고, 지구에서 가장 긴 산맥을 형성하고 있다.

대서양 중앙해령(Mid-Atlantic Ridge) 대서양의 중앙에 놓인 대양저 산맥이 일부로, 서쪽으로 북아메리카와 남아메리카의 중간에 동쪽으로는 유럽과 아프리카의 중간 지점에 있다.

정자화(normal magnetic polarity) 지구의 현재 자기장의 방향과 같은 방향으로 자화

역자화(reversed magnetic polarity) 지구의 현재 자기장의 방향과 반대 방향으로 자화

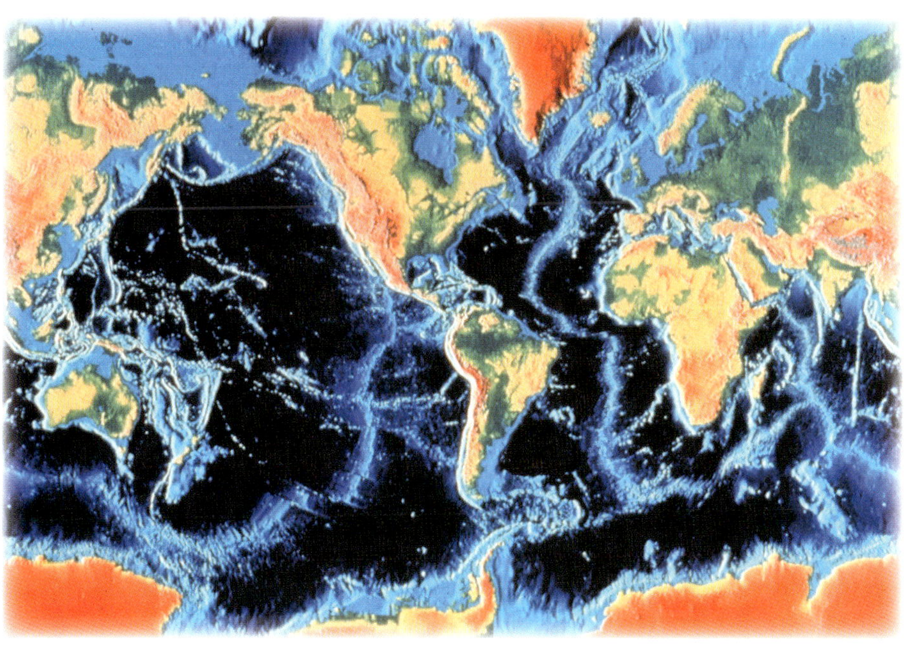

그림 6.6 해저지형도. 대양저 산맥은 야구공처럼 지구를 둘러싸고 있는 해저의 산맥이다.

자기 역전(magnetic reversal) 지구 자기장이 북극의 자기가 남극의 자기로 역전하여 변화하는 것으로 지난 6,500만 년 동안 평균 50만 년마다 발생했다.

해저확장설(sea-floor spreading) 해양지각의 퇴적물이 중앙해령에서부터 퍼져 나간다는 가설

란한 방향임을 나타낸다.

왜 해저 암석들은 정상과 역전 극성이 번갈아 가며 생기는 것일까? 그리고 왜 중앙해령에 대해 대칭적인 패턴으로 분포되어 있을까? 1960년대 중반, 3명의 과학자는 해저에서 이러한 이상 자기 패턴이 발생하는 이유를 제시했다. 이들은 잉글랜드 지구물리학자인 프레더릭 바인(Frederick John Vine, 1939～)과 드럼몬드 매튜스(Drummond Hoyle Matthews, 1931～1997) 그리고 캐나다 지구물리학자인 로렌스 몰리(Lawrence Whitaker Morley, 1920～)다. 그들은 다른 과학자들이 최근 지구의 자기장이 지난 6,500만 년 동안 평균 50만 년마다 지구 자기장의 극이 역전되었다는 것을 발견

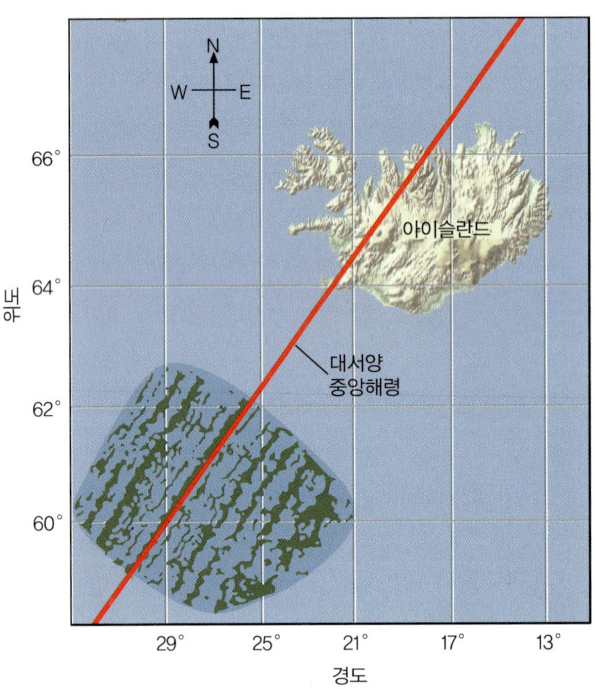

그림 6.7 대서양 중앙해령(빨간색 선)은 아이슬란드를 통과한다. 해령 부근의 해저 암석들의 자기 방향은 지도의 왼쪽 아랫부분이다. 초록색 줄무늬는 정자화된 해저 암석들을 나타내고, 파란색 줄무늬는 역자화된 암석들을 나타낸다. 줄무늬는 해령의 양쪽으로 정상과 역전 극성이 바뀌는 대칭적인 패턴을 띤다.

한 것을 알고 있었다. 지구의 **자기 역전**(magnetic reversal) 현상은 북극의 자기와 남극의 자기가 반대로 바뀌는 것이다. 이 발견은 대부분의 과학자들을 놀라게 했으며, 지구 자기장의 주기적인 역전은 1960대 초가 되어서야 잘 알려지게 되었다.

바인, 매튜스, 몰리는 해저가 마치 두 개의 컨베이어 벨트가 서로 다른 방향으로 움직이는 것처럼 중앙해령으로부터 연속적으로 펼쳐져 있음을 제안했다. 새로운 현무암 용암은 해저의 분리된 능선 축의 틈을 통해 올라온다. 용암이 식고 고화되면서, 현무암은 지구 자기장 방향의 자기 방향을 얻게 된다. 지구 자기장이 주기적으로 역전되기 때문에, 해저는 자기 방향이 줄무늬를 띠게 되고 그림 6.8과 같은 모습을 볼 수 있다. 따라서 해저와 해양지각은 해령 축으로부터 멀어지면서 점점 나이가 많아지게 되는 것이다.

해저 자기 패턴이 발견됨과 동시에, 해양학자들은 해저 대부분 지역의 현무암 위에 놓인 얇은 퇴적층이 중앙해령 부근에서 가장 얇고 해령에서 멀어질수록 점차적으로 두꺼워진다는 것을 발견했다. 그들은 만약 퇴적물이 해저의 어느 부분에서나 같은 비율로 가라앉고, 해령이 해저의 가장 새로운 부분이라면 퇴적층은 해령 부근에서 가장 얇을 것으로 추론했다. 위에서 언급했듯이 해양지각은 해령 축으로부터 멀어짐에 따라 나이가 많아지므로 해령으로부터 거리가 멀어짐에 따라 퇴적층은 두꺼워진다.

게다가 해양학자들은 현무암 위에 놓인 퇴적층의 가장 깊은 층에서의 화석들이 해령 축 부근에서 매우 어렸고, 해령에서 거리가 멀어질수록 점차적으로 나이가 많아짐을 발견했다. 이 발견 역시 해저는 해령 축에서 거리가 멀어질수록 더 오래된 것임을 지시했다.

대칭적인 자기 패턴과 유사한 퇴적층 나이와 두께 경향은 다른 해양분지의 대양저 산맥 다른 부분에서도 빠르게 발견되었고, **해저확장설**(sea-floor spreading)은 모든 해양지각의 기원을 밝히는 일반적인 모델로서 제안되었다. 불과 몇 년 만에 해저확장설은 판구조 이론을 훨씬 확장시켜 발전시키는 기본이 되었다.

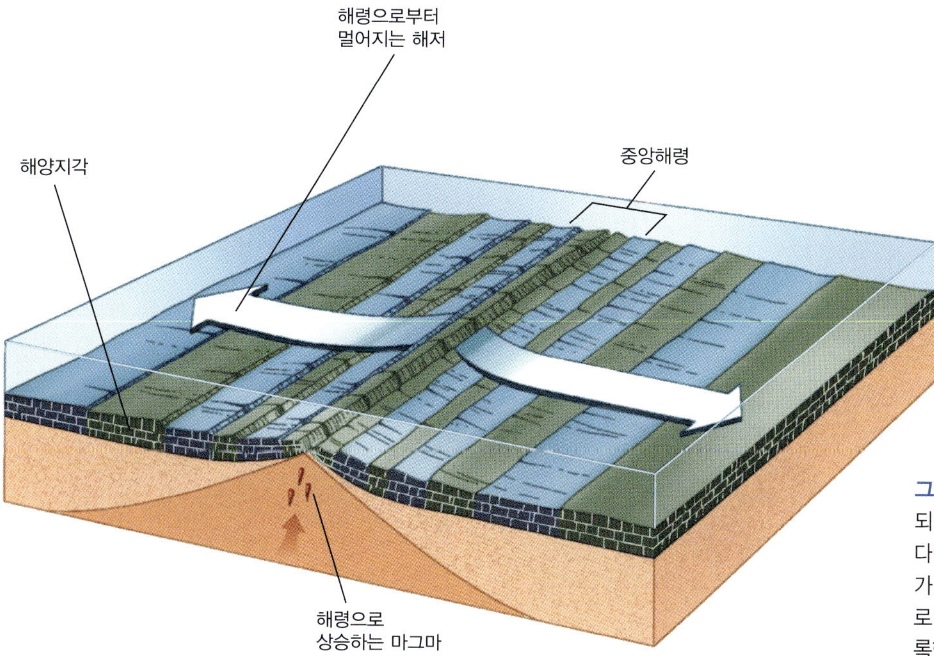

그림 6.8 새로운 해양지각이 중앙해령에서 냉각되면서 지구 자기장의 자기 방향을 획득하게 된다. 정상(초록색)과 역전(파란색) 극성이 번갈아가며 생기는 줄무늬는 해령으로부터 바깥 방향으로 지각이 퍼져 나가면서 지구 자기장의 역전을 기록한다.

6.4 판구조론

수없이 많은 과학적 사고들이 융합되듯이, 판구조 이론은 간단하다. 간단히 말해서, 판구조론은 뜨겁고 유동성 있는 연약권 위에 약 100 km 두께의 단단하고 강한 암석 껍질인 암석권이 떠다니고 있다는 것이다(그림 6.9). 1장에서 배웠듯이, 암석권은 지구조 판(tectonics plate)이라고 불리는 7개의 큰 조각과 몇 개의 작은 조각으로 분리된다(그림 6.10).

암석 판(lithospheric plate) 또는 간단히 판(plate)으로 불리는 용어는 서로 바꾸어 사용할 수 있다. 판은 연약권 위를 손톱이 자라는 속

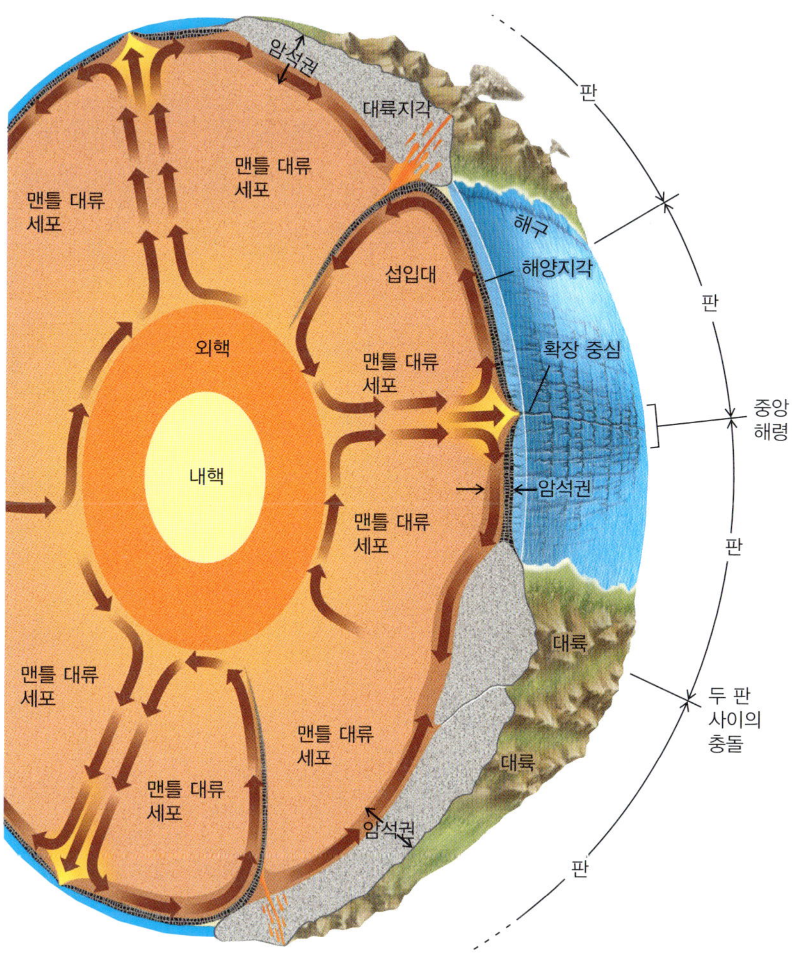

그림 6.9 지구의 내부 모형은 암석권이 연약권을 가로질러 수평적으로 미끄러지는 움직임을 보여준다. 대륙과 해양지각은 암석권 위로 업혀 올라 있고, 결과적으로 대륙과 해양지각은 지구 표면을 매년 수 cm의 비율로 가로질러 움직인다. 맨틀과 암석권은 가장 깊은 맨틀로부터 상승한 거대한 타원형 세포를 위를 돌아다니고, 지구 표면을 가로질러 흐르게 되어 결국 맨틀과 핵의 경계 부분으로 다시 가라앉는다. 이 그림에서 암석권의 두께는 정확성을 위해 과장하였다.

판 경계(plate boundary) 두 판이 분리되어 형성된 균열이나 경계

발산 경계(divergent boundary) 두 판이 서로 분리되는 방향으로 움직이는 판의 경계로 새로운 암석권이 형성된다. 확장 중심 또는 지구대라고 불리기도 한다.

도와 비슷한 1년에 1～16 cm 정도의 비율로 천천히 미끄러져 나간다. 대륙지각과 해양분지는 판의 상부를 구성한다. 연약권 위를 판이 미끄러져 가면서, 그것과 함께 대륙지각과 해양지각이 같이 움직인다.

판 경계(plate boundary)는 하나의 조각에서 서로 다른 것으로 분리되어 생긴 균열이다. 이웃하고 있는 판들은 그림 6.10에서와 같이 세 가지 방법으로 이들 경계에서 서로 다르게 상대적으로 움직일 수 있다. **발산 경계**(divergent boundary)에서 두 판은 서로 분리되는 방향으로 움직이고, **수렴 경계**(convergent boundary)에서 두 판은 서로를 향하는 방향으로 움직이고, **변환 경계**(transform boundary)에서 두 판은 서로 다른 방향으로 수

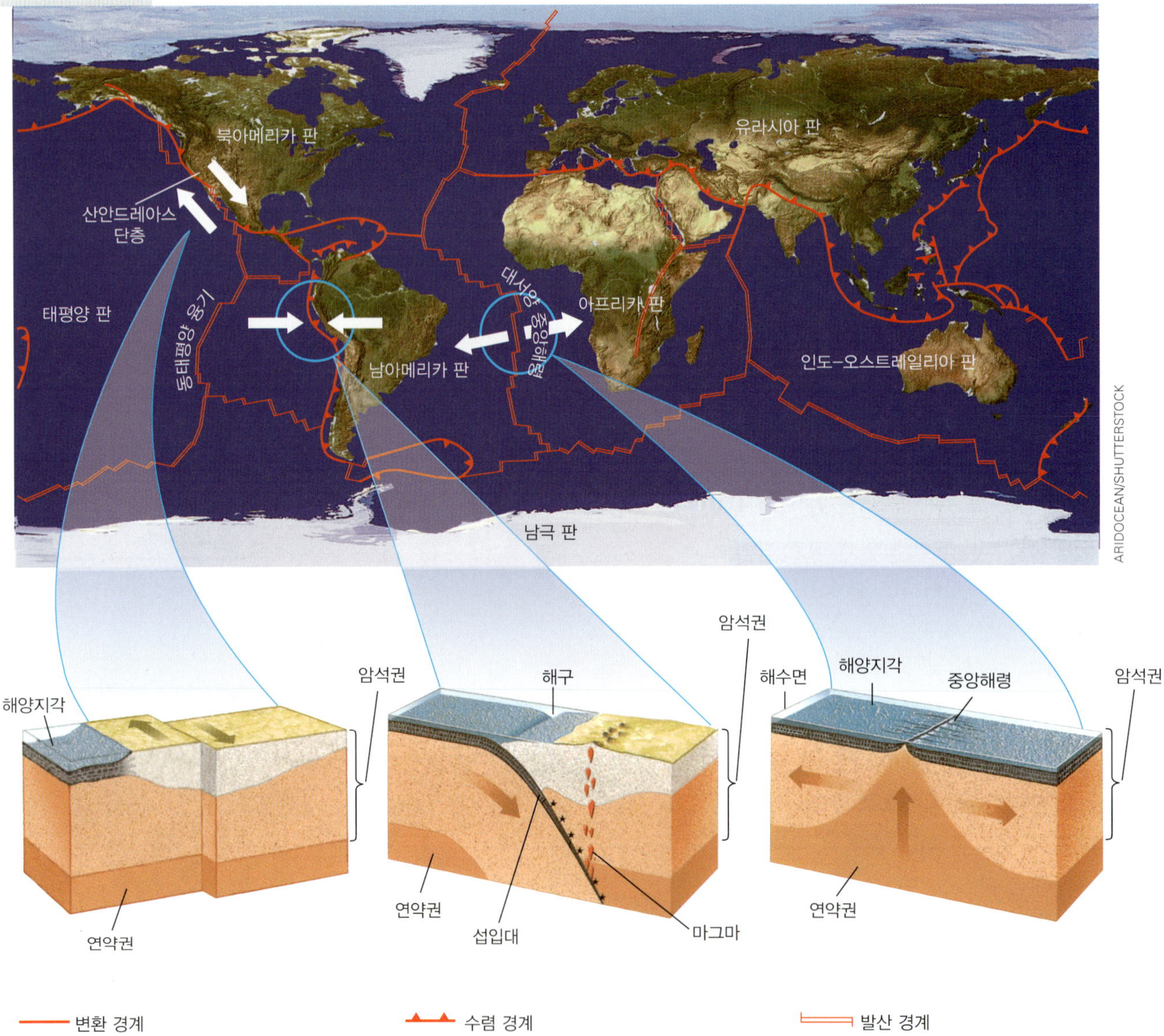

그림 6.10 지구의 암석권은 아프리카, 유라시아, 인도–오스트레일리아, 남극, 태평양, 북아메리카, 그리고 남아메리카 판으로 불리는 7개의 큰 판으로 분리된다. 흰색 화살표는 어떻게 판이 다른 방향으로 움직이는지를 보여준다. 판 경계의 서로 다른 세 가지 유형은 지도 아래 나와 있다. 변환 경계에서 암석들은 균열을 따라 서로 반대 방향으로 수평적으로 움직인다. 수렴 경계에서 두 판은 서로를 향하는 방향으로 움직인다. 발산 경계에서 두 판은 서로 분리되는 방향으로 움직인다.

표 6.2 판 경계의 특징과 예

경계 유형	인접한 판의 유형	지형	지질 활동	현재의 예
발산	해양–해양	중앙해령	해저확장, 천발지진, 마그마 상승, 화산활동	대서양 중앙해령
	대륙–대륙	열곡	대륙분열, 지진, 마그마 상승, 화산활동	동아프리카 열곡대
수렴	해양–해양	호상열도와 해구	섭입, 심발지진, 마그마 상승, 화산활동, 암석의 변형	서부 알류샨
	해양–대륙	산맥과 해구	섭입, 심발지진, 마그마 상승, 화산활동, 암석의 변성	안데스
	대륙–대륙	산맥	심발지진, 암석의 변형	히말라야
변환	해양–해양	중앙해령의 어긋난 축	지진	남태평양에서 동태평양 해령축이 어긋남
	대륙–대륙	변형된 산맥, 단층을 따라 변형된 지형	지진, 암석의 변형	산안드레아스 단층

수렴 경계(convergent boundary) 두 판이 서로 향하는 방향으로 움직이거나 정면충돌하는 부분의 판 경계

변환 경계(transform boundary) 두 판이 서로 다른 방향으로 수평적으로 미끄러져 나가는 부분의 판 경계

평적으로 미끄러져 간다. 표 6.2는 각 유형의 판 경계의 특징과 예를 요약한 것이다.

판 경계에서 거대한 힘은 산맥을 형성하고 화산 분출과 지진을 일으킨다. 판 경계와는 대조적으로, 판의 내부는 두 판의 교차하는 지대로부터 멀리 위치하기 때문에 보통 지각 변동 면에서 잠잠하다.

발산형 판 경계

발산형 판 경계, 확장 중심(spreading center) 또는 지구대(rift zone)에서는 그림 6.11의 중심에서 볼 수 있듯이 두 판이 서로 분리되는 방향으로 퍼져 나간다. 분리되는 판 사

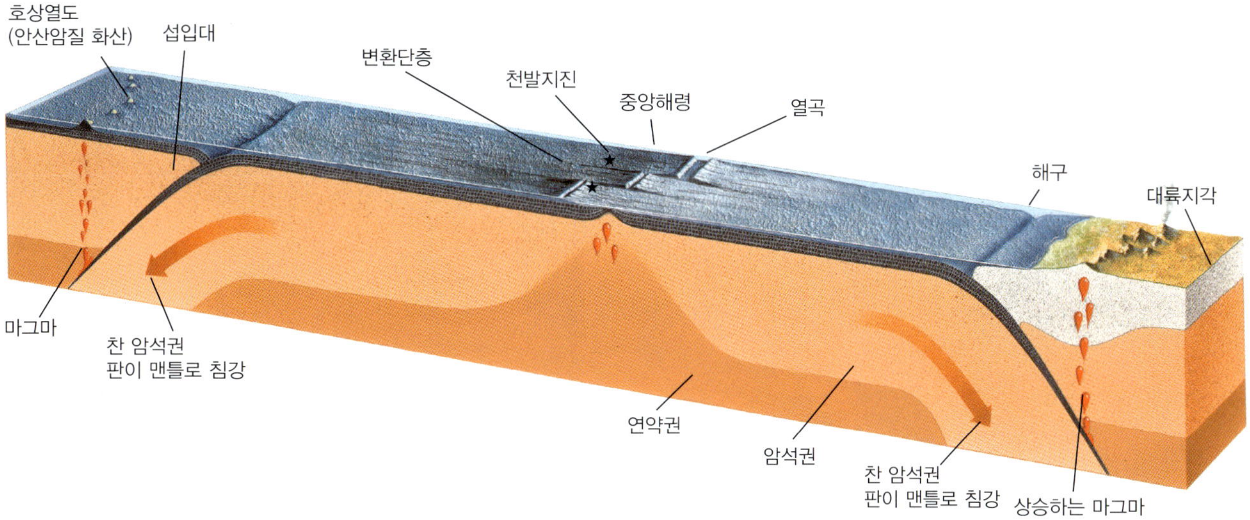

그림 6.11 암석 판은 약하고 유동성 있는 연약권이 미끄러져 움직여 감에 따라 확장 중심으로부터 멀어지는 운동을 한다. 그림의 중심부 확장 중심에서 새로운 암석권이 형성된다. 확장 중심 부근 암석권의 두께는 10~15 km 정도밖에 되지 않지만 확장 중심에서 멀어지고 식으면서 점점 두꺼워진다. 그림의 가장자리 부분은 오래된 암석권이 섭입대에서 맨틀로 가라앉는 모습을 보여준다.

대륙 열곡(continental rifting) 발산하는 판 경계에서 대륙이 분리되는 과정

이의 틈으로 연약권 밑에 있는 물질이 스며들듯이 올라온다. 분리되는 판 사이에 상승하면서 연약권의 일부는 녹아서 마그마를 형성한다.[4] 지표면으로 상승한 대부분의 마그마는 식어서 새로운 지각을 형성한다. 이 작용은 대부분 발산형 판 경계가 해양분지에 있기 때문에 바다 밑의 판 사이에서 일어나지만 두 대륙 판 사이에서도 일어난다.

하부 암석권(지각 아랫부분)과 연약권은 모두 맨틀의 일부로 화학적 조성도 비슷하다. 두 층의 주된 차이점은 온도, 압력 그리고 역학적인 강도다. 차가운 암석권은 강하고 단단하지만 뜨거운 연약권은 약하고 유동적이다. 연약권이 두 판 사이의 지표면 근처까지 상승하면 차가워져 역학적 강도를 얻게 되고, 결국 새로운 암석권으로 변형된다. 이런 방법으로 새로운 암석권은 발산 경계에서 지속적으로 형성된다.

발산 경계에서 상승한 연약권은 뜨겁고 약하고 유동적이다. 단, 최상부 10~15 km까지 상승하면 암석권 암석의 강도와 단단함을 얻기에 충분히 차가워진다. 결과적으로 확장 중심에서는 지각과 맨틀 암석 상부의 몇 km 정도를 포함하는 암석권이 10~15 km 두께로 생성된다. 하지만 암석권은 퍼져 나가면서 윗부분에서 아래 방향으로 식어간다(그림 6.11).

퍼져 나가고 식으면서 찬 암석과 뜨거운 암석 사이 경계가 아래로 이동하기 때문에 새로운 암석권은 두꺼워진다. 결과적으로 암석권의 두께는 확장 중심에서 멀어짐에 따라 두꺼워진다. 연못 위에 언 얼음을 생각해 보자. 어느 추운 날, 얼음 아래 물이 얼면 얼음은 점점 두꺼워진다. 암석권은 해양분지 아래에서는 두께 약 75 km 정도까지, 그리고 대륙지각 아래에서는 약 125 km에 이를 때까지 계속 두꺼워진다.

중앙해령: 대양의 균열

해양 확장 중심의 새로운 암석권은 발산 경계로부터 멀어진 오래된 암석권의 암석보다 더 뜨겁고, 따라서 새로운 암석권은 더 낮은 밀도를 가지고 있다. 결과적으로 바다 아래의 산맥인 대양저 산맥(그림 6.6)보다 더 위에 떠 있다. 하지만 암석권이 확장 중심으로부터 멀리 이동함에 따라, 차가워지면서 점점 밀도가 커진다. 그 결과 유동성 있는 연약권(그림 6.11)으로 가라앉아 중앙해령에서 약 5 km 정도 떨어진 곳에서는 해저 평균 깊이를 이룬다.

이미 언급했듯이, 대양저 산맥은 지구의 가장 긴 산맥을 형성하면서 행성을 둘러싸고 있다. 해령에서 해저로 스며져 올라온 현무암질 마그마는 매년 새로운 해양지각을 약 22 km^3, 또는 700억 ton 정도 생성한다.

대륙 열곡대: 대륙지각의 균열

발산하는 판 경계에서 **대륙 열곡(continental rifting)**이라는 과정에 의해 대륙지각이 분리될 수 있다. 대륙 균열대에서 밀어내는 만큼 대륙지각이 늘어지고 균열되고 가라앉

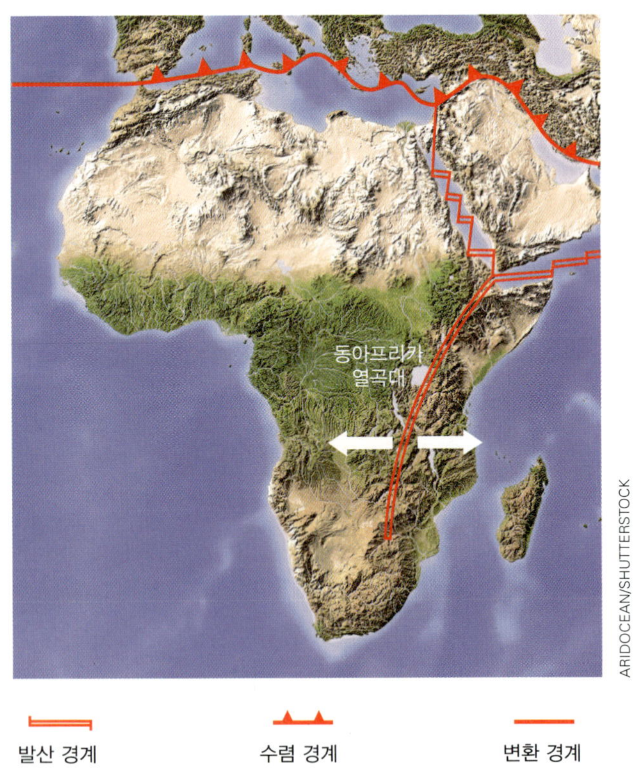

그림 6.12 아프리카 대륙은 동아프리카 열곡을 따라 분열되고 있다.

4) 연약권이 상승하고 냉각되면서 녹아서 마그마를 형성하는 것이 잘 납득이 되지는 않지만, 압력의 감소로 인한 용융작용은 온도변화작용을 상쇄시킨다. 이 과정은 8장에서 다룬다.

기 때문에 열곡은 발달한다. 대륙지각의 균열은 동아프리카 열곡대를 따라 현재 발달하고 있다(그림 6.12). 만약 동아프리카의 대륙 균열로 인해 대륙의 주된 부분으로부터 이들이 분리되면 아프리카의 분리된 사이에서 새로운 해양 분지가 생성될 것이다.

수렴형 판 경계

수렴하는 판 경계에서 두 암석 판은 서로를 향하여 움직인다. 모든 암판이 같은 밀도를 가진 암석으로 구성되어 있지는 않다. 서로 다른 밀도를 가진 두 판이 모이는 곳에서 밀도가 더 큰 것은 밀도가 작은 판의 아래로 맨틀까지 침강한다. 이런 침강 과정을 **섭입(subduction)**이라고 하는데 그림 6.11에서 오른쪽과 왼쪽의 가장자리에서 볼 수 있다. **섭입대(subduction zone)**는 암석 판이 맨틀까지 침강하는 곳에 존재하는 길고 좁은 대다. 전 세계적인 규모로 보아 섭입대에서 맨틀로 오래된 암판이 침강하는 비율은 확장 중심에서 새로운 암석권이 형성되는 비율과 같다. 이런 방식으로 새로운 암석권이 생성되고 오래된 암석권이 소실되면서 전 지구적 균형을 이루고 있다.

다음 3가지 경우 판의 수렴이 일어날 수 있다. (1) 해양지각을 운반하는 판과 대륙지각을 운반하는 판 사이, (2) 두 개의 해양지각을 운반하는 판 사이, 그리고 (3) 두 개의 대륙지각을 운반하는 판 사이이다.

해양지각과 대륙지각의 수렴

해양지각은 대륙지각보다 일반적으로 밀도가 더 크다는 것을 상기하자. 사실 해양 아래 전체 암석권이 대륙의 암석권보다 밀도가 더 크다. 해양판이 대륙판과 수렴할 때, 섭입이 일어나고 밀도가 더 큰 해양판은 대륙의 가장자리 아래 맨틀까지 침강한다. 결과적으로 많은 섭입대는 해저 대륙 주변부에 위치하게 된다. 오늘날 해양판은 남아메리카 서쪽 가장자리 아래로 침강한다. 미국 오리건 주와 워싱턴 주, 캐나다 브리티시컬럼비아 주의 해안과 몇몇 다른 해저 대륙 주변부를 그림 6.10에서 볼 수 있다. 침강한 판이 연약권에 도달할 때 많은 양의 마그마가 8장에 설명된 과정에 의해 만들어진다. 그래서 일반적으로 섭입대를 따라 화산활동이 일어난다. 9장에서 남아메리카의 서쪽 해안 아래로 태평양 해양판이 섭입한 결과 생긴 화산성 산맥인 안데스 산맥의 형성 과정을 묘사할 것이다.

해양지각은 계속하여 섭입대에서 맨틀로 재이용되기 때문에 지구 상에서 가장 오래된 해저 암석들의 나이는 겨우 2억 년 정도다. 섭입하면서 대륙지각의 소모는 적기 때문에 39.6억 년의 오래된 암석들은 대륙에서 발견되었다.

섭입(subduction) 서로 다른 밀도를 가진 암판이 모이는 곳에서 밀도가 더 큰 판이 작은 판 아래로 맨틀까지 침강하는 과정

섭입대(subduction zone) 수렴하는 동안 암석 판이 맨틀까지 침강하는 수렴 경계 지역의 길고 좁은 지대로서 섭입 경계(subduction boundary)와 관련 있다.

해양지각을 운반하는 두 판의 수렴

해양에서 형성된 새로운 암석권은 뜨겁고 얇고 밀도가 작지만 중앙해령에서 멀어질수록 나이가 많아지고 차가워지고 두꺼워지며 밀도가 커짐을 상기하자. 따라서 해양 암석권은 나이에 따라 밀도가 증가한다. 두 해양판이 수렴했을 때, 더 오래되고 밀도가 큰 것은 맨틀까지 침강하게 된다. 해양 섭입대는 남서부 태평양(그림 6.10)이 일반적이고, 알류샨 열도에도 형성되어 있다.

대륙지각을 운반하는 두 판의 수렴

만약 대륙을 운반하는 두 판들이 수렴하면 낮은 밀도 때문에 어느 것도 깊게 침강하기 어렵다. 호수에서 통나무가 가라앉지 않는 것처럼 대륙은 일반적인 섭입대에서 일어나는 맨틀로의 침강을 하지 않는다. 두 판은 그들 아래의 물질보다 둘 다 밀도가 낮다. 이런 경우 두 대륙은 서로 충돌하고 일그러져서 거대한 산맥을 형성한다. 히말라야, 알프스, 애팔래치아 산맥들은 모두 대륙 충돌의 결과로 형성되었다. 히말라야 산맥의 형성은 9장에서 다룬다.

변환형 판 경계

변환형 판 경계는 두 판이 서로 반대 방향으로 수평적으로 미끄러져 가는 곳에서 형성된다(그림 6.10). 미국 캘리

대류(convection) 가 열과 냉각에 의해 유체 물질이 상승, 하강하는 흐름. 대류는 지구의 맨틀에서 천천히 일어나고 해양과 대기에서 좀 더 빠르게 일어난다.

포니아 주의 산안드레아스 단층은 북아메리카 판과 태평양 판 사이의 변환 경계다. 변환 경계를 따라 지진들이 빈번히 발생한다. 이런 경계 유형은 해양과 대륙에서 모두 일어난다.

6.5 판의 구조

판의 본질적 특성은 다음과 같이 요약된다.

1. 판은 암석권의 조각이다. 따라서 이것은 최상부 맨틀과 그 위에 놓인 지각을 포함한다.
2. 하나의 판은 해양지각과 대륙지각을 모두 운반할 수 있다. 해양지각이 포함된 암석 판의 평균 두께는 75 km, 대륙지각이 포함된 암석 판의 두께는 125 km이다. 암석권의 두께는 중앙해령에서 10~15 km에 미치지 않을 수도 있다.
3. 판은 단단하고 역학적으로 강한 암석으로 구성된다.
4. 판의 밑에 뜨겁고 유동적인 연약권이 있어 그 위를 수평적으로 미끄러져 움직인다.
5. 판은 연못에 떠 있는 얇은 얼음 조각처럼 움직인다. 판은 마치 얇은 얼음판에 스케이터가 지나갈 때 휘듯이 약간 휘어지며, 미세한 수직 방향의 움직임도 있다. 그러나 일반적으로 각 판은 하나의 큰 완전한 암석으로 된 얇은 판으로서 움직인다.
6. 판의 주변부는 지각 변동 면에서 활동적이다. 지진활동, 조산작용, 화산활동은 일반적으로 판 경계부에서 일어난다. 반대로, 암석 판의 내부는 일반적으로 지각 변동 면에서 안정하다.
7. 지구조 판은 1년에 1~16 cm 정도 다양한 속도로 움직인다. 대륙과 해양은 움직이는 암석권의 위에 있기 때문에 대륙과 해양은 판이 움직이는 속도와 같은 비율로 지표면을 가로질러 움직인다.

미국 뉴욕 맨해튼 섬은 1776년 미국 독립 선언서에 기록된 것보다 현재 런던에서 9 m만큼 더 멀다. 알프레트 베게너가 지표면을 가로질러 대륙이 이동하다고 말한 것은 정확했다.

6.6 왜 판은 움직이는가: 열기관으로서의 지구

지질학자들은 판구조 이론이 발전한 이후로 "왜 거대한 암석권 조각이 지표면 위를 미끄러지듯이 움직일까?"라는 의문을 갖기 시작했다. 연구[5]에 따르면 섭입은 깊이 약 2,900 km인 핵과 맨틀의 경계 부근까지 천천히 연속적으로 일어난다. 동시에 같은 양의 뜨거운 암석이 확장 중심(발산 경계) 아래 깊은 맨틀 부분에서 표면까지 올라와서 새로운 암석권을 형성하여 섭입에 의해 소실된 것을 대체한다. **대류(convection)**라는 용어는 가열과 냉각이 일어날 때 유체 물질이 상승, 하강하는 흐름을 나타낸다. 맨틀 대류 과정으로 주변보다 더 뜨거운 것은 지표까지 상승하고 주변보다 더 차가운 오래된 판은 맨틀까지 침강하면서 연속적으로 맨틀 전체를 휘젓는다. 하나의 맨틀 대류 세포는 수천 km를 가로지를 것이다. 이런 방식으로, 전체 맨틀–암석권 조직은 거대한 세포로서 순환하면서 암석을 핵과 맨틀 경계부에서 지표까지 운반하고 또다시 맨틀의 가장 깊은 곳까지 운반한다(그림 6.9).

뜨거운 난로 위의 수프 냄비는 대류의 과정을 실제로 보여준다. 온도가 상승하면 수프(또는 암석)를 포함한 모든 물질은 팽창한다. 난로 위 냄비 바닥에 열이 가해지면 수프는 따뜻해지고 팽창한다. 이때 아랫부분의 수프는 윗부분의 수프보다 밀도가 작아져 상승하게 된다. 뜨거운 수프가 냄비의 윗부분에 도달하여 표면에서 차가워져 다시 하강한다(그림 6.13).

단지 난로나 버너 위의 수프뿐만이 아니라 맨틀의 기저도 뜨거운 핵에 의해 열을 받는다. 핵으로부터 공급받은 열

5) Summarized by Richard A. Kerr, "Deep-Sinking Slabs Stir the Mantle," *Science* 275(January 31, 1997), 613–615. Also see Hans-Peter Bunge and Mark Richards, "The Origin of Large Scale Structure in Mantle Convection: Effects of Plate Motions and Viscosity Stratification," *Geophysical Research Letters* 23 (October 15, 1996), 2987–2990.

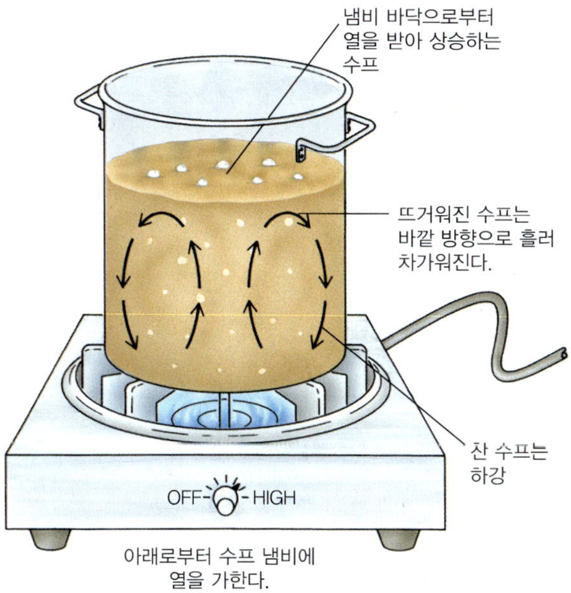

그림 6.13 냄비의 바닥으로부터 열을 공급받아 대류가 일어난 수프

과 맨틀 내의 방사능에 의해 만들어진 열이 추가되어 대류가 일어난 암석의 거대한 세포인 전체 맨틀과 암석권이 움직인다. 대류가 일어난 세포의 상부는 판이고 대류의 결과 판은 연약권 위를 미끄러지듯이 움직이게 된다(그림 6.9).

그림 6.14와 같은 서로 다른 두 과정이 판의 운동을 가능하게 할 것이다. 암석권의 기저는 확장 중심으로부터 아래 방향으로 기울어져 있다. 포장된 대부분 고속도로의 경사보다 더 가파른 8 % 수준에 이른다. 계산에 의하면 만약 경사가 더 약해져도 중력은 암석권이 확장 중심으로부터 부드럽고 유동적인 연약권 위로 1년에 수 cm 속도로 미끄러지게 할 수 있다는 것이다. 게다가 암석권은 확장 중심에서 밀어지면서 차가워져 밀도가 더 커지게 된다. 결국 오래된 암석권은 바로 아래의 연약권보다 밀도가 더 커지게 된다. 그래서 더 이상 암석권 위에 떠 있을 수 없어 섭입대에서 맨틀로 침강하고, 연약권 위의 판의 일부분을 끌고 가게 된다. 이러한 과정들이 연약권 위에서 미끄러지듯이 움직이는 암석권 판의 운동에 기여할 것이다.

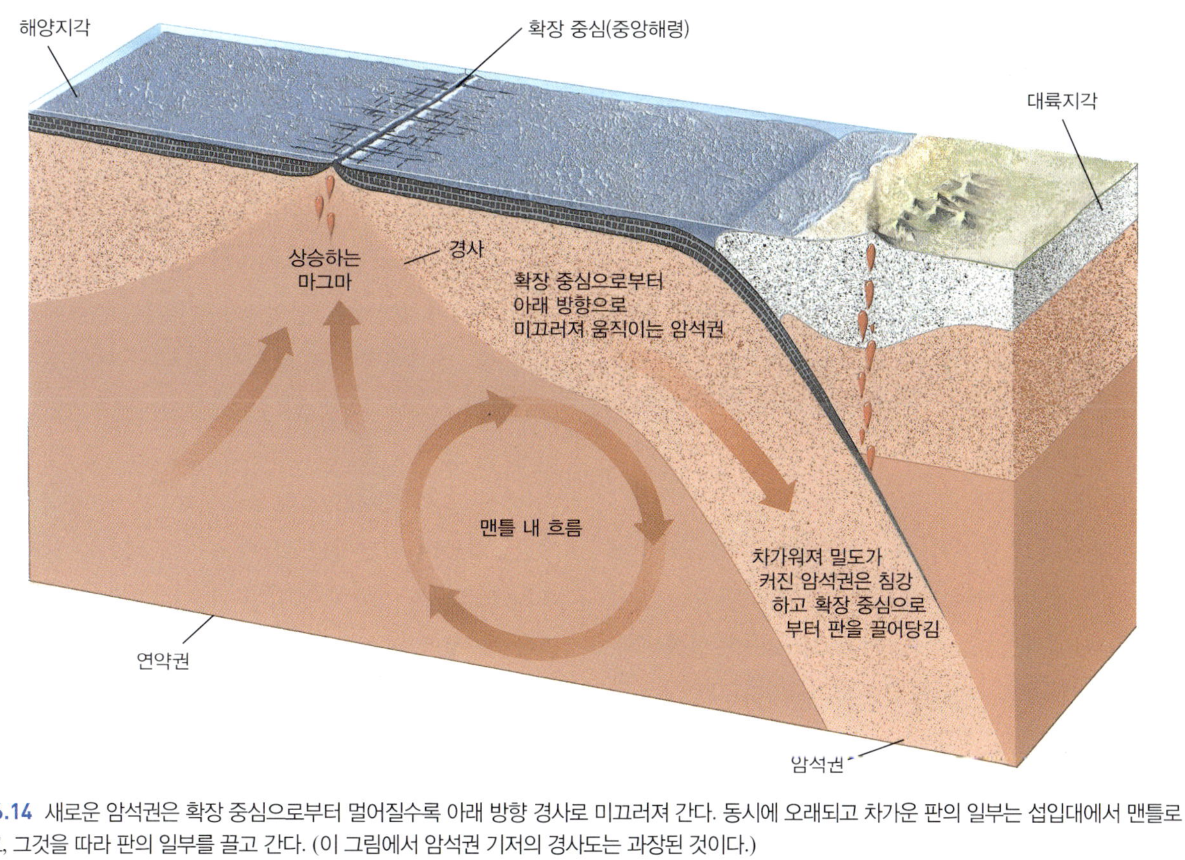

그림 6.14 새로운 암석권은 확장 중심으로부터 멀어질수록 아래 방향 경사로 미끄러져 간다. 동시에 오래되고 차가운 판의 일부는 섭입대에서 맨틀로 침강하고, 그것을 따라 판의 일부를 끌고 간다. (이 그림에서 암석권 기저의 경사도는 과장된 것이다.)

맨틀 플룸(mantle plume) 주변 암석보다 뜨거운 맨틀 암석이 상승할 때 형성되는 상대적으로 작은 암석들의 기둥. 상승하는 플룸에서 압력이 감소함에 따라 열점에서 마그마가 형성된다.

열점(hot spot) 뜨거운 맨틀 암석 플룸이 상승하는 바로 위에 위치함으로써 화산 중심이 지속적으로 있다.

초대륙(supercontinent) 알프레트 베게너의 판게아와 같은 대륙으로 지구의 모든 대륙지각이 하나로 합쳐진 거대한 육지 덩어리. 적어도 3개의 초대륙이 지난 20억 년 동안 존재해 왔고 각각은 몇 억 년 이후 분리되었다.

그림 6.15 하와이의 용암류는 이 지역에 열점이 존재한다는 증거를 말해 준다.

맨틀 플룸과 열점

확장 중심 밑에서 상승하는 해령 모양의 맨틀과는 대조적으로, 주변 암석보다 더 뜨거운 유동적인 맨틀 암석이 기둥 모양으로 상승하는데 이것을 맨틀 플룸(mantle plume)이라고 한다. 대부분의 플룸들은 맨틀의 아주 깊은 곳에서 올라오는데, 아마도 핵–맨틀 경계 부근의 암석 일부 구역이 더 뜨거워서 깊은 맨틀의 주변부보다 부력이 커지기 때문일 것이다. 다른 경우는 아마도 좀 더 얕은 깊이의 맨틀에서 가열에 의한 결과로 형성될 수 있다.

상승하는 플룸에서 압력이 감소함에 따라, 바로 그 위에 있는 맨틀 내 열점(hot spot)–지표면에서 화산활동을 일으키는 암석권 아래의 화산 중심–에서 마그마가 형성된다. 하와이 군도는 열점에 의한 화산 중심의 예다(그림 6.15). 이는 플룸이 어떠한 판 경계에서든 멀리 떨어지고 옆판의 운동 수준보다 낮은 맨틀의 깊은 곳에서 기원하기 때문에 태평양 판의 중앙에서 분출하는 것이다.

6.7 초대륙

20억 년 전, 사람들이 오늘날 알고 있는 거대한 대륙들은 아마도 존재하지 않았을 것이다. 대신 대륙 조각의 많은–아마도 100여 개–작은 덩어리들과 일본, 뉴질랜드와 비슷한 화산섬, 남서태평양의 섬들이 전 지구 해양분지에 분포되어 있었다. 20~18억 년 전 사이 판 운동으로 이 작은 대륙들이 모여서 초대륙(supercontinent)으로 불리는 하나의 거대한 육지 덩어리가 형성되었다. 몇 억 년 후, 이 초대륙에는 열곡이 발달하고 그 다음은 조각으로 갈라지게 되었다. 조각들은 그들이 포함된 판으로 서로 분리되어 움직였다. 약 10억 년 전, 대륙지각의 조각들은 다시 모여서 두 번째 초대륙을 형성했다. 순차적으로 이 대륙은 균열되고 대륙조각이 다시 모여 공룡이 출연하기 약 7,000만 년 전인 약 3억 년 전에 세 번째 초대륙이 되었다. 이 세 번째 초대륙이 알프레트 베게너의 판게아이고 이것은 트라이아스기 후기인 약 2억 3,500만 년 전에 다시 쪼개져 분리되었다. 판은 느린 움직임을 지속해 옴으로써 오늘날 여러분이 알고 있는 세계 지도 속의 대륙과 해양분지의 모습을 갖추게 되었다.

6.8 지각평형설: 암석권의 연직운동

만약 여러분이 작은 배를 타본 적이 있다면, 배에 여러분이 들어가면 배가 좀 더 가라앉고, 여러분이 나오면 다시 배는 물 위로 떠오른다는 것을 알고 있을 것이다. 암석권은 이와 유사한 방식으로 행동한다. 만약 거대한 질량이 암석권에 더해지면, 암석권이 놓이기 위한 공간을 만들기 위해 아래 있는 연약권은 옆으로 흐를 것이다.

그런데 어떻게 암석권의 질량이 더해지거나 제거될 수 있을까? 질량이 더해지고 제거되는 하나의 과정이 거대한 빙하의 성장과 용융이다. 빙하가 성장하면 얼음의 무게에 의한 힘으로 암석권은 하강한다. 예를 들어 3,000 m 두께의 중앙 그린란드의 얼음은 해수면 아래로 대륙지각을 눌러왔다. 반대로 얼음이 녹으면 대륙은 다시 떠올라 상승한다. 지질학자들은 스칸디나비아에서 해수면보다 수십 m 위에 있는 빙하기 해변을 발견하였다. 해변은 빙하가 스칸디나비아 지각을 눌렀을 때 형성되었다. 그 후 얼음이 녹으면서 육지가 상승하였기 때문에 당시의 해변은 현 해수면보다 위에 위치하게 되었다. 연약권 위에 평형을 이루며 떠 있는 암석권의 개념을 **지각평형설**(isostasy)이라고 하고, 무게의 변화에 따른 지각의 연직운동을 지각평형 조절(isostatic adjustment)이라고 한다(그림 6.16).

지각평형설(isostasy) 물에 빙산이 떠 있는 것처럼 연약권 위에 떠 있는 암석권이라는 개념

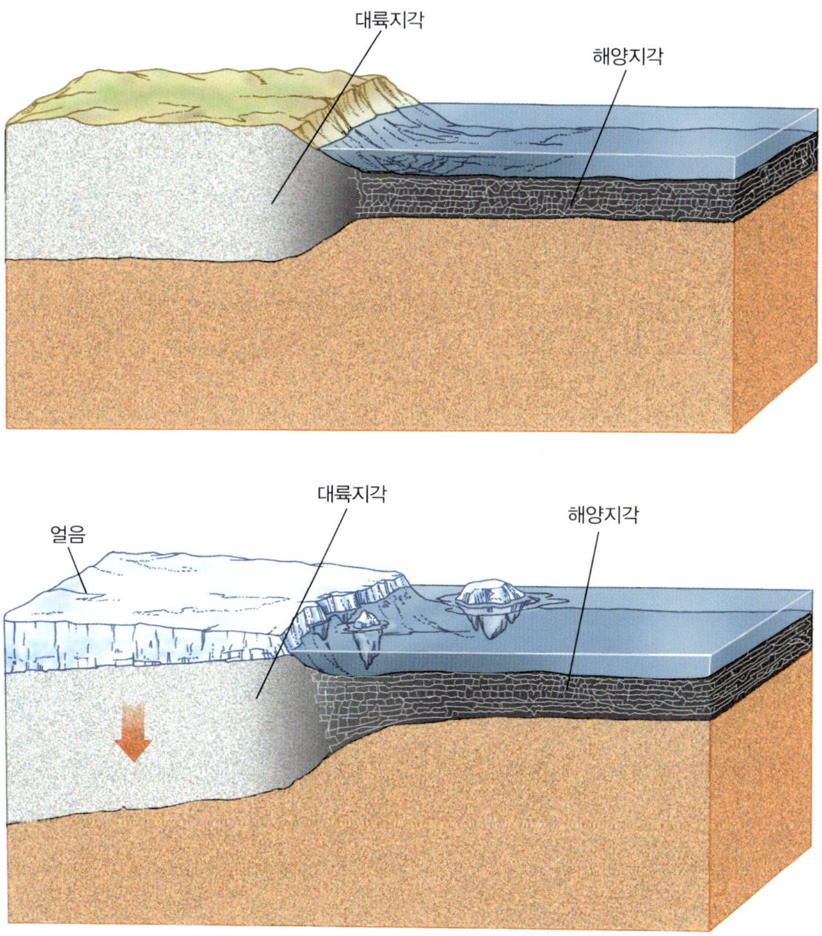

그림 6.16 지각평형 조절. 얼음의 무게는 지각을 무겁게 하여 침강을 일으킨다.

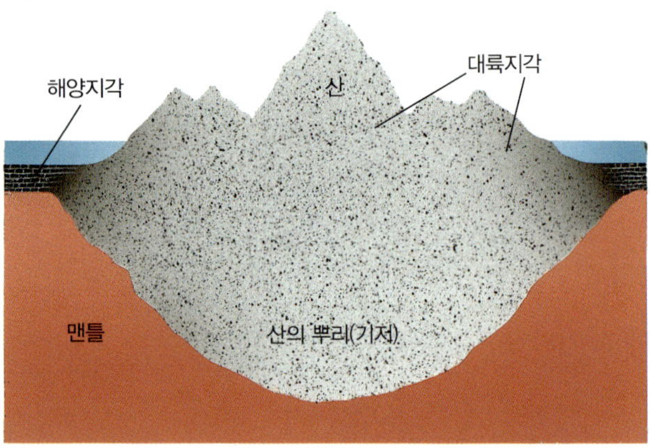

그림 6.17 (a) 빙산은 지각평형설 효과의 일부를 실제로 보여주고 있다. 거대한 빙산은 깊은 뿌리와 높고 뾰족한 끝을 가진다. (b) 유사한 방식으로 대륙지각은 평원 아랫부분보다 높은 산 아래에서 맨틀까지 아주 깊게 확장하고 있다. 해양 암석권은 더 얇고 밀도가 커 결과적으로 더 낮은 수위에 떠 있다.

그림 6.17은 빙산에 부가된 지각평형설의 효과를 실제로 보여주고 있다. 커다란 빙산은 높고 뾰족한 끝을 가지고 있으나, 물표면 아래 깊은 곳의 기저는 확장되어 있다. 암석권은 이러한 방식과 유사하게 행동한다. 대륙은 해수면 위로 높게 올라오고 대륙 아래 암석권은 연약권까지 약 125 km 정도의 확장된 '뿌리'가 있다.

반대로 대부분 해양지각은 해수면 아래로 거의 5 km 정도에 놓여 있고, 해양 암석권은 연약권까지 약 75 km 정도만 확장된다. 비슷한 이유로 높은 산악 지형은 낮은 평원보다 더 깊은 뿌리를 가지고 있고, 거대한 빙산의 바닥은 작은 것의 기저보다 훨씬 깊다.

6.9 판의 움직임이 지구시스템에 미치는 영향

판의 운동은 지표의 모양에 영향을 주는 화산 분출과 지진활동을 일으킨다. 또한 산악 지형을 만들고 전 지구적인 대륙과 해양의 분포를 변화시킨다. 하지만 판구조활동은 다른 방식으로 우리의 환경에 강한 영향을 끼친다. 그것은 기후, 대기권, 수권, 생물권에 전 지구적이고 국지적으로 영향을 끼친다.

화산활동

발산 경계(확장 중심)에서 뜨거운 연약권은 두 확장하는 판 사이의 틈을 메우기 위해 스며 올라온다. 상승하는 연약권의 일부가 녹아서 현무암질 마그마가 되어 지표면으로 분출하여 생긴 중앙해령은 해저 화산 산맥이다. 용암류는 발산형 판 경계에서 형성된다. 화산활동은 동아프리카 열곡대와 같은 대륙 열곡에서도 일반적으로 일어난다.

거대한 양의 마그마는 또한 섭입대의 침강하는 지각에서 형성되고 암석권으로 상승한다. 일부는 지각 내에서 굳어지고 일부는 지표면으로 화산활동을 통해 분출한다. 이런 유형의 화산활동은 미국 워싱턴 주 캐스케이드 산맥과 캐나다 브리티시컬럼비아 주에서 일반적으로 볼 수 있다(그림 6.18). 또한 남아메리카의 서부, 일본, 필리핀 그리고 다른 섭입대 근처에서도 볼 수 있다.

지진활동

지진활동은 판 경계의 세 가지 유형에서 모두 일반적으로 나타나지만 판 내부에서는 일반적이지 않다. 지진은 판 경계에서 하나의 판이 다른 판을 미끄러져 지나가는 좁은 대에 집중적으로 일어난다. 이 미끄러짐은 매우 잔잔하고 연속적으로 일어난다.

그 대신 균열은 수백 년 동안 움직임이 없을 것이다. 그렇지만 하나의 판이 갑자기 다른 판을 지나 몇 cm 정도 또는 몇 m 정도 움직인다. 지진은 이런 갑작스런 운동에 의해 암석이 진동하는 것이다. 다음 장에서 지진활동에 대해

그림 6.18 1980년에 분출했었던 수렴형 판 경계 근처인 미국 워싱턴 주 캐스케이드 산맥의 세인트헬렌스 산은 활화산이다.

더 언급할 것이다.

조산작용

안데스 산맥과 북아메리카 서부의 산맥 일부를 포함하여 세계 거대한 산맥의 대부분은 섭입대에서 형성되었다. 섭입대에서 몇 가지 과정이 결합하면 산맥이 만들어진다. 지각으로 엄청난 양의 마그마가 상승하여 지각의 양을 더한다. 게다가 빵 반죽을 양쪽에서 압축하면 두꺼워지는 것과 같이 두 판이 수렴하는 곳에서 지각은 두꺼워진다. 결국 화산 분출은 화산 산맥을 형성한다. 이 두꺼운 지각은 산맥을 형성하기 위해서 부드럽고 유동성 있는 연약권 위로 떠오른다.

어떤 경우에 두 대륙은 수렴형 판 경계에서 충돌한다. 충돌로 인해 막대한 양의 암석이 위로 밀려 히말라야, 알프스, 애팔래치아 산맥과 같은 거대한 산맥을 형성한다.

새롭고 뜨거운 암석권은 높은 수준에서 떠 있고, 열곡대에서 엄청난 양의 마그마가 형성되기 때문에 거대한 화산성 산맥은 열곡대에서도 형성된다. 중앙해령과 동아프리카 열곡대의 화산 그리고 미국 남서부의 리오그란데 열곡은 이런 산맥의 예다.

대륙과 해양의 이동

대륙과 해양분지는 암석 판 이동의 일부이기 때문에 지표면 위를 이동한다. 즉, 대륙과 해양분지는 간단히 판에 업혀서 이동한다. 대서양 중앙해령이 분리됨에 따라 북아메리카는 현재 유럽에서 1년에 약 2.5 cm 정도 점점 멀어지며 이동하고 있다. 따라서 앞으로 10년 동안 북아메리카 판은 뒤로 약 25 cm 정도 움직일 것이다.

인간의 생애 동안 판의 움직임은 매우 느리다. 하지만 공룡이 멸종한 이후로 6,500만 년 동안 북아메리카는 뉴욕에서 미니애폴리스까지 정도의 거리인 약 1,620 km를 이동하였다. 대서양이 확장됨에 따라 태평양은 줄어들고 있다. 따라서 대륙이 움직이면서 지질학적 시간의 경과에 따라 해양분지는 열리고 닫힌다.

해류는 적도에서 극 쪽으로 따뜻한 물을 운반하고, 극에서 적도지방으로 찬 물을 수송하여 극지방을 따뜻하게 하고 열대 지방을 차갑게 한다. 마찬가지로 바람은 열과 수증기를 전 세계로 수송한다. 대륙과 해양분지의 이동은 해류와 바람의 경향을 바꿔 사막을 우림으로, 빙하로 덮인 지역을 초원으로 변하게 할 것이다. 강우 분포의 변화는 강줄기와 배수의 패턴 변화를 수반한다. 호수는 메마르거나 또는 새로운 호수를 형성한다. 식물과 동물은 죽거나 이주하여 새로운 기후에 적응할 수 있는 새로운 종으로 대체될 것이다.

요약

6.1 알프레트 베게너와 생각의 기원: 대륙이동설

알프레트 베게너의 대륙이동설은 현대 지질학의 틀을 제공하는 판구조론의 전조가 되었다.

6.2 지구의 층상 구조

지구는 층상 구조로 된 행성이다. 지각은 지구의 가장 바깥층이고 두께는 4~70 km 정도로 다양하다. 맨틀은 지각 밑에서부터 약 2,900 km 깊이까지 확장되어 있고, 이후 핵이 시작된다. 암석권은 지구 바깥의 75~125 km 정도의 두께로 차고, 단단하고, 강한 성질로 모든 지각과 최상부 맨틀을 포함하고 있다. 뜨겁고, 유동성 있는 연약권은 약 350 km 정도의 깊이까지 확장되어 있다. 핵은 대부분 철과 니켈로 구성되어 있고 외핵은 액체, 내핵은 고체 상태다.

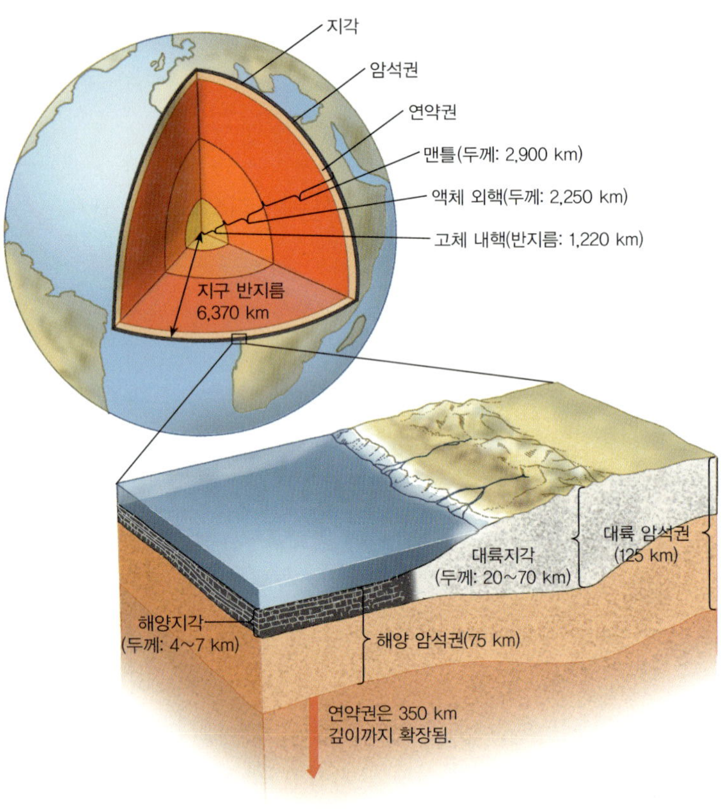

그림 6.4 지구는 층상 구조를 가진 행성이다. 내부는 거의 표면의 층상 구조를 자세히 보기 위한 스케일로 그려져 있다. 암석권의 두께는 해양 아래 75 km에서 대륙 아래 125 km까지 다양한 두께를 가지고 있다.

6.3 해저확장설

해저확장설은 모든 해양지각의 기원을 밝히기 위한 일반적인 모델로서 제안되었다.

6.4 판구조론

판구조론은 암석권이 연약권 위를 떠다닌다는 개념으로 암석권은 7개의 큰 주요 판으로 나뉘어서 연약권 위를 미끄러지듯이 움직이고 있다. 지구 상의 주요 지질학적 활동은 판 경계부에서 일어난다. 판 경계부는 다음의 3가지 유형으로 나뉜다. 있다. (1) 새로운 암석권을 형성하고 바깥쪽으로 확장하는 발산 경계(또는 확장 중심), (2) 두 암석권이 서로를 향해 움직이는 수렴 경계, (3) 두 판이 수평적으로 서로 미끄러지는 변환 경계

6.5 판의 구조

화산활동, 지진활동, 조산운동은 거의 판 경계부에서 일어난다. 암석권의 판 내부는 구조적으로 안정하다. 판들은 1년에 1~16 cm 정도를 수평적으로 움직인다. 판의 운동은 대륙을 전 지구적으로 이동시키고, 해양분지를 열리거나 닫히게 하고, 기후와 동식물의 분포에 영향을 미친다.

6.6 왜 판은 움직이는가: 열기관으로서의 지구

맨틀 대류와 암석권 판의 운동은 맨틀이 뜨겁고, 유동성 있어서 흐르기 때문에 일어날 수 있다. 상부로부터 핵 근처에 이르는 전

체 맨틀은 거대한 세포를 이루면서 대류가 일어난다. 판의 수평적 움직임은 대류 세포의 상부 운동에 해당한다. 대류는 (1) 맨틀이 기저 부분에서 가장 뜨겁고, (2) 확장 중심으로부터 멀어지는 새로운 암석권이 아래 경사 방향으로 미끄러져 운동하고, (3) 맨틀로 침강하는 판의 차가운 경계부가 나머지 판을 끌고 오기 때문에 일어난다.

6.7 초대륙

초대륙은 아마 수억 년을 주기로 모이고, 분리되고, 다시 모일 것이다.

6.8 지각평형설: 암석권의 연직운동

암석권이 연약권 위에 떠 있는 개념을 지각평형설이라고 부른다. 빙하와 같은 무게가 지구 표면에서 더해지거나 제거될 때, 암석권은 가라앉거나 떠오른다. 이런 연직운동을 변하는 무게에 대한 적응으로 지각평형 조절이라고 한다.

6.9 판의 움직임이 지구시스템에 미치는 영향

판의 운동은 화산활동과 지진활동, 조산작용 그리고 대륙과 해양의 전 지구적 분포 변화로써 지구 표면 모양을 형성한다. 또한 기후에도 영향을 미친다.

핵심용어

곤드와나Gondwanaland (6.1)
대류convection (6.6)
대륙 열곡continental rifting (6.4)
대륙이동설continental drift (6.1)
대서양 중앙해령Mid-Atlantic Ridge (6.3)
대양저 산맥Mid-Oceanic Ridge system (6.3)
로라시아Laurasia (6.1)
맨틀 플룸mantle plume (6.6)
발산 경계divergent boundary (6.4)
변환 경계transform boundary (6.4)
섭입subduction (6.4)
섭입대subduction zone (6.4)
수렴 경계convergent boundary (6.4)
역자화reversed magnetic polarity (6.3)
연약권asthenosphere (6.2)
열점hot spot (6.6)
자기 역전magnetic reversal (6.3)
정자화normal magnetic polarity (6.3)
지각평형설isostasy (6.8)
초대륙supercontinent (6.7)
판 경계plate boundary (6.4)
판게아Pangea (6.1)
판구조plate tectonics (6.0)
해저확장설sea-floor spreading (6.3)

연습문제

1. 알프레트 베게너의 대륙이동설을 간단히 설명하시오. 그의 생각을 지지하는 증거는 무엇인가? 베게너의 이론이 현대의 판구조론과 어떻게 다른가?
2. 해저확장설과 이 가설의 발달에 사용된 증거를 간단히 설명하시오. 이 생각은 베게너의 이론 그리고 판 구조 이론과 어떻게 다른가?
3. 지구 내부 구조를 그리시오. 모든 주된 층의 이름과 각 층의 두께를 표현하시오.
4. 지구 층상 구조의 각 물리적 특성을 설명하시오.
5. 암석권과 연약권의 차이점을 설명하고 묘사하시오.
6. 연약권의 어떤 성질이 암석권이 그 위를 미끄러지듯이 움직일 수 있게 하는가?
7. 지각과 맨틀의 차이점을 설명하시오.

8. 해양지각과 대륙지각의 차이점을 설명하시오.

9. 판의 움직임이 지구시스템에 미치는 영향을 설명하시오.

10. 지구의 지각이 역동적이라고 말할 수 있는 4가지 사항을 제시하시오.

11. 지구조 판 경계의 3가지 형태를 나열하시오.

12. 해저확장이 판구조 이론에 어떻게 관련되는지 설명하시오.

13. 지구조 판은 어떤 힘에 의해서 이동하는가?

14. 해저의 지형적인 특징을 제시하고, 이들이 가지는 판들과의 구조적 연계성에 대해서 설명하시오.

7장 지진과 지구 내부 구조

지진은 매일 발생한다. 정교한 계측기는 지진이 발생하면 그 진동 흔적을 그대로 기록한다. 여기 보이는 지진계는 스미스소니언 자연사 박물관에 있는 것으로서 미국 일래스카 주와 애리조나 주, 일본에서 현재 발생 중인 지진활동을 그대로 나타낸다.

> "네가 내 곁에 있을 때면 언제나 발밑 지구가 움직이는 걸 느껴. 하늘이 무너지는 걸 느껴. 심장이 뛰기 시작하는 걸 느껴."
>
> 캐롤 킹(Carole King, 1942~)[1)]

6장에서 배운 바와 같이 지구의 판은 부드러운 연약권 위로 여러분의 손톱이 자라는 속도로 미끄러지면서 이동한다. 마찰은 판 경계에서 종종 판을 붙들어 움직이지 못하게 한다. 암석은 인장되거나 압축되면서 수십 년, 1세기 혹은 더 이상의 기간 동안 아무런 변동 없이 응력이 축적된다. 그 다음 갑자기 판이 깨지며 지구가 흔들린다. 지진은 이런 문턱 효과의 대표적인 예다. 판 내부는 일정한 비율로 움직인다. 그러나 이 운동은 판 경계에서 종종 정지된다. 그 다음 한계점에 도달하면 갑작스런 엄청난 위력의 운동, 즉 지진이 일어난다.

판 운동과 그 결과 나타나는 지진이 인명 피해와 파괴를 동반하지만 지구의 지체구조적인 활동이 근본적으로 지구 시스템에 영향을 주어 지구라는 행성이 유지될 수 있도록 하는데 대하여 감사해야 한다. 지진은 아무리 비극적이라 하더라도 우리가 사는 행성과 복잡계의 한 성분이다.

판 구조운동은 다음과 같은 현상을 일으킨다.

- 화산 분출 시 나오는 가스가 건조하고 서식이 불가능한 지구에 물을 공급함으로써 대기와 해양 형성
- 대륙의 탄생
- 토양의 재생
- 범지구적인 화학 성분의 조절
- 금속 물질의 집적

7.1 지진 분석

암석은 딱딱하지만 충분한 응력이 가해지면 변형이 일어난다. 응력이 가해질 때 암석은 다음 세 가지 중 한 방법으로 변형될 수 있다. 즉, (1) 탄성, (2) 깨짐, (3) 연성이다.

작은 양의 응력하에서는 암석은 탄성에 의해 변형된다. 응력이 제거되면 암석은 원래의 모양과 크기로 돌아간다. 고무 밴드는 늘이면 탄성으로 인해 변형된다. 고무 밴드를 늘이는 데 사용된 에너지는 늘어난 고무 밴드에 저장된다. 응력이 제거되면 고무 밴드는 제 자리로 돌아가고 저장된 에너지를 방출한다. 같은 방식으로 탄성에 의해 변형된 암

그림 7.1 1989년 미국 샌프란시스코에 인접한 로마프리에타(Loma Prieta) 지진이 발생했을 때 응력을 받은 암석에 변위가 생겨 깨진 모습

1) 역자 주: 미국의 가수, 작곡가 겸 피아니스트다.

석은 외부 힘이 제거되면 저장된 탄성 에너지를 방출하고 원래의 모양으로 되돌아간다. 그러나 고무 밴드처럼 모든 암석이 탄성에 의해 변형되는 데는 어떤 한계가 있다. 어떤 조건하에서 탄성에 의해 변형된 암석은 그 한계를 넘어서면 갑자기 깨지게 된다(그림 7.1). 지각에 있는 암석이 변형되고 깨지면 그 결과로 지구를 통과해 가는 빠른 진동을 만들어 내고 이것이 지진으로 느껴진다.

다른 조건하에서는 탄성한계를 초과할 때 고체 상태인 채로 계속 변형이 진행되기도 한다. 이것을 **연성 변형**(plastic deformation)이라 한다. 연성적으로 변형하는 암석은 응력이 방출될 때 새로운 모양을 갖게 되며, 변형시키는데 사용된 에너지를 저장하지 않는다. 따라서 지진은 연성적으로 암석이 변형될 때에는 일어나지 않는다. 그림 7.2는 지각 내의 깊은 곳에 작용한 힘에 의해 연성적으로 변형된 암석의 노두를 나타낸다. 평행한 암석층은 휘어져 S자 모양의 습곡으로 뒤틀어졌다.

6장에서 지구의 암석권은 7개의 큰 판과 여러 개의 작은 판으로 갈라져 있다고 배웠다. 판이 1~16 cm/yr의 속도로 이동한다고 하더라도 마찰은 판들이 서로 연속적으로 잘 미끄러져 어긋나는 것을 방해한다. 수십 년 심지어 1~2세기 동안 판 경계 가까이 차고 강한 암석은 탄성에 의해 늘어나거나 압축될 수 있다. 반면에 가장자리는 고정되어 움직일 수 없다. 마치 늘어난 고무 밴드나 압축된 용수철에서처럼 퍼텐셜 에너지가 형성된다. 그 다음 변형이 임계점에 도달하면 암석은 끊어지거나 깨진다. 지면은 올라오거나 내려가고 파도 모양으로 진동한다. **지진**(earthquake)은 암석 내에 저장되었던 에너지가 갑자기 방출되면서 일어나는 지구

연성 변형(plastic deformation) 암석이 탄성한계에 도달한 후 변형이 일어날 때 깨짐이 없이 일어나는 변형. 이때 암석은 새로운 모양으로 바뀌고 에너지를 저장하지 않는다. 따라서 암석에 연성 변형이 일어나면 지진은 발생하지 않는다.

지진(earthquake) 암석에 느리게 축적된 탄성 에너지가 갑자기 방출되면서 일어나는 지구의 진동

COURTESY OF GRAHAM R. THOMPSON/JONATHAN TURK

그림 7.2 암석이 응력을 받아 연성적으로 변형된 모습

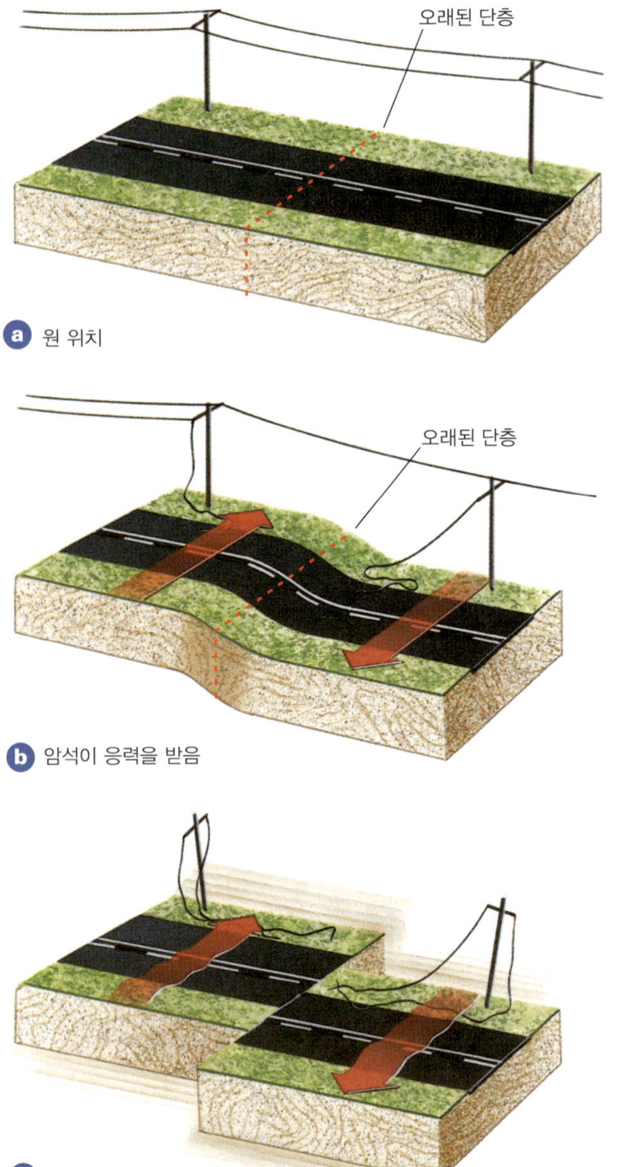

그림 7.3 (a) 오래된 단층을 가로질러 도로가 생긴다. (b) 암석은 지체구조적인 힘에 의해 응력을 받으면 탄성 에너지를 저장한다. (c) 임계점에 도달하면 암석은 깨지고 변형은 완화되면서 단층 양측은 응력을 받기 이전의 모양으로 되돌아간다.

의 갑작스런 진동이다.

지각을 이루는 암석의 대부분의 움직임은 기존에 이미 형성되어 있던 단층을 따라 일어난다. 왜냐하면 단층의 양면을 결속시키고 있는 마찰이 암석체보다 더 약하기 때문이다(그림 7.3). 그러나 때때로 고체인 암석이 깨지면서 새로운 단층을 형성한다. 지진이 사라진 후 암석 내에 저장되어 있던 퍼텐셜 에너지는 방출되지만 단층은 암석 내에 약해진 상태로 남아 있게 된다. 더 많은 응력이 쌓이면 새로운 단층을 만들기 위해 다시 깨지는 것보다 기존의 단층을 따라 단층 양측의 암석은 더 쉽게 움직일 수 있다. 따라서 지진은 기존의 단층을 따라 반복적으로 일어난다. 예를 들면 판의 경계에 위치한 캘리포니아 남부의 산안드레아스 단층은 과거에 수없이 움직여 왔으며 앞으로도 다시 움직일 것이다(그림 7.4).

지진이 발생하는 동안 암석은 수 cm에서 1~2 m까지 움직인다. 따라서 한 번의 지진은 어떤 지역의 지형에 아주 작은 변화를 가져온다. 그러나 수천만 년에 걸쳐 수십만 번 발생하는 지진에 의한 끊임없는 판 운동은 행성의 표면에 변화를 가져온다.

R. E. WALLACE/USGS

그림 7.4 많은 지진들의 원인이 되고 있는 산안드레아스 단층은 좌측의 태평양 판과 우측의 북아메리카 판 사이의 경계다.

7.2 지진파

여러분은 수박을 살 때 손가락으로 수박을 두드려본다. 만약 선명하고 깨끗한 소리가 나면 수박이 잘 익었고, 둔탁한 소리가 나면 지나치게 익거나 곤죽이 되었음을 짐작할 수 있다. 수박은 지구에 적용할 수 있는 2가지 점을 시사해 주고 있다. 첫째, 여러분이 두드리는 에너지는 수박을 통해 전파된다. 둘째, 수박 내부의 상태는 소리의 질에 영향을 준다.

파는 한 장소에서 다른 장소로 에너지를 전달한다. 북소리는 연속적인 파로 공기를 통해 전달된다. 태양의 열은 파로 지구에 도달한다. 수박을 두드리면 파로 수박 내부를 통해 전달된다. 암석을 통해 전파해 가는 파를 **지진파**(seismic wave)라 한다. 지진과 발파는 지진파를 만들어 낸다. **지진학**(seismology)은 지진파로부터 얻을 수 있는 증거에 기초하여 지구 내부의 특성과 지진을 연구하는 학문이다.

지하에서 갑작스런 움직임으로 지진을 만들어내는 깨짐이 시작되는 지점을 **진원**(focus)이라 한다. 진원 바로 위의 지표면의 한 지점은 **진앙**(epicenter)이다. 지진은 두 종류의 지진파를 만든다. **실체파**(body wave)는 지구 내부를 전파해 가면서 진원으로부터 지표까지 에너지를 운반한다(그림 7.5). **표면파**(surface wave)는 지표에 도달한 에너지가 진앙으로부터 지구 표면을 따라 퍼져 나간다.

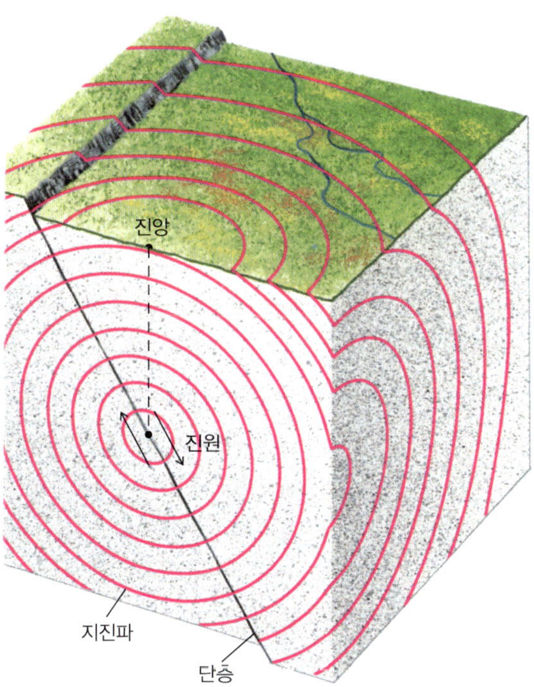

그림 7.5 단층을 따라 갑작스런 이동이 일어나면서 생긴 실체파가 진원으로부터 밖으로 전파해 간다.

실체파

실체파에는 두 가지 유형이 있다. **P파**(P wave)는 빠르게 전파하여, 관측자에게 가장 먼저 도달하는 파(primary wave)다. 이 파는 암석 매질을 반복적으로 압축, 팽창시키는 압축 탄성파다(그림 7.6). 슬링키 완구와 같은 긴 용수철을 생각해 보자. 이것을 늘리고 한쪽 끝을 치면 압축파가 용수철을 따라 길이 방향으로 앞뒤로 진동하며 진행해 간다. P파는 공기, 액체, 고체 매질을 전파해 간다. 욕조에서 귀가 잠길 때까지 머리를 물에 담근다. 손가락 관절로 욕조를 두들기며 소리를 들어보자. 여러분은 P파를 들을 것이다.

P파는 지각에서 4~7 km/s, 상부 맨틀에서는 8 km/s의 속도로 전파해 간다. 참고로 공기에서 소리의 속도는 0.34 km/s며, 가장 빠른 제트기의 속도는 0.85 km/s다.

S파는 또 다른 실체파의 유형으로서 P파보다는 느리게 진행하여 관측자에게 두 번째로 도달하는 파(secondary wave)다. **S파**(S wave)는 전단운동을 하므로 전단파(shear wave)라고도 불린다. 벽에 밧줄을 매고 반대쪽의 끝을 잡고 위아래로 빠르게 흔들어 보자(그림 7.7). 파는 밧줄에 평행하게 전파해 가지만 밧줄

지진파(seismic wave) 지진이나 폭파에 의해 암석을 통과해 가는 탄성파

지진학(seismology) 지진파를 통해 지구 내부의 특성과 지진을 연구하는 학문

진원(focus) 지표면 하부에 지진에 의한 깨짐이 시작되는 지점

진앙(epicenter) 진원 바로 위 지표면의 한 지점

실체파(body wave) 지구 내부를 통과하여 진원으로부터 지표면까지 에너지를 운반해 가는 지진파

표면파(surface wave) 진앙으로부터 지표면을 따라 혹은 지구 내부의 층 사이 경계를 따라 전파해 가는 지진파

P파(P wave) 다른 지진파보다 빠른 실체파로서 관측소에 첫 번째 혹은 가장 우선적으로 오는 파. 파의 진행 방향에 나란하게 앞뒤로 지면을 진동시키며 전달되며, 암석을 반복적으로 압축, 팽창시키면서 진행한다.

S파(S wave) P파보다 느리며, 관측소에 두 번째로 도착하는 파. 파의 진행 방향에 수직으로 지면을 진동시키는 전단운동 때문에 전단파라고도 한다.

지진계(seismograph) 지진파를 기록하는 장치

지진기록지(seismogram) 지진계에 기록된 지구 진동의 기록

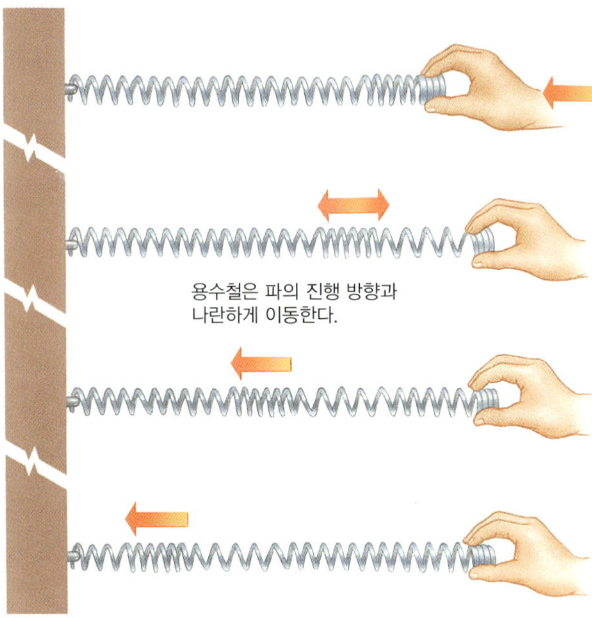

그림 7.6 P파(압축파)의 모델. 용수철이 파의 진행 방향과 나란하게 앞뒤로 움직인다. 화살표는 압축 영역의 진행 방향의 움직임을 나타낸다. 지진에서 P파는 파의 진행 방향에 나란하게 지면을 진동시킨다.

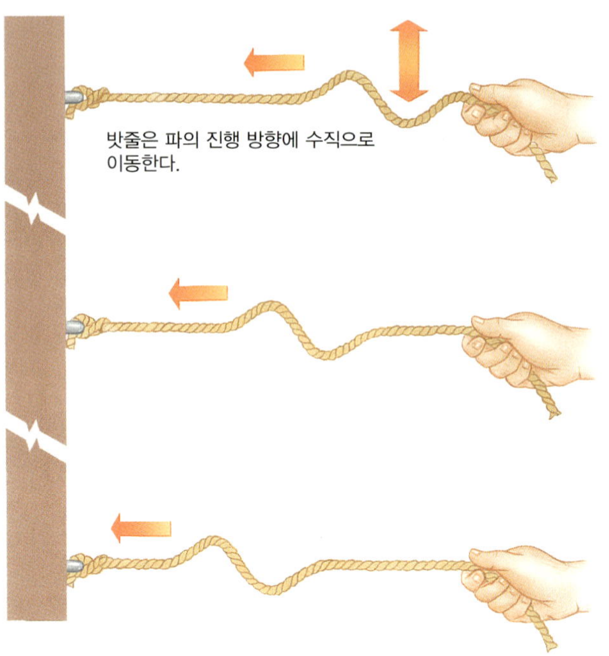

그림 7.7 S파(전단파)의 모델. 밧줄은 파의 진행 방향에 수직으로 움직인다. 지진에서 S파는 파가 진행하는 방향에 수직으로 지면을 진동시킨다.

을 이루고 있는 개개의 매질은 밧줄의 길이 방향에 대해 수직으로 움직인다. S파와 비슷한 운동이 암석 내에서 전단 응력을 생기게 한다. S파는 파가 진행하는 방향에 수직으로 지면을 진동시킨다. S파는 지각에서 3~4 km/s의 속도로 진행한다.

P파와 달리 S파는 고체만을 통과해 간다. 액체와 기체 내의 분자들이 서로 약하게 결속되어 있기 때문에 서로 잘 미끄러져 전단파를 전달할 수 없다.

표면파

표면파는 실체파보다 더 느리게 진행한다. 표면파는 조용한 호수에 돌을 던질 때 수면 위에 퍼져 나가는 파처럼 지면을 가로질러 진동한다(실제로 파의 메커니즘은 다르다). 표면파는 두 가지 유형의 파가 동시에 생기는데, 위아래로 구르는 운동과 좌우로 진동하는 운동이다. 지진이 일어나면 지표면은 바다의 해파처럼 요동치고 뱀처럼 좌우로 비틀거린다(그림 7.8). 표면파는 지표면 이동과 피해의 가장 주요한 근원이 된다.

지진파의 측정

지진계(seismograph)는 지진파를 기록하는 장치다. 초기의 지진계에는 무거운 추가 용수철에 달려 있었다. 추에 부착된 펜은 그래프용지 상에 영점을 가리키고 있다(그림 7.9). 그래프용지는 암반에 고정되어 있는 회전 드럼 상에 부착되어 있다. 지진이 발생하면 그래프용지는 위아래로 움직이지만, 관성 때문에 추와 펜은 정지해 있으려 한다. 그 결과 용지는 펜 밑에서 위아래로 움직인다. 회전 드럼은 시간의 흐름에 따른 지구 진동을 기록한다. 이것을 **지진기록지**(seismogram)

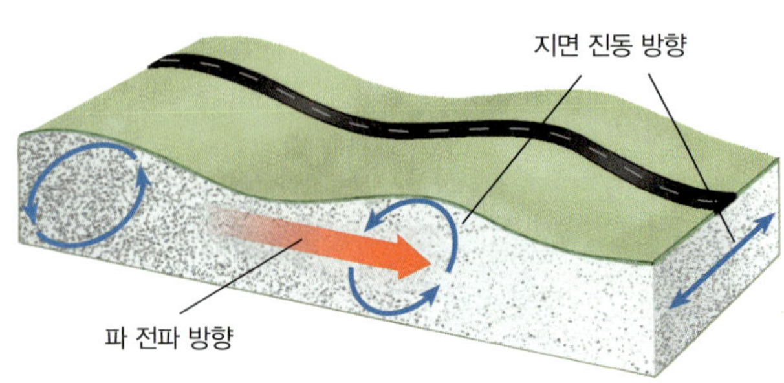

그림 7.8 지진이 발생하면 표면파는 지표면을 상하좌우로 진동시킨다.

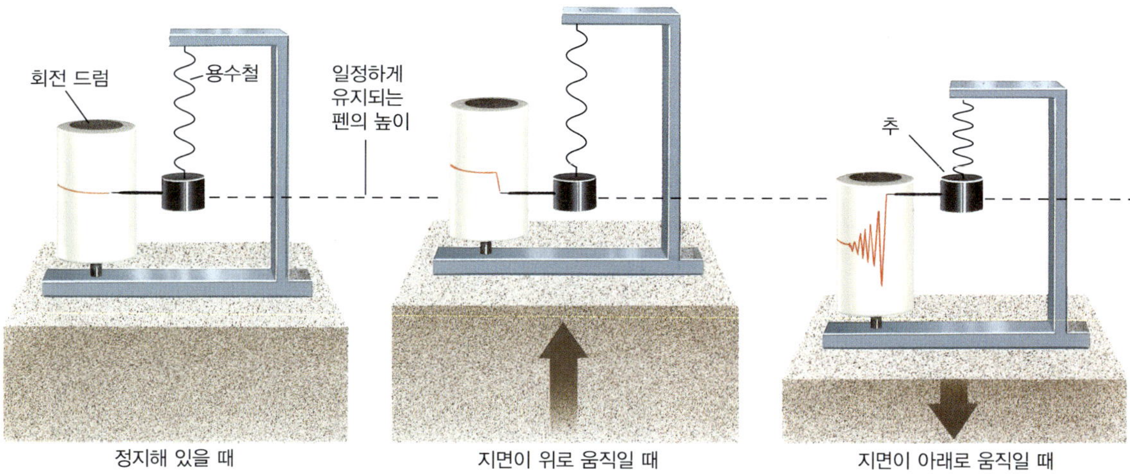

그림 7.9 지진 발생 동안 지면의 진동을 기록하는 지진계. 초기 지진계에서는 지면이 정지해 있으면 펜이 회전 드럼 상에 직선을 그린다. 지면이 갑자기 위로 이동하면 드럼도 위로 이동한다. 그러나 용수철에 매달려 있는 추와 펜은 거의 움직이지 않는다. 그러므로 펜은 드럼의 하부에 선을 그리고, 지면이 내려가면 드럼의 상부에 선을 그린다. 지진이 발생하면 펜은 드럼이 올라가고 내려감에 따라 지그재그 형태로 선을 그린다.

메르칼리 스케일(Mercalli scale) 지진에 의해 방출되는 에너지에 대한 정확한 측정 없이 사람이나 건물에 가해지는 파괴적인 힘이나 효과에 기초하여 지진의 세기를 표현하는 진도 계급

리히터 스케일(Richter scale) 지진에 의해 방출된 에너지를 표현하는 지진 규모의 계급. 지진 에너지의 정확한 표현 수단은 아니지만, 표준 지진계 상에 기록된 가장 큰 실체파의 진폭으로 계산한다.

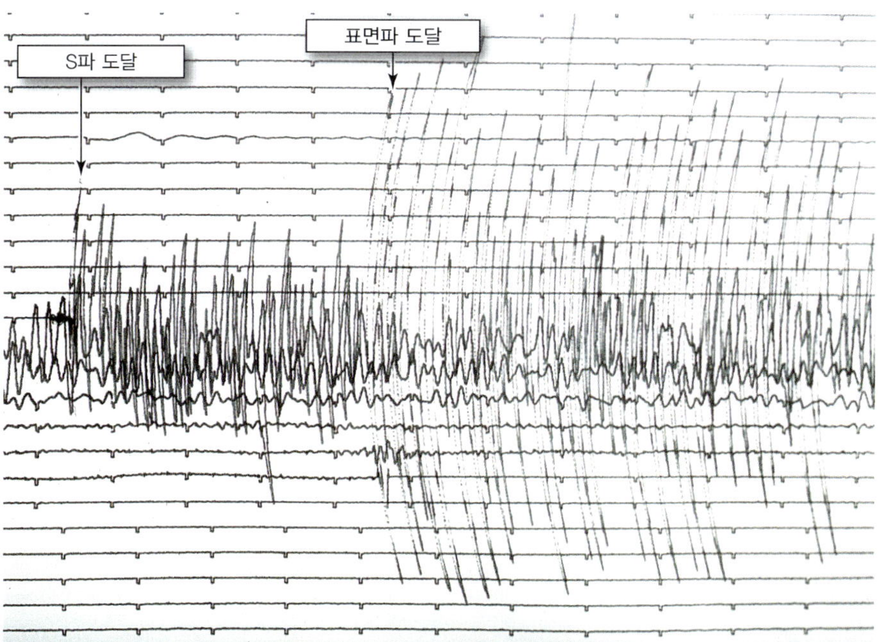

RUSSELL D. CURTIS/USGS

그림 7.10 1989년 10월, 로마 프리에타(Loma Prieta) 지진 시 남북 방향의 지면 진동을 기록한 지진 기록

(그림 7.10)이라 한다. 현대적인 지진계는 시그널을 컴퓨터로 옮기는 전자 동작 탐지기를 사용한다.

지진의 세기 측정

지난 세기에 걸쳐 지질학자들은 지진의 세기를 표현하는 여러 개의 스케일을 고안하였다. 지진계가 광범위하게 보급되기 이전에는 구조물의 피해에 기초하여 1884년 이탈리아 화산학자인 주세페 메르칼리(Giuseppe Mercalli, 1850~1914)가 만든 **메르칼리 스케일**(Mercalli scale)로 지진을 평가하였다. 메르칼리 스케일에서는 많은 건물을 붕괴시킨 지진은 적은 피해를 가져온 지진보다 그 세기가 더 크게 등급화된다.

이 체계는 지진에 의해 방출되는 에너지를 정확하게 측정하지는 못한다. 그러나 구조물의 피해는 진원으로부터의 거리, 구조물 아래의 암석이나 토양, 건축의 질에 좌우되므로 중요하다. 1935년 미국 지진학자인 찰스 리히터(Charles Francis Richter, 1900~1985)는 지진이 발생할 때 방출되는 에너지양을 표현하는 **리히터 스케일**(Richter scale)을 고안하였다. 리히터 스케일은 특정 타입의 지진계에 기록된 가장 큰 실체파의 진폭으로부터 계산하였다. 리히터 스케

모멘트 규모(moment magnitude) 지진 발생 시 단층의 이동량과 파괴 면적에 기초하여 평가한 지진의 계급으로서 이것은 지진에 의해 방출된 에너지의 총합을 가장 가깝게 반영한다.

주시곡선(time-travel curve) P파와 S파의 도착 시간을 기록하는 그래프로서 진앙과 관측소까지의 거리를 측정하는 데 사용된다.

일은 이전의 진도 스케일보다 더 정량적이다. 그러나 이것도 방출되는 지진 에너지를 정확하게 나타내지는 못한다. 매우 선명하고 빠른 한 번의 진동은 리히터 지진계에 한 개의 높은 봉우리로 나타날 것이다. 그러나 매우 큰 지진은 극단적으로 높은 봉우리들을 나타내지 않고 긴 시간 동안 지면을 흔든다. 따라서 큰 지진은 한 개의 높은 봉우리에 반영되지 않는 많은 양의 에너지를 방출하므로 리히터 스케일에 의해 적절하게 표현되지 않는다.

지진학자들은 현대의 발달된 장비와 측정법으로 지진 발생에 따라 움직인 단층면의 넓이와 양을 측정할 수 있게 되었다. 이 두 값을 곱하여 **모멘트 규모**(moment magnitude)를 계산한다. 요즘은 대부분의 지진학자들이 리히터 스케일 대신에 모멘트 규모를 사용한다. 왜냐하면 모멘트 규모가 지진 발생 시 방출되는 에너지양을 정확하게 반영하기 때문이다. 모멘트 규모 6.5인 지진의 방출 에너지는 10^{25} erg이다. 이것은 2차 세계대전 때 일본 히로시마에 떨어진 원자 폭탄의 에너지와 맞먹는다. 물론 지진은 단지 지면을 흔들기만 하지만 원자 폭탄은 엄청난 열과 방사능을 방출한다.

리히터 스케일과 모멘트 규모에서 규모 1이 증가함에 따라 지진 에너지는 30배 증가한다. 따라서 규모 6인 지진은 규모 5인 지진보다 약 30배 더 많은 에너지를 방출한다.

지진이 얼마나 커질 수 있는가는 암석의 강도에 의해 결정된다. 강한 암석은 약한 암석보다 깨지기 전에 더 많은 탄성 에너지를 저장할 수 있다. 지금까지 측정된 가장 큰 지진은 모멘트 규모 8.5~8.7로서 히로시마 폭탄에 의해 방출된 에너지의 약 900배에 해당한다.

지진원의 위치

여러분이 극심한 뇌우를 보았다면, 번개가 친 장소와 여러분이 있는 위치 사이의 거리를 측정하는 데 간단한 기법

번개와 천둥 사이의 시간차가 1초라면 뇌우는 340 m 떨어져 있다.

NOAA PHOTO LIBRARY, NOAA CENTRAL LIBRARY; OAR/ERL/NATIONAL SEVERE STORMS LABORATORY (NSSL)

을 사용할 수 있다. 번개에 의한 섬광이 보인 후 천둥소리를 들을 때 까지 시간(s)을 재어보자. 전기 방전으로 번개와 천둥이 동시에 발생되었다 하더라도 빛은 소리보다 훨씬 빠르게 진행한다. 빛은 순간적으로 직접 도달하는 반면, 소리는 340 m/s의 속도로 느리게 도달한다. 번개에 의한 섬광과 천둥 사이의 시간 간격이 1초라면, 번개는 340 m 떨어진 가까운 곳에서 시작된 것이다.

이와 같은 원리는 관측소로부터 진앙과 진원까지의 거리를 결정하는 데 사용된다. P파 속도는 S파 속도보다 더 빠르고, 표면파 속도는 S파 속도보다 느리다. 만약 지진계가 진앙에 가까이 위치한다면, 폭풍이 가까이 올 때 천둥과 번개가 거의 동시에 도착하는 것과 같이 서로 다른 지진파들이 빠르게 연속적으로 도달할 것이다. 반면에 지진계가 멀리 위치한다면 S파는 P파 도착 후 나중에 도착하며, 표면파는 더 늦게 도착한다(그림 7.11).

지질학자들은 지진계와 진앙 사이의 거리를 계산하기 위해 **주시곡선**(time-travel curve)을 사용한다. 주시곡선을 그리기 위해서는 서로 다른 관측소에 위치하는 많은 지진계에 진앙과 진원시가 알려진 지진으로부터 오는 지진파들의 도착 시간을 기록한다. 이들 자료들을 사용하여 그림 7.12와 같은 주시곡선이 완성된다. 이 그래프는 진앙이 알려지지 않은 지진과 관측소 사이의 거리를 측정하는 데 이용된다.

주시곡선은 처음에 자연 지진으로부터 얻어진 자료를 사용하여 만들어졌다. 그러나 과학자들은 언제 어디서 지진

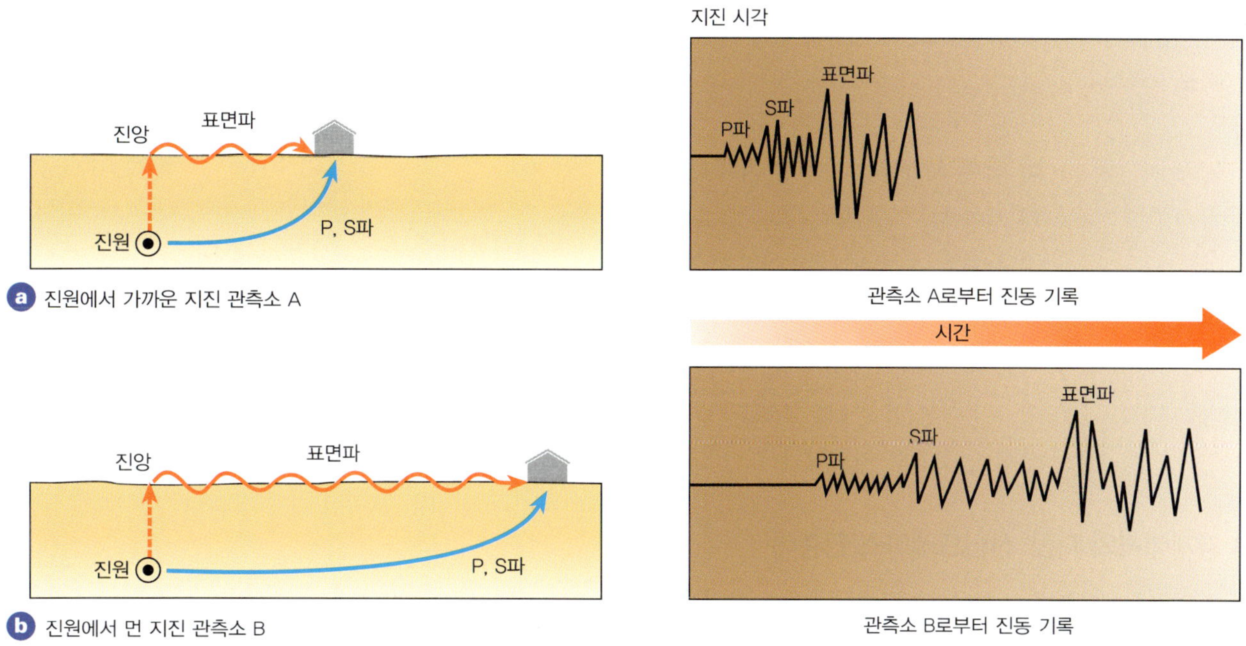

그림 7.11 진원으로부터의 거리에 따라 P, S, 표면파의 도달 시간 간격을 나타낸다.

이 일어날지 정확하게 모른다. 1950～1960년대에 이르러 지질학자들은 핵폭발 시험으로부터 나오는 지진파를 통해 주시곡선의 그래프를 향상시키는 연구를 진행하였다. 이는 폭발의 시간과 장소를 정확하게 증명할 수 있기 때문에 매우 정확하다.

그림 7.12는 S파 도착 3분 전에 P파가 도착하면 지진기록계는 진앙으로부터 1,900 km에 위치함을 보여주고 있다. 그러나 이 거리는 지진이 동, 서, 남, 북 어느 위치에서 오는지는 알려주지 않는다. 따라서 지진 발생 위치를 정확하게 정하기 위해서는 3개 이상 관측소의 자료를 비교한다. 미국 뉴욕 주 뉴욕 시에 있는 관측소가 6,750 km 떨어진 진앙을 기록한다면, 이것은 뉴욕 시로부터 6,750 km 원주 상의 어딘가에 진앙이 위치함을 의미한다(뉴욕 시를 중심으로 6,750 km의 원을 그린다). 이 지진의 진앙은 런던 관측소로부터 2,750 km, 그린란드의 고답 관측소로부터 1,700 km 떨어진 곳에 위치한다. 이들 관측소를 중심으로 비슷한 원이 그려진다면 이 원들은 지진의 진앙에서 교차할 것이다.

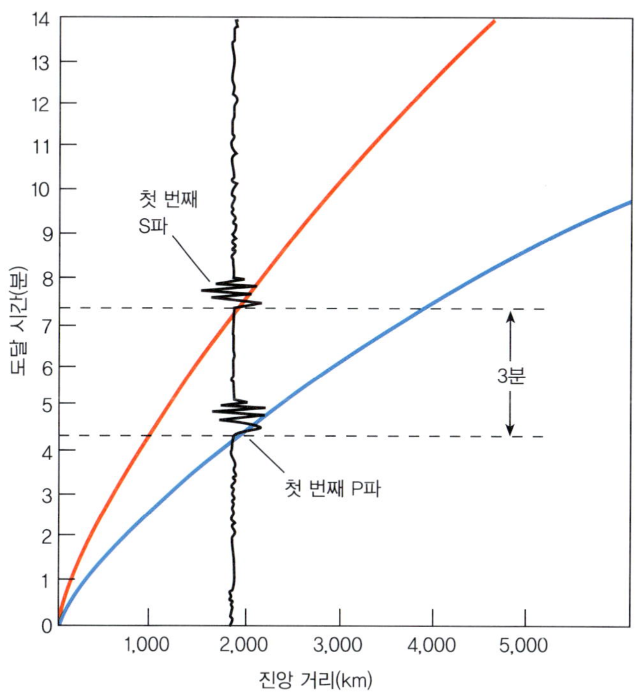

그림 7.12 주시곡선. 이 그래프로부터 관측소에서 진앙까지의 거리를 계산할 수 있다. 한 예로 P파와 S파 사이에 도달 시간이 3분 차이가 난다면 진앙으로부터 관측소까지의 거리가 1,900 km임을 나타낸다.

산안드레아스 단층대(San Andreas Fault zone) 샌프란시스코에서 샌디에이고까지 뻗어 있는 주향이동단층대로서 북아메리카 판과 태평양 판의 경계를 이루며 자주 발생한다.

주향이동단층(strike-slip fault) 단층면은 수직이지만 단층 이동은 수평으로 나타나는 단층

7.3 지진과 판의 경계

판구조론이 등장하기 전에는 지진이 어떤 지역에는 자주 일어나고, 어떤 지역에는 가끔 일어나는 정도로 인식하였다. 그러나 그 이유를 잘 몰랐다. 현대에 이르러 지질학자들은 대부분의 지진은 판과 판이 수렴, 발산하거나 서로 어긋나는 경계를 따라 발생하는 것으로 이해한다(그림 7.13).

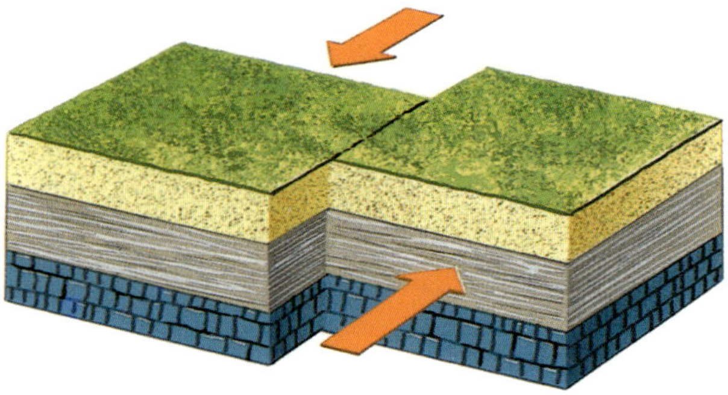

그림 7.14 주향이동단층은 수직 단층이지만 수평 방향으로 움직인다.

변환 경계에서의 지진: 산안드레아스 단층대

산안드레아스 단층대(San Andreas Fault zone)는 샌프란시스코에서 샌디에이고까지 걸쳐 나타나며, 태평양 판과 북아메리카 판 사이의 변환단층 경계다. 산안드레아스 단층 그 자체는 수직이다. 그러나 양측의 암석들은 수평 방향으로 움직인다. 이런 유형의 단층을 **주향이동단층**(strike-slip fault)이라 부른다(그림 7.14). 단층운동은 여러 개의 작은 단층들을 만들면서 단층 주변의 암석에 응력을 가한다(그림 7.15). 따라서 산안드레아스 단층대는 산안드레아스 단층과 이에 수반된 여러 단층들로 이루어져 있다. 과거 수 세기에 걸쳐 수십만 개의 지진이 이 단층대에서 발생하였다(그림 7.16).

판들은 산안드레아스 단층대의 서로 다른 분절을 따라 3가지 유형으로 이동한다.

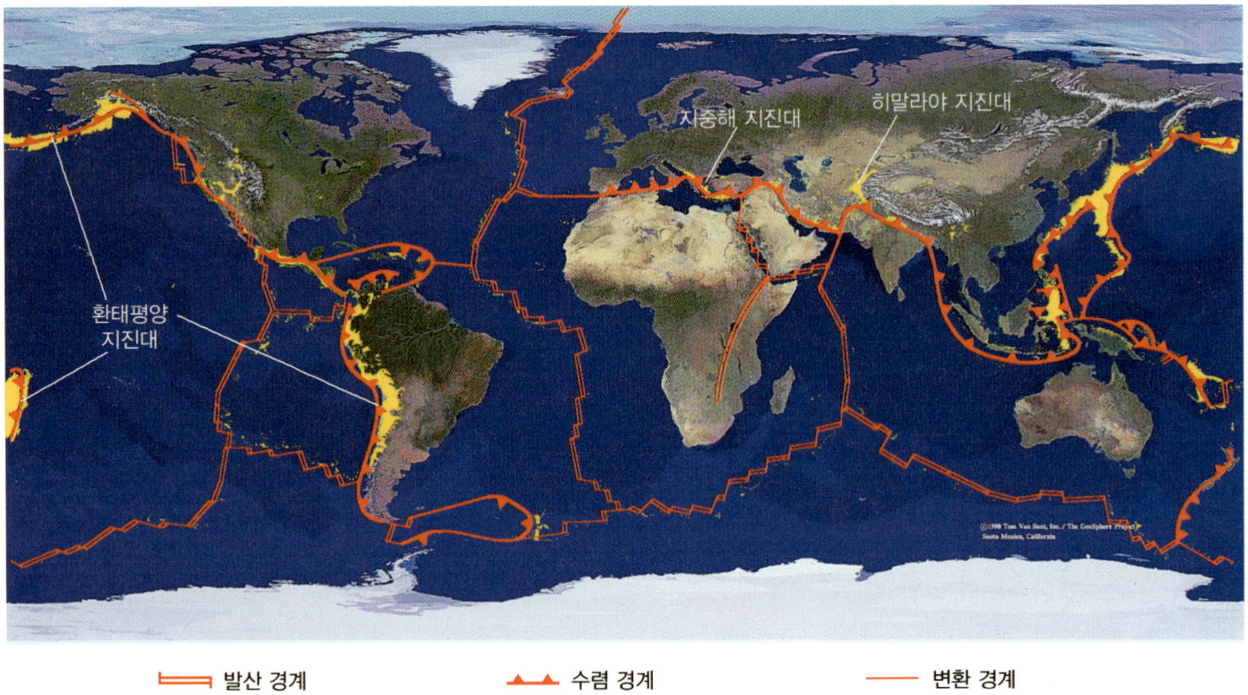

그림 7.13 지구 상의 주요 지진대는 판 경계와 일치한다. 각 노란색 점은 1985~1995년에 발생한 중규모와 대규모 지진을 나타낸다.

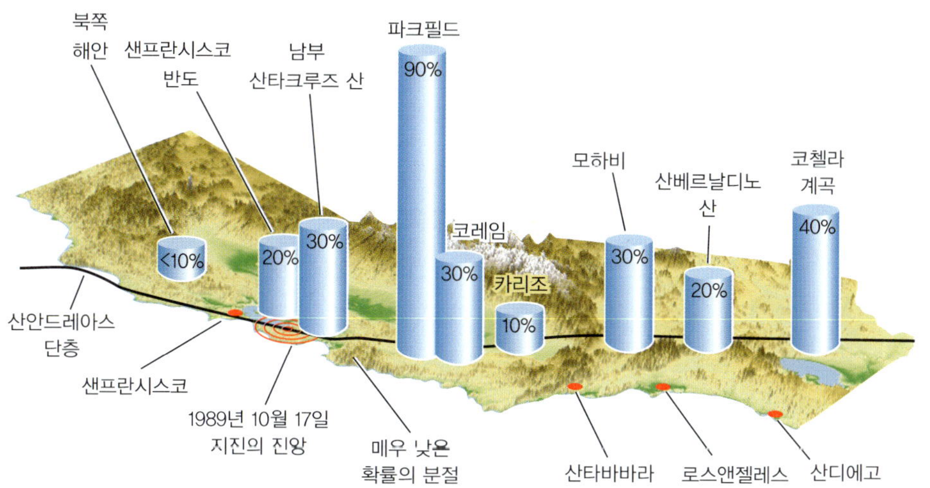

그림 7.15 미국 캘리포니아 주 산안드레아스 단층대를 따라 표시한 지진위험도(%는 앞으로 30년 간 규모 5 이상의 지진이 발생할 확률)

단층포행(fault creep) 오랜 기간 일정한 응력을 받아 생긴 단층을 따라 암석의 이동이 매우 느리면서 연속적으로 나타난다. 포행 단층을 따라서는 보통 큰 지진이 발생하지 않는다.

그림 7.16 1906년 지진과 화재로 폐허가 된 샌프란시스코의 전경

1. 단층대의 어떤 부분을 따라서는 암석이 달팽이와 같은 속도로 연속적으로 어긋나는데 이를 **단층포행**(fault creep)이라 한다. 이 이동은 격렬함이나 파괴적인 지진이 없이 일어난다. 왜냐하면 암석이 연속적이고 느리게 이동하기 때문이다.
2. 단층의 다른 분절에서는 판이 수많은 작고 피해가 없는 지진을 일으키면서 미세한 변위를 연속적으로 일으키면서 서로 어긋난다.
3. 단층대의 나머지 부분을 따라서는 판이 서로 어긋나면서 꾸준히 연속적으로 움직이지만 마찰이 단층의 미끄러짐을 방해한다. 이 경우에 단층 주변 암석은 변형하고 탄성 에너지를 저장한다. 단층이 연평균 3.5 cm의 속도로 서로 어긋나기 때문에 100년에 걸쳐 3.5 m의 탄성변형이 축적된다. 축적된 탄성 에너지가 마찰을 초과하면 암석은 갑자기 단층을 따라 미끄러지고 매우 큰 파괴적인 지진을 일으키면서 원래의 형태로 돌아간다.

판들은 매일 느리면서 조용하게 움직인다. 여러분의 발밑에서는 볼 수 없지만 암석은 늘어나고 휘어지고 압축된다. 지질학자들은 지진의 메커니즘을 이해하며 더 파괴적인 지진이 산안드레아스 단층을 따라 일어날 것이라는 것을 확실히 안다. 그러나 언제 어디에서 큰 지진이 내습할지는 아무도 모른다.

수렴 경계에서의 지진

6장의 섭입대에서 상대적으로 차고 강한 암석 판이 다른 판 아래로 섭입하여 맨틀로 서서히 들어가는 것을 보았다. 대부분의 장소에서 섭입하는 판은 간헐적으로 갑자기 잡아당겨지면서 그 위의 판과 미끄러지며, 이때 수많은 지진을

베니오프 대(Benioff zone) 섭입대에서 반대편 판을 긁으면서 섭입하는 판의 최상부로서 지진활동이 활발한 지진대

발생시킨다. 섭입해 들어가는 판의 상부를 따라 지진이 집중적으로 일어나며 두 판은 서로 긁히며 어긋난다(그림 7.17). 이 지진대를 처음 확인한 프랑스 태생 미국 지진학자인 휴고 베니오프(Hugo Benioff, 1899~1968)의 이름을 따서 **베니오프 대(Benioff zone)**라 한다. 전 세계적으로 가장 강한 대부분의 지진들은 섭입대에서 일어난다.

작은 판의 하나인 주안드푸카 판(Juan de Fuca Plate)은 미국 오리건 주와 워싱턴 주, 캐나다 브리티시컬럼비아 주 남부의 해안을 따라 북아메리카 판 아래로 연 3~4 cm의 속도로 섭입한다. 따라서 이 지역은 섭입대 지진이 일어난다. 그러나 작은 지진들이 태평양 북서쪽을 진동시키지만 과거 150~200년에 걸쳐 큰 지진들은 발생하지 않았다.

2개의 수렴 판 모두 대륙을 포함하고 있다면 어느 쪽도 맨틀로 깊이 들어갈 수 없다. 대신에 지각은 휘어져 히말라야와 같은 높은 산을 형성하게 된다. 암석들은 이러한 변형 과정 동안 깨지고 미끄러지며 잦은 지진을 동반한다. 인도-파키스탄 국경을 따라 발생한 2005년 지진은 인도의 소대륙과 아시아대륙이 느리게 수렴하여 발생하였다.

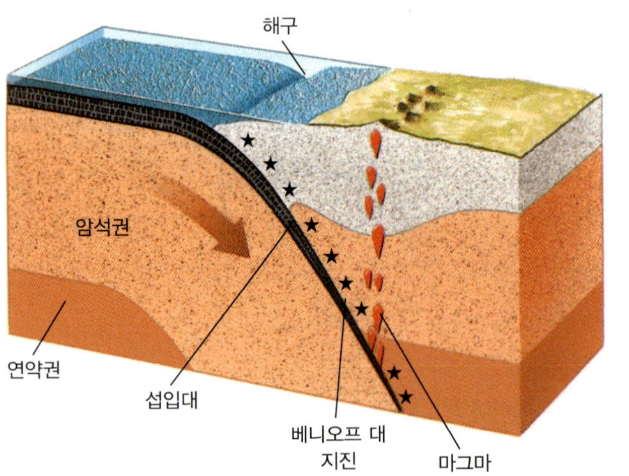

그림 7.17 섭입대에서 내려가는 암석 판이 마그마와 지진을 일으킨다. 진원은 섭입판의 상부인 베니오프 대를 따라 집중 분포한다.

발산 경계에서의 지진

지진은 종종 대서양 중앙해령계를 따라 두 판이 분리되면서 형성되는 단층의 결과로 일어난다. 해양지각의 지괴(block)들이 해령의 중심에서 열곡을 형성하면서 대부분의 중앙해령을 따라 아래쪽으로 미끄러진다. 단지 천발지진만 대서양 중앙해령계를 따라 일어나는데 그 이유는 연약권이 지구 표면 아래의 10~15 km 얕은 깊이까지 올라와 있으며 너무나 뜨겁고 연성적이어서 깨지기 어렵기 때문이다.

판 내부에서의 지진

미국 중부와 동부에서는 과거 100년 간 어떤 큰 지진도 발생하지 않았으며, 이 지역에는 현재 암석 판 경계가 알려져 있지 않다. 그러나 가장 큰 일련의 역사 지진이 미주리 주 뉴 마드리드 근처에서 발생하였다. 1811년과 1812년에 모멘트 규모 7.3~7.8 사이의 지진이 3번 발생하여 미주리 주 강의 흐름을 변경시켰고, 1,500 km 떨어진 워싱턴 D.C.의 교회 종을 울게 하였다.

판 내부의 지진은 판 경계 지진만큼 잘 해석되지 않는다. 그러나 최근의 연구는 그 단서를 밝혀내고 있다. 선캄브리아 시대의 지체구조적인 힘은 북미를 신장시켰다. 대륙이 잡아당겨짐에 따라 거대한 X자 모양으로 대륙을 가로질러 거대한 단층대가 만들어지면서 암석이 깨졌다. 이러한 단층대는 발산형 판 경계로 발달하지는 못했지만 암석권 내에 약대로 남아 있다. 뉴 마드리드는 X자 모양 단층대의 중심인 단층대의 교차점 상에 위치한다. 1811년과 1812년에 뉴 마드리드에서 기록된 지진 외에도 주요 지진이 1600년, 1300년, 900년 가까이에서 일어났다.

2005년에 연구가들은 뉴 마드리드 단층에 인접한 암석들은 현재 활동적인 판 경계에 인접한 암석들만큼 빠르게 변형되고 있다는 것을 과학 저널 〈네이처(*Nature*)〉지에 발표하였다.[3]

---

3) R. Smalley Jr., M. A. Ellis, J. Paul, and R. B. Van Arsdale, "Space Geodetic Evidence for Rapid Strain Rates in the New Madrid Seismic Zone of Central USA," *Nature* 435 (June 23, 2005), 1088 - 1090.

7.4 지진 예지

장기 예지는 다음 지진이 언제 닥칠지에 대한 모호한 정보만 제시한다.

© STEVEN PEPPLE/SHUTTERSTOCK

장기 예지

장기 지진 예지는 지진이 이미 존재하던 단층을 따라 수차례 반복하여 일어났으며 같은 지역에서 앞으로 다시 일어날 것이라는 것을 알려주고 있다. 예를 들면 미국에서는 어떤 단층들이 뉴 마드리드 지진대처럼 판 내부에 존재하더라도 가장 활동적인 단층은 서쪽 해안의 판 경계를 따라 분포하고 있다(그림 7.18).

장기 지진 예지는 어디에서 지진이 일어날 가능성이 있는지를 여러분에게 말해 준다. 이러한 정보는 공학자들이 지진 발생 가능 지역에서 빌딩코드를 엄격하게 작성하는 데 유용하다. 그러나 장기 예지는 다음 지진이 언제 닥칠 것인가에 대해 모호한 정보만 제시한다. 뉴 마드리드 근처에서는 지진이 400, 300, 200년에 나뉘어 발생하였다. 마지막 지진은 1812년에 발생하였다. 평균적으로 300년의 간격으로 발생한다면 다음 지진은 2100년경으로 예상된다. 그러나 이러한 분석은 수백 년의 오차가 있을 수 있다.

전진(foreshock) 큰 지진에 앞서 수초 내지 수주 전에 발생하는 소규모 지진

단기 예지

단기 예지는 지진이 특정한 시간과 장소에 일어나는 것을 예측하는 것이다. 단기 예지는 지진에 앞서 즉각적으로 나타나는 신호에 좌우된다.

전진(foreshock)은 큰 지진에 앞서 수초 혹은 수주 전에 발생하는 소규모 지진을 말한다. 전진의 원인을 간단히 유추해보자. 만약 여러분이 막대기를 천천히 휘어 부러뜨린다고 할 때, 부러지기 직전 '탁'하고 쪼개지는 미세한 소리를 들을 것이다. 전진은 모든 지진에 앞서 나타나지 않기 때문에 단기 예지를 위해 신뢰할 만한 수단은 아니다. 연구 대상으로 삼은 지진 중에서 전진은 지진 전체의 반 정도에서만 앞서 나타났다. 더불어 전진으로 생각되었던 군발 형태

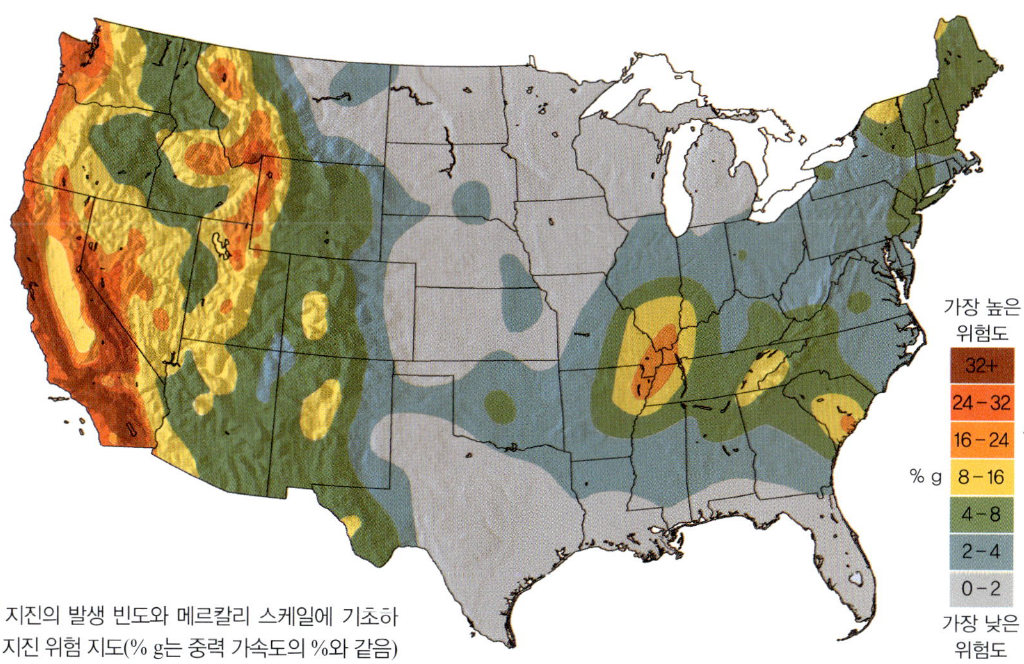

USGS

그림 7.18 역사 지진의 발생 빈도와 메르칼리 스케일에 기초하여 작성된 미국의 지진 위험 지도(% g는 중력 가속도의 %와 같음)

액상화(liquefaction) 지진이 발생하면 토양이 전단력을 잃고 액체로 변해가는 지질학적인 과정

의 작은 지진들이 큰 지진에 앞서 나타나지 않았다. 단기 지진 예지에 대한 또 다른 접근법은 활성단층대 가까이의 지표면에 나타나는 변화를 측정하는 것이다. 지진학자들은 경사계와 레이저를 이용한 관측기를 사용하여 비정상적인 지구의 움직임을 모니터한다. 왜냐하면 지각의 뒤틀림은 큰 지진에 앞서 나타나기 때문이다. 이 방법은 어떤 지진을 성공적으로 예측했다. 그러나 어떤 경우에는 예측된 지진이 일어나지 않거나 예측되지 않았던 지진이 일어났다.

또 다른 유형의 신호들이 단기 예지에 사용될 수 있다. 어떤 암석이 지진에 앞서 변형이 일어날 때, 암석이 파괴점에 접근함에 따라 현미경적 미세균열이 발달한다. 어떤 경우에는 균열이 암석과 광물에 이전에 포획되어 있던 라돈 가스를 방출한다. 어떤 균열은 물로 채워지기도 하고 우물의 수위를 변화시키기도 한다. 공기로 채워진 균열은 고체 암석만큼 전기를 전도하지 못한다. 따라서 암석의 전기 전도도는 현미경적 미세균열이 형성됨에 따라 감소한다.

지난 수십 년에 걸쳐서 단기 예지는 신뢰할 만하지 못했다. 비록 몇몇 연구가들은 단기 지진 예지에 대한 신뢰할 만한 지시자를 계속 찾아왔지만, 많은 다른 연구가들은 이 목표가 달성하기 힘들다고 믿고 있다.

7.5 지진 피해와 재해 완화

격렬한 지반 진동은 땅 위의 사람을 넘어뜨려 팔을 부러뜨리기도 하지만 이 진동 자체가 치명적이지는 않다. 대부분의 지진에서 사상자는 떨어지는 구조물이 사람을 덮칠 때 일어난다. 구조적 피해, 부상, 사망은 지진의 규모, 인구 밀집도, 암석과 토양의 유형, 지형, 건축의 질에 좌우된다.

암석과 토양에 따른 지진 피해

많은 지역에서 암반은 지구 표면 가까이에 있고 건물은 암석에 직접 고정되어 있다. 암반은 지진이 발생하는 동안 진동하며 건물은 진동이 격렬해지면 무너지기 시작한다. 그러나 대부분의 암반은 지진이 끝나면 원래의 형태로 돌아간다. 따라서 구조물이 진동에 견딜 수 있으면 구조물은 보존된다. 그러므로 지진 위험 지역에서 암반은 중요한 기초가 된다.

많은 지역에서 구조물들은 모래, 실트 혹은 점토층에 지어진다. 모래 퇴적물과 토양은 지진이 일어나는 동안 통상적으로 가라앉는다. 이 변위는 건물을 뒤틀리게 하고 파이프라인과 도로를 파손하고 댐을 무너뜨린다. 이러한 토양에서의 구조적 붕괴를 막기 위해 공학자들은 철근이나 콘크리트 말뚝을 모래층을 지나 암반까지 박는다. 이러한 파일링은 그 밑의 지반이 내려앉더라도 구조물을 고정시키고 지지한다.

지진이 일어나는 동안 점토 토양층이 어떻게 되는가를 보여주는 한 예로 멕시코 시를 들 수 있다. 이 도시는 높은 산으로 둘러싸인 고원에 건설되었다. 유럽에서 온 이주자들은 물로 포화된 점토가 풍부한 호수 기원의 퇴적물로 채워진 퇴적층 위에 현대 도시를 건설하였다. 1985년 9월 19일, 모멘트 규모 8.1의 지진이 이 도시의 서쪽 500 km 지점에서 일어났다. 지진파가 도시 아래의 젖은 점토층에 타격을 가하면서 주위의 암반과 분지 밑바닥 사이에서 반복적으로 왕복반사를 하였다. 이것은 마치 양파가 젤로 그릇의 옆면과 밑바닥에서 튀는 것과 같다. 반사는 지진파를 증폭시켜 500개 이상의 건물이 무너지고 8,000~10,000명의 사망자가 발생하였다. 한편 진앙에서 아주 가까운 도시인 아카풀코는 암반 위에 건설되어 상대적으로 거의 피해가 없었다.

토양이 물로 포화되었을 경우 지진에 의한 갑작스런 충격은 입자들을 더 응집시키고 물을 분출하게 된다. 이런 경우 증가된 응력이 간극수(입자 사이의 간극을 채우는 물)로 전달되어 간극수압이 올라가 물속의 입자는 떠오른다. 이 경우 토양은 전단력–잡아당기는 힘에 대한 저항 정도–을 잃고 유체처럼 작용한다. 이 과정을 **액상화**(liquefaction)라 한다. 토양이 언덕 쪽에서 액상화되면 물과 토양의 혼합물–이를 슬러리(slurry)라 한다–은 경사를 따라 흐르면서 구조물과 함께 운반된다. 산사태는 지진으로 나타나는 보통의 현

상이며 10장에서 더 논의한다.

건축 설계와 지진 피해

대부분의 지진에 의한 사망은 건물이 무너지거나 운이 없는 거주자들을 덮칠 때 일어난다. 구조물의 파괴는 토양 유형, 진앙으로부터의 거리를 포함한 다양한 요인에 의해서 일어난다. 그러나 가난한 저개발 국가에서의 사망률과 부유한 선진국 사이의 사망률에 있어서의 엄청난 차이는 한 가지 요인에 기인한다. 즉, 건축의 질이다.

건물의 구조에 사용되는 보통의 나무와 강철은 잘 휘어지고 흔들린다. 그러나 파괴에는 강하다. 하지만 벽돌, 돌, 진흙벽돌과 다른 석조물들은 지진이 일어나는 동안 깨지고 무너지기 쉽다. 석조물이 강철로 보강될 수 있다 하더라도 세계적으로 많은 지역에서 그러한 구조적인 보강을 여유 있게 할 수 없다.

따라서 지진의 사망률은 자연계와 인간 사이에서 결정된다. 지구 내부에 깊이 작용하는 힘은 인간의 조절 능력을 넘어서며 지진의 빈도와 규모를 조절한다. 그러나 지진의 사망률은 정치와 경제적인 시스템과 매우 밀접한 관련이 있다.

쓰나미

해저에 지진이 일어나면 해저의 일부는 융기하거나 침강한다. 해수는 암석의 이동에 반응하여 물이 움직이면서 파를 형성한다(그림 7.19). 지진에 의해서 만들어진 해파는 조석파와 관계가 없으며 일본 이름으로 **쓰나미(tsunami)**라 불린다.

넓은 해양에서 쓰나미는 아주 평평하여 겨우 측정된다. 보통 파의 마루(꼭대기)는 불과 1~3 m 높이이며 연속적으로 생기는 파의 마루와 마루 사이는 100~150 km정도다. 그러나 쓰나미는 시간당 750 km 정도로 전파한다. 파가 해안 가까이로 천해파로서 접근할 때 파의 기저는 해저의 밑바닥을 끌어 해수는 쌓이고 파고는 높아진다. 그다음 치솟은 물 벽이 육지로 몰려온다. 쓰나미는 5~10분 안에 육지를 범람시킬 수 있다.

오늘날 인도-오스트레일리아 판의 중심 부분은 수마트라와 자바 섬 밑으로 섭입하고 있다. 2004년 12월 26일, 섭입하는 해저를 따라 거의 길이 1,200 km의 암석이 갑자기 깨지면서 미끄러졌으며, 이때 약 15 m의 수직 이동이 나타났다(그림 7.20). 규모 9.0~9.3의 지진은 거의 10분 동안 지속되었으며 전 세계적으로 1960년 칠레 지진 다음으로 기록된 두 번째 큰 지진이었다. 이러한 엄청난 암석의 변위는 거대한 쓰나미를 만들었으며 모든 방향으로 전파되고 인도양 해안을 따라 283,000명의 사망자가 발생했다. 생존자들은 거대한 파가 들이닥치기 이전에 해안의 해수가 물러나 바다의 만에는 말라버린 갯벌이 드러났다고 진술했다. 그러고 나서 10층 건물 높이에 해당하는 약 30 m 정도의 높이에 달하는 해파가 내륙으로 엄습하였다고 한다. 사망률은 수마트라에서 가장 높았지만 사망자들은 연안 지역을 따라 진앙으로부터 8,000 km나 떨어진 남아프리카의 포트엘리자베스에서까지 나타났다.

쓰나미(tsunami) 해저 지진이나 화산 폭발에 의해 생성된 매우 큰 파괴적인 해파. 조석과 관계없지만 때로는 조석파로도 불린다.

사람들은 쓰나미를 막을 수 없다. 그러나 인명 손실을 줄일 수는 있다. 지진에 대해서 논의된 것과 마찬가지로 가공할 파가 도착하기 몇 분 전에 미리 초기 경보시스템을 가동하여 연안에 거주하는 사람들에게 알리는 것이다. 그리하여 사람들을 높은 지대로 피신시킨다. 더불어 해파를 부서뜨리는 역할을 하는 산호섬과 산호초를 이용하여 에너지를 연안 밖으로 소산시킨다. 이러한 자연 지형의 보존 또한 연안을 따라 사는 사람들의 지역을 보호한다.

7.6 지구 내부 연구

지구에 대한 최대 시추 깊이는 러시아 북부에서 실시하여 얻은 12 km에 불과하지만 과학자들은 지진파의 특성을 연구함으로써 지구의 구조에 대해 놀랄 만한 많은 양의 정보를 얻게 되었다. 지진파의 거동을 이해하는 데 필수적인 몇 가지 원리는 다음과 같다.

1. 일정하고 균질한 매질에서 파는 일정한 속도로 구형의 형태로 퍼져 나간다.

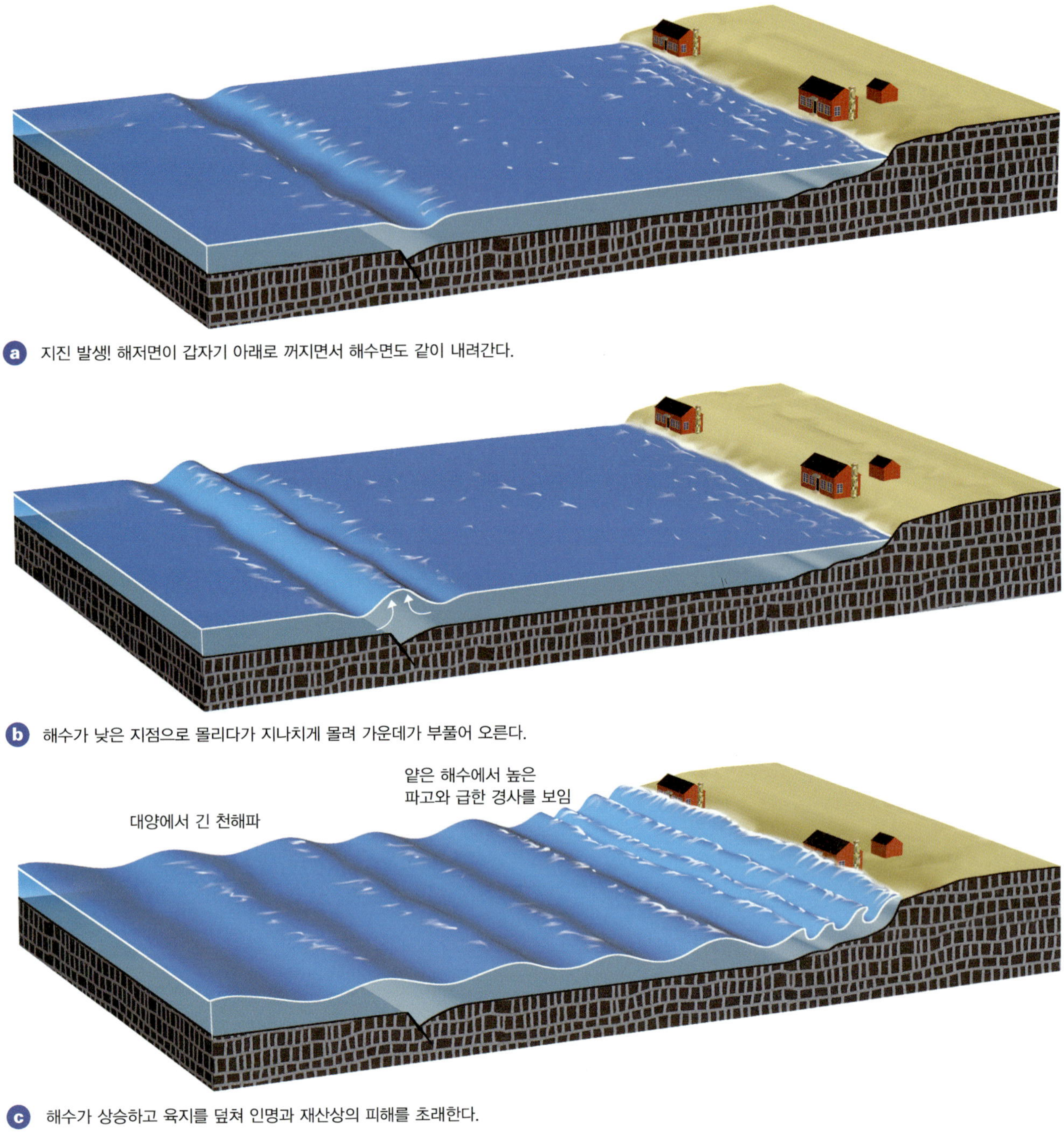

그림 7.19 쓰나미는 지진으로 해저의 일부가 갑자기 내려앉을 때 발생한다. 해수는 낮은 지역을 채우지만 몰려오는 해수의 관성으로 너무 많은 물이 몰리게 하므로 이 지역의 수면을 부풀어 오르게 한다. 이렇게 생긴 긴 천해파가 해안에 도달하면 파괴적인 파로 바뀌게 된다.

2. 지진파의 속도는 전파해 가는 매질의 성질에 좌우된다. 지진파는 암석의 종류에 따라 밀도와 강성률이 다르므로 전파 속도가 제각기 다르다.
3. 파가 한 매질에서 다른 매질로 전파될 때 굴절하거나 반사한다. 굴절과 반사는 광파에서 쉽게 관찰된다. 물이 반 채워진 컵에 연필을 넣으면 연필은 휘어져 보인다. 물론 연필은 휘지 않는다. 그러나 광선은 휘어진다. 광선은 공기에서 물로 진행할 때 느려진다. 그리하여

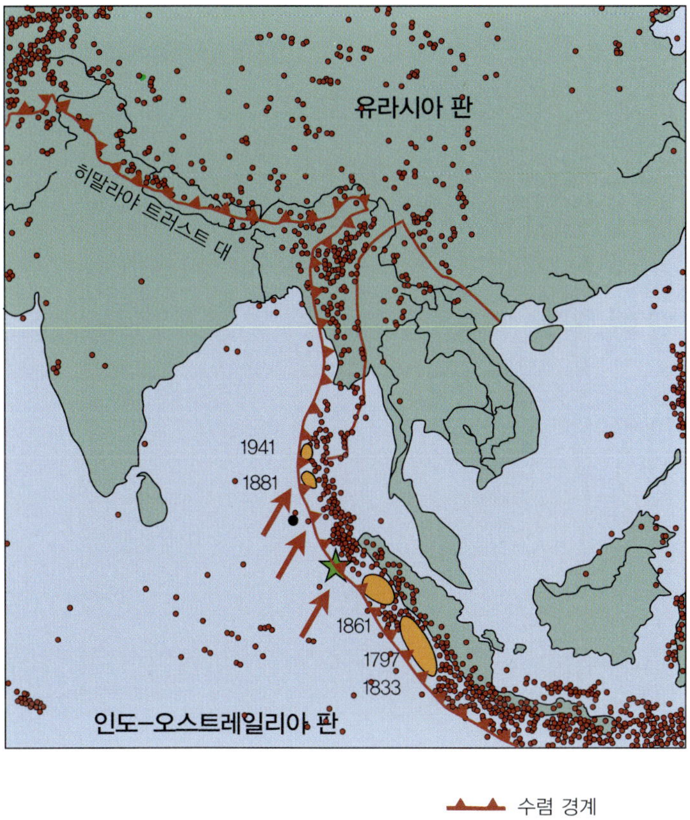

SCIENCE, 308 (MAY 20, 2005): 1128.

그림 7.20 인도네시아 수마트라–안다 만 지역의 단층 지도. 2004년 수마트라–안다 만 지진(초록색 별표), 1965~2004년까지 발생한 규모 5.0 이상 지진(붉은색 점), 판 운동(붉은색 화살표). 과거 발생한 지진의 빈도와 판의 끊임없는 운동은 더 많은 지진이 가까운 장래에 이 지역에서 발생할 것이라는 것을 보여주고 있다.

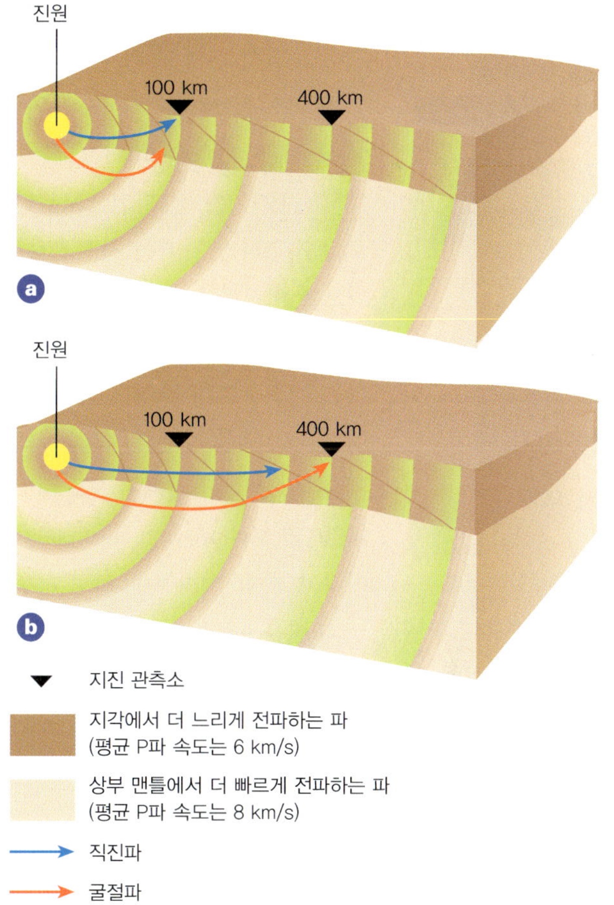

그림 7.21 지진파의 전파 경로. (a) 직진파는 가장 가까운 관측소에 제일 먼저 도착한다. (b) 굴절파는 더 먼 거리에 있는 관측소에 직진파보다 먼저 도착한다. 굴절파는 더 먼 거리라도 맨틀을 통과해 더 빠른 속도로 전파해 간다.

속도가 변하므로 광파는 굴절한다. 거울을 들여다보면 거울은 우리의 상을 반사한다. 비슷한 방법으로 지구의 층 사이의 경계는 지진파를 굴절시키고 반사시킨다.

4. P파는 압축파이며 기체, 액체, 고체를 통과할 수 있다. S파는 전단파로서 고체만 통과한다.

지각–맨틀 경계의 발견

그림 7.21(a)는 어떤 파가 진원으로부터 지각을 통과하여 근처 지진계로 전파해 가는 것을 보인다(파란색). 다른 파(빨간색)는 아래쪽 맨틀로 전파하여 똑같은 지진계로 굴절하여 올라오는 것을 나타내고 있다. 맨틀을 통과하는 경로는 지각을 통과하는 경로보다 더 길다. 그러나 지진파는 지각보다 맨틀을 더 빠르게 전파해 간다. 300 km보다 더 짧은 거리에 대해서는 지각을 통과해 가는 파가 맨틀을 통과하여 더 긴 경로를 통해 오는 파보다 지진계에 더 빨리 도착한다. 그러나 그림 7.21(b)는 더 긴 거리에 대해서는 맨틀을 통과하여 더 긴 경로로 오는 파가 더 빠르다는 것을 보여주고 있다. 왜냐하면 맨틀에서는 파가 더 빠르게 진행하기 때문이다. 이 상황은 우리 집에서 친구 집까지 가는데 두 가지 다른 경로가 있는 경우와 유사하다. 짧은 경로는 자동차가 느리게 움직이지만 도시의 도로다. 긴 경로는 주와 주를 잇는 고속도로로 달리는 것이며 고속도로에 진입하기 위해서는 수 km 진행해야 하며 그다음 고속도로로부터 친구 집까지 수 km 진행해야 한다. 친구가 가까이 산다면 도시의 도로를 택하는 것이 더 빠르다. 그러나 친구가

모호로비치치 불연속면 (Mohorovičić discontinuity) 지진파 속도 변화에 의해 확인된 지각과 맨틀의 경계로서 모호면이라고도 한다.

660 km 불연속면 (660-kilometer discontinuity) 약 660 km 아래 맨틀 내에 있는 경계로서 압력이 크게 높아져 광물이 더 밀도가 큰 광물로 재결정화하기 때문에 지진파 속도가 증가하는 경계면이다.

멀리 산다면 긴 경로를 택하여 고속도로로 달리는 것이 더 빠르다.

1909년 세르비아 지진학자인 안드리야 모호로비치치(Andrija Mohorovičić, 1857~1936)는 먼 지진으로부터 나오는 지진파가 가까운 지진으로부터 나오는 지진파보다 더 빠르다는 것을 발견하였다. 서로 다른 지진계에 도달하는 지진파들의 도착시간을 분석하여 지각과 맨틀 사이의 경계를 확인하였다. 오늘날 이 경계는 **모호로비치치 불연속면**(Mohorovičić discontinuity)이라고 하며 발견자를 기념하여 '모호면'이라고도 불린다. 모호면은 4~70 km 깊이의 범위에 있다. 전에 설명한 바와 같이 해양지각은 대륙지각보다 더 얇고 대륙지각은 평야 아래보다 산맥 아래에서 더 두껍다.

맨틀 구조

맨틀은 거의 2,900 km 두께이며 지구 부피의 약 80 %를 차지하고 있다. 맨틀의 성분과 구조에 대한 대부분의 지식은 지진파 자료로부터 알 수 있다. 지진파는 지각-맨틀 경계에서 갑자기 속도가 증가한다(그림 7.22). 지진파는 75~125 km 깊이에 있는 연약권으로 들어갈 때 다시 느려진다. 연약권의 연성적 성질과 부분용융되어 있는 특성이 지진파의 속도를 감소시킨다. 지표면으로부터 350 km 아래인 연약권의 최하부에서 지진파의 속도는 다시 증가한다. 왜냐하면 압력의 증가가 온도 효과를 지배하고 맨틀은 더 강해지며 덜 연성적으로 변하기 때문이다.

지진파의 속도는 660 km 깊이에서 다시 증가하는데 이것은 맨틀 내의 광물이 밀도가 더 높은 광물을 형성하기 위한 충분한 압력에 도달하기 때문이다. 이러한 변화는 깊이 **660 km 불연속면**(660-kilometer discontinuity)에서 일어난다. 맨틀의 최하부는 2,900 km 깊이에 있다. 최근 연구에 따르면 핵-맨틀의 경계에서 맨틀의 최하부는 너무나 뜨거워 엄청난 압력에도 불구하고 암석이 부분적으로 액체 상태로 존재함이 밝혀졌다.

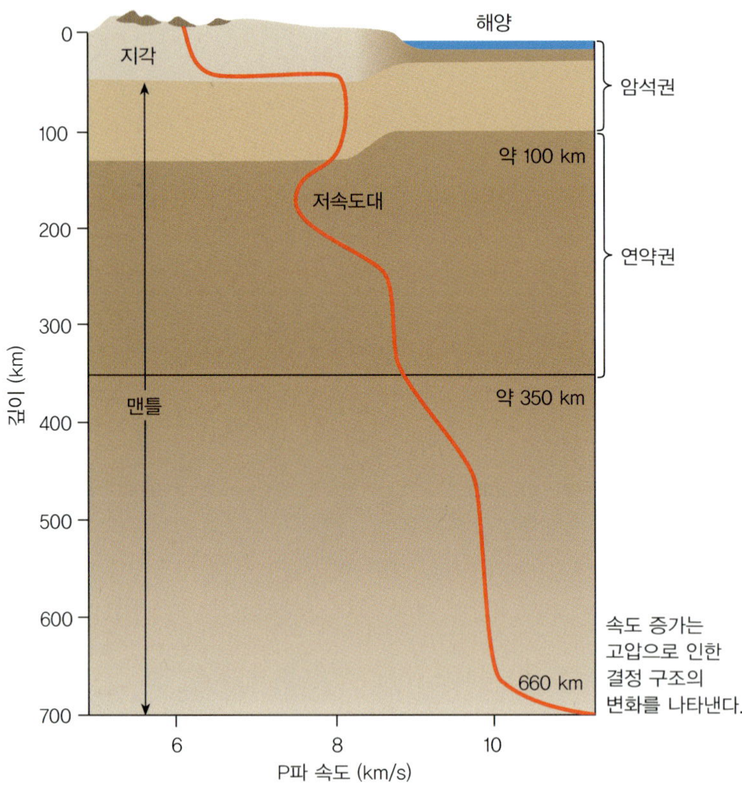

그림 7.22 지각과 상부 맨틀에서의 P파 속도. 일반적으로 P파 속도는 깊이가 깊어짐에 따라 증가한다. 그러나 연약권에서는 온도는 매우 높고 압력은 매우 낮아 암석이 연성적인 성질을 나타낸다. 그 결과 지진파의 속도는 감소하는데 이 지역을 저속도대라 한다. 지진파 속도는 상부 맨틀과 하부 맨틀의 경계인 660 km 불연속면에서 빠르게 증가한다. 이것은 압력의 증가로 인한 광물 구조의 변화에 기인한다고 볼 수 있다.

핵의 발견

전 세계적인 지진 관측망을 이용하여 지진학자들은 지진의 진원으로부터 105°까지 P파와 S파가 직접 도달함을 확인할 수 있다. 105~140° 사이는 어떤 P파도 직접 도달하지 않는 암영대로 맨틀-핵 경계인 불연속면에 의해 생긴다. P파가 맨틀로부터 핵으로 통과해 갈 때 굴절되거나 휘어진다(그림 7.23). 굴절은 P파가 암영대로부터 멀리 휘어지게 한다. 105° 이상에서는 어떤 S파도 도달하지 않는다. 그것은 S파가 외핵을 통과하지 못함을 나타내는 것이다. S파는 액체를 통과하지 못한다는 것을 상기하라. S파가 외핵을 통

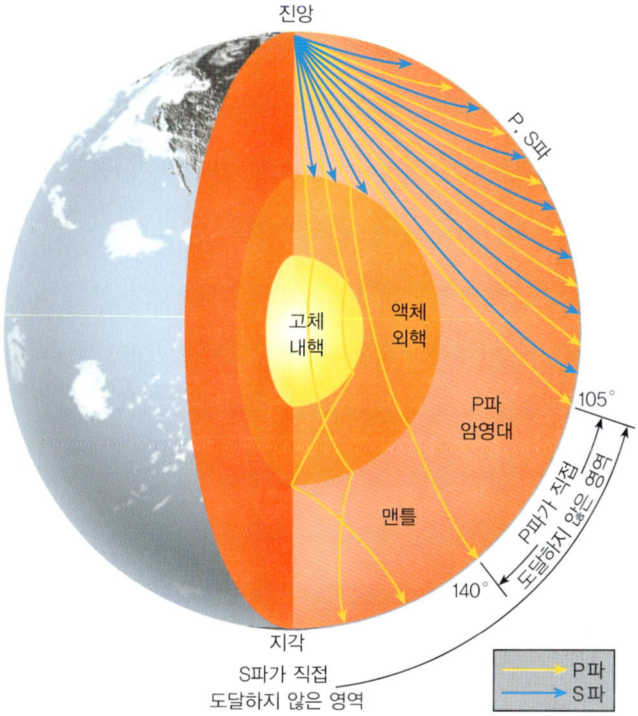

그림 7.23 지진파의 전파 경로를 보여주는 지구 단면도. 지진파는 깊이가 증가함에 따라 압력이 증가하여 휘어진다. 지진파는 지구 내부의 주요 층 경계에서는 뚜렷하게 굴절하여 휜다. S파는 액체인 외핵을 통과하지 못한다. 따라서 S파는 진앙으로부터 각거리 105° 이내에서만 관측된다. P파는 핵–맨틀 경계에서 뚜렷하게 굴절한다. 그래서 105~140° 사이에는 P파가 직접 도달하지 못하는 암영대가 있다.

과하지 못한다는 것은 외핵이 액체임을 의미하는 것이다.

P파의 굴절 패턴(그림 7.23)은 다른 경계가 핵 내에 존재함을 나타낸다. 이것은 액체인 외핵과 고체인 내핵 사이의 경계다. 외핵이 액체이고 내핵이 고체임을 지진파가 알려주더라도 핵의 구성물이 철과 니켈로 되어 있음은 다른 증거들이 말해 준다.

1980~1990년대에 이루어진 더 상세한 연구에 의하면 지진파는 외핵을 통과하여 다른 방향과 다른 속도로 전파한다. 따라서 내핵은 균질하지 않다는 것을 보여주고 있다. 일련의 측정에 의하면 내핵은 지각과 맨틀보다 상당히 빠른 속도로 회전하고 있음을 제시한다. 또 다른 연구가들은 고체인 내핵이 고체인 맨틀에서 일어나는 대류와 같이 대류가 일어난다 것을 제안하였다.

밀도 측정

지구의 전반적인 밀도는 5.5 g/cm^{3}이지만 지각과 맨틀은 이 값보다 평균밀도가 작다. 지각의 밀도는 2.5~3.0 g/cm^3, 맨틀의 밀도는 3.3~5.5 g/cm^{3}이며, 맨틀과 지각은 지구 부피의 80 %를 약간 넘기 때문에 지구의 평균밀도를 설명하기 위해서는 핵은 밀도가 매우 커야한다. 계산에 의하면 핵의 밀도는 10~13 g/cm^{3}이며, 이것은 고압하의 많은 금속들의 밀도다.

많은 운석들은 주로 철과 니켈로 구성되어

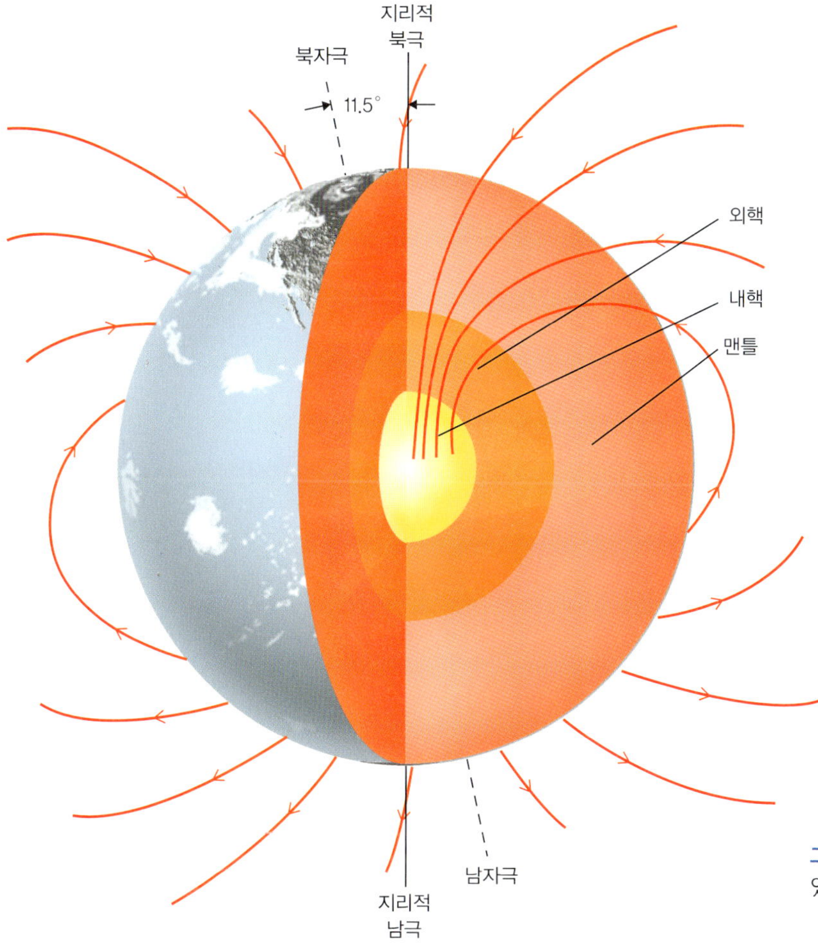

그림 7.24 지구 자기장. 북자극은 지리적 북극과 11.5° 차이가 있음에 주목하라.

있다. 우주론자들은 운석이 태양계와 동시기에 형성되었으며 초기 태양계의 성분을 반영하고 있다고 생각한다. 지구는 운석과 유사한 물체들을 병합하였으므로 과학자들은 철과 니켈이 지구에 풍부하다고 믿는다. 따라서 금속 코어는 철과 니켈로 구성되어 있다고 결론짓는다.

7.7 지구 자기장

초기 항해가들은 어디를 항해하더라도 자기나침반이 거의 남북 방향으로 배열된다는 것을 알았다. 이로부터 지구는 북자극과 남자극을 갖고 있음을 알았다(그림 7.24).

지구의 내부는 영구자석이 존재하기에는 너무나 뜨겁다. 대신 지구의 자기장은 근본적으로 전자기장이다.

지구의 자기장은 외핵에서 생성된다. 금속은 좋은 전기 전도체이며 외핵에 있는 금속은 액체로서 매우 유동적이다. 액체인 외핵에서는 두 가지 유형의 운동이 일어난다. (1) 외핵은 최상부보다 최하부가 더 뜨겁기 때문에 액체인 금속에서 대류가 일어난다. (2) 상승, 하강하는 금속 물질은 지구의 자전에 의해 변형된다. 이러한 대류와 회전하는 액체 전도체가 지구의 자기장을 만들어 낸다고 생각된다.

요약

7.1 지진 분석

지진은 천천히 암석 내에 저장되었던 에너지가 갑자기 방출되면서 일어나는 지구의 갑작스런 진동이다. 대부분의 지진은 판 경계를 따라 발생한다. 지진은 단층대를 따라 마찰에 의해 암석에 탄성 에너지가 축적되거나 탄성 에너지가 암석의 한계를 벗어날 때 암석이 깨지면서 발생한다.

7.2 지진파

지진학은 지진파로부터 얻을 수 있는 증거에 기초하여 지구 내부의 특성과 지진을 연구하는 학문이다. 지하에서 갑작스런 움직임으로 지진을 만들어내는 깨짐이 시작되는 지점을 진원이라 한다. 진원 바로 위의 지표면의 한 지점은 진앙이다. 지진파는 지구 내부를 따라 전파하는 실체파와 지구 표면을 전파하는 표면파를 포함한다. P파는 암석 매질을 반복적으로 압축, 팽창시키는 압축 실체파다. 이 파는 관측자에게 가장 먼저 도달하므로 “primary”라고 한다. S파는 또 다른 실체파의 유형으로서 P파보다는 느리게 진행하여 관측자에게 두 번째로 도달하므로 “secondary”라고 한다. S파는 전단운동을 하고 고체를 통과하지만 액체는 통과하지 못한다. 표면파는 실체파보다 더 느리게 전파한다. 지진파는 지진계에 기록된다. 지구 진동의 기록을 지진기록지라 한다. 20세기 초, 지진학자들은 지진 피해 규모를 기록하기 위해 메르칼리 스케일을 사용하였다. 리히터 스케일은 지진 규모를 나타낸다. 현대의 지진학자들은 지진이 일어나는 동안 방출되는 에너지를 기록하기 위해 모멘트 규모 스케일을 사용한다. 지진으로부터 관측소까지의 거리는 P파와 S파의 도착시간이 다름을 조정해서 주시곡선으로부터 계산된다. 진앙은 3개 또는 그 이상의 지진 관측소로부터의 진원 거리를 측정함으로써 위치를 결정할 수 있다.

7.3 지진과 판의 경계

지진은 3가지 유형의 판의 경계에서 흔히 발생한다. 산안드레아스 단층대는 변환 경계를 따라 나타나는 주향이동단층의 예다.

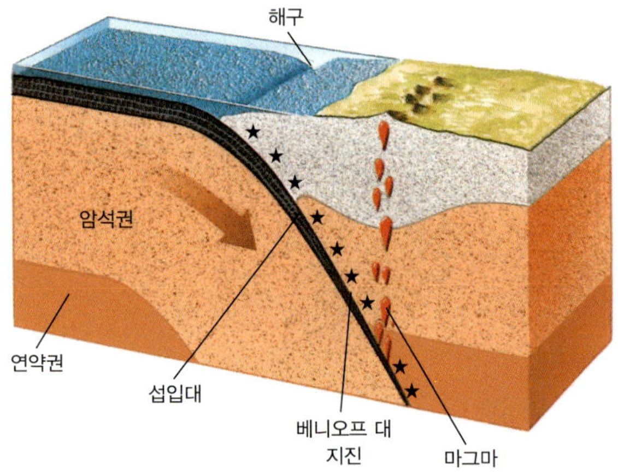

그림 7.17 섭입대에서 내려가는 암석 판이 마그마와 지진을 일으킨다. 진원은 섭입판의 상부인 베니오프 대를 따라 집중 분포한다.

단층대의 어떤 부분을 따라서는 달팽이와 같은 속도로 연속적으로 어긋나는데 이를 포행단층이라 한다. 어떤 지역은 마찰이 탄성변형이 일어날 때까지 붕괴를 막고 있다가 갑자기 큰 지진으로 방출되기도 한다. 수렴 경계에서의 지진은 섭입 판이 갑자기 미끄러질 때 베니오프 대를 따라 발생한다. 지진은 발산 경계에서 아래로 향하는 단층을 따라 암석권의 지괴에서 발생한다. 지진은 판의 내부에서도 발생한다.

7.4 지진 예지

장기 지진 예지는 대부분의 지진이 판 경계 구조에서 기존의 단층을 따라 관측됨을 기반으로 하고 있다. 단기 지진 예지는 전진의 발생, 라돈 가스의 방출, 지표면과 지하수면, 전기전도도의 변화를 기반으로 하고 있다.

7.5 지진 피해와 재해 완화

지진 피해는 암석과 토양의 유형, 건축 설계, 화재 가능성, 산사태 그리고 쓰나미의 영향을 받는다.

7.6 지구 내부 연구

지구 내부의 구조와 특징은 지구를 통과해 오는 지진파의 속도, 지진파의 반사와 굴절을 연구함으로써 알 수 있다. 지각과 맨틀의 경계는 모호로비치치 불연속면(모호면)이라 불리고, 4~70 km 깊이의 범위에 있다. 해양지각은 대륙지각보다 더 얇고 대륙지각은 평야 아래보다 산맥 아래에서 더 두껍다. 맨틀은 거의 2,900 km 두께이며 지구 부피의 약 80 %를 차지하고 있다. 맨틀 상부의 일부는 단단한 부분이며 암석권이다. 암석권 아래 연약권은 연성이고 부분용융되어 있다. 암석권 아래의 맨틀은 더 강해지며 덜 연성적이기 때문에, 660 km 불연속면에서 맨틀 내 광물의 조성이 변한다. 파와 밀도의 연구는 외핵은 철과 니켈로 이루어진 액체이고 내핵은 철과 니켈로 이루어진 고체임을 보여준다.

7.7 지구 자기장

외핵의 금속 물질의 흐름은 지구 자기장을 만들어낸다.

핵심용어

660 km 불연속면 660-kilometer discontinuity (7.6)
P파 P wave (7.2)
S파 S wave (7.2)
단층포행 fault creep (7.3)
리히터 스케일 Richter scale (7.2)
메르칼리 스케일 Mercalli scale (7.2)
모멘트 규모 moment magnitude (7.2)
모호로비치치 불연속면 Mohorovičić discontinuity (7.6)
베니오프 대 Benioff zone (7.3)
산안드레아스 단층대 San Andreas Fault zone (7.3)
실체파 body wave (7.2)
쓰나미 tsunami (7.5)
액상화 liquefaction (7.5)
연성 변형 plastic deformation (7.1)
전진 foreshock (7.4)
주시곡선 time-travel curve (7.2)
주향이동단층 strike-slip fault (7.3)
지진 earthquake (7.1)
지진계 seismograph (7.2)
지진기록지 seismogram (7.2)
지진파 seismic wave (7.2)
지진학 seismology (7.2)
진앙 epicenter (7.2)
진원 focus (7.2)
표면파 surface wave (7.2)

연습문제

1. 지진이 전파되는 동안 이에 앞서 에너지가 어떻게 저장되는지 설명하시오.
2. 암석에 저장된 탄성 에너지가 방출되는 두 가지 메커니즘을 제시하시오.
3. 왜 대부분의 지진은 판구조 사이의 경계에서 발생하는가? 다른 예외는 없는가?
4. 진원과 진앙을 정의하시오.
5. P파와 S파, 표면파의 유사점과 차이점을 논하시오.
6. 지진계 작동 원리에 대해 설명하시오. 지진이 일어나기 전과 일어나는 동안의 지진기록지를 가상으로 그려보시오.
7. 리히터 스케일과 모멘트 규모 스케일의 유사점과 차이점을 서술하시오. 무엇이 실제로 측정되고 무슨 정보가 얻어지는가?
8. 지진의 진앙을 어떻게 찾아내는지 서술하시오.
9. 3가지 판의 경계에서의 지진 발생 메커니즘을 논하시오.
10. 베니오프 대란? 어떤 형태의 판의 경계에서 발견되는가?
11. 왜 얕은 지진은 중앙해령을 따라서 발생하는가?
12. 판 내부에서의 지진 발생 메커니즘을 논하시오.

8장
화산과 심성암

동틀 무렵의 분출. 2009년에 찍은 이 사진은 킬라우에아 정상에서 시작하여 태평양까지 흘러든 용암류로, 용융 상태의 용암이 튀어 오르는 장면을 담았다.

상승할 때에는 압력이 감소하고, 압력해방용융으로 녹아 현무암질 마그마가 생성된다.[2] 마그마의 밀도는 주변의 암석보다 낮기 때문에 지표면을 향해 떠오르게 된다.

판의 확장 경계 대부분은 대양의 중앙해령에 놓여 있다. 확장 중심에서 생성된 마그마는 해령으로 분출하여 새로운 해양지각을 형성한다. 해양지각은 확장 중심에서 멀어지며, 분리되는 해양판 맨 위에 놓이게 된다. 해양지각 대부분은 이런 방식으로 대양의 중앙해령에서 생성된다. 대부분의 해령은 바다 밑에 있다. 아이슬란드와 같은 몇몇 해령은 해수면 위로 올라와 있는데 화산 분출이 자주 일어난다. 동아프리카 열곡과 같은 확장 경계는 대륙에 위치하는데, 이곳에서도 역시 현무암질 마그마가 지표로 분출한다.

맨틀 플룸에서 마그마의 형성

맨틀 플룸은 맨틀 내의 깊은 곳에서 상승하는 뜨겁고 유연한 암석의 기둥이라는 6장의 내용을 상기하자. 플룸은 주변의 맨틀보다 더 뜨겁고, 밀도는 더 낮고, 부력은 더 크기 때문에 결과적으로 상승하게 된다. 플룸이 상승함에 따라 암석권 바로 아래에서는 압력해방용융으로 마그마가 생성되고, 이 마그마는 지표를 향해 상승한다(그림 8.4).

맨틀 플룸과 열점은 암석권 하부에서 형성되기 때문에, 열점은 판의 경계보다는 주로 판 내부에서 생성된다. 예를 들면 옐로우스톤 국립공원의 화산활동과 온천은 열점에 의한 것으로, 이 열점은 판 경계에서 상당히 멀리 떨어져 있다. 맨틀 플룸이 해저로 상승하면 화산 폭발이 일어나 해저 화산과 화산도를 형성한다. 하와이는 태평양에서 오랫동안 맨틀 플룸이 올라와 형성된 일련의 열점화산이다.

섭입대에서 마그마의 형성

섭입대에서는 압력 감소, 물의 첨가 등이 합세하여 엄청난 양의 마그마가 형성된다(그림 8.5). 6장에서 배웠듯이 섭입판은 함수광물을 가진 해양지각으로 덮여 있다. 해양지각이 뜨거운 맨틀로 밀려 내려갈 때, 온도와 압력이 상승하여 암석에 포함된 물이 빠져나와 섭입하는 판 바로 위에 있는 뜨거운 연약권으로 유입된다.

섭입판이 하강함에 따라 그림 8.5의 타원형 화살표에서처럼 판은 유연한 연약권 암석을 끌고 들어간다. 더 깊은 연약권의 암석은 가라앉는 암석을 대체하기 위해 위쪽으로 흐른다.

그림 8.5는 섭입하는 판이 연약권으로 진입하면서 물의 첨가, 압력 감소에 의해 연약권의 암석이 용융된다. 물의 첨가는 섭입대에서 용융을 일으키는 가장 중요한 요소다.

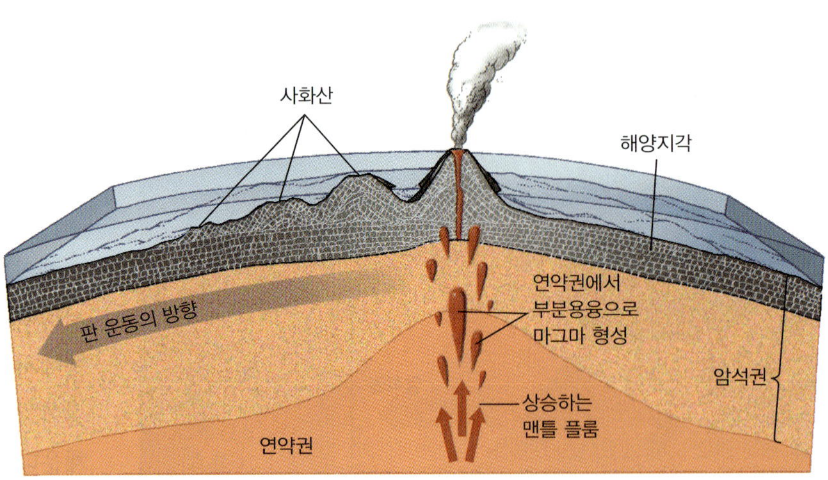

그림 8.4 상승하는 맨틀 플룸 내에서 압력해방용융으로 마그마가 생성된다. 마그마는 지표로 상승하여 열점화산을 만든다.

2) 역자 주: 현무암질과 화강암질이라는 용어는 각각 현무암과 화강암의 화학 조성을 가진 마그마를 말한다.

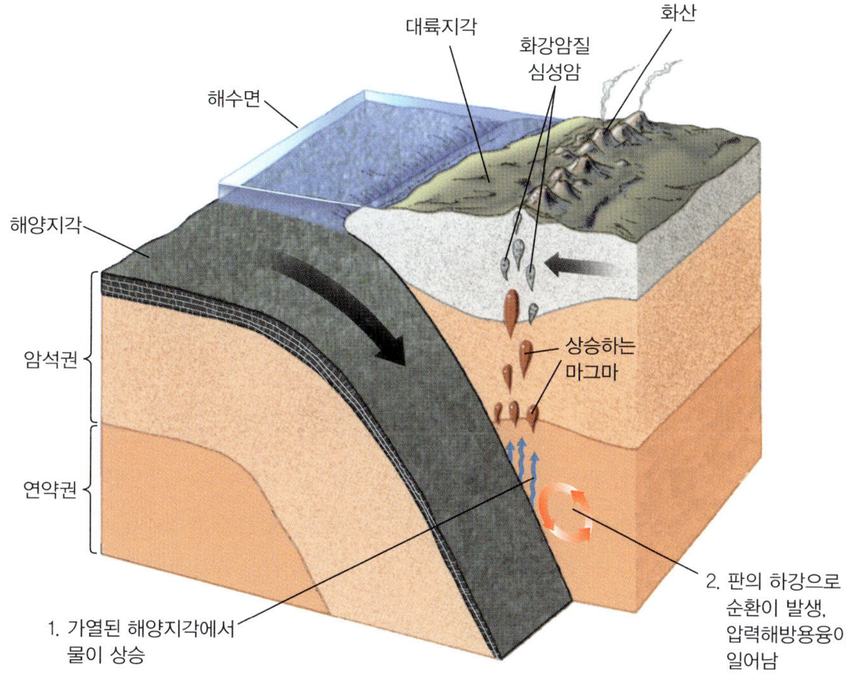

그림 8.5 섭입대에서는 크게 세 가지 과정을 통해 마그마가 만들어진다. (1) 섭입하는 판의 최상부인 해양지각에서 탈수된 물이 상승한다. (2) 연약권 내의 순환으로 뜨거운 맨틀의 압력이 감소한다.

그림 8.6 지구의 활화산(노란색 점)의 약 75 %는 환태평양 화산대에 분포하며, 이 화산대는 태평양을 둘러싼 판의 수렴 경계(세모 달린 빨간색 선)인 섭입대를 따라 분포한다.

부분용융(partial melting) 규산염 암석이 가열되고 그 일부가 용융되어 마그마를 형성하는 과정이며, 이 마그마는 본래의 암석보다 실리카가 더 풍부하다.

연약권이 부분용융하여 생성된 현무암질 마그마는 지각 하부까지 상승한다. 일부 현무암질 마그마는 지각 하부를 용융시켜 화강암질 마그마를 생성한다.

화산활동과 심성암은 섭입대의 일반적인 특징이다. 태평양 연안 북서부의 화산, 요세미티 계곡의 화강암 절벽과 안데스 산맥은 섭입대에서 생성된 화산과 심성암이다. 활화산이 띠를 이루는 환태평양 화산대는 태평양을 둘러싼 섭입대를 따라 분포한다. 중앙해령의 해저화산을 제외하면, 지구 상의 활화산 약 75 %가 환태평양 화산대에 분포한다(그림 8.6).

8.2 현무암과 화강암

현무암과 화강암은 아주 흔한 화성암이다. 현무암은 해양지각의 대부분을 차지하고 화강암은 대륙에서 가장 풍부하다.

현무암질 마그마는 감람암으로 구성된 연약권이 용융되어 생성된다. 현무암과 감람암의 구성 성분은 상당히 다르다. 감람암은 약 40 %의 실리카(SiO_2)를 포함하지만 현무암은 약 50 %를 포함한다. 감람암은 현무암보다 더 많은 철과 마그네슘을 포함한다. 감람암이 용융되어 어떻게 현무암질 마그마가 생성되었을까? 마그마의 성분은 용융되기 전의 암석 성분과 왜 다를까?

일반적으로 2개 이상의 광물이 혼합되면 순수한 한 광물의 용융점보다 낮은 온도에서 용융이 시작된다. 감람암은 주로 감람석과 휘석으로 이루어져 있고 약간의 칼슘장석을 포함한다. 감람암의 용융 실험에서 순수한 감람석은 1,890 ℃에서 용융되었고, 순수한 휘석은 1,390 ℃에서 용융되었고, 순수한 칼슘장석은 1,550 ℃에서 용융되었지만, 3가지 광물로 구성된 감람암은 1,270 ℃에서 용융되기 시작했다.

더욱이 **부분용융**(partial melting)으로 생성된 용융 물질은 원암보다도 실리카가 풍부하다. 즉, 맨틀 감람암이 녹기 시작하여 생성된 마그마는 감람암보다 실리카가 20 % 정도 많은 현무암질이다. 새로운 현무암질 마그마는 감람암보다 밀도가 낮기 때문에 지구 표면을 향해 상승하기 시작한다. 이 과정은 아주 소량의 본래 감람암이 녹아 현무암질 마그마를 생성했기 때문에 부분용융이라 부르며 실리카가 부족한 감람암은 연약권에 잔류한다. 그림 8.3과 그림 8.4는 확장 중심과 맨틀 플룸에서 이런 방식으로 현무암질 마그마가 생성되는 것을 보여준다. 그림 8.5는 현무암질 마그마가 섭입대에서도 생성되는 것을 보여준다.

화강암과 화강암질 마그마

화강암은 현무암보다 더 많은 실리카를 포함하기 때문에 더 낮은 온도인 700~900 ℃ 범위에서 용융된다. 따라서 현무암질 마그마는 화강암질 대륙지각을 녹일 만큼 매우 뜨겁다. 어떤 지구조 환경에서 현무암질 마그마는 대륙 하부에서 생성되어 대륙지각을 향해 상승한다. 대륙지각 하부는 뜨겁기 때문에 소량의 현무암질 마그마라도 상당량의 대륙지각 하부를 녹여서 화강암질 마그마를 생성한다. 일반적으로 화강암질 마그마는 짧은 거리를 상승하므로 대륙지각 내에서 굳어져 심성암을 이룬다. 대부분의 화강암질 심성암은 지하 5~20 km 정도의 깊이에서 굳어진다.

화강암은 대륙 주변부의 섭입대, 대륙의 열곡대와 대륙 아래에서 상승하는 맨틀 플룸에서 위의 과정을 통해 생성된다.

안산암과 중성 마그마

안산암이나 섬록암 같은 중성 화성암은 화강암질 마그마의 생성과 비슷한 과정을 거쳐 만들어진다. 이들은 실리카 함량이 적은 대륙지각이 용융되거나, 현무암질 마그마가 화강암질 마그마와 섞여 만들어지기 때문에 실리카 함량이 화강암보다 적다.

8.3 부분용융과 대륙 기원

지구는 약 46억 년 전에 생성된 후 곧 바로 용융되었을 것으로 여겨진다. 표면에 있던 용암이 냉각되어 최초의 지각을 형성했다. 지질학자들은 오래된 지각에서 얻은 증거와 컴퓨터 모델을 결합하여 초기 지각은 감람암의 조성을 가진 용암이었을 것으로 추정했다.

화강암질 대륙지각이 용융되어 화강암질 마그마가 형성된다는 해석은 두 가지 흥미로운 의문을 갖게 한다. (1) 화강암질 대륙은 언제 형성되었는가? (2) 초기 지각과 맨틀이 감람암으로 구성되었다면, 어떻게 지표면에 화강암질 대륙지각이 발달할 수 있는가?

대륙은 언제 형성되었는가?

39억 6,000만 년의 나이를 가진 캐나다 북서부의 아카스타(Acasta) 편마암은 지구 상에 알려진 가장 오래된 암석이다. 이 암석은 변성된 화강암질 암석으로 현재의 대륙지각과 유사한데, 이는 선캄브리아 시대 초기에 생성된 화강암질 지각이라는 것을 의미한다.

지질학자들은 오스트레일리아 서부 지역의 사암에서 지르콘(zircon)이라는 광물 입자를 발견했다. 사암은 나중에 형성되었지만, 지르콘의 방사성 동위원소의 절대연대는 44억 년이었다. 지르콘은 일반적으로 화강암에서 생성된다. 지질학자들은 아주 오래된 지르콘이 처음에는 화강암 내에서 형성되었다가, 나중에 풍화되어 지르콘 입자로 떨어져 나와 모래가 되었다고 추론한다. 결국 지르콘은 더 젊은 사암의 일부가 되었다. 이런 지르콘 입자의 존재는 화강암질 암석이 44억 년 전에 존재했다는 것을 암시한다. 지질학자들은 그린란드와 래브라도의 화강암질암도 아카스타 편마암과 오스트레일리아의 지르콘 입자만큼이나 오래되었음을 발견했다.

이 절대연대는 아마도 44억 년 전에 어떤 화강암질 대륙지각이 존재했음을 시사한다.

부분용융과 화강암질 대륙의 기원

다음 표는 맨틀, 해양지각, 대륙지각의 구성 성분을 비교한 것이다.

맨틀 (감람암)	해양지각 (현무암)	대륙지각 (화강암)
철 · 마그네슘 함량 높고, 실리카 적음	맨틀에 비해 철 · 마그네슘 함량 낮고 실리카 많음	철 · 마그네슘 함량 낮고, 실리카 많음

초기 지각이 맨틀과 유사한 성분이었다면, 해양지각과 대륙지각이 맨틀 암석으로부터 어떻게 진화했는지 밝혀져야 한다. 8.2절에서 부분용융으로 생성된 마그마는 원암보다 실리카의 함량이 더 많은 것에 대해 설명했다. 지질학자들은 최초의 지각이 감람암질 용암이었을 것으로 생각하는데, 이는 지구 전체가 용융되었던 시기의 용암이 굳어진 지구 표면을 말한다. 나중에 이 원시지각의 부분용융으로 실리카가 풍부한 현무암질 지각이 형성되었다. 또한 현무암의 부분용융으로 안산암과 같은 중성암이 형성될 수 있고, 중성암의 부분용융으로 실리카가 풍부한 화강암질 대륙도 형성될 수 있다. 부분용융 과정은 실리카가 풍부한 대륙이 실리카가 부족한 맨틀에서 어떻게 진화해 왔는지를 설명해 줄 수 있다. 그런데 어떤 지구조과정을 통해 일련의 단계적인 용융이 일어났을까?

앞에 언급했던 것처럼, 오늘날의 마그마는 세 가지 지질학적 환경, 즉 확장 중심, 섭입대, 맨틀 플룸에서 생성된다. 이와 비슷한 마그마 형성 환경은 선캄브리아 시대 초기에도 존재했을지 모르지만, 어떤 요인이 가장 중요했는지는 알 수 없다.

몇몇 연구는 태고대의 지구조운동이 현대의 수평적인 판의 운동과 유사하고, 대부분의 마그마가 확장 중심과 섭입대에서 형성되었음을 시사한다. 또 다른 증거는 선캄브리아 시대 초기에는 판의 수평적 운동이 미미하고, 수직적인 맨틀 플룸이 지배적이었음을 지시한다.

수평적 구조운동

한 이론에 따르면, 선캄브리아 시대 지각은 뜨겁고 활동적인 맨틀의 열대류에 의해 판의 수평적인 이동이 시작되었다. 밀도가 높은 원시지각은 섭입대에서 맨틀로 들어가고, 그곳에서 부분용융이 일어나 현무암질 마그마가 생성되었다. 결과적으로 지각은 점차적으로 현무암질이 되어 갔다.

그 후에 초기의 대륙지각은 섭입대에서 현무암질 지각의 부분용융으로 생성되었다. 9장에서 오늘날의 호상열도는 이런 방법으로 형성되었음을 볼 것이다. 따라서 초기의 대륙은 작은 화강암질 지각이나, 현무암질 지각으로 둘러싸인 안산암질 지각의 작은 덩어리로 구성되었을 것이다(그림 8.7(a)). 이것은 지금의 호상열도와 유사하다. 판의 섭입이 지속적으로 진행되면, 고립된 섬들은 통합되어 작은 대륙을 형성한다. 이 과정에서 퇴적물이 쌓이고 대륙과 충돌하면서 변성된다(그림 8.7(b)).

연직 맨틀 플룸 구조

몇몇 연구가들은 선캄브리아 시대 초기에는 맨틀 플룸 구조가 지배적이었다고 주장한다. 맨틀과 핵의 경계에서 맨틀 암석이 상승하여 부분용융이 일어났을 것이다. 이렇게 생성된 마그마는 굳어서 현무암질 지각을 생성한다. 이러한 부분

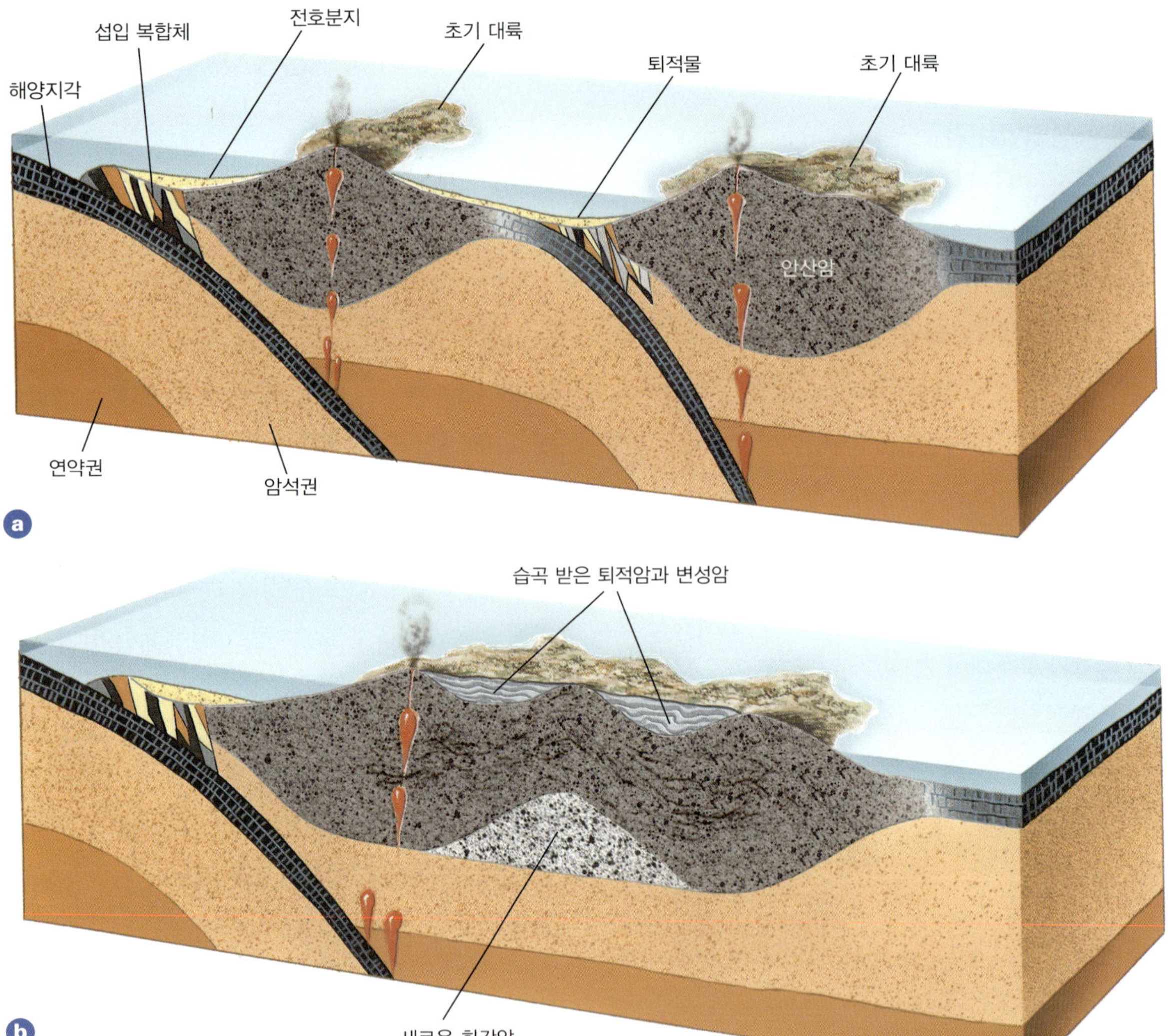

그림 8.7 (a) 한 모델에 따르면 파스타를 요리하기 위해 가열한 냄비의 물 표면 위에 떠 있는 기름처럼, 초기 대륙은 섭입대에서 형성되었다. (b) 판이 계속 움직임에 따라 작은 대륙들이 충돌하여 합쳐진다. 본래의 섬에서 침식되었던 퇴적물은 습곡되고 융기되었다. 어떤 것은 심하게 가열되고 압력을 받아서 변성암이 되었다. 새로운 화강암은 섭입대에서 지각의 부분용융으로 형성된다.

용융이 계속되면 결국에는 화강암질 대륙지각이 생성된다.

두 모델에 대한 증거가 늘어감에 따라, 어떤 지질학자들은 수직적 및 수평적 메커니즘 모두가 중요하다고 주장한다. 그 이론에 따르면 맨틀 플룸은 두꺼운 현무암질 해양대지를 형성하고, 바깥쪽으로 흘러 수평운동을 시작한다. 이 운동으로 섭입이 발생하고, 현무암대지의 부분용융으로 대륙지각이 생성된다.

8.4 마그마 유동

일단 생성된 마그마는 주변 암석보다 밀도가 낮기 때문에 지표면을 향해 상승한다. 마그마가 상승하면 두 가지 변화가 일어난다. (1) 마그마는 지표에 가깝고 차가운 층으로 올라와 냉각된다. (2) 위에 놓인 암석의 무게가 감소하기 때문에 압력은 낮아진다.

냉각은 마그마를 고화시키는 경향이 있고, 압력 감소는 액체를 유지하는 경향이 있다는 그림 8.1을 기억하자. 그렇다면 마그마가 지표면을 향해 상승하면 고화될까, 아니면 액체로 남아있을까? 정답은 마그마의 종류에 달려 있다. 현무암질 마그마는 보통 액체를 유지하며 지표까지 상승하여 화산에서 분출하거나, 대양의 중앙해령에서 해저로 넘쳐흐른다. 반대로 화강암질 마그마는 주로 지각 내에서 고화된다.

화강암질 마그마와 현무암질 마그마의 대조적인 유동성은 구성 성분의 차이에 의한 것이다. 화강암질 마그마의 실리카 함량은 약 70 % 정도인 반면에 현무암질 마그마의 함량은 약 50 % 정도다. 더욱이 화강암질 마그마는 최대 10 %의 물을 포함하는 반면에 현무암질 마그마는 1～2 %의 물을 함유한다. 이 차이를 요약하면 다음 표와 같다.

전형적인 화강암질 마그마	전형적인 현무암질 마그마
70 % 실리카, 최대 10 % 물	50 % 실리카, 1~2 % 물

실리카가 마그마 유동에 끼치는 영향

2장에서 설명한 바와 같이 규산염광물은 규산염 사면체가 연결되어 사슬형, 판상, 망상 구조 등을 형성한다. 규산염 사면체는 마그마 내에서 비슷한 방식으로 연결되어 있다. 마그마에 실리카가 풍부하면 길게 연결되어 광물과 유사한 구조를 만들지만, 실리카가 적으면 짧게 연결된다.

화강암질 마그마는 실리카의 함량이 높기 때문에 현무암질 마그마보다 더 길게 연결된다. 연결이 얽히면 마그마는 경직되거나 점성이 높아진다. 이 마그마는 높은 점성 때문에 천천히 상승하고, 지표면에 도착하기 전에 지각 내부에서 굳어진다. 반면에 더 짧은 규산염 고리를 가진 현무암질 마그마는 점성이 낮아 쉽게 흐른다. 이 유동성 때문에 마그마는 빠르게 상승하여 지표로 분출한다.

물이 마그마 유동에 끼치는 영향

두 번째로 두 마그마의 더 중요한 차이점은 화강암질 마그마가 현무암질 마그마보다 더 많은 물을 포함한다는 것이다. 물은 마그마의 고화 온도를 낮춰준다. 건조한 화강암질 마그마가 700 ℃에서 고화되는 경우, 동일한 마그마가 10 %의 물을 포함하면 온도가 600 ℃ 이하로 낮아질 때까지 고화되지 않는다.

물은 뜨거운 마그마에서 수증기로 빠져나가는 경향이 있다. 그러나 화강암질 마그마가 생성되는 지각 깊은 곳에서는 압력이 높아 물이 빠져나가기 어렵다. 그러나 마그마가 상승하면 압력이 감소하여 물이 빠져나간다. 마그마에서 물이 없어지면 마그마가 굳어지는 온도가 상승한다. 물의 손실은 상승하는 화강암질 마그마가 지각 내에서 고화되는 원인이 된다. 현무암질 마그마는 대략 1～2 %만의 물을 가지고 있기 때문에, 물의 손실은 상대적으로 중요하지 않다. 그 결과 상승하는 현무암질 마그마는 지표면에서 도달할 때까지 액체로 남아 현무암질 화산으로 분출한다.

심성암(pluton) 화성암 관입체

저반(batholith) 지표면에 노출된 넓이 100 km^2 이상인 거대한 화성암

암주(stock) 지표면에 노출된 넓이 100 km^2 이하의 심성암으로 저반과 비슷하지만 더 작다.

암맥(dike) 마그마가 모암의 균열을 따라 층리를 절단하면서 주입되어 형성된 판상의 화성암이다. 모암이 침식되어도 암맥은 지표에 남아 있다.

8.5 심성암

대부분의 화강암질 마그마는 대륙지각 내에서 고화되어 **심성암(pluton)**이라고 하는 거대한 화성암체를 형성한다는 3장의 내용을 기억하자(그림 8.8(a)). 많은 화강암질 심성암은 지름이 수십 km에 달한다. 점성이 높은 대량의 마그마가 어떻게 고체 암석을 뚫고 상승할 수 있었을까?

병에 기름과 물을 넣고 뚜껑을 닫은 후, 병을 흔들면 기름방울이 물속에서 흩어진다. 그리고 병을 내려놓으면 작은 방울들은 모여서 큰 거품을 만들고, 이들은 표면을 향해 상승한다. 기름방울이 위로 올라가면 물이 그 자리를 메운다. 화강암질 마그마도 이와 유사하게 상승하지만, 고체 암석을 뚫고 상승하기 때문에 과정이 더 느리다. 대륙지각의 하부에서 생성되는 화강암질 마그마의 주변 암석은 뜨겁고 유연하다. 마그마는 유연한 모암을 밀어내면서 상승하며, 유연한 모암은 상승하는 거품의 뒷자리를 채우기 위해 천천히 뒤로 흐른다.

심성암이 형성된 이후 지구조 힘은 지각의 일부를 위로 상승시키고, 침식작용으로 심성암의 일부가 지표에 노출된다(그림 8.8(b)). **저반(batholith)**은 지표에 노출된 넓이 100 km^2 이상인 심성암이다. 매우 큰 저반의 두께가 20 km를 넘는 경우도 있으나, 보통 저반의 두께는 10 km 정도다. **암주(stock)**는 저반과 비슷하지만 노출된 넓이가 100 km^2보다 작다.

그림 8.9는 북미 서부 지역의 주요한 저반을 보여준다. 캘리포니아의 시에라네바다와 같은 많은 산맥들은 거대한 화강암 저반을 포함한다(그림 8.10). 저반은 수백만 년에 걸쳐 차례로 관입한 여러 개의 작은 심성암으로 이루어져 있다. 예를 들면 시에라네바다 저반은 약 100개의 독립적인 심성암을 포함하는데, 이들 대부분은 5,000만 년 동안 관입하였다. 이 복잡한 저반의 형성은 약 8,000만 년 전에 끝났다.

거대한 마그마는 모암을 집어삼키거나 옆으로 밀어내면서 상승한다. 반면에 적은 양의 마그마는 모암의 균열이나 층 사이로 흐른다. 마그마가 암석 틈새로 흘러들어가 종이처럼 판상으로 굳어진 관입암이 **암맥(dike)**이다(그림 8.11). 암맥은 퇴적암의 층리나 모암의 다른 구조를 자르며 발달하고, 두께는 1 cm 이하에서 1 km 이상까지 다양하다(그림 8.12). 암맥은 보통 주변 암석보다 풍화작용에 더 강하다. 모암이

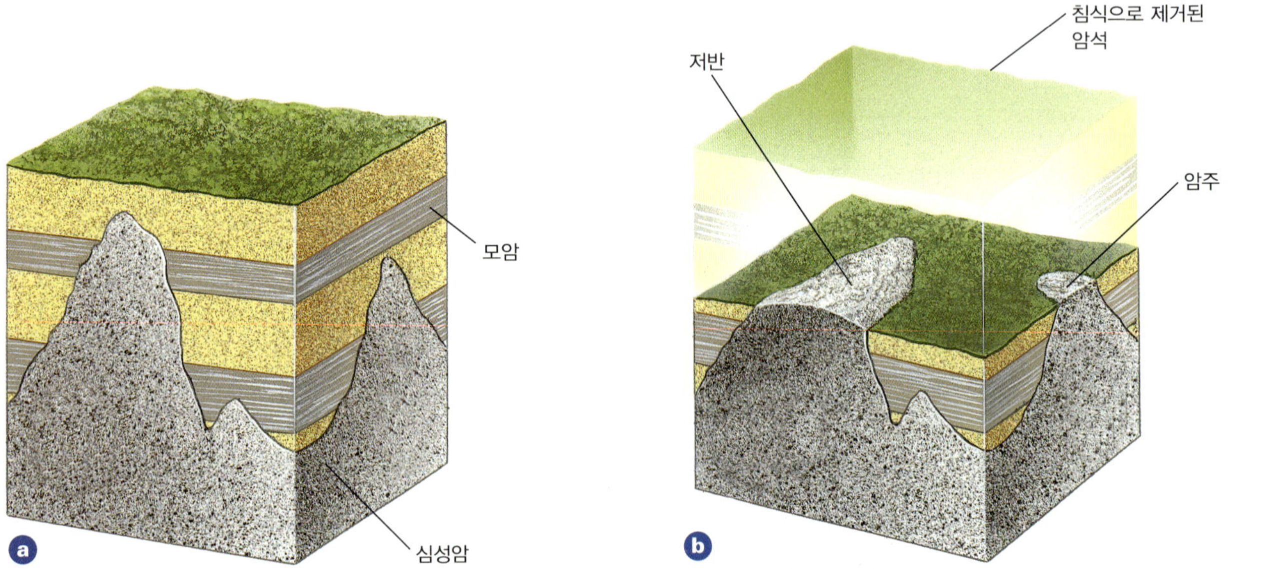

그림 8.8 (a) 심성암은 화성암 관입체다. (b) 저반은 지표면에 노출된 넓이가 100 km^2 이상인 심성암이다. 암주는 저반과 비슷하지만 노출된 넓이가 더 작다.

그림 8.9 북아메리카 서부에 있는 커다란 저반(회색 부분)은 높은 산맥을 이루고 있다.

그림 8.10 미국 요세미티 국립공원 내에 위치하는 캘리포니아 주의 시에라네바다는 대부분 화강암으로 이루어져 있다.

그림 8.12 화강암질 암맥들이 더 오래된 모암을 관입했다.

그림 8.11 거대한 마그마 덩어리는 지각 내에서 결정화되어 심성암을 만든다. 어떤 마그마는 지표면 위로 상승하여 화산과 용암류를 만든다. 어떤 마그마는 모암에 관입해 암맥과 암상을 만든다.

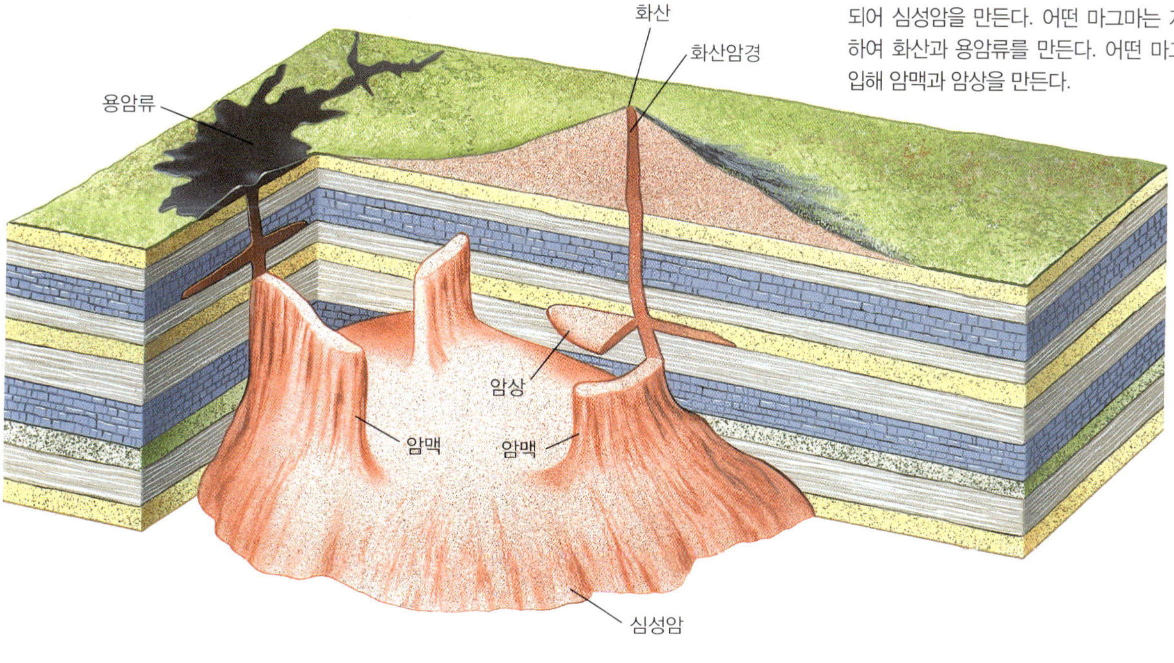

암상(sill) 마그마가 층리 사이로 주입되어 형성된 판상의 화성암으로, 모암의 입자나 층리와 나란하다.

화산(volcano) 화도를 통해 분출된 용암과 암석 파편으로 형성된 언덕이나 산

파호에호에(pahoehoe) **용암** 매끄럽고, 점성이 낮거나 새끼줄 모양의 표면을 가진 용암

COURTESY OF GRAHAM R. THOMPSON/JONATHAN TURK

그림 8.13 미국 뉴멕시코 주 십록(Shiprock) 주변에 있는 이 커다란 암맥은 모암인 부드러운 사암이 침식된 후에도 남아 있다.

COURTESY OF GRAHAM R. THOMPSON/JONATHAN TURK

그림 8.14 미국 애리조나 주 그랜드캐니언에 있는 검은 현무암의 암상은 사암 층 사이를 관입했다.

침식되면 암맥은 지표면에 또렷하게 나타난다(그림 8.13).

마그마가 모암의 층리 사이로 흘러들어 층과 나란한 판상의 암석을 형성하면 이를 **암상**(sill)이라 부른다(그림 8.11). 암상의 두께는 암맥처럼 1 cm 이하에서 1 km 이상까지 발달하며, 길이나 넓이는 수십 km까지 연장되기도 한다(그림 8.14).

8.6 화산

화산(volcano)은 용암과 화도를 통해 분출된 화산쇄설물이 만든 언덕이나 산이다. 화산에서 분출된 물질은 매우 다양한 암석과 지형을 형성하는데, 이 지형에는 용암대지와 여러 모양의 화산 분출구가 있다. 하와이, 아이슬란드, 남서태평양 대부분의 섬들은 거의 화산 분출에 의해 만들어졌다.

용암과 화산쇄설암

3장에서 배웠듯이 용암은 지표면을 흐르는 마그마다. 또한 이 용어는 마그마가 고화되어 만들어진 암석을 부르는 말이다. 점성이 낮은 용암은 냉각되면서 매끄럽고 광택이 나는 표면을 갖거나, 새끼줄 모양으로 꼬여 주름을 만들며 굳어질 때까지 흐른다. 이런 용암을 하와이어로 '매끄러운' 또는 '광택이 나는'이라는 의미의 **파호에호에**(pahoehoe) **용암**이라고 부른다(그림 8.15). 용암의 점성이 높으면, 용암이 흐르면서 용암 표면이 부분적으로 고화된다. 용융 상태인 용암의 내부가 계속 이동하면 굳어진 표면은 부스러지는데

KENNETH NEUHAUSER

그림 8.15 미국 하와이 주에서 파호에호에 용암에 차가 파묻혔다.

COURTESY OF GRAHAM R. THOMPSON/JONATHAN TURK

그림 8.16 미국 아이다호 주 쇼쇼니(Shoshone) 지역 아아 용암에서의 기공(용암류 내에 보존된 가스 거품)

이를 아아(aa) 용암이라 한다. 용암의 표면은 울퉁불퉁하고, 뾰족뾰족하며 깨진 모양이다. 용암이 냉각될 때 용암 내에서 거품을 이루고 있던 물과 이산화탄소와 같은 가스가 빠져나간다. 가스가 빠져나가기 전에 용암이 고화되면, 거품들은 암석 내에 구멍으로 보존되는데 이를 기공(vesicle)이라고 부른다(그림 8.16).

아아(aa) 용암 들쑥날쑥하고 돌조각이 많고, 표면이 거친 용암

기공(vesicle) 가스나 물의 거품이 탈출하기 전에 굳어진 용암 내의 구멍

주상절리(columnar joint) 보통 용암류에 하부로 성장하며 오각형 또는 육각형 기둥 모양으로 갈라진 규칙적인 틈

뜨거운 용암이 냉각되어 굳어지면 암석은 수축된다. 그 수축으로 암석 내부에서 일정하게 틈이 생기고, 냉각이 계속되면 균열로 성장한다. 지질학자들은 하와이에서 새로운 용암이 냉각되는 동안 이런 현상을 관찰했다. 고체 지각의 두께가 불과 0.5 cm에 이르렀을 때, 액체의 표면에서 오각형이나 육각형의 균열이 발달하였다.

용암이 계속해서 냉각되고 고화되면, 그 균열은 표면 아래로 발달해 간다. 주상절리(columnar joint)라 불리는 이런 균열은 일정한 간격으로 교차하여 오각형이나 육각형 기둥을 만든다(그림 8.17).

화산이 폭발적으로 분출하면, 액체 마그마와 고체 암석

COURTESY OF GRAHAM R. THOMPSON/JONATHAN TURK

a

COURTESY OF GRAHAM R. THOMPSON/JONATHAN TURK

b

그림 8.17 (a) 데블스 포스트파일의 주상절리. 캘리포니아의 국가천연기념물이다. (b) 빙하에 의해 마모된 주상절리의 상부면

화산쇄설암(pyroclastic rock) 화도에서 폭발적으로 분출된 액체 마그마와 고체 암석 파편으로 이루어진 암석

화산재(volcanic ash) 지름이 2 mm보다 작은 화산쇄설물 입자

분석(cinder) 유리질이며 지름이 4~32 mm인 화성 화산쇄설물

틈새(fissure) 암석의 깨진 틈바구니나 파쇄대

홍수현무암(flood basalt) 대량의 마그마가 지표의 틈새를 따라 조용히 분출하여 지표면을 넓게 덮어 용암대지를 형성하는 현무암질 용암

용암대지(lava plateau) 또는 현무암대지(basalt plateau) 대량의 용암이 틈새를 통해 연속적으로 분출되어 형성된 수천 km^2의 넓은 대지

화도(vent) 용암과 암석 파편을 분출하는 화산의 출구로서 일반적으로 분화구 내에 있다.

분화구(crater) 화산 정상에 화산활동으로 생긴 그릇처럼 움푹 들어간 곳으로 화구라고도 한다.

a

b

그림 8.18 (a) 컬럼비아 강 현무암대지(회색 부분)는 워싱턴 주, 오리건 주, 아이다호 주의 많은 지역을 덮고 있다. (b) 오리건 주의 컬럼비아 강 현무암대지에 있는 멀트노마 폭포(Multnomah Falls)는 현무암질 용암류의 각 층 위로 흘러내린다.

파편이 함께 터져 나올 것이다. 이러한 물질로 구성된 암석이 **화산쇄설암**(pyroclastic rock)[3]이다. **화산재**(volcanic ash)라 불리는 아주 작은 입자는 액체 마그마가 대기 중으로 폭발하여 만들어진 작은 유리질 파편이다. **분석**(cinder)은 4~32 mm까지 다양한 크기를 갖는 화산암 조각이다.

틈새 분출과 용암대지

가장 조용한 유형의 화산 분출은 매우 유동적인 마그마가 **틈새**(fissure)라는 지표의 틈바구니로 흘러나와 물처럼 흐르는 형태다. 현무암질 마그마는 점성이 낮기 때문에 보통 이렇게 분출한다. 틈새와 틈새 분출은 규모가 매우 다양하다. 어떤 경우에는 용암이 화산의 산 사면에 생긴 작은 틈에서 흘러나온다. 이러한 형태의 틈새 분출은 하와이와 아이슬란드의 화산에서는 흔히 관찰된다.

그러나 어떤 틈새는 수십에서 수천 km까지 발달하여, 수천 km^3의 현무암질 용암이 지표면으로 쏟아져 나온다. 이런 형태의 틈새 분출은 홍수 같은 광경을 보여주기 때문에 **홍수현무암**(flood basalt)이라고 한다. 보통 이런 틈새 분출은 빠르게 연속적으로 발생하여 수천 km^2를 지표를 덮어 **용암대지**(lava plateau) 또는 **현무암대지**(basalt plateau)를 형성한다.

미국 워싱턴 주 동부, 오리건 주 북부, 아이다호 주 서부에 있는 컬럼비아 강 대지는 350,000 km^3의 현무암이 분포하는 용암 대지다(그림 8.18). 용암의 두께는 최대 3,000 m고, 넓이는 200,000 km^2다. 이 대지는 약 1,500만 년 전에 지표면의 긴 틈새를 따라 현무암질 마그마가 흘러나와 형성되었다. 용암류 각각의 두께는 15~100 m다.

화산 유형

화산은 모양, 구조와 크기가 매우 다양하다(표 8.1). 보통 용암과 암석 파편은 분화구에 위치한 **화도**(vent)라는 구멍을 통해 분출하는데, **분화구**(crater)는 화산활동으로 화산 정상에 그릇 모양으로 가라앉은 곳이다(그림 8.19). 앞에서 언급했듯이 용암이나 화산쇄설물은 화산의 측면에 발달한 틈새에서도 분출될 수 있다.

---
3) 'pyro'는 불을 의미하고, 'clastic'은 파편을 의미한다.

그림 8.19 남태평양 제도 바누아투에 있는 마룸 화산의 분화구 내 여러 화도에서 뜨거운 가스가 올라오고 있다.

순상화산(shield volcano) 현무암질 마그마가 연속적으로 흘러 형성된 크고 기울기가 완만한 화산

분석구(cinder cone) 중앙 화도에서 분출된 화산쇄설물로 이루어진 작은 화산으로, 높이는 보통 300 m 이하이며, 활동 기간도 아주 짧다.

순상화산

유동적인 현무암질 마그마는 보통 사면의 기울기가 완만한 **순상화산**(shield volcano)을 만든다(그림 8.20). 일반적으로 순상화산에서 화도와 수평선 사이의 각도는 6~12°다. 순상화산의 기울기는 완만하지만 규모는 거대한 것도 있다. 하와이에 있는 마우나케아 화산의 높이를 실제 바닥인 해저에서 정상까지 측정하면 에베레스트보다 높다.

하와이와 아이슬란드에서는 순상화산이 정기적으로 분출하긴 하지만 분출은 보통 조용하고 인명을 거의 위협하지 않는다. 가끔 용암류가 집과 마을까지 덮치기는 하지만, 용암류가 천천히 흐르기 때문에 사람들은 충분히 대피할 수 있다.

분석구

분석구(cinder cone)는 화산쇄설물로 이루어진 작은 화산이다. 분석구는 상승하는 마그마 내부에 가스가 대량으로 축적되었을 때 형성된다. 가스 압력이 충분하게 상승하면, 내부의 분석, 화산재 그리고 용융된 마그마 모두가 대기 중으로 급격히 터져 나온다. 그리고 화산쇄설물 입자들이 화도 주변에 다시 떨어져 작은 산을 이룬다. 분석구는 가스가 빠져나가면 화산 분출의 원동력이 없어지기 때문에 보

표 8.1 화산의 특징

화산 특성의 유형	형태	크기	마그마의 유형	활동 방식	대표적인 화산
현무암대지	기울기가 완만한 대지	넓이: 십만~백만 km^2 두께: 1~3 km	현무암	조용한 틈새 분출로 생성	컬럼비아 강 대지
순상화산	완만한 기울기, 6~12°	최대 높이: 9,000 m	현무암	조용하지만 어떤 것은 분출	하와이
용암추	중간 기울기	높이: 100~400 m	현무암, 안산암	화산쇄설물 분출	파리쿠틴(멕시코)
복합화산	용암류와 화산쇄설물이 교대로 분출	높이: 100~3,500 m	다양한 마그마와 화산재	가끔 격렬하게 분출	베수비어스(이탈리아), 세인트헬렌스 산, 아콩카과(아르헨티나)
칼데라	둥글게 함몰, 가끔 암벽 형성	지름: 40 km 이하	화강암	격렬한 분출로 생성, 잠재적인 분출이 남음	옐로우스톤, 섀원 산맥

SCIENCE GRAPHICS/WARD'S NATURAL SCIENCE ESTABLISHMENT INC.

그림 8.20 경사각이 낮은 아이슬란드의 전형적인 순상화산

a

그림 8.21 (a) 하와이 화산국립공원에 있는 아아 용암 뒤에 위치한 분석구 (b) 몇몇 분석구는 하와이에 있는 넓은 순상화산의 측면에서 관찰할 수 있다.

COPYRIGHT AND PHOTOGRAPHS BY DR. PARVINDER S. SETHI

b

복합화산(composite cone) 또는 **성층화산**(stratovolcano) 용암류와 화산쇄설물이 반복적으로 쌓여 뚜렷이 교호하는 층을 가진 가파른 화산

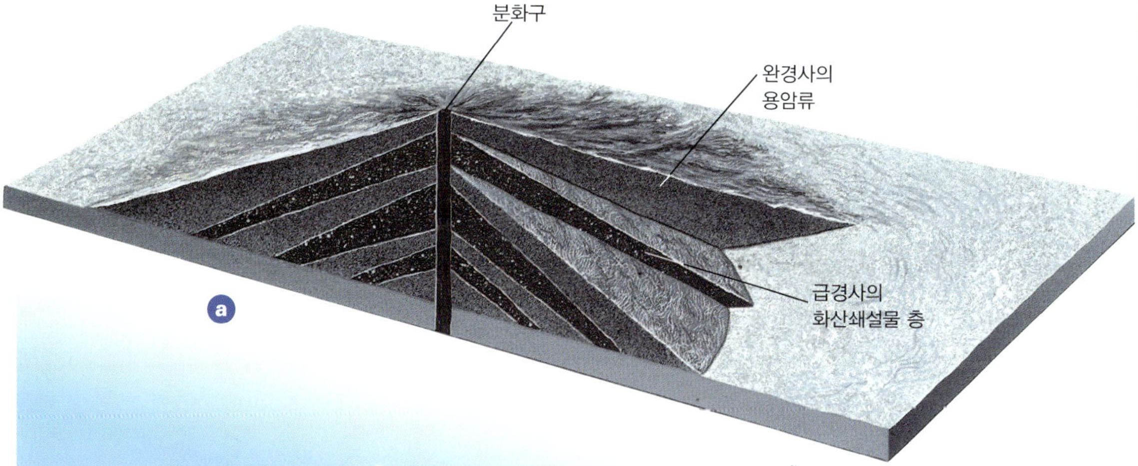

그림 8.22 (a) 복합화산은 용암과 느슨한 화산쇄설물이 교대하여 반복적으로 쌓여 형성된다. (b) 미국 오리건 주에 있는 후드산은 복합화산이다.

통 짧은 기간만 활동한다.

분석구의 형태는 대칭적이다. 또한 화산의 경사가 크며(약 30°), 특히 화산재와 분석이 쌓인 화도 주변에서 가파르다(그림 8.21). 대부분의 분석구 높이는 300 m 이하이지만, 큰 것은 높이가 700 m 이상인 경우도 있다. 분석구의 화산쇄설물은 견고하게 붙어 있지 않기 때문에 쉽고 빠르게 침식된다.

복합화산

때때로 **성층화산**(stratovolcano)이라 불리는 **복합화산**(composite cone)은 용암류와 화산쇄설물이 오랜 동안 반복적으로 쌓여 형성된다. 단단한 용암층이 느슨한 화산쇄설물을 덮어 침식으로부터 보호한다(그림 8.22(a)).

안데스 산맥과 북미 서부에서 장엄한 광경을 보여주는 몇 개의 산은 복합화산이다(그림 8.22(b)). 복합화산의 가장 큰 특징은 반복되는 분출로 형성되었다는 점이다. 미국 워싱턴 주에 있는 세인트헬렌스 화산은 1980년의 분출을 비롯하여 4,500년 동안 수십 번이나 분출했었다. 워싱턴 주에 있는 레이니어 산도 최근에는 휴면기이지만 활동을 재개하면 근처의 인구 밀집 지역을 위협할 수 있다.

화산회류(ash flow) 격렬한 화산 분출로 화산재, 화산쇄설물 입자와 가스가 혼합되어 지표면을 따라 빠르게 퍼져 나가는 흐름

화산회류응회암(ash-flow tuff) 화산회류가 고화되어 생성된 화성암

8.7 화산 분출: 화산회류 응회암과 칼데라

화강암질 마그마는 보통 지각 내에서 고화되지만, 어떤 조건에서는 격렬하게 분출하여 지표면까지 상승한다. 지표로 상승하는 화강암질 마그마는 현무암질 마그마처럼 아주 적은 양의 물을 포함하고 있다. 그러나 압력이 감소하면 화강암질 마그마에 포함된 소량의 물이 가스로 바뀌고, 가스와 액체 마그마의 혼합물이 900 ℃까지 가열된다. 이 혼합물이 지하 수 km까지 상승하면, 그림 8.23의 (a)와 (b)와 같이, 위에 놓인 모암에 균열이 생기고, 이 균열을 통해 하늘 높이 분출한다. 맥주나 사이다 병을 생각해 보자. 병뚜껑으로 막혀 내용물이 압력을 받고 있을 때, 이산화탄소는 액체에 용해되어 있다. 뚜껑을 열면 압력이 감소하여 거품이 위로 솟아오른다. 상황에 따라서 거품을 포함한 혼합물은 병목을 따라 넘쳐흐를 것이다.

크고 격렬한 화산폭발은 화산쇄설물을 10~12 km 높이까지 올려 보낼 수 있으며, 분출 기둥의 지름은 수 km가 될 수도 있다. 미세한 화산회류의 구름은 상층 대기까지 더 높이 상승할 것이다. 마그마 방에서 뿜어내는 힘은 분출 기둥을 수 시간에서 수일까지도 지속시킬 수 있다.

화산회류

많은 양의 가스가 마그마 상부 층에서 빠져나가면 분출이 끝난다. 하늘 높이 솟아오른 화산재, 암석 파편, 가스의 혼합물은 지면으로 되돌아와 지면에 넓게 퍼져 나가거나 골짜기를 휩쓸고 내려간다(그림 8.23(c)). 이런 흐름을 **화산회류**(ash flow)라고 한다.

화산회류가 멈추면, 대부분의 가스는 대기 중으로 빠져나가고 화산재와 암석 파편의 혼합물이 남는데, 이를 **화산회류응회암**(ash-flow tuff)이라 부른다(그림 8.24).

칼데라

가스로 가득한 마그마가 분출하여 빠져나가면 마그마 방의 지붕이 붕괴된다(그림 8.23(d)). 마그마 방의 외형이 대부분 둥글기 때문에, 위에서 내려다보이는 붕괴된 지붕의

폼페이의 멸망

공통 기원 79년에 베수비오 화산이 분출하여, 로마의 도시인 폼페이, 헤르쿨라네움, 지금의 이탈리아 나폴리에 해당하는 인접한 도시 몇 개가 멸망했다. 분출하기 전, 이 산은 700년 동안 휴화산이었고, 너무 오랫동안 휴지기였기 때문에 농부들은 정상까지 산비탈에 포도밭을 경작했다. 분출하는 동안, 화산회류가 산 사면을 타고 흘렀고, 도시와 마을은 5~8 m의 뜨거운 화산재 아래에 묻혔다. 17세기 이후에 고고학자들이 폼페이의 위치를 찾아내어 발굴했고, 그들은 화산회류에 갇혀 도망치거나 피난처를 찾는 주민의 화석화된 주검을 발견했다. 어떤 것들은 얼굴 표정에 공포가 보존되었다. 공통 기원 79년 분출 이후에, 베수비오 산은 다시 휴지기로 돌아왔으나 1631년 다시 분출했다. 베수비오 화산은 1631년에서 1944년까지 자주 활동했고, 20세기에는 1906년, 1929년, 1944년에 분출했다.

베수비오 화산은 25,000년 동안 수많은 분출에 의해 형성된 성층화산으로, 분출은 조용한 용암류부터 폼페이를 묻어버린 폭발에 이르기까지 다양하다. 1996년 화산의 지진파 속도 연구 결과, 지하 10 km 정도의 깊이에서 지진파가 갑자기 초당 6 km에서 2.7 km로 감소하였다. 속도의 급격한 감소는 그 깊이에 용융된 마그마가 존재한다는 것을 의미한다.* 성층화산은 자주 분출하고, 오랜 기간 동안 활화산을 유지하며, 화산 하부에 마그마가 존재하기 때문에, 지질학자들은 베수비오 산은 분출 위험이 높은 것으로 여기고 있다.

* A. Zollo, P. Gasparini, J. Virieux, H. le Meur, G. de Natale, G. Biella, et al., "Seismic Evidence for a Low-Velocity Zone in the Upper Crust Beneath Mount Vesuvius," *Science* 274 (October 25, 1996), 592–594.

© MIKAEL DAMKIER/SHUTTERSTOCK

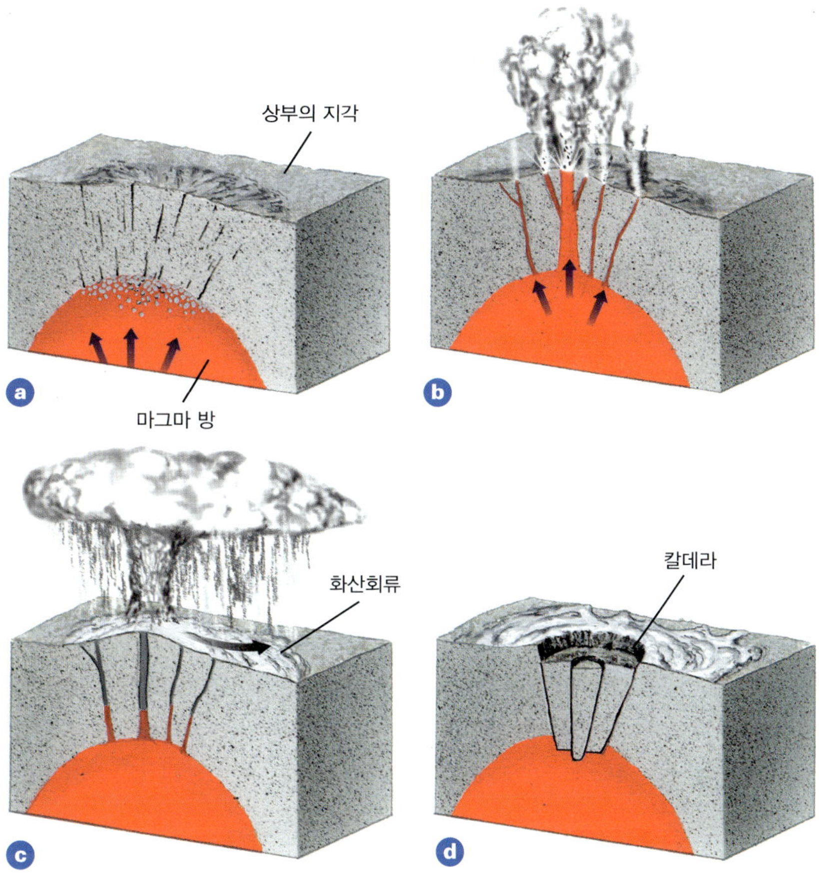

그림 8.23 (a) 화강암질 마그마가 지하 수 km까지 올라오면, 위에 놓인 암석에 균열이 생긴다. 가스가 마그마로부터 분리되어 마그마의 상부로 상승한다. (b) 가스가 풍부한 마그마는 균열을 따라 폭발하는데, 뜨거운 화산재, 암석 파편과 가스가 수직 기둥을 이루어 상승한다. (c) 가스가 다 소모되면 상승 기둥은 무너져 내리고, 이들은 화산회류를 이루어 빠른 속도로 바깥쪽으로 퍼진다. (d) 마그마 방의 상부에서 매우 많은 물질이 분출되었기 때문에 지붕이 무너져서 칼데라를 형성한다.

COURTESY OF GRAHAM R. THOMPSON/JONATHAN TURK

GEOFFREY SUTTON

그림 8.24 (a) 오리건 주 스미스록(Smith Rock) 주립공원에는 화산회류응회암이 멋진 절벽을 형성하고 있다. (b) 화산회류응회암은 화산회류가 흐름을 멈췄을 때 형성된다. 응회암 내부의 파편은 화산재와 가스와 함께 운반된 암석의 조각이다.

칼데라(caldera) 격렬한 화산 분출 이후에 마그마 방이 붕락되어 생긴 커다랗고 동그란 함몰체

형태도 둥그렇게 움푹 들어간 형태인데, 이를 **칼데라(caldera)**라고 부른다. 커다란 칼데라는 지름이 40 km이고 벽의 높이가 1 km에 달한다. 어떤 칼데라는 화산재 층이 붕괴된 화산암 조각(암설)으로 채워지고, 어떤 칼데라는 둥근 함몰구와 가파른 벽을 유지한다(그림 8.25). 보통 화산을 산꼭대기로 생각하지만, 칼데라의 움푹 파인 지형은 그렇지 않다. 그림 8.26은 북아메리카 서부의 넓은 지역에 칼데라, 화산회류응회암, 이와 관련된 암석의 분포를 보여준다. 잘 알려진 칼데라의 예로는 옐로우스톤 국립공원, 크레이터 레이크와 베수비오 화산이 있다.

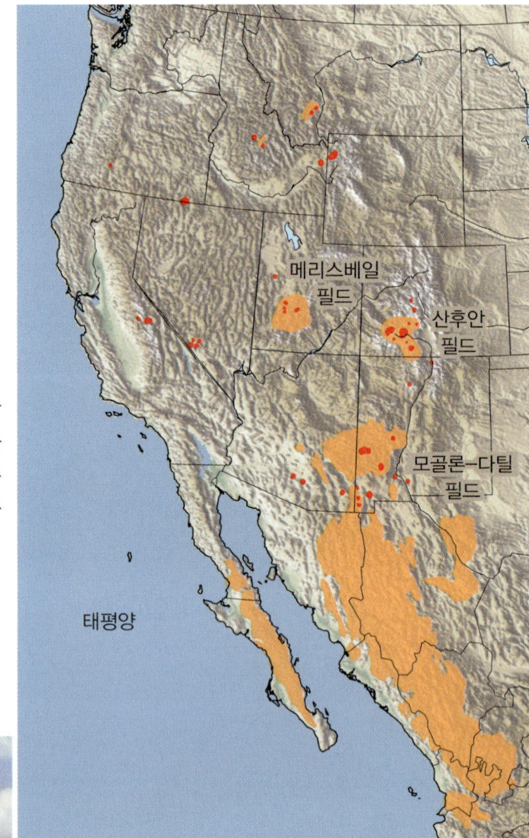

그림 8.26 북아메리카 서부에는 칼데라(빨간색 점)와 화산회류응회암(주황색 지역)이 풍부하다.

그림 8.25 화산 분출로 형성된 미국 하와이 주 호놀룰루에 있는 다이아몬드 헤드의 화산 분화구

옐로우스톤 국립공원과 롱 벨리 칼데라

미국 와이오밍 주와 몬테나 주에 걸쳐 있는 옐로우스톤 국립공원은 미국에서 가장 오래된 국립공원이다. 지질학적으로 세 개의 중첩된 칼데라와 칼데라에서 분출된 화산회류응회암으로 구성되어 있다(그림 8.27). 가장 오래된 분화는 1,900만 년 전에 일어났고, 2,500 km^3의 화산쇄설물을 분출했다. 화산재는 옐로우스톤 국립공원 전체를 250 m의 깊이로 묻어버리기에 충분했다. 그 다음으로 중요한 분화는 1,300만 년 전에 일어났는데, 400 km^3의 화산재를 생성했다. 가장 최근의 분화는 60만 년 전에 일어났는데, 1,000 km^3의 화산재와 다른 화산암설을 분출했고, 공원 중앙에 옐로우스톤 칼데라를 생성했다.

공원 내의 간헐천과 온천은 옐로우스톤 공원 하부에 있는 뜨거운 마그마에 의해 생성되고, 수많은 작은 지진은 마그마가 움직이고 있음을 암시한다. 즉, 언제 화산 분출이 일어나더라도 놀랄 일은 아니다.

옐로우스톤 국립공원과 유사한 지질학적 환경이 캘리포니아 주 동부에 있는 요세미티 국립공원 근처에서 발견되었다. 이곳의 170 km^3에 이르는 비숍(Bishop) 응회암은 롱 벨리 칼데라에서 70만 년 전에 분출된 것이다. 지진 관측 결과 매머드 산 아래에 마그마가 존재함을 알아내었다. 매머드 산은 롱 벨리 칼데라의 남서쪽 가장자리에 위치하며, 캘리포니아에서 인기 있는 스키장 지역이다. 일반적인 화산 가스인 이산화탄소가 1994년부터 칼데라에서 비정상적으로 많이 배출되고 있다. 이곳에서 또다시 분출이 일어날 수도 있다.

GARY718/SHUTTERSTOCK

롱 벨리의 분출보다 더 큰 지진은 역사에 남아 있지 않다. 1980년 세인트헬렌스 화산의 분출은 비숍 응회암의 분출에 비해 170배나 작았다. 그러나 세인트헬렌스 화산의 분출로 57명의 인명이 희생되었고, 수백만 달러의 손실을 끼쳤으며, 화산으로부터 수백만 마일 떨어진 사람들에게도 피해를 주었다. 옐로우스톤이나 롱 벨리 칼데라 규모의 화산 분출은 수천만 명의 인명을 앗아갈 것이며, 마을과 도시들을 수십 m 깊이로 매몰시킬 수 있고, 강과 하천의 경로를 바꾸어 놓을 것이다. 이들은 대기권 상부에 먼지 구름으로 상승하여, 수개월 또는 수년 동안 지구 전체의 태양을 가려 대기를 냉각시키고, 지구 전체의 기후와 생태계를 변화시킬 것이다.

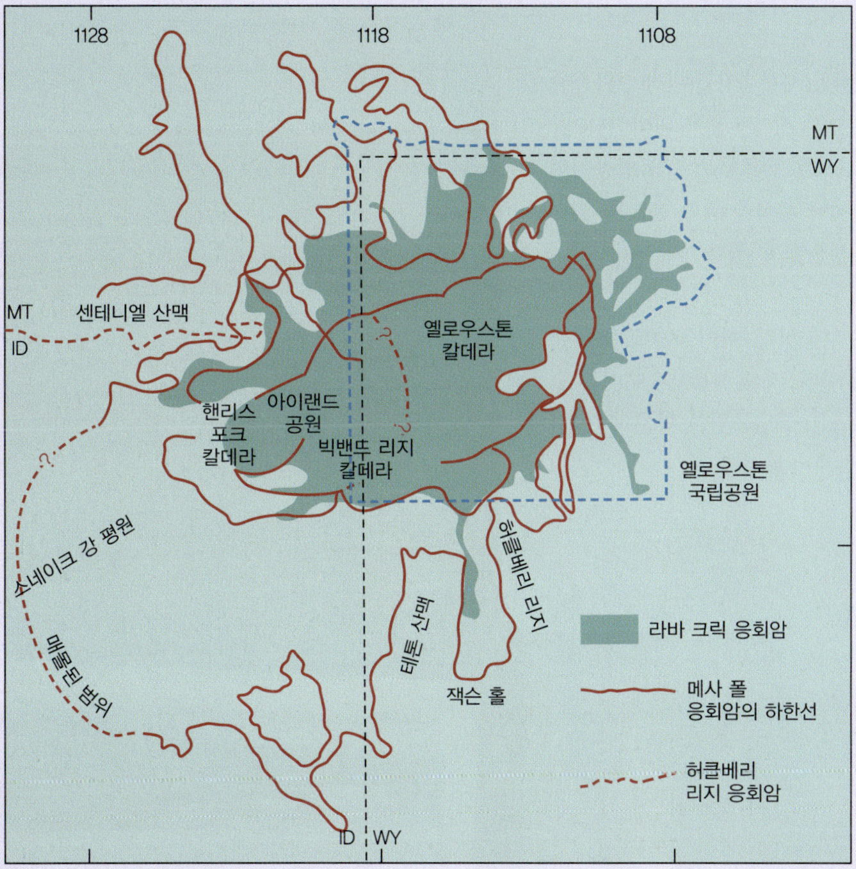

그림 8.27 이 지도는 3개의 옐로우스톤 칼데라의 위치와, 이와 관련된 화산회류응회암 퇴적물의 분포를 나타낸다.

가상 현장학습

열수활동

준비됐나요?

'열수'라는 용어는 뜨거운 물을 의미하는데, 지질학자들이 열수활동에 대해 이야기할 때는 뜨거운 물과 지구 사이의 상호작용을 의미한다. 많은 사람들은 열수활동을 와이오밍 주에 있는 옐로우스톤 국립공원의 올드 페이스풀과 같은 간헐천이나, 목욕이나 휴식을 위한 온천과 연관시킨다. 열수활동은 또한 지열 에너지를 생산할 수 있다.

세계적으로 알려진 세 곳의 열수활동 지역이 있다. 아이슬란드, 뉴질랜드와 와이오밍 주의 옐로우스톤 국립공원이다. 가상 현장학습에서는 열수활동과 그 결과를 볼 수 있는 옐로우스톤 국립공원을 방문해 보자. 그러면 미국 국립공원의 주요부를 방문할 준비를 하자.

현장학습의 목적

이 현장학습에서 여러 가지 열수의 특징과 생성에 연관된 과정을 배워보자. 열수의 특징은 다음과 같다.

1. 온천의 형성과 서식동물
2. 간헐천은 어떻게 형성되었을까?
3. 온천과 간헐천에 관련된 침전물

질문

1. 올드 페이스풀이 왜 정기적으로 분출한다고 생각하는가?
2. 온천과 관련된 침전물의 색깔이 물의 화학 성분과 온도의 지시자로서의 역할을 할 수 있을까?
3. 옐로우스톤 국립공원에서 발견된 열수활동이 지열 에너지의 잠재적인 자원으로 사용할 수 있다고 생각하는가? 지열 에너지로 이용할 때의 장점과 단점은 무엇인가?

볼거리

어떤 온천은 체온보다 물의 온도가 높다. 옐로우스톤 국립공원의 온천은 옐로우스톤 지하의 뜨거운 마그마에 의해 형성된 것(p.185 칼럼 참조)임을 기억하자. 온천과 관련된 지하의 균열시스템은 간헐천처럼 비정상적이지도 깊지도 않지만, 물이 끓어오르고 지표로 넘쳐흐른다. 사진에서 보는 것처럼, 증기와 화산 가스는 온천과 관련되어 있다.

이 사진은 펌프 간헐천(Pump Geyser)의 화도를 나타낸다. 실리카와 용해된 가스를 포함한 뜨겁고 산성인 물은 화도에서 사면을 따라 흘러 내려가면서 극한 환경에서 사는 유기체, 즉 매우 뜨거운 물에서 번성하는 일반적인 박테리아나 시아노박테리아가 서식할 수 있는 환경을 제공한다. 붉은색은 적갈색의 산화철 침전물로서, 이는 일부 박테리아가 철분에 작용하여 생성된 것이다. 노란색 침전물은 유황으로, 이는 유황을 좋아하는 박테리아가 화도에서 배출되는 황화수소 가스를 환원시켜 생성한 것이다. 갈색 박테리아 매트는 60 ℃ 이하의 시원한 물에서 만들어진다.

온천과 간헐천 모두에는 일반적으로 많은 양의 광물질이 용해되어 있다. 온천과 간헐천의 광물질을 다량으로 포함한 물이 지표에 도달하면, 용해된 광물질의 일부는 침전하여 여러 종류의 퇴적층을 형성한다. 여기에 보이는 단구(테라스)는 석회침전물($CaCO_3$)로 구성되어 있다. 이 퇴적층은 석회암층을 통과하여 흐르는 지하수가 탄산칼슘을 용해시켜 형성된 것이다. 물이 표면에 도달하여 흐르게 되면, 탄산칼슘은 결정화되어 얇은 층을 이루며 침전한다. 이 작용이 오랜 시간에 걸쳐 지속되면, 위의 그림처럼 거대한 석회질 계단을 형성한다.

부정기적으로 뜨거운 물과 수증기를 엄청난 힘으로 뿜어내는 온천을 간헐천이라고 한다. 11장에서 간헐천은 광범위한 지하시스템 중 뜨거운 암석의 균열과 긴밀한 상호작용의 결과가 지표로 표출된 것임을 배우게 된다. 이런 균열 내에 있는 지하수는 물의 끓는점 이상으로 가열된다. 지하 깊은 곳에서는 압력 때문에 물이 끓지는 않지만, 가스 탈출과 같은 미세한 압력 감소가 일어나면 뜨거운 물은 즉시 수증기로 변하고, 물을 지면과 공중으로 뿜어 올려 간헐천을 만든다. 그림은 세계에서 가장 유명한 간헐천인 올드 페이스풀 간헐천의 분출 장면이다. 분출은 대략 90분마다 일어난다.

간헐천에서 실리카를 포함한 뜨거운 물이 분출하여 화도 근처에서 냉각되면 실리카가 침전되는데 이를 '온천의 꽃'이라고 부른다. 온천의 꽃은 모양과 크기가 다양한데, 세계에서 가장 큰 것은 무너지는 성터를 닮아 이름 붙여진 캐슬 간헐천에서 발견되었다(위 사진). 수천 년은 지났을 것으로 생각되는 캐슬 간헐천에서는 지금도 새로운 침전물이 더 오래된 퇴적층 위에 쌓이고 있다.

8.8 위험 평가: 화산 분출 예측

표 8.2는 1500년 이래 잘 알려진 화산 재해를 요약한 것이다. 화산 분출로 인한 잠재적인 재해는 가장 큰 지질학적 위험 요소 중의 하나다. 또한 화산 분출의 위험 평가와 예측은 현대 과학의 중요한 일부분이다.

전 세계적으로 약 1,300개의 활화산이 공인되어 있고, 과거 천 년 동안 5,564회의 분화가 발생했다. 이런 수치에는 대양의 중앙해령에서 발생한 수많은 해저 화산은 포함되지 않았다. 최근에 많은 화산들이 분출했고, 또 다른 분출이 곧 일어날 것이다. 어떻게 지질학자는 화산 분출을 예측하고, 화산 재해의 위험을 줄일 수 있을까?

지역 예측

지역 예측에 대한 위험 평가는 과거 분출의 빈도와 잠재적 분출을 기반으로 한다. 그러나 한 지역에서 화산 분출의 집중도를 근거로 하는 지역 예측은 가능성만 예측할 뿐이고, 특정한 화산의 분출 시기나, 특정한 분출의 강도를 정확하게 결정할 수는 없다.

단기 예측

지역 예측과 반대로, 단기 예측은 임박한 분출의 구체적인 시간과 장소를 예측하려는 시도다. 단기 예측은 분출하려는 화산의 신호를 감지하기 위해 설치한 활화산 모니터를 이용한다. 신호에는 산과 주변의 지형 변화, 화산 하부의 마그마 움직임을 알려주는 지진, 화산재나 가스 방출의 증가, 온천 근처의 온도 상승, 지표에 올라오는 마그마의 다른 신호가 포함된다.

미국 지질조사국(USGS)의 지질학자인 드와이트 크랜들(Dwight Crandall)과 돈 뮬리네(Don Mullineaux)는 1978년에 세인트헬렌스 화산이 지난 4,500년 동안 인접한 48개의 주에 있는 다른 화산들보다 좀 더 빈번하고 격렬하게 분출했다는 것을 알아냈다. 그들은 이 화산이 20세기가 끝나기 전에 다시 분출할 것이라고 예측했다.

대 분출이 일어나기 두 달 전인 1980년 3월에 세인트헬렌스 화산의 분화구에서 연기와 화산재가 피어올랐고, 산 하부에서 여러 번의 지진이 발생했다. 이 활동으로 미국 지질조사국 지질학자들은 크랜들과 뮬리네의 예측이 맞았다고 확신했다. 그들은 세인트헬렌스 화산과 화산 주변에 지

표 8.2 1500년 이후 5,000명 이상의 사망자가 발생한 대표적인 화산 재해

			주요 사망 원인과 사망자 수				
화산	나라	연도	화산쇄설류	암설류	용암류	휴식기	해일
켈루트	인도네시아	1586		10,000			
베수비오	이탈리아	1631	18,000				
에트나	이탈리아	1669			10,000		
라카기가르	아이슬란드	1783				9,340	
운젠	일본	1792					15,190
담보라	인도네시아	1815	12,000			80,000	
크라카토아	인도네시아	1883					36,420
플레	마르티니크	1902	29,000				
산타 마리아	과테말라	1902	6,000				
켈루트	인도네시아	1919		5,110			
네바도 델 루이즈	콜롬비아	1985		> 22,000			

그림 8.28 미국 지질조사국의 지질학자들은 세인트헬렌스 화산의 1980년 5월 분출을 정확하게 예측했다.

진계 네트워크와 경사계, 관측 장비를 설치했다.

1980년 봄, 지질학자들은 정부기관과 대중들에게 세인트헬렌스 화산의 분출이 임박한 징조가 보인다고 경고했다. 미국 산림부와 지방 공무원들은 큰 비극을 피하기 위해 산 주변 지역에서 주민을 긴급히 대피시켰다(그림 8.28).

8.9 화산 분출과 지구 기후

마그마의 생성은 상부 맨틀에서 발생하고, 이는 화산 분출의 첫 단계임을 배웠다. 시스템의 상호작용에 대한 또 다른 예로서, 화산 분출은 대기, 기후 그리고 살아 있는 유기체에 크게 영향을 미칠 수 있다. 예를 들어 1991년에 분출한 필리핀의 피나투보 화산은 20세기 후반에 가장 많은 화산재와 큰 유황 구름을 생성하였다. 위성 측정에 의하면 피나투보 화산 분출 이후 지구 표면에 도달하는 전체 태양 복사 에너지는 2~4 % 정도 감소했다. 1992~1993년의 기온은 그 이전 10년보다 0.2~0.3 ℃ 정도 낮았다. 화산재와 유황이 가라앉은 1994년에 온도는 다시 상승했다.

최근에 분출한 8개의 주요 화산의 분출 전후 세계적인 기온 분포는 지구 한랭화와 화산 분출 사이에 어떤 상관관계가 있음을 보여준다(그림 8.29). 이 상관관계는 높은 고도에서 먼지가 태양 빛을 반사하고 대기를 냉각시킬 것이라는 모델실험과 일치한다.

역사에 기록된 분출은 더 먼 과거와 비교하면 아주 보잘것없는 것들이다. 지구 역사상 가장 치명적인 대량 멸종이 발생했던 페름기 말인 약 2억 4,800만 년 전에는 해양생물의 90 %와 파충류와 양서류의 2/3가 갑자기 죽었다. 이 멸

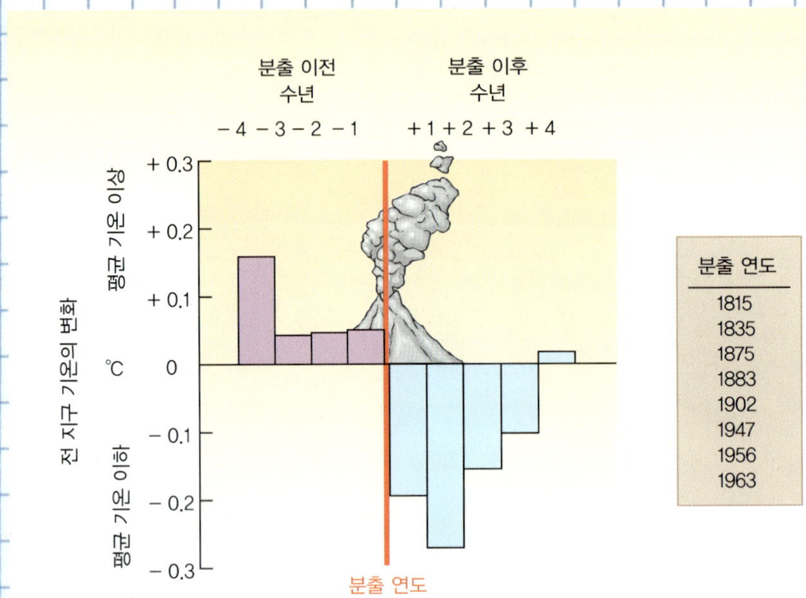

MICHAEL RAMPINO, *ANNUAL REVIEW OF EARTH AND PLANETARY SCIENCE* 16 (1988): 73-99.

그림 8.29 북반구 온도 도표에서 엄청난 화산 분출 이후에 대기가 냉각된다는 것을 알 수 있다.

© IVAN KMIT/ISTOCKPHOTO.COM

종 사건은 100만 km^3의 홍수현무암이 지표로 쏟아져 나와 거대 용암대지를 형성했던 시베리아의 대규모 화산 분출 시기와 일치한다. 그 분화는 엄청난 양의 화산재와 유황 화합물을 대기층 상부로 방출하여, 지구 기후를 냉각시켰을 것이다. 많은 지질학자들은 지구 냉각이 대량 멸종을 일으키는 데 충분하거나, 최소한 도움을 준 것으로 생각하고 있다.

요약

8.1 마그마

온도 상승, 압력해방용융, 물의 첨가라는 세 가지 과정을 통해 연약권의 암석이 부분적으로 용융되어 현무암질 마그마가 생성된다. 이 과정들은 확장 중심의 하부, 맨틀 플룸의 내부 그리고 섭입대에서 발생하여 화산과 심성암을 생성한다.

8.2 현무암과 화강암

현무암은 대부분의 해양지각을 구성하고, 화강암은 대륙에서 가장 풍부한 암석이다. 현무암질 마그마는 맨틀 감람암의 부분용융으로 생성된다. 화강암질 마그마는 현무암질 마그마가 대륙지각 하부로 상승하여 화강암질 암석을 용융하여 생성된다.

8.3 부분용융과 대륙 기원

지구 최초의 대륙은 원래의 감람암질 지각이 부분용융되어 생성된 현무암이었을 것이고, 나아가 이 현무암의 부분용융으로 안산암과 화강암이 생성되었을 것이다.

8.4 마그마 유동

일반적으로 현무암질 마그마는 화산에서 지표면으로 비교적 조용하게 분출한다. 반면, 화강암질 마그마는 보통 지각 내에서 고화된다. 가끔 화강암질 마그마가 지표로 분출할 때는 매우 격렬하게 폭발한다. 두 마그마의 대조되는 유동성은 포함된 실리카와 물의 함량 차이 때문이다.

8.5 심성암

심성암은 화성암 관입체다. 저반은 지표에 노출된 넓이가 100 km^2 이상인 커다란 심성암이다. 암맥과 암상은 둘 다 판상의 심성암이다. 암맥은 모암의 층리를 절단하고, 암상은 모암과 나란하게 놓여 있다.

8.6 화산

화산은 마그마가 지표로 올라와 용암으로 흐르거나, 격렬하게 분출되어 화산쇄설물을 이룬다. 액체상의 용암은 용암대지와 순상화산을 형성한다. 분출된 화산쇄설물은 분석구를 형성하는 경우도 있다. 같은 화도로부터 분출된 유체 용암과 화산쇄설물이 교대로 쌓여 복합화산을 이룬다.

8.7 화산 분출: 화산회류응회암과 칼데라

화강암질 마그마가 지표로 상승하여 폭발적으로 분출하면 화산

그림 8.9 북아메리카 서부에 있는 커다란 저반(회색 부분)은 높은 산맥을 이루고 있다.

표 8.1 화산의 특징

화산 특성의 유형	형태	크기	마그마의 유형	활동 방식	대표적인 화산
현무암대지	기울기가 완만한 대지	넓이: 십만~백만 km^2 두께: 1~3 km	현무암	조용한 틈새 분출로 생성	컬럼비아 강 대지
순상화산	완만한 기울기, 6~12°	최대 높이: 9,000 m	현무암	조용하지만 어떤 것은 분출	하와이
용암추	중간 기울기	높이: 100~400 m	현무암, 안산암	화산쇄설물 분출	파리쿠틴(멕시코)
복합화산	용암류와 화산쇄설물이 교대로 분출	높이: 100~3,500 m	다양한 마그마와 화산재	가끔 격렬하게 분출	베수비어스(이탈리아), 세인트헬렌스 산, 아콩카과(아르헨티나)
칼데라	둥글게 함몰, 가끔 암벽 형성	지름: 40 km 이하	화강암	격렬한 분출로 생성, 잠재적인 분출이 남음	옐로우스톤, 섀원 산맥

회류응회암과 칼데라를 생성한다.

8.8 위험 평가: 화산 분출 예측

화산 분출은 섭입대 근처, 확장 중심 근처, 그리고 맨틀 위에 열점에서 흔히 일어나지만, 그 외의 환경에서는 거의 일어나지 않는다. 대륙에서의 분출은 종종 격렬하지만, 해양지각에서는 조용하게 일어난다. 관측은 화산 재해에 대한 지역 예측을 기반으로 이루어진다. 단기 예측은 마그마 움직임으로 인한 지진, 화산의 팽창, 화도로부터 나오는 가스와 화산재 유출의 증가와 마그마가 지표로 접근하는 여러 신호를 기반으로 한다.

8.9 화산 분출과 지구 기후

큰 화산 분출 사건은 대기, 기후 그리고 살아 있는 유기체에 영향을 준다.

핵심용어

기공 vesicle (8.6)
복합화산 composite cone 또는 성층화산 stratovolcano (8.6)
부분용융 partial melting (8.2)
분석 cinder (8.6)
분석구 cinder cone (8.6)
분화구 crater (8.6)
순상화산 shield volcano (8.6)
심성암 pluton (8.5)
아아 aa 용암 (8.6)
암맥 dike (8.5)
암상 sill (8.5)
암주 stock (8.5)
압력해방용융 pressure-release melting (8.1)
용암대지 lava plateau 또는 현무암대지 basalt plateau (8.6)
저반 batholith (8.5)
주상절리 columnar joint (8.6)
칼데라 caldera (8.7)
틈새 fissures (8.6)
파호에호에 pahoehoe 용암 (8.6)
홍수현무암 flood basalt (8.6)
화도 vent (8.6)
화산 volcano (8.6)
화산쇄설암 pyroclastic rock (8.6)
화산재 volcanic ash (8.6)
화산회류 ash flow (8.7)
화산회류응회암 ash-flow tuff (8.7)

연습문제

1. 화산과 화산 분출이 어떻게 인간의 삶을 위협하고 재산을 파괴할 수 있는가에 대해 설명하시오.
2. 연약권에서 마그마가 생성되는 세 가지 과정을 설명하시오.
3. 확장 중심, 열점과 섭입대에서의 마그마 생성을 설명하시오.
4. 화강암질 마그마의 기원에 대해 설명하시오.
5. 화강암질 마그마는 평균 얼마만큼의 실리카를 포함하는가? 현무암질 마그마는 얼마만큼 포함하는가?
6. 화강암질 마그마는 평균 얼마만큼의 물을 포함하는가? 현무암질 마그마는 얼마만큼 포함하는가?
7. 왜 마그마는 형성된 후 곧 바로 상승하는가?
8. 현무암질 마그마와 화강암질 마그마가 지표를 향해 상승하는 유동성에 차이가 나는 이유를 설명하시오.
9. 지표에 있는 많은 암석과 산맥 전체가 화강암으로 이루어져 있다. 이런 관찰 결과는 화강암이 지표에서 형성되는 것을 의미하는가?
10. 암맥과 암상의 차이를 설명하시오.

11. 순상화산, 분석구와 복합화산의 유사점과 차이점을 설명하시오.

12. 복합화산은 어떻게 생성되는가?

13. 칼데라는 어떻게 생성되는가?

14. 옐로우스톤 공원에서 일어날 수 있는 또 다른 분출에 대해서 설명하시오. 어떤 분화가 일어날 것으로 예상하는가?

9장 산

미국 와이오밍 주 티톤 산맥에서의 해돋이

응력(stress) 물체에 가해지는 힘. 보통 단위 넓이당 힘이나 압력으로 측정한다.

지질구조(geologic structure) 습곡, 단층, 절리와 같이 암석의 변형으로 생성된 형상이다. 또한 좁은 범위 또는 넓은 지역에서 여러 구조가 조합되어 나타난다.

> "산을 훨씬 장엄하고, 더욱 선명하게 볼 수 있는 것은 그 산에 사는 사람보다 계곡을 지나는 사람이 아니겠는가?"
>
> 칼릴 지브란(Kahlil Gibran, 1883~1931)[1)]

9.1 습곡과 단층: 지질구조

암석은 지구조 압력에 어떻게 반응할까?

대륙은 손톱이 자라는 속도와 비슷한 1년에 1~16 cm 정도의 속도로 움직인다. 일반적으로 이 움직임을 느끼거나 감지하기에는 너무 느린 속도이지만, 대륙이나 해양 크기의 암석 판이 다른 판과 스쳐 지나거나 정면으로 충돌하는 엄청난 힘을 상상해 보자. 7장과 8장에서 지구조운동이 어떻게 지진과 화산 분출을 일으키는지 살펴보았다. 이 단원에서는 암석이 지구조적인 힘을 받아 어떻게 구겨지고 휘어져 산을 형성하는지 살펴보자.

응력(stress)은 물체에 직접적으로 가해지는 힘이다. 응력은 관습적으로 단위 넓이당 작용하는 힘이나 압력으로 측정한다. 암석이 응력을 받으면, 탄성변형 또는 소성변형이 일어나거나, 7장에서 언급했듯이 취성파쇄로 단순하게 부서질 것이다. 응력에 대하여 암석이 대응하는 방법을 제어하는 요소는 다음과 같다.

1. 암석의 특성. 수정 결정, 금덩이와 고무공을 생각해 보자. 수정 결정을 망치로 때리면 결정은 산산이 부서질 것이다. 이는 파쇄작용으로 부서진 것이다. 그러나 금덩이를 망치로 내려치면 금덩이는 소성변형을 일으킨다. 즉, 금덩이는 납작해진 후 그 상태를 유지한다. 만약 망치로 고무공을 내려치면 탄성변형이 일어나 망치는 즉각 튀어오를 것이다. 모든 암석은 처음에는 약간의 탄성변형을 일으키며 압력에 반응한다. 온도와 압력이 낮은 지표면 근처에서, 종류가 다른 암석은 지속적으로 작용하는 압력에 대응하여 서로 다르게 반응한다. 화강암과 규암은 취성으로 깨지는 경향이 있다. 셰일, 석회암과 대리석과 같은 암석은 소성변형이 일어나는 경향이 있다.
2. 온도. 높은 온도는 암석에 소성변형을 일으키는 경향이 있다. 실온에서 철봉을 구부리기는 어렵지만, 철봉이 빨갛게 달아오를 정도로 가열되면, 유연해지고 쉽게 구부러진다.
3. 압력. 방향성이 없는 압력(정수압)은 소성[2)]의 특성을 갖는다. 지하 깊이 매몰되면 온도와 압력이 증가하고, 두 요소 모두 소성변형을 촉진시키기 때문에, 지하 깊은 곳의 암석은 얕은 곳에 있는 암석보다 응력에 따라 더 휘어지고 흐르는 경향이 있다.
4. 시간. 응력은 갑작스럽기보다는 천천히 작용되기 때문에, 소성의 특성을 갖는다. 뉴욕 시에 있는 대리석 공원 벤치는 100년 동안 자체의 무게 때문에 유연하게 축 늘어져 왔다. 대조적으로, 망치로 내려치는 것과 같은 급작스럽게 작용한 응력은 대리석 벤치에 취성파쇄를 일으킬 것이다.

지질구조

지구조운동은 판 경계 근처에서 엄청난 응력을 발생시킨다. 이 응력은 암석을 변형시킨다. 지질구조(geologic structure)는 암석의 변형으로 생성된 어떤 형상이다. 지구조 응력은 습곡, 단층, 절리라는 3가지 지질구조를 형성한다.

1) 역자 주: 레바논 태생 미국 예술가, 시인, 작가로서 1923년 발표한 《예언자》가 대표작이다.
2) 역자 주: 고체에 외력을 가하여 탄성 한계 이상으로 변형시켰을 때, 외력을 제거하여도 원래 자리로 돌아가지 않는 성질.

그림 9.1 너비가 약 1 m인 이 암석은 캐나다 북서부의 나하니 강변에 분포한다. 이 암석은 유연하게 습곡된 후 균열이 생겼다.

습곡

습곡(fold)이란 암석 내에 휘어진 굴곡을 말한다. 어떤 습곡된 암석에는 거의 균열이 없는데, 이는 암석이 소성변형을 받았음을 의미한다. 습곡이 소성변형과 취성파쇄가 결합되어 형성되는 경우도 있다(그림 9.1). 이렇게 만들어진 습곡은 여러 개의 작은 균열을 갖는다.

손바닥 사이에 점토판을 두고, 손바닥을 밀어붙이면, 점토는 계속 변형을 일으켜 습곡구조를 띨 것이다(그림 9.2). 이 그림은 습곡의 세 가지 특징을 보여준다.

1. 습곡은 보통 횡압력에 의해 형성된다. 예를 들면 미국 캘리포니아 주 팜데일 근처의 조밀하게 습곡된 암석은 그 지방이 판의 수렴에 의한 횡압력을 받았다는 것을 의미한다(그림 9.3).
2. 습곡은 항상 암석의 수평 거리를 단축시킨다. 습곡된 암석에서 두 점 A와 A′ 사이의 거리는 습곡 전보다 짧아진 것을 알 수 있다(그림 9.4).
3. 습곡은 항상 비슷한 습곡 그룹과 더불어 일어난다.

그림 9.5는 습곡의 일반적인 다섯 가지 특징을 보여준다. 그림에서 습곡이 위로 휘어진 것이 배사(anticline)이고, 아래로 휘어진 것이 향사(syncline)이다. 습곡의 양쪽 면을 날개(lime)라 부른다. 배사가 구조적으로 습곡의 가장 높은 지점이지만, 꼭 지형상의 봉우리가 될 필요는 없다. 반대로 향사가 항상 골짜기를 형성할 필요도 없다. 지형은 지각운

습곡(fold) 암석 내의 굴곡

배사(anticline) 지층이 위로 휘어진 습곡으로 가장 오래된 암석은 가운데에 위치한다.

향사(syncline) 암석에서 아래쪽으로 휘어진 습곡으로 가장 젊은 암석은 중앙에 분포한다.

날개(limb) 습곡의 양쪽 사면

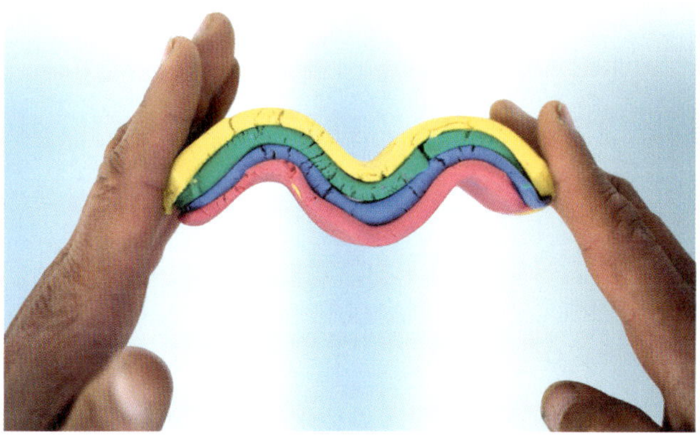

그림 9.2 점토는 횡압력을 받으면 변형되어 습곡구조를 띤다.

그림 9.3 미국 캘리포니아 주 팜데일의 습곡된 퇴적암은 지구조적 횡압력을 받았음을 반영한다.

돔(dome) 뒤집어진 밥그릇 모양의 원형 또는 타원형의 배사구조

분지(basin) 밥그릇 모양의 향사구조. 보통 퇴적물로 채워져 있다.

동과 지표에서의 여러 과정이 결합되어 형성된다. 그림 9.6에서 향사가 산꼭대기를 이루고, 배사는 두 꼭대기 사이에 걸쳐 있는데, 이는 배사의 암석이 다른 부분보다 더 빠르게 침식되었기 때문이다.

원형 또는 타원형의 배사구조를 **돔(dome)**이라 부른다. 돔은 뒤집어진 밥공기처럼 보인다. 퇴적층은 돔 꼭대기에서 모든 바깥 방향으로 경사져 있다(그림 9.7(a)). 유사하게 생긴 향사를 **분지(basin)**라 부른다(그림 9.7(b)). 돔과 분지는 지름이 1 km 이내의 작은 구조일 수 있다. 이와 반대로 큰 돔과 분지는 지름이 500 km 이상 클 수도 있다. 이 거대한 구조는 지하에 있는 맨틀의 수직 운동에 의해 대륙지각이 침강되거나 융기되어 형성된다. 미국 사우스다코타 주 블랙 힐스(Black Hills)는 큰 돔 구조

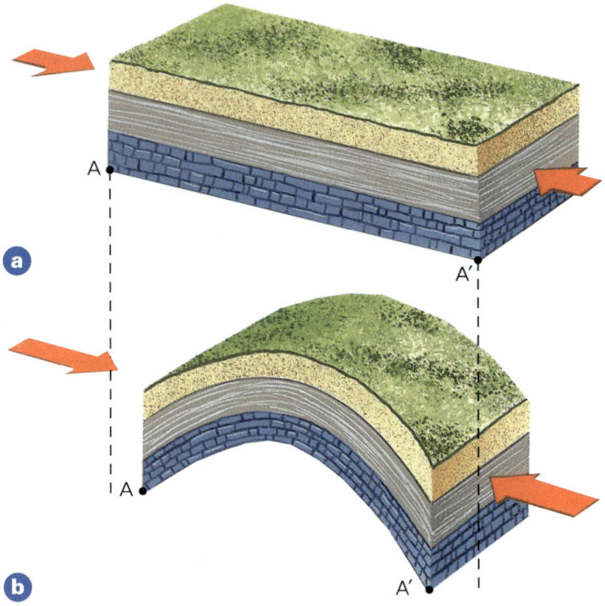

그림 9.4 (a) 수평으로 쌓인 퇴적암 (b) 지층이 압축 응력을 받아 형성된 습곡. 점 A와 A′이 습곡된 후 더 가까워진 것에 주목하자.

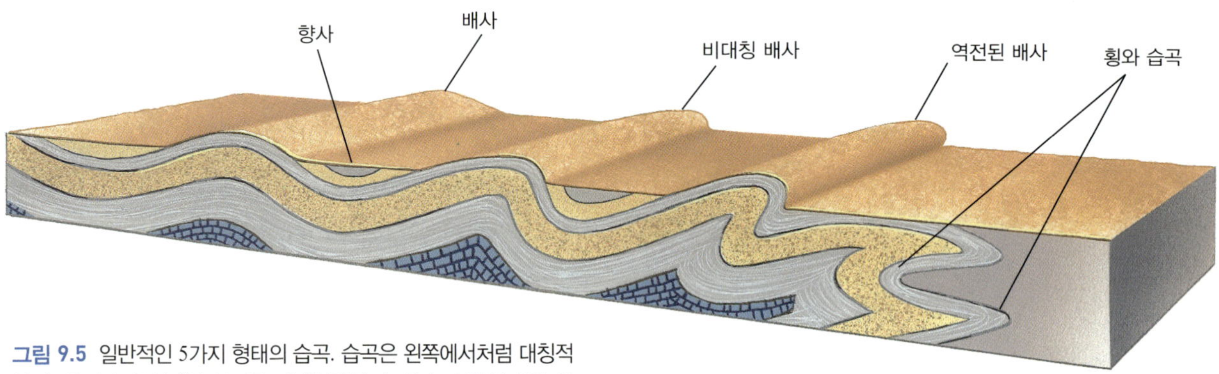

그림 9.5 일반적인 5가지 형태의 습곡. 습곡은 왼쪽에서처럼 대칭적일 수 있거나, 중앙에서 보이듯 비대칭적일 수 있다. 습곡이 수직 이상 기울어진다면, 오른쪽에서 보이듯 역전된다.

COURTESY OF GRAHAM R. THOMPSON/JONATHAN TURK

그림 9.6 캐나다 로키 산맥의 정상부는 최고봉이 향사구조, 능선의 낮은 지점이 배사구조로 되어 있다.

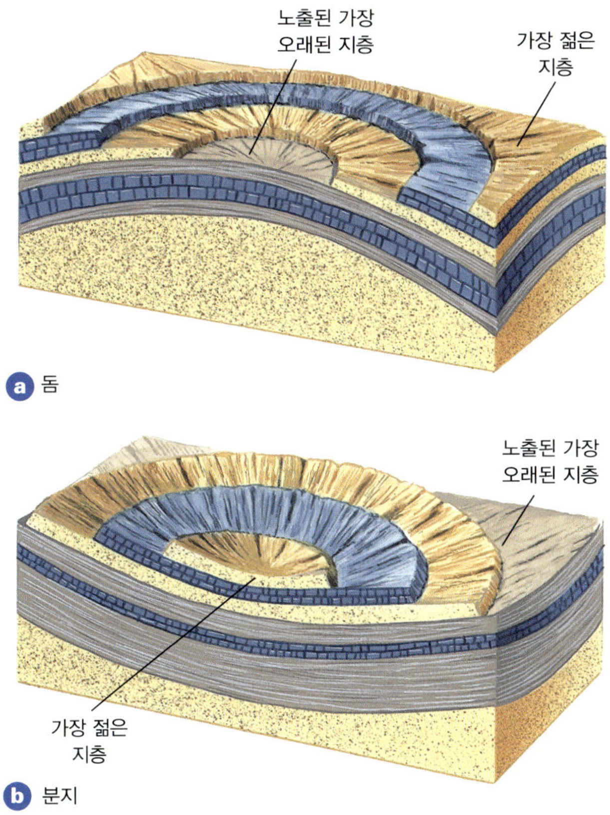

그림 9.7 (a) 퇴적층은 돔 상단에서 모든 바깥 방향으로 경사져 있다. (b) 퇴적층은 분지의 중앙을 향해 경사져 있다.

다. 미시간 분지는 미시간 주의 많은 부분을 차지하고, 윌리스톤 분지(Williston basin)는 몬태나 주 동부, 와이오밍 주의 북동부, 다코타 주의 서부와 캐나다 앨버타 주와 서스캐처원 주 남부의 대부분을 차지한다.

단층

단층(fault)은 한쪽 암석이 다른 쪽 암석에 대하여 상대적으로 이동했을 때 생기는 균열이다(그림 9.8). **이동**(slip)은 암석이 단층을 따라 반대편으로 움직인 거리다. 단층을 따른 움직임은 점진적이지만, 암석이 갑자기 움직이면 지진이 발생한다. 어떤 단층은 하나의 균열을 갖지만, 대부분은 수많은 균열이 밀집되어 **단층대**(fault zone)를 이룬다(그림 9.9). 암석은 커다란 단층대를 따라 수백 m 또는 수 km를 미끄러지기도 한다.

암석은 두 가지 이유로 단층과 단층대를 따라 반복적으로 움직인다. (1) 지구조 힘은 오랜 시간 동안 지속적으로 동일한 지역(예를 들면 판의 경계)에 작용한다. (2) 일단 단층이 형성되면, 암석은 주변에 새로운 균열을 발달시키기보다는 같은 균열을 따라 다시 움직이는 것이 더 용이하다.

열수 용액은 종종 습곡대의 균열에 광물질을 침전시킨다. 그러면 광부들은 광물을 캐기 위해 광맥을 따라 통로와 터널을 판다. 많은 단층들은 수직은 아니지만 지구 내부로 상당히 경사져 있다. 따라서 많은 암맥에는 상부와 하부가 있

단층(fault) 단층은 한쪽 암석이 다른 쪽 암석에 비해 상대적으로 이동했을 때 생기는 균열이다. 절리와 비교

이동(slip) 암석이 단층을 따라 반대편으로 움직인 거리

단층대(fault zone) 수많은 균열이 조밀하게 분포한 지역

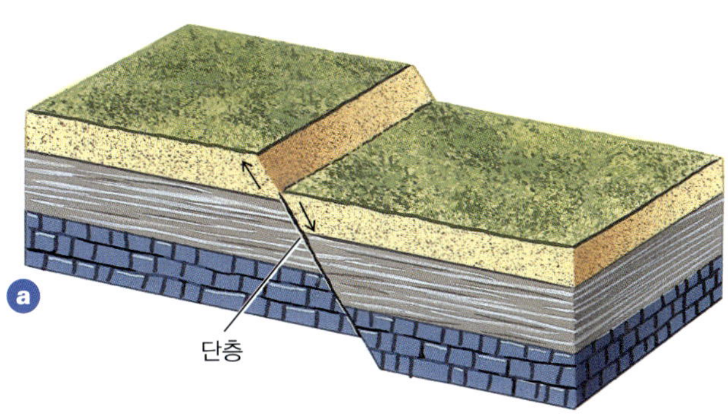

그림 9.8 (a) 단층은 한쪽 암석이 다른 쪽 암석에 비해 상대적으로 이동했을 때 생기는 균열이다. (b) 화산재 층 내의 소규모 단층. 오른쪽이 왼쪽에 비해 60 cm 정도 내려갔다.

상반(hanging wall) 경사진 단층이나 암맥의 위쪽을 나타내는 용어(예, 사람의 머리 위쪽에 있는 암석)

하반(footwall) 경사진 단층이나 암맥의 아래쪽을 나타내는 용어(예, 사람이 걸어 다니는 암석)

정단층(normal fault) 상반이 하반에 비해 상대적으로 내려 간 단층

지구(graben) 두 정단층 사이가 아래쪽으로 가라앉아 골짜기를 이루는 쐐기 모양의 암괴

그림 9.9 조밀하게 배열된 여러 개의 균열을 따라 움직인 단층들이 단층대를 이루고 있다.

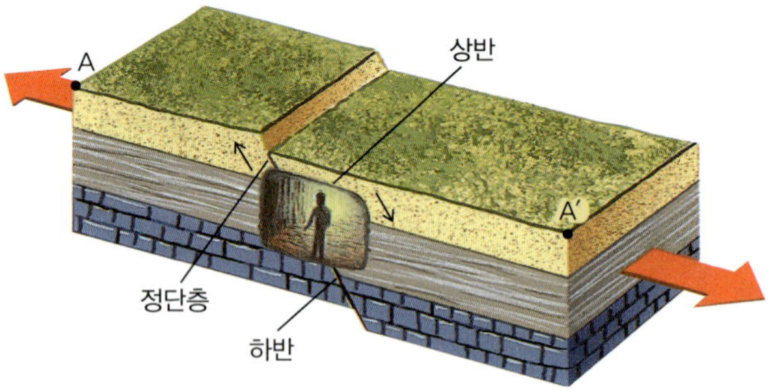

그림 9.10 정단층은 지각이 확장될 때 일어난다. 단층의 위쪽이 상반이고, 아래쪽이 하반이다.

다. 광부들은 머리 위에 있는 면을 **상반**(hanging wall)이라고 하고, 걸어 다니는 면을 **하반**(footwall)이라고 한다(그림 9.10). 보통 이 명칭은 광맥과 단층을 표현할 때 사용한다.

정단층(normal fault)은 판의 운동이 지각을 잡아당겨 늘어날 때 형성된다. 지각이 늘어나서 균열이 생기면 상반은 하반에 비해 아래쪽으로 내려온다. 그림 9.10의 A와 A′과 같이, 단층의 반대 지점 사이의 수평적 거리는 정단층이 일어난 후에 더 멀어짐에 주목하자.

그림 9.11에서 **지구**(graben)라 불리는 쐐기 모양의 암괴는 한 쌍의 정단층 사이가 아래쪽으로 가라앉아 생성됨을 보여준다. 지구라는 용어는 '도랑' 또는 '골짜기'라는 독일어에서 나왔다(암괴들이 골짜기를 생성하면서 아래로 내려앉았다고 생각하자). 지구조 힘이 넓은 범위의 지각을 잡아당기면, 여러 개의 정단층이 만들어지고, 정단층 사이에 가라앉은 곳에는 수많은 지구가 생길 것이다. 아래로 내려앉은 두 지구 사이에 상대적으로 높은 곳이 생기

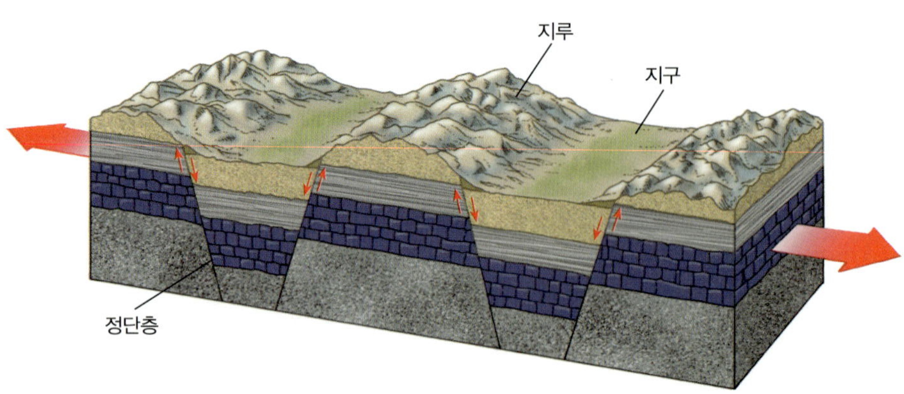

그림 9.11 지루와 지구는 보통 지구조적 힘이 지각을 광범위하게 잡아당기는 곳에서 형성된다.

는데 이를 지루(horst)라 한다.

정단층과 지구 그리고 지루는 중앙해령과 동아프리카 열곡대와 같은 확장 중심에서 잘 발달하며, 미국의 네바다 주 및 유타 주와 같이 지구조적 힘이 단일 판을 잡아당기는 곳에서도 발달한다. 이들은 지각이 확장되었음을 암시한다.

지각을 압축하는 지구조적 힘이 작용하는 지역에서 지질구조는 지각을 단축시킨다. 따라서 습곡은 지각을 단축시킨다.

지루(horst) 정단층대에서 지구가 아래로 가라앉음에 따라 상대적으로 위쪽으로 올라간 지구와 지구 사이의 암괴

역단층(reverse fault) 상반이 하반에 비해 상대적으로 올라간 단층

충상단층(thrust fault) 경사가 대부분 45° 이하로 거의 수평인 역단층의 일종

그렇지 않으면, 횡압력은 암석에 균열을 만들어 역단층(reverse fault)을 형성시킬 것이다(그림 9.12). 여기에서는 지구조적인 힘이 암석을 수평으로 압축하여, 상반이 하반에 비해 상대적으로 올라간다. 그림 9.12(a)에서 보듯이, 점 A와 A′ 사이의 거리는 단층으로 인해 짧아진다.

충상단층(thrust fault)은 거의 수평인 특별한 형태의 역단층이다(그림 9.13). 어떤 충상단층은 상반의 암석이 하반 위를 수 km나 이동한다. 예를 들면 몬태나 주 북부에 있는 글레이셔 국립공원의 모든 암석은 충상단층을 따라 동쪽으로 50～100 km 미끄러져 현재의 위치에 도달했다. 이 충상단

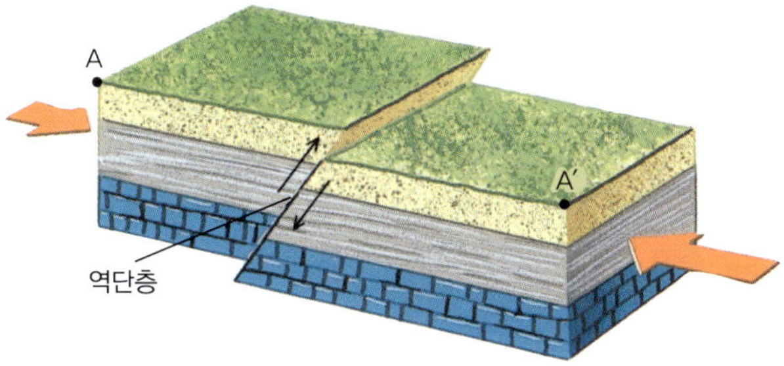

a

b

그림 9.12 (a) 역단층은 지각이 횡압력을 받았을 때 형성되고, 지각단축에 기여한다. (b) 미국 유타 주에 있는 자이언 국립공원에 있는 작은 역단층

그림 9.13 (a) 충상단층은 경사각이 작아 거의 수평에 가까운 역단층이다. (b) 애리조나 주 플래그스태프에 있는 작은 충상단층

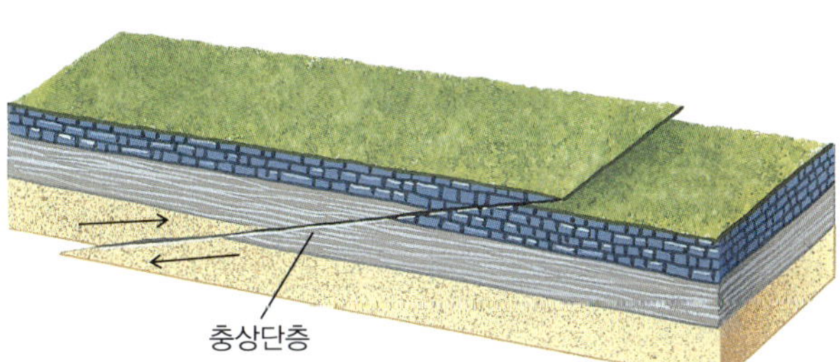

a

b

절리(joint) 암석에 생긴 균열로 균열 양쪽으로 이동이 일어나지 않는다. 단층과 비교

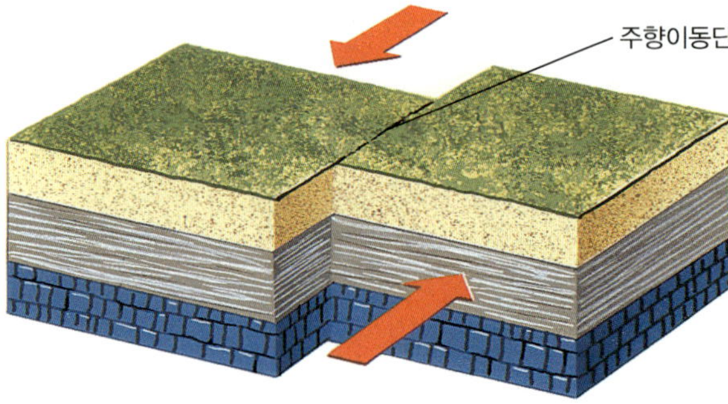

그림 9.14 주향이동단층은 거의 수직이지만, 단층을 따른 움직임은 수평이다.

층은 1억 8,000만~4,500만 년 전에 지구조 횡압력에 의해 북미 서부의 산맥이 형성될 때 발달하였다. 미국 알래스카에서 멕시코까지 이어지는 충상단층대에서는 글레이셔 공원보다 훨씬 큰 암석 덩어리가 서쪽에서 동쪽으로 이동되었다.

주향이동단층은 균열이 수직이거나 거의 수직이며, 균열의 반대 방향에 있는 암석이 서로 수평으로 스쳐 지나는 단층이라는 7장의 내용을 상기하자(그림 9.14). 변환 경계는 주향이동단층이다. 앞서 설명했듯이, 산안드레아스 단층대는 태평양 판과 북아메리카 판 사이의 경계에서 형성된 주향이동단층 지역이다.

절리

절리(joint)는 암석에 생긴 균열로서 깨진 면의 어느 쪽도 이동이 일어나지 않는다. 8장에서 현무암의 주상절리에 대해 언급했다(그림 9.15). 지표면 근처에 있는 대부분의 암석은 절리를 가지고 있지만, 지각 깊은 곳에서는 암석이 유연하고 균열이 덜 가는 경향이 있어 절리가 줄어든다.

절리와 단층은 다른 단단한 암석과 달리 면이 약하기 때문에 공학, 광업과 채석에 있어서 중요하다. 절리가 많은 암석에 건설한 댐은 누수 현상이 일어나는데, 댐 자체에 구멍이 있어서가 아니라 절리에 물이 스며들고 균열을 통해 댐 주변으로 흐르기 때문이다. 댐의 하류 쪽 절벽에서 이런 누수 현상을 관찰할 수 있다.

습곡, 단층 및 판의 경계

판 경계의 세 가지 형태인 발산 경계, 변환 경계, 수렴 경계는 각각 다른 지구조적 응력을 생성하여 다른 종류의 습곡과 단층을 만든다. 판은 발산 경계(중앙해령과 대륙의 열

그림 9.15 미국 캘리포니아 주 조슈아트리 국립공원의 화강암에 있는 절리로, 균열을 따라 움직이지 않았다.

곡대)에서 분리되어 이동하는데, 인접한 암석을 잡아당겨 정단층과 지구대를 만들지만 습곡은 거의 형성하지 않는다.

변환 경계에서 마찰력은 판이 천천히 이동하도록 암석을 함께 지지해주는 역할을 한다. 그 결과 생기는 응력으로 주변의 암석을 습곡, 단층, 융기시킨다. 이런 형태의 힘이 히말라야 북쪽 산맥뿐만 아니라 산안드레아스 단층대를 따라 산가브리엘 산맥을 형성했다.

수렴 경계 부근에서 횡압력은 흔히 넓은 지역에 습곡, 역단층과 충상단층을 형성한다. 수렴 경계에서 형성된 북미 서부의 산맥, 애팔래치아 산맥, 알프스 산맥과 히말라야 산맥에는 습곡과 충상단층이 흔히 관찰된다.

일반적으로 판이 수렴하는 곳에서 수평으로 횡압력이 생성되지만, 어떤 수렴 경계에서는 지각이 늘어나고 정단층도 발생한다. 히말라야는 인도와 서아시아가 충돌하여 형성된 매우 광범위한 습곡 산맥이다. 하지만 히말라야 일부 지역에서는 정단층도 잘 나타난다. 이런 현상이 어떻게 일어나는지는 9.5절에서 설명한다.

9.2 산과 산맥

지구조적 힘은 3가지 형태의 판 경계에서 각각 산을 만든다. 6장에서 배웠듯이 세계에서 가장 큰 산맥인 중앙해령은 바다 밑에 있는 판의 발산 경계에서 형성되었다. 또한 산은 육지의 발산 경계에서도 상승한다. 적도 근처에 있는 두 화산인 킬리만자로 산과 케냐 산은 동아프리카 열곡대를 따라 분포한다. 캘리포니아의 산가브리엘 산맥과 같은 산맥은 변환 경계에서 형성되었다. 그러나 남서태평양의 호상열도, 알래스카의 알류샨 열도 및 안데스 산맥, 애팔래치아 산맥, 알프스 산맥, 히말라야 산맥과 로키 산맥을 포함한 거대한 대륙 산맥들은 판의 수렴 경계에서 형성되었다. 습곡과 단층, 지진, 화산 분출, 심성암의 관입과 변성작용 모두는 수렴 경계에서 일어난다. **조산운동**(orogeny)[3]은 산맥을 형성하는 지각운동으로 위의 활동 모두를 포함하는 용어이다.

조산운동(orogeny) 산맥을 형성하는 지각운동. 모든 지구조운동은 산맥의 형성과 연관된다.

판의 경계는 거의 직선이거나 약간 굽었기 때문에, 산들은 대부분 길게 일직선이거나 약간 굽은 형태로 늘어서 산맥을 형성한다. 예를 들면 안데스 산맥은 남미의 서쪽 연안을 따라 좁고 길게 연장되어 있고, 애팔래치아 산맥은 북미의 동쪽 연안을 따라 약간 굽어 융기되어 있다.

대부분의 대륙 산맥은 판이 수렴하여 지각이 두꺼워지기 때문에 지각평형에 의해 상승한다. 지각이 두꺼워지는 과정은 다음과 같다.

1. 섭입대에서, 하강하는 판은 마그마를 생성하고, 위에 있는 지각 내부로 상승하여 심성암을 생성하거나, 지표로 분출하여 화산을 형성한다. 심성암과 화산암 모두는 대륙지각에 새로운 물질을 추가하여 지각을 두껍게 한다.
2. 마그마 활동은 섭입대 위에 있는 암석권을 가열함으로써 확장되고 두꺼워진다.
3. 지금의 히말라야 산맥과 같이 두 대륙이 충돌하는 지

3) 그리스어 '산의 생성'에서 유래되었다.

© KATRINA LEIGH/SHUTTERSTOCK

지하충상단층(underthrusting) 대륙과 대륙의 충돌 과정에서 한 대륙이 다른 대륙 아래로 들어가는 과정

호상열도(island arc) 해양지각을 포함하는 두 판이 수렴하여, 한쪽 판이 다른 판 하부로 섭입하면서 바다 위에 형성한 완만한 곡선 형태로 배열된 화산

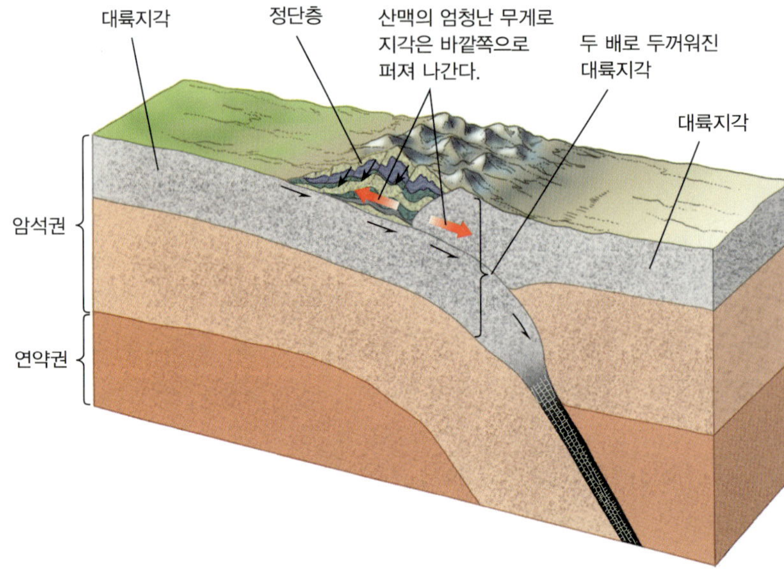

그림 9.16 산맥의 높이에 영향을 주는 몇 가지 요인이 있다. 오늘날 히말라야 산맥은 계속된 지하충상단층에 의해 융기되고 있다. 동시에 침식작용으로 최정상부가 제거되고, 산맥의 측면은 정단층을 따라 미끄러져 내려간다. 이 과정을 통해 산맥의 무게가 감소되므로 산맥은 지각평형에 의해 상승한다.

역에서는 한 대륙이 다른 대륙 아래로 밀려들어 간다. **지하충상단층**(underthrusting)이라 하는 이 과정을 통해 충돌 지역에서 대륙지각은 2배로 두꺼워질 수 있다(그림 9.16).

4. 횡압력은 지각을 수평으로 압착하여 두께를 증가시킨다. 이 횡압력은 섭입대와 대륙–대륙 충돌대 모두에서 중요하다.

암석권이 두꺼워지면 지각평형에 의해 상승한다. 산맥이 높고 두껍게 성장하여, 나중에는 기저의 암석은 산의 무게를 지탱할 수 없게 된다. 그러면 지각과 하부의 암석권은 산 하부에서 바깥으로 퍼진다. 비유하자면 차가운 꿀을 탁자 위에 붓는다고 가정하자. 처음에 꿀은 높고 가파른 무더기로 쌓이지만, 얼마 지나지 않아 자체의 무게 때문에 꼭대기 부분이 내려앉으면서 바깥쪽으로 흐르기 시작할 것이다.

동시에 그들이 상승한 만큼 강물, 빙하 및 산사태가 정상을 침식하여, 인접한 계곡으로 퇴적물을 운반한다. 카누에서 사람이 내리면 카누는 가벼워져 떠오르듯이, 산이 침식되는 초기에는 산은 높아지고 지각평형으로 상승한다. 결국에는 침식이 지각평형의 상승보다 더 빠르게 진행된다. 애팔래치아 산맥은 현재 정상부가 침식되어 닳아 없어진지 오래된 산맥이지만, 한때는 히말라야 산맥의 크기였다.

이런 배경을 바탕으로 3가지 형태(해양, 대륙연변, 대륙 사이)의 수렴 경계에서 조산운동을 살펴보자.

9.3 호상열도: 두 해양판이 수렴하여 섭입

호상열도(island arc)는 해양지각을 운반하는 두 판이 수렴하여 생성된 화산들이다. 판의 수렴은 오래되고 차갑고 무거운 판이 다른 판 하

© JOEL BLIT/SHUTTERSTOCK

산은 침식하기 시작하면 점점 가벼워지므로 지각평형의 원리에 의해 상승한다. 이 현상은 사람이 배에서 내리면 배가 위로 뜨는 것과 같은 이치다.

부의 맨틀 속으로 가라앉으면서 일어나는데, 이때 섭입대와 해구가 형성된다(그림 9.17). 마그마는 섭입대에서 생성되고, 상승하여 해저 화산을 생성한다. 이 화산들은 결국 해수면 높이로 성장하여, 해구 옆에 호 모양으로 늘어서 호상열도를 형성한다.

보통 심해저의 가장 오래된 현무암질 지각은 두께 0.5 km 이상의 퇴적층으로 덮여 있다. 두 판이 수렴하면, 섭입하는 판에서 긁어모아진 퇴적물은 해구의 안쪽 벽(호상열도를 향한 벽)에 들러붙는다. 때때로 해양지각의 현무암 조각과 상부 맨틀의 일부도 뜯겨 나와 심해저 퇴적물과 혼합된다. 이 과정은 불도저가 지반의 토양을 긁어내고, 때때로 토양과 함께 기반암의 조각까지 긁어 올리는 과정과 비슷하다. 이 긁어냄과 압축으로 퇴적물과 암석에 습곡과 균열이 만들어진다. 이런 방식으로 호상열도에 추가된 암석을 **부가체(subduction complex)**라고 한다(그림 9.17).

부가체는 지하충상단층에 의해 성장하는데, 이는 부가체 하단에 새로운 물질이 추가하고 부가체를 밀어 올린다. 게다가 지하충상단층은 지각을 두껍게 하여 부가체가 지각평형에 의해 상승하도록 유도한다. 동시에 횡압력은 상부지각을 습곡시키고, 섭입복합체와 호상열도 사이에 **전호분지(forearc basin)**라는 퇴적분지를 형성한다(그림 9.17). 이 과정은 손바닥 사이에 유연한 공책을 수평으로 잡고 있는 것과 유사하다. 손을 더 가까이 모으면, 공책의 가운데 부분이 아래로 구부러져 전호분지와 유사하게 움푹 들어간 지형을 형성한다. 전호분지는 화산섬에서 침식된 퇴적물로 채워진다.

호상열도는 해양판이 수렴하는 태평양에서 잘 발달한다. 알류샨 열도 서부와 남서 태평양의 열도의 대부분은 호상열도다.

부가체(subduction complex) 섭입대에서 섭입하는 판의 상부에서 긁어모아 반대편 판에 덧붙여진 해저 퇴적물. 현무암질 해양지각과 상부 맨틀의 조각이 모인 퇴적물로 섭입복합체라고도 한다.

전호분지(forearc basin) 해구와 안데스형 대륙연변의 마그마호, 또는 해구와 호상열도 사이의 퇴적분지

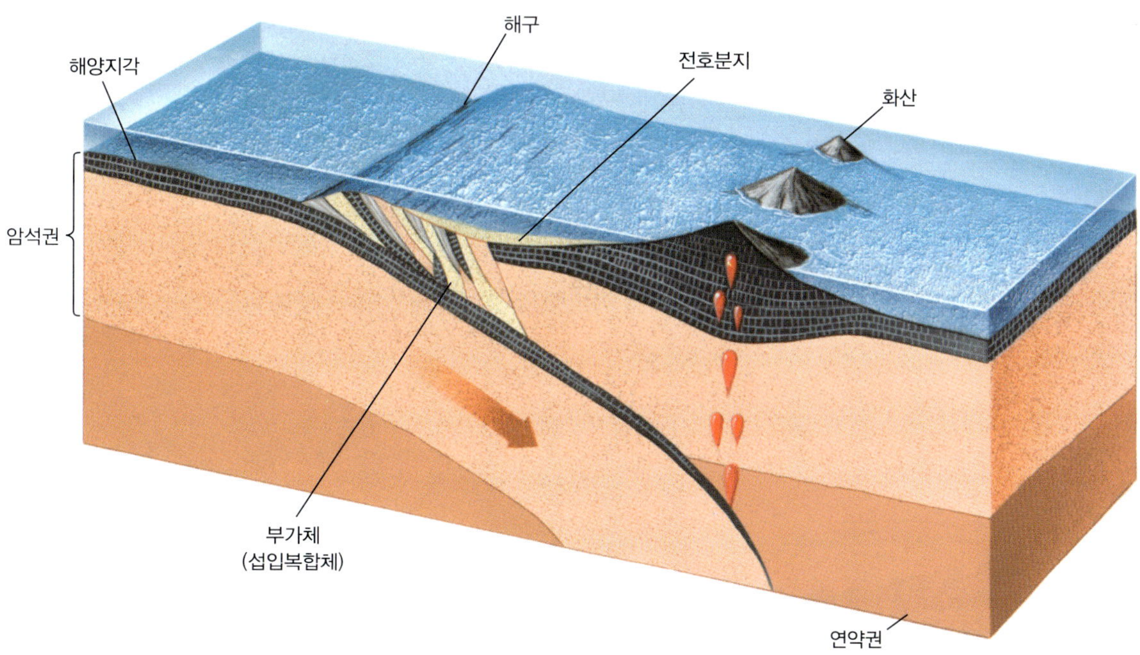

그림 9.17 호상열도의 형성. 부가체는 섭입하는 판의 상부에서 긁어모아진 해양지각과 상부 맨틀의 조각을 포함한다. 마그마는 섭입대에서 생성되고, 상승하여 해저화산을 생성하고, 결국에는 해수면 위로 성장하여 화산 열도를 만든다.

안데스형 대륙연변
(Andean margin) 대륙판 하부로 해양판이 섭입하는 특징을 가진 대륙연변으로 활성대륙연변이라고도 한다.

9.4 안데스 산맥: 대륙 주변부에서 섭입

안데스 산맥은 6,000 m 이상인 49개의 산봉우리를 가진 세계에서 2번째로 높은 산맥이다(그림 9.18). 가장 높은 봉우리는 6,962 m의 아콩카과다. 안데스 산맥은 거의 해수면에서부터 시작해 남미의 태평양 연안을 따라 솟아 있다. 산맥 동부의 작은 산에는 습곡을 받은 퇴적암이 분포하지만, 대부분의 안데스 산맥은 화성암으로 구성되어 있다.

약 1억 9,000만 년 전인 쥐라기 초기에 남미를 포함한 대륙판이 서쪽으로 이동하기 시작했다. 서쪽으로의 대륙이동에 대응하여, 해양판(태평양 판)이 남아메리카 서해안 하부에 있는 맨틀로 가라앉기 시작하여 1억 4,000만 년 전인 백악기 초에 섭입대가 형성되었다(그림 9.19(a)).

1억 3,000만 년 전쯤 섭입하는 판에서 막대한 양의 현무암질 마그마가 생성되었다(그림 9.19(b)). 이 마그마의 일부는 지면으로 상승하여 화산으로 분출했다. 그러나 대부분의 마그마는 남아메리카의 대륙지각 하부를 녹여 안산암질 마그마와 화강암질 마그마를 생성했다. 결과적으로 화산암과 심성암이 남미의 서부 전체를 통해 길게 분포하게 되었다. 해양판이 대륙 아래로 가라앉게 되면, 해저 진흙과 암석 조각이 섭입대에서 긁어모아져 호상열도에서와 유사한 부가체를 형성한다.

상승하는 마그마는 안데스 산맥 하부의 지각을 뜨겁고 두껍게 하여, 지각평형으로 상승시켜 큰 봉우리를 이루게 하였다. 동시에 마그마 호를 동쪽으로 수 km 이동시켰다. 봉우리가 충분히 높고 무거워지면, 자체의 무게에 따라 약하고 부드러운 암석은 바깥쪽으로 퍼져 나갔다. 이러한 확장은 안데스 산맥의 동쪽 면을 따라 거대한 충상단층과 습곡의 띠를 형성했다(그림 9.19(c)).

안데스 산맥은 대륙연변부에서 섭입에 의해 생성된 화성암이 우세한 산맥이다. 또한 산맥의 양면에는 대규모의 퇴적암이 분포하는데, 이 암석은 상승하는 봉우리에서 침식된 퇴적물이 쌓여 형성되었다. 안데스 산맥은 대륙연변에서 일어나는 섭입의 좋은 예이고, 이런 형의 판 주변부를 **안데스형 대륙연변**(Andean margin)이라고 한다.

그림 9.18 볼리비아의 안데스 산맥에 있는 코르디예라 아폴로밤바 산맥은 6,000 m 이상 상승했다.

COURTESY OF GRAHAM R. THOMPSON/JONATHAN TURK

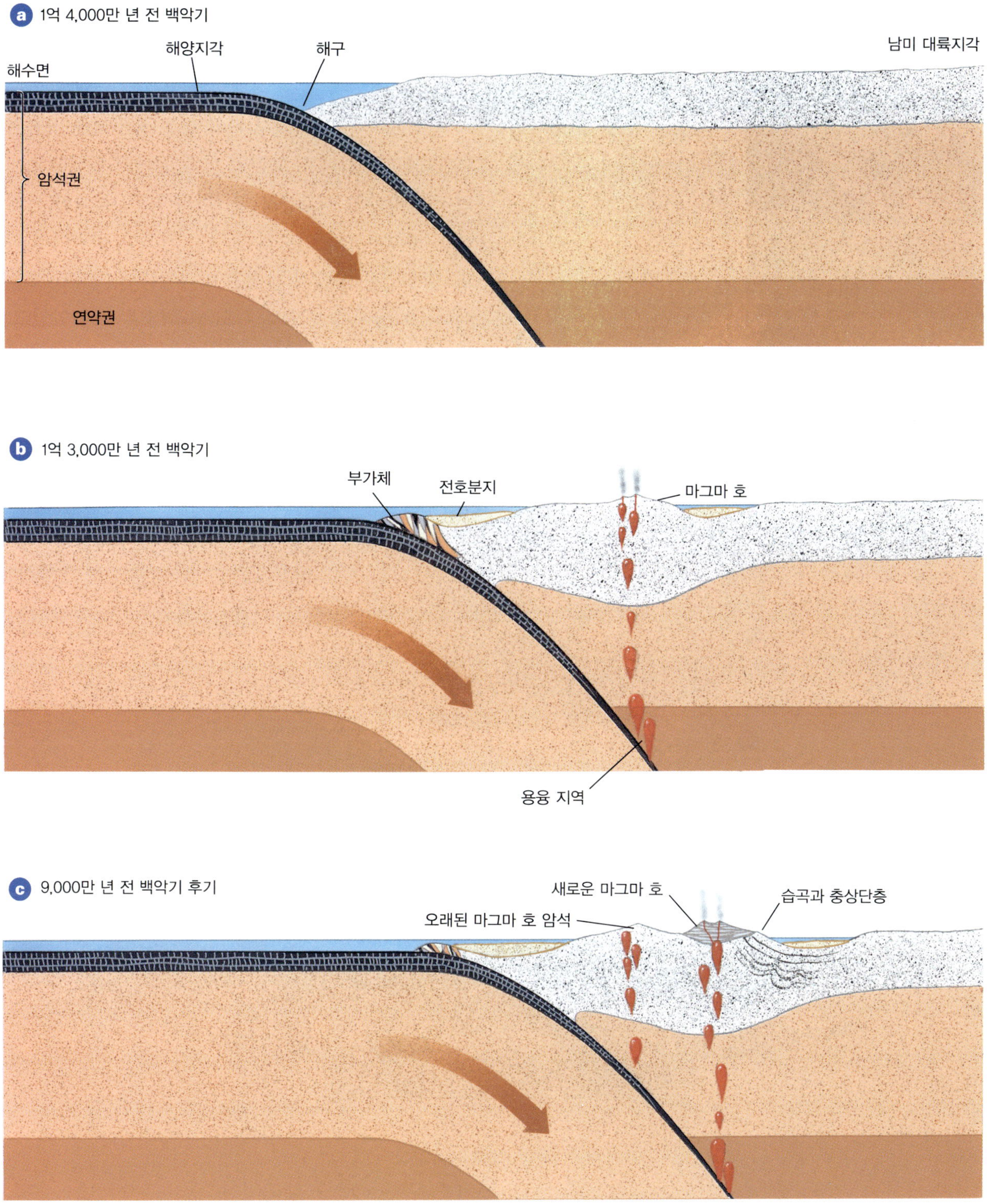

그림 9.19 북쪽으로 바라본 안데스 산맥의 발달 단면도. (a) 약 1억 4,000만 년 전인 백악기 초기에 남아메리카 판이 서쪽으로 움직임에 따라, 대륙의 서쪽 연안에 섭입대와 해구가 형성되었다. (b) 1억 3,000만 년 전 화성활동이 시작되고, 부가체와 전호분지가 생성되었다. (c) 9,000만 년 전에 해구와 화성활동 지역이 동쪽으로 이동되었다. 오래된 화산은 활동을 중단했고 새로운 화산이 동쪽에서 생성되었다.

그림 9.20 히말라야 산맥은 해양지각을 포함한 판이 대륙지각을 포함한 판과 수렴하고, 이후에 대륙과 대륙이 충돌하여 상승했다. 사진은 중국 사천 지방에 있는 라모-쉬(Lamo-she)다.

9.5 히말라야 산맥: 대륙 사이의 충돌

세계에서 가장 높은 산맥인 히말라야 산맥은 인도와 중국의 경계이며, 세계에서 가장 높은 봉우리들이 놓여 있다(그림 9.20). 티베트 고원의 남쪽 끝에서 남쪽으로 바라보면 히말라야의 최고봉을 볼 수 있다. 이 거대한 산맥 너머에는 열대우림과 인도의 뜨겁고 건조한 평원이 있다. 2억 년 전에 같은 곳에서 남쪽을 바라봤다면 바다만 보였을 것이다. 그 당시에 인도는 적도 남쪽에 위치해 있었고, 티베트와는 바다로 수천 km 떨어져 있었다. 히말라야는 아직 상승을 시작하지도 않았다(그림 9.21).

그림 9.21 (a) 약 2억 년 전, 인도는 남극 근처에 위치한 거대한 대륙의 일부였다. (b) 그 당시에 남아시아였던 인도는 해양분지를 사이에 두고 멀리 떨어져 있었다. (인도와 아시아 대륙지각 사이에 있는 많은 양의 해양지각은 그림에서 축약되었다.)

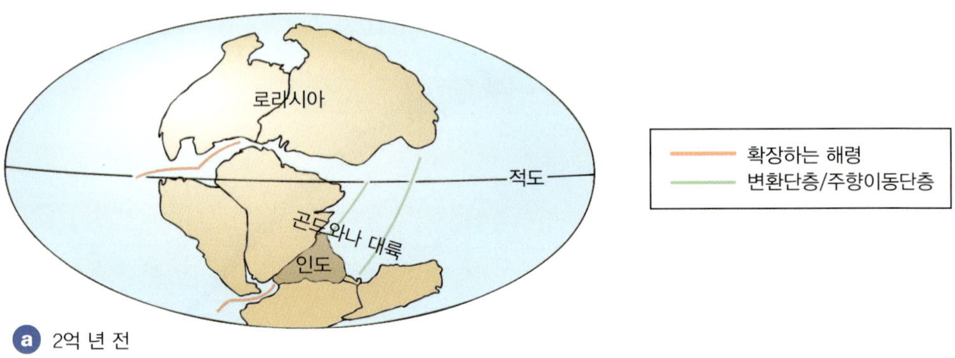

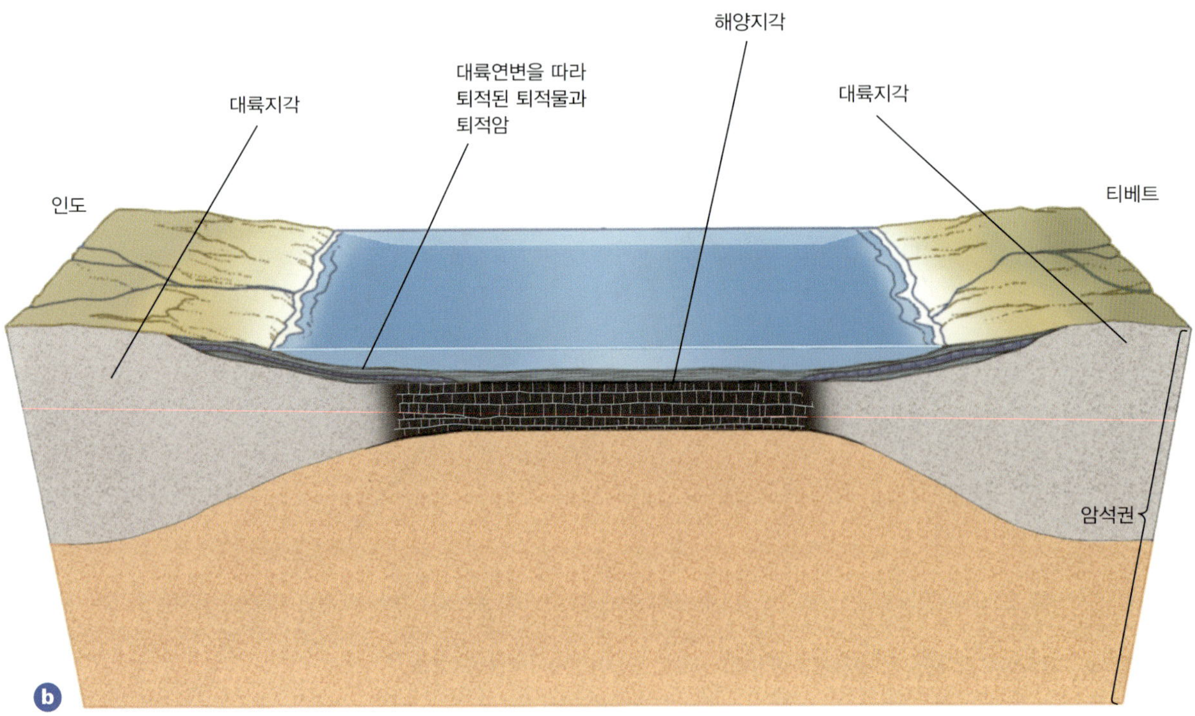

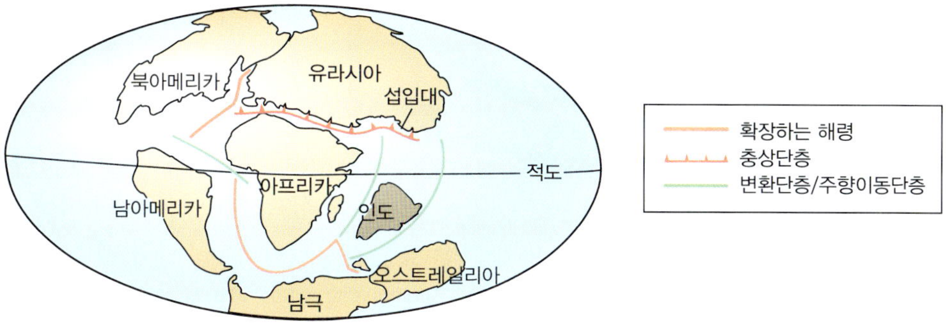

a 8,000만 년 전

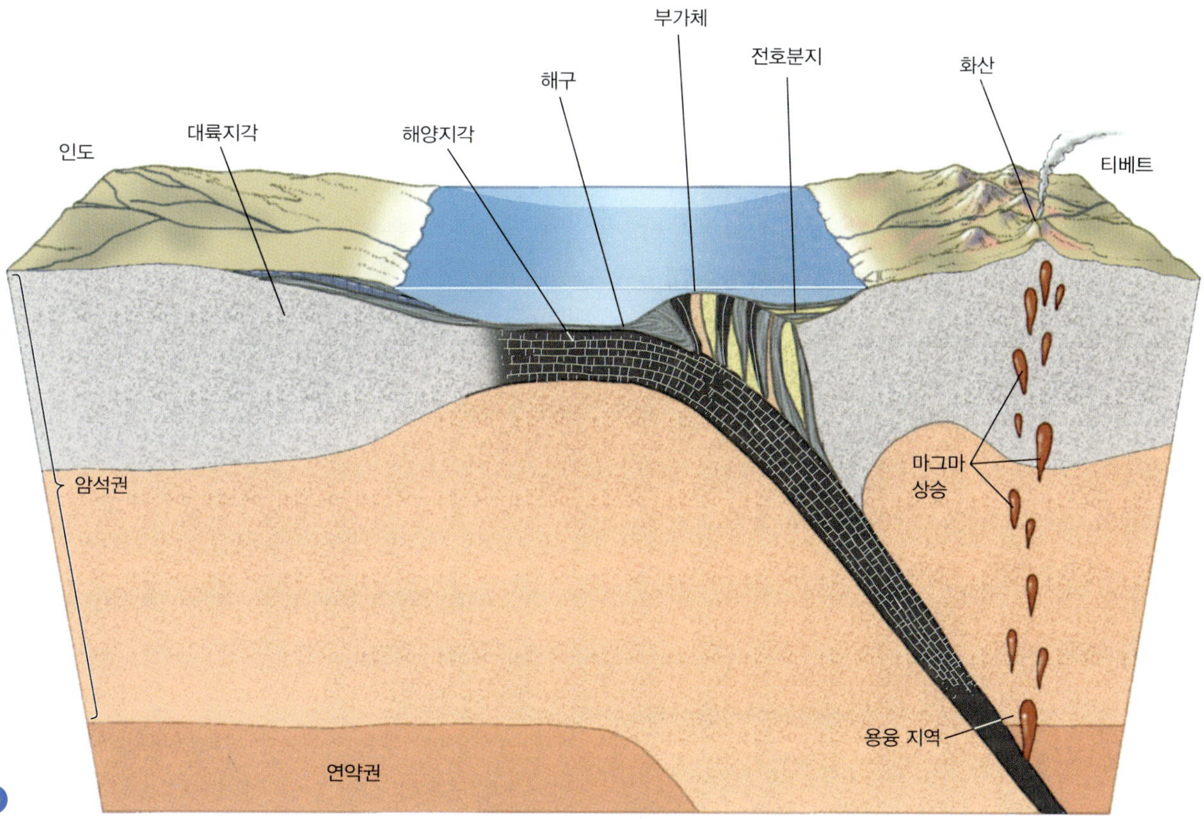

b

그림 9.22 (a) 8,000만 년 전에 인도는 적도에 근접하여 북쪽으로 이동하고 있었다. (b) 인도가 북쪽으로 이동하기 시작했을 때, 판은 쪼개지고, 아시아의 남쪽 연변에서는 섭입이 일어났다. 8,000만 년 전에 해구와 부가체가 형성되었다. 화산이 분출하고 화강암질 심성암이 현재 티베트 지역에서 형성되었다. (다시 말하지만 많은 해양지각은 축약되었다.)

안데스형 대륙연변의 생성

8,000만 년 전 무렵, 현재의 인도를 포함한 삼각형 모양의 암권 조각이 남극 주변의 거대한 대륙지각에서 분리되었다(그림 9.22(a)). 이 조각은 지질학적으로는 빠른 매년 20 cm 정도의 속도로 아시아를 향해 북쪽으로 이동하기 시작했다. 이 인도 판이 움직이기 시작함에 따라, 해양지각으로 이루어진 맨 앞자리는 아시아 남쪽 가장자리 아래로 가라앉았다. 이 섭입은 티베트의 가장자리를 따라 안데스형 대륙연변을 형성했다. 즉, 화산이 분출했고 화강암질 심성암이 대륙지각으로 상승했다(그림 9.22(b)).

대륙과 대륙의 충돌

© QINGQING/SHUTTERSTOCK

4,000만 년 전, 인도와 아시아 사이의 해양판이 바닷속으로 섭입되어 모두 사라진 후에 두 대륙은 충돌했다(그림 9.23(a)). 두 판 모두 대륙지각을 포함하여 밀도가 비슷했기 때문에, 어느 쪽도 맨틀 내로 깊게 가라앉지 못하였다. 섭입이 멈췄기 때문에 화성활동도 중단되었다(그림 9.23(b)). 인도가 북쪽을 향해 이동하는 충돌은 멈추지 않았지만, 속도는 매년 약 5 cm 정도로 느려졌다.

인도가 계속해서 북쪽으로 이동함에 따라, 티베트 하부에서 지하충상단층이 형성되어 그 지역 대륙지각은 2배로 두꺼워졌다(그림 9.23(c)). 인도가 티베트 아래로 미끄러져 가면서, 단단한 기반암에서 긁어모아진 두꺼운 퇴적층은 인도 북부 대륙붕 위에 축적되었다(그림 9.23(b)와 9.23(c)). 이 퇴적물은 엄청난 습곡작용과 충상단층작용을 받았다.

동시에 인도는 티베트를 밀치고 들어가, 거대한 주향이동단층을 따라 중국을 쐐기 모양으로 밀어냈다. 충돌이 시작된 이래로 인도는 티베트 남부를 1,500~2,000 km 정도 북쪽으로 밀었다. 이 횡압력으로 히말라야의 북쪽의 주요 산맥과 분지가 형성되었다.

오늘날의 히말라야 산맥

오늘날 히말라야 산맥에는 화성암, 퇴적암과 변성암이 분포한다. 많은 퇴적암은 인도 대륙붕의 천해에서 살았던 해양생물의 화석을 포함하고 있다. 히말라야 산맥의 심성암과 화산암은 산맥이 안데스형 대륙연변이었을 때 생성되었다. 모든 종류의 암석은 섭입과 대륙-대륙 충돌이 일어날 때 생성된 엄청난 응력과 열로 인해 변성되었다.

티베트 하부에서 인도의 지하충상단층과 짓눌려진 티베트는 히말라야 산맥과 북부의 티베트 고원 아래의 암석권과 대륙지각의 두께를 2배로 만들었다. 결과적으로 그 지역은 지각평형에 의해 높은 고도로 상승하게 된다(그림 9.23(c)). 골짜기조차도 해발고도 3,000~4,000 m 높이에 있어, 티베트 고원의 평균 높이는 4,000~5,000 m다. 히말라야 산맥이 세계에서 가장 높은 모든 봉우리를 포함하고 있는 한 가지 이유는 고원 전체의 해발고도가 높기 때문이다. 골짜기 바닥에서부터 정상까지의 에베레스트 산은 실제로 북미의 가장 높은 봉우리인 알래스카의 데날리(매킨리 산)보다 낮다. 에베레스트 산은 기반에서 정상까지의 연직 거리가 약 3,300 m지만, 데날리 산은 4,200 m다. 두 봉우리 사이의 해발고도 차이는 에베레스트 산의 기반은 약 5,500 m에 있지만 데날리의 기반은 약 2,000 m에 있다는 점이다.

히말라야 산맥이 상승함에 따라, 산맥은 자체 무게를 지탱하기에는 너무 무거워진다. 그러면 산맥 하부의 지각이 바깥으로 퍼져 나간다. 이렇게 지각 하부가 퍼져 나가면 높은 산에는 정단층이 생기고, 주변 산맥을 압축하게 된다. 결과적으로 산맥 내부에는 신장성 정단층이 형성되고 산의 가장자리에서는 압축에 의한 충상단층이 발달한다. 동시에 인도가 북쪽을 향해 이동하며 생성된 지구조적 힘은 산맥을 상승시킨다. 이 과정들은 현재까지 지속되고 있으며, 북쪽을 향한 인도의 움직임이 언제 멈추게 될지, 또 산맥이 얼마나 높아질지는 아무도 모른다.

히말라야 산맥은 두 대륙이 충돌하여 생성된 산맥의 예다. 애팔래치아 산맥은 약 4억 7,000만~2억 5,000만 년 전 북아메리카 동부가 유럽, 아프리카, 남아메리카와 충돌했을 때 생성되었다. 유럽 알프스는 약 3,000만 년 전에 시작된 아프리카 북부와 유럽 남부 사이에서 반복된 충돌에 의해 생성되었다. 유럽과 아시아의 경계인 우랄 산맥은 약 2억 5,000만 년 전에 이와 유사한 과정으로 생성되었다.

9.6 산과 지구시스템

공기는 산맥을 가로지르면서 상승한다. 공기가 상승하면 수분이 응결되어 비나 눈을 생성한다. 비는 강물을 이루어 가파른 비탈을 타고 내려가면서 골짜기와 협곡을 침식하는 반면에, 눈은 축적되어 빙하를 형성하여 토양과 기

그림 9.23 (a) 4,000만 년 전에 인도는 아시아와 충돌하면서 북쪽으로 4,000~5,000 km 이동했다. (b) 인도가 티베트와 충돌할 때, 인도의 앞 가장자리는 티베트 남부 아래에서 지하충상단층을 형성하였다. (c) 지속적인 판의 이동으로 대륙지각의 두께는 2배가 되었으며, 높은 티베트 고원과 히말라야 산맥이 형성되었다.

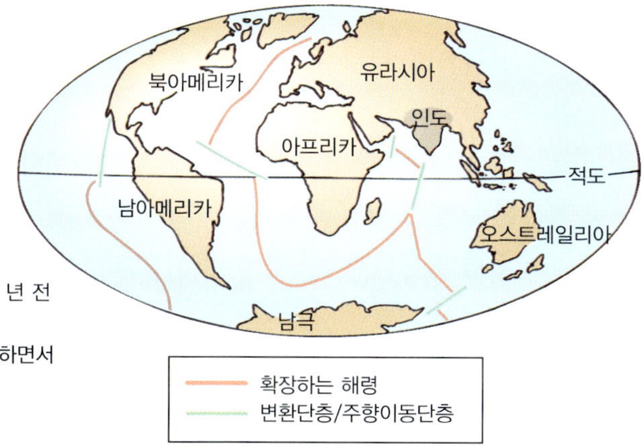

a 4,000만 년 전

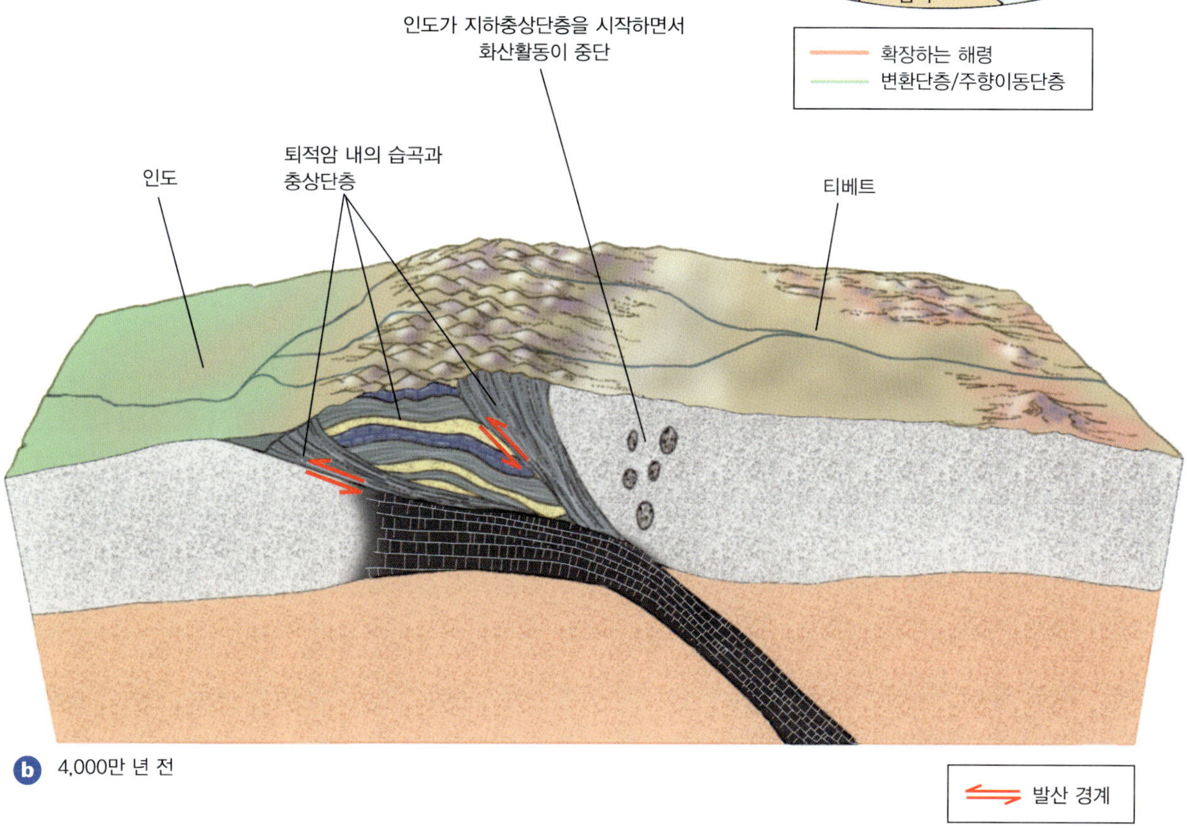

b 4,000만 년 전

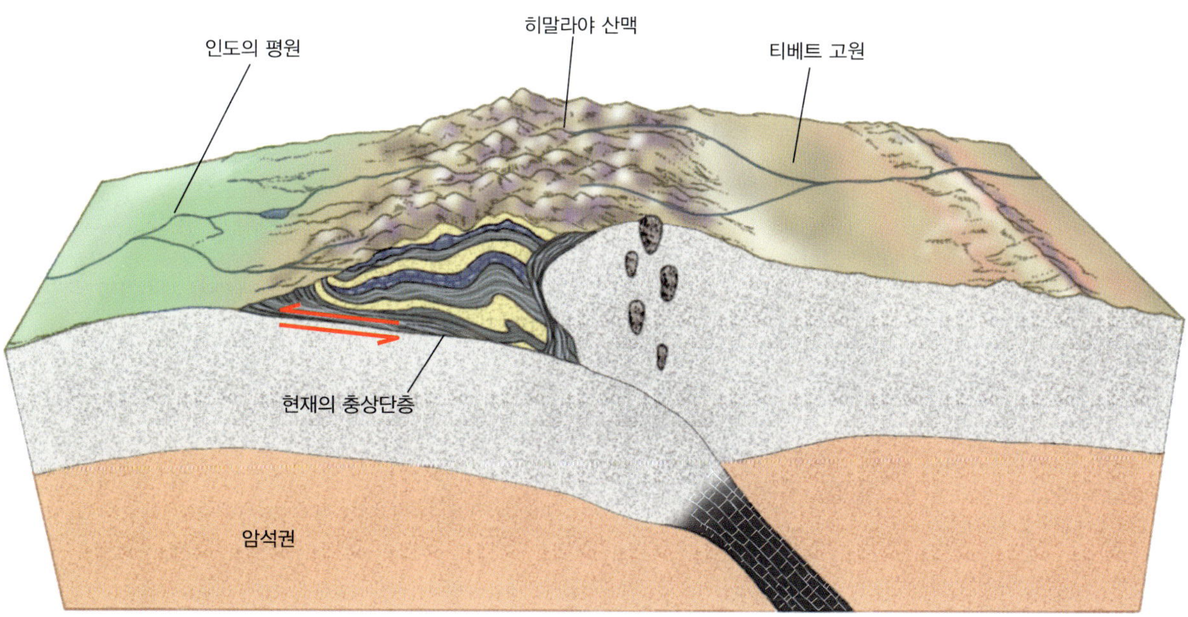

c 현재

반암을 긁고 지나간다. 따라서 산맥은 침식을 일으키는 강수 현상을 촉진한다.

최근 조사에서 히말라야 산맥의 상승이 지구 한랭화와 관련이 있음을 보였다. 어떤 과학자들은 지구 한랭화 경향에 많은 요소들이 작용하겠지만, 산맥의 상승도 하나의 원인이라고 주장한다.

산맥은 식물과 동물 서식지에 영향을 준다. 고도가 높은 지역은, 심지어 적도일지라도, 서늘한 기후가 우세하다. 위도가 1,000 km마다 바뀌듯이 연평균 기온은 고도 1,000 m마다 변한다. 결과적으로 식물과 동물의 군집은 고도에 따라 급격히 변한다. 예를 들어 미국 콜로라도 주에 있는 4,000 m 높이의 산을 등반한다면 정상 근처에서 고산 툰드라를 만나게 된다. 하지만 콜로라도의 저지대를 따라 북쪽으로 여행한다면, 3,000 km 떨어진 캐나다 배런 랜드(Barren Lands)에 도착하기 전까지는 툰드라와 비슷한 것도 만나지 못할 것이다.

여러 산악 지역에서 지난 수십 년 동안 인구는 급속하게 증가되었다. 농경지가 부족해짐에 따라, 인간은 숲을 베고 가파른 비탈에 경작을 했다. 불행히도 보호 숲과 자연초가 제거되면, 토양 침식은 급속하게 진행된다. 진흙은 개울을 휩쓸고 산사태는 토양을 저지대로 운반한다(그림 9.24). 이런 방식으로 인간 활동은 침식률을 증가시킨다.

COURTESY OF GRAHAM R. THOMPSON/JONATHAN TURK

그림 9.24 산악 지역에 인구가 증가함에 따라, 인간은 숲을 베고 가파른 산기슭에 농작물을 재배했다. 네팔에 있는 이 계단식 산기슭은 몬순 폭우로 붕괴됐다.

요약

9.1 습곡과 단층: 지질구조

암석에 응력이 작용할 때 암석은 탄성변형 또는 소성변형을 일으키거나, 취성파쇄로 부서질 것이다. 물질, 온도, 압력과 작용하는 응력의 비율은 응력을 받는 암석의 성질에 영향을 준다. 지질구조는 암석의 변형으로 생성된 독특한 형태다. 습곡은 보통 암석이 압축되었을 때 생성된다.

단층은 한쪽 암석이 다른 쪽 암석에 대해 상대적으로 이동한 암석의 균열이다. 정단층은 보통 암석을 잡아당길 때 생성된다. 역단층과 충상단층은 횡압력에 의해 생성된다. 주향이동단층은 지각이 수직 균열을 따라 수평으로 미끄러져 지날 때 생성된다. 절리는 깨진 양쪽 면이 서로 움직이지 않은 암석의 균열이다.

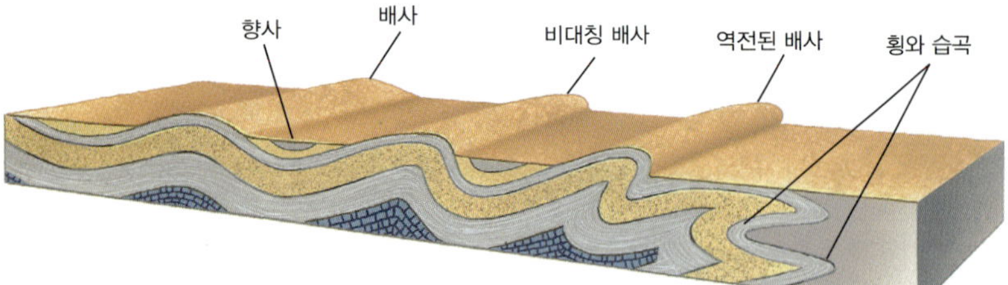

그림 9.5 일반적인 5가지 형태의 습곡. 습곡은 왼쪽에서처럼 대칭적일 수 있거나, 중앙에서 보이듯 비대칭적일 수 있다. 습곡이 수직 이상 기울어진다면, 오른쪽에서 보이듯 역전된다.

9.2 산과 산맥

산맥은 지각이 두꺼워지고 지각평형에 의해 상승될 때 형성된다. 최정상의 높이는 기반암이 바깥으로 흐르거나 침식으로 닳아 없어지면 감소한다.

9.3 호상열도: 두 해양판이 수렴하여 섭입

수렴하는 두 판이 해양지각을 운반하면 화산섬이 생성된다.

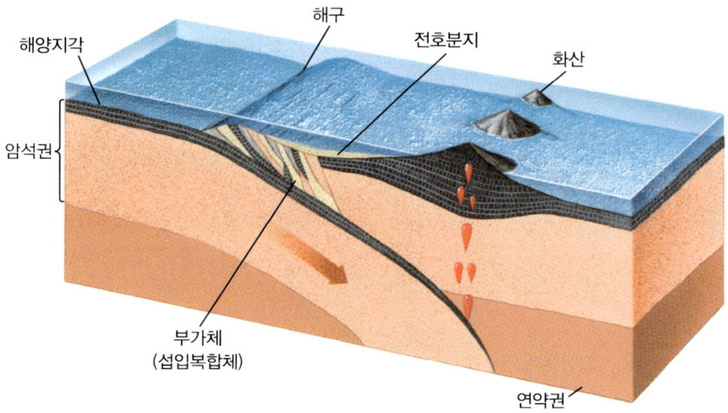

그림 9.17 호상열도의 형성. 부가체는 섭입하는 판의 상부에서 긁어모아진 해양지각과 상부 맨틀의 조각을 포함한다. 마그마는 섭입대에서 생성되고, 상승하여 해저화산을 생성하고, 결국에는 해수면 위로 성장하여 화산 열도를 만든다.

9.4 안데스 산맥: 대륙 주변부에서 섭입

안데스 산맥은 대부분 안데스형 대륙연변에서 생성된 화성암으로 구성되어 있다. 안데스형 대륙연변은 해양판이 대륙 판 아래로 섭입하는 것이 특징이다. 안데스형 대륙연변은 화강암질 심성암과 안산암질 화산이 우세하다. 또한 이들은 부가체와 전호분지에서 퇴적된 퇴적암을 포함한다.

9.5 히말라야 산맥: 대륙 사이의 충돌

히말라야 산맥은 티베트의 가장자리에서 안데스형 대륙연변의 형성으로 시작되었다. 나중에 인도를 운반하는 대륙판이 티베트와 충돌하면서 생성된 횡압력에 의해 산맥이 형성되었다. 히말라야 산맥과 같이 대륙과 대륙이 충돌하여 형성된 산맥에는 습곡되고 충상단층작용을 받은 퇴적암과 변성암이 넓게 분포하며, 초기에 형성된 심성암과 화산암의 분포가 특징이다.

9.6 산악과 지구시스템

산맥은 기후, 날씨, 식물과 동물 서식지에 지대한 영향을 미친다.

핵심용어

날개 limb (9.1)
단층 fault (9.1)
단층대 fault zone (9.1)
돔 dome (9.1)
배사 anticline (9.1)
부가체 subduction complex (9.3)
분지 basin (9.1)
상반 hanging wall (9.1)
습곡 fold (9.1)
안데스형 대륙연변 Andean margin (9.4)
역단층 reverse fault (9.1)
응력 stress (9.1)
이동 slip (9.1)
전호분지 forearc basin (9.3)
절리 joint (9.1)
정단층 normal fault (9.1)
조산운동 orogeny (9.2)
지구 graben (9.1)
지루 horst (9.1)
지질구조 geologic structure (9.1)
지하충상단층 underthrusting (9.2)
충상단층 thrust fault (9.1)
하반 footwall (9.1)
향사 syncline (9.1)
호상열도 island arc (9.3)

연습문제

1. 지구조 응력이란 무엇인가? 응력의 주요 형태를 설명하시오.
2. 암석이 지구조적 응력에 대응하는 여러 방법을 설명하시오.
3. 지질구조는 무엇인가? 구조의 3가지 주된 형태는 무엇인가? 각 구조를 잘 반영하는 암석은 무엇인가?
4. 어떤 형태의 판 경계에서 정단층을 찾을 수 있는가?
5. 습곡이 지각을 단축시키는 이유를 설명하시오.
6. 한 쌍의 배사–향사의 단면을 스케치하고 날개를 표기하시오.
7. 정단층의 단면을 스케치 하고, 상반과 하반을 표기하시오. 스케치를 이용하여 정단층이 어떻게 지각을 확장시켰는지 설명하시오. 역단층을 스케치하고, 역단층을 통해 지각이 어떻게 단축했는지 설명하시오.
8. 단층과 절리의 유사점과 차이점을 설명하시오.
9. 주향이동단층, 정단층, 충상단층을 발견하면 어떤 지구조 환경을 예상할 수 있는가?
10. 어떤 산맥이 판의 확장 경계에서 형성되었는가? 이런 산맥과 수렴 경계에서 생성된 산맥과의 주된 차이는 무엇인가?
11. 침식이 처음에는 산맥을 상승시켰다가, 결국 최고봉의 높이를 감소시키는 이유를 설명하시오.
12. 호상열도와 안데스 산맥 사이의 유사점과 차이점을 설명하시오. 이런 차이는 왜 존재하는가?
13. 안데스 산맥과 히말라야 산맥 사이의 유사점과 차이점을 기술하시오. 이런 차이는 왜 존재하는가?
14. 수백 km 깊이까지 안데스형 대륙연변의 단면을 스케치하시오.
15. 대륙연변의 진화를 보여주는 단면을 순차적으로 스케치하시오. 왜 히말라야형 경계는 안데스형 대륙연변에서 시작하는가?

10장 풍화, 토양, 침식

미국 북부 캘리포니아 제너 해안(Jenner Coast)의 지주들의 엄청난 노력에도 불구하고, 해양의 파도는 그들의 재산에 심각한 손상을 입히고 있다.

침식(erosion) 물과 바람, 얼음이나 중력에 의해 물질이 새로운 장소로 옮겨질 때 풍화된 암석이 제거되는 것

> "더욱더 심각해지고 있는 토양 침식의 문제는 무시되고 있다. 누가 이러한 문제에 대해 관심을 갖겠는가?"
>
> 데이비드 피멘텔(David Pimentel)[1)]

태양계가 형성되면서 운석, 혜성, 소행성들은 행성들과 위성에 충돌하면서 표면에 거대한 분화구를 만들었다. 지구 표면 최초의 분화구들은 마치 부드러운 진흙이 암석에 떨어지면서 구멍을 채우는 것처럼 지구가 유동성 있고 녹은 상태의 암석으로 되어 있을 정도로 매우 뜨겁기 때문에 분화구를 채워 금시 사라져 버렸다. 지각이 두꺼워지고 점차 식어가면서 두 번째 충돌이 새로운 분화구를 만들었다. 그러나 오늘날 과거의 분화구들은 지구 표면에 남아 있지 않다. 그러나 달에는 모든 연령의 분화구들이 남아 있다. 왜 분화구들이 지구에서는 사라지고 달에는 남아 있는 것일까?

산맥 형성, 화산 분출, 지진활동과 같은 지구조과정은 계속적으로 변화하는 지구의 모습과 지질시대에 걸친 지표면의 변화를 알려준다. 게다가 지구는 물과 대기를 충분히 가질 만한 거대한 행성이다. 대기권과 수권의 작용으로 지권의 표면 암석이 풍화, 침식된다. 이러한 지구조활동과 침식의 조합으로 지표면의 초기 분화구들이 사라졌다. 대조적으로 지구보다 좀 더 작은 달은 대부분의 열을 잃어 지구조활동이 거의 일어나지 않는다. 게다가 달의 중력은 너무 작아서 지표를 풍화시키는 대기와 많은 양의 물이 남아 있지 않다. 그 결과 과거에 만들어졌던 달의 분화구들은 수십억 년 동안 지속되었다. 풍화, 침식, 지구조활동의 조합은 계속적으로 지표면을 변화시키고 있다.

10.1 풍화와 침식

3장에서 알아보았듯이 암석이 분해되어 자갈, 모래, 진흙, 토양 등으로 느슨하게 되는 과정을 풍화라고 한다는 것을 상기하자(그림 10.1).

풍화는 거의 미동도 없는 암석과 광물의 분해를 수반한다. 풍화 산물은 그것이 형성된 곳에서 쌓인다. 그러나 토양이나 다른 풍화 산물은 비와 바람에 저항하지 못하고 쉽게 침식된다. **침식(erosion)**이란 비, 유수, 바람, 빙하 또는 중력 등으로 물질이 새로운 곳으로 운반될 때 풍화된 암석이 제거되는 것이다. 침식의 동인은 풍화된 물질이 먼 곳까지 이동하여 마침내 표면의 퇴적층에 퇴적되는 것이다.

풍화, 침식, 운반, 퇴적 과정은 대개 순서대로 일어난다. 예를 들어 화강암 내의 균열 사이로 물이 얼면 암석이 풍화되고 석영 결정이 남게 된다. 비가 많이 내리면 결정이 침

그림 10.1 바람, 파도, 물에 의한 풍화는 멕시코의 카보산루카스(Cabo San Lucas) 근처의 해안가 암석을 침식하여 조각을 만들었고 기원이 되는 조각들은 바닥에 놓여 있다.

1) 역자 주: 미국의 생태학자로서 코넬 대학교의 명예교수다.

식되고 유수에 휩쓸려 간다. 유수는 석영을 해안가로 운반하고 해변에 모래 결정으로 퇴적시킨다(그림 10.2).

풍화는 기계적인 과정과 화학적인 과정에 의해 모두 일어난다. **기계적 풍화**(mechanical weathering) 또는 **물리적 풍화**(physical weathering)는 단단한 암석을 작은 조각으로 분해시키지만 암석과 광물의 화학 성분을 변화시키는 것은 아니다. 망치로 암석을 때리는 것을 생각해 보자. 암석 조각들은 모암보다 작다는 것을 제외하고 다른 차이가 없다. 이와 달리 **화학적 풍화**(chemical weathering)는 공기와 물이 화학적으로 암석과 반응하여 구성 성분과 광물 조성이 변화된 것이다. 화학적 풍화는 철로 된 칼날이 녹스는 것과 비슷하다. 최종 산물은 물리적으로나 화학적으로 처음 물질과는 다르다.

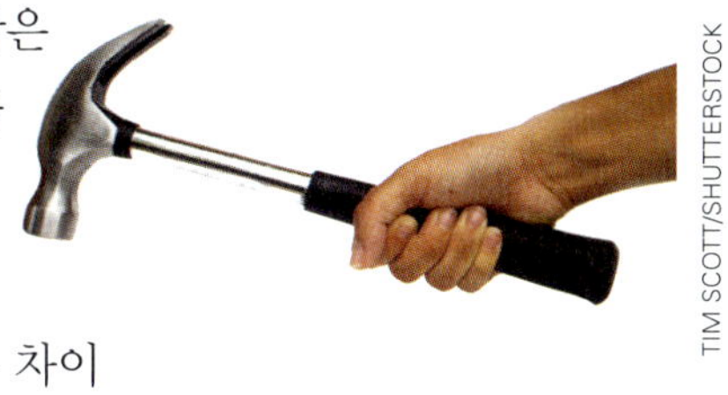

10.2 기계적 풍화

기계적 풍화의 5가지 과정으로는 압력 감소에 의한 균열, 동결쐐기작용, 마모, 유기체의 활동, 열적 팽창과 수축이 있다. 또한 소금 균열(salt cracking)과 가수분해의 두 가지 과정은 기계적 과정과 화학적 과정의 조합의 결과다.

압력 감소에 의한 균열

많은 화성암과 변성암이 지하 깊숙한 곳에서 만들어진다. 예를 들어 지하 15 km 깊이에서 굳어진 화강암을 상상해 보자. 그 깊이에서 암석에 가해지는 압력은 지구 표면의 5,000배에 달한다. 수천 년에 걸쳐 지구조 힘이 산맥을 형성하고 화강암을 밀어 올려 식은 뒤 상부의 암석과 퇴적물은 침식되어 압력이 감소된다. 그러나 압력이 감소되어 암석이 팽창할 때 암석은 냉각되고 부서지기 쉽기 때문에 암석이 팽창함에 따라 깨지게 된다. 이런 과정을 **압력 감소에 의한 균열**(pressure-release fracturing)이라고 한다. 지하 심부에서 형성되었으나 지금은 지표면에 놓여 있는 많은 종류의 화성암과 변성암은 이러한 방식으로 균열이 생긴다(그림 10.3).

기계적 풍화(mechanical weathering) 또는 **물리적 풍화**(physical weathering) 암석의 화학 성분의 변화 없이 물리적인 과정에 의해 작은 조각으로 나뉘는 암석의 풍화작용

화학적 풍화(chemical weathering) 암석이 공기, 물, 기타 환경적인 요인과 화학적으로 반응을 하여 암석의 화학 성분과 광물 함량이 변화하는 암석의 분해

압력 감소에 의한 균열(pressure-release fracturing) 깊게 매몰된 암석이 지구조 힘에 의해 지표 가까이 융기되어 압력이 제거됨으로써 암석을 팽창시키고 균열을 야기함에 따라 암석과 퇴적물이 제거되는 기계적 풍화 과정

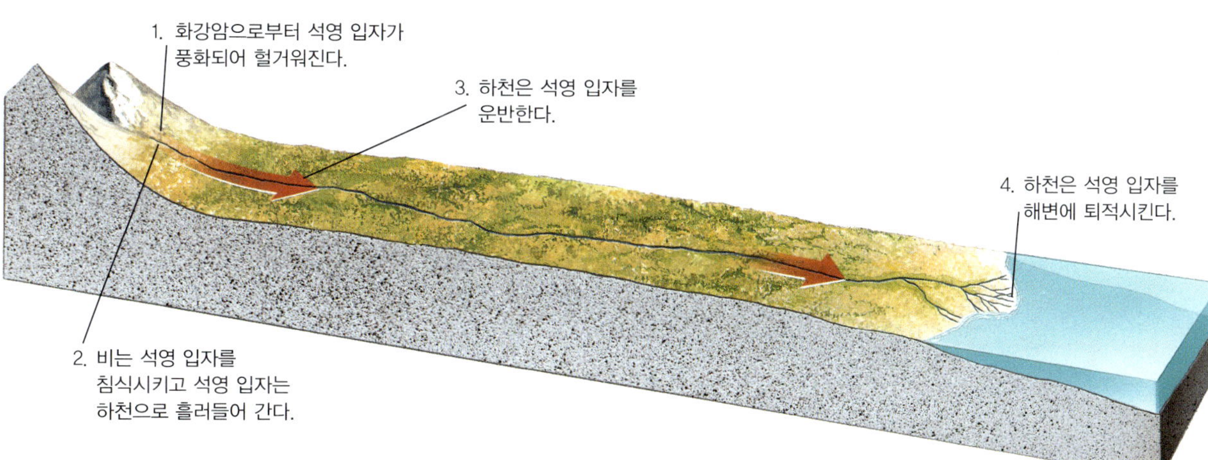

그림 10.2 화강암으로부터 풍화된 석영 입자는 빗물에 침식되고 유수에 쓸려 이동하여 마침내 해변에 모래 입자로 퇴적된다.

동결쐐기작용(frost wedging) 암석의 틈에 얼음이 얼어 쐐기 모양으로 암석을 팽창시키는 기계적인 풍화 과정

테일러스(talus) 동결쐐기작용의 결과 암석이 부서져 절벽 아래로 이동한 고화되지 않고 각진 암석의 축적물

그림 10.3 압력 감소에 의한 균열은 미국 캘리포니아 주의 시에라네바다의 화강암에 균열을 만들었다.

그림 10.4 (a) 동결쐐기작용이 절벽으로부터 암석을 떨어뜨려 테일러스 사면을 만든다. (b) 동결쐐기작용이 캐나다 로키 산맥의 텐 피크 계곡에 고깔 모양의 테일러스를 만들었다.

동결쐐기작용

비록 압력 감소에 의한 균열이 단지 지권과 관련하여 일어나는 과정이긴 하지만 모든 다른 형태의 풍화작용은 지권의 암석과 수권, 대기권 그리고 생물권 사이의 상호작용을 수반한다.

물은 얼 때 7~8 % 정도 부피가 팽창한다. 만일 물이 틈에 스며들어가 얼어 버린다면 얼음이 팽창하고 그로 인해 암석이 조각나게 되는데 이러한 작용을 **동결쐐기작용(frost wedging)**이라고 한다. 온대 기후에서 봄과 가을에 물은 밤에 얼고 낮 동안은 녹는다. 얼음은 암석을 밀어냄과 동시에 교결작용을 한다. 낮 동안 얼음이 녹으면 암석 조각은 느슨해지고, 기울어진 절벽으로부터 굴러 떨어지기 쉬워진다. 그렇기 때문에 경험 많은 등산가들은 얼음이 녹기 전인 이른 아침에 등산을 한다. **테일러스(talus)**라 불리는 각진 암석 조각 더미들은 많은 절벽 밑에 쌓여 있다(그림 10.4). 이런 암석들은 주로 동결쐐기작용의 결과로 생긴 것이다.

마모

강 또는 해변을 따라 유수와 파도에 운반되면서 암석, 모래 결정, 실트는 서로 충돌한다. 이런 충돌 과정에서 날카로운 모서리 또는 각진 부분은 닳아지고 입자들은 둥글어진다. 마찰과 충돌에 의해 암석이 닳아지는 기계적 풍화 과정을 **마모**(abrasion)라고 한다(그림 10.5). 물은 그 자체가 연마제는 아니지만 그것에 포함된 암석, 모래 그리고 실트와의 충돌이 암석을 둥글게 한다.

그림 10.5 미국 와이오밍 주 옐로우스톤 국립공원의 강바닥에 있는 마모된 둥근 암석들

바람은 모래와 작은 입자를 암석에 부딪쳐서 특이한 모양을 만든다(그림 10.6). 빙하도 기반암으로부터 암석과 모래, 실트를 끌고 와 암석을 마모시킨다.

그림 10.6 바람과 모래의 강력한 작용이 미국 캘리포니아 주 데스밸리 국립공원 메스키트플랫(Mesquite Flat)의 모래 사구 사진에서 보인다.

마모(abrasion) 마찰과 충격에 의해 암석 표면이 갈려서 둥글게 되는 기계적 풍화 과정

유기체 활동(organic activity) 암석의 틈 사이에 나무나 식물의 뿌리가 성장하면서 암석을 팽창시키는 기계적 풍화 과정

유기체 활동

만약 암석의 틈 사이에 토양이 쌓인다면 그 틈 사이로 씨앗이 떨어져 식물이 자랄 수 있다. 식물의 뿌리는 틈에서 성장하여 균열을 넓힌다(그림 10.7). 도시에 사는 사람들은 콘크리트 인도 틈 사이로 올라온 나무뿌리에서 **유기체 활동**(organic activity)에 따른 결과를 종종 볼 수 있다.

열적 팽창과 수축

지구 표면의 암석들은 매일 그리고 연중 가열과 냉각의 순환에 노출되어 있다. 암석들은 열을 받으면 팽창하고 차가워지면 수축한다. 기온이 급격하게 바뀔 때, 암석 표면은 내부에 비해 빠르게 가열 또는 냉각된다. 그리고 그 결과

그림 10.7 기반암의 틈에서 나무가 자라면서 성장하는 뿌리가 균열을 넓히고 있다.

열적 팽창과 수축(thermal expansion and contraction) 암석의 표면이 내부보다 빨리 가열되어 팽창하고 더 빨리 식어 수축되는 것처럼 빠른 온도 변화로 인해 암석에 균열이 생기는 기계적 풍화 과정

용해(dissolution) 광물이나 암석이 용해되어 용액을 형성하는 화학적 풍화 과정

표면은 내부에 비해 팽창 또는 수축된다. 이런 **열적 팽창과 수축**(thermal expansion and contraction)에 의해 암석에 균열이 생긴다.

중위도 산악 지역과 사막에서, 봄철에 기온은 −5~+25 ℃까지 변한다. 아마도 이런 30 ℃의 차이는 암석의 균열을 만들기에 충분하지 않다. 하루 또는 연중의 작은 온도 변화와는 대조적으로 불은 수백 ℃까지 암석을 가열시킬 수 있다. 만약 캠프파이어에서 화강암을 사용하여 요리를 할 때 여러분은 화강암이 불에 의해 쉽게 갈라지는 것을 볼 수 있을 것이다. 이와 유사하게 생태계에서 일반적으로 일어나는 산불이나 소규모의 화재는 기계적 풍화의 중요한 한 가지 동인이 될 수 있다.

10.3 화학적 풍화

암석은 인간 수명보다 훨씬 오랜 기간을 견딜 수 있다. 그러나 지질시대에 걸쳐 공기와 물이 화학적으로 지표면의 암석을 공격한다. 화학적 풍화의 가장 중요한 과정으로는 용해작용, 가수분해작용, 산화작용이 있다. 물, 산과 염기 그리고 대기 중의 산소 또는 지표수 또는 지하수는 암석의 분해를 유발한다.

용해

여러분은 일부 광물들이 물속에서 잘 용해되는 반면, 몇몇은 용해되지 않는다는 것을 잘 알고 있다. 물속에 암염 결정을 넣으면 결정은 급속하게 녹는다. 그 과정을 **용해**(dissolution)라고 한다. 암염은 매우 빠르고 완전히 물에 용해되기 때문에 습한 환경에는 드물게 있다. 반면에 석영 결정을 순수한 물에 넣으면, 단지 적은 양만 용해되고 거의 모든 결정이 그대로 남아 있을 것이다.

물이 광물을 어떻게 용해시키는지를 이해하기 위해서 광물 표면의 원자를 생각해 보자. 그것은 화학 결합이라는 전기적인 힘에 의해 결정에서 다른 원자를 끌어당기기 때문에 위치가 고정된다. 이와 동시에 외부 환경에 의한 전기적인 인력은 원자를 결정으로부터 떨어뜨리려고 끌어당긴다. 그 결과는 줄다리기와 같다. 만일 원자와 결정 사이의 힘이 외부에서 작용하는 힘보다 더 크다면 결정은 그대로 남아 있을 것이다. 만일 외부에서 작용하는 인력이 더 크다면 원자는 결정 밖으로 떨어져 나가 광물은 용해된다.

물(H_2O)은 극성 분자다. 이러한 극성은 물속의 산소 원자가 산소 주변에 농집된 수소 원자로부터 떨어진 전자에

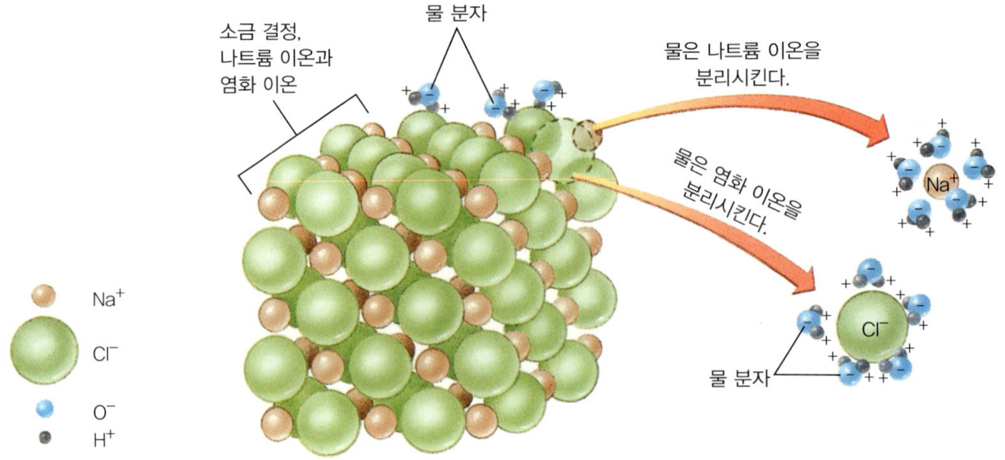

그림 10.8 암염(NaCl)은 결정에서 화학결합 강도보다 물 분자와 나트륨 이온, 염소 이온과의 인력이 더 크기 때문에 물(H_2O)에 용해된다. 비록 산소 원자가 양(+), 수소 원자가 음(−)전하를 띨지라도 이들은 단지 부분적으로 전하가 분리되어 있음을 기억해야 한다.

대해 더 큰 친화도를 갖기 때문에 일어난다. 그러므로 산소는 부분적인 (−)전하를 띤다. 두 개의 수소 원자는 전자가 산소 쪽으로 치우쳐 부분적인 (+)전하를 띤다. 암염 결정(NaCl)을 컵 안의 물속으로 떨어뜨릴 때, 물 분자 내의 (−)전하를 띤 산소 원자는 (+)전하를 띤 나트륨 이온(Na^+)을 암염으로부터 끌어당기고 (+)전하를 띤 수소 원자는 (−)전하를 띤 염화 이온을 제거한다(그림 10.8).

암석과 광물은 물이 염기성이나 산성을 띨 때 더 잘 용해된다. 산성용액에는 수소 이온(H^+)이 많이 있고, 염기성 용액에는 수산화 이온(OH^-)이 많이 있다. 산과 염기는 대부분의 광물을 순수한 물보다 더 잘 용해시킨다. 왜냐하면 전기적으로 더 많은 수소 이온과 산소 이온을 공급하기 때문이다. 예를 들어 석회암은 방해석이라는 광물로 만들어진 암석이다. 방해석은 순수한 물에서 거의 용해되지 않는다. 그러나 산성에서는 잘 용해된다. 만일 석회암을 강산에 떨어뜨린다면, 방해석으로부터 용해된 이산화탄소 기체 거품이 즉시 생긴다.

자연에서 순수한 물은 거의 발견되지 않는다. 대기의 이산화탄소는 빗방울에 용해되고 반응하여 탄산이라 불리는 산도가 낮은 산을 만든다. 그 결과 심지어 북극이나 멀리 떨어진 산에서 내리는 순수한 빗방울도 약간은 산성을 띤다. 대기 오염은 비를 더 산성화시킨다.

그러므로 특별히 산성과 염기성을 띠는 물은 토양과 기반암으로부터 이온들을 용해시키고, 용해된 물질을 멀리 이동시킨다. 지하수는 암석을 용해시켜 멋진 석회동굴을 많이 만든다(그림 10.9).

가수분해(hydrolysis) 광물이 물과 반응하여 광물의 결정 구조의 일부로 물을 함유하는 새로운 광물을 형성하는 화학적 풍화 과정

가수분해

가수분해(hydrolysis)에서 물은 어떤 광물과 반응하여 광물의 결정 구조의 일부로 물을 함유하는 새로운 광물을 만든다. 대부분 일반적인 광물들은 가수분해에 의해 풍화된다. 예를 들어 지각에 가장 풍부한 광물인 장석은 가수분해에 의해 풍화되어 점토가 된다.

암석을 만드는 규산염광물인 석영은 점토로 풍화되지 않는다. 석영은 매우 천천히 적은 양만이 용해되기 때문에 화학적 풍화에 강하다. 또한 석영은 단단하며(모스경도계에서 경도 7임), 쪼개짐도 없어서 침식되는 동안 마모에 잘 견딜 수 있다. 화강암이 풍화될 때 장석과 다른 광물들은 점토광물로 변화되지만 풍화되지 않은 석영 입자는 본 암석으로부터 떨어져 나온다. 가수분해는 수 m 깊이에 있는 석영 결정에 영향을 주어 화강암을 심하게 풍화시킬 수 있다(그림 10.10). 화강암처럼 보이는 암석이지만 균일한 모래

그림 10.9 지하수가 석회암을 용해시켜 형성된 동굴. 미국 버지니아 주 로아노크 부근 딕시 동굴에서 종유석과 석순 모두를 볼 수 있다.

그림 10.10 굵은 석영과 장석 입자가 풍화된 화강암 바로 위에 쌓여 있다. 그림 중앙의 렌즈 뚜껑과 크기를 비교해보라.

산화(oxidation) 광물이 산소와 반응하여 분해되는 화학적 풍화 과정

소금 균열(salt cracking) 암석 내의 구멍에 존재하는 물에 용해된 소금이 결정화되면서 균열을 넓히고 광물 입자의 일부를 밀어내는 화학적 풍화 과정

박리작용(exfoliation) 풍화작용의 결과 나타나는 균열로 동심원의 판이나 껍질이 마치 양파 껍질처럼 주요 암석 물질로부터 쪼개지는 현상. 종종 압력 감소에 의한 균열로 형성된다고 설명되지만 많은 지질학자들은 가수분해에 의한 팽창으로 야기된다고 믿고 있다.

로 이루어져 있다.

석영은 기계적 풍화와 화학적 풍화에 모두 강하기 때문에 석영은 모래의 주된 성분이다. 이러한 모래의 다수가 강으로 이동하고 궁극적으로 해안으로 이동하여 해변에 집중되고 결국 사암이 된다.

산화

© BRUCE WORKS/SHUTTERSTOCK

많은 원소들은 대기 중의 산소(O_2)와 반응한다. 철은 물이나 산소 기체와 반응하여 녹이 슨다. 녹스는 것은 **산화**(oxidation)[2]라 불리는 풍화의 한 가지 예다. 철은 여러 광물에 많이 포함되어 있다. 광물에 포함된 철이 산화된다면 그 광물은 분해된다.

철, 구리, 납, 아연과 같은 많은 유용 금속들은 광상 퇴적지에서 황화광물로 존재한다. 철이 풍화되는 동안 산화될 때 황은 반응하여 강산인 황산이 된다. 황산은 강물과 지하수로 씻겨 나가 수중 생물체에 악영향을 미친다. 많은 자연적인 광상에서 황이 풍화될 때 황산이 만들어지고, 광석이 파헤쳐지고 광산이 노출되어 있을 때 그 반응이 가속된다.

함께 일어나는 화학적 풍화와 기계적 풍화

화학적 풍화와 기계적 풍화는 종종 같은 암석에서 동시에 같이 일어날 수 있다. 기계적 풍화에 의해 암석이 부서진 후 물과 공기가 그 틈으로 스며들어 화학적 풍화를 일으킨다.

소금기 있는 지하수 환경에서 소금물은 기반암의 작은 틈이나 구멍에 스며든다. 물이 증발할 때 녹아 있던 소금은

COURTESY OF GRAHAM R. THOMPSON/JONATHAN TURK

그림 10.11 결정화된 소금이 모래 입자를 느슨하게 하여 미국 유타 주 시다 메사(Cedar Mesa)의 사암에 함몰지를 형성했다. 하얀 파편이 소금 결정들이다.

결정화된다. 느슨해진 광물 입자와 넓어진 틈에서 성장하는 결정은 엄청난 힘을 가한다. 이것을 **소금 균열**(salt cracking)이라 한다. 그러므로 소금은 암석에서 화학적으로 침전되고, 성장하는 소금 결정은 기계적으로 광물 입자를 느슨하게 하고 암석을 조각낸다.

많은 해안 절벽에서 소금 균열에 의해 형성된 구덩이와 함몰된 지형을 볼 수 있다. 파도가 소금을 암석까지 운반하기 때문이다. 소금 균열은 사막에서도 흔하게 나타나는데 표층수와 지하수에 소금이 용해되어 있기 때문이다(그림 10.11).

화강암은 판이나 풍화된 껍질이 양파 껍질처럼 벗겨지는 **박리작용**(exfoliation)에 의해 흔히 부서진다(그림 10.12). 그 판은 아마도 표면 근처에 10~20 cm의 두께를 가지지만 이것은 그 깊이에서는 두꺼운 것이다. 왜냐하면 박리작용에 의한 균열은 보통 50~100 m 깊이 아래에서는 거의 없기 때문이다. 박리작용은 화강암이 지표면에 노출된 결과로 나타나는 것이다.

그러므로 박리작용은 흔히 압력 감소에 따른 균열에 의한 것으로 설명된다. 그러나 많은 지질학자들은 아마도 가수분해에 의한 팽창이 박리작용의 가장 주요한 원인이라고 생각한다. 가수분해가 진행되는 동안 장석이나 다른 규산염광물들은 물과 반응하여 점토광물을 만든다. 물이 더해짐으로써 점토는 원래 광물의 부피보다 더 커진다. 그래

2) 산화란 혼합물이나 구성 원소로부터 전자를 잃는 화학반응으로 정의된다. 일반적인 광물의 풍화 과정에서 산화는 보통 광물이 산소 분자와 반응할 때 일어난다.

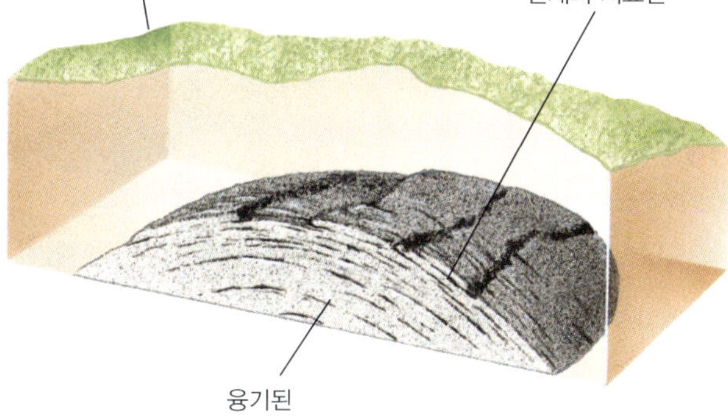

그림 10.12 (a) 박리작용은 동심원 모양의 암석층이 균열되어 화강암 노두로부터 분리될 때 일어난다. (b) 미국 뉴햄프셔 주 핑크햄 노치(Pinkham Notch)에는 박리작용을 일으킨 균열된 화강암이 있다.

서 화학적 반응인 가수분해로 형성된 점토와 점토를 만들면서 나타나는 기계적 팽창이 박리작용의 원인일지도 모른다. 이러한 설명은 물과 화학적 풍화가 대부분 지표 가까이에서 주로 나타나기 때문에 박리작용이 지구 표면 근처에 집중되는 관찰 결과와 일치한다.

10.4 토양

기반암은 풍화에 의해 작은 조각으로 부서지고 이러한 조각의 상당 부분이 점토와 모래로 분해된다. 그러므로 대부분 지표면 위는 기반암 위에 놓인 느슨해진 암석 조각, 진흙, 모래의 얇은 층이 있다. 이러한 물질을 **표토(regolith)**라고 한다. 토양학자들은 식물의 뿌리가 뻗혀 있는 표토의 상부 층을 **토양(soil)**이라고 정의한다(그림 10.13). 그러나 일부 지구과학자들과 공학자들은 토양이라는 용어를 표토와 같이 쓴다.

표토(regolith) 풍화 물질이 기반암 위에 놓여 있는 고화되지 않고 뭉쳐지지 않은 얇은 층. 일부 지구과학자와 공학자들은 표토와 토양이라는 용어를 같이 사용한다. 토양학자들은 단지 표토의 최상부 층만을 토양에 포함시킨다.

토양(soil) 식물의 성장을 지탱하는 표토의 최상부 층. 일부 지구과학자와 공학자들은 토양과 표토라는 용어를 같이 사용한다.

그림 10.13 매우 얇고 어두운 색의 토양층이 캐나다 북서부 지역에 있는 숲을 지탱하는 밝은 색의 석회암 위에 놓여 있다. 대부분의 식물은 고작 두께 수 cm~수 m에 이르는 토양층에 지탱하여 일생을 살아간다.

양토(loam) 유기 물질이 풍부한, 모래와 미사가 특히 풍부한 혼합물로 가장 비옥한 토양

유기물 더미(litter) 낙엽이나 잔가지 및 토양의 표면에 떨어진 여러 동식물의 성분으로 분해되지는 않는다.

부식토(humus) 구성 성분이 무엇인지 결정할 수 없을 정도로 충분히 분해된 유기물 더미로 구성된 어두운 색깔의 토양의 유기 성분

토양층위(soil horizon) 외형과 물리적 · 화학적 속성의 차이로 서로 다른 층의 구별이 가능한 토양의 층

O층(O horizon) 유기 성분이 많아 이름 붙여진 토양의 최상부 층으로 O층과 A층을 합쳐 표토라 한다.

A층(A horizon) 부식토, 모래, 미사와 점토의 혼합물로 구성된 O층 바로 아래에 위치한 층으로 O층과 함께 표토를 만든다.

표토(topsoil) O층과 A층을 합쳐 이르는 것으로 비옥하고 어두운 색깔의 표면 토양

B층(B horizon) 또는 **심토**(subsoil) A층에 쌓인 물질로부터 용출된 이온과 유기 물질을 적게 포함하고 있는 A층 바로 아래에 위치한 층으로 심토라 한다.

C층(C horizon) 토양의 최하부 층

토양의 구성 성분

토양은 광물 입자, 유기물, 물 그리고 기체의 혼합물이다. 광물 입자들은 점토, 실트, 모래, 암석 잔해를 포함한다. 점토는 아주 미세한 입자가 가까이에서 치밀하게 조직되어 있기 때문에 공기가 점토질 토양을 빠르게 통과하여 흐르지 못한다. 그래서 점토질 토양에서 식물은 산소 부족을 겪게 된다. 대조적으로 사질 토양에서는 물과 공기가 쉽게 통과한다. 가장 비옥한 토양인 **양토**(loam)는 특별히 모래와 유기물이 풍부한 실트가 혼합되어 있다.

광물과 유기물은 식물 성장에 필요한 영양분을 포함한다. 여러분이 숲이나 대초원을 걷고 있다면 토양 표면에서 많은 양의 **유기물 더미**(litter)를 발견할 수 있다. 이것들은 분해되지 않은 낙엽, 줄기, 꽃들이다. 이러한 유기물 더미가 각각의 원래 구성 성분을 구별할 수 없을 정도로 충분히 분해가 되었을 때 **부식토**(humus)가 된다. 부식토는 가장 비옥한 토양의 가장 기본적인 요소다. 부식토는 습기를 많이 빨아들여, 부식토가 풍부한 토양은 비가 온 뒤 부풀어 오르고 건기 동안은 줄어든다. 이런 부풀고 줄어드는 교대작용이 토양을 느슨하게 하여 식물의 뿌리가 쉽게 뻗히고 성장하게 한다. 부식토가 풍부한 층은 과도한 열과 추위로부터 토양을 보호하고 증발로 인한 감소된 물 손실을 줄이면서 토양을 보호한다. 부식토가 풍부한 토양은 식물이 잘 성장하게 한다.

토양은 식물을 지탱하게 하는 표토의 최상부 층으로 구성된다.

집약적인 농업에서 농부들은 토양을 갈고, 그것을 몇 주나 몇 달 동안 그대로 둔다. 부식토는 공기 중에서 산화되어 분해된다. 같은 시간에 비는 토양의 영양분을 용해시켜 제거한다. 농부들은 부식토로 거의 채워지지 않는 잃어버린 영양분을 화학비료로 대체한다. 결과적으로 물과 영양분을 흡수 통제하는 토양 대부분의 능력을 잃게 된다. 빗물이 표면 위로 흐를 때, 토양 입자들과 과다 사용한 비료, 살충제 잔여물 등은 이동하여 강과 지하수를 오염시킨다.

토양층위

보통 잘 발달된 토양은 **토양층위**(soil horizon)라고 불리는 몇 개의 층들로 이루어져 있다. 유기물을 포함하는 최상위 층을 **O층**(O horizon)이라 한다. 이 층은 대부분 유기물 더미와 부식토, 적은 양의 광물들로 이루어져 있다(그림 10.14). 다음 층은 **A층**(A horizon)으로 부식토, 모래, 점토의 혼합물로 이루어져 있다. O층과 A층을 합쳐 **표토**(topsoil)라고 한다. 비옥한 표토 1 kg에 평균적으로 30 %의 유기물이 포함되어 있는데, 유기물들은 대략 2조 개의 박테리아, 4억 개의 균류, 5,000만 개의 조류, 3,000만 개의 원생동물, 예를 들면 곤충, 벌레, 선충류, 진드기와 같은 수천 개의 보다 큰 생명체 등을 포함한다.

B층(B horizon) 또는 **심토**(subsoil)라 불리는 3번째 층은 표토와 풍화된 모암 사이에 위치한다. B층에서는 식물의 뿌리와 유기물들이 서식하지만 유기물의 총량은 적다. 최하부 층인 **C층**(C horizon)은 부분적으로 풍화가 이루어지지 않은 모암으로부터 점차 변화되어 가는 풍화된 기반암으로 이루어져 있으며 약간의 유기물을 포함하고 있다.

토양에 비가 오면 빗물은 O층과 A층에 스며든다. 이런 빗물은 광물을 풍화시키고 점토를 형성하고 점토 입자와 용해된 이온들을 아래층으로 이동시킨다. 이러한 물과 용해된 이

온들의 아래쪽으로의 움직임을 용출(leaching)이라고 한다. A층으로부터 온 물과 용해된 이온, 점토들은 B층에 쌓이게 되는데, 이로 인해 이 층은 점토 함유량이 높아 습기를 유지하고 있다. 비록 이러한 화학 물질의 풍부함과 수분 함유가 종종 이롭기는 하지만 B층에서는 점토 성분이 너무 많이 누적되어 밀도가 높고 물을 잔뜩 머금은 토양이 만들어진다.

토양 형성 요인

어떤 토양은 비옥하고 어떤 토양은 척박한가? 또한 어떤 토양은 모래뿐이고 어떤 토양은 양질의 도양인가? 모암, 기후, 식물의 성장과 부패율, 경사면과 경사도, 시간, 토양 물질의 이동과 같은 여섯 가지 요인이 토양의 특성을 결정한다.

모암

토양의 조직과 성분은 부분적으로 모암에 좌우된다. 예를 들어 화강암이 분해될 때 장석은 점토로 변하고 암석에서 모래 입자와 같은 석영이 떨어져 나온다. 만약 점토가 B층으로 용출된다면 사질 토양이 만들어진다. 대조적으로 현무암은 석영을 함유하지 않기 때문에 현무암으로부터 형성된 토양은 거의 점토만이 풍부할 뿐이며 단지 소량의 모래를 함유할 뿐이다.

용출(leaching) O층이나 A층으로부터 온 물이나 용해된 이온이 아래쪽 B층으로 이동하여 쌓이는 것

기후

강수와 기온과 같은 기후 조건은 화학적 풍화에 의한 토양 형성에 많은 영향을 미친다. 강수는 토양을 거쳐 아래

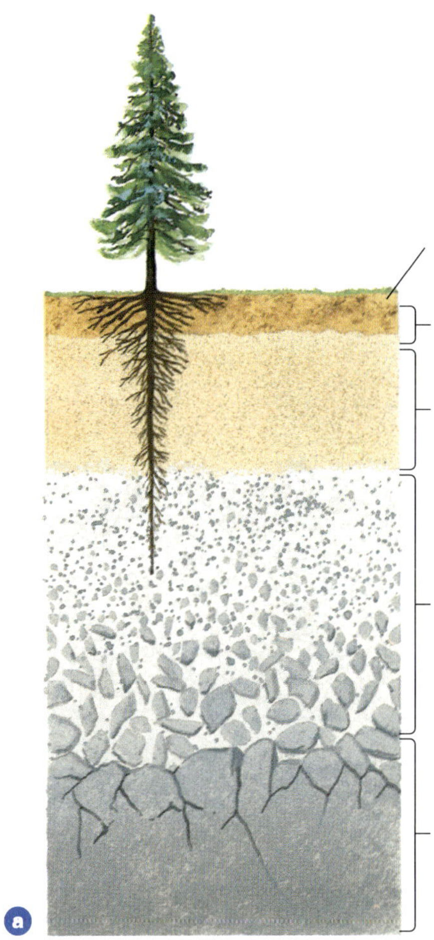

그림 10.14 (a) 색, 조직, 화학 성분에 의해 구별되는 몇 개의 층위로 이루어진 일반 토양. (b) 이러한 토양에서 가장 어두운 최상부 층은 O층이고, A층은 덜 어둡게 나타난다. 좀 더 밝게 보이는 것이 B층이다. B층은 아래쪽에 있는 풍화된 기반암인 C층으로 점차 확장되어 간다. 사진의 척도는 ft(피트) 단위다.

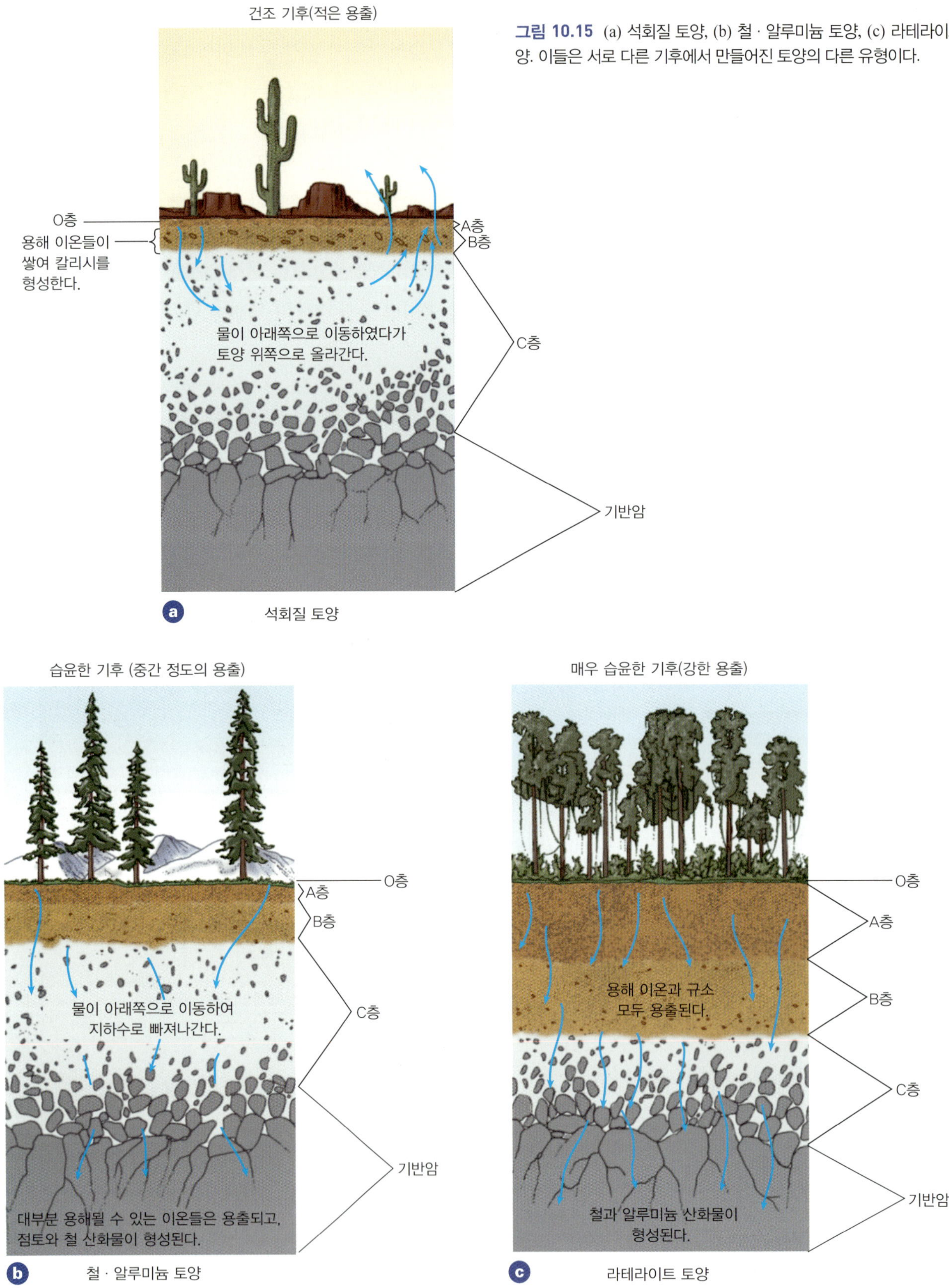

그림 10.15 (a) 석회질 토양, (b) 철 · 알루미늄 토양, (c) 라테라이트 토양. 이들은 서로 다른 기후에서 만들어진 토양의 다른 유형이다.

그림 10.16 소금은 와이오밍 토양에 유독 물질이 된다. 소금기 있는 물은 구덩이에 스며들고 증발되어 땅 위와 울타리에 흰색의 소금 결정을 만든다.

모세관작용(capillary action) 물 분자와 토양 입자의 자연적인 인력으로 인해 토양을 통해 물이 위쪽으로 끌어올려지는 과정

석회질 토양(pedocal) 탄산칼슘이 쌓여 이루어진 건조 기후나 반건조 기후에 있는 염류로 뒤덮인 토양

칼리시(caliche) 탄산칼슘이 침전되어 토양 입자와 함께 굳어질 때 형성되는 건조 및 반 건조 지대 토양의 딱딱한 외피

철 · 알루미늄 토양(pedalfer) 풍부한 철, 알루미늄 산화물과 B층에서 점토 함량에 의해 특징지어진 습윤한 환경에서 형성된 일반적인 토양 유형

쪽으로 내려가지만 몇 가지 요인에 의해 물이 반대로 위쪽으로 끌어올려진다. 식물의 뿌리가 토양 내의 수분을 지표로 빨아들여 지표 근처에서 증발된다. 게다가 물 분자는 전기적으로 토양 입자를 끌어당기는데, **모세관작용(capillary action)**이라고 하는 초기의 과정이 물을 지표로 끌어올린다.

강수가 있는 동안 물은 A층으로 스며들고 칼슘(Ca), 마그네슘(Mg), 칼륨(K), 나트륨(Na)과 같은 쉽게 녹을 수 있는 용해성 이온을 용해시킨다. 건조 지대나 반 건조 지대에서 강수 현상은 일반적으로 짧은 기간 동안 이루어지며 강수량도 적다. 결과적으로 비가 멈추게 되면 모세관작용과 식물 뿌리의 작용에 의해 상당량의 수분이 지표 쪽으로 다시 올라오게 되고 이러한 수분은 증발되거나 식물에 의해 흡수된다. 물이 빠져나감에 따라 B층에 남게 된 용해된 많은 이온들은 토양을 염류로 뒤덮이게 한다. 이러한 유형의 토양을 **석회질 토양(pedocal)**이라고 한다(그림 10.15(a)). 이러한 과정은 종종 **칼리시(caliche)**라 불리는 단단한 교결물을 형성하는 방해석 광물의 형태로 충분한 탄산칼슘을 퇴적시킨다. 그리스어로 'pedon'은 '토양'을 의미하며 'pedocal'은 'pedon'과 방해석을 의미하는 'calcite'의 'cal'을 더한 합성어이다. 미국 캘리포니아 주 임페리얼 계곡(Imperial Valley)의 관개수(irrigation water)에는 높은 농도의 탄산칼슘을 포함되어 있다. 두껍고 연속적인 칼리시 층은 수분이 증발됨으로써 토양에 만들어진다. 농작물을 계속 재배하기 위해서 농부들은 중장비를 이용해 이런 토양층을 개간해야 한다.

수분이 증발할 때 유기질이 풍부해지기 때문에 많은 석회질 토양이 관개수를 이용한다면 비옥해진다. 그러나 종종 무기염가 너무 농집되어 식물에 해를 입히기도 한다(그림 10.16).

습윤 기후에서는 석회질 토양이 만들어지는 메마른 지역과는 달리 많은 양의 비가 내리며 또한 강수 기간도 더 길다. 그 결과 수분은 A층과 B층으로부터 용해 이온이 스며든 토양을 따라 아래쪽으로 내려간다. 알루미늄(Al), 철(Fe), 일부 규소(Si)와 같이 잘 녹지 않는 원소들은 뒤에 남아 B층에 퇴적되어 **철 · 알루미늄 토양(pedalfer)**이라 불리는 토양 유형을 형성한다(그림 10.15(b)). 철 · 알루미늄 토양의 심토는 일반적으로 거의 Al, Si와 적색을 띠는 철 산화물로 이루어진 점토가 풍부하다. 따라서 접두사 'ped'(그리스어 'pedon'에서 유래) 뒤에 알루미늄을 의미하는 화학 원소 Al과 철을 의미하는 화학 원소 Fe를 뒤따라 쓰게 된다.

열대우림과 같이 높은 온도와 많은 강수량을 보이는 지

라테라이트(laterite) 보통 온난, 습윤, 열대 지역에서 발달하는 철과 알루미늄 산화물이 풍부한 풍화가 잘 이루어진 토양

역에서는 많은 양의 물이 거의 모두 양이온으로 용해되어 있는 토양을 따라 흐른다. 단지 잘 용해되지 않은 알루미늄과 철 광물만이 남게 된다(그림 10.15(c)). 이러한 유형의 토양을 '벽돌'을 의미하는 라틴어 'later'을 따서 **라테라이트(laterite)**라고 한다. 라테라이트는 종종 철 산화물 때문에 적갈색을 띤다(그림 10.17). 세계에서 알루미늄 광석(5장 참조)의 주요 유형인 보크사이트는 알루미늄 함량이 높은 라테라이트 토양이다.

기후의 두 번째 중요한 구성 요소로서 연평균 온도는 첫째, 화학반응이 추운 온도보다 따뜻한 온도에서 더 잘 일어나고 둘째, 식물의 성장과 부패가 온도에 의존하는 것과 같은 두 가지 방법으로 토양 형성에 영향을 미친다.

식물의 성장과 부패율

열대 지방에서 식물의 성장과 부패는 빠르게 일어나며 식물은 부패된 식물로부터 영양분을 빠르게 흡수하며 성장한다. 폭우는 영양분을 토양으로부터 용출시켜 라테라이트 토양을 만든다. 그 결과 적은 양의 부식물과 영양분이 토양에 저장된다. 그러므로 비록 열대우림에서 많은 동 · 식물 개체수가 유지될지라도 이러한 숲의 많은 곳에서 질이 나쁜 라테라이트 토양이 만들어진다(그림 10.18(a)). 식물들은 성장하고 죽고 분해하는 순환을 빠르게 거친다. 반대로 북극 지방은 너무 추워서 식물의 성장과 부패가 매우 느리게 일어난다. 그러므로 부식토와 깔 짚은 매우 느리게 만들어져서 북극 지방의 토양에는 유기물의 함량이 적다(그림 10.18(b)).

COURTESY OF GRAHAM R. THOMPSON/JONATHAN TURK

그림 10.17 알루미늄을 많이 함유한 조지아 라테라이트 토양은 물이 용해 이온을 더 용출시킬 때 형성된다.

토양 침식과 농업

자연에서 토양은 생성 속도와 대략 비슷한 빠르기로 침식된다. 그러나 부적절한 경작과 가축 방목, 벌채로 인해 토양 침식이 가속될 수 있다. 경작지는 토양을 보호하기 위해 뒤덮인 식물을 없앤다. 벌채로 인해 숲의 나무들이 사라지고 기계는 숲을 보호하는 낙엽 층을 파괴한다. 마찬가지로 집약적인 방목도 토양을 보호하는 식물을 사라지게 한다. 그런 다음 비, 바람, 중력에 의해 노출된 토양은 쉽고 빠르게 침식된다. 그동안 토양은 자연적인 속도로 늘 그랬던 것처럼 천천히 풍화되어 만들어진다. 그러므로 농업에 의한 침식율의 증가는 순 토양 손실을 일으킬 수 있다. 게다가 토양 침식에 따른 제초제나 살충제에 더하여 실트는 수로를 오염시킨다.

토양은 천연 자원이라 일단 붕괴되면 복원시키기 어렵고 비용도 많이 든다. 생산성과 생물 다양성의 감소와 한때 비옥했던 땅이 급속히 사막화되면서 토양 자원을 보호하기 위한 세계적인 압력이 가해졌다. 농부들이 적절한 보존 수단을 사용할 때 토양은 지속적으로 보존되고 개선될 수 있다. 유럽과 중국의 일부 지역에서는 토양 피해 없이 한 세기 동안 농업을 계속 유지해 오고 있다. 그러나 최근 몇 년 간 열대우림에서 언덕 주변의 땅과 사막의 끝자락을 따라서 경작이 이루어져 왔다. 이러한 지역들은 특히 토양 손실에 취약해서 오늘날 토양은 전 세계적으로 무서운 속도로 사라지고 있다.

SHAUNL/SHUTTERSTOCK

각도(aspect) 태양과 이루는 경사의 방향

COURTESY OF GRAHAM R. THOMPSON/JONATHAN TURK

그림 10.18 (a) 남태평양 바누아투 섬과 같은 라테라이트질 열대 토양은 종종 초목이 무성하지만 영양분과 낙엽 더미가 적다. (b) 캐나다 배핀 섬의 북극 토양은 식물이 부족하고 유기 물질이 적게 포함되어 있다.

가장 비옥한 토양들은 온대 지방의 대초원과 숲에 있다. 이 지역은 많은 양의 낙엽이 가을에 떨어지지만 겨울 동안 이것들의 부식은 느리게 일어나서 식물이 자라는 성장 계절 동안 토양으로부터 모든 유기물을 충분히 빨리 얻지 못한다. 그 결과 온대 기후에서는 영양분이 풍부한 낙엽 더미의 두꺼운 층이 쌓이게 된다.

그러나 심지어 비옥한 토양을 가진 지역도 앞쪽 글상자에서 묘사한 것처럼 토양 침식의 대상이 된다.

경사면과 경사도

각도(aspect)는 태양과 이루는 경사의 방향이다. 다른 말로 어떤 방향으로 태양과 마주보고 있는가? 북반구 반 건조 지대에서 두꺼운 토양과 식물로 가득한 숲은 서늘하고 그늘진 언덕의 북쪽 사면에 있는 반면, 얇은 토양과 잔디는 뜨겁고 건조한 남쪽 사면을 따라 주로 나타난다(그림 10.19). 이러한 차이가 나타나는 이유는 북반구에서 뜨겁고 햇볕이 잘 드는 남쪽 사면에서 물의 증발이 더 잘 일어나기 때문에 식물들은 덜 자라고 풍화는 친천히 일어나고 토양의 발날도 더디게 일어난다. 식물들은 수분이 풍부한 북쪽 사면에서 더 잘 자라고 더 빠른 풍화가 일어나 더 두껍게 토양을 형성한다.

일반적으로 언덕에서는 토양이 얇고 계곡은 토양이 두꺼운데 이것은 언덕에서는 토양이 침식되고 계곡에서는 퇴적이 일어나기 때문이다. 구릉지대에 정착하여 처음 농사를 짓기 시작할 때 사람들은 자연스럽게 작물을 비옥하고

COURTESY OF GRAHAM R. THOMPSON/JONATHAN TURK

그림 10.19 반 건조 지역에서 빽빽한 숲은 서늘하고 그늘진 언덕의 북쪽 사면에 있고(오른쪽), 잔디와 드문드문한 나무들은 뜨겁고 건조한 남쪽 사면에 주로 있다(왼쪽).

물이 풍부한 계곡 아래에서 경작하였다. 최근 인구가 늘어남에 따라 경작지는 더 얇고 덜 안정적인 언덕의 토양 쪽으로 옮겨가고 있다.

시간

화학적 풍화는 거의 모든 환경에서 느리게 일어나서 시간은 풍화의 크기를 결정하는 중요한 요인이 된다. 거의 모든 광물들이 풍화되어 점토가 된다는 것을 기억하자. 지질학적으로 어린 토양에서 풍화는 불완전하게 일어나서 토양은 많은 부분 풍화 광물 조각을 포함한다. 그 결과 어린 토양은 종종 사질이나 자갈질이다. 토양이 성숙해짐에 따라 풍화는 계속 이루어져 점토의 함량은 증가한다.

토양 이동

최근 용암류에 대한 연구에서 과학자들은 뜨겁고 딱딱한 암석으로 덮인 지역에 얼마나 빠르게 식물들이 되돌아올 수 있는지 알아내었다. 많은 경우 용암류가 나타난 몇 년 만에 심지어 전에 풍화로 인해 형성된 토양에서 식물이 나타났다. 정밀한 조사에 따르면 식물들은 근처에서 바람이나 유수에 의해 운반된 적은 양의 토양에 뿌리를 내리는 것으로 밝혀졌다.

세계적으로 가장 부유한 농업 지역의 많은 곳에서 토양의 대부분은 다른 지역으로부터 운반된 것이다. 유수는 퇴적물을 퇴적시키고 바람은 먼지를 퇴적시키며 토양은 산사면을 따라 미끄러져 계곡에 쌓인다. 이렇게 외부로부터 온 물질들은 원래의 토양과 혼합되어 성분과 조직을 변화시킨다. 범람원과 삼각주의 토양과 중국 중부와 미국의 대평원에서의 풍부한 바람에 날려 만들어진 토양은 운반된 토양의 한 예다.

10.5 침식

풍화는 기반암을 분해시키고 식물은 유기물을 더해 지구 표면의 표토를 생성한다. 그러나 토양은 지질학적 시간 동안 계속 퇴적되고 두꺼워지지 않는다. 만약 토양이 계속 퇴적되어 두꺼워진다면 지구는 수백~수천 m 두께의 외피로 덮이게 될 것이고 지구 표면에 암석들은 존재하지 않을 것이다. 대신 흐르는 물과 바람, 빙하의 상호작용에 의해 토양이 침식된다(그림 10.20). 게다가 몇몇 풍화 물질은 단순히 중력의 영향으로 언덕 아래로 미끄러진다. 사실 침식의 모든 형태는 토양이 형성되는 것과 같은 빠르기로 일어난다. 이러한 이유 때문에 전 세계 대부분에서 토양의 두께는 대개 수 m에 지나지 않거나 그에도 못 미친다.

일찍이 토양이 침식되어 만들어진 점토, 모래, 자갈은 토양이 침식되는 것과 같은 원인(유수, 빙하, 바람, 중력 등)

COURTESY OF GRAHAM R. THOMPSON/JONATHAN TURK

그림 10.20 비와 흐르는 물은 미국 유타 주 아치스 국립공원의 한 경사면에서 볼 수 있는 것처럼 토양이 형성되는 것과 같은 빠르기로 토양을 침식한다.

에 의해 언덕 아래로 옮겨져 긴 여행을 시작한다. 이동 중에 그것들은 강바닥, 사구, 호수 바닥에 머물러 있을 수 있으나 이러한 환경은 단지 일시적인 정거장일 뿐이다. 결국 그것들은 다시 침식되고 언덕 아래로 운반되어 마침내 바다와 만나는 육지에서 퇴적된다. 퇴적물의 일부는 삼각주에 쌓이고 해변을 따라 퇴적물의 일부가 해양의 해류에 의해 재배열된다. 결국 어린 퇴적물은 오래된 층 위에 묻히고 암석화작용을 거쳐 퇴적암이 된다.

유수와 빙하, 바람에 의한 퇴적물의 침식과 운반은 11, 13, 14장의 주제다. 이 단원들의 내용을 바탕으로 하여 중력에 의한 침식, 특히 산사태에 대해 논의할 것이다.

10.6 산사태

중력사면이동(mass wasting)이란 지구 물질이 주로 중력에 의해 경사면 아래로 이동하는 것을 말한다. **산사태**(landslide)는 중력사면이동에 대한 일반적인 의미와 중력사면이동에 의해 만들어진 지형을 일컫는 용어다.

비록 중력이 모든 경사면에 일정하게 작용할지라도 암석과 토양은 경사면을 제자리에 있도록 항상 붙들고 있다. 그러나 일부 장소에서는 자연적인 과정과 인간에 의한 활동이 경사를 불안정하게 만들고 중력사면이동을 일으킬 수 있다. 예를 들어 유수는 산비탈의 바닥을 침식시키고 암석과 토양이 미끄러질 때까지 바닥을 깎아내린다. 비, 녹은 눈, 관개수로의 누수는 무게를 더하고 토양을 느슨하게 하여 내리막으로의 미끄러

중력사면이동(mass wasting) 지구 물질이 주로 중력에 의해 경사면 아래로 이동하는 것으로 산사태에서 볼 수 있다.

산사태(landslide) 중력사면이동(중력의 영향으로 인한 암석이나 표토의 경사면 아래로의 이동)에 대한 일반적인 의미나 이로 인해 만들어진 지형을 일컫는 용어

J. T. GILL/USGS

a

그림 10.21 산사태는 매년 수십억 $의 손해를 가져온다. (a) 사진 촬영을 한 며칠 후 계곡에 한쪽 모서리가 걸쳐 있던 집이 내려앉았다. (b) 미국 몬태나 주 다비(Darby)에서 관계수로의 누수 때문에 발생한 산사태로 인해 주택이 위험에 처해 있다. (c) 홍콩에서 발생한 산사태로 값비싼 건물 여러 동이 파괴되었다.

COURTESY OF GRAHAM R. THOMPSON/JONATHAN TURK

b

HONG KONG GOVERNMENT INFORMATION SERVICES

c

짐을 야기할 수 있다. 중력사면이동은 자연적으로 모든 언덕과 산악 지형에서 일어난다. 가파른 사면은 특히 취약하여 산사태의 흔적은 일반적으로 산에서 나타난다.

매년 일어나는 소규모의 산사태는 주택과 농지를 파괴하지만 때로는 대규모의 산사태가 일어나 한 마을이나 도시를 매몰시켜 수천 명의 인명 피해를 입히기도 한다. 또한 산사태는 20년이 넘게 지진으로 인해 발생한 재산 피해와 맞먹을 정도로 매년 수십억 $의 피해를 가져온다. 이러한 많은 실례에서 보듯이 보통 사람들이 알아채지 못한 위험성으로 야기된 손실은 대부분의 지질학자들에게는 불 보듯 뻔한 것이다. 그림 10.21은 인간에 의해 발생한 최근 산사태의 세 가지 예를 보여준다.

산사태는 왜 일어나는가?

여러분이 건설 사업에서 지질학적 조언을 해주는 사람이라고 상상해 보자. 개발업자는 언덕 아래에 도로를 건설하기를 바라기 때문에 도로에 산사태의 위험이 있는지 없는지를 알고 싶어 한다. 여러분이 고려해야 할 점은 무엇인가?

사면의 경사도

사면의 경사도는 분명 중력사면이동의 한 요인이다. 만약 동결쐐기작용에 의해 경사진 절벽으로부터 암석이 떨어져 나온다면 그 암석은 계곡 아래로 굴러 떨어질 것이다. 그렇지만 완만한 경사에서는 암석이 거의 굴러 떨어지지 않을 것이다.

암석의 유형과 암석층의 편향

만약 퇴적암 층이 사면과 같은 방향으로 놓여 있다면 상부 층은 약한 암석층 위로 미끄러질 것이다. 셰일, 사암, 석회암 등이 쌓인 언덕이 그림 10.22(a)에서 보이는 것처럼 경사면에 나란하게 놓여 있다고 상상해 보자. 만약 언덕 아

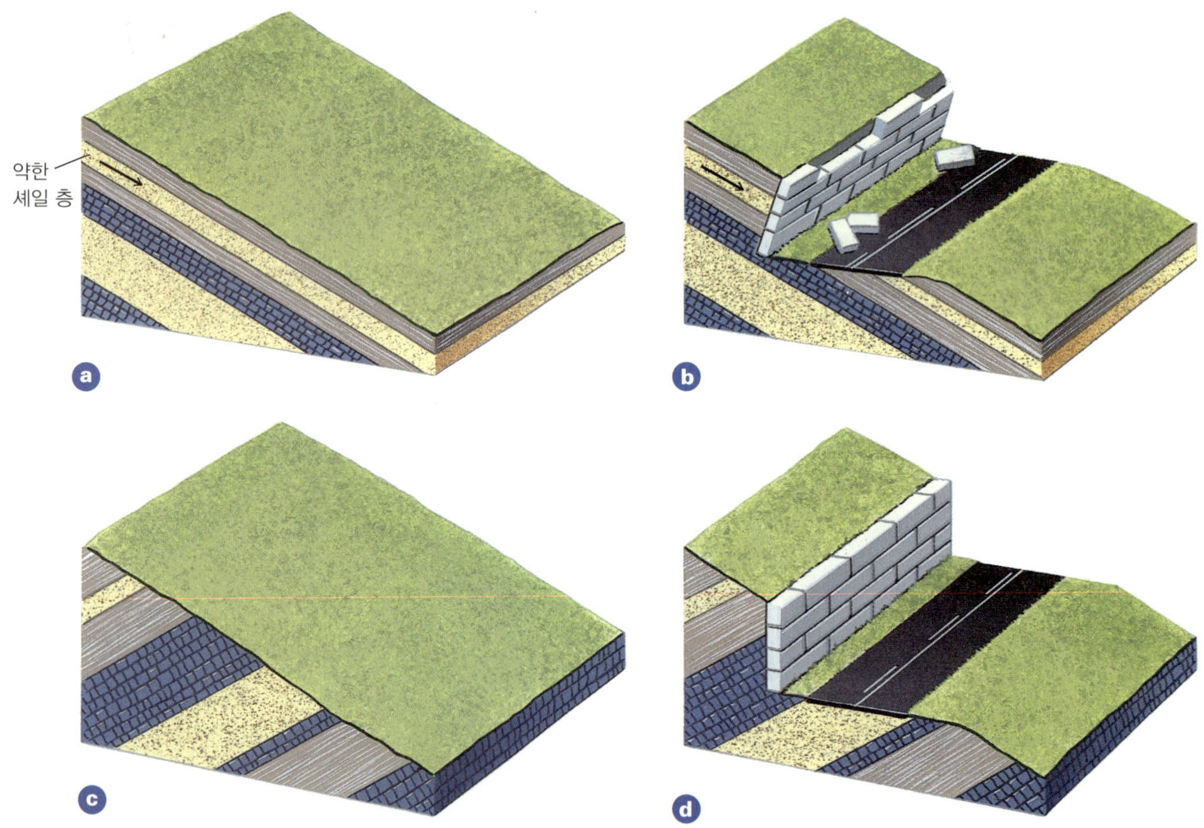

그림 10.22 (a) 퇴적암층이 경사면에 나란하게 기울어져 있다. (b) 만약 도로 절단면이 사면의 밑 부분을 파내면 기울어진 암석은 느슨한 미끄러짐 면을 만들어 사면이 무너지게 될 것이다. (c) 퇴적암층이 사면과 각을 이루고 기울어져 있다. (d) 사면은 밑 부분을 파내더라도 안정하게 남아 있을 것이다.

안식각(angle of repose) 고화되지 않은 물질이 안정한 상태에 있을 수 있는 최대 사면이나 경사도. 사면이 안식각보다 더 기울어지면 물질은 미끄러진다.

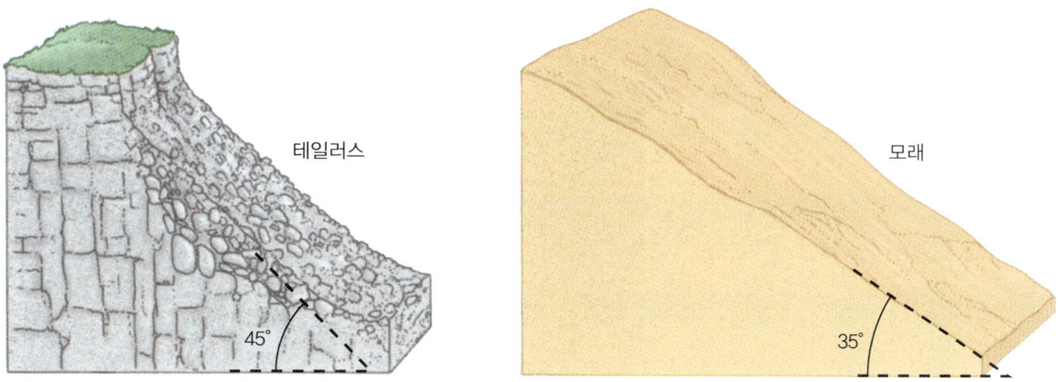

그림 10.23 안식각은 특정한 물질이 안정하게 남아 있을 수 있는 최대 사면이다. 암석 덩어리가 함께 서로 맞물리고 엉켜서 테일러스를 만들기 때문에 테일러스는 둥근 입자로 인해 잘 맞물려지지 않는 모래보다도 안식각이 더 크다.

랫부분이 깎인다면(그림 10.22(b)) 사암과 석회암으로 구성된 상부의 층은 약한 셰일층 위로 미끄러질 것이다. 반대로 만약 암석층이 언덕 사면과 경사져 쌓여 있다면 사면은 아랫부분이 침식될지라도 안정할 것이다(그림 10.22(c)와 10.22(d)).

몇몇의 과정은 사면의 안정도를 감소시킬 수 있다. 사면의 하부는 유수나 해파에 의해 침식될 수 있다. 도로를 건설하거나 굴착하는 것도 사면의 안정도를 감소시킬 수 있다. 그렇기 때문에 지질학자나 공학자들은 도로를 건설하기 전에 사면의 안정도뿐만 아니라 건설 사업이 사면의 안정도를 변화시키지 않을지도 반드시 고려하지 않으면 안 될 것이다.

굳지 않은 물질들의 성질

안식각(angle of repose)은 단단하지 않은 물질이 안정적으로 남아 있을 수 있는 최대 사면이나 경사도를 말한다. 사면이 안식각보다 더 기울어지면 물질은 미끄러진다. 안식각은 물질의 유형에 따라 다양하다. 암석은 일반적으로 절벽에서 굴러 떨어져 각진 테일러스를 형성하며 바닥에 쌓인다. 각진 암석 덩어리는 서로 맞물려 짓눌리게 된다. 그 결과 테일러스는 일반적인 안식각의 경사인 45°를 갖게 된다. 대조적으로 둥근 사암 입자는 서로 맞물리지 못해서 30~35°의 낮은 안식각을 갖는다(그림 10.23).

물과 초목

물이 사면의 안정도에 어떤 영향을 주는지 이해하기 위해서 모래성을 생각해 보자. 모래성을 쌓은 경험이 없는 풋내기일지라도 모래에 수분을 주어 경사진 벽이나 탑을 쌓을 수 있다는 것을 알고 있다(그림 10.24). 하지만 물이 너무 많아지면 성벽은 무너진다. 물 분자의 전하가 모래 입자를 잡아당기기 때문에 소량의 물은 모래 입자를 뭉치게 한다. 그러나 물이 너무 많으면 모래는 미끄러지고 사면에 무게를 더 한다[3]. 일부 토양이 물에 포화될 때 토양은 마치 모래성이 무너지는 것처럼 내리막으로 흘러내린다. 게다가 만

3) 물은 단단하지 않은 물질에 있는 공극을 채우고 아래 놓인 물질에 압력을 가한다. 물이 많아지면 압력을 높여서 사실상 낮은 사면의 안정도에 영향을 주는 공극 압력을 높인다.

그림 10.24 안식각은 물질의 유형과 물의 함유량에 따라 다르다. 마른 모래로는 낮은 모래 언덕밖에 쌓을 수 없지만 수분이 적당한 모래는 가파르고 견고한 탑을 쌓을 수 있다.

COURTESY OF GRAHAM R. THOMPSON/JONATHAN TURK

유동(flow) 고화되지 않은 토양과 퇴적물이 뭉쳐진 덩어리로서가 아닌 유체로서 경사면 아래로 움직이는 중력사면이동(산사태)으로 (1년에 1 cm 미만) 천천히 움직이거나 (폭포수가 떨어지는 것처럼) 빨리 움직이기도 한다.

미끄러짐(slide) 초기에 표면의 균열을 따라 잘 뭉쳐진 한 단위로 움직이는 중력사면이동

만약 여러분이 주택용지로서 언덕 위의 땅을 구입할 계획이 있다면 나무를 눈여겨 봐야할 것이다. 만약 나무들이 권총의 손잡이와 같이 휘었다면 그 경사면은 아마도 포행하고 있을 것이고 포행하는 토양은 건물을 무너뜨릴지도 모른다.

© HARRIS SHIFFMAN/SHUTTERSTOCK

약 물을 불투과성의 점토와 셰일 위로 붓는다면 이것들은 아래 쌓인 암석과 토양이 움직이기 쉽도록 약하고 미끄러운 층을 만들게 된다.

뿌리는 토양을 뭉치게 하고 식물은 물을 흡수한다. 그러므로 식물이 있는 사면은 식물이 없는 사면보다 안정하다. 식물들로 우거진 많은 사면은 벌목과 경작, 건물을 짓기 위해 나무가 베어지기 전까지 수 세기 동안 안정하게 유지되었다.

산사태는 일반적으로 사막이나 간헐적인 강수가 있는 지역에서 나타난다. 예를 들어 캘리포니아 남부는 여름에는 건조하고 이따금씩 겨울에 폭우를 내리기도 한다. 이 지역의 식생은 여름 가뭄과 들불 때문에 드문드문하다. 겨울에 비가 오면 헐벗은 언덕 사면은 종종 물로 포화되어 미끄러진다. 중력사면이동은 드물기는 하지만 같은 이유로 사막에서 집중 호우 때 발생하기도 한다.

지진과 화산

지진은 불안정한 사면을 흔들고 움직여 산사태를 유발한다. 화산 분출은 화산 꼭대기의 만년설을 녹이고 이렇게 생긴 물은 사면 위로 흘러 산사태를 유발한다.

그래서 중력사면이동은 일반적으로 지진이 발생하기 쉬운 지역과 화산활동이 활발한 지역에서 일어난다. 대부분 잘 알려진 일부 산사태로 인한 재해는 화산 분출과 지진에 의해 유발되었다.

10.7 산사태의 유형

산사태는 천천히 때로는 급속하게 일어날 수 있다. 일부 경우에서 암석은 산의 경사진 면에서 자연스럽게 아래로 떨어진다. 이와 달리 암석이나 토양은 우연히 관찰하는 사람이 움직임을 알아차리지 못할 정도로 천천히 내리막으로 포행한다.

산사태에 의한 낙하는 유동, 미끄러짐, 낙하의 3가지로 범주화될 수 있다(그림 10.25). 이러한 3가지 범주를 이해하기 위해서는 모래성을 다시 생각해야 한다. 물로 포화된 모래는 구조면의 아래로 흐른다. **유동(flow)**하는 동안 느슨하고 고화되지 않은 토양이나 퇴적물은 유체처럼 이동한다. 몇몇의 사면에서는 1년에 1 cm 이하의 속도로 천천히 흐른다. 이와는 반대로 물 함량이 높은 진흙은 폭포에서 물이 떨어지는 것처럼 빠르게 흐를 수 있다.

만약 여러분이 모래성의 밑을 파낸다면 성벽은 균열이 가고 쌓아 올린 모래들은 아래로 흘러내릴 것이다. 균열을 따라 나타나는 응집성을 가진 덩어리의 움직임을 **미끄러짐(slide)**이라 한다. 미끄러짐은 보통 유동보다도 빠르지만 모래성의 면을 따라 아래로 미끄러져 내리는 데 여전히 수초가 걸린다.

만약 여러분이 모래성 바닥의 많은 양의 모래를 파낸다면 탑 전체는 무너지고 말 것이다. 이러한 고화되지 않은 물

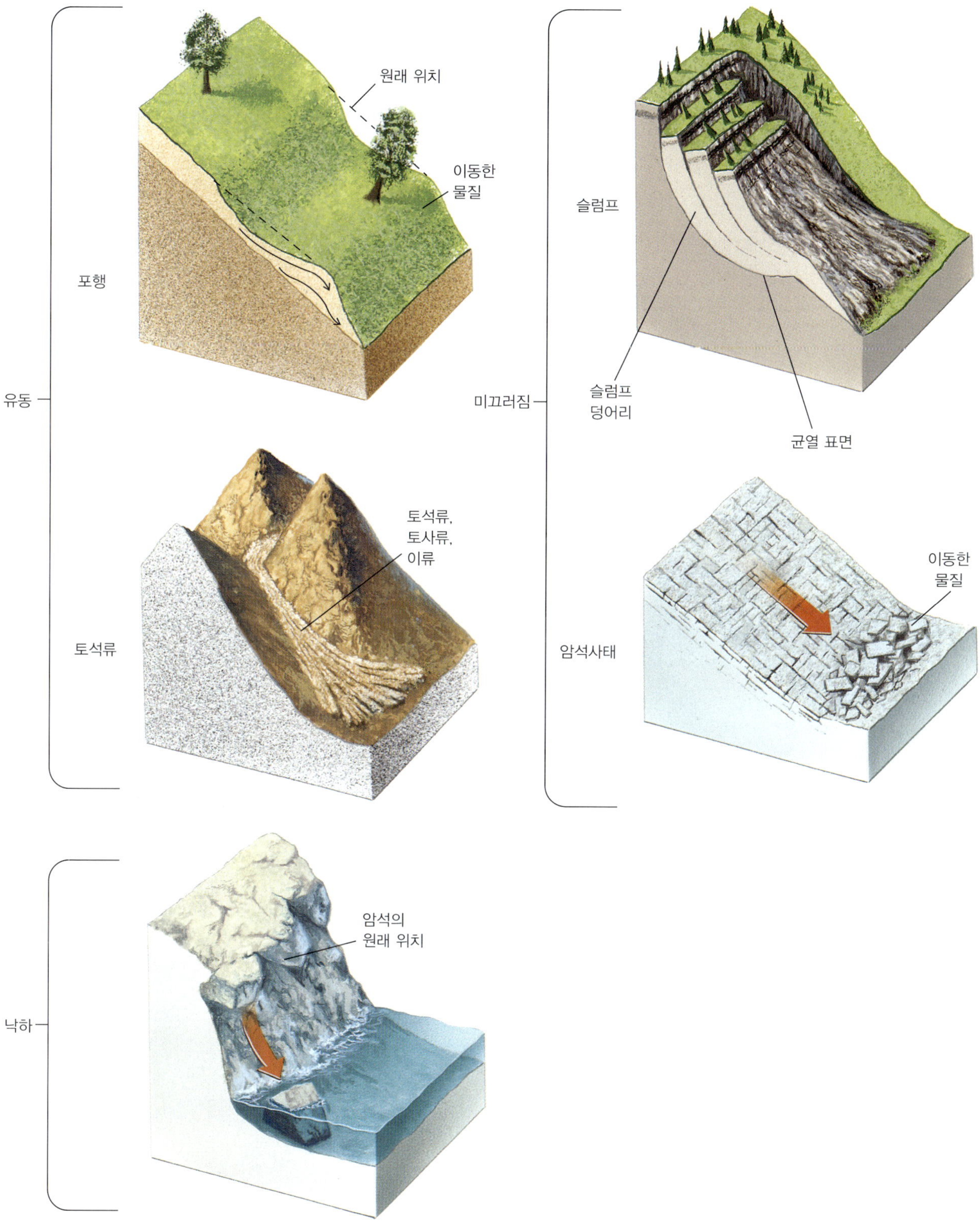

그림 10.25 중력사면이동의 세 가지 범주는 유동, 미끄러짐, 낙하다. 유동하는 동안 고화되지 않은 토양과 퇴적물은 유체처럼 움직인다. 미끄러짐 동안 온전한 암석이나 토양은 하나의 단위로 아래 방향으로 이동한다. 낙하하는 동안 고화되지 않은 물질은 자유롭게 아래 방향으로 떨어진다.

낙하(fall) 잘 뭉쳐지지 않은 물질이 자유낙하하거나 경사진 사면이나 절벽 아래로 떨어지는 중력사면이동

포행(creep) 중력사면이동의 일종인 유동의 하위 범주로 고화되지 않은 물질이 보통 1 cm/년의 매우 느린 속도로 아래쪽 경사면을 따라 식물이 있는 땅과 함께 움직이는 것으로 포행하는 덩어리에 있는 나무는 언덕 위쪽 방향으로 기울어진다.

질의 자유낙하의 빠른 움직임을 **낙하**(fall)라고 한다. 낙하는 중력사면이동 중에서 가장 빠른 유형이다. 절벽의 사면과 같은 극단적인 경우 암석은 오로지 중력과 공기 저항에 의해 떨어질 수 있다.

표 10.1은 유동, 미끄러짐, 낙하의 특징을 기술하였다. 또한 그림 10.25는 뒤에서 다룰 중력사면이동의 세 가지 유형의 세부 사항에 대해 묘사하였다.

유동

이름이 암시하는 것처럼 **포행**(creep)은 중력의 영향으로 암석과 토양이 언덕 아래로 천천히 움직이는 것이다. 포행하는 사면은 비록 젖은 토양에서는 좀 더 빠르게 움직일 수 있지만 보통 대략 1년에 1 cm의 속도로 움직인다. 포행하는 동안 얕은 토양 또는 암석층은 깊은 곳에 있는 물질의 움직임보다 더 빠르게 이동한다. 그 결과 식물의 뿌리나 건물의 기초도 언덕 아래로 기울어질 수 있다(그림 10.26).

나무는 자연적으로 곧게 자라는 경향이 있기 때문에 토양 포행에서 자라는 나무는 기울어져서 권총 손잡이처럼 J자 모양으로 된다(그림 10.27). 만약 여러분이 주택용지로서 언덕 위의 땅을 구입할 계획이 있다면 나무를 눈여겨 봐야할 것이다. 만약 나무들이 권총 손잡이처럼 휘었다면 경사면은 아마도 포행하고 있을 것이고 그런 토양은 건물을 무너뜨릴지도 모른다.

표 10.1 중력사면이동의 분류

이동의 유형	설명	세부 범주	설명	비고
유동	개개의 입자들이 뭉쳐진 덩어리가 아닌 서로 독립적인 상태로 아래 방향으로 움직인다.	포행	인지하기 어려울 정도로 느린 속도로 움직인다.	포행하는 사면 위의 나무들은 언덕 아래 방향으로 기울어져서 권총 손잡이처럼 휜다.
	보통 고화되지 않고 뭉쳐지지 않은 표토에서 일어난다.	토석류	절반이 넘는 입자가 모래 크기보다 더 크다. 이동 속도는 1 m/년보다 작거나 100 km/시간보다 더 클 정도로 다양하다.	토석류는 보통 간헐적인 폭우가 내리는 건조 지역에서 나타나며, 화산 분출에 의해서도 유발할 수 있다.
		이류	입자의 크기는 미세하고 많은 양의 물이 혼합되어 있다. 이동 속도는 1m/년보다 작거나 100 km/시간보다 클 정도로 다양하다.	이류는 초목이 없는 토양에서 잘 발생한다.
미끄러짐	표토나 기반암에서 일어날 수 있으며 물질은 잘 뭉쳐진 덩어리로서 움직인다.	슬럼프	흙덩어리가 보통 오목한 표면에서 회전하면서 아래 방향으로 미끄러진다.	슬럼프 흙덩어리 위에 있는 나무의 뿌리는 언덕 위쪽 방향으로 나 있다.
		암석사태	기반암에서 새로 분리된 조각이 작은 파편으로 깨지고 빠른 속도로 아래 방향으로 굴러 떨어진다.	
낙하	보통 기반암에서 일어나며 물질이 공기 중에서 자유롭게 떨어진다.	–	–	낙하는 가파른 절벽에서만 일어난다.

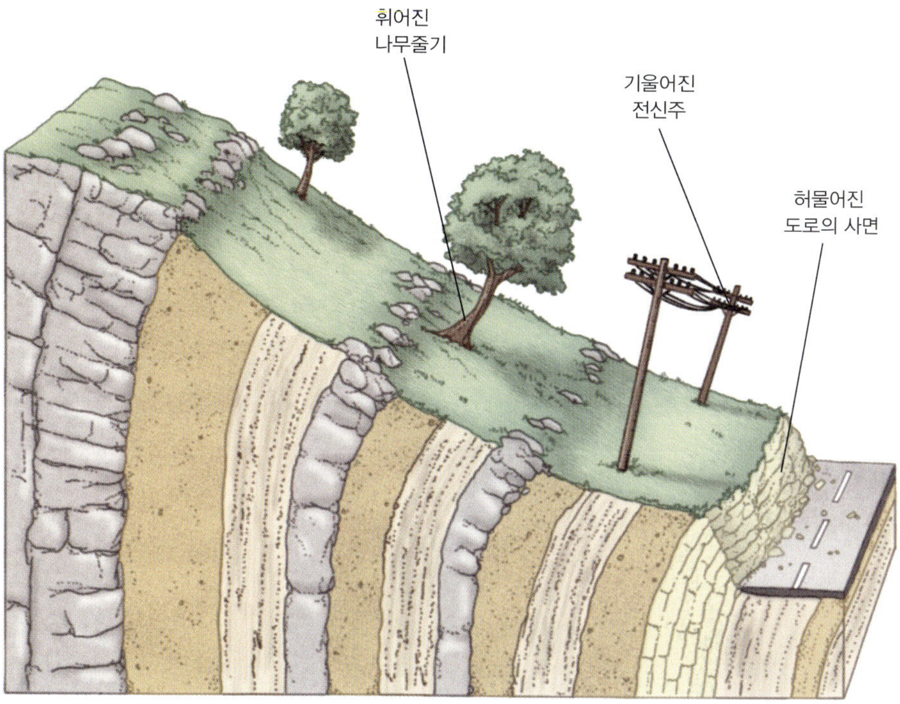

그림 10.26 포행하는 동안 땅 표면은 깊은 층보다 빠르게 이동해서 여러 물건들이 기울어진 언덕 아래의 암석이나 토양 내로 파묻힌다.

이류(mudflow) 중력사면이동의 일종인 유동의 하위 범주로 보통 식물이 자라지 않는 땅과 많은 양의 물이 혼합된 미세한 크기의 토양 입자가 1 m/yr의 속도로 매우 느리게 움직이거나 자동차의 속도처럼 빠르게 움직이는 경사면 아래쪽으로의 움직임을 말한다.

만약 식물이 생장하지 않는 토양에 폭우가 내린다면 물은 토양에 포화되어 입자의 크기에 따라 토석류(debris flow), 토사류(earth flow) 또는 **이류**(mudflow)라 불리는 진흙과 암석 슬러리(slurry)를 만들게 된다. 액체처럼 흐르는 물과 고체 입자의 혼합물로 젖은 콘크리트가 슬러리의 비슷한 예라 할 수 있다. 이러한 슬러리는 쉽게 흘러서 정기적으로 트럭을 이용해 퍼내야 한다.

토석류와 토사류, 이류의 전면부는 가끔 혀의 유두와 같은 돌기를 만들기도 한다(그림 10.28). 천천히 움직이는 이류는 대략 1년에 1 m의 속도로 움직이지만 토석류나 토사류는 마치 고속도로를 달리는 자동차와 같이 빠른 속도로 움직일 수 있다. 이류는 커다란 돌덩이와 자동차를 들어 올리기도 하고 집을 파괴하거나 진흙으로 집 내부를 채우기도 해 사람들은 심지어 삶의 터전을 떠나기도 한다.

그림 10.27 나무가 자라는 동안 언덕이 포행된다면 나무는 권총 손잡이 모양으로 구부러지게 될 것이다.

슬럼프(slump) 중력 사면이동의 일종인 미끄러짐의 하위 범주로 덩어리가 암석이나 표토에 생긴 균열 너머로 잘 뭉쳐진 한 단위로서 아래 경사면을 미끄러져 내리는 것으로 함몰된 토양층 위에 있는 나무는 언덕 위쪽 방향으로 기울어진다.

M. FREIDMAN, USGS

그림 10.28 1980년 세인트헬렌스 화산 분출로 인해 정상 부근에서 많은 양의 빙하가 녹았다. 이렇게 녹은 물은 토양과 섞여 돌기 모양의 이류를 만들었다.

미끄러짐

암석이나 토양의 큰 덩어리 또는 때때로 산 사면 전체는 부서져 잘 뭉쳐진 덩어리 또는 거의 온전한 덩어리로서 아래로 미끄러지기도 한다. 미끄러짐의 두 가지 유형에는 슬럼프와 암석사태가 있다.

슬럼프(slump)는 덩어리가 암석이나 표토에서 균열을 따라 서서히 언덕 아래로 미끄러질 때 일어난다(그림 10.29(a)). 나무들은 이동하는 암석 덩어리에 뿌리를 박고 있기 때문에 암석 덩어리가 오목한 균열을 따라 회전하면 거꾸로 기울어진다(그림 10.29(b)). 그러므로 슬럼프에서는 나무가 언덕 쪽으로 기울어지는 반면 포행에서는 나무가 언덕 아래 방향으로 기울어지기 때문에 슬럼프와 포행을 구분할 수 있다. 커다란 슬럼프의 하단부에서 암석 덩어리들은 종종 여러 조각으로 부서지고 쌓여서 서로 뒤섞이면서 작은 언덕 지형을 만든다.

슬럼프는 종종 같은 장소나 근처 사면에서 다시 일어나는 경향이 있기 때문에 슬럼프를 확인하는 것은 매우 유용하다. 그러므로 과거의 슬럼프 흔적이 보이는 경사면은 집을 짓기에 좋은 장소라 할 수 없다.

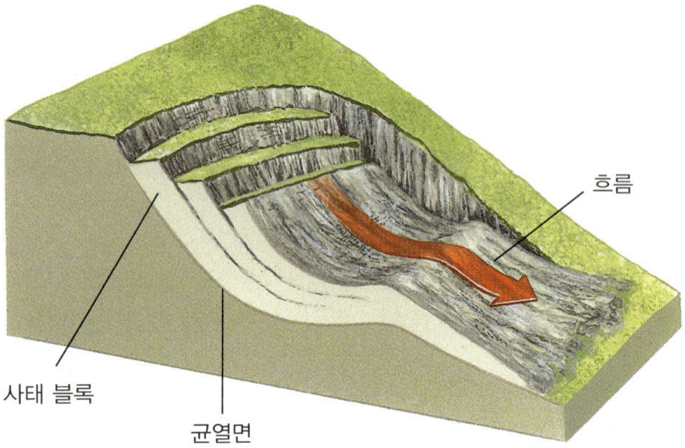

a

COURTESY OF GRAHAM R. THOMPSON/JONATHAN TURK

b

그림 10.29 (a) 슬럼프에서 토양이나 암석 덩어리는 아래 방향으로 이동하더라도 온전히 남는다. (b) 나무들은 캐나다 브리티시컬럼비아 주의 퀘스넬 강을 따라 있는 슬럼프에서 언덕 뒤쪽으로 기울어져 있다. 슬럼프는 언덕 하부에서 유수로 인한 침식에 의해 촉진된다.

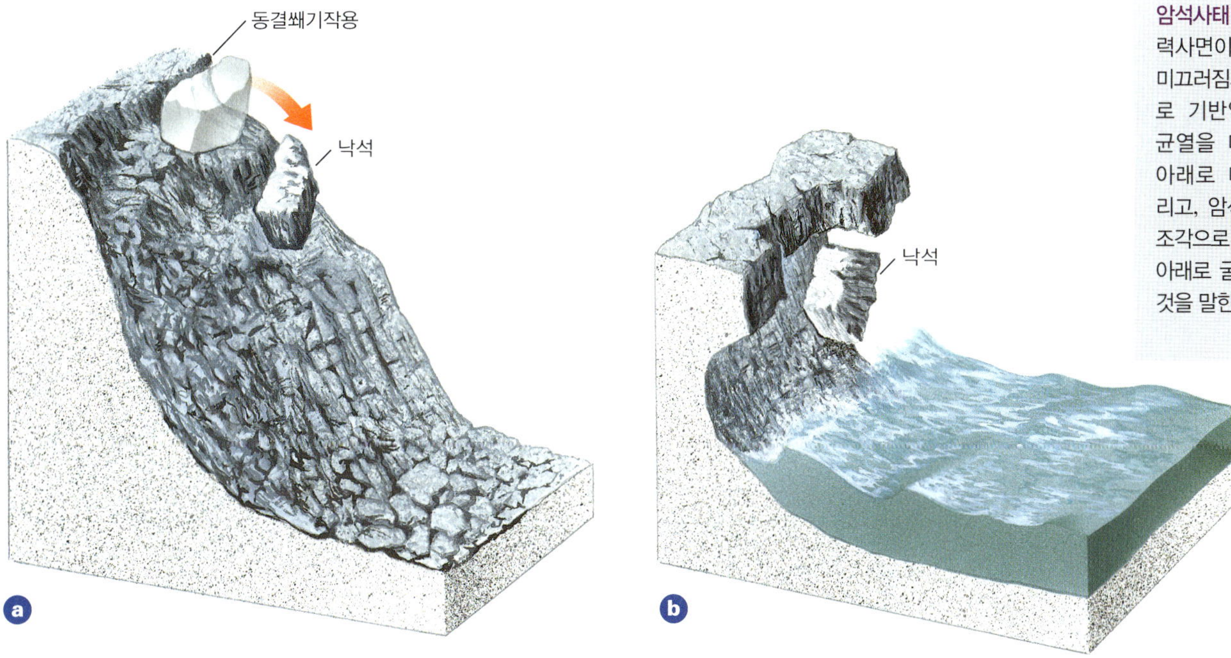

그림 10.30 (a) 낙석은 보통 빙결된 물이 절벽에서 암석을 떨어뜨리는 봄과 가을에 나타난다. (b) 또한 파도, 유수, 건설로 인한 절벽의 하방침식이 낙석을 일으킨다.

암석사태(rockslide) 중력사면이동의 일종인 미끄러짐의 하위 범주로 기반암의 조각이 균열을 따라 경사면 아래로 미끄러져 내리고, 암석은 더 작은 조각으로 부서져 언덕 아래로 굴러 떨어지는 것을 말한다.

암석사태(rockslide) 동안 기반암은 갈라진 면을 따라 아래 사면으로 미끄러진다. 보통 암석은 이동함에 따라 부서지게 되고 언덕 아래에 무너진 잡석이 뒤섞인 덩어리로 남게 된다. 커다란 암석사태에서 굴러 떨어진 암석 부스러기는 공기와 굴러 떨어진 암석 덩어리를 붙잡고 압축한다. 압축된 공기는 마찰을 줄이고 일부 암석사태가 시속 500 km의 속도에 도달하게 만든다. 이와 같은 메커니즘이 빠른 속도로 먼 거리를 뒤덮는 눈사태를 만든다.

낙하

암석이 가파른 절벽에서 떨어져 나온다면 중력의 영향으로 빠르게 떨어질 것이다. 보통 절벽의 암석을 분리시키는 데는 몇 가지 과정이 있다. 절벽에서 암석을 분리하고 낙석을 유발하는 동결쐐기작용의 풍화에 대한 논의를 상기해 보자(그림 10.30(a)). 또한 낙석은 해파나 유수가 절벽 아래를 침식할 때 일어나기도 한다(그림 10.30(b)).

10.8 산사태의 예측과 예방

산사태의 위험을 평가하는 가장 중요한 도구 중 하나는 일반적으로 산사태는 초기에 있던 곳과 같은 장소에서 일어난다는 것을 이해하는 것이다. 왜냐하면 중력사면이동을 야기하는 지질학적 조건은 광범위한 넓이와 오랜 기간에 걸쳐 일정하게 유지되는 경향이 있기 때문이다. 그러므로 어떤 산 사면이 함몰된다면 근처에 있는 언덕도 중력사면이동에 취약할 것이다. 더불어 산사태와 이류는 일반적으로 이전의 미끄러짐과 유동의 경로를 따른다. 만약 오래된 이류가 강가 계곡에 있다면 다가오는 미래에도 같은 계곡에 유동이 있을 것이다.

중력사면이동에 대한 가장 효과적인 대처는 그것에 대한 인식과 예방뿐이다. 지질학자들은 해당 지역의 토양과 기반암의 안정성, 사면의 경사각, 기후, 사면 붕괴의 역사뿐만 아니라 화산 분출이나 지진과 같은 폭발 가능성 등의 기록을 종합하여 산사태의 가능성을 평가한다. 불안정한 지역에서는 건축법으로 규제하고 건축도 금지시킨다. 예를 들어 미국의 표준 건축법에 따르면 비록 안식각이 30~35°일지라도 사질 경사가 27°보다 크면 건물 건축이 제한된다. 그러므로 법에서는 3~8°의 안전 범위를 두었다. 만약 안정한 암석에 기초를 단단히 고정한다면 더 경사진 사면에서의 건축 허가를 받을 수 있을 것이다.

요약

10.1 풍화와 침식

풍화는 지구 표면의 광물과 암석의 붕괴와 분해를 말한다. 침식은 흐르는 물, 바람, 빙하 또는 중력에 의해 풍화된 암석이나 토양이 제거되는 것을 말한다. 인접한 환경으로부터 부식된 후에, 암석 또는 토양은 멀리 운반되고 결과적으로 쌓이게 될 것이다.

10.2 기계적 풍화

기계적(또는 물리적) 풍화작용은 압력 감소에 의한 균열, 동결쐐기작용, 마모, 유기체의 활동, 열적 팽창과 수축으로 인해 일어날 수 있다.

10.3 화학적 풍화

가장 중요한 화학적 풍화작용의 과정으로는 용해, 가수분해, 산화가 있다. 몇몇 광물은 물속에 급속히 녹는다. 산과 염기는 광물의 용해도를 높인다. 빗물은 약산성인데, 이것은 물과 대기 중의 이산화탄소가 반응하였기 때문이다. 가수분해 동안, 물은 한 가지 광물과 반응하여 새로운 광물을 만든다. 산화는 광물이 산소와 반응할 때 분해되는 풍화작용을 말한다. 화학적 풍화작용과 기계적 풍화작용은 종종 함께 일어난다. 예를 들어 소금기 있는 물은 암석의 틈에 스며든다. 용해된 염분은 물이 증발할 때 결정화되고, 결정은 성장하여 암석을 쪼갠다. 가수분해는 화강암을 판상으로 삭박시켜 부순다.

10.4 토양

토양은 기반암 위에 놓인 풍화된 물질의 층이다. 모래, 실트, 점토와 부식토는 토양에서 흔히 볼 수 있다. 물은 토양을 통과하여 용해되는 이온을 아래쪽으로 용탈시킨다. 점토는 또한 물에 의해 아래쪽으로 수송된다. 최상부층 토양인 O층은 찌꺼기와 부식토로 주로 구성된다. 유기물의 양은 아래쪽으로 갈수록 감소한다. 용탈은 용해된 이온과 점토를 A층으로부터 제거시키고 그것들을 B층에 쌓는다. 여섯 가지 주요한 요인이 토양 성질을 결정한다. 모암, 기후, 식물의 성장과 부패율, 경사면과 경사도, 시간, 토양 물질의 이동이다. 건조 기후는 염이 부화된 토양을 갖는데, 이를 석회토라고 한다. 이것은 종종 딱딱하게 고화된 층을 형성하는데 칼리시라고 한다. 습윤 기후에서 철 · 알루미늄 토양이 발달한다. 이런 지역에서 용해될 수 있는 이온들은 토양으로부터 제거되고, 잘 용해되지 않는 알루미늄과 철이 남게 된다. 라테라이트 토양은 매우 따뜻하고, 습윤한 지역에서 만들어지고, 이미 대부분의 이온이 제거되었다.

10.5 침식

물, 바람, 빙하의 상호작용으로 토양은 침식되어 형성된다.

10.6 산사태

중력사면이동은 암석과 토양이 중력의 영향으로 언덕 아래쪽으로 이동하는 것을 말한다. 산사태는 중력사면이동과 그것에 의해 생성된 지형을 가리키는 일반적인 용어다. 사면의 안정도와 산사태는 (1) 사면의 경사도, (2) 암석의 유형과 암석층의 편향, (3) 굳지 않은 물질들의 성질, (4) 물과 초목, (5) 지진과 화산에 의존한다.

10.7 산사태의 유형

산사태에 의한 낙하는 유동, 미끄러짐, 낙하 이렇게 세 가지로 분류할 수 있다. 흐르는 동안, 암석, 토양, 물의 혼합물은 점성 있는 유체처럼 이동한다. 포행은 느린 유형의 흐름으로 1년에 1 cm의 비율로 이동한다. 이류는 퇴적물과 물이 흐르는 것이다. 미끄러짐은 균열을 따라 아래로 이동한다. 슬럼프는 미끄러짐의 한 유형으로, 물질이 언덕 아래로 오목한 면을 따라 미끄러진다. 암석사태에서 새롭게 떨어져나간 기반암 조각들은 기울어진 면과 균열을 따라 미끄러진다. 낙하는 입자들이 떨어지거나 굴러 절벽

그림 10.26 포행하는 동안 땅 표면은 깊은 층보다 빠르게 이동해서 여러 물건들이 기울어진 언덕 아래의 암석이나 토양 내로 파묻힌다.

아래로 떨어져 일어난다.

10.8 산사태 예측과 예방

지진과 화산 분출로 중력사면이동이 유발하기도 한다. 적절한 계획과 설계로 주거지에 대한 피해를 줄여야 할 것이다.

핵심용어

A층 A horizon (10.4)
B층 B horizon 또는 심토 subsoil (10.4)
C층 C horizon (10.4)
O층 O horizon (10.4)
가수분해 hydrolysis (10.3)
각도 aspect (10.4)
기계적 풍화 mechanical weathering 또는 물리적 풍화 physical weathering (10.1)
낙하 fall (10.7)
동결쐐기작용 frost wedging (10.2)
라테라이트 laterite (10.4)
마모 abrasion (10.2)
모세관작용 capillary action (10.4)
미끄러짐 slide (10.7)
박리작용 exfoliation (10.3)
부식토 humus (10.4)
산사태 landslide (10.6)
산화 oxidation (10.3)
석회질 토양 pedocal (10.4)
소금 균열 salt cracking (10.3)
슬럼프 slump (10.7)
인식각 angle of repose (10.6)
암석사태 rockslide (10.7)
압력 감소에 의한 균열 pressure-release fracturing (10.2)
양토 loam (10.4)
열적 팽창과 수축 thermal expansion and contraction (10.2)
용출 leaching (10.4)
용해 dissolution (10.3)
유기물 더미 litter (10.4)
유기체 활동 organic activity (10.2)
유동 flow (10.7)
이류 mudflow (10.7)
중력사면이동 mass wasting (10.6)
철 · 알루미늄 토양 pedalfer (10.4)
침식 erosion (10.1)
칼리시 caliche (10.4)
테일러스 talus (10.2)
토양 soil (10.4)
토양층위 soil horizon (10.4)
포행 creep (10.7)
표토 regolith (10.4)
표토 topsoil (10.4)
화학석 풍화 chemical weathering (10.1)

연습문제

1. 기계적 풍화와 화학적 풍화의 차이점을 설명하시오.
2. 테일러스 사면이란 무엇인가? 테일러스 사면을 형성하기에 좋은 조건은 무엇인가?
3. 성숙한 토양의 네 가지 층을 열거하고 그 특징을 말하시오.
4. 사면 안정도를 결정하는 요인에 대하여 기술하시오.
5. 기계적 풍화를 정의하고 4가지 예를 제시하시오.
6. 화학적 풍화를 정의하고 2가지 예를 제시하시오.
7. 풍화에 영향을 미치는 인자들은 무엇인가?
8. 침식을 일으키는 2가지 동인에 대해서 설명하시오.
9. 토양 형성 원인들에 대해서 설명하시오.
10. 부식토는 무엇이고, 부식토가 토양에 중요한 이유는 무엇인가?
11. 토양에서 광물질 영양분을 잃는 3가지 과정은 무엇인가?
12. 토양을 생성하는 모질물의 운반된 3가지 형태는 무엇인가?
13. 산사태가 발생하는 이유는 무엇인가?
14. 산사태의 유형에 대해서 설명하시오.

11장 담수: 하천, 호수, 지하수, 습지대

봄철 미국 옐로우스톤 국립공원에서 흐르는 깁슨 폭포

수문 순환(hydrologic cycle) 수권, 대기권, 생물권, 지권 사이의 계속적인 물의 순환. 물 순환이라고도 한다.

유출(runoff) 하천이나 강에서 바다로 흘러가는 지표수

> "우리가 매일 마시는 한 잔의 물은 물고기나 나무, 박테리아, 땅속의 벌레나 인간을 포함한 다른 많은 유기체를 이미 거쳐 온 것이다. 살아 있는 시스템들은 인간이 소비하는 데 적합하도록 모든 과정을 통해 물을 정화하고 알맞게 만든다."
>
> 엘리엇 노스(Elliot A. Norse)[1)]

즐겁고 평온한 풍경을 생각할 때면 여러분은 아마도 물을 상상할지도 모른다. 배경으로는 야자수 나무가 있는 백색의 산호모래 뒤로 잔잔한 파도가 일렁이고, 떡갈나무와 단풍나무 그늘 아래 이끼로 덮인 암석 위로 시냇물이 흐르거나 거울처럼 맑은 호수 위로 드리운 옅은 안개를 뚫고 타오를 듯한 태양이 떠오른다. 바다는 지구의 2/3를 덮고 있고 물은 대륙 위의 많은 시스템에서 중요한 역할을 한다. 여러분은 이미 물이 암석의 순환에서 중요한 요소라는 것을 배웠다. 10장의 "풍화, 토양, 침식" 부분에서 물이 화학적으로 물질을 변화시키고 물이 얼 때 물리적인 힘을 가하며 암석과 퇴적물을 운반하는 매개체로서의 물에 대해 많이 배웠다. 이 단원에서는 지구의 담수의 원천인 강, 호수, 지하수, 습지대에 대해 탐험해 보자.

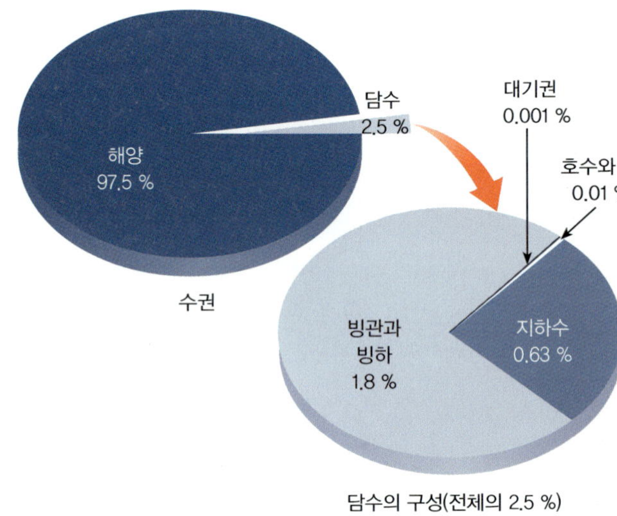

그림 11.1 지구 상 물의 97.5 %는 바다에 있고 1 %도 안 되는 양이 하천과 강, 호수, 지하수, 습지대에서 담수로서 이용 가능하다.

11.1 물 순환

수문 순환(hydrologic cycle), 즉 물 순환은 수권, 지권, 생물권과 대기권과 같은 4가지 권역 사이에서 계속적인 물의 순환을 의미한다. 지구의 표면에는 13억 km^3의 물이 존재하는데 그중 97.5 %에 해당하는 많은 양의 물이 바닷물이고, 1.8 %가 북극과 그린란드의 빙하로 존재한다. 그러므로 수권은 많은 양의 물을 포함하고 있을지라도 단지 0.64 %만이 담수이고 강과 하천, 지하수, 호수, 습지에서 이용 가능하다(그림 11.1).

물은 바다와 육지로부터 증발되어 대기 중에서 수증기가 된다. 이러한 수증기는 결국 응결되어 비와 눈으로 지표로 다시 떨어진다. 그런데 바다가 지구의 대부분을 뒤덮고 있기 때문에 대부분의 비는 바다 위로 내린다. 육지에 떨어지는 강우는 그림 11.2에서 설명한 것과 같은 네 가지 경로를 따라 나타난다.

1. 하천이나 강에서 바다로 흐르는 지표수를 **유출**(runoff)이라 한다. 이러한 물은 잠시 호수나 습지대에 머무르지만 결국 증발되거나 바다로 흘러간다.
2. 일부 물은 지하(지권)로 스며들어 많은 양이 지하수로 지하에 저장된다. 지표수가 눈에 더 잘 보이기는 하지만 지하수에는 강, 호수, 습지를 합한 물보다 60배 이상 많은 물이 저장되어 있다. 지하수는 지표수의 흐름

1) 역자 주: 미국 해양생물학자로서 해양생물보존연구소(Marine Conservation Biology Institute; MCBI) 소장으로 활동하고 있다.

보다는 무척 느리기는 하지만 기반암과 토양을 통과하여 바다로 흘러간다.

3. 육지에 떨어져 남은 물의 대부분은 증발되어 대기 중으로 돌아간다. **증산**(transpiration)이라는 과정을 통해 식물이 호흡하면서 식물로부터 직접 증발된다.
4. 또한 소규모의 물은 식물이 자랄 때 동 · 식물의 조직으로 생물권에 통합된다.

물의 순환은 단지 물의 이동만을 얘기하는 것이 아니고 지구의 한 부분으로부터 에너지 이동의 주요 메커니즘을 기술한다. 해류는 많은 양의 열을 적도에서 극으로 이동시켜 적도를 식히고 고위도 지방을 따뜻하게 한다. 증발은 열을 흡수하는 냉각 과정인데 반해 응결은 열을 방출하는 가열 과정이다. 수증기는 온실 기체로 대기권을 데우기도 하지만 구름과 빙하는 태양 빛을 우주 밖으로 반사시켜 지구를 냉각시킨다. 역효과를 가져오는 많은 되먹임 과정들이 있는데 한 과학자는 "물은 마치 우리 행성의 베니션 블라인드(Venetian blind)처럼, 중앙난방시스템처럼 그리고 냉장고처럼 동시에 모두 작동한다."[2] 이 장에서는 지표수의 이동을 상술하였으며 물 순환의 다른 구성들은 다음 장에서 다룰 것이다.

증산(transpiration) 식물 잎의 표면에서 대기권으로 직접 물이 증발하는 현상

하천(stream) 하도나 아래 사면으로의 흐름으로 한정된 물의 이동. 강은 작은 하천이 모여 이루어진 큰 하천을 지칭

지류(tributary) 다른 하천 또는 강으로 흘러드는 하천

11.2 하천

지구과학자들은 하천의 크기와는 상관없이 하도에서 흐르는 모든 물에 대해 **하천**(stream)이라는 용어를 사용한다. '강'이라는 용어는 일반적으로 **지류**(tributary)라고 불리는 작은 하천에서 흘러들어 가는 큰 하천에 대해 사용한다. 대부분의 하천은 지하수가 하천 바닥으로 흘러들어 가기 때문에 심지어 가뭄 시에도 연중 흐른다.

---

2) Heike Langenberg, commentary introducing the special Insight section "Climate and Water," *Nature* 419(September 12, 2002), 187.

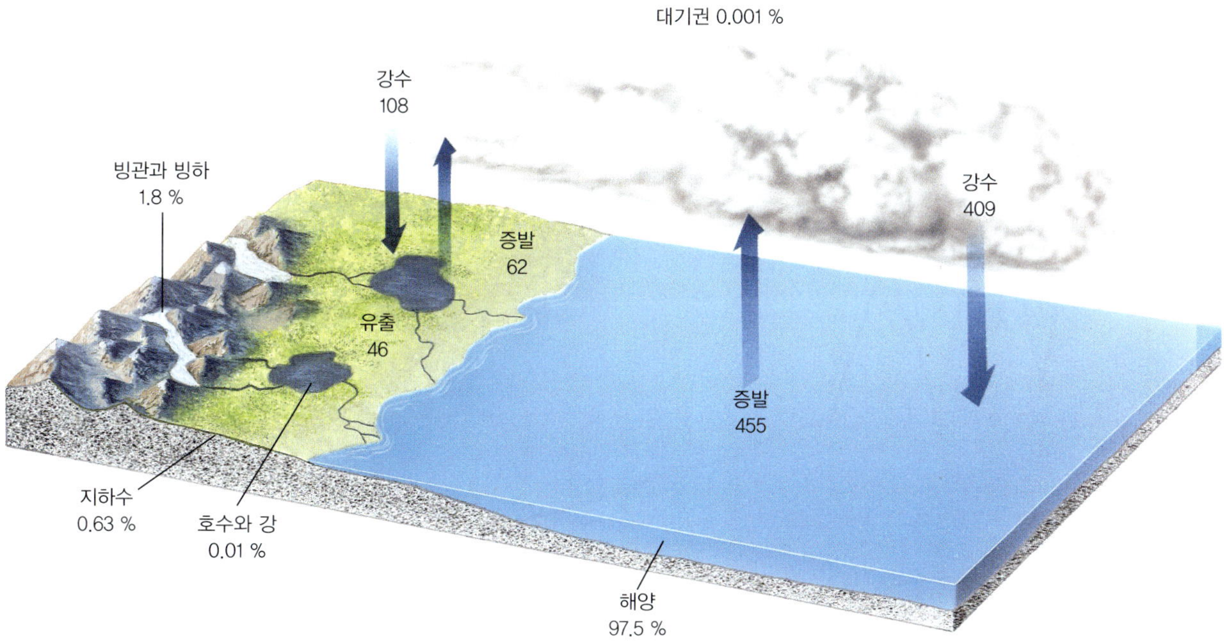

그림 11.2 물의 순환은 물이 바다, 대기, 땅을 꾸준히 순환하는 것을 보여 준다. 전체 숫자는 매년 수천 km^3의 물이 이동된다는 것을 의미하는데 %는 지구 표면의 다른 부분에서 전 지구적인 물의 비율을 의미한다.

구배(gradient) 기울어진 정도, 또는 하천의 수평 거리에 대한 수직 낙차

유량(discharge) 하천을 따라 흐르는 유수의 부피로 보통 단위 시간당 1 m^3로 측정된다(m^3/s).

하천의 흐름과 속도

하천의 속도는 구배, 유량, 하도의 특성과 같은 세 가지 요인에 의해 조절된다.

구배

구배(gradient)는 기울어진 정도나 하천에서 수평 거리에 대한 수직 낙차를 말한다. 모든 요인이 동일하다면 물은 분명히 완만한 사면보다 가파른 사면에서 빠르게 흐른다. 가파른 산에 있는 하천은 낙차가 1 km당 40 m 이상인데 비해 미시시피 강은 구배가 낮아 낙차는 1 km당 단지 0.1 m 정도일 뿐이다.

유량

유량(discharge)은 강을 흘러내려 가는 물의 양을 말한다. 유량은 단위 시간당 정해진 지점을 통과하는 물의 부피로서 보통 m^3/s로 표현한다. 하천의 주어진 지점에서 유속은 유량이 증가할 때 증가한다. 그러므로 심지어 구배의 변화가 없더라도 하천의 흐름은 홍수 기간 동안 더 빠르다.

허클베리 핀(Huckleberry Finn)[3)]이 미시시피 강에서 뗏목을 탈 때 그는 아마도 한 시간에 7~9 km의 속도(2~2.5 m/s)로 표류했을 것이다. 그러나 현재 미시시피 강의 작은 지류에서는 시간당 5.4 km의 유속(1.5 m/s)으로 표류할 것이다. 그러므로 직관에 반할지라도 큰 강에서는 엄청난 유량 때문에 구배가 큰 산의 작은 강보다도 더 빨리 흐를 것이다.

세계에서 가장 큰 강인 아마존 강의 평균 유량은 150,000 m^3/s이다. 이에 비해 북아메리카의 가장 큰 강인 미시시피 강의 평균 유량은 17,500 m^3/s인데, 이는 대략 아마존 강의 1/9에 해당하는 유량이다.

하천의 유량은 매달, 심지어는 하루 동안에도 바뀔 수 있다. 예를 들어 미국 아이다호 주 셀웨이(Selway) 강은 눈이 급히 녹는 때인 초여름에는 유량이 100~130 m^3/s이며 늦여름의 건조기 때는 20 m^3/s로 떨어진다(그림 11.3). 사막의 하천은 여름에는 완전히 마르지만 갑작스러운 폭우가 내리는 동안에는 갑작스런 홍수 지역이 되기도 한다.

3) 역자 주: 미국 소설가 마크 트웨인(Mark Twain, 1835~1910)의 작품 《허클베리 핀의 모험(*The Adventures of Huckleberry Finn*)》에 등장하는 주인공의 이름이다.

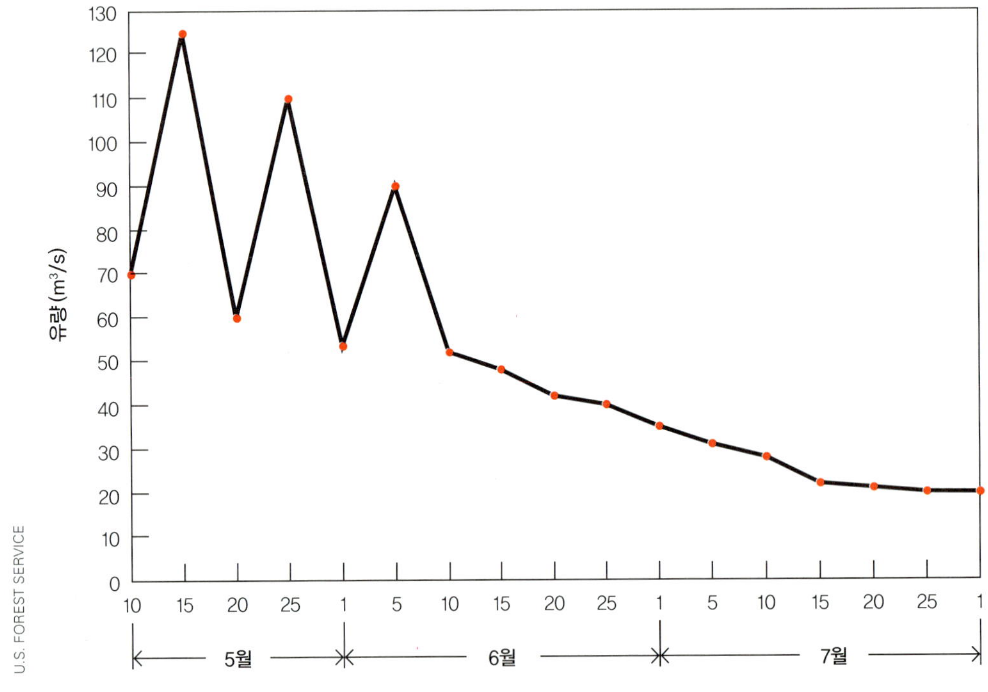

그림 11.3 1988년 미국 아이다호 주 셀웨이 강의 유량도로서 봄에 125 m^3/s에서 여름에 20 m^3/s로 유량이 변한 것을 볼 수 있다. 뾰족한 점은 빠르게 눈이 녹는 기간 동안 높은 유량을 나타낸다.

하도의 특성(channel characteristics) 하천 수로의 모양과 거친 정도를 나타내는 특징

하상(bed) 하천 수로의 바닥

뱅크(bank) 하천 수로 측면 경계부의 올라가는 사면

하천 능력(competence) 하천이 이동시킬 수 있는 가장 큰 입자를 측정하면 알 수 있다.

하천 용량(capacity) 주어진 시간 동안 주어진 지점을 지나가는 하천이 운반시킬 수 있는 퇴적물의 최대 양

하도의 특성

하도의 특성(channel characteristics)은 하천 수로의 모양과 거친 정도를 말한다. 하도의 바닥을 **하상**(bed)이라고 하고 수로의 측면을 **뱅크**(bank)라고 한다. 흐르는 물과 하천 수로 사이의 마찰이 유속을 늦춰 결과적으로 물은 강의 중심보다 측면 근처에서 느리게 흐른다. 만약 카누를 노로 저어가며 반듯한 수로를 내려간다면 측면에서 멀수록 더 빠르게 이동할 것이다. 마찰의 크기는 수로의 거친 정도와 모양에 따라 달라진다. 하천 측면이나 바닥에 있는 커다란 바위는 마찰을 증가시켜 유속을 늦추는데 비해 물의 흐름은 바닥과 측면의 모양이 부드러우면 더 빠르게 흐를 것이다.

하천 침식과 퇴적물 이동

하천은 토양과 기반암을 침식함으로써 지구 표면의 모양을 만들었다. 흐르는 물은 침식된 퇴적물 입자를 바다로 운반한다. 하천은 퇴적물의 일부를 범람원에 퇴적시켜 기저수위를 만든다. 남은 퇴적물들이 해안가로 이동되는 동안 퇴적물은 삼각주와 모래 해변에 쌓인다.

하천 침식과 퇴적물의 이동은 하천의 에너지에 의존한다. 빠른 속도로 흐르는 하천은 같은 크기의 느린 속도로 흐르는 하천보다 퇴적물을 침식하고 운반하는 에너지가 더 크다. **하천 능력**(competence)은 하천이 얼마나 큰 입자를 운반할 수 있는지 측정하면 알 수 있다. 빠르게 흐르는 하천은 왕자갈과 거력뿐만 아니라 작은 입자도 운반할 수 있지만 느리게 흐르는 하천은 실트와 점토만을 운반한다.

하천 용량(capacity)은 주어진 시간 동안 주어진 지점을 지나가는 퇴적물의 총량을 말한다. 용량은 흐름의 속력과 유량에 비례하기 때문에 크고 빠르게 흐르는 하천은 작고 느리게 흐르는 하천에 비해 큰 용량을 갖는다. 하천의 침식, 운반 능력은 속도와 유량에 비례하기 때문에 대부분의 퇴적물은 하천이 범람하는 일 년 중 며칠 동안 침식되고 운반된다. 상대적으로 작은 침식과 퇴적물 운반은 연중 나머지 기간 동안 일어난다. 이러한 효과를 직접 보기 위해서는 어느 하천이든지 물이 적을 때를 지켜보면 된다. 그곳에서는 침식과 퇴적물 운반이 적게 일어나는 것이 거의 확실하다. 같은 하천에 홍수가 난다면 아마도 진흙이 많아지고 물 색이 진해져서 하천의 바닥과 측면이 침식되고 퇴적물이 운반되었다는 것을 알 수 있을 것이다.

하천이 토양과 기반암을 침식한 후에는 3가지 방법을 통해 퇴적물을 하류로 운반한다. 첫 번째 방법은 물속에 용해

녹은짐(dissolved load) 하천이 운반하는 퇴적물의 한 형태로 하천물에 용해되어 이동하는 물질과 이온

뜬짐(suspended load) 하천이 운반하는 퇴적물의 한 형태로 하천 바닥으로부터 상당 시간 동안 자유롭게 떠서 운반되는 물질

밑짐(bed load) 하천이 운반하는 퇴적물의 한 형태로 강 바닥 면을 따라 이동하는 거력, 왕자갈, 모래 등의 물질

하방침식(downcutting) 하천에 의한 바닥 부분의 침식으로 보통 상대적으로 곧은 길을 따라 V자 모양의 계곡을 만든다.

기저수위(base level) 하상이 침식될 수 있는 최대 깊이로 최종 기저수위는 보통 해수면이지만 좀처럼 해수면에 이르지 않는다.

된 이온의 형태인 **녹은짐**(dissolved load)이다. 용해된 이온들을 운반시키는 하천의 능력은 유량과 화학적 특징에 의한 것이지 속도와는 관계가 없다. 그러므로 호수와 바다의 물에는 여전히 이온들이 있는데, 이것은 왜 바다와 몇몇의 호수가 염분기가 있는지를 설명해 준다. 용해된 이온들은 눈에는 보이지 않지만 일부 강에 의해 운반된 퇴적물의 반절 이상을 차지하기도 한다. 일반적으로 용해된 이온들은 하천의 전체 퇴적물의 20 % 이상을 넘지 않는다.

만약 병에 모래, 실트, 점토를 물과 함께 넣고 흔들면 모래는 빨리 가라앉지만 더 작은 실트와 점토 입자들은 마치 구름처럼 **뜬짐**(suspended load)의 형태로 떠 있다. 실트와 점토는 천천히 흐르는 하천에서 약간의 난류로도 계속 떠서 운반되며 빠르게 흐르는 하천에서는 모래도 떠서 운반된다.

그림 11.4 미국 애리조나 주 그랜드캐니언의 콜로라도 강의 지류인 디어크리크(Deer Creek)에는 고체 사암인 밑 부분이 침식하여 생긴 수로가 있다.

홍수가 일어 하천의 에너지가 최고조에 이르면 세차게 흐르는 물은 **밑짐**(bed load)으로서 바닥을 따라 거력과 왕자갈을 구르게 한다. 모래 또한 같은 방법으로 이동하고 만약 하천의 유속이 충분하다면 모래 입자는 수백만 개의 작은 대리암처럼 하천 바닥을 따라 뛰듯이 이동한다. 대부분의 하천은 뜬짐으로 운반되는 퇴적물의 양이 가장 많고 녹은짐의 양은 그것보다 적고 밑짐은 가장 적은 비율로 운반된다.

하방침식과 기저수위

하천은 하상의 아래 방향을 침식하고 나중에는 측면을 침식한다. 아래 방향으로의 침식을 **하방침식**(downcutting)이라 한다(그림 11.4). 하천의 **기저수위**(base level)는 하상이 침식될 수 있는 최대 깊이를 의미하는데 대부분의 하천은 최종 기저수위라 불리는 해수면 아래까지 침식시킬 수는 없다. 이러한 개념은 간단하다. 물은 단지 언덕 아래로만 흐를 수 있는데 만약 하천이 아래로 진행하다 해수면에 도달하면 하천의 흐름은 중단되고 그러므로 더 이상 하상이 침식되지 않는다.

게다가 최종 기저수위에서 하천은 국지적이고 일시적으로 몇 개의 기저수위를 갖는다. 예를 들어 하천은 호수에 들어가면 멈추게 되고 일시적인 기저수위에 도달하여 하도의 침식을 중단한다(그림 11.5). 침식에 저항하던 암석층도 강의 기울기가 평평해지기 때문에 일시적인 기저수위를 만든다. 그러므로 하천은 천천히 흘러내려 가고 침식은 감소한다. 폭포의 위는 저항하는 암석에 의해 일시적인 기저수위를 형성한다. 예를 들어 나이아가라 폭포는 부드러운 셰일 위에 놓인 돌로마이트 층의 저항으로 형성되었다. 돌로마이트는 폭포 위에 있어 침식을 당하진 않지만 아래에 놓

그림 11.5 캐나다 로키 산맥의 빙하로부터 흘러들어 만들어진 경사가 급한 산의 하천 A 지점은 호수로 들어가는 곳에서 일시적으로 기저수위에 도달하면 흐름이 멈추게 된다. 호수의 배출구는 B 지점이다.

평형하천(graded stream) 완만하고 오목한 단면을 가진 하천으로 침식, 퇴적작용이 평형을 이룬다. 하천은 강바닥에서 침식과 퇴적이 이루어지지 않아 공급된 모든 퇴적물을 운반한다.

측방침식(lateral erosion) 하천을 깎고 측면부를 침식시키는 낮은 경사를 갖는 하천의 활동은 수로의 측면과 다른 곳을 회전하며 돌아 넓고 평평한 계곡을 만든다.

인 셰일은 사납게 떨어지는 물로 인해 침식된다. 셰일의 밑부분이 파헤쳐질 때 돌로마이트의 상부는 붕괴되고 폭포는 상류로 후퇴할 것이다. 나이아가라 폭포는 9,000년 전 그것이 형성될 당시 이래로 11 km 정도 상류 쪽으로 후퇴했다(그림 11.6). 그러므로 폭포는 1년에 1 m 정도씩 후퇴한다. 침식률은 물이 폭포 아래로 떨어질 때 상당량의 에너지를 발생하기 때문에 매우 빠르다.

그림 11.6 나이아가라 폭포는 지난 9,000년 동안 남쪽 이리 호를 향해 11 km 침식되었고 오늘날까지 계속 침식되고 있다.

그림 11.7(a)와 같이 가파른 곳의 하천은 에너지가 높아 침식이 급속히 일어나지만 구배가 낮아 하천의 흐름이 더 느려지는 곳에서는 퇴적이 일어나 퇴적물이 쌓인다. 시간이 흘러 침식과 퇴적은 불규칙한 경사를 완만하게 한다. 그 결과 **평형하천**(graded stream)은 완만하고 오목한 단면을 갖는다(그림 11.7(b)). 하천이 점차 변하게 되면 순 침식과 퇴적은 일어나지 않고 하천 단면은 더 이상 변화하지 않는다. 이와 같이 이상적으로 점차 변하는 하천은 실제 자연 상태에서 존재하지 않지만 많은 하천들이 이에 가깝게 변할 것이다.

하천 수로의 만곡률

경사가 급한 산의 하천은 일반적으로 측방침식률과 비교할 때 밑 부분의 침식이 빠르게 일어난다. 그 결과 하천은 상대적으로 V자곡 모양을 한 곧은 수로를 만든다(그림 11.8). 산의 하천은 수로를 함몰시키는 물질을 침식하고 운반하기에 충분한 에너지를 가지고 흐르기 때문에 상대적으로 곧은길로 흐른다.

대조적으로 경사가 낮은 하천은 바닥 부분이 덜 침식된다. 많은 하천의 에너지는 측방 쪽으로 작용하여 측방침식을 유발한다. **측방침식**(lateral erosion)은 계곡 사면을 깎아

곡류(meander) 구불구불하게 휘어진 모양의 하천

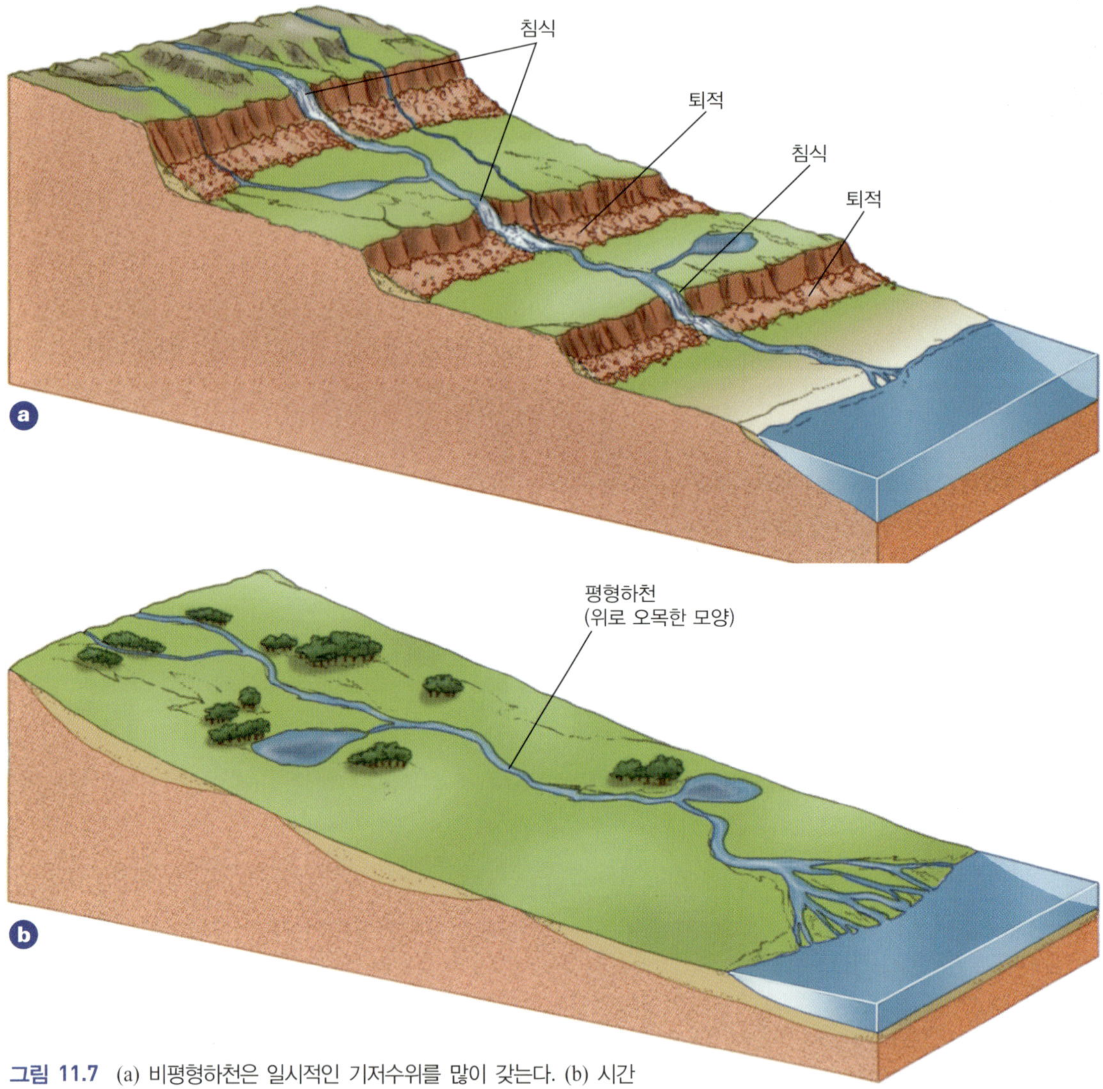

그림 11.7 (a) 비평형하천은 일시적인 기저수위를 많이 갖는다. (b) 시간이 흐름에 따라 하천은 불규칙하던 것이 반듯해져 완만한 단면이 발달한다.

COURTESY OF GRAHAM R. THOMPSON/JONATHAN TURK

그림 11.8 캐나다 로키 산맥의 산악 하천은 부드러운 V자 모양의 계곡을 만들었다.

내고 계곡을 넓힌다. 대부분의 낮은 경사를 가진 하천은 **곡류**(meander)라고 불리는 굽은 모양 지형을 만든다(그림 11.9(a)와 11.9(b)). 곡류 하천은 앞뒤로 구불구불하게 범람원을 가로지르며 평평한 바닥을 갖는 넓고 납작한 계곡을 형성한다.

하천이 곡류로 흘러 구부러짐에 따라 이동하는 물의 관성은 물을 곧게 움직이게 하려는 경향을 가진다. 결과적으로 대부분의 유수는 곡류 측면부로 흐른다. 그 결과 유속

과 하도의 깊이는 굽어진 곳의 바깥 쪽 근처가 더 커서 하천은 측면 부를 침식한다. 동시에 퇴적물은 곡류 안쪽의 느리게 흐르는 물에 의해 쌓여 **포인트 바(point bar)**를 형성한다(그림 11.9(a)). 곡류 하천이 하도의 측면을 침식시키고 퇴적물은 굽은 곳의 안쪽에 퇴적시키기 때문에 곡류는 측면으로 이동하고 구불구불하게 범람원을 따라 내려가면서 결과적으로 하도를 변경시킨다. 때때로 **우각호(oxbow lake)**는 하천이 곡류의 목을 가로질러 옛 곡류의 만곡부를 고립시켜 형성된다(그림 11.9(c)와 11.9(d)).

대부분의 하천은 단일 하도로 흐른다. 대조적으로 **망상하천(braided stream)**은 얕고 서로 연결된 많은 하도로 흐른다(그림 11.10). 망상하천은 강물이 운반할 수 있는 한계보다 많은 양의 퇴적물들이 공급되는 곳에서 형성된다. 이러한 여분의 퇴적물들은 하도에 퇴적되어 하도를 채우고 하도 옆으로 흘러넘치고 침식하여 새로운 하도를 만든다. 그 결과 망상하천은 동시에 몇 개의 하도로 흐르고 범람원을 가로질러 흐른다.

© YURI SHIROKOV/SHUTTERSTOCK

망상하천은 퇴적물의 양이 풍부한 사막과 빙하 환경에서 흔히 생긴다. 사막은 식물이 거의 자라지 않기 때문에 침식이 잘 일어나 많은 퇴적물을 만들고, 빙하는 기반암을 미세한

포인트 바(point bar) 곡류 안쪽에 천천히 흐르는 물에 의해 쌓인 퇴적물

우각호(oxbow lake) 퇴적물에 의해 곡류의 끝이 막힐 때 하천으로부터 곡류의 만입부가 잘린 곳에서 만들어진 초승달 모양의 호수

망상하천(braided stream) 얕고 서로 연결된 많은 하도가 흐르는 하천. 퇴적물이 하천에 의해 운반되는 것보다 공급되는 양이 많아 하도에 쌓이고 하천이 측면부를 넘쳐흘러 새로운 하도를 만든다.

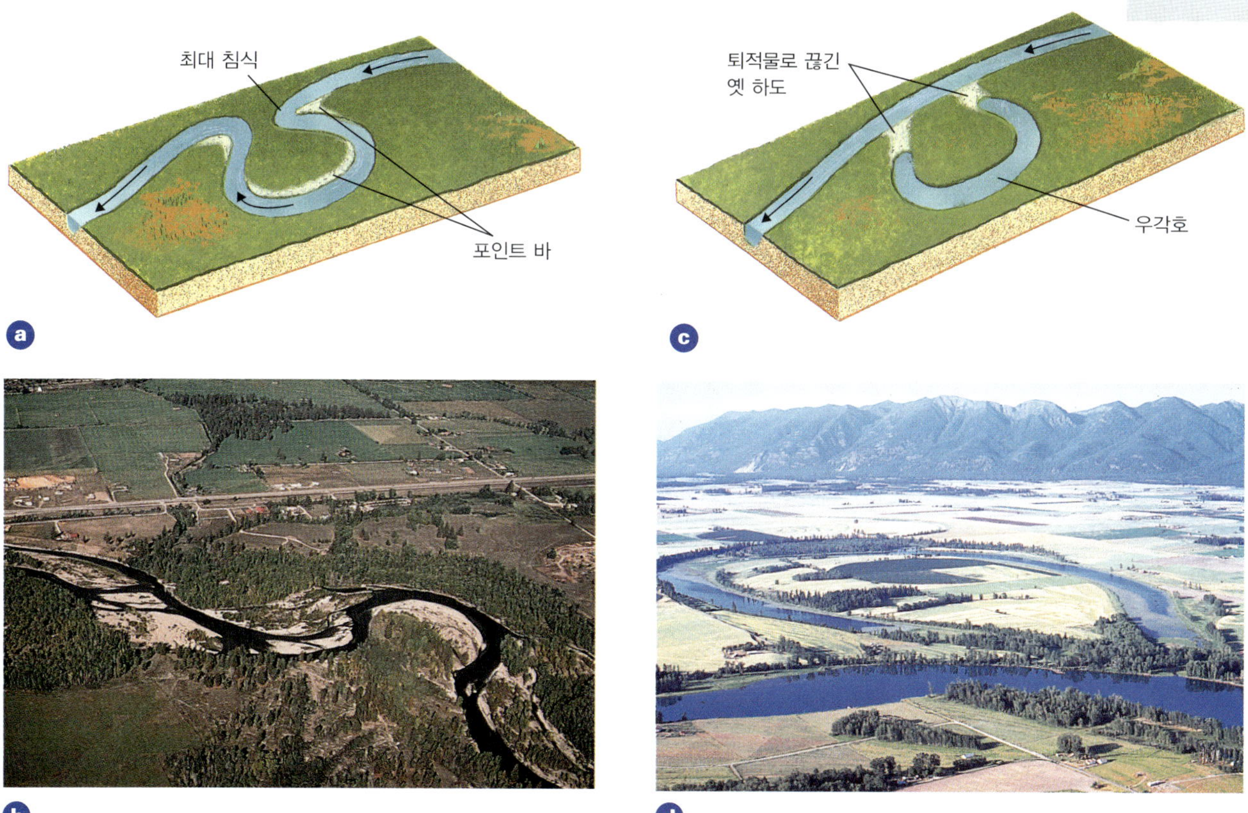

COURTESY OF GRAHAM R. THOMPSON/JONATHAN TURK

그림 11.9 (a) 하전이 곡류의 바깥쪽으로 침식되고 곡류 안쪽에 모래와 자갈을 퇴적시켜 포인트 바를 만든다. (b) 미국 몬태나 주의 비터루트(Bitterroot) 강의 수로는 곡류와 포인트 바를 만들었다. (c) 시간이 흘러 하천은 곡류의 목을 통과하여 침식하여 우각호를 형성한다. (d) 몬태나 주 플랫헤드(Flathead) 강에 만들어진 우각호

배수분지(drainage basin) 단일 강에 의해 배수되는 지역

퇴적물로 갈 수 있고 이 퇴적물들은 빙하가 녹아 생성된 하천에 의해 운반된다.

배수분지

단지 몇몇의 주요 하천들만이 미국의 해안선을 따라 바다로 흘러든다(그림 11.11). 각각은 수많은 지류를 통해 물이 공급된다. 지형적으로 높은–산악 지역, 분수령 또는 고원–곳은 인접한 수계와 분리되어 있다. 단일 강에 의해 배수되는 지역을 **배수분지**(drainage basin)라고 한다. 예를 들어 로키 산맥은 콜로라도 주와 서쪽의 미시시피의 컬럼비아 배수분지와 동쪽의 리오그란데 배수분지로 나눈다. 이와 함께 4개의 수계는 미국 영토의 3/4 이상의 배수구역을 갖는다.

COURTESY OF GRAHAM R. THOMPSON/JONATHAN TURK

그림 11.10 캐나다 유콘 지역의 조크리크(Joe Creek)는 빙하가 하천이 운반할 수 있는 것보다 더 많은 퇴적물을 공급하여 심하게 꼬여 있다.

하천 침식과 산맥: 지형은 어떻게 진화하는가?

20세기 전반기 가장 대중적인 모델에 따르면 하천은 지구의 표면을 침식시키고 순차적으로 지형을 만들어 왔다(그림 11.12). 먼저 산을 가파르게 깎아 내어 V자 모양의 계곡을 만든다. 시간이 흐르면서 하천은 산을 침식하고 범람원을 확장하여 계곡을 넓힌다. 결과적으로 전체적인 지형은 평탄해지고 크고 별 특징이 없는 평지를 만든다. 만일 46억 년 동안 지구 표면에서 이런 과정만 있었다면 모든 지

그림 11.11 미국의 대부분의 지표수는 대략 열 두 개의 주요 강을 통해 바다로 흘러간다.

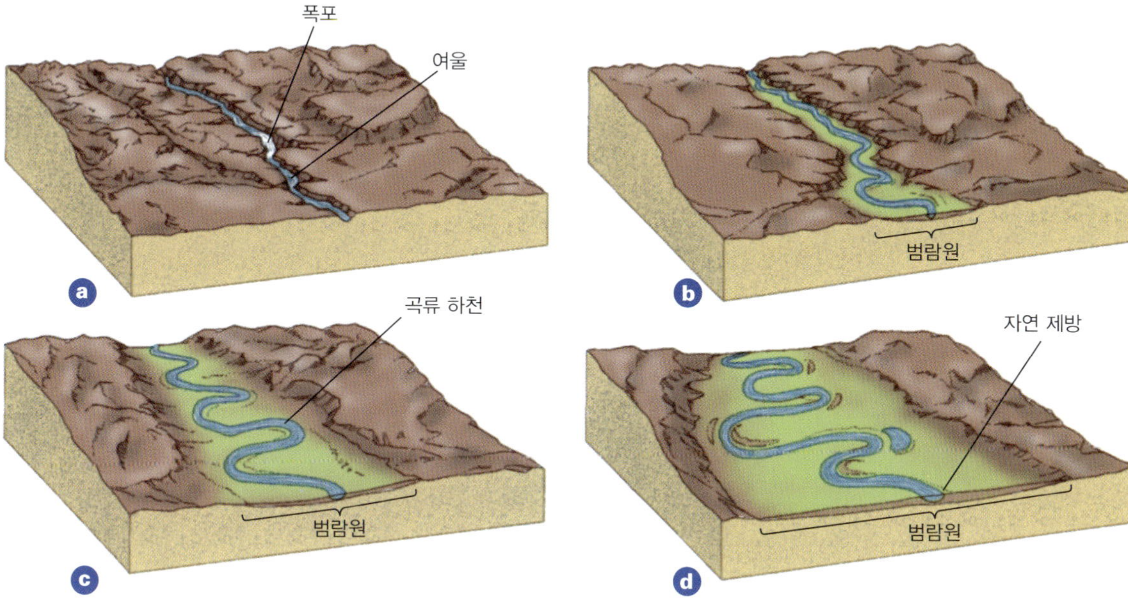

그림 11.12 만약 지구조적 활동이 땅을 융기시키지 않는다면, 시간이 지나 하천은 산을 깎아 계곡을 넓혀 넓은 범람원을 만들 것이다.

충적선상지(alluvial fan) 유수가 가파른 산 계곡을 빠져나오는 곳에 형성되는 충적 퇴적물의 부채꼴 퇴적체

삼각주(delta) 거의 납작하고 부채꼴 모양의 퇴적체. 하천이 호수나 바다로 들어가는 지역에 생긴다.

형들은 평탄한 평지로 침식될 것이다. 그렇다면 어떻게 산과 계곡과 높은 고원들은 아직까지 남아 있을 수 있을까?

그 모델은 단지 역사의 반절만 설명해 준다. 하천은 지형을 계속적으로 침식하여 산을 납작하게 하고 범람원을 넓힌다. 그러나 동시에 지구조활동이 땅을 융기시키고 교란시켜 이상적인 결과물을 만든다. 이 같은 방법으로 지구의 수권과 대기권은 구조적인 과정이 일어나는 지권과 함께 상호작용하여 지형을 만든다.

11.3 하천 퇴적

하천이 천천히 흘러갈 때 먼저 밑짐을 퇴적시킨다. 만약 물이 매우 천천히 흘러간다면 뜬짐도 바닥에 쌓이게 된다. 그러나 녹은짐은 화학적인 환경이 바뀔 때까지 여전히 물에 남아 있다. 퇴적물이 쌓일 때 새로운 지형이 형성된다.

만약 가파른 산을 흐르는 하천이 평평한 평지로 흘러간다면 하천의 구배와 유속은 급속히 감소된다. 그 결과 대부분의 퇴적물은 부채꼴 모양으로 퇴적되는데 이를 **충적선상지(alluvial fan)**라고 한다. '충적층'은 물에 의해 이동되어 퇴적된 퇴적물을 말한다. 충적선상지는 건조 · 반건조 산악 지역에 흔하다(그림 11.13).

하천은 또한 호수나 바다에 도달하면 갑자기 느려진다. 퇴적물들이 거의 납작한 지형을 형성하는데 이것을 **삼각주**

그림 11.13 데스밸리에 있는 충적선상지는 경사가 가파른 산의 하천이 평탄한 평지로 흘러가면서 퇴적물의 상당량을 퇴적시킬 때 형성되었다. 선상지 아랫부분을 가로질러 도로가 있다.

지류(distributary) 삼각주나 충적선상지로 흐르는 주요 하천으로부터 갈라져 나온 하도로 삼각주나 선상지에 의해 넓은 지역에 퍼져서 만들어진다.

해저 삼각주(submarine delta) 수중에 만들어진 하천 삼각주 한 부분

홍수(flood) 상대적으로 높은 하천이 하천 측면을 넘쳐흐르는 것으로 일반적으로 수면 아래 있지 않는 곳을 덮는 것

범람원(flood plain) 하도와 인접한 하천 계곡의 일부분으로 홍수 시에만 범람하여 운반된 퇴적물이 쌓여 만들어진 곳

(delta)라고 한다. 삼각주의 일부분은 수면 위에 놓이고, 퇴적물은 홍수 시에 퇴적된다. 나머지 부분은 수면 아래에 놓인다. 모양이 충적선상지와 비슷한 삼각주는 일반적으로 부채꼴 모양이고, 그리스어의 델타(Δ)와 닮았다.

삼각주와 충적선상지는 모두 빠르게 변화된다. 하천이 퇴적물로 가득 메운 수로가 많아지면 망상하천과 같은 새로운 수로가 발달한다. 그 결과 하천은 **지류**(distributary)라 불리는 많은 수로로 갈라져 삼각주나 선상지로 흘러간다. 많은 삼각주는 이러한 방법으로 수천 km^2를 덮는다(그림 11.14). 그러나 대부분의 충적선상지는 이것보다 작고 단지 수 분의 일 km^2만을 덮을 뿐이다. 일부 퇴적물은 삼각주 너머까지 운반되어 수중에 쌓인 삼각주의 모습으로 대양저에 **해저 삼각주**(submarine delta)를 만든다.

삼각주가 지구 전체 육지 표면의 일부만을 덮고 있을지라도 삼각주는 지구의 4개의 권역을 각각 포함하는 환경에

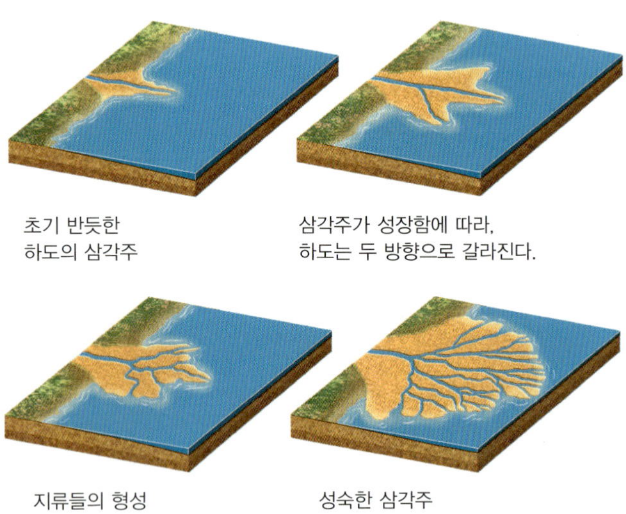

그림 11.14 삼각주는 하천이 강이나 바다로 흘러가면서 퇴적물을 퇴적시키는 곳에서 시간이 지나면서 형성되고 성장한다.

있다. 삼각주는 고체 퇴적물로 구성되어 있지만 바다와 만나는 지류가 가지처럼 갈라진 수중 지대다. 그리고 강과 바다에서 접근이 쉬운 삼각주의 땅은 비옥하기 때문에 삼각주의 생태계에 식물과 동물의 삶에 풍부함을 더한다. 그러나 비옥한 토양과 하천으로의 접근이 쉬워 삼각주에 인간의 거주지를 만들고자 하는 욕구를 만든다. 삼각주 땅은 해수와 하천 수위를 겨우 넘기기 때문에 폭우와 허리케인과 같이 대기의 난류가 일어나는 동안 범람할 가능성이 있다.

11.4 홍수

폭우가 내리거나 눈이 급속하게 녹을 때 많은 물들이 하천 아래로 흘러들어 하도가 꽉 차게 되면 **홍수**(flood)가 날 수 있다. 홍수가 일어나는 동안 하천은 **범람원**(flood plain)이라고 하는 인접해 있는 낮은 땅 위를 흐른다. 매년 세계 도처에서 대규모의 홍수가 일어나는데, 2002년 8월 말 동유럽의 엘베 강은 9.39 m 이상 범람하여 1845년에 세운 이전 기록보다 0.6 m 높은 수치를 남겼다. 100명이 사망하고 200억 $의 재산 피해가 있었다.

여러분은 일반적으로 홍수는 재해라고 생각하지만 범람원 생태계는 홍수에 의존한다. 예를 들어 미루나무는 홍수가 일어난 후에 씨를 뿌리고 물새는 범람원의 습지에 의존해서 살고 있다. 많은 종의 물고기는 정상 수위가 유지되는 동안에는 점차 강한 경쟁자를 잃지만 적당한 홍수가 발생하면 물고기의 개체수는 홍수의 결과로 증가한다. 그러므로 종의 다양성은 홍수와 정상 수위가 반복됨으로써 유지될 수 있다. 삼각주도 홍수에 의해 만들어지고 넓어지는데, 보통 때 강의 흐름은 제방 안쪽으로 한정되어 유수는 퇴적물을 바다로 이동시키고 대양저에 퇴적시킨다. 그러나 홍수 때는 강물의 수위가 제방 위까지 올라 삼각주를 덮치고 이렇게 범람한 물이 천천히 흘러갈 때 퇴적물을 퇴적시키면서 삼각주를 넓힌다.

몇 가지 경우에서 홍수는 인간에게 직접적으로 이익을 준다. 자주 발생하는 작은 홍수는 큰 수로의 강바닥을 긁어

인공 제방(artificial levee) 하도를 넘쳐 범람원으로 흐르는 홍수를 막기 위해 하천 측면을 따라 만든 둑

내 큰 홍수의 위험을 줄어준다. 범람 하천은 많은 퇴적물을 운반하고 범람원에 퇴적시켜 비옥한 토양을 형성한다. 그래서 역설적이지만 죽음과 재해를 일으키는 홍수는 범람원과 삼각주에 비옥한 토양을 만들어 농사와 인간이 살기에 적합하게 한다.

그러나 동시에 홍수는 사람들 스스로가 위험지역에서 인공적인 시설물을 만들고 사는 것을 선택하였기에 비용이 많이 드는 자연 재해 중 하나다. 많은 하안 도시들은 강을 이용한 수송의 이점 때문에 원래 항구로 발전하였다. 게다가 범람원과 삼각주는 농사짓기에 좋은 풍부한 토양과 도로와 건물을 짓기 위한 평탄한 땅, 산업과 농업에 필요한 풍부한 물을 제공한다.

홍수 조절

2008년 늦봄에서 여름까지 폭우가 내려 미국 중서부 상부가 잠기게 되었다. 동부 아이오와의 일부 지역은 한 달 동안 380~500 mm의 비가 내렸다. 집중적인 폭우와 비정상적인 눈으로 인해 미시시피 강과 9개의 아이오와 강은 최고 수위에 달했다. 세인트루이스의 미시시피 강은 평상시보다 2.1 m나 높은 수위를 나타냈다. 시더(Cedar) 강은 9.6 m을 넘겨 아이오와 주 시더 레피즈(Cedar Rapid)에 23.6 km^{2}를 범람시켜 1929년 이래 가장 높은 홍수 기록을 보였으며, 한 도시에만 15억 $의 피해가 추정되었다. 홍수는 적어도 24명의 목숨을 앗아갔고 수백 명의 부상자를 발생시켰으며 중서부 주에 60억 $의 손해를 가져왔다.

인공 제방과 하도

인공 제방(artificial levee)은 수위가 올라갔을 때 하도에서 범람원으로 물이 흘러 넘치는 것을 막기 위해 하천의 제방을 따라 건설한 둑이다. 70년 전에 미국은 수십억 $를 들여 미시시피 강과 지류에 11,000 km의 제방을 건설하였다. 물론 제방은 홍수의 위험을 완전히 제거할 수는 없다. 2008년 중서부에서 홍수가 발생했을 때 적어도 20개의 제방이 홍수를 막지 못해 아이오와 주와 인디애나 주의 넓은 지역에 상당한 홍수 피해를 가져왔다(그림 11.15).

그림 11.15 미국 아이오와 주의 홍수. 미시시피 강을 따라 건설된 제방이 강물을 막아 내지 못해 참혹한 결과를 가져왔다.

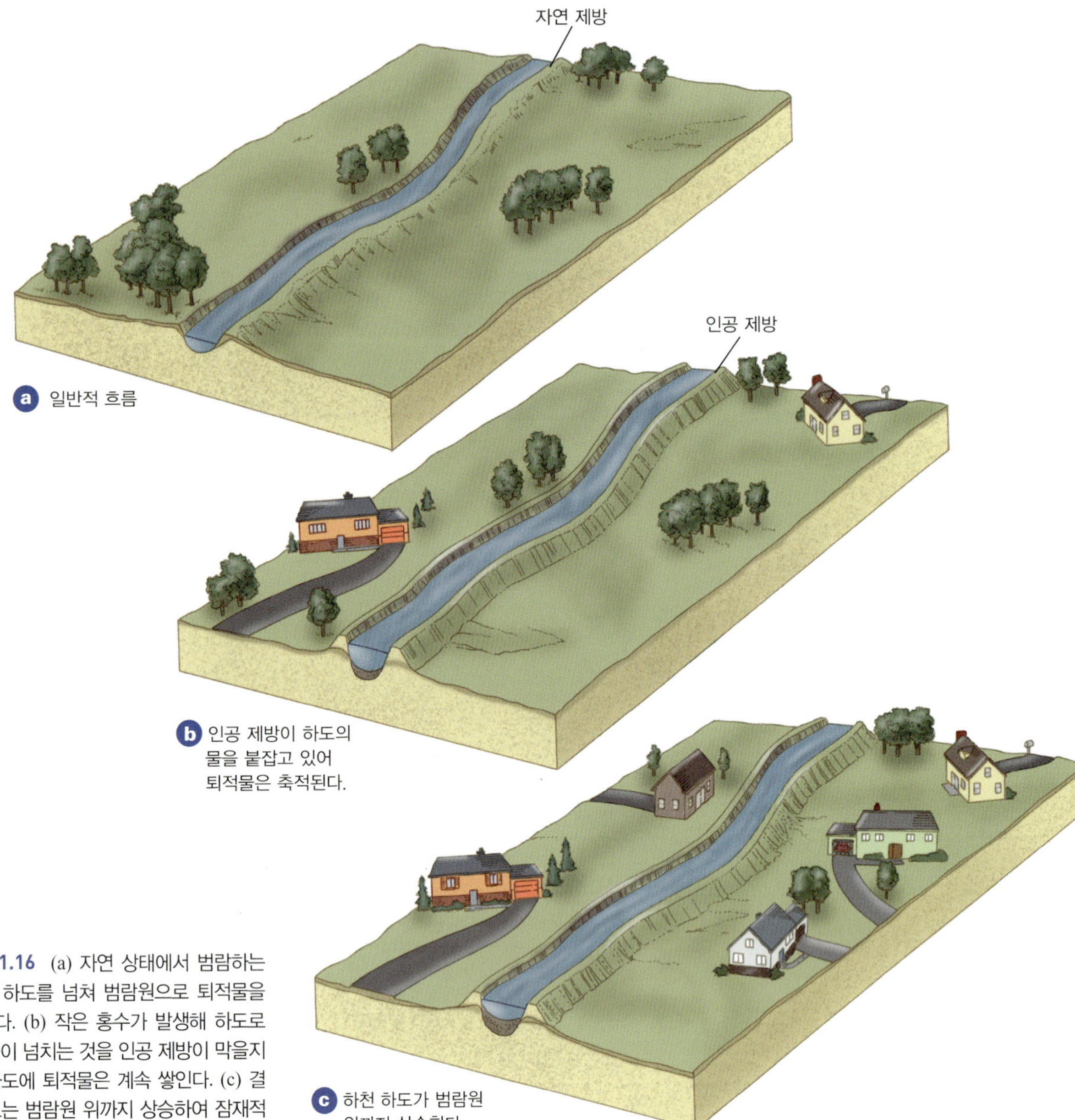

그림 11.16 (a) 자연 상태에서 범람하는 하천은 하도를 넘쳐 범람원으로 퇴적물을 운반한다. (b) 작은 홍수가 발생해 하도로부터 물이 넘치는 것을 인공 제방이 막을지라도 하도에 퇴적물은 계속 쌓인다. (c) 결국 하도는 범람원 위까지 상승하여 잠재적인 홍수 피해가 발생할 가능성이 높아진다.

불행히도 인공 제방은 홍수 집중과 재산 피해를 증가시키는 상황을 만들었다. 한 요인은 전적으로 인간에게 있다. 제방이 홍수의 피해를 막아줄 것이라는 전망이 사람들에게 범람원에 집을 짓게 부추겼다. 제방이 없었다면 사람들은 아마도 높은 곳에 집을 지어 홍수의 위험으로부터 안전을 확보하고자 했겠지만 제방이 지어진 후 위험한 방법으로 사람들은 더 많은 주택과 사무실을 지었다. 2008년의 홍수 후 연방 기금을 사용해 손상된 제방을 수리하였고 사람들은 집과 일터로 다시 돌아갔다. 그러나 이런 구조는 과거의 피해를 예방하는 데 신뢰성이 입증되지 않아서 다시 파괴될 수도 있다.

또한 제방은 다가오는 미래에 더 큰 홍수를 불러올지도 모르고 강과 인접한 지역을 따라 더 높은 홍수를 일으킬지도 모른다. 제방이 없는 곳에서 하천이 범람할 때 하천은

그림 11.17 제방은 범람하는 강을 한정된 수로로 흐르도록 하지만 때로는 댐처럼 작용하여 상류의 홍수 수위를 높인다.

진흙과 모래를 범람원에 퇴적시킨다(그림 11.16(a)). 인공 제방이 건설되면 하천은 작은 홍수로 범람할 수 없어 하도에 퇴적물이 쌓이게 되어 하천 바닥의 높이는 높아지게 된다(그림 11.16(b)). 몇 개의 작은 홍수 뒤에는 하천 전체가 범람원 위까지 상승하여 제방의 높이와 같아질 수 있다(그림 11.16(c)). 이런 형상은 만약 커다란 홍수 동안 제방이 돌파되어 하천 전체가 하도나 범람원 위로 흐르게 된다면 사실상 재난과 같은 홍수를 일으킬 잠재성이 있다(그림 11.17). 인공 제방과 하도의 퇴적 결과 현재 중국 황하 일부는 범람원보다 10 m 위에 놓여 있다. 제방은 짧은 기간 동안에는 홍수 문제를 해결할 수 있을지도 모르지만 긴 시간을 두고 보면 더 크고 파괴적인 홍수를 일으킬지도 모른다.

홍수 조절, 미시시피 삼각주, 허리케인 카트리나

2005년 8월, 허리케인 카트리나는 뉴올리언스를 보호하던 제방을 강타하여 도시에 홍수가 발생하였으며, 이로 인해 130만 명의 이재민이 발생하고 2,000억 $의 재산 피해를 입었다. 이 문제는 미시시피를 따라 있는 십여 개의 홍수 조절 체계 때문에 더욱 악화되었다. 반복적인 작은 규모의 홍수가 삼각주를 만든다는 것을 상기하자. 만일 제방이 작은 규모의 홍수 빈도를 줄인다면 크기가 작은 퇴적물이 삼각주에 퇴적될 것이고 삼각주는 빠르게 만들어지지 않을 것이다.

게다가 댐은 상류의 퇴적물을 가둬 강 전체의 퇴적물을 줄인다. 자연적인 상태에서 삼각주는 퇴적물의 퇴적으로 생기고 파도나 해류에 의해 침식된다. 미시시피 강 삼각주는 퇴적이 침식보다 활발하여 2억 년 동안 성장했다. 그러나 최근 50년 동안 침식율은 도시와 농업의 발전으로 토양을 붙잡고 있는 자연 식생이 파괴되면서 증가하는 반면, 퇴적율은 홍수 조절과 댐에 의해 감소되어 왔다.

삼각주에 직면한 또 다른 문제로는 삼각주 아래에 저장된 풍부한 석유 자원의 개발이다. 석유가 제거됨에 따라 삼각주 표면은 내려앉는다(그림 11.18). 삼각주의 땅은 가장자리가 겨우 해수면 위에 있기 때문에 적은 양의 함몰이 일어나도 육지를 해수면 아래로 잠기게 할 수 있다.

이러한 모든 과정의 결과 미시시피 삼각주는 가라앉고 있다. 1930~2005년 사이에 거의 5,000 km^{2}의 삼각주의 땅이 해수면 아래로 가라앉았다. 1995년 이 책의 저자는 다음과 같이 기록했다. "만약 현재와 같은 침식율이 계속 된

범람이 자연적인 사건인 반면에 홍수는 벌채, 농업, 도시화에 따라 주기와 심각성이 증가되었다.

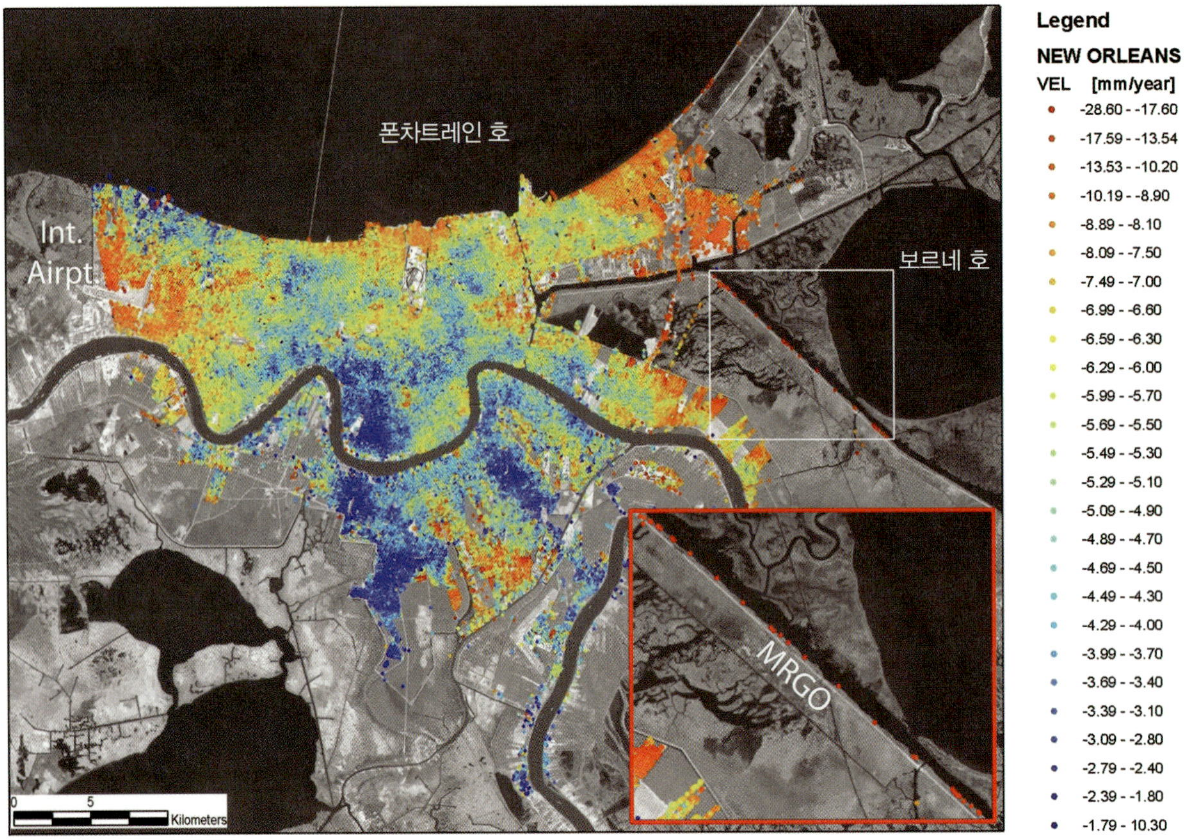

DIXON T.H. ET AL., NEW ORLEANS SUBSIDENCE: RATES AND SPACIAL VARIATION MEASURED BY PERMANENT SCATTERER INTERFEROMETRY, NATURE, 441, 587–586, 2006. USED WITH PERMISSION.

그림 11.18 이 지도의 중앙에서 보이는 뉴올리언스와 미시시피 강의 침강률(육지가 가라앉고 있는 속도)은 수 mm/yr임을 보여준다. 지도의 MRGO는 멕시코 만과 뉴올리언스 항구를 연결하는 미스터고 운하다.

다면, 바다는… 아마도 뉴올리언스에 홍수를 일으켜… 심각한 경제적 손실을 가져올 것이다."[4] 애석하게도 이 무서운 예언은 정확했다.

2005년 뉴올리언스의 홍수는 복잡한 시스템의 상호작용과 사건 발단의 예가 되었다. 허리케인 카트리나가 홍수를 촉발하기는 했지만 복잡한 강과 삼각주시스템에서의 인간의 간섭과 개발은 이러한 단계에 이르게 했다. 삼각주는 75년 이상 천천히 가라앉고 침식되었다. 즉각적인 악영향이 없었기에 자연적인 완충작용은 사라졌다. 그런 다음 재앙적인 폭풍이 물을 육지로 밀어붙여 제방은 무너지고 커다란 인간 재해를 유발하였다.

범람원 관리

지금까지 살펴본 바와 같이, 홍수 조절에 대한 많은 시도가 있어 왔다. 그러나 이는 별다른 효과가 없거나, 다른 시간과 장소로 문제들을 옮겨 놓았다. 홍수 조절에 대한 한 가지 대안적인 접근은 홍수 조절 프로젝트를 포기하고, 강이 범람하게 내버려 두는 것이다. 물론 문제는 어떤 땅을 범람시킬 것인가 이다. 모든 농부와 집 주인들은 범람원을 보호하기 위해 제방을 유지하길 원한다. 현재, 미국 연방정부와 주 정부는 몇몇 범람원에서 야생의 상태의 보존을 추진하고 있다. 개발하지 않음으로써 다음번에 수위가 높아지면 범람할 것이다. 그러나 하천의 관리 계획은 복잡한 정치, 경제적인 이해관계들과 얽혀 있다.

4) Jonathan Turk and Graham Thompson, *Environmental Geoscience*, (Philadelphia: Saunders College Publishing, 1995), 428.

COURTESY OF GRAHAM R. THOMPSON/JONATHAN TURK

그림 11.19 미국 몬태나 주의 베어투스 산의 알파인 호수

11.5 호수

호수나 호숫가는 생활과 휴양에 매력적인 곳이다. 여러분이 호수에 가는 상상을 한다면 깨끗하고, 반짝이는 물, 풍부한 야생동물, 아름다운 풍경, 유원지와 신선한 산들바람이 생각날 것이다. 호수는 엄청난 가치에도 불구하고 없어지기 쉽고 덧없는 존재다. 현재의 후빙기 사람들은 지구 표면에 아름다운 호수가 생긴 지구 역사상 특별한 시기를 살고 있다.

호수의 생활사

호수(lake)는 육지의 표면이 침하된 곳에 물이 괴어 있는 넓은 곳이다(그림 11.19). 호수로 흘러드는 하천은 지질학적으로 말하기에는 상대적으로 짧은 시간에 함몰지를 채울 퇴적물을 운반한다. 곧 호수는 습지가 되고 시간이 흘러 습지는 더 많은 퇴적물과 식물을 채우고 이들 사이를 흐르는 하천을 가진 초원과 숲이 된다.

만일 대부분의 호수가 빠르게 퇴적물로 채워진다면 왜 호수는 아직도 많이 남아 있을까? 대부분의 호수는 마지막 빙하기 동안 빙하로 덮인 채 있었다. 대략 18,000년 전, 거대한 대륙 빙하는 캐나다 남부의 국경까지 퍼져 있었고 산악 빙하들은 미국 뉴멕시코 주와 애리조나 주에서처럼 남쪽 멀리까지 고산 계곡에 형성되었다. 비슷한 대륙 빙하와 산악 빙하가 남반구 고위도에도 존재했었다.

호수(lake) 내륙의 함몰된 부분을 차지하고 있는 정체된 물

빙하는 몇 가지 방법으로 호수들을 만들었다. 흘러가는 얼음은 육지를 침식하여 수많은 함몰지를 만들고 거기에 물이 채워졌다. 미국 뉴욕 주 상부의 핑거 호수와 오대호는 빙하의 함몰지에 만들어진 큰 호수의 예다.

빙하는 또한 녹고 후퇴하면서 많은 양의 퇴적물을 퇴적시켰다. 몇몇 거대한 빙하 조각 더미들은 하천 계곡을 가로지르는 댐을 형성했다. 빙하가 녹을 때, 하천은 계곡 아래로 흐르지만 댐에 의해 막혔다. 많은 현대 호수들은 빙하의 작용으로 계곡을 막아 생겼다(그림 11.20). 게다가 큰 얼음 덩어리들은 빙하가 물러가면서 뒤에 남겨진 것일지도 모른다. 이 얼음이 녹을 때 구혈이라 불리는 함몰지를 남기는데 여기에 물이 채워져 **구혈 호수(kettle lake)**를 만든다.

COURTESY OF GRAHAM R. THOMPSON/JONATHAN TURK

그림 11.20 시에라네바다의 산 호수는 빙하에 의해 퇴적된 자갈이 댐을 이루어 만들어진 호수다.

구혈 호수(kettle lake) 후퇴하는 빙하에 의해 생긴 함몰지에 빙하가 녹으면서 생긴 물이 채워져서 만들어진 호수

빈영양호(oligotrophic lake) 거의 순수한 물로 채워진 깊은 호수지만 적은 농도의 식물 영양분이 있어서 상대적으로 적은 유기체가 살고 있다.

부영양호(eutrophic lake) 상대적으로 얕은 호수로 식물 양분이 풍부하여 다양한 생명체가 서식한다.

수온약층(thermocline) 호수의 물에서 상부의 따뜻한 층과 하부의 차가운 층 사이의 경계

대부분의 빙하 호수들은 지난 10,000~20,000년 동안 형성됐고, 퇴적물은 그 안에 급속하게 채워졌다. 많은 작은 호수들은 이미 습지가 되었다. 수백~수천 년 내에 남아 있는 많은 호수들은 진흙으로 채워지게 될 것이다. 오대호와 같은 큰 호수는 만년 동안 존재할 것이다. 그러나 이러한 호수의 수명은 제한되며 또 다른 에피소드를 가진 빙하가 그것들을 대체할 것이다.

호수는 또한 빙하 이외의 수단에 의해서도 만들어진다. 화산 분출은 크레이터를 만들 수 있는데 거기에 물이 채워지면 미국 오리건 주의 크레이터 레이크(Crater Lake)와 같은 호수를 만든다. 우각호는 하도에서 끊어져 생긴 호수다. 미국 플로리다 주 에버글레이즈에 있는 오키초비 호(Lake Okeechobee)와 같은 다른 호수는 얕은 지하수를 가진 평탄한 땅에서 형성되었다. 이런 유형의 호수들도 역시 퇴적물로 채워져 있어 수명이 제한적이다.

그러나 소수의 호수들은 보통 호수의 수명을 넘어 더 오랫동안 생존하면서 확장하는 방법으로 형성된다. 예를 들어 러시아의 바이칼 호는 매우 큰 활성단층에 의해 만들어진 함몰지에 놓인 깊은 호수다. 비록 강들이 퇴적물을 호수로 쏟아 붓지만 단층의 이동이 반복적으로 유역을 넓혀준다. 그 결과 호수는 백만 년이 넘도록 존재하며 바다표범, 물고기, 다른 동물 등의 토착종들이 생태계 안에서 진화할 수 있게 되었다.

호수의 영양 균형

깊은 호수에서 햇빛은 표층 근처에서만 이용할 수 있고, 영양분은 바닥 부분에 풍부하다. 자유롭게 부유하는 작은 유기물인 플랑크톤은 영양분이 부족하여 표층에서는 잘 자라지 못하고, 호수 바닥에 사는 식물들은 햇빛이 부족하여 잘 자라지 못한다. 그러므로 호수는 질산염, 인산염의 농도가 낮으며 수생 먹이그물을 지속시키는 다른 필수적인 영양분을 가지고 있다. 어떤 호수에는 깨끗하고 진한 파란색을 띤 순수한 물을 가지는데, 이러한 호수를 '영양분이 부족하다'는 의미의 **빈영양호**(oligotrophic lake)라고 한다.

빈영양호와 같은 호수가 비록 휴양하기 좋고 보통 낚시를 할 수 있어서 매력적일지는 몰라도 상대적으로 거의 유기체가 살기 힘들다는 의미에서 생산성이 낮다.

호수가 퇴적물로 채워짐에 따라 호수는 점점 얕아지고 햇빛이 호수 바닥까지 더 잘 비춰져 호수 바닥에 뿌리를 내린 식물들은 잘 자라게 된다. 식물이 죽거나 썩으면서 발생한 유기물 더미가 호수의 물에 영양분을 더한다. 이 때문에 플랑크톤도 급속도로 늘어나게 되고 이로 인해 물고기와 다른 유기체도 더불어 늘어나게 된다. 호수는 표면에 초록색 플랑크톤으로 뒤덮이거나 식물이 조밀하게 자라면서 생산성을 갖게 된다. 이런 유기물 더미는 퇴적물이 호수에 채워지는 데 기여하고 점차 호수가 늪지로 변해 간다. 이런 종류의 호수를 '영양분이 풍부하다'는 의미의 **부영양호**(eutrophic lake)라고 한다. 부영양화는 호수의 생활사에서 자연스럽게 일어난다. 그러나 하수 폐수와 다른 종류의 오염원으로 인한 추가적인 영양분은 많은 호수의 부영양화를 크게 가속시키기도 하였다.

호수에서의 온도 분포와 역전

만약 여름에 깊은 호수 속으로 잠수한다면 아마도 호수 윗부분의 물이 깊은 물보다 더 따뜻하다는 것을 발견할 것이다. 이것은 햇빛에 의해 데워진 위쪽의 물이 상대적으로 차가운 깊은 곳의 물보다 밀도가 작기 때문에 일어난 일이다. 따뜻하고 밀도가 작은 물은 시원하고 밀도가 높은 물 위에 떠 있다. 따뜻한 층과 차가운 층 사이의 경계를 **수온약층**(thermocline)이라 한다.

온대 기후에서 서늘한 가을철 날씨는 표층수 온도를 심층수 온도 아래로 내려가게 하여 표층수의 밀도가 심층수의 밀도보다 점점 더 커지게 한다. 결과적으로 표층수는 가

라앉고 심층수와 섞여 호수 전체의 온도를 동일하게 만든다. 이런 과정을 **역전**(turnover)이라고 한다. 겨울철에 얼음은 표면을 덮어 온도의 성층화는 다시 발달한다. 봄 동안 호수 위의 얼음이 녹음에 따라 표층수는 또다시 심층수보다 밀도가 커지고 역전을 일으킨다. 여름이 다가오면서 호수는 다시 열적으로 성층화가 발달한다. 이런 계절적인 변화 과정이 그림 11.21에 잘 나타나 있다.

호수 온도의 역전은 대기권, 수권, 생물권의 중요한 지구계의 상호작용으로 설명한다. 여름과 겨울 동안 호수가 성층화되면 바닥에 사는 생명체들은 심층수 안의 산소를 거의 사용할 것이다. 동시에 표면의 생물들은 지표수에 용해된 영양분을 고갈시킬 것이다. 그러나 지표수는 대기와 접해 있기 때문에 산소가 풍부하고, 깊은 곳의 물은 바닥의 퇴적물과 접해 있기 때문에 영양분이 풍부할 것이다. 역전은 깊은 곳의 물에 산소를 공급함과 동시에 지표수에 영양분을 공급한다. 이 마지막 효과는 종종 봄과 가을철에 잘 형성되는 부유하는 녹조류가 호수 표면에 갑자기 눈에 띄게 증가하는 적조현상으로 분명히 알 수 있다.

역전(turnover) 온대 기후에서 봄 · 가을에 일어나는 과정으로 호수의 지표수의 온도가 계절적 날씨 변화에 대응하여 변하고 대류로 인해 물이 섞여 호수 전체 온도가 같아지는 현상

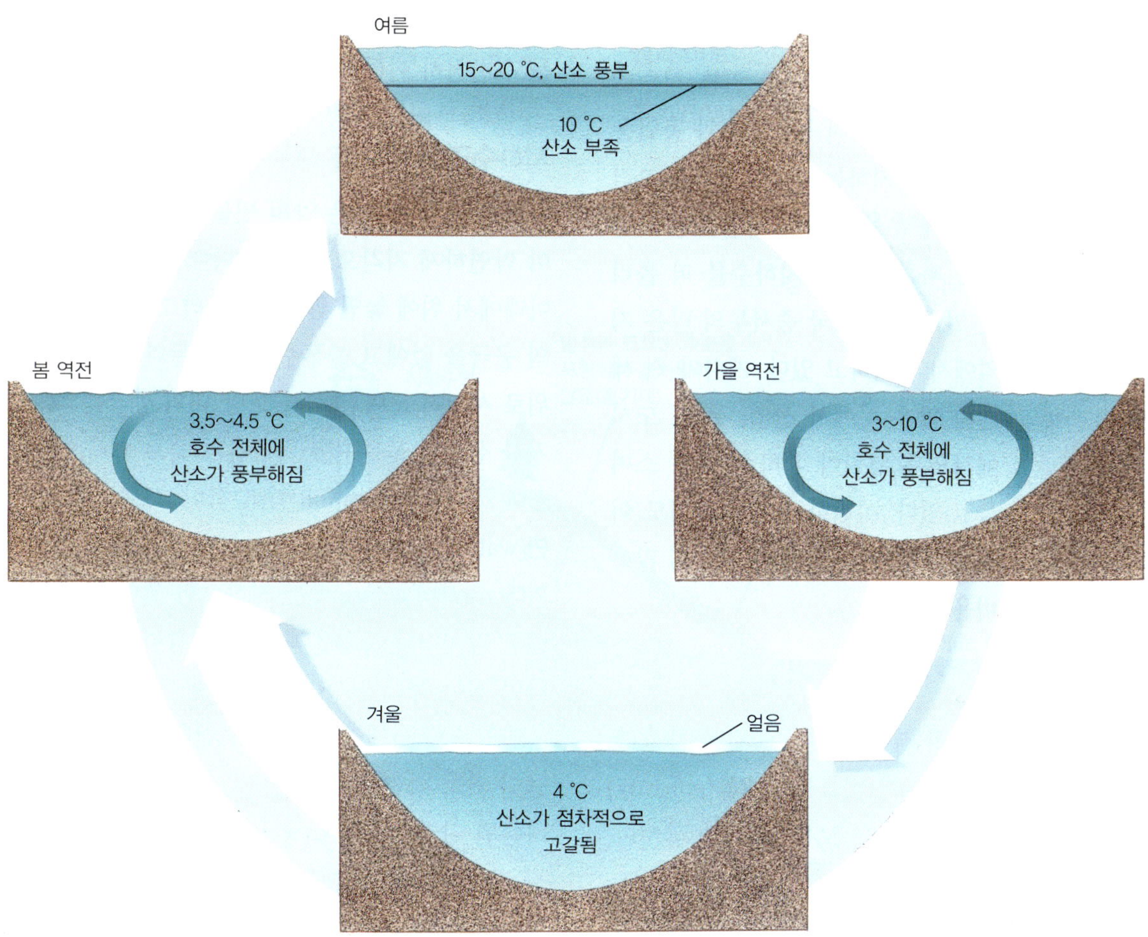

그림 11.21 온대 기후에서 호수는 여름과 겨울에 온도 성층을 만들어 바닥의 물은 산소가 고갈된다. 봄과 가을에는 호수 전체 물의 온도는 일정하거나 역전되어 깊은 물에 새로운 산소를 공급한다.

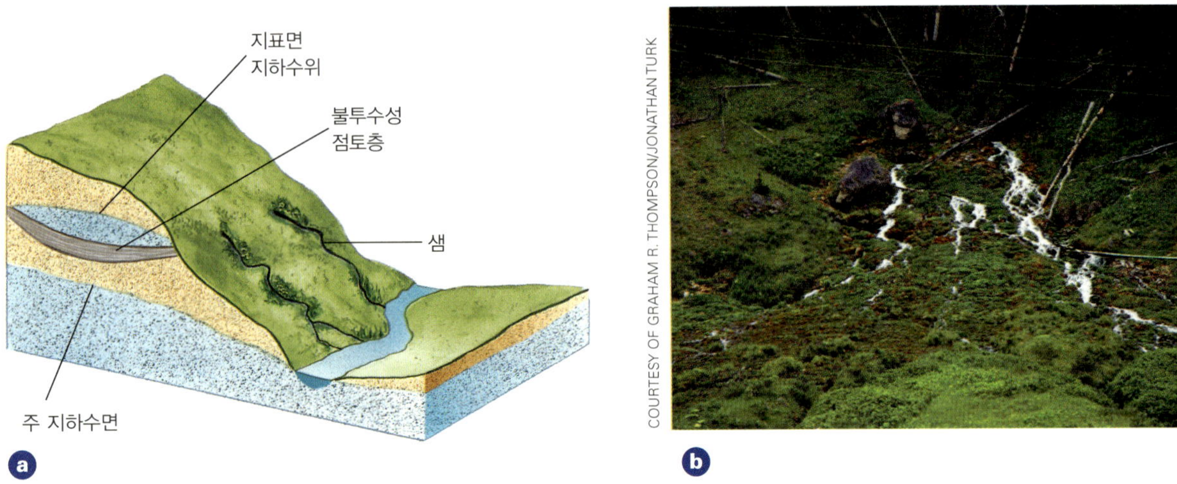

그림 11.23 (a) 샘은 지표면 지하수위가 언덕과 접하는 곳에서 만들어진다. (b) 캐나다 브리티시컬럼비아 주에 있는 언덕의 샘에서 물이 흐르고 있다.

샘(spring) 지하수면이 지표면과 접하는 곳에서 지하의 물이 지표로 흐르거나 새어 나오는 곳

지표면 지하수위(perched water table) 주요 지하수면 위에 국지적으로 있는 지하수면으로 불투수성의 암석이나 점토가 주요 지하수면 위에 놓여 국지적으로 포화대를 만드는 곳에 형성된다.

아르티잔 대수층(artesian aquifer) 불투수층 사이에 샌드위치처럼 놓여 있는 기울어진 대수층으로 낮은 부분의 물이 위쪽 물의 무게에 따른 압력을 받아 만들어진다.

아르티잔 우물(artesian well) 아르티잔 대수층 밑으로 뚫은 곳에 있는 우물로 펌프질을 하지 않아도 물이 올라와 일부는 표면으로 분출한다.

동굴(cavern) 지하수가 석회암이나 많은 양의 암석을 용해하여 형성된 지하의 공동 또는 방의 연속으로 굴(cave)이라고도 한다.

종유석(stalactite) 물방울에 용해된 방해석이 바닥으로 떨어지면서 침전된 물체로 동굴의 천장에 고드름 모양으로 매달려 있다.

흐르거나 새어나올 때 만들어진다. 몇몇 장소에서 주요 지하수면 위에 놓인 불투수성의 암석층이나 점토층이 국지적으로 포화대 상부를 만드는데 이를 **지표면 지하수위**(perched water table)라고 한다(그림 11.23). 언덕 비탈의 샘들은 종종 지표면 지하수위로부터 흐른다. 샘은 또한 깨진 기반암과 함몰지가 지표면과 접하는 곳에서 만들어진다.

그림 11.24는 경사진 투수성의 사암층이 두 개의 불투수성의 셰일층 사이에 끼어 있는 것을 보여준다. 사암층과 같이 경사진 대수층은 위아래에 불투수성의 암석에 의해 경계 지어진 **아르티잔 대수층**(artesian aquifer)을 만든다. 대수층 아랫부분의 물은 위쪽의 무게에 의해 압력을 받는다. 그러므로 만약 셰일을 통과하여 사암층까지 우물을 파내려 간다면, 우물 안의 물은 펌프질 없이도 올라오게 된다. 이런 종류의 우물을 **아르티잔 우물**(artesian well)이라고 한다. 압력이 충분하다면, 물은 땅 위로 분출될 것이다.

동굴

하천이 계곡을 침식시키고 범람원을 만드는 것과 같이 지하수는 독특한 지형을 만든다(그림 11.25). 10장에서 빗물이 대기 중의 이산화탄소와 반응하여 약한 탄산을 만들고 석회암을 녹일 수 있는 능력이 있다는 것을 상기하자. **동굴**(cavern)은 산성의 물이 석회암의 틈 속에 스며들어 암석을 용해하고 균열을 넓힘으로써 만들어진다. 켄터키의 매머드 동굴(Mammoth cave)과 뉴멕시코 주의 칼스바드(Carlsbad) 동굴은 이런 방식으로 만들어진 동굴이다.

보통 동굴들은 석회암이 용해될 때 만들어지지만 대부분의 동굴들은 또한 방해석의 침전으로도 특징적인 모습을 만든다. 수용액 상태의 물과 용해된 방해석, 이산화탄소가 지하를 통해 스며들 때 틈 사이에 있는 물에 압력을 가한다. 만약 이러한 용액 방울이 동굴의 천장으로 스며 나온다면 물방울이 공기와 접촉하기 때문에 압력이 감소된다. 동굴은 습도가 높아 물이 빠르게 증발되는 것을 막지만 압력이 낮기 때문에 이산화탄소의 일부가 빠져나간다. 이산화탄소가 빠져나갈 때, 물방울은 점점 산성을 잃게 되고 이러한 산성도의 감소는 일부 용해된 방해석을 천장에서 똑똑 떨어지는 물방울에서 침전시킨다. 오랜 시간에 걸쳐 아름다운 **종유석**(stalactite)이 마치 고드름이 동굴 천장에 매달린 것처럼 성장한다(그림 11.26).

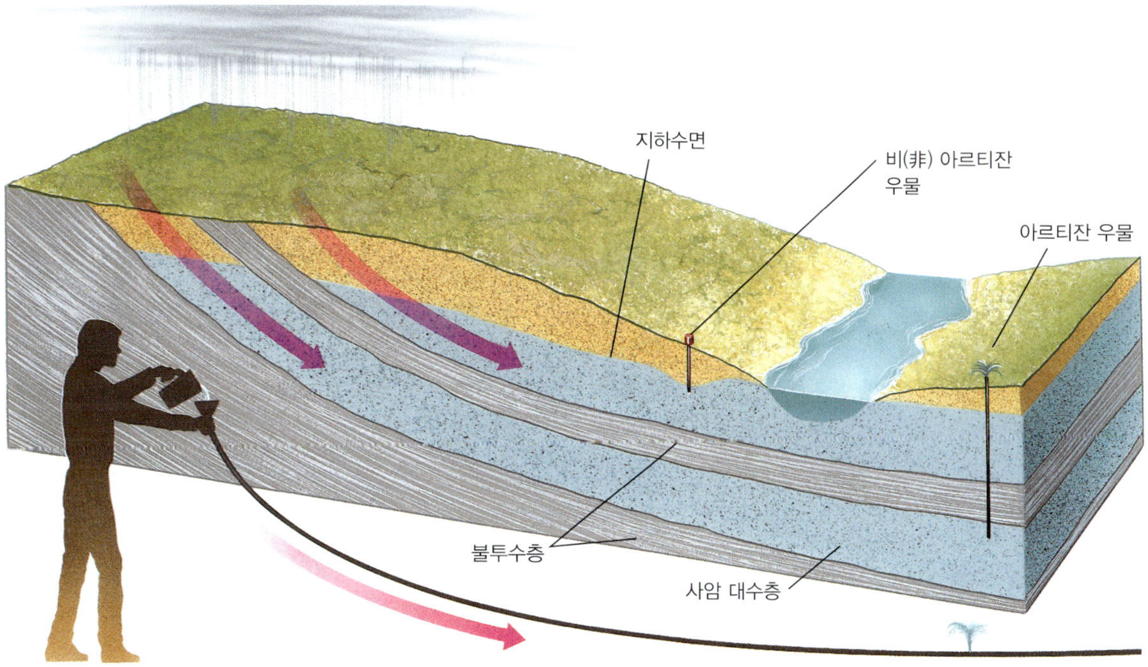

그림 11.24 아르티잔 대수층은 사암과 같은 투수성의 기울어진 암석층이 셰일과 같은 불투수성의 암석층 사이에 샌드위치처럼 놓여 있는 곳에서 만들어진다. 구멍 뚫린 호스는 아르티잔 우물에서 왜 자발적으로 물이 흐르는지를 보여준다.

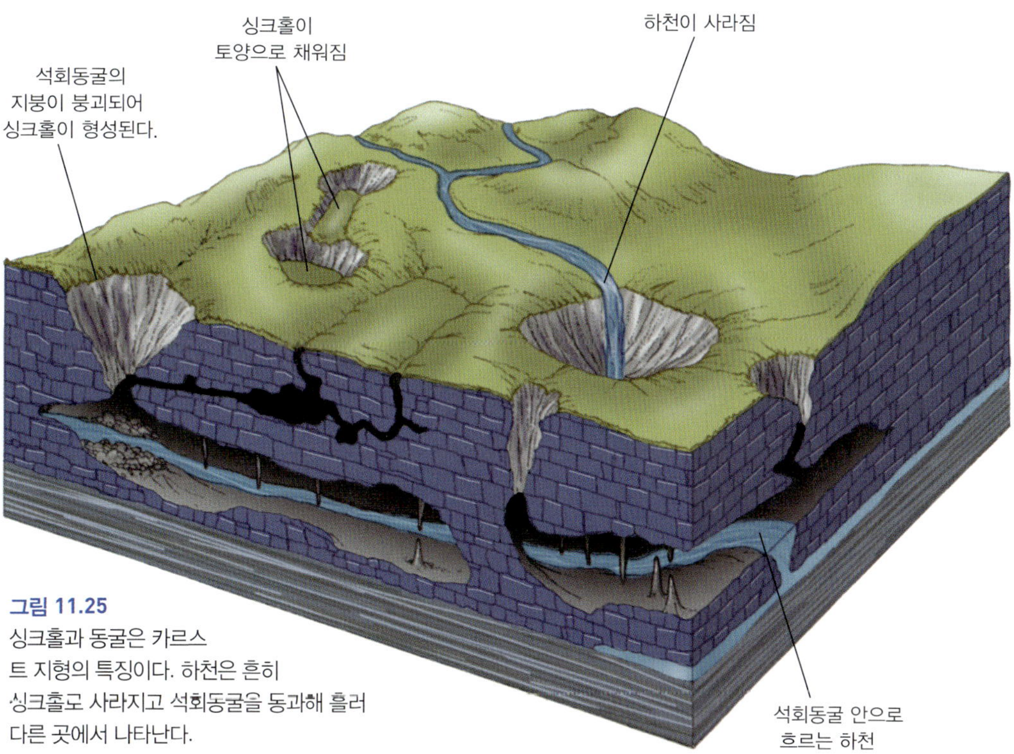

그림 11.25
싱크홀과 동굴은 카르스트 지형의 특징이다. 하천은 흔히 싱크홀로 사라지고 석회동굴을 통과해 흘러 다른 곳에서 나타난다.

석순(stalagmite) 동굴 바닥에 있는 원추 모양의 침전물로, 방해석이 용해된 물방울에 의해 침전된 덩어리

석주(column) 동굴 천정에서 고드름 모양의 종유석이 아래로 자라고, 바닥에서 석순이 위로 자라서 연결된 돌기둥

싱크홀(sinkhole) 동굴의 붕괴나 지표면의 암석의 용해로 생긴 지구 표면의 원형의 함몰 지역

카르스트 지형(karst topography) 석회암이나 기타 물에 잘 녹는 암석이 분포하는 지역에서 지반의 용해로 형성된 지형으로 동굴, 싱크홀, 지하 하천이 특징인 불규칙한 지형

온천(hot spring) 뜨거운 지하수가 표면으로 흘러나와 형성된 샘

용해된 방해석의 일부가 천장에서 물방울로 새어나오면서 침전된다. 물방울이 바닥에 떨어질 때 튀면서 더 많은 이산화탄소가 방출된다. 물방울의 산성도는 더 줄어들고 또 소량의 방해석이 침전된다. 그러므로 원추 모양의 **석순(stalagmite)**이 바닥으로부터 위쪽 종유석 방향으로 만들어진다. 석순이 물이 튀면서 만들어졌기 때문에 종유석보다 너비가 넓은 경향이 있다. 이 둘이 계속 자라면 결국 만나 **석주(column)**를 만든다.

싱크홀

만약 동굴의 지붕이 무너진다면 지표면에는 **싱크홀(sinkhole)**이 만들어진다(그림 11.25). 싱크홀도 석회암이 용해되어 지표면이 내려앉으면서 만들어진다. 1981년 5월, 플로리다 주의 윈터 파크(Winter Park)에서 만들어진 싱크홀에 대한 기록이 있다. 붕괴 초기에는 3개의 침실과 수영장 절반, 여섯 대의 포르셰 자동차를 동굴 아래로 끌어들였으며, 며칠 이내 너비 200 m, 깊이 50 m로 커지면서 추가적으로 건물과 도로를 집어삼켰다.

그림 11.26 미국 버지니아 주의 딕시 동굴 석회암에서 방해석의 침전으로 형성된 종유석과 석순

싱크홀은 자연적으로 만들어지지만 인간의 활동은 이러한 과정을 가속시킨다. 윈터 파크의 싱크홀은 지하수면이 떨어져 동굴 천장을 지지하고 있던 것이 제거되면서 만들어졌다. 심각한 가뭄이 늘어나면서 인간이 지하수의 물을 과도하게 사용하면서 지하수면이 내려가게 된 것이다.

카르스트 지형

카르스트 지형(karst topography)은 석회암이나 다른 쉽게 용해되는 암석이 놓인 지역에서 만들어진 불규칙한 지형이다. 동굴과 싱크홀이 흔히 볼 수 있는 특징인데, 표면의 하천은 종종 싱크홀로 쏟아지듯 내려가고 싱크홀에서 사라진다(그림 11.25). 켄터키의 매머드 동굴 주위의 하천은 이렇게 사라져 버리는 특성 때문에 가라앉는 수로(Sinking Creek)로 불린다. 'karst'라는 단어는 이러한 유형의 지형이 잘 발달된 크로아티아의 한 지방에서 유래됐다. 카르스트 지형은 세계의 많은 곳에서 발견된다.

11.7 온천, 간헐천, 지열 에너지

세계의 많은 지역에서 뜨거운 물은 자연적으로 지표로 흘러 **온천(hot spring)**을 이룬다. 지하수는 3가지 방법으로 가열된다.

1. 지구의 온도는 지각 상부에서 1 km당 30 ℃씩 증가한다. 그러므로 지하수가 2~3 km 깊이로 내려가면, 지하수는 거의 60~90 ℃까지 가열된다. 뜨거운 물은 차가운 물보다 밀도가 낮기 때문에 상승한다. 하지만 땅의 균열을 통해 너무 깊은 곳까지 내려가는 것은 일반적이지 않고, 이런 유형의 온천이 흔하지는 않다.
2. 최근의 화산 지대에서 마그마나 뜨거운 화성암이 지표 근처에서 식어가기 때문에 상대적으로 얕은 깊이에 있는 지하수를 데울 수 있다. 이러한 방법으로 데워진 온천은 최근까지도 화산 활동이 활발하게 일어나는 북미나 남미 서부에 걸쳐 주로 나타난다. 얕은

곳에 있는 마그마는 옐로우스톤 국립공원의 온천이나 간헐천 등을 데운다.

3. 많은 온천은 뜨거운 물에 용해된 적은 양의 황화수소(H_2S)의 화학반응에 의해 데워진다. 황철석(FeS_2)과 같은 황화광물들은 물과 반응하여 황화수소를 발생시키고 가열된다. 황화수소는 가열된 지하수로부터 상승하여 강한 냄새를 유발한다.

대부분 온천은 일반적으로 기반암의 균열 때문에 지표로 보글보글 솟아오른다. 그러나 **간헐천(geyser)**은 지하의 뜨거운 물과 증기를 격렬하게 분출한다. 일반적으로 간헐천은 뜨거운 지하 암석에서 열린 틈이나 통로로부터 만들어진다. 간헐천이 분출하기 전에 지하수는 틈으로 스며들고 암석에 의해 데워진다. 점차 증기는 주전자에서 물이 끓어오르듯이 부글부글 끓어오르기 시작한다. 만약 통로가 좁다면 기포는 쌓이고 증기 압력을 증가시키는 일시적인 장애물을 만든다(그림 11.27(a)). 압력이 상승하면서 기포의 일부는 좁은 틈 사이를 지나 짧은 증기 폭발이 일어나고 간헐천에서 물을 뿜어낸다(그림 11.27(b)). 좁은 틈에서 뜨거운 물이 증발하고 증기와 뜨거운 물을 위쪽으로 뿜어내면서 증기 압력이 서서히 줄어든다(그림 11.28).

북아메리카의 가장 유명한 간헐천은 매 65분에 한 번꼴로 분출하는 옐로우스톤 국립공원의 올드페이스풀(Old Faithful) 간헐천이다. 올드페이스풀의 분출 간격은 규칙적이지 않아 30~95분 정도로 변화가 있다.

뜨거운 지하수는 터빈을 돌려 전기를 만들어 집이나 건물 난방에 직접 이용된다. 지구의 열로부터 추출한 에너지를 **지열 에너지(geothermal energy)**라 한다. 미국에서는 총 70개의 지열 발전소가 캘리포니아, 하와이, 유타, 네바다

간헐천(geyser) 지하수가 뜨거운 암석과 만날 때 뜨거운 물과 증기의 격렬한 분출이 간헐적으로 나타나는 온천의 한 유형

지열 에너지(geothermal energy) 지구의 열로부터 추출된 에너지

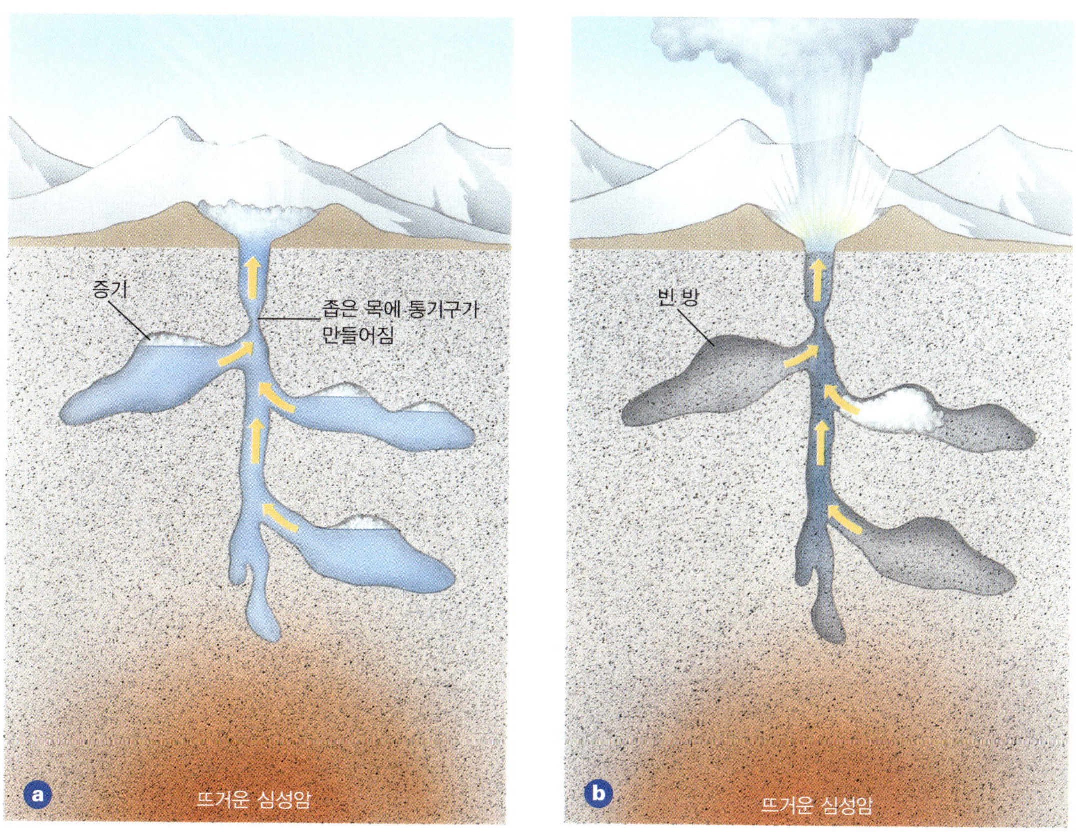

그림 11.27 (a) 간헐천이 분출하기 전 지하수는 지하의 방(chamber)으로 스며들고 뜨거운 화성암에 의해 가열된다. 거품이 간헐천의 목에서 압축되어 증기를 막아 압력이 오른다. (b) 차단물의 힘에 의해 압력이 초과되면 압축을 가했던 것들이 뿜어져 나간다. 그러면 뜨거운 지하수는 증기로 뿜어져 나오고 간헐천이 분출한다.

습지대(wetland) 1년 내내 또는 얼마 동안 물이 스며들거나 범람한 지역으로 늪, 소택지, 습지, 저습지, 진흙판, 범람원으로 알려져 있다.

에 있어서 200만 명이 사용할 수 있고 기름 2,500만 bbl에 해당하는 전력인 2,800 MW의 전기를 생산한다. 그러나 이것은 지열 에너지의 잠재력에 비하면 매우 적은 양이다.

© BOB BLANCHARD/SHUTTERSTOCK

전체 텃새의 1/3을 차지하는 종이 습지대에서 살아간다.

11.8 습지대

습지대(wetland)는 북아메리카에서 늪, 소택지, 개펄, 범람원으로서 알려져 있다. 그 지역은 1년 내내 또는 얼마 동안 물이 스며들거나 범람한 지역이다. 몇몇 습지대는 유난히 습한 해에는 젖어 있지만 수년에 걸쳐 말라 있을지도 모른다.

습지대의 생태계는 매우 다양해서 단순히 정의할 수 없는 개념이다. 습지는 확실한 특성이 있어, 땅은 적어도 얼마 동안 젖어 있고 토양은 혐기성(산소 부족)이며 단풍, 부들, 갈대, 맹그로브, 물로 포화되거나, 주기적으로 범람하는 환경에 적응한 다른 종과 같은 식물로 구성되었다. 북아메리카의 습지대는 모든 하천 범람원, 북극의 언 툰드라, 따뜻한 루이지애나의 습지, 플로리다 해안의 맹그로브 습지, 로키 산 초지의 소택지 그리고 알래스카 국경의 광대한 늪을 포함한다(그림 11.29).

습지대는 지구에서 생물학적으로 가장 생산성이 높은 환경 중 하나다. 인간이 소비하는 대서양 물고기의 2/3와 조개는 적어도 그들의 생활사의 일부를 해안의 습지대에 의존한다. 미국에서 멸종 위기에 처한 동 · 식물의 1/3이 습지에 살고 있다. 800여 종의 보호 철새 중 400종 이상과 모든 텃새 종의 1/3이 습지에서 먹이를 얻고 새끼를 키우며 살고 있다.

유럽의 이주자들이 북아메리카에 처음 도착했을 때, 알래스카를 제외하고 8,700만 ha의 습지가 있었다. 습지를 모기가 득실거리고 말라리아로 가득한 늪지로 봐왔던 이주자들은 농사를 짓거나 배수 시설을 하거나 메우는 방법을 개발하였다. 1800년대 중반 연방 정부는 습지를 메우거나 배수 시설을 하여 농업 용도로 사용 가능하도록 변경할 수 있는 공식적인 정책을 확립한 습지 정책(Swamp Land Acts) 법령을 통과시켰다.

지난 수세기에 걸쳐 농부, 농장주, 개발자들이 초기 습지대의 절반 이상에 배수 시설을 하거나 메워 캘리포니아와 몇몇 중서부 위쪽에 위치한 주들은 습지의 80 % 이상을 잃었다. 습지대는 현재 48개 주 이하에서 6~9 %를 이루고 있으며 알래스카에서는 60 % 이상을 차지하는 8,000만 ha

그림 11.28 미국 와이오밍 주 옐로우스톤 국립공원에 있는 상부 간헐천분지의 리버사이드(Riverside) 간헐천의 분출

USGS

a

b

그림 11.29 북아메리카의 습지대는 (a) 에버글레이즈부터 (b) 거대한 알래스카 습지까지 퍼져 있다.

로 이루어져 있다. 최근 120,000~200,000 ha의 습지대가 해마다 파괴되고 있다.

정부 정책과 민간사업은 습지대의 수익성을 무시해 왔다. 수중 생명체들은 오염물을 소비하고 감소시켜 해롭지 않은 부산물로 바꾼다. 이런 유기체가 습지대에 많이 있기 때문에 생태계는 자연적인 오물 정화시스템을 갖는다. 습지대는 또한 마을과 농지를 범람하는 넘쳐나는 물을 흡수함으로써 홍수를 완화시킨다. 야생 오리와 거위, 다른 철새들은 습지에 의존해 살아간다. 수질 정화, 홍수 조절, 야생동물 서식처로서 습지대의 중요성은 1960년대까지는 널리 인식되지 않았다. 현재 연방 정부와 주 정부 법률의 초점은 습지대를 파괴시키는 것에서 습지대를 보호하고 보존하는 것으로 변화하고 있다. 그러나 정책보다는 되돌리려는 실천이 더 어렵기 때문에 습지는 오늘날도 계속 사라지고 있다.

가상 현장학습

흐르는 물

준비됐나요?

직접 유수의 과정과 결과물에 대해 공부를 할 때, 미국 유타 주 남서부의 자이언 국립공원은 이것을 학습하기에 더 없이 좋은 장소다. 건조기후에서는 식생의 확장은 제한되지만 우뚝 솟은 절벽과 암체의 시원한 경관과 유수의 힘에 의해 만들어진 전시물을 볼 수 있다. 이번 현장학습에서 여러분은 하천 침식과 측면 절단에 대해 배우게 될 것이고 세계적으로 잘 알려진 좁은 협곡을 탐험할 것이다. 게다가 강에 의한 침전과 마모 하방침식의 과정과 결과물을 학습하게 될 것이다(248~249쪽의 "하방침식과 기저수위" 참조).

버진 강은 공원의 지류를 따라 있는 주요 수로가 대다수의 사암 지형을 침식하는 데 큰 역할을 했다. 대략 1,300만 년 전 전 지역이 융기되면서 버진 강의 기울기가 기울어 하방침식이 시작되었고 결국 지금의 절벽과 깊은 협곡을 만들었다. 이제 이 단원에서 유수에 대한 논의와 관련된 많은 것들을 관찰할 수 있는 자이언 국립공원 탐험을 시작해 보자.

현장학습의 목적

자이언 국립공원에서는 많은 지질학적 특징을 관찰할 수 있지만 이번 현장학습의 목적은 다음을 이해하는 것이다.

1. 침식
2. 퇴적물 이동
3. 유수에 의한 퇴적
4. 공원 협곡의 기원과 발달 과정

질문

1. 왜 곡류 하천은 코스를 따라 내려가면서 측면 침식과 포인트 바를 연속적으로 번갈아가며 만드는가?
2. 자이언 국립공원의 협곡의 기원과 발달의 간단한 역사를 설명하시오.
3. 버진 강에 의한 하방침식보다 자이언 국립공원에서 협곡의 진화에 큰 역할을 한 과정은 어떤 것인가?

볼거리

이 사진은 구불구불한 하도를 가진 곡류 하천에 의한 침식과 퇴적을 보여준다(그림 11.9 참조). 사진 오른쪽 경사진 측면은 유속이 가장 빨라 침식이 일어나기 때문에 측면 침식이라고 한다. 하지만 반대쪽 측면은 유속이 느려 퇴적이 일어나 포인트 바를 형성시키고 대부분의 모래를 퇴적시켜 경사는 점차 완만해지고 측면을 침식한다. "하천 수로의 만곡률"에서 보았듯이, 포인트 바는 예전의 곡류 하천 퇴적에서 가장 차별화된 특징이다. 하류로 더 나아갈 때 최대 속력이 오른쪽에서 왼쪽으로 뒤바뀌어서 포인트 바와 하방침식이 연속적으로 만들어진다는 것을 기억하는 것은 중요하다. 포인트 바 사진에서 보듯이 강바닥을 따라서 진흙(미사와 점토)과 모래가 운반되기 때문에 강물은 탁하다.

이 사진은 자갈과 모래의 퇴적을 보여주는데, 어떤 자갈은 거력 크기(25.6 cm 이상)만하다. 여기를 관찰함으로써 우리는 하천은 퇴적이 일어날 때 더욱 높고 보다 큰 입자를 빠르게 흐르게 할 것이라는 결론을 내릴 수 있었다. 또한 자갈 입자들은 매우 둥근 것으로 보아 날카로운 모서리나 가장자리가 운반 도중 마모되어 부드럽게 깎였음을 알 수 있다. 그리고 마지막으로 퇴적의 분급은 넓은 범위의 크기의 입자를 포함하기 때문에 불량하다.

이 협곡(자이언 협곡의 하부)이나 앞 단락에서 논의한 좁은 협곡은 모두 흐르는 물에 의해 침식되었지만 이 협곡(자이언 협곡의 하부)의 단면은 매우 다르다. 좁고 깊은 계곡과 반대로 이 협곡은 경사진 절벽과 완만한 사면이 교대로 나타나는 넓고 깊은 협곡이다. 아랫부분의 완만한 사면은 대부분 셰일과 실트암과 같이 부드러운 암석으로 만들어진 반면 가파른 절벽은 조록색의 나바호 사암이 우세하다.

이것은 좁은 협곡의 위대한 모습인데, 협곡은 넓이에 비해 거의 수직에 가까울 정도로 무척 깊다. 대부분 좁은 협곡은 유수가 사암(여기에서는)이나 석회암을 침식하여 형성되었다. 수면 위의 지표로부터 몇 m 높이에 있는 암석 표면의 긁힌 자국이나 매끄러운 부분은 과거 홍수가 있었음을 나타낸다. 만약 좁은 협곡을 하이킹 한다면, 여름에 쏟아지는 폭우가 단지 몇 분 만에 수위를 몇 m 이상 상승시킬 수 있기 때문에 매우 주의해야 한다.

11.2절의 "하천 침식과 산맥: 지형은 어떻게 진화하는가?" 부분에서 공부한 것처럼 유수에 의한 하방침식으로 협곡은 더욱 깊어지지만 지류, 풍화, 중력사면이동의 침식 과정을 거치면서 넓어진다. 이러한 블라인드 아치는 아래 놓인 부드러운 암석이 침식되고 위에 놓인 사암 부분이 무너지면서 만들어졌다. 이렇게 만들어진 암석 부스러기는 강에 의해 운반되어 다른 장소에 퇴적된다.

요약

11.1 물 순환

지구에서 단지 0.64 %의 물만이 담수다. 나머지는 염분이 있는 해수이고, 빙하로 있다. 물 순환은 바다, 땅, 생물권, 대기권에서 일정하게 일어난다. 대부분의 물은 바다와 땅으로부터 증발되고 비 또는 눈으로 지표면에 되돌아간다. 강수는 대륙에 떨어지고 유수와 지하수의 흐름을 통해, 또는 증발과 증산작용으로 대기권으로 되돌아간다.

11.2 하천

하천이란 물이 하도를 따라 흐르는 것을 말한다. 하천의 유속은 경도(경사도), 유량(물의 양), 하도의 모양(하도의 모양과 거칠기)에 의해 결정된다. 하천은 지표면의 토양과 기반암의 침식에 의해 모양이 잡힌다. 하천 퇴적물은 녹은짐, 뜬짐, 밑짐으로 이동된다. 하방침식, 측방침식 그리고 중력사면이동의 결합으로 하천 계곡이 형성된다. 기저수위는 하천이 바닥 면을 침식시킬 수 있는 가장 낮은 높이로, 일반적으로 해수면이다.

11.3 하천 퇴적

하천이 천천히 흐를 때, 밑짐이 먼저 퇴적된다. 만약 물이 충분히 천천히 흐른다면 뜬짐 또한 바닥에 쌓이나, 녹은짐은 화학적 환경이 바뀔 때까지 여전히 물에 남아 있다. 하천은 삼각주와 선상지로 흘러들어 지류라고 불리는 많은 하도로 분리된다.

11.4 홍수

하천이 제방을 넘거나 범람원으로 흘러넘칠 때 홍수가 일어난다. 인공 제방과 하도는 작은 홍수는 막을 수 있으나 큰 홍수는 악화시킨다.

11.5 호수

호수는 하천 퇴적물에 의해 채워지기 때문에 짧은 기간 존재하는 지형이다. 현세의 빙하가 현재의 호수들을 만들었다. 그 결과 우리는 호수가 많은 특이한 시기에 산다. 호수는 흔히 빈영양호에서 부영양호로 진행하고, 습지를 거쳐 마침내 평탄한 목초지 또는 숲이 된다.

11.6 지하수

땅에 떨어진 많은 비는 토양과 기반암에 스며들어 지하수가 된다. 지하수는 상부 수 km의 토양과 기반암을 포화시키고, 포화대와 통기대를 분리하는 지하수면을 형성한다. 대부분의 지하수는 하루에 약 4 cm 정도로 천천히 흐른다. 샘은 지하수면과 지표면이

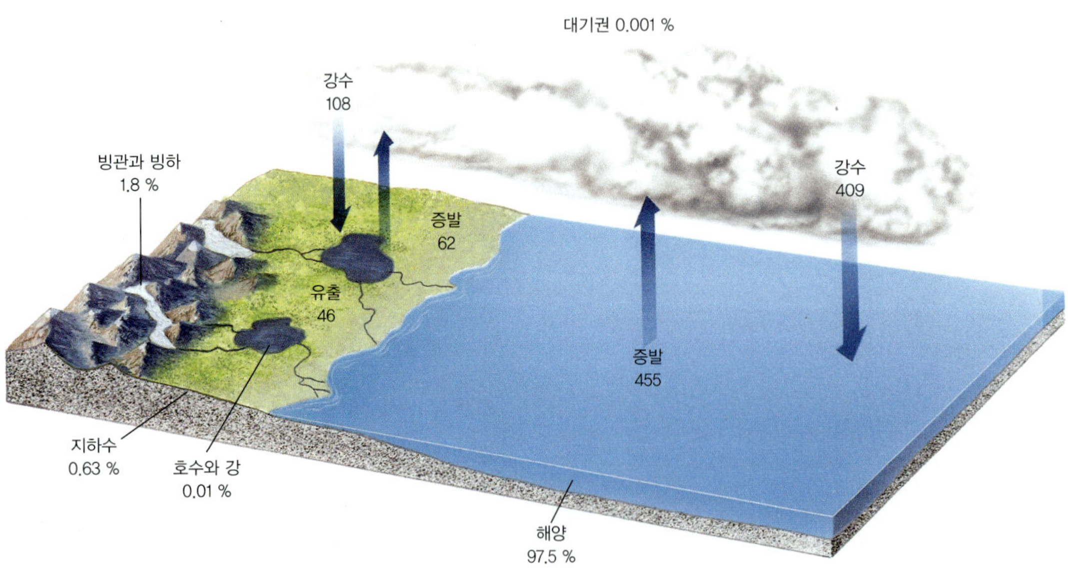

그림 11.2 물의 순환은 물이 바다, 대기, 땅을 꾸준히 순환하는 것을 보여 준다. 전체 숫자는 매년 수천 km^3의 물이 이동된다는 것을 의미하는데 %는 지구 표면의 다른 부분에서 전 지구적인 물의 비율을 의미한다.

교차할 때 생기고, 물은 지표면을 흐르거나 스며든다. 불투수층 사이에 낀 경사진 대수층은 아르티잔 대수층을 형성한다. 동굴은 석회암이 지하수에 의해 용해되어 형성된다. 싱크홀은 석회동굴의 지붕이 붕괴되어 형성된다. 많은 동굴, 싱크홀, 지하 하천들이 있는 카르스트 지형은 석회암 지대의 특징이다.

11.7 온천, 간헐천, 지열 에너지

온천과 간헐천은 뜨거운 지하수가 지표면으로 상승하여 만들어진다. 뜨거운 지하수는 지열 에너지에 의해 만들어졌다.

11.8 습지대

습지대는 생물학적으로 지구에서 가장 생산성이 높은 환경이다. 더욱이 그것은 자연적인 물 정화시스템이고, 홍수 시 물을 흡수하여 홍수를 가라앉힌다. 이런 사실에도 불구하고 정부와 민간의 개발 노력으로 유럽의 정착민들이 미국에 처음 도착했을 때, 48개 이하의 주에 존재하던 습지대의 반절 이상이 자취를 감췄다.

핵심용어

간헐천 geyser (11.7)
곡류 meander (11.2)
공극률 porosity (11.6)
구배 gradient (11.2)
구혈 호수 kettle lake (11.5)
기저수위 base level (11.2)
녹은짐 dissolved load (11.2)
대수층 aquifer (11.6)
동굴 cavern (11.6)
뜬짐 suspended load (11.2)
망상하천 braided stream (11.2)
밑짐 bed load (11.2)
배수분지 drainage basin (11.2)
뱅크 bank (11.2)
범람원 flood plain (11.4)
부영양호 eutrophic lake (11.5)
빈영양호 oligotrophic lake (11.5)
삼각주 delta (11.3)
샘 spring (11.6)
석순 stalagmite (11.6)
석주 column (11.6)
수문 순환 hydrologic cycle (11.1)
수온약층 thermocline (11.5)
습지대 wetland (11.8)
싱크홀 sinkhole (11.6)
아르티잔 대수층 artesian aquifer (11.6)
아르티잔 우물 artesian well (11.6)
역전 turnover (11.5)
온천 hot spring (11.7)
우각호 oxbow lake (11.2)
우물 well (11.6)
유량 discharge (11.2)
유출 runoff (11.1)
인공 제방 artificial levee (11.4)
재충전 recharge (11.6)
종유석 stalactite (11.6)
증산 transpiration (11.1)
지류 distributary (11.3)
지류 tributary (11.2)
지열 에너지 geothermal energy (11.7)
지표면 지하수위 perched water table (11.6)
지하수면 water table (11.6)
충적선상지 alluvial fan (11.3)
측방침식 lateral erosion (11.2)
카르스트 지형 karst topography (11.6)
통기대 zone of aeration (11.6)
투수성 permeability (11.6)
평형하천 graded stream (11.2)
포인트 바 point bar (11.2)
포화대 zone of saturation (11.6)
하도의 특성 channel characteristics (11.2)
하방침식 downcutting (11.2)

하상bed (11.2)
하천stream (11.2)
하천 능력competence (11.2)
하천 용량capacity (11.2)
해저 삼각주submarine delta (11.3)
호수lake (11.5)
홍수flood (11.4)

연습문제

1. 수권을 통하는 물의 이동을 기술하시오.
2. 하천의 유속을 결정하는 요인에 대하여 기술하시오.
3. 카르스트 지형이란 무엇이고 어떻게 알 수 있으며, 어떻게 형성되는가?
4. 하천 침식과 퇴적물 이동에 대해서 설명하시오.
5. 우각호가 형성되는 과정을 기술하시오.
6. 홍수 방지 대책에 대해서 논의하시오.
7. 호수에서의 온도 분포와 조절 작용에 대해서 설명하시오.
8. 하천에 대한 인간의 영향에 대해서 설명하시오.
9. 지하수에 대한 인간의 영향에 대해서 설명하시오.
10. 온천이 생성되는 과정을 설명하시오.
11. 지열 에너지를 이용하는 방법에 대해서 설명하시오.
12. 습지대의 생태학적 중요성에 대해서 설명하시오.

12장 수자원

미국 와이오밍 주 그랜드티턴 국립공원 내에 있는 잭슨 댐

> **"우물이 마르고서야, 물의 가치를 안다."**
>
> 벤저민 프랭클린(Benjamin Franklin, 1706~1790)[1)]

지구 표면의 2/3 이상이 물로 덮여 있다. 그러나 대부분의 물은 바닷물이고, 담수의 대부분은 남극 대륙에 얼어 있거나 그린란드에 빙관(ice cap)으로 존재한다. 인류는 육지에 내리는 비나 눈에서 생기는 물의 절반을 사용한다. 그럼에도 불구하고 급증하는 인구와 1인당 소비하는 양에 비해서는 물의 양이 부족하다. 오늘날 우리는 일부에서 물자원의 한계를 넘어서는 상황에 직면하고 있으며, 우물이 말라가고 있다. 2003년 3월, UN에서 발표된 〈세계물개발보고서〉에 따르면 21세기 중반에 이르면 전 세계 인구가 70억 이상에 이를 것으로 추산되어 물 부족에 직면할 것이라고 밝히고 있다. 이러한 문제 중 하나는 지구에 내리는 비의 상당 부분이 인간이 사용할 수 있는 시간과 장소가 아닌 잘못된 곳에서 내린다는 것이다. 어느 저명한 생태학자는 "세계의 습한 지역은 이미 충분히 습하기 때문에 비가 필요 없다. 하지만 건조한 지역은 땅을 개간하기 위해 비가 필요하지만 충분히 얻을 수 없다"[2)]며 애통해 했다.

물 부족 문제에 더하여 산업화된 지역의 지표수와 지하수의 상당 부분이 심각하게 오염되었으며, 자연 서식지가 파괴되어 인간에게 유용한 자원이 쓸모없게 되어가고 있다.

12.1 물의 공급과 수요

비와 눈은 계속 육지의 담수를 보충해서 사용 가능한 담

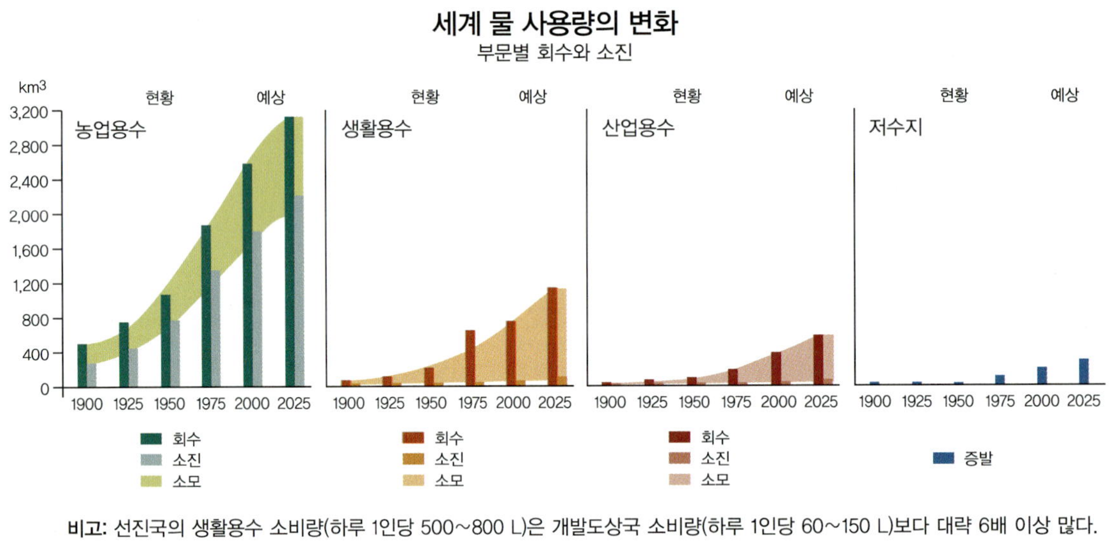

그림 12.1 1900~2025년의 세계 물 사용량. 2000~2054년 사이에 전 세계 인구는 30억 명이 증가할 것으로 예상되어 물 수요는 지속적으로 상승할 것이다.

---

1) 역자 주: 미국 과학자, 화가, 저술가, 정치가로서 18세기 전반기 세계에서 가장 유명하고 존경받은 인물 중의 한 사람이다. 그는 미국 독립선언서의 입안자로서 국가를 세운 아버지다.

2) Stuart L. Pimm, *The World According to Pimm: A Scientist Audits the Earth*(New York: McGraw-Hill, 2001), 111; online at http://www.nicholas.duke.edu/people/faculty/pimm/World%20according%20to%20Pimm.pdf

COURTESY OF GRAHAM R. THOMPSON/JONATHAN TURK

그림 12.2 관개용수의 대부분은 증발하고 바람에 의해 멀리 운반된다.

수의 양은 200여 년 전과 비슷하다. 그러나 세계의 많은 지역에서 물 수요는 극적으로 증가하여 비나 눈에 의한 공급양에 근접하거나 넘어서고 있다(그림 12.1). 1800년대 초, 10억 명 정도였던 지구의 인구가 현재 65억 명에 이른다. 인구가 증가함에 따라 1인당 사용 가능한 담수의 양도 줄어든다. 게다가 우리의 기술화된 사회에서 물의 사용량은 벤저민 프랭클린이 상상할 수 없을 정도다.

물의 사용은 2가지 부문으로 감소한다. 국지적으로 물이 사용되고 되돌아오는 과정을 **회수**(withdrawal)라고 한다. 공장과 가정에서 사용된 물의 대부분은 물이 시작되었던 곳 근처의 강이나 지하수 저수지로 되돌아온다. 예를 들어 발전소를 냉각시키기 위해 사용된 강물은 거의 곧바로 강으로 되돌아간다. 도시 화장실에서 사용한 물은 하수처리장으로 보내 정화시켜 근처 하천으로 배출된다.

이와 달리 물이 수원으로부터 먼 곳에서 사용되고 되돌아오는 과정을 **소진**(consumption)이라고 한다. 대부분의 관개수는 증발하여 바람에 의해 사라진 후 수원으로부터 수백에서 수천 km 떨어진 곳에서 강수로 되돌아온다(그림 12.2). 산업용수가 미국에서 회수되는 전체 물의 절반 정도를 차지하지만, 농업용수의 대부분은 소비되어 근원지로 되돌아오지 않는다(그림 12.3). 세계적으로 사용되는 전체 물의 2/3가 소진된다.

물의 회수와 소진은 전체 유출의 대략 1/6 정도(약 17 %)를 설명한다. 인간은 강에 댐을 만들어서 전체 유출량에서 추가적인 33 %를 전용한다. 이러한 물이 회수되거나 소진되지 않을지라도 댐은 12.2절에서 논의하게 될 환경적인 문제를 야기한다.

물은 용도(회수와 소진)에 따라 생활용수, 공업용수(발전소 냉각수 포함), 농업용수로 분류할 수 있다. 그림 12.4를 보면 미국에서 물 사용량의 41 %가 농업용수로 사용된다.

회수(withdrawal) 국지적으로 물이 사용되고 다시 돌아오는 과정

소진(consumption) 물이 수원으로부터 먼 곳에서 사용되고 되돌아오는 과정

생활용수

산업화된 도시 사회에서 한 사람이 건강하고 깔끔하며 위생적인 삶을 살기 위해서는 하루 50 L의 물이 필요하다. 이 중 5 L의 물은 마시는 데 사용하고 10 L의 물은 요리와

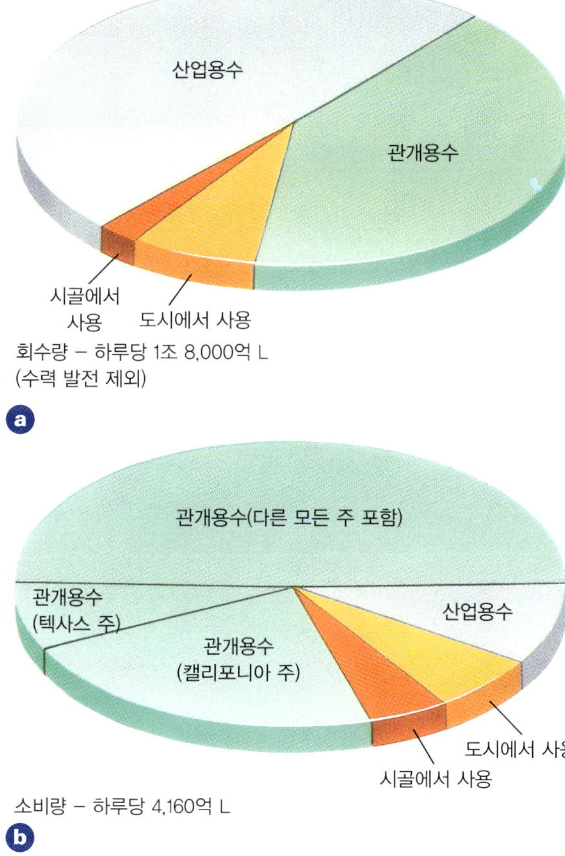

그림 12.3 (a) 회수: 산업용수는 미국에서 회수되는 전체 물의 절반 정도를 차지한다. (b) 소진: 소비되는 물의 3/4 이상을 농업용수가 차지한다. 건조한 날씨에서 농업을 주로 하는 캘리포니아와 텍사스 주와 같은 곳에서의 관개용수는 미국에서 소비되는 전체 물의 약 30 %를 차지한다.

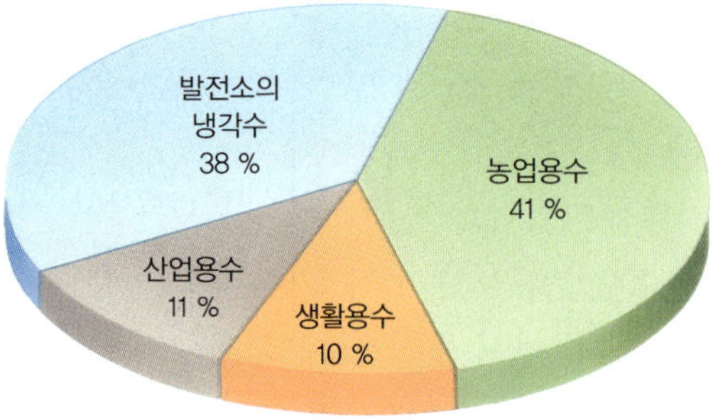

그림 12.4 미국 내의 산업용수, 농업용수, 생활용수 비율

MICIMAKIN/SHUTTERSTOCK

설거지하는 데, 15 L는 목욕하는 데, 20 L는 빨래하고 화장실 사용하는 데 쓴다. 여기서 마지막 2가지 요소는 하나로 묶을 수가 있는데, 빨래에 사용된 물은 재활용하여 화장실 변기의 물로 사용할 수 있기 때문이다. 사실 미국 사람들은 평균적으로 하루에 800 L의 물을 사용한다(그림 12.5). 이 중에 200 L는 잔디밭에 물을 주는 데 사용한다. 하지만 단지 미국에서 사용되는 전체 물의 10 %만이 생활용수로 설명할 수 있다.

이와 달리 세계보건기구(WHO)에서는 저개발 농업사회에서 집으로부터 1 km 거리 이내에 물을 얻을 수 있는 곳이 있어 하루 1인당 20 L의 위생적인 물을 사용하는 것을 "합리적인 물 접근"이라고 정의한다. 아직도 전 세계 인구의 1/6인 대략 11억 정도가 이 같은 소량의 깨끗한 물이 부족한 실정이다. 물의 양이 충분하지 않고, 마시기에도 부적합하며, 공동 우물이나 강이 집에서 너무 멀어서 멀리 떨어진 곳에서부터 물을 운반해 와야 하는 세 가지 이유가 물에 대한 접근을 어렵게 할 수 있다. 세계보건기구는 안전하지 않은 물에 의해 발생하는 설사병이 세계 질병의 4.1 % 정도를 차지하며 이러한 수치는 매년 180만 명의 사망자가 발생하는데 이들 중 대부분이 5살 이하의 어린이라고 추산하였다.

산업용수

발전소(화력 발전 또는 원자력 발전)의 냉각시스템에서 사용하는 물의 양은 미국에서 사용하는 모든 물의 양의 38 %를 차지한다. 비록 이 물 중 많은 양이 원래 있었던 하천으

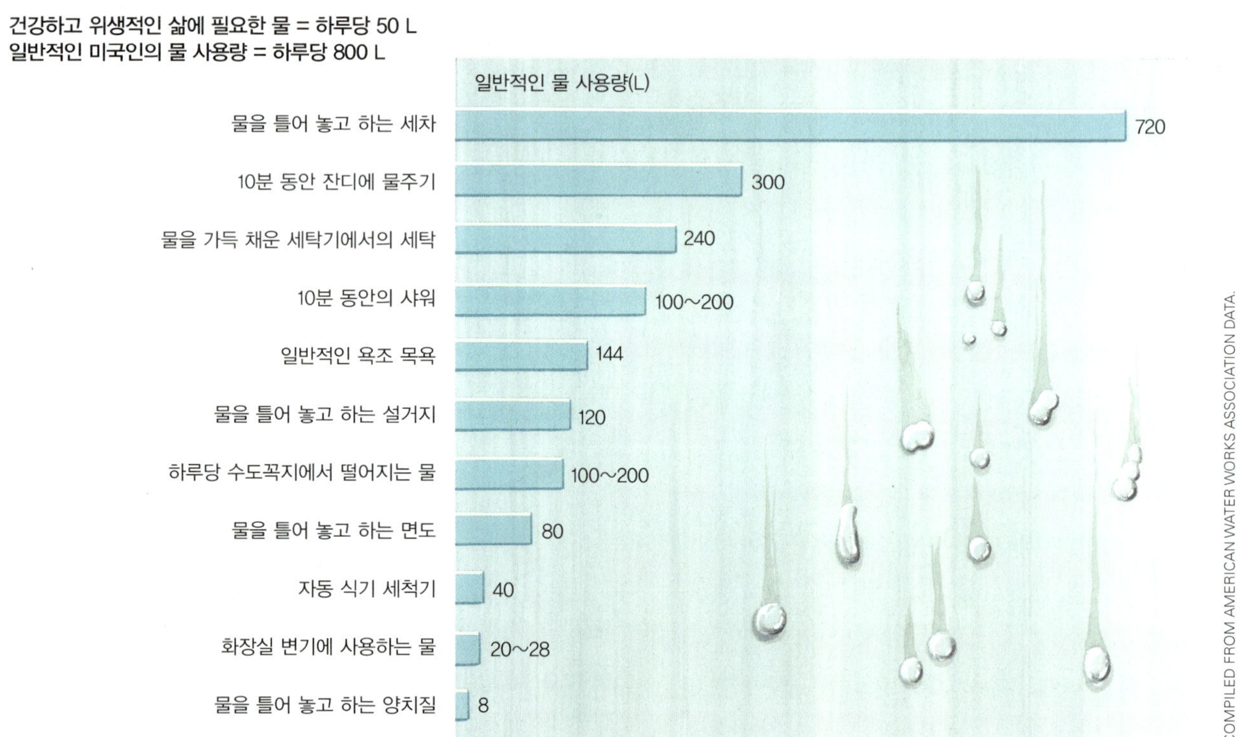

그림 12.5 미국에서 일반적인 생활을 위해 필요한 생활용수의 양

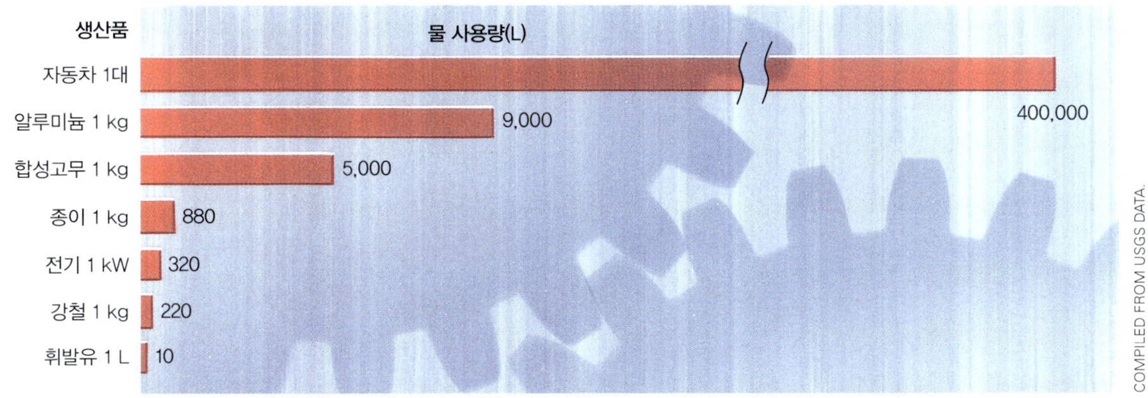

그림 12.6 미국에서 일반적인 산업 제품을 생산하는 데 필요한 물의 양

로 되돌아간다고 해도 여러분이 예상하는 것처럼 물은 상당히 뜨거워져서 수중 생태계에 영향을 미친다. 다른 산업 활동에서도 국가적으로 요구되는 물 수요량의 11 %를 더 필요로 한다. 보통 일반적인 산업용 제품을 생산하는 데 필요한 물의 양이 그림 12.6에 제시되어 있다.

농업용수

농업용수는 미국의 물 사용량의 41 %를 차지한다. 그림 12.7은 농산물에 따라 물 사용량이 대단히 차이가 많이 난다는 것을 보여준다. 미국 캘리포니아 주 센트럴밸리(Central Valley)는 사막 중 하나이지만 개간을 해서 과일과 야채를 기르는 매우 생산적인 지역으로 변화되었다. 만약 물을 끌어오는 것이 중단된다면 미국 서부의 대평원(Geat Plain)의 생산량은 1/3~1/2까지 감소할 것이다.

세계적으로 많은 나라는 농산물의 절반 이상을 관개농업으로 재배하고 있다. 건조 지역의 많은 농지에서 관개농업을 하고 있으며, 그 결과 지표의 수자원은 강한 압박을 받고 있다(그림 12.8).

12.2 댐과 분류

12장 서두에서 얘기한 것처럼, 지구에 내리는 비의 상당수는 인간이 사용하기에 적절하지 않은 시간과 장소에 내린다. 수천 년 동안 사람들은 이러한 문제를 댐을 지어서 부적절한 시기에 내린 물을 저장하고 부적절한 장소에 있는 물을 전용함으로써 개선할 수 있다는 것을 깨달았다. 티그리스 강과 유프라테스 강은 먼 산에서부터 중동의 사막

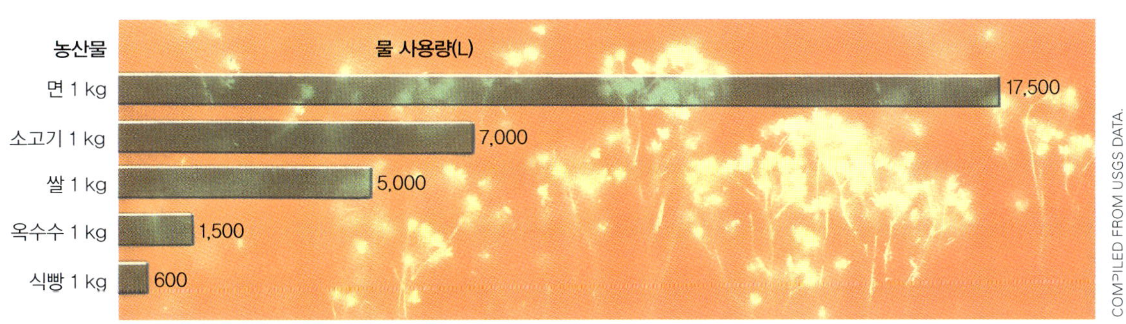

그림 12.7 미국의 농산물에 따른 관개수의 사용량

분류시스템(diversion system) 인간에게 필요한 물을 제공하기 위해 물의 순환에서 자연적인 장소와 경로를 따라 새로운 장소와 경로로 물이 운반되어지는 관, 수로, 기타 기반 시설

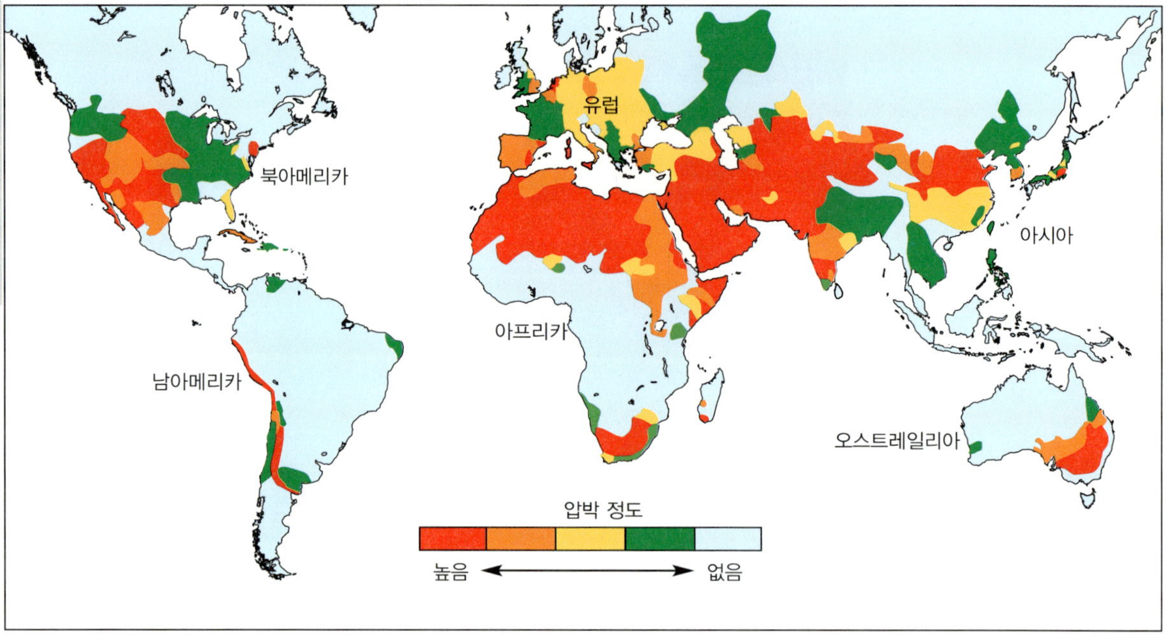

DATA FROM WORLD COMMISSION ON WATER USE IN THE 21ST CENTURY.

그림 12.8 인간이 관개농업이나 다른 목적으로 물을 사용하면서 지표의 수자원은 많은 압박을 받고 있다(압박의 정도는 사람이 사용하는 양과 비교하여 사용할 수 있는 물의 양에 근거를 두었다).

을 통해 흐른다. 고대 바빌로니아인들은 마른 저지대에 강물을 대서 끌어옴으로써 사막에 농사를 지었다. 현대에는 공학자들이 물을 저장하기 위해 거대한 댐을 짓는다. 1950년에는 전 세계적으로 5,700여 개의 커다란 댐이 있었지만 2005년까지는 거의 50,000개까지 만들어졌다.[3)] 새 댐들의 거의 절반이 중국에 건설되었다. 이 전례 없는 건설 붐은 많은 지역에서 물 이용 가능성을 증가시켰고 거대한 양의 수력 에너지를 생산했지만 다음 논의에서 볼 것처럼 이러한 이점은 인간과 환경적인 비용으로 상쇄된다.

많은 지역에서 지표수는 부족하지만 지표 아래에 있는 거대한 지하수 저장고는 이용이 가능하다. 이러한 지하의 물은 사람이 이용할 수 있도록 표면으로 퍼 올려진다.

미국은 물 사용량보다도 강수 현상으로부터 세 배나 많은 물을 얻는다. 하지만 가장 건조한 일부 지역이 물을 가장 많이 사용하는 곳이다(그림 12.9). 예를 들어 농업 생산성이 높은 미국 캘리포니아나 주, 텍사스 주, 애리조나 주는 사막에 위치해 있는데 여기에서 곡물은 전적으로 관개용수에 의지하고 있다. 피닉스, 로스앤젤레스, 앨버커키와 투산과 같은 사막 도시에서는 그 지역에서 활용 가능하고 재활용될 수 있는 물보다 수백 배나 많은 양의 물을 사용하여 많은 사람들이 삶을 유지한다.

지표수 분류

분류시스템(diversion system)은 물을 수송하기 위해 건설된 관이나 수로다. 어떤 사람들은 물을 높은 곳으로 끌어올리기 위해 펌프를 사용하는 반면, 많은 사람들은 물을 이동시키기 위해 중력을 사용한다. 분류시스템은 물을 저장하는 댐이 증가하면 이 또한 증가한다. 댐은 특히 계절적인 강수 변화가 있는 지역에서 유용하다. 예를 들면 미국 서부의 건조와 반 건조 지대에서 연중 대부분의 강수 현상이 겨울과 봄에 생긴다. 댐은 이러한 물을 저장하였다가 여름철 작물이 물을 필요로 할 때 관개수로 사용한다. 게다가 이 저수지 안의 물의 위치 에너지는 전력을 생산할 수 있다. 오늘날 세계적으로 사용되는 에너지의 5 %가 댐에서 공급되기

3) 커다란 댐이란 바닥에서부터 꼭대기까지 높이가 15 m 이상, 물 300만 m^3 이상을 저장할 수 있는 댐으로 정의된다.

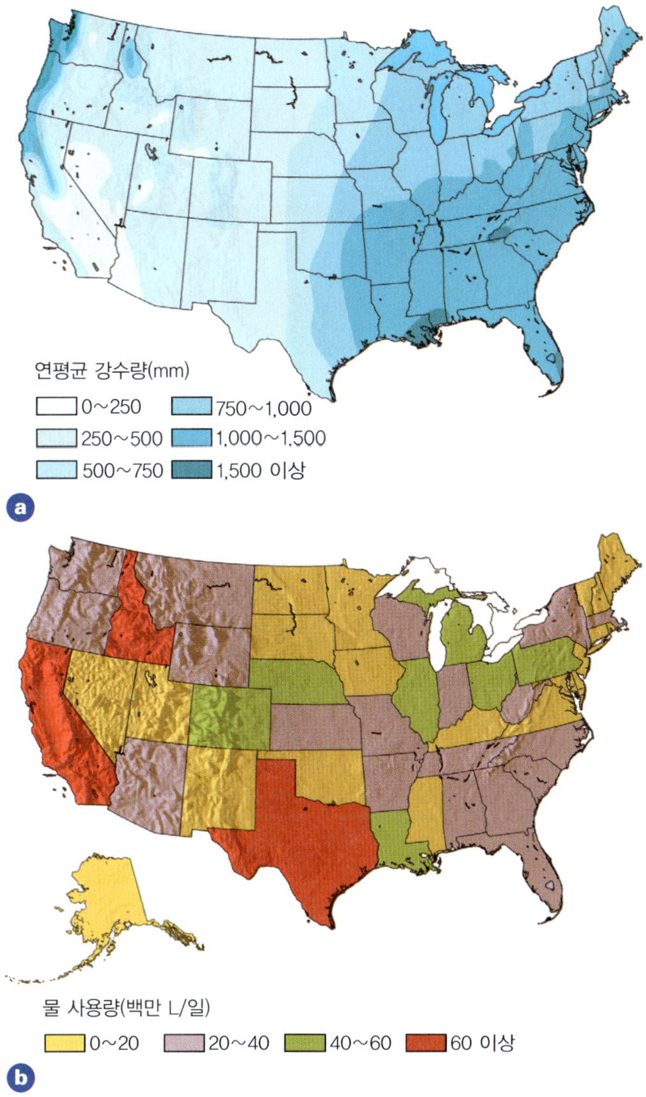

그림 12.9 (a) 미국 전 지역의 연평균 강수량은 매우 다양하다. (b) 연평균 물 사용량 또한 매우 다양하다. 그러나 가장 많은 물을 사용하는 몇몇 지역에 가장 비가 적게 내린다.

때문에 댐은 매우 유익하지만 그것들은 수많은 바람직하지 않은 효과를 야기할 수 있다.

물의 손실

댐을 건설할 때 만들어진 저수지는 물의 표면적을 넓혀 증발량을 늘리고, 물이 기반암으로부터 새어나가는 바닥 면적 또한 증가시킨다. 예를 들면 연간 약 27만 km^3의 물이 콜로라도 강 글렌캐니언 댐(Glen Canyon Dam) 위의 파월(Powell) 호수에서 증발하여(그림 12.10), 전체 저수량보다 더 적은 양이 하류로 흐른다. 게다가 저수지로부터 농지로 물을 운반하기 위해 지어진 많은 수로들은 단순히 토양이나 기반암에 도랑을 파서 만들었기 때문에 수많은 물이 새나가게 된다.

염류화(salinization) 토양에 축적된 염류에 의해 토양의 비옥도가 낮아지는 과정

염류화

AARON AMAT/SHUTTERSTOCK

모든 강에는 미량의 염류가 용해되어 있어서, 농부들이 경작지에 물을 대기 위해 강물을 사용할 때, 물은 증발되지만 토양에 염류가 남게 된다. 만약 사막이나 반 사막 지역의 토양에 오랜 시간 동안 물을 댄다면, 염류는 축적되어 토양의 비옥도를 낮추게 된다. 미국에서 **염류화(salinization)**는 500만 ha 이상의 관개된 농지에서 25~30 %의 수확량을 감소시킨다(그림 12.11). 전 세계적으로

NASA EARTH OBSERVATOR/SPACE IMAGING

그림 12.10 1950년대 후반 콜로라도 강에 글렌캐니언 댐이 건설되어 유타 주와 애리조나 주 사이에 파월 호수가 만들어졌다(사진의 위쪽). 사진은 2004년 9월 21일 IKONOS 위성에서 촬영되었다.

COURTESY OF GRAHAM R. THOMPSON/JONATHAN TURK

그림 12.11 하얀 소금이 광활한 네바다 사막을 덮고 있다. 염류화작용은 세계적으로 수백만 ha의 농지에서 생산성을 감소시킨다.

이러한 문제는 관개된 토지의 10 %인 약 2,500만 ha에 영향을 미쳐 연간 150만 분의 1 ha의 비율로 증가하고 있다.

침전

하천은 흐름이 느려지는 저수지에 퇴적물을 침전시킨다. 저수지에서 퇴적물의 퇴적 비율은 둑으로 막은 강의 퇴적물 양에 따라 변한다. 미국 애리조나 주와 네바다 주의 후버(Hoover) 댐 뒤에 있는 미드(Mead) 호수는 퇴적물 침전으로 인해 처음 생긴 이후 35년 동안 저수 용량의 6 %를 잃었다. 이 같은 비율로 저수지는 수백 년간 지속된다. 100년이라는 시간이 정치적으로나 경제적인 관점에서는 긴 시간일지 몰라도 지질학적 시간 개념이나 인류의 문명적인 측면에서 보면 짧은 시간이다. 아주 적은 사례에서 공학자들은 퇴적율을 잘못 계산하여 경제적 손실을 가져 왔다. 파키스탄의 타벨라 댐은 착공 9년 만인 1978년에 완공되었는데 2005년까지 이미 25 % 이상이 실트로 채워졌다. 중국 황하의 산멘시아 댐 후방의 저수지는 댐이 완공된 후 4년 간 채워져 댐과 저수지를 쓸 수 없게 되었다.

침식

하천은 정상적으로 흐르는 동안 제방을 따라 있는 백사장을 침식시키지만 홍수가 일어나는 동안 거꾸로 백사장에 퇴적물을 퇴적시킨다. 최근 콜로라도 강을 따라 있는 백사장은 그랜드캐니언에서 상부의 홍수를 예방하기 위해 만든 글렌캐니언 댐에 의해 빠르게 사라지고 있다. 비슷한 이유로 댐이 만들어진 많은 하천에서 백사장은 사라지고 있다.

1996년 봄, 과학자들은 그랜드캐니언에 홍수를 일으키기에 충분한 물을 글렌캐니언 댐에서 방류하였다. 예상대로 홍수가 강바닥에 있는 많은 퇴적물을 휘저어 제방으로 퇴적되었다. 그것 때문에 오래된 백사장이 변화되고 새로운 백사장이 만들어지고 있다. 왜냐하면 저수지에 미사와 모래가 쌓여 해안으로 퇴적물을 운반하지 못하기 때문이다. 그 결과 해안 백사장은 침식되지만 자연적인 과정으로는 모래를 보충할 수 없다. 이러한 문제로 미국 동부의 일부 유명한 백사장에서는 값비싼 복구 사업을 추진하였다.

재해 위험

댐은 붕괴되어 하류에서의 물의 범람과 같은 재해를 만들 수 있다. 마지막 빙하기 이래로 가장 큰 홍수 중의 하나가 1976년 6월 3일, 아이다호 주의 티톤 강 협곡에서 티톤 댐이 무너질 때 발생하였다. 홍수로 인한 물은 댐 아래 6마일 떨어진 윌포드 마을의 154~155개의 건물을 휩쓸어 마을 전체가 사라져 버렸다. 홍수는 강 하류로부터 멀리 떨어져 있는 렉스버그 시의 절반을 물에 잠기게 하여 4,000여 채 주택과 350여 개의 사업장을 파괴시키거나 손해를 가했다(그림 12.12). 전체 피해 규모는 대략 20억 $로 추산되며 격렬한 물이 수만 ha의 농지 표토를 휩쓸고 가버렸다. 다행히도 민간 기구에서 미리 경고하여 대부분의 사람들을 대피시켰기 때문에 사상자는 불과 11명에 지나지 않았다. 그러나 만약 홍수가 한 밤중에 일어나 경고와 대피가 어려웠다면 수천 명의 사상자가 발생하였을 것이다.

휴양적 측면과 심미적 측면의 손실

댐은 종종 공학적인 이유와 건설비용의 최소화를 위해 좁

a

b

US BUREAU OF RECLAMATION

c

그림 12.12 (a) 1976년 봄, 완공 당시 티톤 댐 (b) 빠르게 상승하는 물은 1976년 6월 3일, 댐을 무너뜨렸고 뚫린 구멍을 통하여 호수의 물이 쏟아져 내렸다. (c) 티톤 댐의 붕괴로 인한 홍수가 아이다호 주 렉스버그 시를 침수시켰다.

은 협곡에 건설된다. 그러나 협곡이 물에 잠기게 되면 비길 바 없는 경치와 생태계가 파괴된다. 콜로라도 강의 글렌캐니언 댐은 미국 서부에서 가장 장관인 사막 협곡 중의 하나를 침수시켜 파월 호수를 만들었다. 오늘날 글렌캐니언 댐 위쪽으로 300 km 이상이 수몰되어 지금은 오래된 사진으로만 볼 수 있을 뿐이다. 하지만 물에 잠긴 협곡이 만든 호수에서 낚시를 하거나 수상 스포츠를 즐길 수 있다.

댐에 저장된 물을 사용하는 다양한 그룹들 간에 종종 논쟁이 발생한다. 홍수를 예방하기 위해서 봄에 비가 많이 오는 때에 물을 저장하고 채울 수 있도록 해야 한다. 그런 뒤에 저수지는 여름과 가을 동안에 수위를 조절해야 한다. 농사를 짓는 사람들은 봄에 물이 넘쳐흐를 때 물을 저장하였다가 여름 몇 달 동안 농지에 물을 공급하는 것을 선호한다. 하지만 휴양을 즐기는 사람들은 방문객들이 가장 많은 여름에 저수지의 수위가 낮아지는 것을 싫어한다. 댐에서 수력 발전을 하는 사람들은 홍수 관리나 관개, 휴양 계획과는 별개로 전기 수요가 가장 많은 시간에 물을 내보내 발전기를 돌리기를 원한다.

JOHN HOFFMAN/SHUTTERSTOCK

생태계 파괴

강이 흐르는 것을 포함하여 강은 생태계에서 없어서는 안 될 부분이며 강이 변할 때 생태계도 변한다. 댐은 홍수를 예방하나 연중 물의 흐름을 방해하고 강 하류 물의 온도를 변하게 하고 종종 부자연스럽게 하천 흐름을 변화시킨다. 이러한 모든 변화는 상대적인 수생 생물종의 다양성에 영향을 미친다. 게다가 댐은 각각의 강에서 특별한 생태학적 문제를 만든다.

예를 들어 이집트의 아스완 댐이 만들어지기 전에 나일

영향 추(cone of depression) 원뿔 모양의 수위 강하, 지하수가 대수층에서 원래 흐르는 것보다 우물에서 급하게 양수될 때 만들어진다. 이러한 비율로 지하수가 우물에서 계속 양수되면 지하수면이 내려간다.

강은 매년 봄 홍수가 발생하여 범람원과 삼각주에 영양이 풍부한 퇴적물을 침전시켰다. 삼각주는 바다에 의한 침식과 매년 홍수에 의해 더해지는 새로운 미사로 균형을 이루었다. 그런데 댐과 저수지가 미사의 유입을 막아 침식이 우세해져 지금 나일 삼각주의 크기는 줄어들고 있다. 미사의 유입이 줄면서 생기는 영양분 공급의 손실은 범람원의 농지를 위한 천연 비료 자원을 없애는 것과 같다. 비록 댐에서 만들어진 에너지가 상업적인 비료 제조에 사용될지라도, 범람원에서 농사를 짓는 많은 가난한 농부들은 강이 한때 무료로 제공하던 영양분을 구입할 여유가 없다.

인간의 대가

지난 50년 동안 세계적으로 대략 미국 인구의 27 %에 해당하는 8,000만 명의 사람들이 댐 뒤로 만들어지는 저수지 때문에 집과 농지로부터 강제로 쫓겨났다. 많은 지역에서 수인성 질병은 자유롭게 흐르는 물에 비해 고여 있는 물이 있는 환경에서 더 잘 발병한다. 전 세계적으로 댐에 의해 영향을 받는 50곳, 150만 명을 대상으로 한 연구에서 댐의 영향권에 사는 사람 중 오직 7 %에 해당하는 사람들만이 표준적인 삶보다 개선되었다고 인식하였으며, 70 %에 해당하는 사람들은 표준적인 삶에 밑도는 부담스러운 삶을 산다고 인식하였고, 23 %에 해당하는 사람들은 삶에 아무런 영향을 받지 않는다고 생각한다는 결과가 나왔다.

지하수 분류

지하수는 북아메리카 인구의 절반이 넘는 사람들에게 마실 물을 제공하며 농업용수와 산업용수를 제공한다. 지하수는 다음과 같은 이유로 가치 있는 자원이다.

1. 풍부하다; 지하에 존재하는 담수는 하천과 호수를 합친 물의 양보다 60배 이상 많다.
2. 지하수는 매우 천천히 이동한다; 그러므로 지면 아래 저장되어 있어 가뭄기 동안에 이용 가능하다.
3. 일부 지역에서 지하수는 습윤한 환경에서 건조한 환경으로 흘러 건조한 지역에서 물을 유용하게 사용할 수 있다.

지하수 고갈

지하수가 대수층을 통하여 우물로 흘러 나오는 것보다 지면에서 양수되는 속도가 더 빠르면 우물 근처에 **영향 추**(cone of depression)가 형성된다(그림 12.13). 양수를 멈추고 대수층의 투수성이 좋아지면, 지하수는 수일 또는 수주에 걸

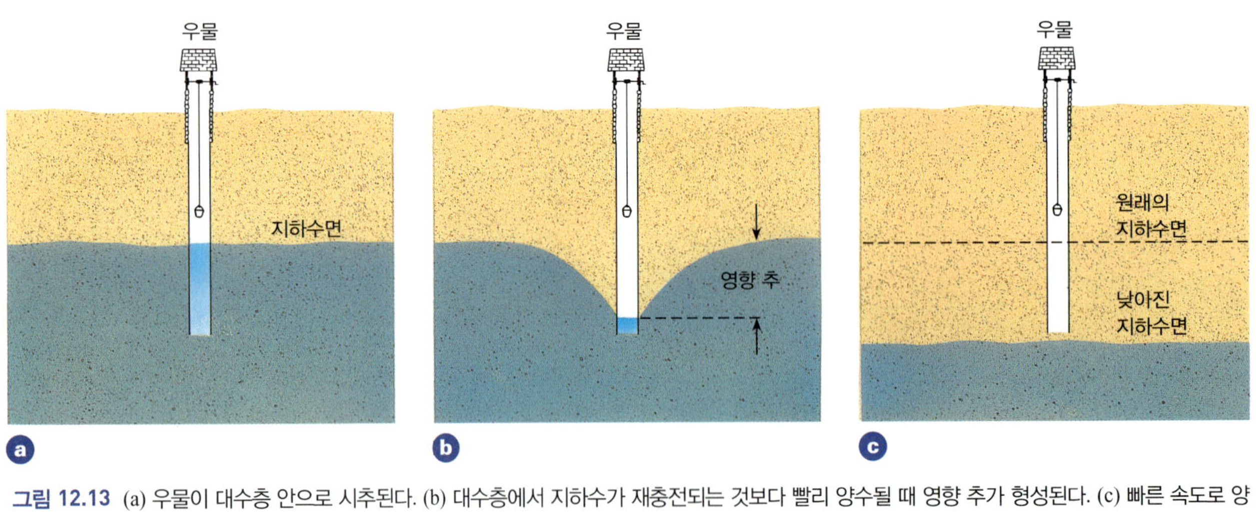

그림 12.13 (a) 우물이 대수층 안으로 시추된다. (b) 대수층에서 지하수가 재충전되는 것보다 빨리 양수될 때 영향 추가 형성된다. (c) 빠른 속도로 양수가 계속되면 지하수면은 내려간다.

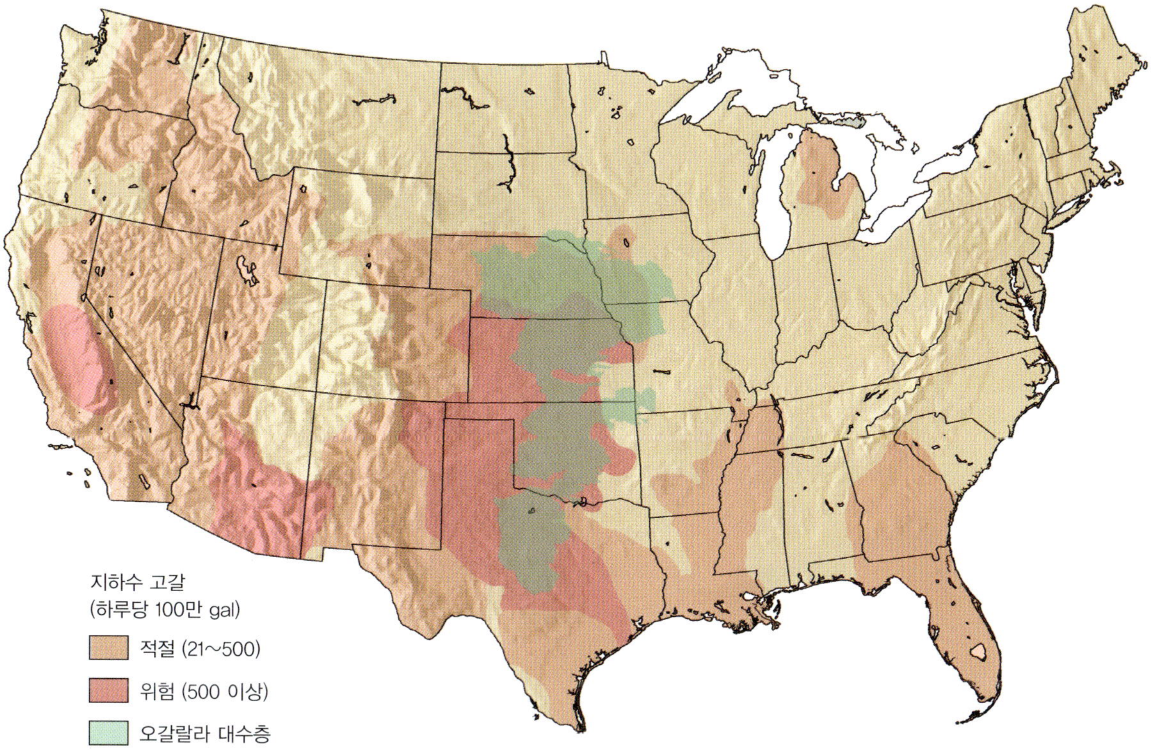

그림 12.14 대수층 고갈은 미국에서 흔한 문제다. 상당량의 물이 재충전되는 속도를 초과하여 사용되었다.

쳐 우물에서 반대쪽으로 흐를 것이고 영향 추는 사라진다. 반대로 물이 계속적으로 빠르게 양수되면 지하수는 대수층을 통하여 우물 쪽으로 흐르게 되고 지하수면은 낮아진다.

시추 기술과 양수 기술이 개발되기 전에 인간은 지하수에 아주 적은 영향을 미쳤다. 하지만 오늘날 깊은 우물을 파서 빠른 속도로 양수하기 때문에 물 순환이 지하수를 재충전하는 것보다 지하수를 더 빨리 뽑아내고 있는 셈이다. 이러한 과도한 양수가 이루어지는 곳에서는 지하수 저류지가 고갈됨에 따라 지하수면이 내려간다. 어떤 경우 대수층은 과도하게 개발된 농지와 도시를 유지하는 데 필요한 물을 충분히 공급할 수 없다. 이러한 상황은 미국 중부와 서부, 남서부에서 흔히 나타난다(그림 12.14).

오갈랄라 대수층은 로키 산맥 동부에서부터 대초원을 건너 텍사스에서 사우스다코타 주까지 거의 900 km에 걸쳐 길게 뻗어 있다. 오갈랄라 대수층은 표면에서 350 m 깊이에 물로 포화된 다공질 사암과 역암으로 구성된다(그림 12.15(a)). 평균 65 m의 두께를 가진 세계적으로 가장 잘 알려진 대수층이다. 1930~2000년 사이에 20만 개의 우물이 오갈랄라 대수층에 시추되었고 이 지역 도처에 대규모의 관개시스템이 설치되었다.

오갈랄라 대수층 물의 대부분은 약 15,000년 전인 후기 플라이스토세 때 대륙 빙하가 녹아서 축적된 것이다. 그러나 하이플레인(High Plains)은 비가 적게 오기 때문에 대수층은 서쪽으로 수백 km 떨어진 로키 산맥에서는 비와 녹은 눈에 의해 지금 거의 재충전되었다. 문제는 물이 대수층을 통해서 단지 대략 1년에 15 m의 평균 속도로 느리게 움직인다는 것이다. 이러한 속도에서는 지하수가 산맥에서 동부 끝 쪽의 대수층까지 이동하는 데 60,000년이 걸린다. 현재 대략 매년 96억 L의 물이 강수를 통해서 대수층으로 되돌아와 지하수로 흐르고 있다. 하지만 농부들은 해마다 900억 L의 지하수를 사용한다. 이러한 조건하에서 깊이 있는 지하수는 모든 실용적인 목적에도 불구하고 재생 불가능하다.

지반 침하(subsidence) 비가역적으로 지표면이 가라앉는 것

현재 물을 사용하는 방식대로 계속해서 사용한다면, 오갈랄라 대수층의 원래 물의 1/4은 2020년이면 소비될 것이다. 그러나 북서부 텍사스와 중서부 캔자스의 일부 건조한 지역의 우물은 이미 고갈되었다(그림 12.15(b)). 500만 ha의 농지와 목장(매사추세츠와 버몬트, 코네티컷 주를 합친 크기의 지역)이 대수층에 관개를 하여 농업을 한다. 비육장 쇠고기 40 %를 포함하여 전체 미국 농업 산출의 약 20 %가 이 지역에서 생산되고 있으며 전체적인 가치는 320억 $에 달한다. 대수층이 고갈되고 다른 관개 자원이 개발되지 않는다면 중부 하이플레인의 생산성은 80 %까지 감소할 것으로 예상된다. 그렇게 된다면 농부들은 파산할 것이고 곡물 가격은 전국적으로 오를 것이다.

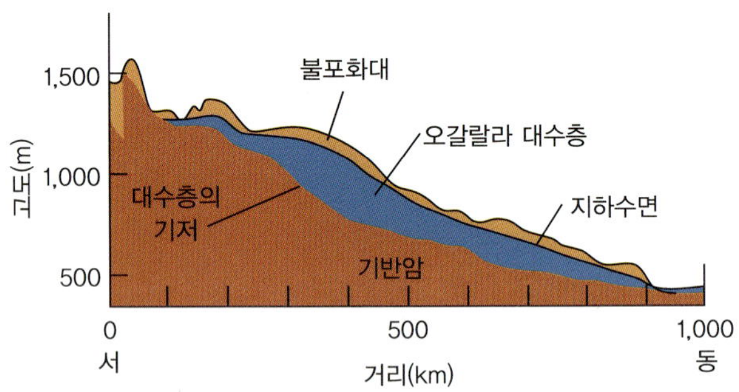

a

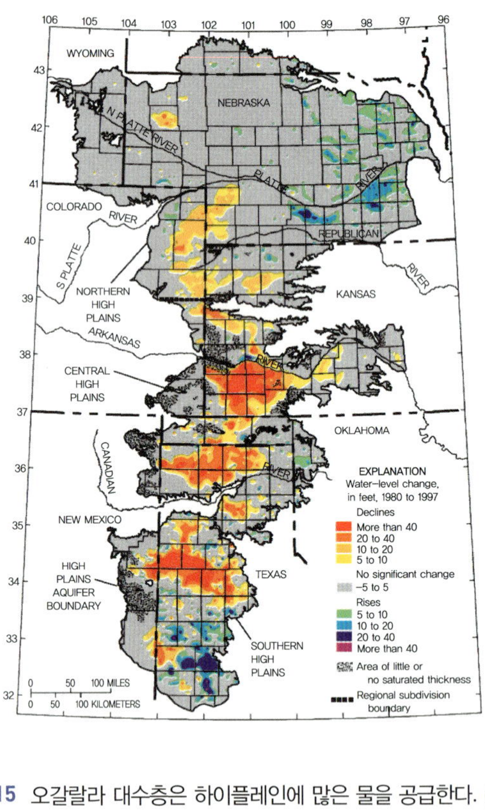

b

그림 12.15 오갈랄라 대수층은 하이플레인에 많은 물을 공급한다. (a) 대수층의 단면도는 로키 산맥에서 기원한 엄청난 양의 물을 보여주며, 하이플레인 아래에서 지하수로서 천천히 흐른다. (b) 이 지도는 1980~1997년까지 오갈랄라 대수층의 범위와 수위 변화를 보여준다.

침하

지하수를 과도하게 소모하면 지표면이 가라앉거나 주저앉는 **지반 침하(subsidence)**가 유발된다. 물이 대수층으로부터 회수될 때 암석이나 토양 입자들은 물이 사라진 후 생긴 공간으로 이동하게 된다. 그 결과 대수층의 부피는 감소하고 그 위에 놓인 지반은 침하한다.

1년에 5~10 cm에 이르는 지반 침하는 대수층의 속성과 양수 속도에 따라 침하 속도가 달라진다. 캘리포니아의 산호아킨밸리(San Joaquin Valley)의 일부 지역은 거의 10 m나 가라앉았다(그림 12.16). 텍사스 주의 휴스턴-갈베스톤 지역의 표면 땅은 3 m가 넘게 가라앉았다. 문제는 도시에서 특히 심각한데, 예를 들어 오래된 습지 위에 세워진 멕시코시티는 수년간 건물과 도로의 무게가 증가되어 왔고, 많은 양의 지하수가 제거되어 도시의 일부 지역은 8.5 m나 가라앉았다. 불안정한

US GEOLOGICAL SURVEY

그림 12.16 1925년에 미국 캘리포니아 주 산호아킨밸리의 지표면 높이는 1925 m였다. 개간을 위한 지하수 추출로 지반 침하가 일어나 지표면이 52년 동안 약 10 m 낮아졌다.

기반에 세워진 도시를 유지하기 위해 수백만 $가 지출되는데 이와 비슷한 문제가 피닉스, 애리조나나 미국의 다른 도시들에 영향을 주고 있다.

불행히도 지반 침하는 되돌릴 수가 없는데, 암석과 토양이 수축할 때 감소된 공극은 영구적이어서 물이 다시 풍부해져도 지하수 보유량은 완전히 재충전되지 않는다.

해수침입

해안 지역에서는 담수 지하수와 바다로부터 스며든 해수 지하수의 2가지 종류의 지하수가 있다. 담수 지하수는 밀도가 작기 때문에 해수 지하수 위에 뜬다. 만일 대수층으로부터 매우 많은 양의 지하수가 제거된다면, 해수 지하수는 담수 우물의 수위까지 올라올 것이다(그림 12.17). 이것은 산업용이나 관개용, 음수용으로 적합하지 않다. **해수침입(saltwater intrusion)**은 남부 플로리다의 해안 지역의 지하수 집수지에 영향을 준다. 해수 침입에 의해 한 지역이 오염 되었을 때, 그곳 대수층의 담수 저장소가 엄청나게 감소되었다.

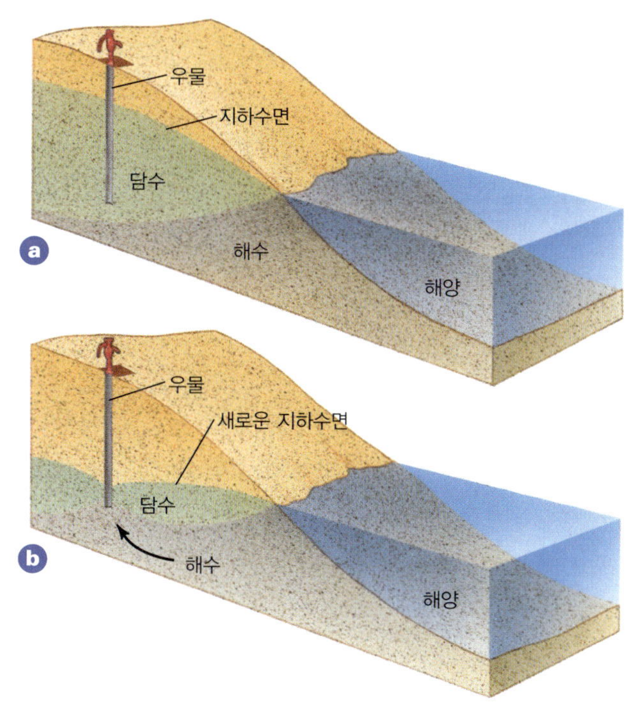

그림 12.17 해수침입으로 연안 대수층이 오염된다. (a) 담수가 해수 위에 놓이면 우물 속의 물은 마시기에 적당하다. (b) 담수가 너무 많이 제거되면 지하수면이 하강하고 해수면이 상승하여 우물이 오염된다.

해수침입(saltwater intrusion) 해안 지역에서 초과적으로 올라온 담수 지하수가 대수층을 침범하여 해수 지하수를 유발한 상태

12.3 아메리카 대 사막

남북전쟁 이후 미국의 지질학자 존 웨슬리 파월(John Wesley Powell, 1834~1902)은 서부 산악 지대(시에라네바다-캐스케이드)에서 경도 100°(다코타, 네브래스카, 캔자스 주, 텍사스 주 애빌린을 통과하는 경도선) 시역 사이를 탐험했다. 이 지역의 대부분이 건조하거나 반 건조하였기 때문에 그는 이 지역을 아메리카 대 사막(Great American Desert)라고 불렀다. 물 부족에 대한 파월의 경고에도 불구하고, 미국인들은 그곳에 많이 정착했다. 서두에 기술한 것 같이 이 지역의 일부는 강수량은 적지만 현재 엄청난 양의 물을 생활용수와 농업용수, 공업용수로 사용한다. 예를 들어 건조한 캘리포니아, 네바다, 애리조나, 텍사스, 아이다호 주는 미국에서 가장 많은 양의 물을 사용한다. 피닉스, 엘파소, 리노, 라스베이거스를 포함한 몇몇 사막의 도시는 거의 모든 물을 표층수와 지하수의 과도한 양수에 의존하고 있다.

이 지역에 강의 전용과 지하수의 퍼 올리기 위한 대규모 사업에 수십억 $가 사용되고 있다. 예를 들어 1,200개의 댐과 세계에서 가장 큰 두 가지 관개 사업이 캘리포니아에서 단독으로 진행되고 있다. 남부 캘리포니아 주로 전용된 물의 80 % 이상은 사막과 가까운 농경지 개간에 사용되었다. 물은 이곳에서 흔한 재배 작물인 목화, 벼, 자주개자리를 기르는 농지로 공급되었다. 목화는 1 kg당 17,000 L의 물이 필요하고 벼와 자주개자리도 많은 양의 물이 필요하다. 미국 정부는 농부들에게 많은 보조금을 주어 자연적으로 습윤한 남동부와 남중앙 주에서 이러한 작물을 기르지 못하게 하고 있다. 캘리포니아 주에서 소

STEVE MAEHL/SHUTTERSTOCK

와 다른 가축을 사육하는 데 사용되는 관개용수는 후에 미국 전체 인구의 수요를 감당하기에 충분하다. 물 전용 사업에 대한 논쟁은 비단 미국 서부의 일만은 아니다. 뉴욕 시는 상당량의 물을 뉴욕 주 북부 지방에서 얻고, 뉴욕 수도국은 도시로부터 수백 km 떨어진 저수지와 분수계까지 통제권이 미친다. 지역의 토지를 이용하려는 사람들과 도시에서 물을 이용하려는 사람들의 관심사가 대립하면서 뉴욕 주 안에서 뜨거운 논쟁을 불러 일으켰다.

콜로라도 강

콜로라도 강은 대 아메리카 사막의 남서부 일부를 통과한다. 눈이 쌓인 콜로라도, 와이오밍, 유타, 뉴멕시코의 산맥에서 시작하여 건조한 콜로라도 고원을 가로질러 흐르고 남쪽으로 멕시코 주를 향해 캘리포니아 주 만으로 빠져나간다.

강이 사막을 통과하여 흐르기 때문에 강 전체 길이에 걸쳐 농부, 목장 주인, 도시와 산업사회의 사용자들이 물 사용권을 두고 분쟁을 일으킨다. 1920년대 콜로라도 강은 매년마다 180억 m^3의 물을 캘리포니아 만으로 배출하였다. 1922년 미국 정부는 90억 m^3의 물을 상부 유역(콜로라도, 유타, 와이오밍, 뉴멕시코)에 할당하고 나머지 90억 m^3의 물을 애리조나, 캘리포니아, 네바다에 할당했다. 그러나 남부 국경의 멕시코 사용자들에게 물은 할당되지 않았고 바다로 흘러 들어가는 물도 없었다. 20년이 지난 후 국제 협약이 체결되어 멕시코는 18억 m^3의 물을 상부 유역과 하부 유역으로부터 똑같이 나누어 받을 수 있게 되었다.

콜로라도 강과 많은 지류는 퇴적암을 가로질러 흐르고 이러한 강에는 용해된 소금 퇴적물이 함유되어 있다. 그 결과 콜로라도 강은 자연스럽게 소금기를 띠는 강이 되었다. 게다가 미국 정부는 10개의 큰 댐을 건설하였고 저수지로부터 물이 증발되면서 더욱 소금물의 농도는 높아졌다. 1961년 멕시코로 흘러온 물에는 평균 약 100 ppm의 소금기를 함유한 큰 강에 비해 27,000 ppm의 소금기를 함유하고 있었다. 27,000 ppm은 해수와 비교하여 볼 때 77 %의 염분이다.

멕시코 농부들은 이 물을 개간에 사용하여 대부분의 작물이 죽었다. 1973년 미국 정부는 염류를 제거하는 설비를 제작하여 멕시코 해안의 염분을 줄이려 하였다.

또 하나의 중요한 문제는 남서부 지역의 장기간 가뭄 가능성이다. 나이테 연구에서는 현대에 발생한 가뭄과 비교할 때 훨씬 극심한 가뭄이 수 세기 전 과거에 일어났음을 보여준다. 이러한 경향은 콜로라도 강 수위에도 해당되며, 작은 가뭄일지라도 심각한 결과를 낳을 수 있다. 2004년 말 5년 동안의 평균 강수량이 최저치를 기록하였고 이후 저수지 수위는 감소하였다. 2005년 1월, 파월 호수의 저수량은 35 %에 지나지 않았는데 이는 1969년 저수를 시작한 이래 가장 낮은 양이다. 콜로라도 강 유역의 늘어나는 인구를 위한 물 공급 및 보수 관리는 남서부 지역의 가장 걱정거리인 공공 정책 과제 중의 하나다.

12.4 물과 국제정책

요르단 강은 이스라엘과 이웃 나라인 요르단과 시리아 사이로 흐르고 있다. 요르단 강은 북쪽으로는 분쟁 지역인 골란 고원과 이스라엘의 경계를 형성하고, 요르단 강의 하류에서는 분쟁 지역인 서안 지구와 이스라엘이 경계를 이루고 있다. 물이 부족한 이 사막 지역의 인구는 2001년 말 3,200만 명에서 2025년까지 5,200만 명으로 급격하게 증가할 것으로 예상된다.

다음은 이 지역의 물 공급에 관련해 복합적인 정치적 긴장감 때문에 일어난 일들이다.

- 시리아는 요르단에 가장 큰 물 공급처 중의 하나가 될 댐을 만들 계획을 했다. 이스라엘은 그 댐이 완공되기 전에 폭격을 가할 것이라고 협박을 했다.
- 요르단의 전 국왕 후세인(현 국왕의 아버지)은 1990년에 이스라엘과 전쟁을 야기한 이유가 오직 물 공급이라고 말했다.
- 팔레스타인 사람들이 독립을 위해 투쟁하는 동안 이스라엘은 서안 지구 밑의 대수층에 흐르는 신선한 물 공급원에서 전체 35 %에 해당하는 양을 퍼내어 갔다.

로스앤젤레스 물 관리 계획

로스앤젤레스 시는 1800년 중반까지 작고, 보잘것없는 캘리포니아 주 해안의 주거지였다. 로스앤젤레스 강은 겨울에는 자주 범람했고, 여름에는 수량이 줄어들었다. 로스앤젤레스 지역의 연평균 강수량은 650 mm이고, 그 강수량의 대부분은 겨울 몇 주 동안 쏟아진다.

초기 개척자는 유타 주 사막의 건조한 경작지에서 관개 전문가로서 경험이 있는 몰먼교 신자들이었다. 1800년대 후반부터 로스앤젤레스 유역의 관개 시설이 있는 농경지는 과일과 야채를 풍부하게 생산하기 시작했고, 로스앤젤레스는 매력적이고 성장하는 도시로 변모하였다. 1848년 마을의 인구는 1,600명이었으나 1900년에는 100,000명을 넘어 1904년에는 200,000명으로 증가하였다. 그러자 시에서는 물 부족 현상이 나타났다. 우물은 말랐고 강은 필요량만큼 충분하지 않았다. 로스앤젤레스는 3면이 사막으로 둘러싸여 있고 나머지 한 면이 태평양과 접하고 있다. 시 근처에는 신선한 물을 끌어올 수 있는 곳이 없었다.

그러나 북동쪽으로 400 km 떨어져 있는 오언스 강(Owens River)이 시에라네바다 산맥에서 흐르고 있었다. 로스앤젤레스 시는 물에 대한 권리를 강 상류 쪽의 오언스 계곡에 있는 농부와 목장 주인들로부터 조금씩 사들였다. 그리고 시는 수백만 $를 들여 북아메리카 지역에서 가장 위험하고 지진이 잦은 지역에 수로를 만들기 시작했다. 수로 공사가 끝났을 때, 수로의 총길이는 85 km에 달하는 터널을 포함해 357 km에 이르렀다. 너무 위험해서 터널을 뚫을 수 없었던 언덕과 산에는 사이펀과 펌프를 이용해서 물을 운반시켰다(그림 12.18). 1913년 11월 5일, 수로를 통해 산페루난도 계곡으로 물이 처음 쏟아져 나왔다.

그 후 10~15년 간 비정상적으로 많은 비가 로스앤젤레스 지역과 오언스 계곡에 내렸다. 빗물은 로스앤젤레스 지역의 지하수를 다시 풍부하게 하였고 로스앤젤레스 강은 다시 흐르게 되었다. 그 결과 관개수를 갖춘 농장은 수로가 운영되기 시작한 1913년 1,200 ha에서 1918년 30,000 ha 이상으로 증가하게 된다.

1920년대에 다시 평소의 건조함과 가뭄이 다시 찾아왔을 때 로스앤젤레스 시와 산페루난도 계곡에 있는 농장은 오언스 강으로부터 더 많은 물을 원했지만 오언스 강은 말라버렸다.

1930년 중반에 로스앤젤레스 시는 오언스 계곡에 있는 95 %에 해당하는 경작지와 85 %의 주거지와 상업용지를 소유하고 있었다. 시가 농장주와 목장주들에게 약간의 경작지를 다시 돌려주기는 했어도 언제 물 공급이 이뤄질지 예측하기 너무 어려워져 농업은 서서히 사양길로 접어들고 있었다. 로스앤젤레스 시가 점점 팽창함에 따라 오언스 강의 물만으로는 그 양이 충분하지 않았다. 그래서 로스앤젤레스 시의 전기수도국에서는 오언스 계곡에 우물을 파서 지하수를 뽑아내기 시작해 대수층이 말라 갔다.

오늘날 오언스 계곡은 바짝 말라 버렸다. 남아 있는 사람들은 어딘가로 향하는 관광객들에게 휘발유나 맥주를 팔거나 모텔을 제공한다(그림 12.19). 아이러니하게 지극히 건조한 오언스 계곡 지역에 있던 농장과 목장에 관개하던 물을 로스앤젤레스 수로를 통해, 엄청난 세금을 시민에게 부담시키고, 지극히 건조한 산페르난도 계곡의 농장에 물을 공급했다. 수로는 한쪽의 농민의 천국을 사막으로 바꾸고 다른 곳의 사막을 농민의 천국으로 바꿨다.

그림 12.18 (a) 이 지역 강 상류부터 캘리포니아 주 비숍 마을까지 대부분의 오언스 강은 파이프를 통해 흐른다. (b) 작은 시냇물만이 강의 옛 강바닥에 남아 있다.

그림 12.19 대부분의 오언스 강물이 로스앤젤레스 시로 보내지자 농장과 목장처럼 지역 산업도 사양길로 들어섰다.

오염(pollution) 불순물의 유입에 의한 수자원 수질의 저하

MICHAEL KLENETSKY/SHUTTERSTOCK

현재는 이스라엘의 서안 지구 대수층에서 과도하게 물을 빼내기 때문에 서안 지구의 사람들은 물을 배급 받고 있다. 만약 이스라엘 사람들이 서안 지구를 적들에게 양도한다면 그들은 물 공급이 끊기게 된다.

지금은 국제 수자원법(International Water Law)이 제정되어 물에 관련된 대립을 해소하는 데 보탬이 되고 있다. 일반적으로 강 하류에 있는 국가들은 강이나 대수층은 강 주위에 인접한 나라들이 공평히 나누어 가질 공공의 자원이라고 주장한다. 예상대로 강 상류에 있는 나라들은 자국의 국경 안에 있는 수자원에 대한 권리를 절대적으로 자신들이 가졌다는 입장을 고수하고, 강 하류에 있는 이웃 나라에 대한 책임은 없다고 주장한다.

국제적인 수자원 사용에 관련한 어떤 규약이라도 반드시 다음 3가지 근본적인 원리에 기반을 두고 있어야 한다.

1. 어느 한 나라의 물 사용자는 반드시 다른 나라 사람들이 쓸 물에 피해를 주지 말아야 한다.
2. 어느 한 나라의 물 사용자는 이웃 나라에 영향을 미칠 수 있는 수자원 관련 행동을 할 때 그 행동이 행해지기 전에 반드시 이웃 나라에 알려야 한다(예, 댐을 건설할 때 엔지니어들은 반드시 강 하류에 있는 사람들에게 저수지 수위 조절을 위해서 댐 방류량을 줄이거나 멈추는 등의 방류 계획을 통보해야 한다).
3. 사람들은 하천 유역에서 온 물을 반드시 공평하게 제공받아야 한다.

유감스럽게도, 이 3가지 원리들은, 특히 마지막 원리는, 주관적이고 이기적인 해석에 의해서 쉽게 그리고 자주 뒤엎어진다.

12.5 수질 오염

하천, 호수, 지하수의 비축된 수자원의 양이 소비되어 줄어드는 동안 불순물의 유입으로 수자원이 **오염(pollution)**되면서 수질은 나빠진다(그림 12.20). 오염된 하천은 강기슭으로 흐를 수도 있고, 물에 사는 야생동물에게 독이 될 수도 있고, 사람이 사용하기에도 적합하지 않다.

산업 혁명 초기 공장과 하수도에서는 처리되지 않은 오염 물질이 곧바로 강으로 쏟아져 나왔다. 인구가 증가하고 도시가 확장될수록 많은 수로는 불결해지고 악취를 내뿜게 되었다. 미국에서 첫 번째 하수처리장은 독립전쟁이 끝

COURTESY OF GRAHAM R. THOMPSON/JONATHAN TURK

그림 12.20 불순물의 유입으로 수자원이 오염되면서 수질은 나빠진다.

난 지 100년이 지난 후인 1889년 워싱턴 D.C.에서 완공되었다. 곧 여러 도시도 따라서 하수처리장을 짓기 시작했지만 산업 폐기물에 관한 규제 법률은 거의 마련되지 않았다.

1952년과 1969년, 오하이오 주에 있는 클리블랜드 시에서는 기름과 산업 화학물로 심하게 오염된 쿠야호가 강(Cuyahoga River)에 불이 붙어 화염과 연기가 강물 위로 번졌다. 클리블랜드 중심가를 흐르는 강이 화염에 휩싸인 모습은 사람들에게 시각적 충격을 주었다. 한편 뉴욕 주에 있는 러브 수로에서도 대중이 모르는 사이 수질 오염에 의한 또다른 참사가 진행됐다.

이와 유사한 사건들은 미국 사람들에게 수질 오염이 건강과 삶의 질을 위협한다는 사실을 일깨웠다. 그 결과로, 의회는 1972년 **수질환경법**(Clean Water Act)을 통과시켰다. 수질환경법은 다음과 같은 점을 명시하고 있다.

1. 항해가 가능한 강이나 바다에 오염 물질의 배출을 1985년까지 없애는 것을 국가적 목표로 한다.
2. 수질에 관한 중간 목표는 1983년 7월 1일까지 어류, 갑각류, 야생동물을 보호하고 번식률을 높이며, 사람들이 수중 또는 수상 어느 곳에서나 레크리에이션을 할 수 있도록 하는 것이다.
3. 유독 오염 물질 배출을 금지하는 것이 국가적 정책이다.

수질환경법(Clean Water Act) 1972년에 통과된 연방법. 미국 내의 강, 호수 그리고 습지를 정화하고 오염 물질을 강에 방류하는 것을 금지하는 내용을 명시하고 있다.

러브 수로

미국 뉴욕 주 나이아가라 폭포에 위치한 러브 수로는 산업단지에 물을 공급하기 위해 만들어진 수로가 아니다. 1940년 후커 화학공장(Hooker Chemical Company)은 독성 폐기물을 매립하기 위해 수로 지역을 사들였다. 후커 화학공장의 기술자들은 수로 주변 지반이 비교적 불투수적이라 판단해 매립 지역으로는 안전한 장소라고 생각했다. 그 후로 공장은 대략 19,000 ton의 화학 폐기물을 55 gal의 철제 드럼에 담아 수로에 매립했다. 1953년에 공장은 매립지 중 한곳을 흙으로 덮은 후에 화학 폐기물이 매립된 곳이라는 경고와 함께 그 땅을 1 $에 나이아가라 폭포 교육 위원회에 팔았다. 곧, 학교와 운동장이 그 장소에 건설되었다.

학교와 팽창하는 이웃 지역에 물을 공급하기 위해 지하 상수도와 하수시스템을 설치하는 과정에서 수로를 감싸고 있던 비교적 불투수성이었던 지반과 매립 장소에 균열이 생겼고, 물과 하수의 도랑을 메웠던 자갈은 매립된 폐기물과 도시 사이를 연결하는 통로의 구실을 했다.

수십 년 후 철제 드럼이 녹이 슬고 화학 폐기물은 지하수에 스며들었다. 1997년 봄에 큰비가 내려 지하수면을 지상으로 끌어올려 러브 수로 근처 일대를 진흙 늪지로 만들어 놓았다. 그러나 그것은 일반적인 늪지가 아닌, 녹슨 철제 드럼에서 스며 나온 독성과 발암성 물질에 오염된 지하수로 가득 찬 늪지였다.

이 독성 지하수는 학교 운동장과 근처의 가정집의 지하실로 스며들어 갔으며, 정원과 잔디에도 스며들어 갔다. 독성 물질에 오염된 학교에 다녔던 어린 학생들과 근처에 살았던 성인들에서 간질, 간 기능 이상, 욕창, 항문 출혈과 심한 두통의 증상이 나타났다. 그 후로 몇 년 동안 이상할 정도의 많은 수의 임산부가 유산으로 고통을 받았고, 또한 많은 수의 아이들이 선천적 기형으로 태어났다.

러브 수로에서의 참사는 신중하고 합법적으로 결정된 산업 폐기물의 매립이었으나 결함이 있었던 그 지역 수문 지질학의 논의, 후커 화학공장과 그 지역 공무원에 의해 철저히 무시된 공중위생의 부재로 인해 일어났다.

공중위생의 부재에 따른 참사 후에 환경관련 법들이 좀 더 엄격하게 제정되었고 더 이상은 독성 쓰레기 매립지 위에 학교를 짓는다는 생각을 하는 사람이 있다고 상상할 수가 없을 정도로 대중들의 환경에 대한 인식은 극적으로 증가하였다. 지금은 전보다 적은 양의 독성과 방사선이 배출되지만 러브 수로의 참사는 우리에게 경각심을 갖게 한다.

미생물에 의해 분해되는 오염 물질(biodegradable pollutants) 땅이나 물에 사는 미생물이 섭취하거나 분해하여 일정한 시간이 지나면 자연적으로 썩는 오염 물질을 말한다.

잔류성, 생물 농축성 독성 물질(persistent bioaccumulative toxic chemicals, PBTs) 자연에 배출되어 축적된, 미생물에 의해 분해되지 않는 독성 물질

미생물에 의해 분해되지 않는 오염 물질(nonbiodegradable pollutants) 일정한 시간이 지나도 자연적으로 썩지 않는 오염 물질이다. 산업폐기물, 독성 무기 화합물과 독성이 없으나 하천이나 서식지를 탁하게 만드는 퇴적물들이 이에 속한다.

오염 물질의 종류

미생물에 의해 분해되는 오염 물질

미생물에 의해 분해되는 오염 물질(biodegradable pollutants)이란 땅이나 물에 사는 미생물이 섭취하거나 분해하여 일정한 시간이 지나면 자연적으로 썩는 오염 물질을 말한다. 미생물에 의해 분해 가능한 오염 물질의 종류는 다음과 같다.

1. 하수는 화장실과 집안에서 배수된 물로서 체내에서 나온 노폐물, 음식쓰레기, 비누 그리고 합성세제와 같은 여러 가지 썩는 유기물을 포함하고 있다. 또한 하수는 사람들이 씻어 내린 페인트, 용매제, 살충제 또는 다른 화학 물질과 같은 썩지 않는 화학물질을 포함하고 있다.
2. 장티푸스와 콜레라와 같은 병균들은 이 병균에 감염된 사람들이 배출한 하수를 통해 수로로 배출된다.
3. 인산 비료와 질산 비료는 대부분이 농장으로부터 하천이나 지하수로 흘러들어 온다. 동물 사육장에서 배출되는 인산 세제, 인산과 질산 비료 성분도 이 경우에 포함된다.

미생물에 의해 분해되지 않는 오염 물질

많은 물질들이 환경적 화학물 혹은 미생물에 의해 분해되지 않는다. 그러므로 썩지 않는 쓰레기라고도 불린다. 썩지 않는 오염 물질이 모두 독성을 갖는 것은 아니지만 어떤 것은 독성을 띤다. 현대 용어로 미생물에 의해 분해되지 않는 독성 물질을 **잔류성, 생물 농축성 독성 물질**(persistent bioaccumulative toxic chemicals, PBTs)이라고 부른다. 미국 환경보호청은 수만 톤의 잔류성, 생물 농축성 독성 물질을 인식하고 있다. 또한 독성이 없는 물질이라도 생태계를 오염시키고 나쁜 영향을 미치기도 한다. **미생물에 의해 분해되지 않는 오염 물질**(nonbiodegradable pollutants)은 대략 3 종류로 크게 분류할 수 있다.

1. 많은 유기산업 화합물은 다량의 독성과 약간의 발암 물질을 포함하고 있다고 의심되고 있으며, 수십 년 동안 수생 생태계에 잔류하기 때문에 특히 골치가 아프다(예, 살충제, 다이옥신, PCBs).
2. 독성 무기 화합물은 광산 폐기물, 제설용 소금, 카드뮴, 비소 그리고 납 같은 광물에서 배출된다.
3. 퇴적물이 물에 유입될 때 수상 생태계를 비옥하게 하거나 오염시킨다. 그러나 진흙 침전물은 수중 생물의 서식지를 쓸어버리든지 묻어버리기 때문에 생태계의 질을 떨어뜨린다.

방사성 물질

방사성 물질은 방사성이 있는 광석을 채굴하는 광산에서 나오는 폐기물이나 원자력 발전소, 핵무기 또는 의료기구, 과학적 실험에서 나온 폐기물을 포함한다.

열

높은 온도 또한 물을 오염시킨다. 화력 혹은 원자력 발전소에서 연료(석탄, 석유, 천연가스, 핵연료)는 물을 끓여 증기로 만든다. 그 증기는 발전기를 작동시켜 전기를 생산한다. 배기된 증기는 반드시 효율적인 작업을 위해 냉각되어야 한다.

가장 값이 싼 방법은 강이나 바닷물을 이용한 냉각법이다. 1,000 MW 발전기 한 대를 돌릴 때 1,000만 L의 냉각수는 시간당 35 ℃씩 상승한다. 가열된 냉각수는 직접적으로는 어류를 죽이고 생식 활동에 영향을 미치게 되어서 결국 수중 생태계를 바꿔 몇 종류의 자생 동물을 멸종시키고 새로운 종의 동물에게 유리한 장소로 변모하게 된다. 예를 들어 수온이 상승하면 송어 같은 한대성 어류들은 죽게 될 것이고 게나 난대성 어류들이 그 자리를 차지하게 될 것이다.

여기에 포함됐던 오염 물질들은 두 가지 오염원에서 배

출될 수 있다. **점오염원**(point source pollution)은 정화조, 석유 유출, 공장 같은 특정한 장소에서 발생한다. 이와 반대로 **비점오염원**(nonpoint source pollution)은 넓은 지역에서 발생된다. 농장이나 잔디에서 살충제 혹은 비료의 유출은 다음 절에서 다룰 것이다.

12.6 하수, 세제, 비료에 의한 수질 오염

11장에서 다뤘듯이 빈영양 상태의 시내와 호수는 아주 적은 영양소와 깨끗하고 순수한 물을 포함하고 있다(그림 12.21(a)) 식물 영양분인 하수, 세제와 비료는 그것들 자체로는 수상 생태계를 오염시키지 않고 자양분을 공급한다. 만약 사람이 한 개 혹은 몇 개의 하수, 세제와 같은 영양분을 빈영양 상태의 호수에 버린다면 수중 미생물들은 순식간에 몇 배로 번식하여 호수에 융해된 산소를 모두 소비해 버린다. 숭어와 연어 같은 어류들은 죽게 될 것이고 말무리, 게, 곤충 같은 객체의 수는 증가할 것이다. 이러한 영양분의 유입이 증가하면 맑고 반짝이던 시내나 호수가 부영양 상태의 진액으로 덮인 물가로 변하게 된다(그림 12.21(b)).

만약 사람들이 더 많은 양의 하수, 세제와 비료를 배출한

점오염원(point source pollution) 정화조나 공장 같은 특정한 장소에서 발생되는 오염

비점오염원(nonpoint source pollution) 농지에 사용되는 비료나 살충제에 의해 넓은 지역에서 발생되는 오염

a

b

c

COURTESY OF GRAHAM R. THOMPSON/JONATHAN TURK

그림 12.21 (a) 빈영양 상태의 시내와 호수는 아주 적은 영양소와 깨끗하고 순수한 물을 포함하고 있다. (b) 부영양 상태의 물은 영양소가 많고 용해된 산소가 적어서 식물이 살기 어렵다. (c) 이 개울은 볼리비아에 있는 라파스 시를 흐르는 하수구다. 부패미생물들이 물속의 산소를 모두 소비해버려 혐기성 박테리아만이 생존해 있다.

혐기성(anaerobic) 산소 없이 생존할 수 있는 능력. 혐기성 박테리아는 산소 없이 생존할 수 있는 박테리아다.

다면 부패미생물들이 급격히 늘어나 모든 산소를 소비해 거의 모든 수생 생물들은 죽게 된다. 그러면 산소 없이 생존할 수 있는 **혐기성(anaerobic)** 박테리아가 그 빈 자리를 메운 뒤 유해한 황화수소를 배출할 것이다(그림 12.21(c)). 이러한 환경에서는 심지어 게나 벌레들조차 생존할 수가 없다. 이러한 생물들이 죽고 썩게 되면 황화수소는 수면 위로 거품을 일으키며 계란 썩는 냄새를 풍기게 된다.

정화되지 않은 하수가 시내로 흘러 들어가면 부패미생물들은 곧바로 번식을 시작하고 그와 동시에 물살은 오염 물질과 미생물들을 하류로 이동시킨다. 시간이 지나서 부패미생물들은 모든 오염 물질들을 소비한 뒤 더 이상의 오염 물질의 유입이 없으면 죽게 된다. 물속에서 자연적인 소용돌이가 일어나면서 산소는 다시 채워지고 호기성 생물체들은 다시 증가하게 된다. 그러면서 호수는 자생한다. 그러나 너무 많은 오염 물질을 강에 유입시키거나 모든 가정집들이 하수를 똑같은 강에다 배출한다면 자연적 자생능력을 초과하게 되고 오염된 강은 그 상태로 바다로 이르게 된다.

12.7 독성 오염 물질, 위기 평가, 비용편익분석

사람들의 배설물은 자연적인 부패미생물들이 며칠이나 몇 주 동안 부패시키고 분해할 수 있어도, 사용 금지된 농약 DDT는 분해되는 데 몇 십 년이 걸린다. 또한 비소, 납 같은 중금속들은 절대 분해되지 않는다(이러한 중금속들은 화학적 성분이 변해 무해한 성분이 될 수 있으나 원자는 절대 분해되지 않는다).

선진국에서의 환경법은 강에 오염 물질을 배출하는 것을 규제하고 있지만 오염 물질은 여전히 시내나 강으로 유입된다. 아주 적은 양의 독성이나 미생물에 의해 분해되지 않는 오염 물질에 오염된 강에서 암이나 선천적 기형을 유발하는 아주 많은 종류의 오염 물질이 발견될 수 있다.

PAKHNYUSHCHA/SHUTTERSTOCK

과학자들은 화합물의 지연 효과에 의해 초래되는 확실하지 않은 결과로 어느 정도 양의 화합물이 인간 건강에 해를 끼치는지는 알지 못한다. 예를 들어 어떤 오염 물질은 어느 특정한 암을 유발시킬 가능성을 높이는데, 그 오염 물질에 노출된 후로 암에 발병할 때까지는 10년에서 20년의 시간이 걸린다. 그러므로 과학자들은 그토록 장기간의 시간 동안 결과를 관찰할 수 없어, 사람에 대한 독성연구를 직접적으로 할 수가 없다. 그 대신 과학자들은 종종 실험용 쥐에게 발암성 물질을 먹임으로써 결과를 얻기 위해 노력한다. 쥐가 환경 오염 물질보다 수백 혹은 수천 배 농축된 많은 양의 오염 물질을 섭취했을 경우, 몇 주 혹은 몇 달 안에 암에 걸리게 된다. 만약 쥐가 몇 주 동안 매일 100,000잔의 오염된 우물물을 마신 뒤 암에 걸렸다고 가정한다면, 매일 10잔씩 쥐가 마셨던 오염된 물을 20년 동안 마신 여러분이 암에 걸리지 않을 거라고 말할 수 있는가? 그건 아무도 모른다. 다른 종끼리의 비교나 오염 물질 주입양의 많고 적음으로 결론을 추론하는 것은 옳을 수도 옳지 않을 수도 있다.

과학자들은 또한 유행병 연구를 통해 오염 물질의 위험성을 연구하고 있다. 예를 들어 도시 안의 식수가 살충제로 오염되었다면 많은 수의 사람들이 흔히 걸리지 않는 병에 걸릴 것이다. 과학자들은 살충제가 질병을 유발하고 현재 식수가 건강에 해로운 물질이 많이 포함됐다고 추론할 수도 있다.

어떤 연구실과 유행병 연구도 적은 양의 오염 물질이 인간에게 해롭다고 증명할 수 없기 때문에 과학자들은 지금 문제점에 직면해 있다.

정부와 기업들은 오염 물질을 정화하기 위해 돈을 지출해야만 하는 것인가? 이러한 지출에 관련한 논쟁은 우리가 오염 물질이 해롭다고 증명할 수 있을 때까지는 불필요하다. 어떤 이들은 예방적인 방법이 훨씬 안전하다고 호소한다. 이러한 제안자들은 사람들이 보통 불완전한 증명에 기초하여 행동한다고 비판한다. 예를 들어 자동차 정비사가 여러분 차의 브레이크가 1,600 km 안에 고장 날 수 있다고 말한다면 여러분은 이것을 사실이 아닌 하나의 일어날 수 있는 경우로 받아들인다. 그렇다면 여러분은 브레이크가 고장 날 때까지 기다리겠는가 아니면 지금 브레이크를 교체하겠는가?

오염을 통제하는 데는 비용이 많이 나간다 하지만 오염 물질 또한 비싸다. 만약 어떤 오염 물질로 사람이 병에 걸리면 사회적 비용은 병가로 인한 수입의 손실과 의료비용으로 계산될 수 있다. 많은 오염 물질들은 구조물, 작물과 가축에 피해를 준다. 오염된 지역에서 사는 사람들도 오염된 지역에 누구도 방문하거나 살고 싶지 않기 때문에 관광산업의 축소와 땅값 하락에 비싼 비용을 치른다. 이 모든 비용들은 **외부효과(externalities)**라고 불린다. 이것은 본래의 활동과 상태의 부수적이거나 의도하지 않은 결과를 초래한다.

12.8 지하수 오염

스펀지 안에 있는 물은 작은 구멍들과 통로들로 스며든다. 오염된 스펀지를 청소한다는 것은 오염된 물에 접촉한 스펀지의 모든 작은 구멍을 닦아내는 것을 의미한다. 그것은 거의 불가능에 가깝다. 왜냐하면 누구도 화장실 변기를 닦았던 스펀지로 그릇을 닦을 사람은 없기 때문이다.

많은 종류의 오염원들이 지하수를 오염시킨다(그림 12.22). 이러한 오염 물질들은 오염된 물이 스펀지에 흡수되는 것과 유사한 형태로 대수층으로 침투하기 때문에 대수층에서 오염 물질을 제거하기 매우 어렵고 비용도 많이 들어간다. 오염 물질이 대수층에 침투하게 되면, 자연적인 지하수의 흐름이 **오염 물질 플룸(plume of contamination)**으로 자라나기 시작한다. 지하수는 하루 몇 cm씩 매우 느리게 흐르기 때문에 깃털 모양도 매우 느리게 퍼지게 된다(그림 12.23).

대부분의 오염 물질들은 시내나 호수에 있을 때보다 대수층의 지하수에서 더 오래 존재한다. 시내나 호수의 급격

외부효과(externalities) 본래의 활동과 상태의 부수적이거나 의도하지 않은 결과, 관광산업의 축소와 땅값 하락 같은 환경 파괴로 인한 간접비용

오염 물질 플룸(plume of contamination) 대수층 안에서 천천히 자라나는 3차원 형태의 공간 혹은 확산되는 오염 물질에 오염된 표면을 흐르는 물

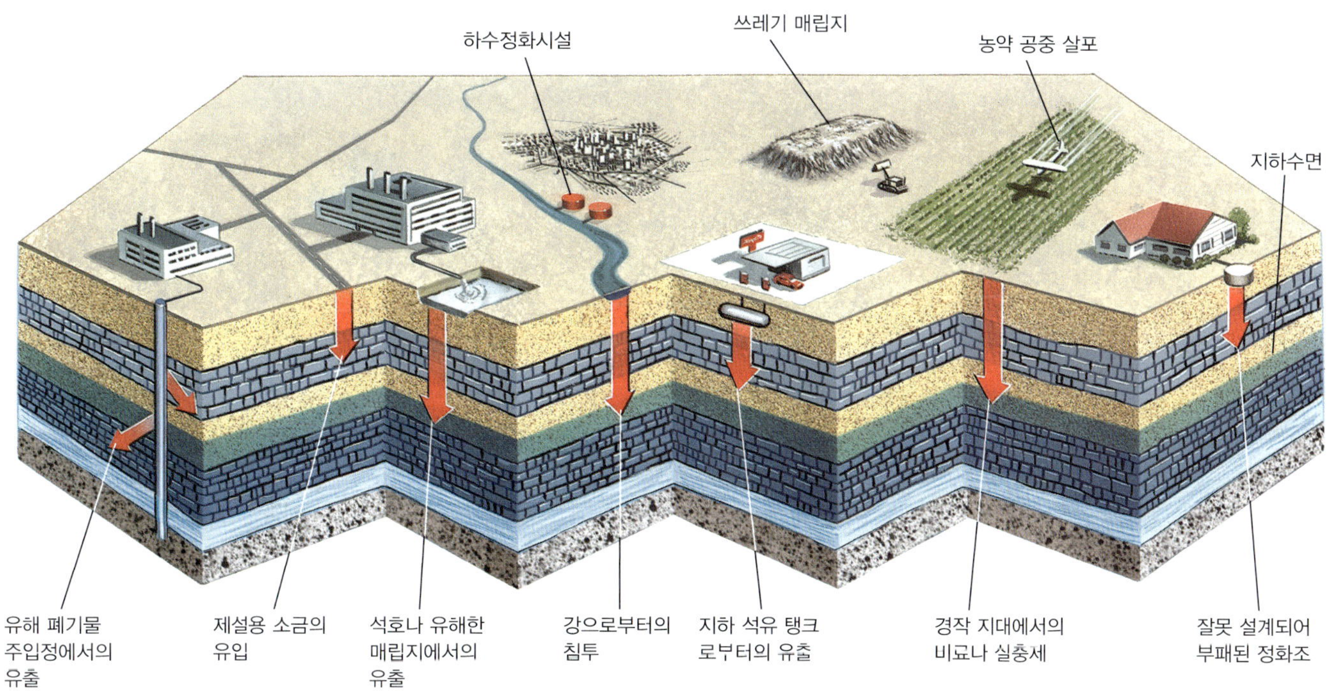

그림 12.22 지하수를 오염시키는 다양한 종류의 오염 물질들

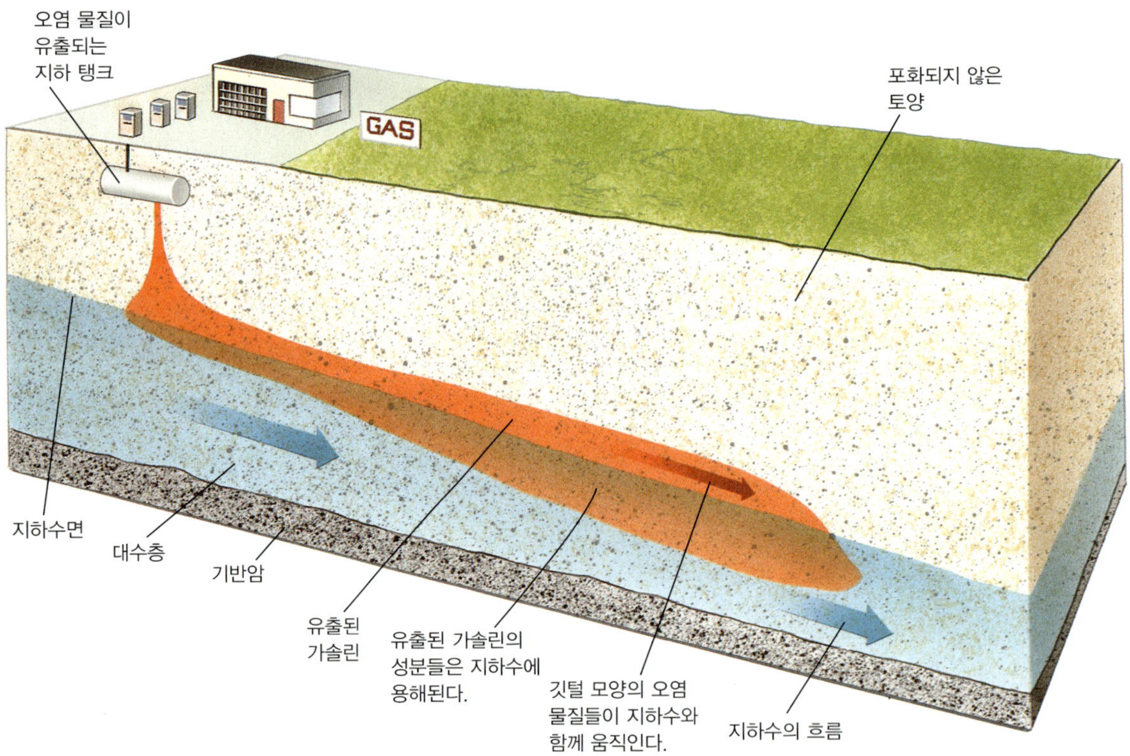

그림 12.23 오염 물질은 깃털 모양으로 퍼져 나간다. 가솔린과 다른 많은 오염 물질 등은 물보다 가볍기 때문에 물 위에 뜬 채 지하수면의 상부에 퍼지게 된다. 녹기 쉬운 물질들은 지하수에 용해돼 지하수와 함께 이동할 수도 있다.

표 12.1 각종 장소에서 물이 머무르는 평균 시간

대기	8일
강	16일
습윤 토양	75일
계절설	145일
빙하	40년
대형 호수	100년
얕은 지하수	200년
깊은 지하수	10,000년

한 물의 흐름은 빠른 시간 내에 새로운 물이 유입되게 하지만 지하수는 천천히 움직이기 때문이다(표 12.1). 게다가 오염 물질을 분해할 때 필요한 산소가 지표 표면을 흐르는 물보다 지하수에 더 부족하다.

그 결과로, 40년에 가까운 정부의 관심과 노력에도 불구하고 다음과 같은 현상들이 벌어지고 있다.

- 미국 내에서 사용 가능한 지하수 중 25 %가 오염되었으며, 지방 도시로 공급되는 지하수 중 45 %는 유기 화합물에 오염되었다.
- 옥탄가를 향상시키기 위해 휘발유에 첨가하는 MTBE는 자주 광범위하게 음용 지하수를 오염시키는 원인이다. 미국 환경보호청에 따르면 성분 배합 변경 휘발유를 쓰는 지역의 5~10 %의 음용 지하수에서 MTBE가 발견되었다.
- 38개 주에 있는 우물에서 인간의 건강에 위협이 될 만한 양의 살충제가 발견되었다. 거의 모든 뉴저지 주에 있는 대수층은 오염되었다.
- 인구 중 92 %가 지하수를 마시는 플로리다 주에서는 1,000개가 넘는 우물이 오염 물질에 노출되어 폐쇄되었다. 그리고 남아 있는 우물 중 90 % 이상에서 산업 혹은 농업 화합물이 미량 검출되고 있다.
- 2003년 EPA는 미국 내에 존재한 지하 석유 탱크로부

COURTESY OF GRAHAM R. THOMPSON/JONATHAN TURK

그림 12.24 미국 뉴저지 주에 있는 정유 공장. 뉴저지 주는 중공업으로 인한 최악의 지하수 오염으로 북미 지역에서 가장 고통을 받고 있는 주 중의 하나다.

정화(remediation) 오염된 지역에서 오염 물질을 분해하여 제거하는 처리법

터 436,494가지 위험한 휘발성 유기 화합물들이 유출되고 있다고 보고했다.

오염된 대수층의 정화

오염된 대수층의 처리 혹은 **정화(remediation)** 방법은 보통 여러 단계에 걸쳐 일어난다.

오염원 제거하기

대수층 정화의 첫 번째 단계는 오염원을 제거해 더 이상의 오염 물질의 유입을 막는 것이다. 만약 지하 탱크에서 오염 물질이 유출되었다면 탱크에 남아 있는 액체를 모두 뽑아내고 지하 탱크를 땅 위로 파낸다. 공장에서 독성화학 물질을 지하수로 배출한다면 법원은 공장에 더 이상 유출을 금지할 것을 명령할 수 있다(그림 12.24).

오염원을 제거하는 것은 추가적인 오염 물질이 지하수로 유입되는 것을 방지한다. 그러나 그것은 이미 배출된 오염 물질에 대한 해결책은 아니다. 예를 들어 묻혀 있던 가솔린 탱크에서 수년에 걸쳐 천천히 수천 gal의 가솔린이 유출되어 대수층을 오염시켰다면, 가솔린 탱크를 땅 위로 파 올렸다고 하더라도 사람들은 대수층에 있는 가솔린에 관한 문제를 해결해야만 한다.

감시

대수층에서 오염이 발견되었을 때 수문지질학자는 오염 물질들이 얼마나 멀리 혹은 어느 방향으로 가는지, 깃털 모양의 오염 물질이 어느 정도의 속도로 움직이는지, 그리고 어디서 오염 물질이 희석되는지를 판단한다. 수문지질학자들은 국내에 있는 우물에서 표본을 채취한다. 오염 지대에 적은 수의 우물이 있다면 수문지질학자들은 추가적으로 우물을 파서 대수층 내에 있는 깃털 모양의 오염 물질의 움직임을 관찰한다.

모델링

어떤 종류의 오염 물질이 퍼지는 비율이 측정된 후에는 수문지질학자는 컴퓨터를 이용한 모델을 통해 앞으로 대수층 내에 있는 오염 물질들이 어떻게 확산될 것인지 예측을 한다. 어느 지역의 지질구조, 대수층의 투수성, 지하수가 흐르는 방향과 지하수와 혼합되는 비율로 예측되는 희석 효과를 고려해서 모델링을 한다.

정화

현재 여러 가지 방법들이 오염된 대수층을 정화하기 위해 사용된다. 오염된 지하수를 대수층으로부터 격리시키기

생물적 정화(bioremediation) 미생물을 이용해 환경 오염 물질을 분해하는 방법

화학적 정화(chemical remediation) 화학적 성분을 주입해서 오염 물질과 반응시킨 뒤 무해한 물질을 만들어 내 오염 지역을 치료하는 방법

위해 지하 방벽을 세워 봉쇄한다. 만약 격리된 오염 물질들이 자연적으로 분해되지 않는다면 수문지질학자는 깃털 모양의 오염 물질에 구멍을 뚫어 오염 물질을 정화하기 위해 그곳 지하수를 표면 위로 뿜어 올린다.

생물적 정화(bioremediation)는 미생물을 이용해 오염 물질을 분해하는 것이다. 유전 공학으로 개발된 특수 미생물은 특정 오염 물질에만 작용하여 생태계에 피해를 주지 않고 파괴할 수 있다. 특수 미생물은 그 수를 번식시키는 데 비교적 비용이 적게 들어간다. 미생물들은 깃털 모양의 오염 물질에 접근하면 오염 물질을 공격하기 시작한다. 모든 오염 물질들이 파괴되고 동시에 미생물들은 먹이가 바닥이 나서 소멸되고 깨끗한 대수층만 남게 된다. 생물적 정화는 여러 가지 정화법 중 가장 비용이 적게 드는 방법이다.

화학적 정화(chemical remediation)는 생물적 정화와 유사하다. 만약 화학 성분이 오염 물질과 반응해 해롭지 않은 물질을 생산해 낸다면 그 화학 성분을 대수층에 주입해 오염 물질을 파괴하는 데 사용할 수 있다. 보통 산소와 희석된 산과 염기성 물질을 포함한 시약이 화학적 정화법에 사용된다. 산소는 오염 물질과 직접적으로 반응하거나 미생물에게 유리한 환경을 제공해 오염 물질을 줄인다. 이런 식

유카 산 분쟁

1987년 12월, 미국 의회는 적합한 반대 사유가 없다면 네바다 주에 있는 라스베이거스 시로부터 175 km 떨어진 유카 산 인근에 국내에서 사용한 원자로의 폐연료를 매립하기로 결정했다. 그 후로 과학자들은 40억 $를 들여 아마도 지질학 역사상 가장 자세히 연구된 지역으로 여겨질 정도로 유카 산 지역에 대한 실험과 분석을 실시했다.

유카 산 인근은 분지와 산맥 지형으로, 이 지역은 미국 서부 지역에서 진행되는 구조적 확장과 관련되어 단층과 화산작용이 있었던 곳이다. 유카 산 지역의 기반암은 단단한 화산암인 용결 응회암이다. 응회암은 1,600만~600만 년 전에 여러 화산에서 분출된 것이다. 유카 산의 마지막 분출은 15,000년에서 25,000년 전 사이에 일어났다. 지질학자들은 유카 산 지역에서 200만 년 전에 유카 산의 매립 장소 쪽으로 움직인 32개의 단층을 지도에 표시하였다. 그 장소는 평행한 단층들 사이의 구조적 지괴에 위치했다(그림 12.25). 1992년 7월 29일에 규모 5.6의 지진이 유카 산 지역으로부터 20 km 떨어진 곳에서 발생하여 유카 산에 있던 미국 에너지부(DOE) 소속의 시설에 피해를 주었다. 비평가들은 유카 산 지역은 최근 지진과 화산활동이 증명하듯 지질학적으로 활성화됐다고 주장했다.

© LAURENT RENAULT/SHUTTERSTOCK

그 지역의 환경은 건조한 사막 지형이고 지하수면은 지표면으로부터 550 m 아래로 흐르고 있다. 저장소는 응회암을 파고들어 가 지표면으로부터 300 m 아래로, 지하수면으로부터는 250 m 위에 위치한 일련의 터널과 동굴로 이루어져 있다. 그리고 저장고는 표면을 흐르는 물이나 지하수로부터 격리될 수 있게 설계되었다. 그러나 앞으로 10,000년 동안에 일어날지 모르는 기후학적 변화를 예측하는 것은 불가능한 일이다. 만약 기후가 상당히 습하게 변한다면 지하수면은 상승할 것이고 표면에 흐르는 물은 땅속으로 스며들 것이다. 게다가 지진이 일어나서 지반의 암석을 균열시킨다면 오염된 지하수는 예측보다 빠르게 퍼져 나갈 것이다. 더군다나 비평가들은 저장고를 건설할 때 쓰는 폭파와 드릴은 기반암에 균열을 일으켜 물이 흐를 수 있는 도랑을 만들었다고 지적했다.

수십 년의 논쟁 끝에 의회는 2002년의 여름 유카 산 지역의 매립지를 승인했다. 2004년 7월, 미국 환경보호청은 핵 관련 물질의 유출에 관한 안전장치의 기한을 10,000년에서 100만 년으로 변경하는 것에 대해 압력을 받았다. 2010년 초에 저장고는 문을 열 것이지만 논쟁은 계속 되고 있다. 유카 산 저장고에 찬성하는 사람들은 우리는 원자력이 필요하기 때문에 사회적으로 어느 정도의 위험은 감수해야 된다고 주장한다. 그들은 더 나아가서 현재 미국 내에 45,000 ton의 방사성 폐기물들이 126개의 불안전한 임시 저장 시설에 보관되어 있는데 유카 산 저장고는 현재 쓰이고 있는 임시 저장 시설보다 더욱 안전하다고 주장한다. 유카 산 저장고에 반대하는 사람들은 그 지역은 지질학적으로 불안전하므로 다른 대안 지역을 찾아야 한다고 주장한다.

2009년 11월, 오바마 행정부는 유카 산 핵폐기물 저장고의 건설을 중지하는 계획을 발표했다. 이것이 이 프로젝트의 끝이 될지 아니면 또 다른 예기치 않은 이야기가 전개될지 앞으로 두고 봐야 할 일이다. 이 정치적으로 이슈화된 논쟁에 대한 시간별 최신 소식은 http://www.yuccamountain.org/new.htm에서 확인할 수 있다.

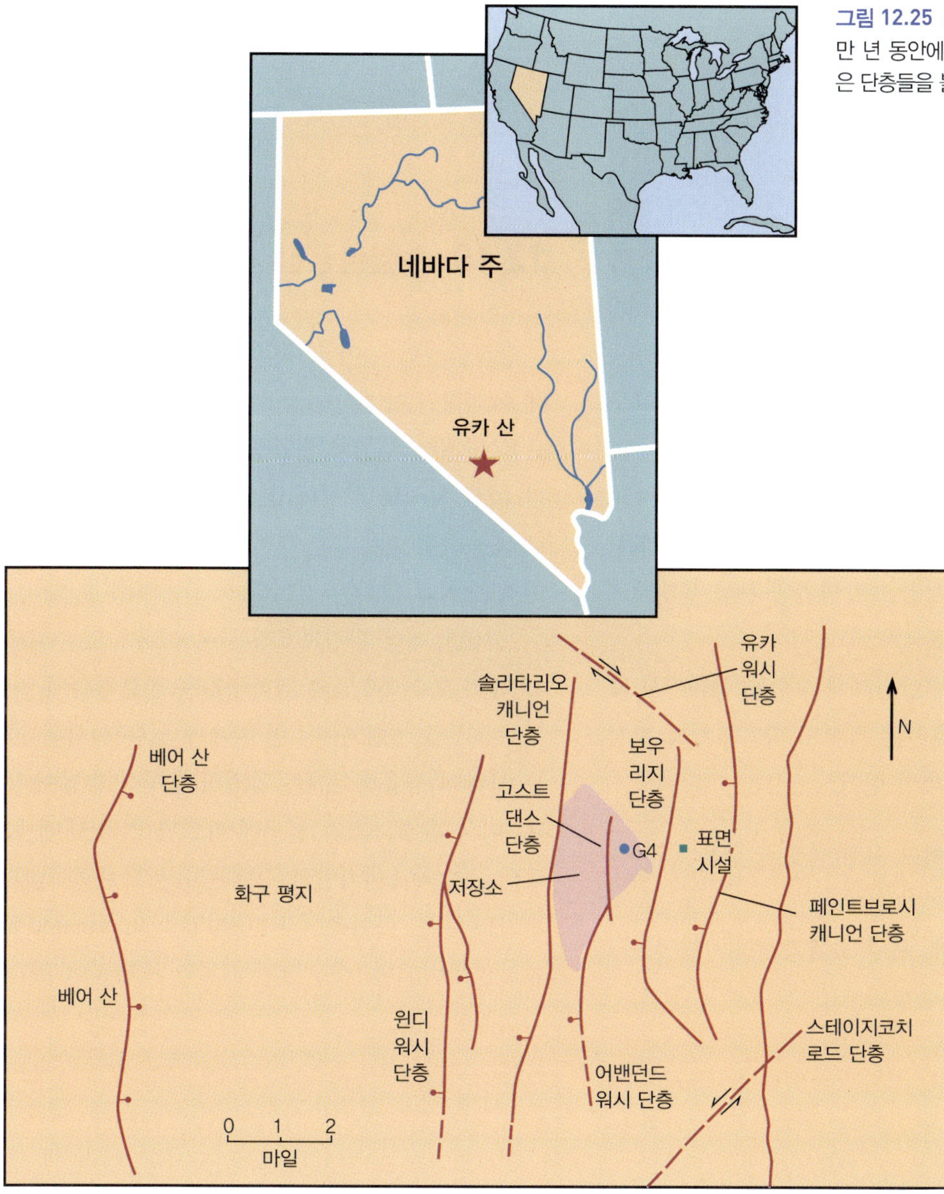

그림 12.25 유카 산 저장고의 예상 지도에서 200만 년 동안에 움직였고 균열된 바위가 있는 수많은 단층들을 볼 수 있다.

으로 우리는 가끔씩 단순히 공기를 지하로 보냄으로써 오염 물질을 줄이기도 한다. 산과 염기는 특정 오염 물질을 중화시키거나 오염 물질의 용해를 촉진시키기 위해 사용한다.

대수층 안의 모든 오염된 공간을 파내어 처리한 다음 매립하는 방법도 있다. 오염된 토양은 소각하거나 화학적 처리법으로 오염 물질을 제거한 후 처리된 토양은 다시 구덩이로 채워 넣는다. 이 방법은 상당히 비용이 많이 드나 극단적일 경우 사용되기도 한다.

12.9 핵폐기물 처리

원자로에서 방사성 물질인 우라늄 핵이 핵분열을 일으켜 더 작은 핵으로 쪼개질 때, 쪼개진 핵들도 방사성을 띠고 있다. 대부분의 이러한 방사성 폐기물들은 무해하고 사람에게 방사능의 유출이 없게 배출되어야 한다. 미국 내에서 군사용 발전소, 104개의 상업용 원자로와 셀 수 없을 정도의 연구소와 병원에서 매년 3,000 ton 이상 많은 양의 고

방사능의 폐기물들이 배출된다.

방사능은 핵과정으로 원자핵은 화학작용에 영향을 받지 않기 때문에 화학적 반응으로는 방사성 폐기물을 처리할 수 없다. 그러므로 방사성 폐기물을 처리할 수 있는 유일한 방법은 지질학적으로 안전하고 인간의 간섭으로부터 멀어진 곳에 저장해 자연적으로 부패하게 두는 것이다. 미국 에너지국에서는 영구적인 저장고를 방사성 폐기물을 10,000년 동안 격리할 수 있는 곳이라 정의했다. 그러나 10,000년 이라는 시간은 너무 먼 훗날의 이야기고, 인간은 그토록 먼 미래의 상태를 걱정하지 않기에 완전히 임의적이다. 사실 방사성 폐기물은 방사성 동위원소의 긴 반감기 때문에 백만 년 동안이나 해로운 상태를 유지한다. 그 결과로, 방사성 폐기물은 지질학적 시간으로 인간과 동물 생태계에 피해를 줄 수 있다.

방사성 폐기물을 저장고에 안전하게 고립된 상태에서 오랜 시간 동안 저장하기 위해서는 적어도 다음 3가지 지질학적 기준을 반드시 충족시켜야 한다.

1. 저장소는 반드시 지진이나 화산 폭발과 같은 환경 재해로부터 안전한 곳이어야 한다.
2. 저장소는 반드시 산사태, 토양 포행과 중력사면이동으로부터 안전한 곳이어야 한다.
3. 저장소는 반드시 홍수와 저장소를 부식시키고 폐기물을 대수층으로 이동시킬 수 있는 지하수의 침투로부터 안전해야 한다.

12.10 수질환경법: 현대 관점

수질환경법은 미국 내의 강, 호수와 습지를 정화하기 위해 야심적인 아젠다(agenda)를 수립하였다. 사람들은 이 목표를 달성할 수 있는가? 좋은 소식은 지방 자치 도시들이 더 이상 하수나 공장에서 처리되지 않은 폐기물들을 강으로 배출하지 않는다는 것이다. 나쁜 소식은 아직도 많은 시내가 오염돼 있다는 것이다.

2000년, 미국 환경보호청은 미국 내에 있는 40 %의 시내, 45 %의 호수, 50 %의 염하구가 수질환경법의 기준에 미치지 못한다고 발표했다. 미국 내에 있는 신선한 물 중 40 %는 사람이 사용하기에는 안전하지 못하게 남아 있다. 2004년, 미국 환경보호청 연구에 따르면 미국 내에 있는 1/3가량의 호수와 1/4가량의 강에는 음용으로 하기에는 위험한 수치의 수은, 다이옥신과 PCBs(Polychlorinated Biphenyls, 폴리염화비페닐)에 오염된 어류가 포함되어 있다고 했다.

요약

12.1 물의 공급과 수요

인구가 증가함에 따라 물에 대한 수요도 엄청나게 늘고 있다. 그리고 세계적으로 또는 미국 내의 일부에서는 수요량이 활용 가능한 물의 양을 넘어서고 있다.

가정과 산업에서 사용되는 대부분의 물은 배출되어, 회수가 일어난 곳 근처의 강이나 지하수의 저수지로 되돌아온다. 그러나 농업에서 사용되는 대부분의 물은 증발되어 소진된다. 물의 사용은 3가지로 분류할 수 있다. (1) 생활용수는 미국에서 소진되는 물의 10 %를 차지한다. (2) 산업용수는 49 %를 차지한다. 그리고 (3) 농업용수는 41 %를 차지한다.

12.2 댐과 분류

미국은 물 사용량보다도 강수로부터 3배나 많은 물을 얻는다. 하지만 가장 건조한 일부 지역에서 물을 가장 많이 사용하고 있다. 분류시스템 계획은 지표수와 지하수를 이용 가능한 지역에서 모아 그것을 필요로 하는 지역으로 수송하는 것이다. 댐은 계절적인 강수가 내리는 지역에 매우 유용하고 일부 댐은 수력 발전을 한다. 그러나 댐은 물의 손실, 염류화, 침전, 침식, 댐이 붕괴될 시의 재해, 휴양적 측면과 심미적 측면의 손실, 생태계 파괴를 포함한 부정적인 효과를 만들어 내기도 한다. 지하수 계획은 인간이 사용하도록 지구의 표면으로 양수하는데, 지하수가 매우 천천히 흐르기 때문에, 지하수 추출은 영향 추를 종종 생성하고, 이것은

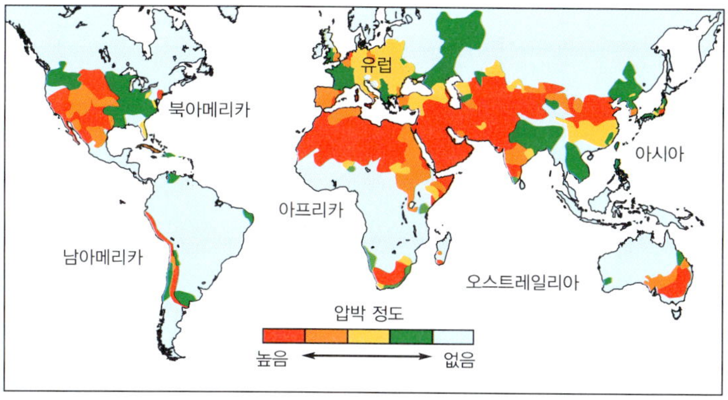

그림 12.8 인간이 관개농업이나 다른 목적으로 물을 사용하면서 지표의 수자원은 많은 압박을 받고 있다(압박의 정도는 사람이 사용하는 양과 비교하여 사용할 수 있는 물의 양에 근거를 두었다).

지하수면의 감소를 이끈다. 이 단원에서의 오갈랄라 대수층 논의는 지하수의 고갈을 설명해 준다. 지하수 회수는 또한 침하와 해수의 침입을 유발한다.

12.3 아메리카 대 사막

아메리카 대 사막은 미국 서부에서 가장 건조한 지역이다. 이 지역에는 거대한 도시와 대규모의 농장 그리고 목장이 건설되었고, 필요한 모든 물은 관개 시설로서 공급되었다. 수자원의 고갈과 물 분배 계획의 비용 증가는 그들의 미래에 대해 불확실성을 제안한다. 이 단원은 오언스 강과 콜로라도 강의 분류시스템을 서술하였다.

12.4 물과 국제정책

물에 대한 갈등으로 사이가 나쁜 국가들 사이에서 국제분쟁이 야기된다.

그림 12.20 불순물의 유입으로 수자원이 오염되면서 수질은 나빠진다.

12.5 수질 오염

수질 오염은 불순물의 유입에 의해 수질이 나빠지는 것이다. 미국에서는 수질환경법이 쿠야호가 강 화재 사건과 러브 수로 재앙과 같은 여러 수질 오염 사건에 대한 대응책으로 1972년에 통과되었다. 수질 오염 물질은 하수, 병균 생물체와 비료와 같은 미생물에 의해 분해되는 물질과 공업 유기 화합물, 독성 무기 화합물과 퇴적물 등과 같이 미생물에 의해 분해되지 않는 물질(이 물질은 잔류성, 생물 농축성 독성 물질이라고 불림)과 방사성 물질과 열을 포함한다. 오염은 점오염원과 비점오염원 모두에서 발생한다.

12.6 하수, 세제, 비료에 의한 수질 오염

미생물에 의해 분해되는 오염 물질은 생태계에 영양분을 공급해 산소의 고갈을 일으켜 혐기성 생물을 증가시킴으로써 생태계를 파괴한다.

12.7 독성 오염 물질, 위기 평가, 비용편익분석

적은 양의 수질 오염 물질이 건강에 해를 끼치는지 밝혀내는 것은 어려운 일이다. 비용편익분석은 오염 물질 관리 비용과 외부효과의 비용을 비교한 것이다.

12.8 지하수 오염

지하수 오염 물질은 보통 천천히 플룸의 형태로 대수층에 퍼진다. 오염 물질은 대수층에 있는 모든 작은 구멍을 통하여 퍼지기 때문에 정화와 개선에는 많은 비용이 들고 어렵다. 정화법으로는 오염원 제거, 감시, 모델링, 생물적 정화, 화학적 정화와 오염된 바위와 토양의 제거가 있다.

12.9 핵폐기물 처리

방사성 폐기물들은 수자원으로부터 격리되어야만 한다. 왜냐하면 그들이 오랜 기간 동안 분해되지 않고 지속되기 때문이다. 미국 유카 산은 원자력 발전소에서 사용한 연료들을 보관하는 장소로 지정되었다.

12.10 수질환경법: 현대 관점

미국 수질환경법이 1972년 통과된 이후, 미국 내의 수로들은 상당히 깨끗해졌지만, 많은 하천들은 여전히 오염된 채로 남아 있다.

핵심용어

미생물에 의해 분해되는 오염 물질 biodegradable pollutants (12.5)
미생물에 의해 분해되지 않는 오염 물질 nonbiodegradable pollutants (12.5)
분류시스템 diversion system (12.2)
비점오염원 nonpoint source pollution (12.5)
생물적 정화 bioremediation (12.8)
소진 consumption (12.1)
수질환경법 Clean Water Act (12.5)
염류화 salinization (12.2)
영향 추 cone of depression (12.2)
오염 pollution (12.5)
오염 물질 플룸 plume of contamination (12.8)
외부효과 externalities (12.7)
잔류성, 생물 농축성 독성 물질 persistent bioaccumulative toxic chemicals, PBTs (12.5)
점오염원 point source pollution (12.5)
정화 remediation (12.8)
지반 침하 subsidence (12.2)
해수침입 saltwater intrusion (12.2)
혐기성 anaerobic (12.6)
화학적 정화 chemical remediation (12.8)
회수 withdrawal (12.1)

연습문제

1. 미국은 물 사용량보다도 강수로부터 세 배나 많은 물을 얻는다. 그렇다면 왜 물 부족 지역이 존재하는가?
2. 물 사용의 주요한 세 가지 분류에 대해 논의하시오. 각 분류에서 전체 미국의 물 사용량의 비율을 말하시오.
3. 물 사용, 물 회수, 물 소진의 차이에 대하여 설명하시오.
4. 왜 농업이 물 소진에 가장 큰 비율을 차지하는가?
5. 물 분류 계획에 있어 주요한 두 가지 원천은 무엇인가?
6. 댐과 그와 관련된 물 수송시스템의 긍정적인 효과를 설명하시오.
7. 댐과 그와 관련된 물 수송시스템의 부정적인 효과를 설명하시오.
8. 사막 개간의 결과 염류화가 나타나는 이유를 설명하시오.
9. 지하수를 가치 있는 자원으로 만드는 요인은 무엇인가?
10. 지나친 지하수 양수로 인한 문제점을 설명하시오.
11. 지하수 고갈이 왜 지표수 유출로 오는 결과보다 오랜 시간 동안의 문제를 야기하는가?
12. 만약 대수층이 고갈되어 지반이 침하되었다면, 양수를 멈출 때, 원래의 수위로 회복될 수 있는가? 그리고 대수층이 물로 재충전될 수 있는가? 여러분의 답을 설명하시오.
13. 해수침입이 해안 지역에만 영향을 미치는 이유는 무엇인가?
14. 존 웨슬리 파월이 아메리카 대 사막이라 부른 지역을 지형적으로 설명하시오.
15. 수질을 오염시키는 물질 4가지를 나열하시오. 오염원과 환경에 끼치는 해로운 영향은 무엇인가?
16. 통조림 공장의 폐기물 같은 무독성 물질이 어떻게 수질 오염 물질로 변하는지 설명하시오.
17. 미량의 독성 물질이 일으킨 수질 오염이 건강에 위협적이라고 평가하기 어려운 것에 대해 논의하시오.
18. 비용편익분석이란 무엇이고 어떻게 작용하는가?
19. 오염 물질이 왜 지표수보다 지하수에 더 오래 잔존하는지 설명하시오.
20. 오염된 지하수를 정화시키는 절차를 설명하시오
21. 유카 산 핵폐기물 저장소 분쟁에 대해 토의하시오.

13장 빙하와 빙하시대

미국 알래스카 주에 있는 마타누스카 빙하(Matanuska Glacier)는 산악 빙하의 대표적인 예다. 빙하 전면의 길이는 3.2 km다.

> "빙하는 인간과 마찬가지로 섬세하고 개별적인 것이다.
> 불안정이 빙하를 만든다."
>
> 윌리엄 해리슨(William Harrison, 1933~)[1]

여러분은 종종 빙하를 높은 산이나 얼어붙은 극지방에서 볼 수 있는 것이라고 생각한다. 전체의 1/3가량이 아무도 살지 않는 미국 북부 지역의 지형은 18,000년 전에 생성된 거대한 얼음 층으로 덮여 있다. 뉴욕 주, 위스콘신 주와 미네소타 주의 낮고 둥근 형태의 언덕은 얼음에 의해 퇴적된 자갈로 구성되어 있다. 게다가 이곳 지역의 사람들이 수영을 하고 낚시를 하는 호수들은 빙하 때문에 형성되었다.

지구의 역사를 통틀어 수없이 많은 빙하가 점점 자라나서 지구의 상당 부분을 덮기도 했고 녹아 없어지기도 했다. 가장 최근에 일어났던 대규모 빙하의 전진 이전인 100,000년 전 지구에는 높은 산이나 극지방의 만년설 혹은 그린란드를 제외하고는 얼음이 없었다. 그 다음에 상대적으로 짧은 시간인 아마도 몇천 년 동안 지구의 기후는 차갑게 변했다. 겨울에 내렸던 눈이 여름에 다 녹지 않게 되자 극지방의 만년설들은 저위도로 퍼져 나가기 시작했다. 이와 동시에 심지어 적도 부근에 있던 높은 산 정상에도 빙하가 형성되었다. 빙하는 산의 계곡을 따라 아래 지역으로 흘러내렸다. 빙하가 18,000년 전에 최대 크기에 이르렀을 때는 지구 대륙의 1/3을 뒤덮고 있었다.

그리고 15,000년 전, 지구의 기후는 다시 따뜻해졌고 빙하는 급격히 녹아 버렸다. 18,000년이란 시간은 한 사람의 인생과 비교해 아주 긴 시간이지만 지질학적 시간으로는 눈 깜박할 정도의 시간이다. 사실 100,000년 동안 지구상에 살아왔던 인류도 가장 최근의 빙하작용을 겪고 살아남았다. 40,000~30,000년 전, 프랑스 남서부와 스페인 북부에서는 정교한 창끝과 몸 장신구 조각들을 만들어 냈다. 12,000~10,000년 전, 인류는 처음으로 농사를 짓기 시작하였다.

13.1 빙하 형성

대부분의 온대 지역에서 겨울에 내린 눈은 봄이나 여름에 완전히 녹는다. 하지만 어느 특정한 춥고 습한 환경에서는 약간의 눈은 녹지 않고 여름에도 남아 있고 해가 지날수록 쌓이게 된다. 여름 동안에 눈 결정은 눈으로 뒤덮인 들판에서 압축되고 낮에는 따뜻해지고 밤에는 차가워지는 현상이 반복됨에 따라 둥글고 더욱 압축된 모양이 된다. 만약 눈

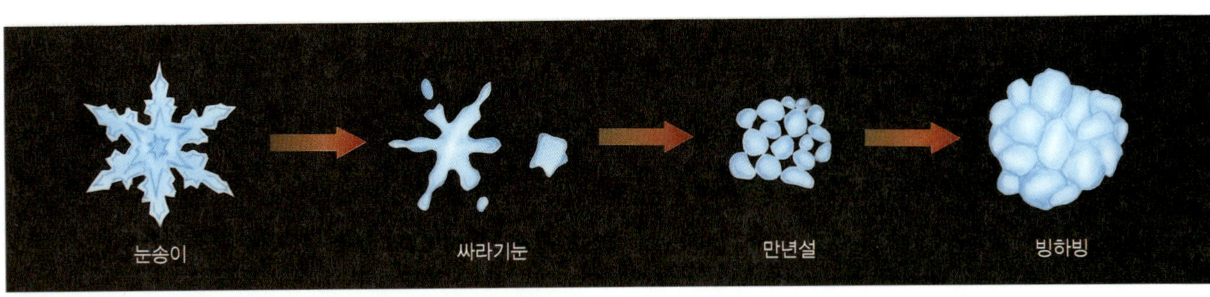

그림 13.1 새로 내린 눈은 여러 단계의 변화를 거쳐 빙하빙을 형성한다.

1) 역자 주: 미국 단편 소설가 겸 시나리오 작가로서 그의 단편 소설인 〈롤러 볼 머더(*Roller Ball Murder*)〉는 1975년 영화 〈롤러볼(*Rollerball*)〉로 만들어졌다.

결정이 한 번의 여름 동안을 녹지 않고 보내게 된다면 둥근 얼음 입자로 변화되는데 이것을 만년설(firn)이라 부른다.

피켈의 날카로운 끝과 쇠갈고리는 쉽게 만년설에 박히고 단단히 고정되기 때문에 등산가들은 만년설을 좋아한다. 만약 만년설이 눈이 쌓인 곳(snowpack) 아래로 더 깊이 묻힌다면 치밀한 얼음 결정체로 구성된 빙하빙으로 변화된다(그림 13.1).

빙하(glacier)는 거대하고 오래 지속되며 압축된 눈이나 얼음을 운반시킨다. 빙하는 오로지 겨울에 내린 눈의 양이 여름에 녹은 눈의 양을 초과할 때만 땅 위에서 형성된다. 압력을 받는 얼음은 가소성이 있고 모양이 변형되기 쉽기 때문에 산에 있는 빙하는 아래쪽으로 흘러내린다. 땅에 수평으로 있는 빙하는 자체 무게 때문에 바깥쪽으로 흘러나간다.

빙하는 2가지 자연환경에서 형성된다. 산악 빙하는 모든 위도에서 높고 눈이 많은 산에서 형성된다. 대륙 빙하는 추운 극지방의 모든 고도에서 형성된다.

산악 빙하

산은 일반적으로 저지대 부근보다 춥고 더 습하다. 정상 부근에서는 겨울 강설량은 많으며 여름은 짧고 춥다. 이러한 조건들은 산악 빙하(alpine glacier)를 만들어 낸다(그림 13.2). 산악 빙하는 남극, 북극, 온대 지역과 열대 지역의 모든 대륙에 존재한다. 빙하는 심지어 적도가 가까운 곳에 위치한 아프리카 대륙의 케냐 산(Mount Kenya)과 남아메리카 에콰도르의 카얌베 산(Mount Cayambe)의 정상에도 존재한다.

어떤 산악 빙하는 정상에서 저지대의 계곡으로 매우 먼 거리를 흘러내려 간다. 예를 들어 매킨리 산(Mount McKinley)으로도 알려져 있는 미국 알래스카 주 데날리 산(Mount Denali)의 남서 사면으로 흘러내려 가는 카일트나 빙하(Kahiltna Glacier)는 길이가 65 km, 가장 넓은 너비의 길이가 12 km, 두께가 700 m다. 대부분의 산악 빙하는 카일트나 빙하보다 작지만 이보다 큰 산악 빙하도 존재한다.

산악 빙하의 성장은 기온과 강우량에 좌우된다. 미국 워싱턴 주의 연평균 기온은 몬태나 주보다 더 따뜻하다. 그러나 워싱턴 주에 있는 산악 빙하는 몬태나 주에 있는 빙하보다 더 크고 더 낮은 지역으로 흘러내려 간다. 겨울에는 태평양에서 습기를 흡수한 눈보라가 워싱턴 주에 몰아친다. 그 결과 워싱턴 주에 있는 산에는 많은 눈이 내리게 되고 여름에 눈이 빠르게 녹아내려도 매년 눈이 쌓이게 된다. 건조하고 눈이 충분히 내리지 않는 몬태나 주는 여름에 대부분의 눈이 녹아내리기 때문에 몬태나 주에 있는 산에는 오직 작은 빙하만 존재한다.

빙하(glacier) 거대하고 오랫동안 압축된 눈과 얼음이 쌓인 것. 땅 위에서 형성되고 경사를 따라 움직이며 자체 무게 때문에 바깥쪽으로 퍼진다.

산악 빙하(alpine glacier) 산악 지형에서 형성되는 빙하

대륙 빙하

극지방에서는 겨울이 길고 추우며 여름은 매우 짧고 시원하기 때문에 대부분의 지역이 고도에 상관없이 빙하로

COURTESY OF GRAHAM R. THOMPSON/JONATHAN TURK

그림 13.2 캐나다 브리티시컬럼비아 주에 있는 산악 빙하가 화강암으로 이루어진 정상 주위에서 흘러내린다.

빙상(ice sheet) 또는 **대륙 빙하**(continental glacier) 50,000 km^2 혹은 이보다 더 넓은 지역을 덮고 있고 자체 무게 때문에 바깥쪽으로 온 사방으로 퍼져 나가는 빙하

활동성 운동(basal slip) 빙하 덩어리 전체가 기반암 위로 같은 방향으로 미끄러져 내려가는 움직임

소성 유동(plastic flow) 빙하가 점성의 액체처럼 흐르는 움직임

덮여 있다. **빙상**(ice sheet), 즉 **대륙 빙하**(continental glacier)는 50,000 km^2 혹은 더 넓은 지역을 덮고 있다. 얼음은 자체 무게 때문에 바깥쪽으로 온 사방으로 퍼져 나간다.

오늘날, 지구 상에는 그린란드와 남극 대륙에 오직 2개의 대륙 빙하만이 존재한다. 이 2개의 대륙 빙하는 전 세계 99 %의 얼음과 대략 3/4에 해당하는 신선한 물을 담고 있다. 그린란드에 있는 대륙 빙하는 두께가 2.7 km이며, 180만 km^2의 넓이를 덮고 있다. 그러나 이것은 1,300만 km^2의 넓이를 뒤덮고 있고, 크기로는 미국보다 1.5배 큰 남극 대륙의 대륙 빙하에 비해서는 작은 편이다. 남극의 대륙 빙하는 산맥 전체를 뒤덮고 있고 빙하를 뚫고 나온 산 봉오리는 얼음의 바다에서 바위의 섬이 된다.

남극은 남극 대륙 안에 위치한 반면에 북극은 북극해에 위치해 있다. 북극에서는 오직 몇 m 크기의 얼음이 상대적으로 따뜻한 바다 표면에 떠 있고 얼음 조각들이 해류에 떠밀려 내려간다. 그 결과 대륙 빙하는 북극에 존재하지 않는다.

13.2 빙하 이동

빙하 이동율은 경사면의 경사도, 강우량과 기온에 따라 다양하다. 연평균 강우량이 많고 연평균 온도가 비교적 따뜻한(빙하 기준으로) 알래스카 주의 남동쪽 해안 산맥에서는 빙하가 하루에 15 cm에서 1 m를 움직인다. 이와 반대로 더 춥고 건조한 알래스카 주의 내륙 지방에서는 하루에 단지 몇 cm만 움직일 뿐이다. 이러한 비율로는 산악 빙하가 흐르는 데 몇백 년에서 몇천 년의 시간이 걸릴 수 있다. 그러나 하루에 10~100 m을 쏟아져 내릴 수 있는 빙하도 있다.

빙하는 2가지 메커니즘으로 움직인다. 즉, 빙하가 기저면을 따라 흘러내리는 **활동성 운동**(basal slip)과 내부 조직의 변화를 동반하는 소성 유동(plastic flow)이다. 비누가 경사가 진 바닥에서 미끄러져 내려가듯 빙하 전체가 기반암 위에서 같은 방향으로 기저 면을 따라 흘러내리는 것을 활동성 운동이라고 한다. 젖은 비누가 젖지 않은 비누보다 더 쉽게 미끄러져 내려가듯, 기반암과 빙하 밑 부분 사이에 있는 물은 이 운동을 가속한다.

빙하의 밑 부분에 물이 생기는 몇 가지 원인이 있다. 지구의 열은 기반암 근처의 얼음을 녹인다. 빙하의 움직임 때문에 생긴 마찰 또한 열을 발생한다. 물은 같은 양의 얼음보다 부피가 적다. 그 결과로, 겹쳐진 얼음의 무게 때문에 생긴 압력 증가는 녹는 현상을 촉진한다. 마지막으로 여름 동안에 빙하의 표면에서 녹아 나온 물이 빙하의 밑 부분으로 스며들기 때문이다.

빙하는 또한 얼음이 점성의 액체처럼 흘러내리는 내부 조직의 변화를 동반하는 **소성 유동**(plastic flow)으로도 움직인다. 내부 조직의 변화를 동반하는 소성 유동은 2가지 실험으로 설명될 수 있다. 첫 번째 실험은 과학자들이 깃대를 한 줄로 얼음 위에 세운다(그림 13.3). 그 후 몇 년 뒤에 얼음이 저지대로 이동했을 때 그 움직임 때문에 깃대는 U자 모양의 배열로 변하게 된다. 이 실험은 빙하의 중심부는 가장자리보다 더 빨리 움직인다는 것을 보여준다. 계곡면과의 마찰저항은 빙하 가장자리의 움직임을 느리게 하고 빙하는 소성 있게 움직여 빙하의 중심부를 가장자리보다 더 빨리 움직이게 한다.

두 번째 실험은 과학자들이 깊은 곳에 있는 빙하의 움직임을 연구하기 위해 곧고 유연한 파이프를 빙하 안으로 박아 세워 놓는 것이다(그림 13.4). 며칠이 지나면 과학자들은 파이프 전체가 휘어진 채 저지대 쪽으로 이동한 것을 보게 된다. 빙하 표면의 얼음은 호수 표면에서 발견되는 얼음과 같이 부서지기 쉽다. 이와 반대로 40 m보다 더 깊은 곳에 위치한 빙하는 가소성 있게 변할 수 있는 충분한 압력을 받는다. 파이프의 굴곡은 빙하가 가소성 있게 움직였다는 것과 빙하의 중간부분이 중간 아랫부분보다 더 빠르게 움직였다는 것을 보여준다.

빙하의 아랫부분은 기반암과의 마찰로 인해 속도가 느

크레바스(crevasse) 깨지기 쉬운 빙하 상부 40 m 깊이까지 생긴 분열 혹은 균열로서 빙하가 균일하지 않은 기반암 위로 흐를 때 생성된다.

빙폭(ice fall) 크레바스와 높이 솟은 얼음으로 된 산봉우리로 구성된 빙하의 단면

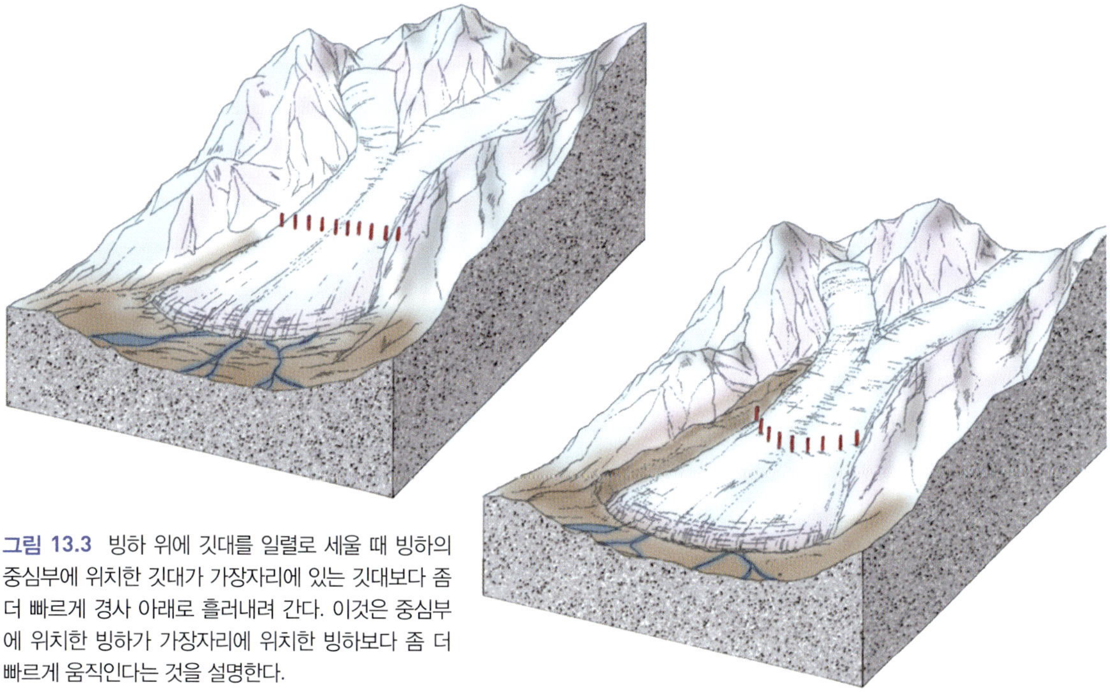

그림 13.3 빙하 위에 깃대를 일렬로 세울 때 빙하의 중심부에 위치한 깃대가 가장자리에 있는 깃대보다 좀 더 빠르게 경사 아래로 흘러내려 간다. 이것은 중심부에 위치한 빙하가 가장자리에 위치한 빙하보다 좀 더 빠르게 움직인다는 것을 설명한다.

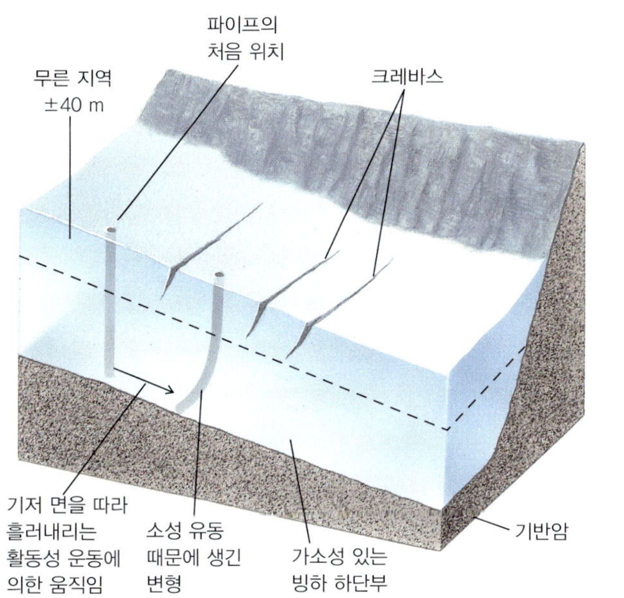

그림 13.4 실험에서 파이프는 빙하를 지나 기반암에 닿을 때까지 박아 넣는다. 파이프는 전체가 휘면서 빙하와 함께 저지대로 이동한다. 파이프가 휘어지는 이유는 기반암과의 마찰로 인해 빙하의 아랫부분의 속도가 줄어들기 때문이다. 빙하의 중간층은 그곳의 얼음이 가소성을 띠기 때문에 좀 더 급격히 흐른다. 40 m 깊이보다 얕으면 빙하는 가소성 있게 흐르지 않기 때문에 그런 곳에 설치된 파이프는 곧게 남아 있다.

려시기 때문에 가소성이 있는 중간부분보다 매우 천천히 움직인다.

빙하가 기저 면을 따라 흘러내리는 활동성 운동과 내부 조직의 변화를 동반하는 소성 유동의 상대적인 비율은 빙하 아래에 있는 기반암의 경사도 정도와 얼음의 두께에 따라 달라진다. 경사진 지형에 있는 작은 규모의 산악 빙하는 기저 면을 따라 흘러내리는 활동성 운동으로 움직이다. 이와 반대로 남극과 그린란드의 대륙 빙하 아래에 있는 기반암은 상대적으로 평평하기 때문에 빙하가 미끄러질 경사가 없다. 그래서 대륙 빙하는 큰 가소성의 얼음 덩어리(얇고 깨지기 쉬운 표면과 함께)의 자체 무게로 인한 압력 때문에 바깥쪽으로 흘러나간다.

빙하가 평평하지 않은 기반암 위로 흐를 때, 깊은 쪽의 가소성 얼음은 구부러지거나 장애물을 넘어 흐르게 되고 깨지기 쉬운 빙하 상부 층은 늘어나거나 금이 가면서 **크레바스(crevasse)**를 형성하게 된다(그림 13.5와 13.6). 크레바스는 빙하 밑 부분의 가소성 있는 부분에는 형성되지 않고 오직 깨지기 쉬운 깊이 40 m의 빙하 상부에서만 형성된다. 크레바스는 빙하의 움직임에 따라 천천히 열리고 닫힌다. **빙폭(ice fall)**은 크레비스와 높이 솟은 얼음으로 된 산봉우리로 구성된 빙하의 단면이다. 산봉우리는 얼음 덩어리가 크레바스 벽에서 떨어져 빙하의 이동 때문에 회전하

집적대(zone of accumulation) 높은 고도의 산악 빙하의 끝에는 겨울에 내리는 눈이 여름에 녹는 눈의 양보다 많아서 눈은 해마다 쌓인다. 이곳 빙하의 표면은 1년 내내 눈으로 덮여 있다.

융삭대(zone of ablation) 낮은 고도에 있는 산악 빙하. 여름에 녹는 눈의 양이 겨울에 쌓이는 눈의 양보다 많아서 눈은 녹아 없어지고 남는 것은 오래되고 단단한 빙하 얼음뿐이다.

설선(snow line) 만년설과 계절설의 경계선

그림 13.5 산악 빙하의 모식도. 깨지기 쉬운 상부의 빙하가 기복이 있는 기반암 위로 흐를 때 생성된다.

게 되어서 형성된다. 등산가는 쇠갈고리, 밧줄과 등산용 피켈을 이용하면 크레바스 위로 올라갈 수도 있다. 크레바스의 벽은 푸른색의 색상을 띠며 위에 있는 좁은 입구를 통해 태양빛이 투과되어 들어온다. 얼음의 단층과 균열은 빙하가 움직임에 따라 삐걱거리는 소리를 만들어 낸다. 많은 등산가들이 빙폭을 건너갈 때 떨어지는 얼음 때문에 부상을 당하기도 한다.

COURTESY OF GRAHAM R. THOMPSON/JONATHAN TURK

그림 13.6 캐나다 브리티시컬럼비아 주에 있는 버가부 산맥에 나타나는 크레바스

빙하의 질량 평형

산악 빙하가 산에서부터 계곡으로 흘러간다고 생각한다면, 정상에 있는 빙하의 끝에는 눈이 많이 내리고 1년 중 대부분의 시간 동안 영하의 기온이다. 눈사태가 일어나 산 정상 부근에 있는 많은 양의 눈이 얼음 위로 이동한다. 겨울에 내리는 눈이 여름에 녹는 눈의 양보다 많아서 눈은 해마다 쌓인다. 이 높은 고도 부분의 빙하를 **집적대**(zone of accumulation)라 한다. 이곳 빙하의 표면은 1년 내내 눈으로 덮여 있다.

계곡의 저지대는 1년을 통틀어 기온이 높고 눈이 적게 내린다. 저지대의 빙하는 여름에 녹는 눈이 양이 겨울에 내리는 눈의 양보다 많아서 **융삭대**(zone of ablation)라고 한다. 눈이 녹을 때 오래되고 단단한 빙하빙의 표면은 남는다. **설선**(snow line)은 만년설과 계절설의 경계선이다. 또 다른 말로는 집적대와 융삭대의 경계선이다. 설선은 그 해의 기온에 따라 해마다 올라가거나 내려간다. 융삭대에는 빙하가 집적대에서부터 아래로 흘러내려가기 때문에 얼음이 존재한다. 조금 더 아래에 있는 계곡에는 빙하가 흐르는 비율이 녹는 속도를 따라가지 못해서 빙하는 **빙하 말단부**(terminus)에서 끝난다.

빙하는 성장하기도 하고 수축하기도 한다. 만약 연평균 강설량이 증가하고 연평균 기온이 떨어지면 더 많은 눈이 쌓인다. 그러면 설선은 좀 더 낮은 고도로 내려올 것이고 빙하는 더 두껍게 자란다. 한동안은 빙하 말단부가 아마도 안정적으로 유지될 것이다. 그러나 결과적으로 경계는 계곡 아래로 전진할 것이다. 기후 변화와 빙하의 전진 사이에서 나타나는 시간 지연은 빙하의 크기, 이동 속도와 기후 변화의 정도에 따라서 수년에서 수십 년의 범위일 것이다. 만약 연평균 강설량이 줄어들거나 기온이 따뜻해진다면 집적대는 줄어들고 빙하는 뒤로 물러난다.

빙하가 뒤로 물러날 때 얼음은 끊임없이 아래로 흐르는데 경계에서는 빙하가 아래로 흘러내리는 속도보다 더 빨리 빙하가 녹는다. 알래스카 주에 있는 글레이셔 베이(Glacier Bay) 국립공원에서는 빙하가 지난 125년 간 60 km나 뒤로 물러났다. 경계 부근의 새로 노출된 바위는 황량하고 활기가 없다.

빙하로부터 수 km 떨어진 수십 년 동안 노출된 바위가 있는 곳에는 여기 저기 흩어진 지의류 식물이 맨 바위 위에 자란다. 좀 더 먼 곳에는 바닷새의 배설물과 바람에 날리는 실트와 섞여 얇은 토양을 형성한다. 이들은 풍화된 바위의 갈라진 틈을 보호막 삼는 이끼에게 영양분을 제공한다. 빙하 말단부로부터 60 km 떨어진 글레이셔 베이의 앞부분에는 조류와 바다 태풍이 빙하로 덮인 땅에 퇴적물을 충분히 공급하고 새로운 땅을 만들어 내어 영양이 부족한 나무에 양분을 제공한다.

적도와 온대 지역에서는 보통 빙하의 한계선은 고도 3,000 m이거나 이보다 조금 더 높다. 그러나 춥고 습한 지역이라면 빙하는 바다로까지 확장될 수 있다(그림 13.7). 커다란 얼음 덩어리가 떨어지면서 **빙산**(iceberg)을 형성한다.

세계에서 가장 큰 빙산은 남극에 있는 빙붕에서 떨어져 나온 것들이다. 2000~2002년 사이에는 코네티컷 주 크기

빙하 말단부(terminus) 빙하의 끝부분

빙산(iceberg) 빙하로부터 바다로 떨어져 나온 커다란 얼음 덩어리

그림 13.7 미국 알래스카 주 르콩트 빙하(LeConte Glacier)에서 떨어져 나온 조그마한 빙산들 사이로 카약커(kayaker)가 지나간다.

빙하조선(glacial striation) 빙하 말단부에 박혀 있던 암석 파편들이 기반암과 접촉하면서 만들어진 수평적인 홈과 찰흔

의 빙산과 로드아일랜드 주 크기의 빙산이 남극의 서쪽 빙붕에서 떨어져 나와 남극해로 흘러들어 갔다. 세계에서 가장 높은 빙산은 그린란드의 빙하에서 떨어져 나온 300~400 m 두께의 빙산이었다.

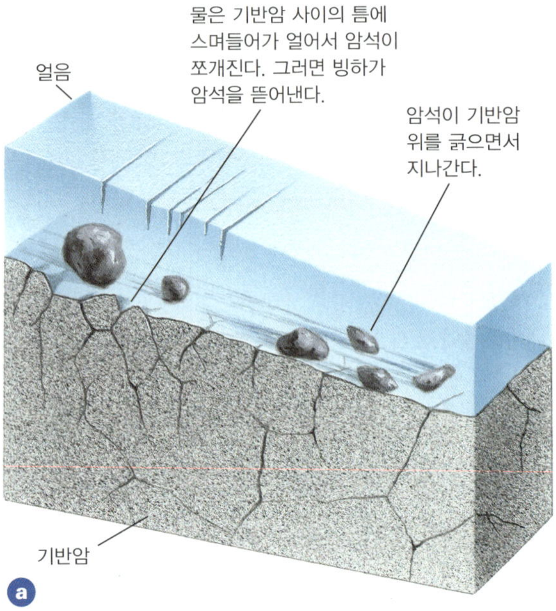

그림 13.8 (a) 빙하는 기반암에서 암석 파편을 뜯어낸 후 운반하면서 기반암과 무른 암석을 삭마한다. (b) 미국 알래스카 주 르콩트 만에 있는 화강암에 새겨진 초승달 모양의 자국은 빙하의 침식에 의해 만들어졌다. 이 자국은 빙하가 이 가파른 곳을 오른쪽에서 왼쪽으로 흘렀다는 것을 지시한다.

13.3 빙하 침식

빙하의 측면과 바닥에 있는 암석은 구조적인 힘, 동결쐐기작용 또는 압력에 의해 부서진다. 빙하의 움직임은 부서진 바위들을 이동시킨다(그림 13.8). 빙하는 기반암에서 암석 파편을 뜯어내고 실트 크기의 입자에서부터 집채만한 거력까지 운반한다. 그래서 빙하는 많은 양의 암석과 퇴적물을 침식하고 운반한다.

얼음 그 자체는 기반암을 닳게 할 정도로 단단하지 않다. 그러나 얼음에 박혀 있는 바위들은 기반암을 긁어 깊은 홈, 수평적 홈과 찰흔을 만드는 데 이것은 **빙하조선**(glacial striation)이라 한다(그림 13.9). 빙하가 녹을 때 기반암에 생긴 줄무늬가 나타나는데 줄무늬의 방향은 빙하의 이동 방향을 나타내기 때문에 빙하조선은 빙하의 이동 방향을 조사할 때 쓰인다.

산악 빙하에 의한 침식 지형

과거에는 빙하로 뒤덮였지만 현재는 빙하가 사라진 산으로 가상의 여행을 떠나보자(그림 13.10). 여러분이 헬리콥

그림 13.9 빙하 하단에 박혀 있던 돌이 캐나다 브리티시컬럼비아 주에 있는 기반암에 줄무늬를 만들었다.

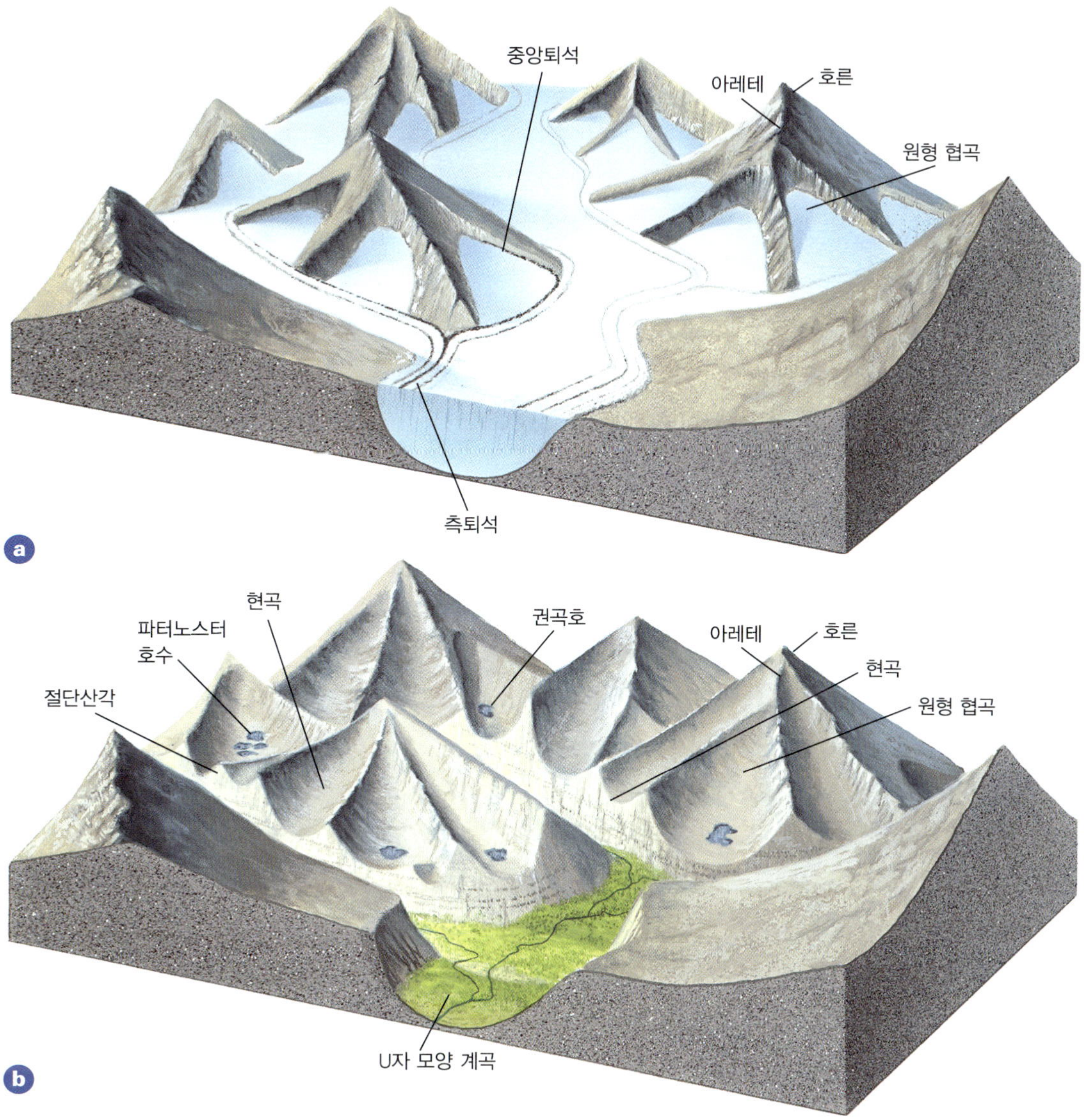

그림 13.10 같은 빙하 지형의 두 가지 모습. (a) 대부분이 빙하로 덮여 있을 때 보이는 지형 (b) 빙하가 녹아 사라진 후 보이는 현재의 지형

터를 타고 높고 돌로 된 산 정상을 향해 출발한다고 생각해 보자. 헬리콥터에서 볼 수 있는 첫 번째 전망은 빙하에 의해 만들어진 부드럽고 둥그런 모양의 계곡 위로 가파르게 솟은 날카롭고 뾰족한 산이다.

여러분은 이미 빙하가 없는 지역의 산에서 하천이 아래로 흐르면서 하천 바닥을 침식해 생성된 가파른 경사와 V자 모양의 계곡을 보았다(11장). 그러나 빙하는 좁은 바닥에 한하지 않고 계곡 전체를 채운다. 그 결과로 빙하는 계

COURTESY OF GRAHAM R. THOMPSON/JONATHAN TURK

그림 13.11 캐나다 브리티시컬럼비아 주 퍼셀 산에서 보이는 U자 모양의 계곡

U자 모양 계곡(U-shaped valley) 빙하의 침식작용으로 생성된 넓고 단면이 U자 모양인 계곡

원형 협곡(cirque) 빙하에 의해 생성된 날카로운 벽으로 둘러싸인 숟가락 모양으로 움푹 패인 지형

권곡호(tarn) 권곡 바닥에 있는 작은 호수

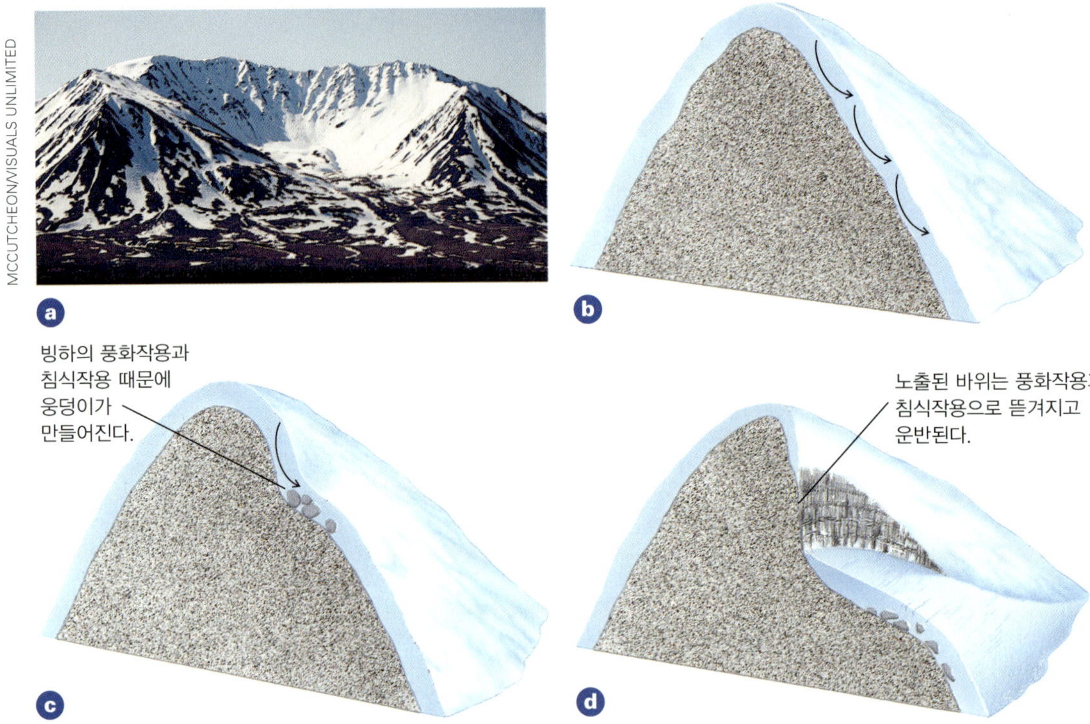

그림 13.12 (a) 알래스카 주 앵커리지 시 근처의 알래스카 산맥의 남쪽 맛수(Mat–Su) 계곡에 있는 움푹 패인 원형 협곡은 빙하의 침식작용으로 형성됐다. (b) 이 단면과 같이 원형 협곡은 눈이 쌓인 뒤 빙하가 정상에서 아래로 흘러내려 가면서 형성된다. (c) 산중턱에서 빙하의 풍화와 침식작용으로 작은 웅덩이가 만들어진다. (d) 빙하의 움직임이 계속 되면서 웅덩이는 점점 더 커진다. 빙하가 녹아 사라진 후에는 사진에서 보듯이 정상 한 면에 원형 협곡만이 남아 있다.

곡의 측면과 바닥을 문질러 내려가면서 넓고 둥근 **U자 모양 계곡**(U-shaped valley)을 생성한다(그림 13.10과 13.11).

여러분이 한 산의 정상에 착륙한다고 가정해 보자. 여러분 아래에는 경사진 절벽이 산중턱에 이르러 숟가락 모양으로 움푹 패여 있는데 이것을 **원형 협곡**(cirque)이라고 한다. 원형 협곡에 조금 남아 있는 빙하는 여러분에게 춥고 습했던 과거에 존재했던 거대한 얼음 덩어리를 상기시켜준다(그림 13.12(a)).

빙하에 의한 원형 협곡의 생성 과정을 알아보기에 앞서 적당히 둥근 산을 생각해 보자. 눈이 내리고 빙하가 형성된 뒤 얼음은 점점 산 아래로 흐르게 된다(그림 13.12(b)). 얼음은 조그마한 웅덩이를 만들고 빙하가 흐름에 따라 웅덩이는 점점 더 커지게 된다(그림 13.12(c)). 시간이 지나 원형 협곡의 벽은 점점 더 높은 경사를 갖게 된다. 원형 협곡에서 뜯어진 암석들은 계곡 아래쪽으로 운반된다(그림 13.12(d)). 빙하가 녹아 사라졌을 때 경사진 벽으로 둘러싸인 둥그런 모양의 협곡만 남게 된다.

빙하가 있는 산에서 하천과 호수는 흔히 볼 수 있다. 원형 협곡은 빙하의 침식작용으로 기반암 아래로 웅덩이가 만들어져 생성되기 때문에 빙하가 녹아 사라지면 웅덩이는 물로 채워지고 작은 호수나 **권곡호**(tarn)가 생기게 된다. 만약 여러분이 거대한 원형 협곡의 아래로 걸어 내려간다면, 여러

COURTESY OF GRAHAM R. THOMPSON/JONATHAN TURK

그림 13.13 빙하들은 기반암을 침식시켜 시에라네바다 내에 파터노스터 호수들을 형성한다.

SWISS TOUR BOARD

그림 13.14 스위스 마터호른은 3개의 산악 빙하들이 3가지 다른 방향으로 정상의 원형 협곡들을 침식시켜 만들어졌다.

분은 주로 **파터노스터 호수**(paternoster lake)라고 하는 급류와 폭포로 이어진 일렬의 작은 호수를 볼 수 있을 것이다(그림 13.10과 13.13). 파터노스터 호수는 빙하에 의해 파헤쳐진 연속된 작은 웅덩이다. 파터노스터 호수란 말은 실에 묶인 묵주의 구슬에서 인용되었는데, 빙하 계곡에 있는 연속된 호수는 이를 연상시킨다. 빙하가 녹아 사라지면 작은 웅덩이에는 물이 채워진다.

만약 빙하가 산 정상의 다른 면에 3개 또는 더 많은 원형 협곡이 만들어지면 호른이라 불리는 가파른 피라미드 모양의 바위로 된 산 정상이 생성될 수 있다. 스위스 알프스 산에 있는 마터호른은 유명한 **호른**(horn) 중의 하나다(그림 13.10과 13.14). 2개의 산악 빙하가 서로 다른 면의 능선을 따라 내려가면서 침식작용을 하면 날카롭고 폭이 좁은 갈빗대 모양의 암석이 주능선에 거의 직각 방향으로 놓이게 된다. 이러한 형상을 **아레테**(arête)라고 부르는데 인접한 계곡이나 원형 협곡에서 흔히 만들어진다.

정상에서 아래로 시선을 돌리면 높지만 작은 계곡의 폭포가 낮은 곳에 있는 크고 깊은 계곡을 향해 물을 쏟아내고 있는 것을 볼 수 있다. 작은 빙하 계곡이 더 큰 계곡의 바닥보다 더 위에 위치한 계곡을 걸친 곡, 즉 **현곡**(hanging valley)이라고 한다(그림 13.10과 13.15). 미국 캘리포니아주 요세미티 계곡에 있는 유명한 폭포도 현곡으로 흐른다. 현곡은 작은 지류 빙하가 그보다 훨씬 더 큰 빙하에 합류할 때 형성된다. 크기가 훨씬 큰 빙하가 더 깊은 계곡을 휩쓸고 가고 있을 때 지류 빙하가 얇은 계곡을 침식하고 있다. 그리고 빙하가 녹아 사라진 뒤 작은 계곡이 더 큰 계곡에 연결된 뜻밖의 모습이 나타난다.

파터노스터 호수(paternoster lake) 빙하 계곡에 있는 일렬의 호수. 실에 꿰인 구슬 같이 작은 시내나 폭포로 연결되어 있다.

호른(horn) 날카롭고 피라미드 형상의 바위로 된 산 정상. 산 정상 주위로 3개 혹은 그보다 많은 원형 협곡이 교차한다.

아레테(arête) 너비가 좁고 날카로운 갈빗대 모양의 암석들이 인접한 계곡의 경계나 2개의 원형 협곡 사이의 경계를 형성한다. 2개의 산악 빙하가 능선의 서로 반대 방향으로 내려오면서 산을 침식하면서 만들어진다.

현곡(hanging valley) 작은 빙하 계곡이 더 큰 계곡의 바닥보다 더 위에 위치한 계곡

피오르드(fjord) 빙하가 후퇴한 후 고위도 해안에 해침이 일어나 내륙 깊이 확장된 깊고 폭이 좁은 만

© ANNA LUSTIG

그림 13.15 미국 애리조나 주 요세미티 국립공원에 있는 현곡으로부터 폭포들이 다단계로 내려온다.

COURTESY OF GRAHAM R. THOMPSON/JONATHAN TURK

그림 13.16 피오르드의 가파른 면은 캐나다 배핀 섬의 1,000 m 높이의 절벽을 만들어 경계를 이룬다.

수많은 고위도의 해안이 내륙 깊이 확장된 깊고 폭이 좁은 만을 **피오르드(fjord)**라고 한다. 대부분의 피오르드는 빙하에 의해 형성되었고 빙하가 녹아 없어진 후 바닷물의 침식 때문에 물에 잠기게 되었다(그림 13.16).

대륙 빙하에 의해 만들어진 침식 지형

대륙 빙하는 산악 빙하가 그러하듯이 지형을 침식한다. 하지만 대륙 빙하는 산악 빙하에 비해 상당히 크고 두꺼운 편이며 계곡에 국한하지 않는다. 그 결과, 대륙 빙하는 거대한 지역이나 종종 산맥 전체를 덮고 있다. 최근 빙상의 이동에 의해 생긴 거대한 웅덩이에 물이 차서 5대호와 뉴욕 주에 핑거 호수가 형성됐다(그림 13.17).

13.4 빙하 퇴적물

1800년도에 지질학자들은 알프스 지역과 다른 지역에

© CARLOS AMEGLIO/SHUTTERSTOCK

USGS, EROS DATA CENTER

그림 13.17 이 항공 사진에서 핑거 호수를 볼 수 있다(오른쪽 아래). 이 호수는 플라이스토세의 빙하가 그 전에 존재했던 하천 계곡을 좀 더 깊은 계곡으로 파내려 간 뒤 그 계곡에 물이 채워져 만들어졌다. 또한 플라이스토세의 빙하는 온타리오 호수를 형성했다.

서 발견된 많은 양의 모래와 자갈이 다른 먼 곳에서 운반되어 왔다는 것을 알았다. 그때 유명했던 가설에서 대홍수 동안에 그 물질들이 빙산과 함께 떠밀려 왔다고 설명했다. 이 퇴적물은 운반의 추론 방법 때문에 표력토라고 불렸다.

오늘날 우리 모두는 거대한 빙하가 넓은 지역의 땅을 10,000~20,000년 전에 뒤덮고 있었다는 것과 이 빙하가 퇴적물을 운반하고 퇴적시켰다는 것을 알고 있다. 비록 표력토란 용어는 잘못된 이름이지만 현재 일반적으로 통용되고 있다. 현재 지질학자는 **표력토(drift)**를 빙하에 의해 운반되고 퇴적된 모든 암석이나 퇴적물로 정의하고 있다. 빙하 표력토는 평균적으로 6 m 두께로 된 암석 언덕들과 뉴잉글랜드 주에 있는 목초지 위에 존재하고, 30 m 두께로 일리노아 주에 있는 평야를 덮고 있다.

표력토는 2가지 종류로 나눠진다. 빙하에 의해 직접적으로 퇴적된 **표석점토(till)**와 빙하에 의해 운반되었으나 후에 하천을 통해 운반되어 퇴적된 **성층 표력토(stratified drift)**가 있다.

표석점토로 구성된 지형

얼음은 물보다 점성이 크기 때문에 여러 가지 크기의 입자를 운반한다. 빙하가 녹을 때 미세한 점토부터 거력과 같은 여러 크기의 입자들은 분급되지 않고 성층화되지 않은 채로 퇴적된다(그림 13.18). 빙하 내부에 갇혀 있던 암석과 퇴적물 입자들은 주위를 둘러싸고 있는 얼음에 의해 보호된다. 그러므로 빙하 안에 있던 암편들은 서로 부딪히지 않기 때문에 하천으로 운반된 퇴적물 같이 모서리가 둥근 모양을 보이지 않는다. 둥근 모양의 자갈이 표석점토에서 발견된다면 그것은 빙하에 의해 운반되기 이

표력토(drift) 빙하나 융빙수에 의해 운반되고 퇴적된 모든 돌과 퇴적물

표석점토(till) 빙하에 의해 직접적으로 퇴적된 빙하 표력토

성층 표력토(stratified drift) 빙하에 의해 운반되었으나 후에 하천에 의해 운반되어 층으로 퇴적된 빙하 표력토

COPYRIGHT AND PHOTOGRAPH BY DR. PARVINDER S. SETHI

그림 13.18 분급되지 않은 모든 크기의 빙력토. 큰 자갈이 작은 퇴적물과 섞여 있다. 큰 자갈은 알래스카 주에 있는 마타누스카 빙하에 의해 운반되기 전에 하천의 활동으로 둥근 모양이 되었다.

미아석(erratic) 근처의 기반암과 다른 성분을 가진 거력으로서 빙하에 의해 현재 위치로 운반되었다.

빙퇴석(moraine) 빙하 빙에 의해 직접적으로 생성된 표석점토로 이루어진 작은 언덕이나 산등성이

종퇴석(end moraine) 빙하 말단부에 있는 표석점토로 이루어진 산등성이. 빙하가 전진이나 후퇴를 해도 빙하 말단부는 같은 자리에 몇 년 동안 머물러 있다.

종퇴석(terminal moraine) 빙하가 최대치로 전진했을 때나 후퇴가 시작되기 전에 형성되는 종퇴석

후퇴퇴석(recessional moraine) 빙하가 후퇴하는 동안 일시적으로 안정되었을 때 생성되는 새로운 빙하 말단부에서 형성되는 빙퇴석

저퇴석(ground moraine) 빙하가 일정하게 후퇴할 때 생성되고 표석점토가 넓은 면적에 상대적으로 얇은 층으로 퇴적된 것

전에 하천에 의해 둥글게 된 것이다.

이따금씩 아주 큰 거력이 한때 빙하로 덮여 있던 어떤 지역의 지표면 위에 놓여 있다. 대다수의 경우 거력은 근처의 기반암과는 전혀 다른 종류의 암석이다. 이러한 종류의 거력을 **미아석**(erratic)이라고 하는데 빙하에 의해 현재 위치로 운반된 것이다. 미아석의 근원지는 빙하가 이동해 온 지역의 방향으로 모암을 찾아봄으로써 알 수 있다. 어떤 미아석은 원래 위치보다 500 km에서 심지어는 1,000 km나 운반됐는데 이것은 빙하의 움직임에 관한 단서를 제공한다.

그림 13.19 한 여름 캐나다 배핀 섬에서 나타난 산악 빙하의 종퇴석. 설선 아래에는 지저분하고 오래된 얼음이 빙하 말단부를 구성하고 집적대에서는 깨끗한 눈이 얼음 위로 두껍게 쌓인다.

빙퇴석

빙퇴석(moraine)은 작은 언덕이거나 표석점토로 된 산등성이다. 빙하를 거대한 컨베이어 벨트라고 생각하자. 구식 공항에 있는 컨베이어 벨트는 간단히 수하물을 벨트 끝으로 이동시켜 그곳을 수하물의 더미로 만든다. 이와 비슷하게 빙하도 퇴적물을 이동시켜 빙하 말단부에 퇴적시킨다. 빙하가 전진하거나 후퇴를 한다 해도 빙하 말단부는 몇 년 동안은 그 자리에 남아 있다. 그 시간 동안 퇴적물은 빙하 말단부에 퇴적되고 산등성이를 이루는데 이것은 **종퇴석**(end moraine)이라고 한다(그림 13.19). 종퇴석은 빙하가 최대로 전진했을 때, 빙하가 후퇴하기 전에 형성되는 데 이것을 **종퇴석**(terminal moraine)이라 한다(그림 13.5 참조).

날씨가 따뜻해지면 빙하는 후퇴한다. 빙하가 후퇴하는 동안 안정한 상태가 되면 종퇴석은 그 자리에 오랫동안 머물러 있게 된다. 이것은 새로운 종퇴석 형태로 **후퇴퇴석**(recessional moraine)이라고 한다.

빙하가 일정하게 줄어든다면 표력토는 넓은 지역에 상대적으로 얇은 층으로 쌓여 저퇴석을 형성한다. 저퇴석은 오래된 하천의 바닥과 낮은 홈을 메운다. 때때로 이 평탄작업은 하계 망을 혼란시킨다. 5대호 지역의 북쪽에 있는 많은 늪과 뉴잉글랜드 북부 지방은 **저퇴석**(ground moraine) 위에 자리 잡고 있고 가장 최근의 대륙 빙하의 수축 때 형성되었다.

종퇴석과 저퇴석은 산악 빙하와 대륙 빙하 모두가 가지고 있는 특징이다. 커다란 산악 빙하에 의해 퇴적된 저퇴석은 몇 km까지 확장할 수 있고, 건강한 사람이 한 시간 동안 올라가야 정상에 오를 정도로 높을 수도 있다. 경사가 심한 빙퇴석과 무른 표석점토는 하이킹하기에는 위험하다. 큰 거력은 암석, 중자갈, 모래, 점토와 같이 임의적으로 섞여 있다. 부주의한 등산객이 거력을 건드린다면 산 아래로 굴러 떨어질 것이다. 가장 최근의 플라이토세 대륙 빙하는 18,000년 전에 최대의 크기로 확장했다. 종퇴석은 이러한 빙하의 최남단으로의 확장에 대한 기록이다. 북아메리카 대륙의 종퇴석은 넓고 물결 모양으로 미국의 북쪽 지방에 걸쳐 뻗어 있다. 빙하가 녹은 뒤로 많은 시간이 지나서 흙과 식물은 표석점토를 견고하게 했다. 그리고 대부분의 언덕

SCIENCE GRAPHICS/WARD'S NATURAL SCIENCE INC.

그림 13.20 나무가 우거진 미국 뉴욕 주에 있는 종퇴석은 그 지역 빙하가 최남단으로 확장되었다는 것을 나타낸다.

은 식물로 뒤덮여 있다(그림 13.20).

산악 빙하가 아래로 흘러내려 갈 때 빙하는 계곡의 옆면뿐만 아니라 바닥도 침식한다. 그러므로 빙하의 가장자리는 많은 양의 퇴적물을 운반한다. 게다가 계곡의 옆면으로부터 암석편이 떨어져 가까운 산악 빙하의 옆면에 퇴적된다. 빙하의 가장자리에 있는 퇴적물들은 **측퇴석**(lateral moraine)을 형성한다(그림 13.21).

2개의 산악 빙하가 한데 모아질 때 빙하의 측퇴석도 하나로 합쳐지면서 한데 모아진 거대 빙하의 중심부로 들어가게 된다. 이러한 표석점토는 얼음 표면에 눈에 띄는 어두운 줄무늬를 형성하는데 이를 **중앙퇴석**(medial moraine)이라 한다(그림 13.22).

COURTESY OF GRAHAM R. THOMPSON/JONATHAN TURK

그림 13.21 캐나다 브리티시컬럼비아 주 버가부 산에 있는 측퇴석은 계곡 표면과 마주 대하고 있다.

빙퇴구

빙퇴구(drumlin)로 불리는 가늘고 긴 언덕은 미국 북부 지역의 일부분을 덮고 있다. 빙퇴구는 뉴욕 북부 지방의 농장 지대를 가로질러 가장 잘 노출되어 있다. 빙퇴구는 '등' 혹은 '산등성이'를 뜻하는 옛 아일랜드어에서 유래되었고 각각의 모양은 고래가 헤엄치면서 등을 하늘로 내민 것과 비슷하다. 빙퇴구는 보통 무리 지어 나타난다. 각개의 빙퇴구는 일반적으로 1~2 km 길이에 15~50 m 높이를 갖는다. 빙퇴구는 빙하가 넘쳐흐르고 표석점토와 일부가 기반암으로 된 작은 언덕의 모양을 바꿀 때 생성된다. 어느 경우에나 빙하는 전진과 동시에 가파른 쪽의 표면을 침식한다. 그러면서 빙하는 퇴적물을

측퇴석(lateral moraine) 산등성이 모양의 빙퇴석으로 산악 빙하의 옆면에 인접한 곳이나 빙하 위에 있는 퇴적물 때문에 형성된다.

중앙퇴석(medial moraine) 2개의 빙하가 서로 같이 흐르게 될 때 각각의 측퇴석이 서로 합쳐지면서 빙하의 중심부 안이나 위에 형성된다.

빙퇴구(drumlin) 길게 늘어난 작은 언덕, 통상적으로 무리지어 나타나고, 빙하 말단부 근처에 빙하 밑을 따라 운반되던 저퇴석이 퇴적되어 만들어진다. 빙퇴구는 빙하가 넘쳐흐르고 표석점토의 작은 언덕 혹은 성층 표력토의 모양을 바꿀 때 만들어진다.

그림 13.22 빙하의 병합으로 측퇴석이 합쳐지면서 3개의 분리된 중앙퇴석(어두운 줄무늬)이 캐나다 배핀 섬에서 형성되었다.

COURTESY OF GRAHAM R. THOMPSON/JONATHAN TURK

아우트워시(outwash) 녹고 있는 빙하 말단부로부터 흐르는 하천에 의해 퇴적된 퇴적물

곡퇴석(valley train) 산악 빙하에서 흘러나온 하천에 의해 작은 산 계곡에 퇴적된 아우트워시

아우트워시 평원(outwash plain) 아우트워시가 빙하 너머로 넓은 계곡이나 평원에 퍼질 때 형성되는 넓고 평평한 지표면

내리막 쪽에 퇴적시키면서 길고 뾰족한 비탈을 만든다. 따라서 지질학자는 빙퇴구를 연구해서 과거 빙하운동의 방향을 알아낼 수 있다.

성층 표력토로 이루어진 지형

빙하는 많은 양의 퇴적물을 운반하기 때문에 빙하에서 시작되는 하천은 일반적으로 실트, 모래와 자갈을 포함하고 흐른다. 이 하천은 이러한 퇴적물을 **아우트워시(outwash)**으로서 빙하 말단부 너머로 퇴적시킨다(그림 13.5와 13.23). 빙하 하천은 이러한 무거운 퇴적물을 운반하기 때문에 종종 꼬인 모습으로 다수의 경로로 흐르게 된다. 좁은 계곡 속에 퇴적된

그림 13.23 빙하 말단부에서 시작된 하천은 배핀 섬에 있는 이 계곡을 채운다. 이것을 아우트워시라 한다.

융빙 유수층은 **곡퇴석(valley train)**이라 한다. 퇴적물이 좁은 계곡에서 넓은 계곡이나 평원으로 퍼져 나가면 **아우트워시 평원(outwash plain)**을 만든다(그림 13.24). 융빙 유수층 평원은 또한 대륙 빙하의 특징이기도 하다.

여름에 눈과 얼음이 급격히 녹으면 빙하 위로 하천이 형성

그림 13.24 (a) 빙하가 녹으면 얼음 아래에서 생성된 여러 가지 다른 빙하 지형이 노출된다. (b) 빙하 얼음이 녹아서 이동된 퇴적물은 빙하 말단부 밖에 아우트워시 평원을 만든다.

된다. 어떤 하천은 상당히 클 수도 있다. 많은 하천은 빙하의 옆이나 정면을 향해 흐르고 나머지 하천은 크레바스 안으로 흘러들어 가거나 기반암이나 표력토 위로 흘러들어 간다.

이러한 하천들은 주로 후퇴하는 빙하의 가장자리 혹은 크레바스에서 퇴적물이 모아지는 곳이나 얼음 안에 있는 웅덩이에서 작은 퇴적물의 언덕을 만드는데 이것을 **케임(kame)**이라고 한다. **에스커(esker)**는 하천 바닥의 퇴적물이 녹고 있는 빙하의 밑으로 흐를 때 형성되는 구불구불한 능선이다(그림 13.24).

케임이나 에스커와 같은 성층 표력토는 빙하에 의해 직접적으로 퇴적되지 않고 하천에 의해 퇴적되기 때문에 분급된 퇴적층의 구조를 보여준다. 이러한 구조는 다른 분급되지 않고 성층을 이루지 않는 구조와 구별되고 하천에 의해 퇴적됐기 때문에 큰 자갈이나 입자들은 둥근 모양을 하고 있다.

13.5 플라이스토세 빙하시대

지질학자들은 고위도에 있는 대륙에 걸쳐 확장되어 있는 종퇴석을 발견했다. 이러한 종퇴석, 에스커와 유빙 유수층 평원과 같은 빙하에 의해 생성된 지형을 연구하여, 지질학자들은 지구시스템을 바꿀 만한 거대한 빙하가 한때 대륙의 많은 부분을 덮고 있었다고 추정했다. 산악 빙하가 낮은 지대의 계곡으로 내려오거나 대륙 빙하가 고위도에 있는 땅에 넓게 퍼지는 시대를 **빙하시대(ice age)**라고 한다. 빙하시대 기간에는 수 km 두께의 빙하가 대륙에 걸쳐 퍼져 있다. 이 무거운 빙하 아래에서 대륙은 연약권으로 더 깊게 가라앉는다. 얼음은 바위를 풍화시키고 땅을 침식해 지형을 변화시킨다.

지질학적 증거는 지구가 과거 10억 년 전에 비해 따뜻해지고 적어도 90 %의 얼음이 사라졌다는 것을 보여준다. 그러나 적어도 6번의 주요한 빙하시대가 10억 년 동안 일어났고 각각의 빙하기는 200~1,000만 년 동안 지속됐다.

가장 최근에 일어난 빙하기는 플라이스토세에 일어나 **플라이스토세 빙하시대(Pleistocene Ice Age)**라고 한다. 플라이스토세 빙하시대는 200만 년 전에 북반구에서 시작됐다. 북반구보다 남반구에서 빙하시대가 먼저 시작됐다는 증거가 발견되기도 했다. 그러나 지구는 플라이스토세 빙하시대 동안에 대륙적으로 얼어붙지는 않았다. 대신에 기후가 변동하여 대륙 빙하가 성장과 후퇴를 몇 차례 반복했다(그림 13.25). 가장 최근의 간빙기의 평균 기온은 오늘날과 같거나 조금 더 따뜻했을 것이다. 그러나 고위도의 기온은 적어도 15 ℃가량 낮아졌다. 이것은 빙하의 전진을 야기했다.[2] 대부

케임(kame) 빙하의 위, 중간 혹은 아래로 흐르는 하천에 의해 퇴적된 성층 표력토 내의 작은 언덕 혹은 산등성이

에스커(esker) 긴 뱀 모양의 능선. 녹고 있는 빙하의 밑에서 흐르는 하천의 바닥 퇴적물에 의해 생성된다.

빙하시대(ice age) 산악 빙하가 낮은 계곡으로 내려오거나 대륙 빙하가 고위도에 있는 땅에 퍼지는 광대한 빙하 활동의 시기

플라이스토세 빙하시대(Pleistocene Ice Age) 대략 200~300만 년 전에 일어났던 가장 최근의 빙하기. 몇 차례 반복된 빙하의 전진과 후퇴가 특징이다. 대부분의 기후 모델은 현재 지구가 아직도 플라이스토세 빙하기에 있다고 가리킨다.

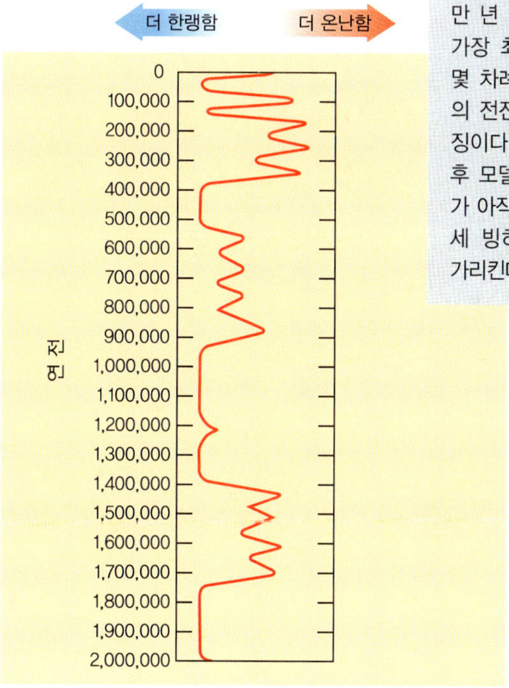

그림 13.25 플라이스토세 빙하시대 동안 빙하의 순환. 낮은 기온은 빙하의 전진을 야기했고 따뜻했던 간격에는 빙하가 녹았다. 우리는 아마도 플라이스토세 빙하시대의 따뜻한 시기를 살고 있는 것인지 모르고 대륙 빙하는 다시 전진할지도 모른다.

2) Mark Chandler, "Trees Retreat and Ice Advances." Glacial Cycles, *Nature* 381(June 6, 1996), 477–478.

분의 기후 모델은 우리가 아직도 플라이스토세의 빙하시대에 있다고 가리키고 대륙 빙상은 다시 전진할지도 모른다.

플라이스토세 빙하시대의 원인과 빙하의 순환

200만 년 전 지구의 기후가 그 앞의 수천만 년 동안 계속 냉각된 이유는 정확히 알려져 있지 않다. 어떠한 일이 일어나서 지구가 빙하기로 접어들게 했다.

200만 년 전에 화산재의 증가와 빙하의 흔적을 보여주는 작은 퇴적물의 인상적인 증가는 거의 동시에 일어났다. 따라서 화산활동의 증가는 빙하가 퍼지기 시작한 때와 거의 같은 시대에 일어났다고 할 수 있다.

격렬한 화산활동의 이 시기는 상당한 양의 태양빛을 반사하기에 충분한 양의 먼지를 대기로 방출했다. 이 추가적인 작은 냉각 활동은 플라이스토세 빙하시대를 유발시켰다.

화산재가 플라이스토세의 빙하기의 시작을 유발시켰을지 몰라도 그러한 일들이 플라이스토세 빙하기의 특징인 빙하의 반복된 성장과 융해와 관련되었다고 보이지는 않는다. 과학자들은 지구 궤도와 태양에 관계된 방위의 미세한 주기적인 변화가 플라이스토세의 빙하의 확장과 수축에 일치한다는 것을 발견했다.

19세기 천문학자들은 지구 궤도와 회전축에 관한 3가지의 주기적인 변화들 발견했다(그림 13.26).

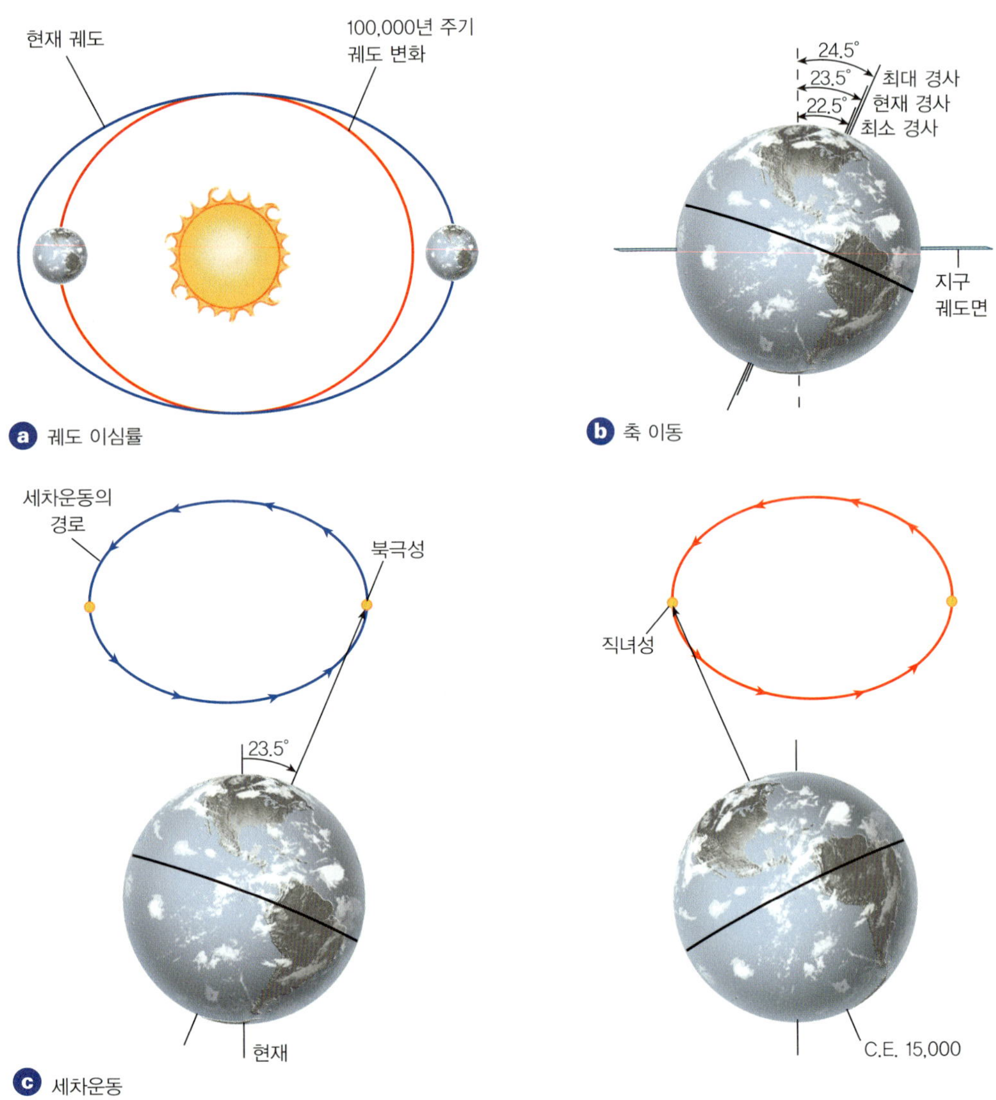

그림 13.26 지구 궤도의 변화로 플라이스토세의 기온의 변동과 빙하의 전진과 후퇴를 설명할 수 있다. 지구의 궤도와 회전축은 3가지 방법으로 변한다. (a) 타원형 궤도는 100,000년마다 변한다. (b) 지구 자전축의 경사는 41,000년마다 2°씩 변한다. (c) 지구 자전축은 26,000년마다 세차운동의 1주기를 마친다.

1. 태양 주위를 도는 지구의 궤도는 원형이라기보다 타원형이다. 타원형의 궤도 모양 정도를 **이심률**(eccentricity)로 표현한다. 타원 모양이 심해질수록 이심률이 크다고 말한다. 지구 궤도의 이심률은 100,000년을 주기로 바뀐다.
2. **경사**(tilt), 즉 지구 축의 각도는 태양 주위를 도는 궤도의 면에 직각을 이루는 선으로부터 현재 23.5° 기울어져 있다. 경사는 41,000년마다 2°씩 변한다.
3. 북극성을 향해 있는 지구의 축은 팽이의 축처럼 돈다. 이러한 회전을 **세차운동**(precession)이라 하고, 이 운동이 1주기를 완료하는 데는 26,000년이 걸린다.

이러한 변화들은 지구가 받는 전체 태양 복사열과 위도와 계절에 따른 태양 에너지의 분배에 영향을 미친다. 고위도에 도달하는 태양빛 변화는 그곳의 여름 기온을 낮춘다. 그리고 여름이 춥고 짧아진다면 겨울은 눈이 더 많아지고 얼음은 오래 지속되어 빙하의 성장을 이끌 것이다.

20세기 초반, 세르비아 천체물리학자인 밀루틴 밀란코비치(Milutin Milankovitch, 1879～1958)는 중위도와 고위도에서 냉·온의 기후 변화를 생성하는 궤도 변화의 계산을 끝마쳤는데, 계산된 냉각의 시간은 플라이스토세 기간 동안 빙하가 전진했던 시기와 일치했다. 그러므로 그는 궤도 변화가 플라이스토세 빙하 순환을 일으켰다고 결론지었다.

현대의 계산으로는 궤도 순환 그 자체로는 빙하의 전진과 후퇴를 야기한 충분한 이유가 되지 못한다고 한다. 대신에 궤도 변화는 다른 지구시스템을 교란해서 추가적인 냉각을 일으키게 한다. 상대적으로 작은 최초의 교란은 확대되어 대규모의 기후 변화를 일으키게 된다. 최근의 한 연구에서는 궤도 변화가 고위도의 기후를 플라이스토세의 광대한 북쪽 숲 지역을 없애기에 충분히 냉각시켜 버렸다고 계산해 냈다. 숲은 태양 에너지를 흡수하고 대기를 따뜻하게 하면서 기후를 관리하는데, 숲이 사라짐으로써 더 많은 태양 에너지가 우주로 반사되어 버렸다. 이러한 태양 에너지의 상실은 지구를 더 냉각시켰고 빙하의 전진을 유발했다.[3] 그리고 얼음은 좀 더 많은 태양 복사열을 우주로 반사했고 확대된 빙하의 성장은 지구의 냉각을 더욱 촉진시키는 되먹임 과정이 형성되었다. 이러한 지구 궤도의 변화는 생물권의 변화를 야기할 수 있고 변화된 생물권은 대규모 빙하의 전진을 이끌 추가적인 냉각을 일으킬 수 있다.

이심률(eccentricity) 태양 주위를 도는 타원형의 지구 궤도를 가리키는 용어. 타원 모양이 심해질수록 이심률은 더 커진다고 말한다.

경사(tilt) 태양 주위를 도는 궤도의 면에 직각을 이루는 선과 지구 축과의 각도

세차운동(precession) 회전하거나 움직이는 지축의 운동. 지구가 궤도에 따라 움직일 때 축이 팽이의 축처럼 운동하는 것

플라이스토세의 대륙 빙하의 영향

북아메리카 지역에 가장 최근 있었던 18,000년 전 대륙 빙하의 최대 범위는 1,000만 km^{2}의 지역을 덮고 있었다. 이들 대부분은 미국 알래스카 주, 캐나다, 미국의 북부 지방(그림 13.27)에 있었다. 그와 동시에 산악 빙하도 낮은 지역의 계곡으로 흘러내려 왔다.

대부분의 북부 지역에 있는 주들의 지형에는 이러한 빙하의 작용으로 침식 지형과 퇴적물이 형성되었다. 오늘날 종퇴석은 넓은 지역의 구불구불한 언덕을 중서부로는 몬태나 주에서 동쪽으로는 대서양까지 형성하고 있다. 뉴욕 주의 롱 아일랜드와 매사추세츠 주의 케이프 코드는 대부분이 종퇴석으로 되어 있다. 케틀 호수(Kettle lakes)나 빙퇴석에 갇혀 형성된 호수는 북부 미네소타 주, 위스콘신 주, 미시간 주에 많이 존재한다. 빙퇴구는 북부 주들의 지형에 여기저기 흩어져 있다. 저빙퇴석, 유빙 유수층, 뢰스(바람에 날린 빙하 실트)가 북쪽 대평원의 상당 부분을 덮고 있다. 이러한 퇴적층은 풍화되어 비옥한 북미 지역의 곡창 지대를 형성하였다.

플라이스토세의 빙하가 전진할 때 중위도와 고위도의 기후는 지금보다 더 춥고 습했다. 그리고 빙하가 녹을 때, 비와 빙하가 녹은 물이 하천을 이루어 흐르다 많은 호수를 형성했다. 대륙 빙하가 물러간 후 기후는 건조해져 많은 하천과 호수는 말라 버렸다.

현재 데스밸리(Death Valley)라 불리는 분지 지형은 한때 100 m 이상의 물이 고여 있었다. 그리고 대부분의 유타 주

---

3) R. G. Gallimore and J. E. Kutzbach, "Role of Orbitally Induced Changes in Tundra Area in the Onset of Glaciation," *Nature* 381 (June 6, 1996), 503–505.

그림 13.27 대략 18,000년 전, 북아메리카 대륙에서 가장 최근의 대륙 빙하가 전진하던 시기의 최대 범위. 화살표는 얼음의 진행 방향을 나타낸다.

서부 지역은 보네빌 호수(Bonneville lake)로 덮여 있었다. 다시 건조한 기후가 돌아오자 보네빌 호수는 점점 줄어들어 솔트레이크시티 서쪽에 있는 그레이트솔트 호수(Great Salt Lake)가 되었다.

빙하작용에 의한 해수면의 변화

빙하의 부피가 커질 때 빙하는 바다에 있는 물을 흡수하기 때문에 해수면은 낮아진다. 그리고 빙하가 녹을 때 다시 해수면은 높아진다. 18,000년 전, 플라이스토세의 빙하가 최대 크기로 성장했을 때 지구 전체의 해수면은 지금보다 130 m가량 낮았다. 물에 잠겼던 대륙붕이 수면 위로 드러났고 전체 대륙의 넓이는 8 %가 증가했다. 다만 1/3가량의 땅은 얼음에 덮여 있었다.

대륙 빙하가 녹을 때 대부분의 물은 바다로 돌아가서 해수면은 다시 상승했다. 빙하의 무게 때문에 가라앉았던 대륙은 빙하가 녹아 없어짐에 따라 일정 부분 다시 원래대로 올라왔다. 해변에 미치는 영향은 전적으로 해수면의 상승과 지각 균형의 반등(isostatic rebound)에 달려 있다. 해수면이 상승해서 여러 해안선이 물에 잠겼다. 그러나 다른 곳의 지각 균형의 반등은 해수면의 상승보다 더 높았다. 오늘날 캐나다 북극 지방에 있는 해변은 해수면보다 10 m에서 몇백 m가 더 높다. 허드슨 만(Hudson Bay)의 해안선의 일부분은 지각 균형의 반등으로 300 m나 솟아올랐다.

13.6 스노볼 지구: 지구 역사상 최대 빙하시대

한 연구 결과는 8억 년 전에서 5억 5,000만 년 전의 선캄브리아 시대 후기에 적게는 2번 많게는 5번 거대한 대륙 빙하가 적도 지역을 포함한 모든 대륙을 뒤덮고 심지어 모든 바다가 얼어붙어서 지구 전체가 1 km 두께의 얼음으로 덮여 있었다고 제시한다. 이것을 발견한 연구원들이 스노볼(Snowball)이라고 이름 붙인 빙하기는 겨우 빙하가 대륙의 1/3만 덮었고 극지방의 바다만 얼렸던 플라이스토세의 빙하시대와는 현저한 차이를 보인다.[4)]

캄브리아기의 전 세계적 빙하기의 결정적 증거는 **빙성층(tillite)**이라 불리는 독특한 바위에 기반을 둔다. 표석점토는 빙하에 의해 거력, 실트와 진흙이 뒤섞인 혼합물이다. 플라이스토세의 표석점토는 단단하지 못한 구조이다. 여러분은 삽으로 표석점토를 파낼 수 있다. 하지만 빙성층은 플라이스토세의 표석점토와 모든 면에서 비슷하지만 단단하고 견고한 바위다. 빙성층은 아주 오래 전에 빙하에 의해 퇴적되었고 서로 결합해 단단한 바위가 되었다. 연구가들은 적어도 7억 5,000만~5억 8,000만 년 전에 형성된 2개의 두꺼운 빙성층을 전 대륙에 걸쳐 발견했다. 대륙은 지질학적 시간이 흐름에 따라 움직였음을 상기하자. 다른 유형의 증거는 어느 한 대륙은 빙성층이 형성될 때 적도 지방에 있었다. 그리고 다른 대륙은 그때 극지방에 있었다. 이것은 빙하작용이 전 세계 범위에서 일어났다는 것을 보여준다. 어느 장소에서는 빙하 퇴적물들이 두꺼운 석회암 위에 위치하기도 한다. 석회암 퇴적의 의미는 후에 설명하기로 한다.

4) Paul F. Hoffman, Alan J. Kaufman, Galen P. Halverson, and Daniel P. Schrag, "A Neoproterozoic Snowball Earth," *Science* 281(August 28, 1998), 1342–1346.

13.7 지구 상에서 사라진 빙하

빙성층(tillite) 아주 오랜 시간 전에 빙하에 의해 퇴적된 후 석화되어 단단한 바위로 구성된 표석점토

빙하는 과학자들이 기록을 시작한 이래로 그 어떤 시대보다 더 빠른 비율로 더 많은 장소에서 줄어들고 있다(표 13.1). 2003년 유럽 여름에는 알프스에 있는 빙하의 10 %가 녹아 버렸다. 과학자들은 이러한 급격한 빙하의 유실은 전 세기에 비해 대기 중의 이산화탄소가 50 %가량 증가한 것과 동시에 일어났다고 지적한다. 그리고 과학자들은 빙하의 유실이 아마도 인류가 초래한 지구 온난화 현상의 첫 번째 징후라고 말한다.

산악 빙하는 이러한 변화들을 시각적으로 잘 보여준다. 미국 몬태나 주에 위치한 글레이셔 국립공원(Glacier National Park)에 있는 큰 빙하는 1850년부터 그 크기가 1/3 수준으로 줄어 버렸고 현재도 빙하는 녹아 없어지고 있다. 수많은 소규모 빙하는 이미 완전히 사라져 버렸다(그림 13.28). 1850년 이래로 공원에 있는 빙하의 수는 150개에서 50개 미만으로 줄어들었다. 한 컴퓨터 모델은 지구 기온이 지금 예측한 대로 꾸준히 상승한다면 공원에 있는 빙하는 2030년까지 모두 사라질 것이라고 예측했다. 설령 기온이 지금과 같이 유지된다 하더라도 빙하는 2100년까지 사라질 것이라고 예측했다.

전 세계 평균적으로 작은(그린란드와 남극 대륙 빙하에 비해서) 빙하는 글레이셔 국립공원의 빙하와 비슷하게 1961~1998년까지 7 m 두께의 빙하를 유실했다. 몇 가지 예를 들자면 풍화작용 또는 붕괴작용은 좀 더 극적으로 일어난다. 알래스카의 컬럼비아 빙하(Alaska's Columbia Glacier)의 절반은 지난 20년 동안 녹아내려 현재 5 km^3 정도의 빙하가 녹은 물을 매년 프린스 윌리엄 사운드(Prince William Sound)로 흘려 보낸다. 과학자들은 전 세계 산악 빙하의 최대 1/4 정도가 2050년까지 사라질 것이고 2100년까지 절반 정도가 사라질 것이라고 예측한다.

세계 기후 변화는 전 세계에 걸쳐 일정하게 일어나지 않는다. 북극 지역은 지구 어느 지역보다 좀 더 빨리 따뜻해

표 13.1 지구 상에서 벌어지는 빙하 유실의 예

이름	장소	유실된 양
북극해 빙하	북극해	1978년 이후, 얼음은 일 년 내내 전체 두께의 14 %, 전체 부피의 7 %가량 줄어들었다. 얼음의 양은 30년도 안 돼 40 %가량 얇아졌다.
그린란드 대륙의 대륙 빙하	그린란드	1993년 이후, 남부와 동부 끝의 빙하는 해마다 1 m가 넘게 얇아졌다.
컬럼비아 빙하	미국 알래스카	1982년 이후로 거의 13 km나 수축됐다. 1999년에는 하루에 25 m였던 수축 속도가 35 m로 증가했다.
글레이셔 국립공원	미국 로키 산맥	1850년 이후로 빙하의 수가 150개에서 50개 정도로 줄어들었다. 남아 있는 빙하도 30년 이내에 사라질 수 있다.
남극해 빙하	남빙양	남극 반도 서쪽의 빙하는 1973~1993년까지 20 %가량 줄어들었고 현재도 계속 줄어들고 있다.
파인 섬 빙하	남극 대륙의 서쪽	빙하가 바다와 만나서 떠다니는 곳이 1992~1996년 사이 1.2 km 정도 뒤로 물러났다. 빙하는 매년 3.5 m 정도 얇아진다.
라르센 B 빙붕	남극 반도	1998년 초반에는 200 km^2의 빙산이 떠내려갔다. 1998~1999년 사이에는 1,714 km^2의 추가적인 손실이 있었고, 1999~2000년 사이에는 적어도 300 km^2 빙산이 떠내려갔다.
타스만 빙하	뉴질랜드	빙하 말단부가 1971년 이래로 3 km가량 뒤로 물러갔고 1982년부터 빙하의 정면은 1.5 km가량 수축했다. 1971~1982년에는 최대 200 m 정도의 두께가 평균적으로 줄어들었다. 1991년부터 빙하가 떨어져 나가기 시작했고 붕괴 속도는 더욱 빨라지고 있다.
머렌 빙하, 카르스텐츠 빙하, 노스월의 만년설	인도네시아 이리안자야	1936년에는 30 m였던 빙하의 수축 비율은 1995년에 한 해 45 m까지 증가하였다. 빙하 지역은 1936~1995년 동안 84 %나 줄어들었다. 머렌 빙하는 사라지기 직전의 상태다.
독리아니 바막 빙하	인도 히말라야	1998년 20 m가량 줄어들었는데, 과거 5년 동안에는 평균적으로 16.5 m가 줄어들었다. 1990년 이후로 총 805 m 수축했다.
두오수오강 피크	중국 울란 울라 산맥	1970년대 초기에 비해서 빙하는 60 %가량 줄어들었다.
텐산 산맥	중앙아시아	지난 40년 동안 전체 빙하의 부피 중 22 %가량이 사라져 버렸다.
코카서스 산맥	러시아	지난 세기 빙하 부피에 비해 50 %가량 줄어들었다.
알프스	서유럽	빙하 지역은 35~40 %가량 줄어들었고 부피 면에서 1850년에 비해 최소 50 %가량 줄어들었다. 남아 있는 빙하는 수십 년 안에 작은 파편 조각들만 남게 줄어들 수 있다.
케냐 산	케냐	1800년도에 비해 가장 큰 빙하가 크기의 92 % 정도 줄어들었다.
스페카 빙하	우간다	1977~1990년 사이 빙하가 150 m가량 후퇴했다. 반면에 1958~1977년 사이에는 단지 35~45 m 가량 후퇴했다.
웁살라 빙하	아르헨티나	지난 60년 동안 평균적으로 60 m가량 후퇴했고, 후퇴 비율은 계속 증가하고 있다.
켈카야 빙하	페루 안데스	1970년대부터 1990년까지는 최대 3 m였던 빙하의 후퇴 비율은 1990년대 30 m가 되었다.

Source: From "Melting of Earth's Ice Cover Reaches New High," *Worldwatch News Brief*, by Lisa Mastny, Worldwatch Institute, March 6, 2000 (http://www.worldwatch.org/alerts/000306.html).

그림 13.28 (a) 1932년 7월, 미국 몬태나 주에 있는 글레이셔 국립공원의 빙하 덩어리 (b) 56년 후인 1988년 7월 똑같은 장소에서 촬영한 빙하 모습. 이 빙하는 1988년에 완전히 사라져 버렸다.

진다. 북극해 빙하는 1978~2009년까지 미국 정도의 넓이를 덮었고 지금은 전체 넓이의 7 %가량이 줄어들었다. 해빙 또한 두께가 1960년대 평균 3.1 m에서 현재 1.8 m로 얇아졌다. 그린란드의 대륙 빙하는 1993년 이후로 남쪽과 동쪽 끝의 빙하가 매년 1 m 이상 얇아지고 있다. 그리고 이러한 빙하의 유실은 점점 가속되고 있다. 그린란드의 캉거들룩수아크 빙하(Kangerdlugssuaq Glacier)는 2001년에 4.8 km 후퇴한 반면 2005년에는 14 km를 후퇴했다.

남극의 빙관은 지구 상의 91 %의 얼음을 포함하고 평균적으로 2.3 km 두께를 가지고 있다. 그러한 남극은 지난 10,000년 동안 점점 줄어들었고 가장 최근의 플라이스토세에 가장 많은 빙하가 녹아 내렸다.

빙붕은 두꺼운 얼음 덩어리로 바다 위를 떠 있지만 땅에 있는 빙하와 연결되어 있다. 빙붕은 땅에 있던 빙하가 떠내려 올 때 크기가 커지고 얼음이 녹거나 커다란 얼음 덩어리가 떨어져 바다로 흘러 내려가면 크기가 줄어든다. 지구에 있는 얼음판은 대부분 남극 대륙 주위에 있다. 얼음판은 빙하보다 더 민감하게 기온의 상승에 반응한다. 1974년 이후로 7개의 남극 얼음판들이 총 13,500 km^{2}가량 줄어들었다.

북극과 남극 대륙의 빙하의 유실은 지구에 중대한 영향을 미친다. 빙하가 녹은 물은 해수면을 상승시키고 바다로 유입된 담수는 궁극적으로 해류와 기후를 변화시킨다.

요약

13.1 빙하 형성

만약 눈이 한 여름 동안 녹지 않는다면, 눈은 비교적 딱딱하고 밀도가 높은 만년설로 된다. 빙하는 육지 상에서 형성되는 거대하고 오래 존재하는 압축된 눈과 얼음의 축적물로서 아래쪽으로 포행하거나 그 자신의 무게 때문에 바깥쪽으로 흘러내린다. 산악 빙하는 산악 지역에서 형성되고 대륙 빙하는 방대한 지역을 덮고 있다.

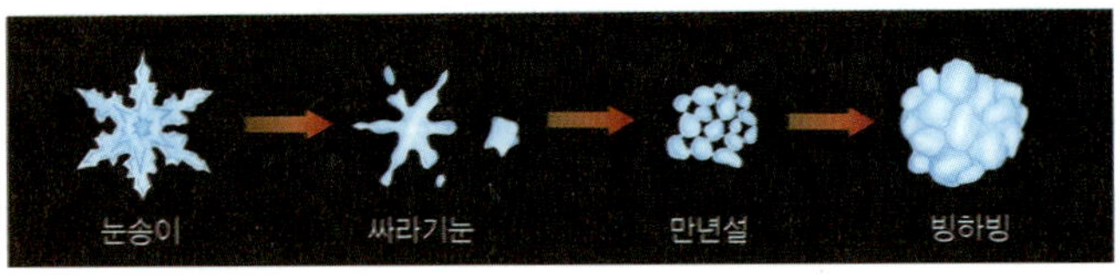

그림 13.1 새로 내린 눈은 여러 단계의 변화를 거쳐 빙하빙을 형성한다.

13.2 빙하 이동

빙하는 2가지 메커니즘, 즉 활동성 운동과 소성 유동으로 이동한다. 빙하의 상층부 40 m까지는 너무 바삭거려 유동되지 못하고, 크레바스라 불리는 큰 틈새가 이 층에서 발달한다. 집적대 내에서는 눈의 연 집적율이 융해율보다 더 크지만, 융삭대에서는 융해율이 집적율을 능가한다. 설선은 만년설과 계절설의 경계다. 빙하의 끝부분을 빙하 말단부라고 한다.

13.3 빙하 침식

빙하는 기반암을 침식시켜 U자 모양 계곡, 권곡, 기타 지형들을 형성한다.

13.4 빙하 퇴적물

표력토는 빙하에 의해서 수송되고 퇴적되는 암석 또는 퇴적물이다. 빙하에 의해서 직접적으로 퇴적되어 분급되지 않은 표력토를 표석점토라고 한다. 대부분 빙하 지형은 빙퇴석이라 알려지는 표석점토의 큰 언덕으로서 특성 지워진다. 종퇴석, 후퇴퇴석, 저퇴석, 측퇴석, 중앙퇴석, 빙퇴구들 모두는 빙하에 의해서 형성되는 퇴적 현상이다. 성층 표력토는 먼저 빙하에 의해서 이동된 퇴적물과 그런 다음 하천에 의해서 수송되고, 분급되고, 퇴적된 것들로 구성된다. 곡퇴석, 아우트워시 평원, 케임, 에스커들은 성층 표력토를 구성한다.

13.5 플라이스토세 빙하시대

과거 10억 년 동안, 적어도 6번의 주요한 빙하시대가 발생하였다. 가장 최근의 빙하시대가 플라이스토세 빙하시대다. 기후 변화에 의해서 일어난 플라이스토세 빙하의 전진과 후퇴는 지구 궤도와 자전축의 경사각의 변동으로 유발된 것이다. 대륙 빙상이 형성되면 해수면은 하강하고 얼음이 녹으면 다시 상승한다.

13.6 스노볼 지구: 지구 역사상 최대 빙하시대

지구 역사상 최대 빙하시대는 선캄브리아 시대 후기에 발생하였다. 빙하들은 모든 대륙을 덮었고 모든 바다들은 얼어붙어 전 지구가 얼음 껍데기에 파묻히게 되었다.

그림 13.10 같은 빙하 지형의 두 가지 모습. (a) 대부분이 빙하로 덮여 있을 때 보이는 지형 (b) 빙하가 녹아 사라진 후 보이는 현재의 지형

13.7 지구 상에서 사라진 빙하

과학자들이 기록을 시작한 이래로 그 어떤 시기보다 더 급격한 비율로 빙하와 바다 얼음이 많은 장소에서 줄어들었다. 북극과 남극 얼음의 융해는 지구에 뚜렷한 결과를 가져왔다.

핵심용어

U자 모양 계곡 U-shaped valley (13.3)
경사 tilt (13.5)
곡퇴석 valley train (13.4)
권곡호 tarn (13.3)
미아석 erratic (13.4)
빙산 iceberg (13.2)
빙상 ice sheet 또는 대륙 빙하 continental glacier (13.1)
빙성층 tillite (13.6)
빙퇴구 drumlin (13.4)
빙퇴석 moraine (13.4)
빙폭 ice fall (13.2)
빙하 glacier (13.1)
빙하 말단부 terminus (13.2)
빙하시대 ice age (13.5)
빙하조선 glacial striation (13.3)
산악 빙하 alpine glacier (13.1)
설선 snow line (13.2)
성층 표력토 stratified drift (13.4)
세차운동 precession (13.5)
소성 유동 plastic flow (13.2)
아레테 arête (13.3)
아우트워시 outwash (13.4)
아우트워시 평원 outwash plain (13.4)
에스커 esker (13.4)
원형 협곡 cirque (13.3)
융삭대 zone of ablation (13.2)
이심률 eccentricity (13.5)
저퇴석 ground moraine (13.4)
종퇴석 end moraine (13.4)
종퇴석 terminal moraine (13.4)
중앙퇴석 medial moraine (13.4)
집적대 zone of accumulation (13.2)
측퇴석 lateral moraine (13.4)
케임 kame (13.4)
크레바스 crevasse (13.2)
파터노스터 호수 paternoster lake (13.3)
표력토 drift (13.4)
표석점토 till (13.4)
플라이스토세 빙하시대 Pleistocene Ice Age (13.5)
피오르드 fjord (13.3)
현곡 hanging valley (13.3)
호른 horn (13.3)
활동성 운동 basal slip (13.2)
후퇴퇴석 recessional moraine (13.4)

연습문제

1. 새로 내린 눈이 빙하빙으로 변환되는 4가지 주요 단계들을 열거하시오.
2. 산악 빙하와 대륙 빙하의 차이점을 설명하시오. 오늘날 산악 빙하가 발견되는 곳은 어디인가? 오늘날 대륙 빙하가 발견되는 곳은 어디인가?
3. 활동성 운동과 소성 유동의 차이를 구분하시오.
4. 많은 빙하들이 40 m 이상 두껍지만, 왜 크레바스는 40 m 미만에서만 존재하는가?
5. 여름과 겨울, 집적대와 융삭대 내의 빙하의 표면을 설명하시오.
6. 빙하 침식이 어떻게 원형 협곡, 파터노스터 호수, 긁힌 자국이 있는 기반암을 만들 수 있는지 설명하시오.
7. 아레테, 호른, 현곡의 형성에 대해서 설명하시오.
8. 저퇴석, 후퇴퇴석, 종퇴석, 측퇴석, 중앙퇴석들을 구분하시오.
9. 케임과 에스커가 왜 빙하 퇴각의 모양인가? 그들은 어떻게 형성되었는가?
10. 스노볼 지구로 알려진 빙하시대의 증거에 대해서 논의하시오.
11. 플라이스토세 빙하시대의 원인에 대해서 설명하시오.
12. 지구 온난화와 해수면 상승과의 관계에 대해서 설명하시오.
13. 바다얼음(해빙)의 분포와 두께에 영향을 미치는 요소는 무엇인가?

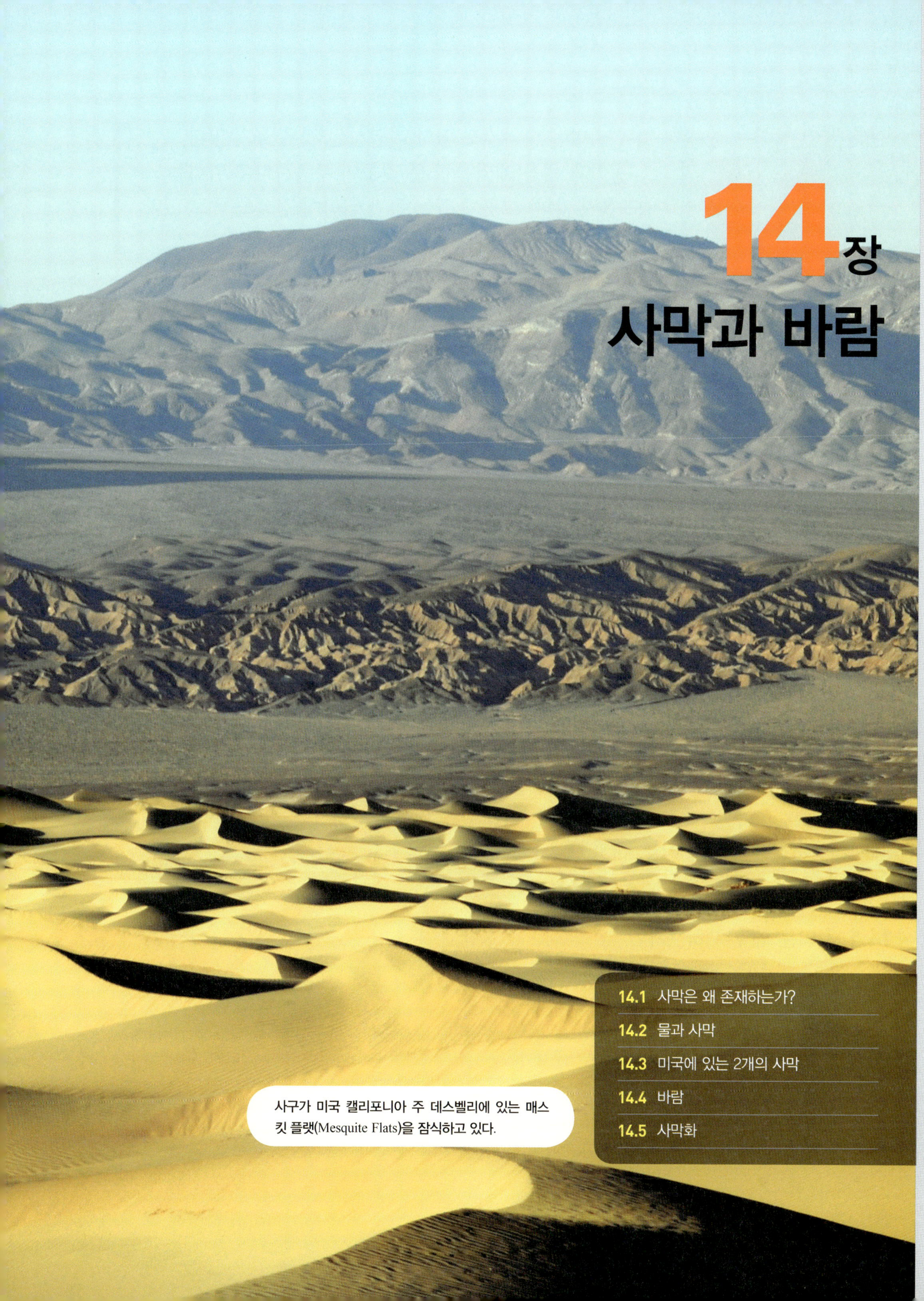

14장 사막과 바람

사구가 미국 캘리포니아 주 데스벨리에 있는 매스킷 플랫(Mesquite Flats)을 잠식하고 있다.

사막(desert) 연간 강우량이 250 mm보다 적어서 결과적으로 식물이 적거나 없는 지역을 말한다.

> "사막에 아무것도 없다고 말하는 것은 옳지 않다. 공간과 빛을 제외한 모든 것들이 부족하다고 말하는 것도 옳지 않다. 그곳에 있는 돌과 흙만이 진실을 품고 있다."
>
> 윌리엄 히트문(William Least Heat-Moon, 1939~)[1)]

지구 대륙은 주로 강수량과 기온에 기초하여 여러 기후대로 나뉘어진다. 그리고 기후는 그 지역에 사는 동물과 식물의 종류를 결정한다. 따라서 지표면의 특성은 4가지 권의 복잡한 상호작용에 의해서 결정된다. **사막**(desert)은 연강우량이 250 mm보다 적어서 결과적으로 식물이 적거나 없는 지역을 말한다.[2)] 대부분의 사막은 평균 강우량이 250~500 mm 정도의 반 건조 지역으로 둘러싸여 있으며, 완전한 사막보다는 습기가 있기는 하지만 인접한 지역보다는 건조하다.

사막은 극지방을 제외한 지구 표면의 25 %를 덮고 있고 각 대륙에 특색 있는 지역을 만들어 낸다. 만약 여러분이 아주 큰 사막을 방문하게 된다면, 여러분은 사막의 지질학적 · 지형학적 다양성에 놀라게 될 것이다. 여러분들은 칠레 해변에 걸쳐 있는 해안 사막, 사하라 사막에 있는 솟아 있는 사구, 남부 유타 주에 있는 깊고 붉은 사암 협곡, 애리조나 주에 있는 황량한 화강암 산맥, 불모의 바위에 아슬아슬하게 지의류 식물(이끼)이 매달려 있는 매섭게 추운 극지방 사막들을 볼 수 있을 것이다. 전 세계에 있는 사막의 유일한 공통점은 내리는 비가 적다는 것뿐이다.

14.1 사막은 왜 존재하는가?

비와 눈은 지표면에 고르지 않게 내린다. 지구 상에서 가장 습한 지역은 미국 하와이 주에 있는 와이알레알레 산(Mount Waialeale)으로 연평균 강우량이 11,680 mm이다. 반면 페루와 칠레에 걸쳐 있는 아타카마 사막에서는 10년 이상 비나 눈이 내리지 않는 경우도 있다. 위도, 산맥, 전반적인 기후를 포함한 여러 인자들이 강우 패턴을 조절하고 그 때문에 사막과 반 건조 지역이 지구 상에 분포한다.

위도

태양은 적도 근처에서 가장 곧게 비쳐서 지구 표면 가까이에 있는 공기를 따뜻하게 한다. 따뜻해진 공기는 적도 부근의 바다에서 습기를 흡수하고 상승한다(따뜻해진 공기는

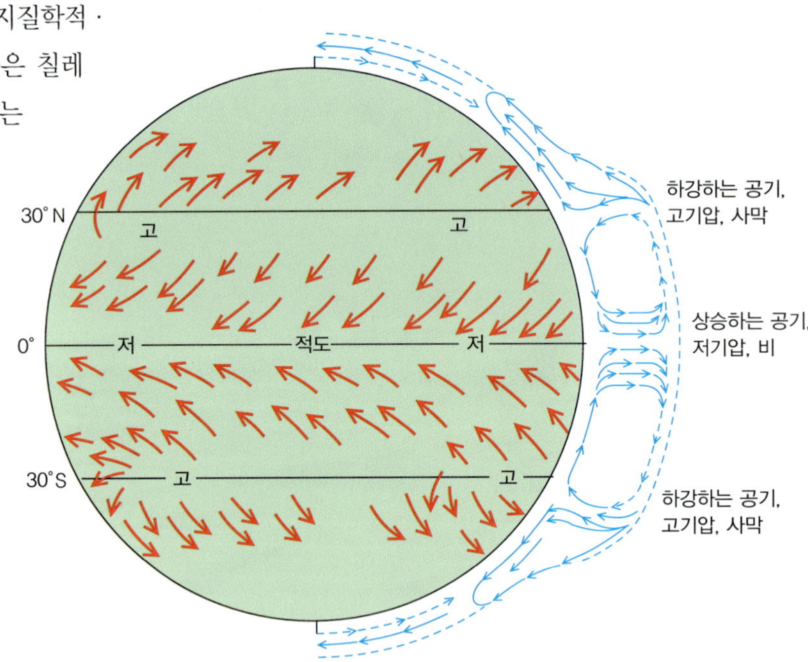

그림 14.1 하강하는 공기는 북남위 30° 지역에 사막을 만든다. 지구 안에 있는 붉은 화살표는 지상풍이고, 오른쪽에 있는 푸른 화살표는 지표면과 높은 고도의 기류를 나타낸다.

1) 역자 주: 미국의 여행 작가로서 그의 작품인 《블루 하이웨이(*Blue Highway*)》는 베스트셀러를 기록하였다.

2) 사막은 강우량 이외에도 토양 수분, 기온, 일사량과 연관되어 정의된다. 그러므로 250 mm 기준이 근삿값이 된다.

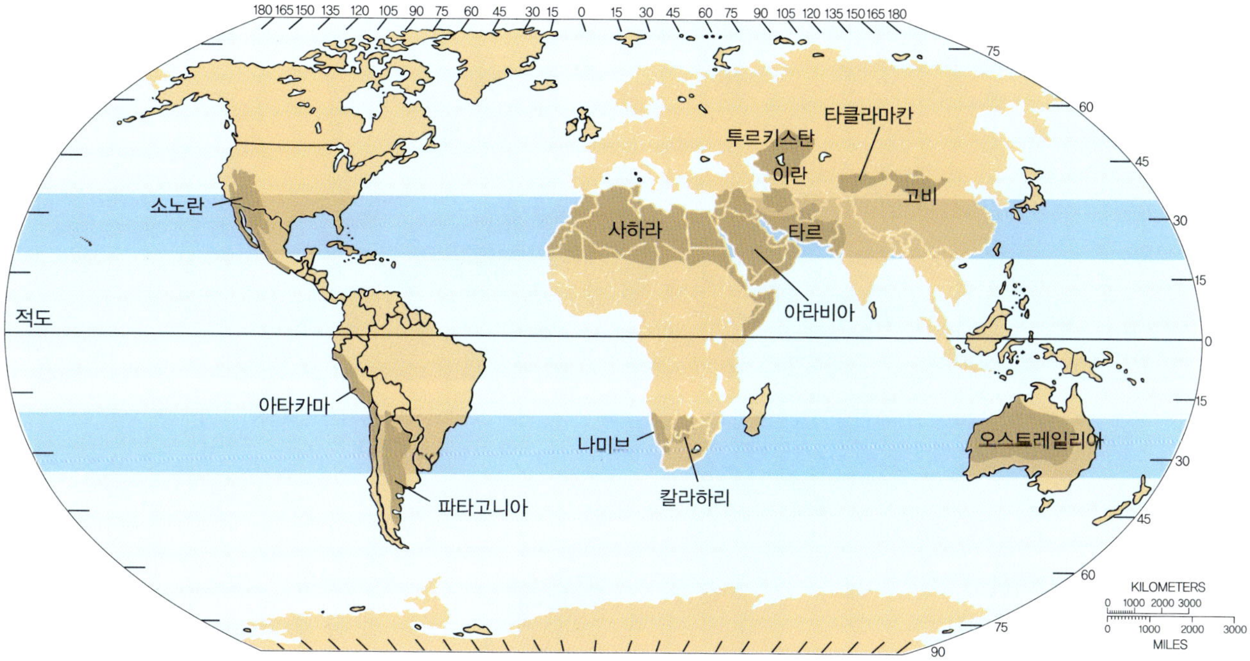

그림 14.2 지구 상의 대규모 사막은 북남위 30°에 집중되어 있다.

주변의 공기보다 밀도가 낮기 때문에 상승할 수 있다). 상승한 공기는 기압이 낮아짐에 따라 차가워진다. 차가워진 공기는 따뜻할 때보다 물을 많이 포함할 수 없기 때문에 물 증기들은 서로 응축하고 비가 되어 떨어진다(그림 14.1). 이러한 이유로 거대한 열대 우림이 적도 부근에서 생성되는 것이다.

적도 지방의 상승하는 공기는 습기를 잃어 건조해진 채 높은 고도에서 북쪽과 남쪽으로 움직인다. 공기는 차가워지고 밀도가 높아지면서 북남위 30° 위치에서 지구 표면을 향해 가라앉는다. 공기가 하강함에 따라 서로 압축되면서 온도가 상승한다. 따뜻해진 공기는 수증기를 더 많이 포함할 수 있게 한다. 그 결과, 땅 표면에 있는 물은 공기 중으로 증발하게 된다. 하강하는 공기가 물을 흡수하기 때문에 땅 표면은 건조해지고 비는 적게 내리게 된다. 따라서 전 세계의 거대한 많은 사막이 북남위 30°에 위치하게 된다(그림 14.2).

산맥: 비그늘 사막

습기를 포함하고 있는 공기가 산맥을 넘어 올라가면 상승한 공기는 냉각되면서 물을 포함할 수 있는 능력이 낮아지게 된다. 그 결과, 물 증기는 응축되면서 비나 눈으로 변해 바람이 불어오는 쪽이나 산 정상 부근에서 떨어진다(그림 14.3). 차가워진 공기는 바람이 불어가는 풍하 측으로 흘러가면서 하강한다. 위도 30°에서 가라앉는 공기는 이미 많은 양의 습기를 잃어버린 채 압축되면서 온도가 상승한다. 따뜻하고 건조한 공기는 산맥의 바람이 불어가는 쪽에 **비그늘 사**

비그늘 사막(rain-shadow desert) 산맥의 내리바람 쪽에 형성된 사막

그림 14.3 바다로부터 온 따뜻하고 습한 공기가 산맥을 타고 올라갈 때 냉각되면서 그 안에 있던 증기가 응축되어 비가 되어 떨어진다. 그 후 건조한 공기가 하강하면서 풍하 측 지역의 습기를 흡수하게 된다. 이러한 과정을 통해 비그늘 사막이 형성된다.

막(rain-shadow desert)이라고 불리는 건조 지대를 형성한다.

이러한 구조상의 영향력(산맥을 형성하는 힘)은 장기간에 걸쳐 강우 패턴에 영향을 준다. 여러분이 10장에서 배웠듯이 내리거나 흐르는 물은 바위를 풍화하거나 침식해서 식물과 동물의 생태 조건을 결정짓는다. 따라서 우리는 지금 또 다른 지구시스템의 상호작용의 예에 직면하고 있다. 산맥이 형성되는 힘(지구조과정)은 강우량(대기 중의 과정)을 바꾸고 궁극적으로 그 지역에 존재하는 생태계(생물권)의 종류를 정의 내린다.

해안 사막과 내륙 사막

대부분의 증발은 바다 위에서 일어나기 때문에 해변 주변은 습할 것이고 바다로부터 멀어질수록 기후는 건조해질 것이라고 예상할 수 있다. 이것은 일반적으로 사실이나 몇 가지 두드러진 예외도 존재한다.

아타카마 사막(Atacama Desert)은 남미 대륙 서쪽 해안에 위치한 페루와 칠레에 걸쳐 있으며 아주 건조하고 종종 10년 이상 비가 내리지 않기도 한다. 차가운 바다 해류는 남미 대륙의 서쪽 해안을 따라 흐른다. 차가운 공기가 따뜻한 육지에 도달하면 공기의 온도는 상승하게 된다. 따뜻하고 팽창된 공기는 육지에서 습기를 흡수하면서 해안 사막을 형성하게 된다.

고비 사막(Gobi Desert)은 중앙아시아에 있는 방대하고 건조한 지역이다. 고비 사막의 중심은 북위 40°에 놓여 있고 동쪽 경계의 끝에서 황해까지는 400 km가 조금 넘는다. 고비 사막과 거의 비슷한 위도에 위치하고 대서양으로부터 400 km 떨어진 곳에 있는 펜실베이니아 주의 피츠버그 시를 예로 들어보자. 위도와 바다와의 거리가 그 지역의 기후를 결정짓는 유일한 조건이라면 고비 사막과 피츠버그 시는 비슷한 기후일 것이다. 그러나 고비 사막은 불모의 사막 지역인데 반해 펜실베이니아 주 서쪽 지방은 충분한 비가 내려 숲과 풍부한 경작지가 형성될 수 있었다. 고비 사막은 남쪽으로는 히말라야 산맥으로, 서쪽으로는 알타이 산맥과 천산 산맥으로 둘러싸여 있어 불어오는 바람을 막아준다. 이와 반대로 멕시코 만, 5대호, 대서양에서 습기를 충분히 흡수한 바람은 펜실베이니아 주 서쪽 지방으로 분다.

따라서 어떤 지역에서는 사막이 바닷가를 향해 뻗어 나가고, 또 다른 지역에서는 대륙의 안쪽으로 갈수록 습하다. 지구 상의 어떠한 장소의 기후라도 여러 가지 요소를 조합한 결과인 것이다. 위도와 바다와의 근접성은 중요한 요소이지만 불어오는 바람의 방향, 해류의 방향과 온도와 산맥의 위치를 포함한 복잡한 상호작용 또한 기후를 조절하는 요소다.

14.2 물과 사막

눈과 비가 사막에 드물게 내린다고 해도 물은 이 건조한 환경에서 중요한 역할을 한다. 따라서 수권은 지구 상에 가장 건조한 지역의 지권일지라도 그 영향을 미친다. 물은 사막에 3가지 방법으로 공급될 수 있다. 인접한 산맥이나 다른 습한 지역에서 시작된 하천의 지표수를 사막 지역으로 가져올 수 있다. 지하수 또한 사막 밑의 대수층을 통해 사막에 흐를 수 있다. 마지막으로 눈이나 비가 가끔씩 사막에 내린다.

대부분의 사막에서는 물의 공급이 한정되어 있기 때문에 식물이 드문드문 자란다. 맨땅이 드러날수록 땅은 침식으로부터 무방비 상태가 되어서 사막에 비가 내리면 땅은 쉽게 침식된다. 그 결과, 흐르는 물은 사막 지형의 발전에 있어서 중요한 요소다.

사막 하천

어떤 큰 강들은 사막을 가로질러 흐른다. 예를 들어 나일 강은 북아프리카 사막을 가로질러 흐르고 콜로라도 강은 건조한 미국의 남서부 지역에 걸쳐 흐른다(그림 14.4). 사막을 흐르는 강은 대부분의 물을 건조 지역과 경계인 곳에 있는 습한 산맥지형으로부터 얻는다.

COURTESY OF GRAHAM R. THOMPSON/JONATHAN TURK

그림 14.4 콜로라도 강은 로키 산맥으로부터 시작되어 건조한 미국 남서부를 가로질러 흐른다.

사막에서는 지하수면이 보통 하상 밑 깊숙이 위치한다. 그래서 물은 하천에서 흘러 내려와 땅속으로 스며든다. 그 결과, 많은 소형 사막의 하천은 오직 폭풍 후나 겨울에 내렸던 눈이 녹는 봄에 잠시 동안만 흐른다. 일 년 대부분의 시간 동안 말라 있는 하상을 **와시**(wash)라고 한다(그림 14.5).

사막 호수

습한 환경에 있는 많은 호수는 지하수면과 같은 높이에 있고 부분적으로 지하수로 채워진다. 사막에 있는 많은 호수는 지하수면보다 위에 위치한다. 사막의 우기에는 비와 하천이 사막 호수를 채운다. 사막 호수의 물은 많은 양이 증발과 유출로 사라지고, 어떤 사막 호수는 다른 하천을 통해 물이 배출되기도 한다. 건기 동안에는 유입되는 하천이 마르거나 증발되거나 유출되는 물의 양이 너무 많아서 호수는 완전히 말라 버린다. 이처럼 간헐적인 사막 호수를 **플라야 호수**(playa lake)라고 하고, 말라 버린 호수의 바닥을 **플라야**(playa)라고 한다(그림 14.6).

11장에 언급했듯이, 하천과 지하수에는 융해된 소금이 포함되어 있다. 미량의 소금물이 사막 호수를 채운 뒤 증발하면 이온은 소금을 플라야 위로 쌓이게 촉진시킨다. 데스밸리에 있는 광물 퇴적층은 많은 시간이 흘러 경제적으로 가치가 높아졌다(그림 14.7).

돌발 홍수

많은 사막의 표면은 기반암이나 탄탄하게 다져진 땅으로 덮여 있고 적은 양의 식물이 존재하여 습기를 흡수하고 있다. 그 결과, 빗물은 지표면 위로 협곡이나 와시로 향해 흐르게 된다. 사막에 폭풍우가 칠 때 말라 버린 하상은 급격히 물로 채워지고 단시간에 일어나는 격렬한 국지성 **돌발 홍수**(flash flood)를 일으킨다.

가끔 초보 야영가가 잠을 자기 위해 평평하고 부드러운

와시(wash) 일 년 대부분의 시간 동안 말라 있는 하상

플라야 호수(playa lake) 일시적인 호수, 건기 동안에는 물이 말라 있다.

플라야(playa) 물이 말라 있는 플라야 호수의 바닥

돌발 홍수(flash flood) 주로 폭우 뒤에 짧은 시간 동안 일어나는 급격하고 격렬한 국지성 홍수

COURTESY OF GRAHAM R. THOMPSON/JONATHAN TURK

그림 14.5 미국 유타 주 코트하우스 와시의 경우, (a) 봄에 비와 빙하가 녹은 물이 하천을 채우고 있고, (b) 한여름 무렵에는 강바닥이 건조 와시가 된다.

COURTESY OF GRAHAM R. THOMPSON/JONATHAN TURK

그림 14.6 미국 유타 주 플라야에 있는 진흙의 갈라진 패턴

US BORAX

그림 14.7 붕사와 다른 귀중한 광물이 미국 캘리포니아 주 데스벨리의 증발암에 풍부하게 매장되어 있다. 1800년도에는 노새를 이끌어 광석을 운반하였다.

모래나 바람을 피할 수 있는 보금자리를 찾다가 와시 위에 텐트를 치곤 한다. 만약 밤 시간 동안에 상류 지역에서 갑작스러운 폭우가 내리면 돌발 홍수가 일어나 와시 지역을 강물에 휩쓸려 내려온 바위와 거력과 함께 채울 것이고 야영가에게는 재앙을 안겨줄 것이다. 다음날 오전 중에 와시에는 적은 양의 물만이 남아 있을 것이고 24시간 내에 다시 완전히 말라 버릴 것이다.

강우가 흔하지 않게 많거나 계속 지속되면 사막의 땅은 물에 충분히 젖어 들어가고 이류를 형성한다. 이류는 거력이나 그 경로에 있는 모든 것을 하류로 운반해 버린다. 미국 애리조나 주 피닉스 시에서 가장 비싼 집과 다른 사막 도시는 충적선상지 위나 가파른 산중턱 위에 건설됐다. 그 장소는 전망은 좋지만 비가 많은 해에는 이류에 휩쓸릴 우려가 있다.

페디먼트와 바하다

11장에서 언급했듯이, 가파른 산에서 물이 불어난 하천이 평평한 계곡으로 진입할 때 물은 갑자기 속도가 줄어들고 산의 정면에 대부분의 퇴적물을 퇴적시키면서 충적선상지를 형성한다. 선상지는 어느 기후 지역에서나 형성될 수 있지만 특히 사막에서 눈에 띄게 많다(그림 14.8). 큰 선상지는 길이가 수 km 될 수 있고 주위를 둘러싼 계곡의 바닥보다 수백 m나 높을 수도 있다.

여러 협곡의 입구가 수 km 밖에 떨어져 있지 않다면 각 협곡에서 형성된 선상지는 확장되어 하나로 합쳐질 수 있다. **바하다**(bajada)는 선상지가 서로 합쳐져 사막 계곡 중심으로 확장된 넓고 완만한 경사를 이루는 퇴적 면이다. 일반적으로 충적선상지는 완전하지 않게 합쳐지고 산 입구를 따라 수십 km 길이의 물결치는 표면을 형성한다. 바하다를 형성한 퇴적물은 수천 m 깊이의 계곡을 메울 수도 있다.

페디먼트(pediment)는 기반암이 침식되어 형성된 넓고 완만한 경사의 지형을 말한다. 페디먼트는 일반적으로 사막 산의 입구 주위에서 만들어진다. 페디먼트의 기반암 표면은 자갈의 얇은 층으로 덮여 있는데, 그것은 산에서 페디먼트를 거쳐 바하다로 운반되는 과정 중에 있는 것이다.

바하다(bajada) 가까이에 위치한 선상지가 서로 합쳐져 사막 계곡으로 확장된 넓고 완만한 경사를 이루는 퇴적 면

페디먼트(pediment) 바하다로부터 사막 산의 오르막 정면에 형성된 넓고 완만한 경사의 침식 면으로 주로 몇 m 두께의 자갈층으로 덮여 있다.

페디먼트와 바하다는 모두 산 정면에서부터 계곡 중심까지 부드러운 표면을 가지고 있다(그림 14.9). 이러한 표면은 산으로 갈수록 경사지면서 오목해진다. 페디먼트와 바하다를 구분하기 위해서는 드릴로 구멍을 뚫어야 한다. 만약 페디먼트 위에서 구멍을 뚫으면 몇 m 내려가면 곧 기반암에 도달할 것이다. 그러나 바하다에서라면 기반암은 자갈로 이루어진 수백 혹은 수천 m 두께의 층 밑에 묻혀 있을 것이다.

COURTESY OF GRAHAM R. THOMPSON/JONATHAN TURK

그림 14.8 선상지는 가파른 산의 하천이 평평한 계곡으로 들어설 때 퇴적물을 퇴적시키면서 형성된다. 이 사진은 데스밸리의 선상지다.

COURTESY OF GRAHAM R. THOMPSON/JONATHAN TURK

그림 14.9 몽골 산지에서 보이는 바하다는 완만한 경사를 이루는 페디먼트와 합쳐져 산 앞에 연속된 지표면을 형성한다. 이 분지는 주변의 산으로부터 운반되어 온 퇴적물로 채워져 있다. 그 이유는 외부로 나가는 배수로가 없기 때문이다.

고원(plateau) 넓은 지역이 융기된 비교적 평평한 땅

그림 14.10 미국 서부의 콜로라도 고원과 대분지는 거대한 사막과 반 건조 지역으로 이루어져 있다. 콜로라도 강은 콜로라도 고원을 거쳐 캘리포니아 만으로 흐르지만 대분지에서는 어떤 하천도 흘러나오지 않는다.

14.3 미국에 있는 2개의 사막

콜로라도 고원

콜로라도 고원은 미국 유타 주, 콜로라도 주, 애리조나 주, 뉴멕시코 주의 일부를 둘러싼 넓은 지역을 덮고 있다(그림 14.10). 지난 10억 년의 지구 역사 동안, 이 지역은 번갈아가며 얕은 바다, 호수와 사막으로 덮였었다. 퇴적물이 쌓여 퇴적암이 형성된 뒤 구조적 힘이 이 지역을 들어 올려 고원을 형성하게 되었다. 고원이 상승하면서 콜로라도 강은 기반암을 관통하며 흐르게 되었고, 그 결과 1.6 km 깊이의 그랜드캐니언과 지류 협곡을 형성하게 되었다. 현재 콜로라도 강은 대부분의 물을 로키 산맥 동쪽이나 북쪽의 고원에서 온 빙하가 녹은 물이나 빗물로부터 공급받는다. 그리고 강은 거대한 사막의 중심부를 지나 멕시코 북부에 있는 캘리포니아 만으로 흘러간다.

하천은 기반암을 아래쪽 방향으로 침식해 가면서 협곡을 형성한다. 만약 하천이 아래로 침식해 내려가다 단단한 바위 층을 만나 저항을 받게 되면, 그 측면을 침식해 나가 협곡을 넓히게 된다. 콜로라도 고원의 한 장소에 있는 아래 방향으로 침식이 활발한 하천은 깊고 좁은 협곡을 만든다. 또 다른 곳의 하천은 측면 침식이 협곡 벽의 아랫부분을 잘라 버려 수직 절리 주위의 바위가 무너지면서 평원에 비해서 상대적으로 튀어 올라온 윗면이 평평한 메사와 뷰트를 형성하였다. 그리고 하천은 결국에는 퇴적물을 캘리포니아 만까지 운반한다.

윗부분이 평평한 메사와 뷰트는 상대적으로 침식작용에 강한 퇴적암이나 사암의 기반에서 형성된다(그림 14.11). 대다수의 경우, 광대한 측면 침식은 하천이 연속적으로 바위 지층을 완전히 침식해 버려 보기에는 훌륭하지만 고립된 잔존물인 피너클 혹은 스파이어를 남긴다.

고원(plateau)은 넓은 지역이 융기한 비교적 평평한 땅을

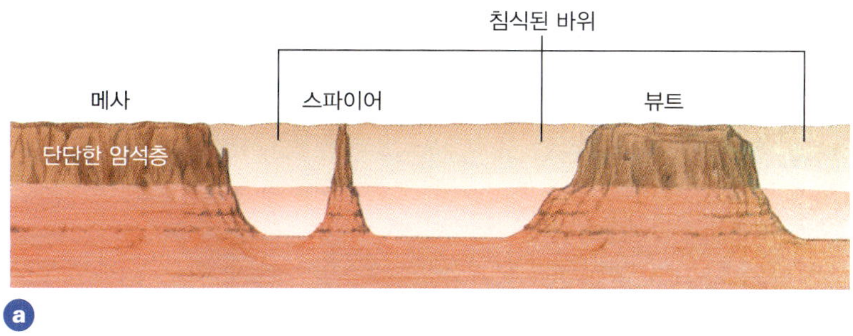

COURTESY OF GRAHAM R. THOMPSON/JONATHAN TURK

그림 14.11 (a) 스파이어와 뷰트는 하천이 일시적으로 침식기준면에 도달하게 될 때 측면이 침식되면서 형성된다. 하천은 침식된 퇴적물을 다른 지역으로 운반한다. (b) 미국 애리조나 주 모뉴멘트밸리(Monument Valley)에 나타나는 스파이어와 뷰트

말한다. 고원이란 용어는 콜로라도 고원처럼 넓은 곳이나 그보다 작은 곳의 융기된 평평한 표면의 지역을 가리킬 때 쓰인다. **메사**(mesa)는 고원보다는 작고 탁자처럼 생긴 정상이 평평한 산을 가리킨다. 사실 'mesa'는 스페인어로 '탁자'란 뜻이다. **뷰트**(butte)도 또한 정상이 평평한 산이다. 그러나 탁상 대지보다는 작고 좀 더 탑 같은 모양이다. 절벽 면이 가파른 특징이 있다. 이러한 형상들은 콜로라도 고원에서 흔히 볼 수 있는 지형이다.

메사(mesa) 정상이 평평한 탁자 모양의 산. 고원보다는 작고 뷰트보다는 크다.

뷰트(butte) 정상이 평평한 산. 탁상 대지보다 더 작고 좀 더 탑 같이 생겼다. 절벽 면이 가파른 특징이 있다.

데스밸리와 대분지

데스밸리는 미국 캘리포니아 주에 있는 하이시에라(High Sierras) 산맥의 비그늘 사막에 있다. 계곡의 가장 깊은 곳은 해수면보다 82 m 더 낮다. 이 계곡은 전형적인 비 그늘 사막으로 한 해 강우량은 50 mm 정도다. 서쪽에 있는 산은 충분한 습기를 얻을 수 있고, 우기인 겨울과 봄이 와서 눈이 녹으면 하천은 산에서부터 계곡으로 흘러내려 온다.

콜라라도 고원에 흐르는 콜로라도 강과 그 지류의 강은 깊은 계곡을 만들면서 퇴적물을 사막으로부터 캘리포니아 만까지 운반한다. 하지만 데스밸리 주변의 산에서 시작한 하천은 계곡 밖을 빠져나가지 못한다. 데스밸리는 물이 외부로 빠져나갈 배수로가 없기 때문에 계곡은 주변 산에서 침식되어 운반된 퇴적물로 채워진다. 이렇게 모아진 퇴적물은 거대한 충적선상지와 바하다를 형성하게 된다(그림 14.12). 그리고 넓은 플라야 호수에 모인 하천의 물은 뜨거운 여름 햇살에 모두 말라 버린다.

외부로 빠지는 배수로가 없는 데스밸리는 미국 서쪽의 거대한 사막 지역의 일부일 뿐이다(그림 14.10). 대부분의 네바다 주, 유타 주의 서쪽 지역의 절반, 캘리포니아 주, 오리

COPYRIGHT AND PHOTOGRAPH BY DR. PARVINDER S. SETHI

그림 14.12 주변의 산에서 침식된 퇴적물이 천천히 네바다 주에 있는 이 계곡을 메우고 있다.

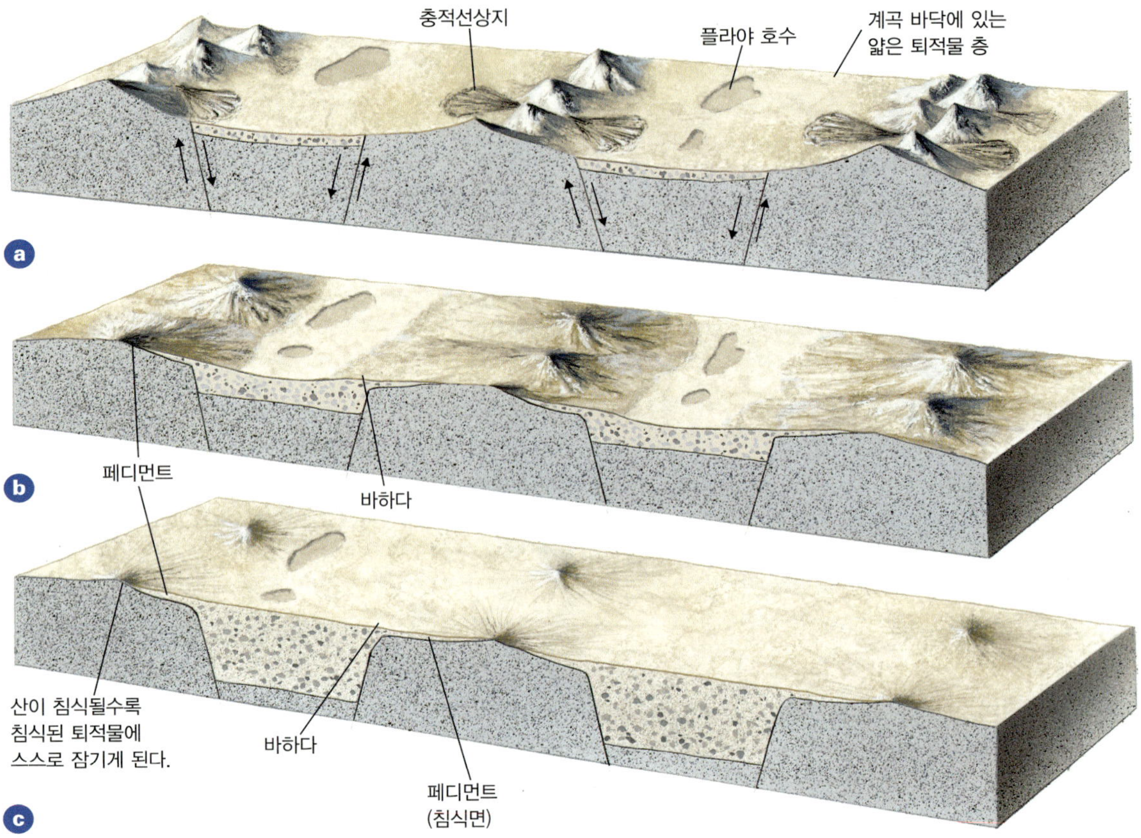

그림 14.13 바하다와 페디먼트의 형성 시나리오. (a) 산과 계곡이 지괴단층에 의해 형성된다. 사막 하천은 침전물을 퇴적하여 충적선상지를 만든다. (b) 하천이 산을 침식하고 계곡에 퇴적물을 퇴적하면서 페디먼트라고 하는 침식면을 형성하고 바하다라고 하는 퇴적면을 형성한다.

건 주, 아이다호 주의 일부를 포함하고 있는 대분지(Great Basin)는 시에라네바다 산맥과 로키 산맥 사이에 있는 거대한 사막 지역이다. 대분지로부터 흘러나오는 하천이 없기 때문에 퇴적물은 씻겨 나가지 않고 축적되어 수천 m 두께가 되었다.

대분지에 흔한 형상(바하다와 페디먼트 같은 지형)은 구조상의 과정, 침식작용과 퇴적작용이 조합된 결과물이다. 산과 계곡은 처음에는 지괴단층운동에 의해 형성된다(그림 14.13(a)). 계곡은 떨어진 지괴로 지구라고 부른다. 산맥은 상승된 지괴로 지루라고 부른다. 사막 하천은 부분적으로 산을 침식해서 퇴적물을 퇴적하여 페디먼트, 충적선상지, 바하다를 형성한다(그림 14.13(b)). 오늘날, 대분지로부터 퇴적물을 운반하는 하천이 없기 때문에 산은 자기의 퇴적물에 스스로 잠기게 된다(그림 14.13(c)).

14.4 바람

수권에서 물은 대기 중의 공기를 이동시키거나 사막 지형을 만들거나 조각하는 등의 중요한 역할을 수행한다. 만약 바람이 숲이나 대초원에 분다면 나무나 풀은 풍식으로부터 흙을 보호한다. 습한 기후의 지역에서 비는 대부분 폭풍을 동반하는데 물은 땅을 축축하게 하고 입자끼리 서로 얽히게 만들어서 풍식이 적게 일어난다. 이와 반대로 사막은 보통 식물이 적거나 없고, 비도 내리지 않거나 조금 내린다. 그래서 바람은 무방비 상태의 황량한 사막의 땅을 침식한다.

풍식은 사막에 국한되지 않는다. 어느 곳이든 무방비 상태의 땅 위로 바람이 분다면 바람은 침식을 위한 중요한 수단이 된다. 바람에 흩날려 만들어지는 사구와 바람에 의해 생성된 다른 특징은 보통 염수인 바닷물이 물보라를 일으켜 식물의 성장을 제한하는 해안 근처에 있다. 최근 이 지역들은 빙하의 후퇴로 버려지고 황폐해졌다.

풍식

식반작용(deflation)이라 불리는 풍식은 선택적으로 이루어지는 과정이다. 공기는 물보다 밀도가 훨씬 낮기 때문에 바람은 오직 실트와 모래 같은 작은 입자들만 날려 보낼 수 있다. (점토 입자는 응집력이 커서 뭉쳐 있기 때문에 바람은 점토를 효과적으로 침식하지 못한다). 점토, 모래, 중자갈과 왕자갈로 이루어진 땅을 상상해 보자. 이 황량한 땅에 바람이 불면 바람은 중자갈과 왕자갈을 남긴 채 오직 실트와 모래만을 옮긴다. 이렇게 남겨진 돌들이 연속적으로 표면을 이루는 것을 **사막포도(desert pavement)**라고 부른다(그림 14.14).

사막포도는 돌로 된 층 밑에 세립질 퇴적물이 많이 있어도 풍식으로부터 추가적인 모래와 실트의 유실을 막아준다. 그 결과 전 세계 사막 지역 중 80 %가량이 돌이 많은 사막이고 20 %가량만이 모래로 덮여 있다(그림 14.15).

식반작용(deflation) 바람에 의한 침식

사막포도(desert pavement) 바람이 실트와 모래 같은 작은 입자를 침식한 뒤 남겨진 가까이에 있는 돌들이 연속적으로 표면을 이루는 것

도약운동(saltation) 바람이 불 때 모래 입자가 땅 위로 튀어오르거나 날아다니는 움직임. 또는 물과 다른 형태의 액체에 의해 모래가 떠서 운반될 때 나타나는 모래의 움직임

COURTESY OF GRAHAM R. THOMPSON/JONATHAN TURK

그림 14.14 (a) 바람이 실트와 모래를 침식한 뒤 남겨진 큰 돌들은 사막포도를 형성한다. (b) 사막포도는 바람이 실트와 모래를 날려 보낸 뒤 남겨진 돌들이 연속적으로 표면을 이루는 것이다.

수송과 마모작용

모래 입자는 상대적으로 무겁기 때문에 바람은 좀처럼 모래를 땅에서 1 m 이상 날려 보내기 어렵고 짧은 거리만을 운반할 수 있다. 폭풍이 불면 모래 입자는 땅 위로 튀어서 날아오르는데 이 과정을 **도약운동(saltation)**(라틴어로 '춤'이라는 의미)이라고 한다. 반면에 바람은 세립질 실트를 띄워 운반한다. 알프스 산의 스키어들은 보통 눈 위에 쌓인 실트를 발견할 수 있다. 이 실트는 사하라 사막에서 지중해를 거쳐 날아온 것이다.

COPYRIGHT AND PHOTOGRAPH BY DR. PARVINDER S. SETHI

그림 14.15 지구 상의 사막 중 80 %가량이 돌이 많은 사막포도로 덮여 있다.

사구(dune) 바람에 의해 퇴적된 작은 언덕이나 능선

급사면(slip face) 바람이 불어가는 쪽의 가파른 사구의 면. 보통 푸석푸석한 모래의 안식각과 비슷하며 모래는 면을 따라 미끄러져 내려와 퇴적된다.

그림 14.16 미국 애리조나 주 그랜드캐니언 부근에서 나타나는 풍식은 바위의 아랫부분을 선택적으로 침식한다. 바람에 날리는 모래는 대부분이 지표면 근처에서 날리기 때문이다.

바람에 날리는 모래는 마찰을 일으켜 기반암을 침식한다. 바람은 모래를 지표면 가까이로 운반하기 때문에 풍식은 지표면 높이 근처에서 잘 일어난다. 피나클의 밑 부분이 그림 14.16처럼 조각되었다면, 아마도 바람이 그 원인이 될 것이다. 지표면 높이에서 일어나는 소금 열분해 또한 사막의 피나클 밑 부분을 침식할 수 있다(10장 참조).

사구

사구(dune)는 바람에 의해 퇴적된 작은 언덕이나 능선을 말한다(그림 14.17). 앞서 설명했듯이, 바람은 사막의 지표면에 있는 모래를 다른 곳으로 옮기고 돌이 많은 사막포도를 남겨 놓는다. 바람은 지형학적으로 함몰된 지역이나 바람이 약해지는 곳에 모래를 퇴적시킨다. 사구는 일반적으로 높이가 30~100 m까지 커지고 좀 더 거대한 것들은 500 m를 넘기도 한다. 어떤 지역에는 수십에서 수백 km 길이의 사구도 있다. 어느 사막의 사구 지대는 몇 km^2밖에 되지 않지만 가장 큰 사구는 아라비아의 알할리(Rub al-Khali)("Empty Quarter")이며 넓이가 560,000 km^2인 미국 캘리포니아 주보다 크기가 더 크다.

사구는 모래로 된 해안 근처에 최근의 빙하가 녹았을 때도 형성된다. 빙하 퇴적물은 대부분 거칠고 식물이 자랄 수 없는 퇴적물로 구성되어 있다. 모래사장은 바다의 염분이 식물의 성장을 방해하기 때문에 보통 식물이 자랄 수가 없다. 그 결과, 이러한 환경은 사구를 형성하는 데 가장 중요한 요소를 포함하고 있다. 모래가 충분히 공급되고 식물이 드문드문 있는 바람이 부는 환경이다.

대부분의 사구는 비대칭 모양이다. 바람은 바람이 불어오는 쪽 사구의 모래를 침식해 사구 정상으로 운반한다. 그리고 모래는 바람이 불어가는 쪽으로 미끄러져 내려가 쌓인다. 이러한 방법으로 사구는 바람이 불어가는 방향으로 이동한다(그림 14.18). 바람이 불어가는 쪽의 사구 면은 **급사면**(slip face)이라고 한다. 대체로 급사면은 지표면에서 35° 정도 기울어져 있다. 그 각도는 건조한 모래의 안식각이다. 이것은 바람이 불어오는 쪽 면의 기울기보다 거의 2배나 가파르다. 급사면에 있는 모래는 보통 느슨한 구조이고, 바람 불어오는 쪽 면의 모래는 바람에 의해 단단히 다져져 있다.

이동하는 사구는 건물과 도로 위를 넘어 흐른다. 예를 들어 네바다 주에 있는 위네무카(Winnemucca)의 도시 근처에 있는 사구는 전진하여 미국 95번 고속도로를 1년에 몇

그림 14.17 볼리비아 포오포 호(Lago Poopo)의 사구는 바람에 날리는 모래가 만들어낸 것이다.

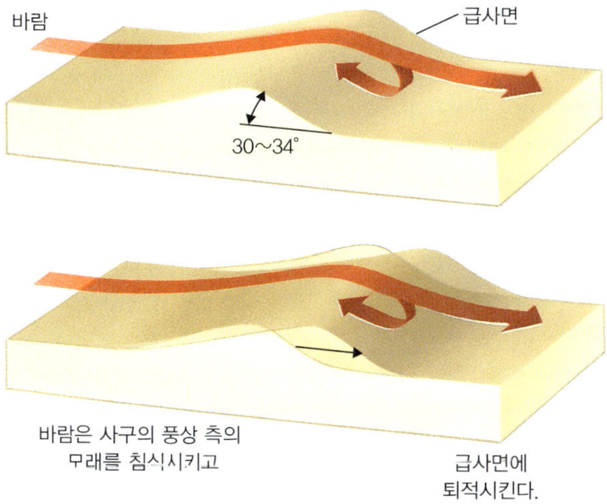

그림 14.18 모래 사구는 바람이 불어가는 쪽으로 이동한다.

차례나 덮어 버린다. 고속도로 관리인들은 도로의 봉쇄를 풀기 위해 4,000 km^3가량의 모래를 옮겨야만 한다. 공학자들은 종종 주거 주역에 있는 사구를 안정시키기 위한 시도를 한다. 한 가지 방법은 사구에 식물을 심어서 풍식작용을 줄여 사구의 이동을 멈추게 하는 것이다. 이 방법의 가장 큰 문제점은 사구는 너무 건조해 식물이 살수 없는 지역에서 주로 형성된다는 것이다. 또 다른 해결책은 인공적인 방풍벽을 설치해 피해를 최소화 할 적당한 위치에 사구를 새로 만드는 것이다. 울타리는 날아다니는 모래를 막아 사구를 형성함으로써 바람이 불어가는 쪽 지역을 보호할 수 있다. 모래는 결국 울타리를 넘어 쌓이게 되고, 사구의 이동은 다시 시작될 것이기 때문에 이 방법은 일시적인 해결책이다. 사우디아라비아에선 가끔씩 석유 정제 과정에서 나온 타르 찌꺼기를 사구 위로 덮어 안정화시킨다.

화석 사구

사구가 새로운 퇴적물에 묻혀 오랜 시간이 지나 석화되면 본래의 퇴적구조를 간직한 사암이 된다. 그림 14.19는 유타 주의 자이언 국립공원에 있는 바위 표면을 보여준다. 이 가파른 층들은 구조적 경사의 증거가 아닌 원래 모습의 가파르고 기울게 쌓여진 사구의 급사면을 보여준다. 층의 경사진 방향은 모래가 퇴적될 당시 바람이 불던 방향을 가리킨다. 여러 층이 서로 다른 방향으로 기울어져 있다는 것은 바람의 방향이 변했다는 것을 암시하고 사층리 구조를 보여준다(3장 참조).

COURTESY OF GRAHAM R. THOMPSON/JONATHAN TURK

그림 14.19 미국 유타 주 자이언 국립공원에 있는 사층리 구조를 갖는 사암은 고대의 모래 사구의 퇴적물 층을 간직하고 있다.

바르한 사구(barchan dune) 초승달 모양의 사구. 중심부가 높고 양끝 부분이 바람이 불어가는 쪽을 향해 있다. 보통 모래가 적고 바위가 많은 사막에서 형성된다.

횡 사구(transverse dune) 상대적으로 길고 곧은 사구. 바람이 불어오는 쪽은 경사가 완만하고 바람이 불어가는 쪽은 경사가 가파르다. 바람이 주로 불어오는 방향과 직각을 이룬다. 모래가 풍부하고 골고루 퍼진 지역에서 형성된다.

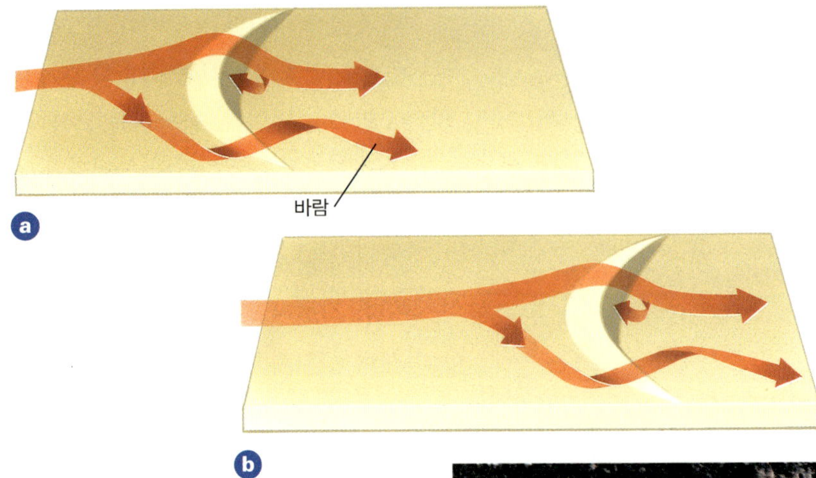

COURTESY OF GRAHAM R. THOMPSON/JONATHAN TURK

그림 14.20 (a와 b) 모래의 공급이 제한되어 있을 때 바르한 사구의 양끝 쪽은 중심부보다 더 빨리 움직이고 바람이 불어가는 쪽을 향해 있다. (c) 미국 유타 주 코랄 핑크에 있는 바르한 사구

모래 사구의 종류

바람의 속도와 모래의 공급이 사구의 위치와 모양을 결정한다. **바르한 사구**(barchan dune)는 모래는 적고 돌이 많은 사막에서 형성된다. 사구의 중심부는 가장자리보다 더 높게 자라난다(그림 14.20(a)). 바르한 사구가 움직일 때는 가장자리 부분이 모래의 양이 적기 때문에 더 빨리 이동한다. 이러한 결과로 바르한 사구는 초승달 모양으로 초승달의 양끝 부분은 바람 불어가는 쪽을 향해 있다(그림 14.20(b)). 바르한 사구는 다른 사구와 연결되지 않고 독립적으로 움직인다. 돌이 많은 사막에서 바르한 사구는 아주 작은 일부 땅을 덮고 있다. 나머지 부분은 기반암과 사막포도다(그림 14.20(c)).

모래가 풍부하고 골고루 퍼져 있다면 모래는 긴 능선 모양으로 축적되어 **횡 사구**(transverse dune)를 형성한다. 횡 사구는 바람이 불어오는 방향과 직각을 이루며 일렬로 형성된다(그림 14.21). 만약 사막에 드문드문 식물이 있다면 바람은 사막 식물이 있는 나지에 와지(blowout)라고 하는 조그마한 웅덩이를 형성한다. 모래가 와지로

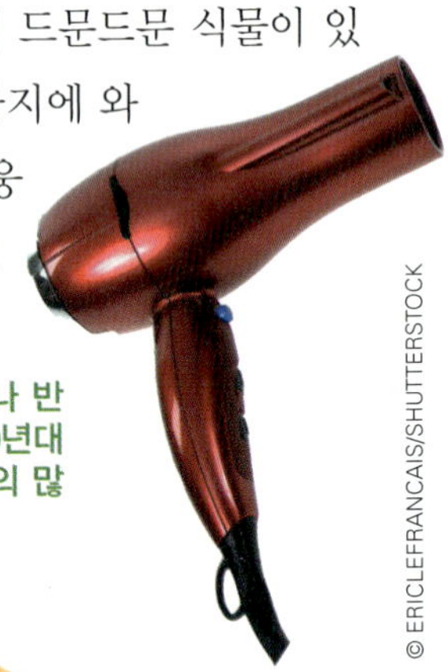

© ERICLEFRANCAIS/SHUTTERSTOCK

와지는 풍식에 의해 만들어진 받침 접시나 반죽그릇 모양의 움푹한 곳을 말한다. 1930년대에 격렬하고 건조한 바람이 일어 대평원의 많은 지역을 침식해 모래폭풍을 일으켰다.

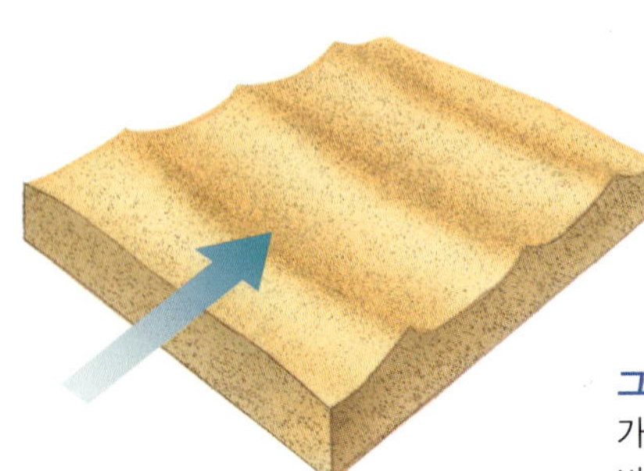

횡 사구

그림 14.21 횡 사구는 모래가 풍부한 지역에 주로 부는 바람의 방향과 수직이 되게 형성된다.

부터 옮겨져 나와 쌓이면서 **반달형 사구**(parabolic dune)를 형성한다. 와지의 양 측면에 있는 끝 부분은 식물이 고정시키고 있다(그림 14.22(a)와 (b)). 반달형 사구는 바르한 사구와 모양이 비슷하지만 반달형 사구의 끝 부분이 바람이 불어오는 쪽을 향해 있다는 점이 다르다. 반달형 사구는 보통 습윤한 반 사막 지역이나 모래에서 성장할 수 있는 식물이 드문드문 있는 해안 지방에서 형성된다.

바람의 방향이 일정하지 않고 사방에서 바람이 불어오면서 모래의 공급이 제한되어 있을 때는 길고 곧은 **종 사구**(longitudinal dune)가 주로 바람이 불어오는 쪽과 수평이 되게 형성된다(그림 14.23). 사하라 사막의 한 부분에 있는 종 사구는 높이가 100~200 m, 길이가 100 km에 달한다.

뢰스

바람에 의해 수백에서 수천 km까지 운반된 실트의 퇴적물을 **뢰스**(loess)라고 한다. 뢰스는 기공이 많고 균질하며 일반적으로 층리가 없다. 가끔 각진 실트 입자가 서로 맞물리게 된다. 그 결과, 뢰스는 미고결 상태로 주로 수직 낭떠러지와 절벽을 형성하고 있다(그림 14.24).

세계에서 가장 큰 뢰스 퇴적물은 중국 중앙부에 있으며 800,000 km^2의 넓이와, 300 m 이상의 두께를 가

반달형 사구(parabolic dune) 초승달 모양의 사구. 끝부분이 바람이 불어오는 쪽을 향해 있다. 습윤한 반사막 지역이나 듬성듬성 식물이 자라나 사구의 끝 부분을 고정해 줄 수 있는 해안 지방에서 발달한다.

종 사구(longitudinal dune) 주로 부는 바람의 방향에 평행으로 형성되는 길고 대칭적인 사구. 종 사구는 모래의 양이 제한되어 있고 바람의 방향이 일정하지는 않으나 사방에서 똑같이 불 때 형성된다.

뢰스(loess) 바람에 의해 퇴적된 동일한 성질의 기공이 많은 실트. 일반적으로 비 층상이고 수직 낭떠러지와 절벽을 형성한다.

그림 14.22 (a) 반달형 사구는 초승달 모양의 사구로 양끝은 바람 불어오는 쪽을 향해 있다. 반달형 사구는 바람이 와지에 있는 모래를 운반하고 풀과 관목이 사구의 끝부분을 고정시킬 때 만들어진다. (b) 풀과 관목이 남부 캘리포니아 사막에 있는 반달형 사구의 끝을 고정하고 있다.

그림 14.23 길고 곧은 종 사구는 바람이 일정하지 않고 모래의 공급이 제한되어 있을 때 형성된다.

그림 14.24 파키스탄 아스콜리의 마을 사람들은 뢰스 절벽에 동굴을 팠다.

지고 있다. 여기에 퇴적된 실트는 중앙아시아에 있는 고비 사막과 타클라마칸 사막에서 날아온 것이다. 실트 입자는 부서지기 쉬워서 사람들이 뢰스 절벽에 동굴을 파서 집으로 이용했다. 그러나 1920년의 커다란 지진으로 동굴이 무너져 100,000명 정도의 사람이 묻히거나 목숨을 잃었다.

북미 대륙 빙상에서 기원된 실트가 플라이스토세 빙하기 동안에 북미 대륙에 쌓여 많은 뢰스 층이 형성되었다. 하천은 녹은 빙하에서 나온 세립질 퇴적물을 운반해 넓은 평원에 퇴적시킨다. 그 평원은 춥고 바람이 많이 불고 식물이 거의 없는 지역이다. 그래서 바람은 쉽게 실트만을 먼 남쪽에 있는 미시시피 주 빅스버그(Vicksburg) 시로 운반해 두꺼운 뢰스 퇴적층을 형성하였다. 빅스버그 시의 주민들은 남북전쟁 기간 중 빅스버그 전투가 벌어질 때, 연방군의 포격을 피하기 위해 근처의 뢰스 동굴을 피난처로 삼았다. 미국 내에 있는 뢰스 퇴적층의 두께는 1.5~30 m이다(그림 14.25). 뢰스 위로 형성된 토양은 대체로 기름지고 좋은 경작지가 되었다. 미국의 대평원과 동부 워싱턴 주의 많은 기름진 토양은 뢰스 위에 형성되었다.

14.5 사막화

사하라 사막은 지구 상에서 가장 큰 사막이다. 사하라 사막의 남쪽은 반 건조 기후 지역인 사헬(Sahel) 지방에 놓여 있다(그림 14.26). 1960년대에 뜻하지 않게 많이 내린 비가 사헬 지방을 번창시켰다. 사람들은 남아도는 마초를 가축에게 먹여 무리를 늘렸다. 부유했던 나라들은 대외 원조를 하기도 했다. 그 결과, 의학적 관심과 공중위생이 개선되어 인구는 극적으로 증가하게 되었다.

많은 사람들은 사헬 지방에 새로운 번영의 시대가 올 것이라고 예측했다. 환경에 유리하게 내렸던 비는 예외적인 것이었다. 1960년대 후반부터 1970년대 초반까지 이어진 가뭄은 방목 구역을 파괴해 버렸다. 이 시기 동안에 북아프리카에 있는 나라들은 자기 나라의 국경을 좀 더 엄격하게 주장하기 시작했고 유목을 금지시켰다. 사람들이 특정한 지역에 정착하자 그들

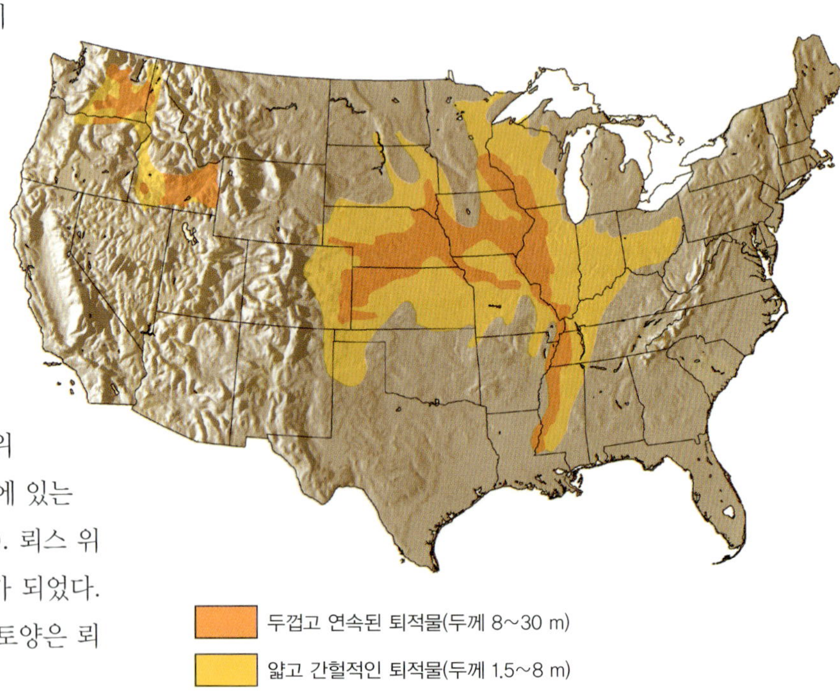

그림 14.25 뢰스 퇴적물은 미국에 넓게 분포되어 있다.

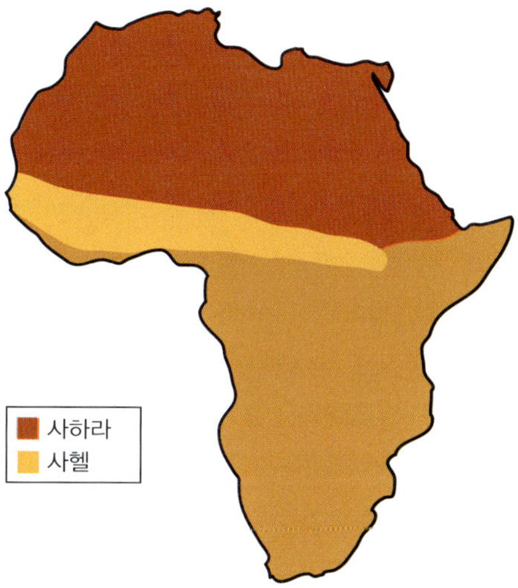

그림 14.26 사하라 사막과 반 건조 기후 지역인 사헬 지방은 북아프리카의 생태계를 지배한다.

의 가축들이 한 해 동안 같은 지역에서 풀을 뜯게 했다. 식물은 재생할 시간이 없었고 배고픈 동물들은 풀의 뿌리까지 씹어 먹었다. 내전과 나라 간의 전쟁은 이 지역에 불안정을 가져다주었고 기근이 찾아왔다.

1970~1980년대에 발행된 보고서는 사하라 사막이 남쪽 사헬 지방으로 매년 5 km씩 전진한다고 주장했다. 과학자

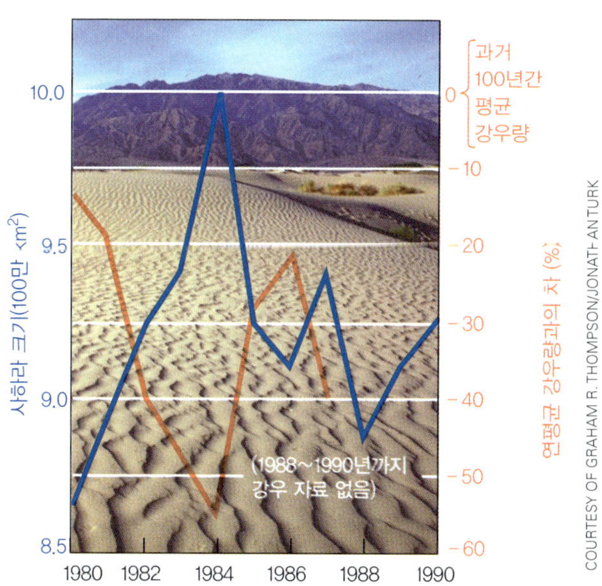

그림 14.27 1980~1990년까지 사하라 사막의 확장과 축소. 강우량(빨간선)이 감소할 때 사하라 사막(파란선)은 확장된다.

들은 가축의 과도한 방목, 농사를 짓거나 장작을 모으는 행동이 사막의 팽창을 유발시켰다고 주장했다. 이러한 잘못된 관리로 인해 사막이 성장하는 것을 **사막화**(desertification)라고 한다.

사막화(desertification) 반 건조 지역의 땅이 사람의 잘못된 관리와 기후 변화에 의해 사막으로 변하는 과정

좀 더 최근의 연구 조사는 반 건조 지역에서의 과도한 방목은 토지 황폐화를 유발시키지만 사막의 팽창을 유발시키지는 않는다고 밝혔다. 사헬 지방과 사하라 사막의 경계는 인공위성 사진으로 볼 때 시각적으로 분명해진다. 두 지역을 나누는 경계선의 한쪽은 드문드문 식물이 존재하고 다른 한쪽은 식물이 거의 없기 때문이다. 연구가들은 1980~1990년까지 찍은 인공위성 사진을 연구해 사막의 크기 변화를 나타내는 도면을 작성했다. 그림 14.27과 같이 사막은(파란선) 강우량(빨간선)이 줄어들 때 확장했다.[3] 과도한 방목이 아닌 강우량의 감소는 사하라 사막의 팽창에 어느 정도 책임이 있을 것이다.

1990년부터 비가 다시 내리면서 사막화는 줄어들고 있다. 하지만 대규모 농업 지원 사업이 일어 지역 농업이 개선되고 가축들이 번식하기 시작했다. 농부는 사막 기후에 유용한 농지 관리 기술을 배워 강우량의 변동에도 불구하고 땅을 쓸 만하게 유지했다. 그 결과 수천 에이커의 땅이 원상으로 회복되었고 기장과 사탕수수의 수확량이 50 %에서 75 %로 증가했다. 이 이야기는 사막 생태계가 적은 양의 강우에 의해서도 생성되지만 인간의 효율적인 관리가 눈에 띄게 땅의 생산성을 향상시킬 수 있다는 것을 다시 한 번 여러분에게 상기시켜준다.

3) William H. Schlesinger, James F. Reynolds, Gary L. Cunningham, Laura F. Huenneke, Wesley M. Jarrell, Ross A. Virginia, and Walter G. Whitford, "Biological Feedbacks in Global Desertification." *Science* 247 (March 1990), 1043–1048.

가상 현장학습

사막 환경

준비됐나요?

이번 가상 현장학습을 통해 여러분은 14장에서 설명한 2가지 사막 환경 중의 하나인 캘리포니아 주 데스밸리를 방문할 것이다. 아름다운 경치, 황량한 바위 표면과 물결치는 모래 사구는 어떤 식물도 이 광경을 가리지 않기에 눈에 너무 뚜렷이 보인다. 이러한 지형은 기본적으로 바람과 간헐류의 혼합작용으로 조각되고 모양이 다듬어졌지만 가끔은 격렬한 폭풍우가 내려 돌발 홍수를 일으킬 수 있다. 바람의 운송작용은 사막포도와 사구를 형성하고, 그와 동시에 바람은 본문에서 설명했듯이 마찰작용을 통해 바위를 조각하기도 한다. 물은 주변의 산을 침식하고 퇴적물을 운반하고 퇴적시켜 충적선상지와 바하다를 형성한다. 14장 "데스밸리와 대분지"에서 다뤘듯이 데스밸리에서 흔히 볼 수 있는 2가지 형상이다. 데스밸리에서 흘러나오는 하천이 없기 때문에 계곡 안에 있는 물이 증발해서 모인 다양한 소금과 공업용 붕사가 퇴적되어 있다.

현장학습의 목적

이번 현장학습의 목적은 다음을 이해하는 것이다.

1. 데스밸리는 네바다 주 시에라 산맥이 태평양에서 서쪽 지역으로 오는 습기를 막아 버려서 생성된 비그늘 사막이다.
2. 사막에 비가 좀처럼 내리지 않아도 가끔씩 격렬한 호우가 내려 주변의 산을 침식해 퇴적물을 충적선상지와 바하다에 퇴적시킨다.
3. 데스밸리로부터 흘러나오는 하천은 없다. 그래서 빗물에 융해되어 있던 소금은 물이 증발하면서 계곡 바닥에 퇴적된다.
4. 지표면의 토양을 고정해 줄 식물이 적으면 바람은 침식하고 퇴적물을 계곡을 가로질러서 운반하고 바위를 조각하며 사구를 만든다.
5. 데스밸리 동과 서에 위치한 산맥은 퇴적암, 변성암과 화산암의 존재를 보여 준다(3장 참조).

질문

1. 증발암이 갈라지는 패턴을 가상 현장학습 "퇴적암: 생성 과정과 상호관계" 편(52~53쪽)에서 보인 셰일의 건열 패턴 사진과 비교하시오.
2. 퇴적암 가상 현장학습과 이번 현장학습은 둘 다 여러분을 사막 환경으로 안내하고 있다. 4장과 3장 가상 현장학습에서 소개된 지층 누중의 원리와 지층 수평의 원리를 이용하여 자브리스키에 포인트(Zabriskie Point)에 위치한 다양한 색상의 경사진 퇴적암의 지층을 설명하시오(왼쪽 사진).
3. 역암이 사구 환경을 형성하는 경향이 더 큰지 아니면 선상지를 형성할 경향이 더 큰지 생각한 후 그 이유를 설명하시오.

볼거리

여러분이 어느 7월 오후 시간에 데스밸리를 걷고 있다면 공기는 숨이 막힐 정도로 고요하고 참을 수 없이 뜨거울 것이다. 물은 어디에서도 보이지 않을 것이다. 그러나 지질학자의 눈으로 주위를 둘러본다면 여러분은 그 지역이 바람과 흐르는 물의 영향을 받았다는 충분한 증거를 볼 수 있을 것이다. 바람의 운반작용과 퇴적작용은 계곡 바닥에 아름다운 사구를 형성한다.

10장, 11장, 14장에서 다뤘듯이 하천에 의한 퇴적물의 이동은 지형의 발달 과정에서 중요한 역할을 한다. 위의 사진에 보이는 하천은 어두운 색의 자갈을 산의 높은 지대에서 낮은 산기슭의 작은 언덕까지 운반하여 색으로 구분되는 풍경을 만들어 내었다.

산 주위에 있는 커다란 충적선상지는 가끔씩 내리는 폭우로 인해 생긴 빗물이 식물에 방해를 받지 않고 밑으로 경사로를 타고 급하게 흘러내려 가면서 형성된다. 동일과정설과 격변설의 요점을 이 과정에 반영할 수 있을 것이다. 1장에서 소개했듯이 지질학적 변화는 천천히 안정적으로 조금씩, 하루하루에 걸쳐 일어나지만 가끔씩은 과격한 변화가 일어나기도 한다.

다시 한 번 이번 현장학습에서 살펴본 형상을 알아보자. 선상지, 소금 사막, 바람에 조각된 바위, 사구, 산에 있는 다양한 종류의 돌. 이제는 이러한 형상이 어떤 형성 과정을 거쳤는지 다시 살펴보자. 그리고 시긴 규모와 상대적인 동일과정설과 격변설의 중요성을 반영해 보자.

물이 부족한 사막 환경에서는 화학적 풍화작용이 습한 지역보다 덜 중요하지만, 화학적 풍화작용은 여전히 일어난다. 위에 있는 암석은 빗물이 설벽면 위로 퍼부은 듯한 피막으로 덮여 있다.

요약

14.1 사막은 왜 존재하는가?

사막은 연 강수량이 250 mm 미만인 곳이다. 세계의 가장 큰 사막들은 북남위 30° 부근에서 발생한다. 여기에서 온난하고 건조하고 하강하는 공기가 육지로부터 수분을 흡수한다. 또한 사막들은 산맥의 풍하 측(비그늘 사막), 대륙 내륙, 한류에 인접한 연안 지역에서 발생한다.

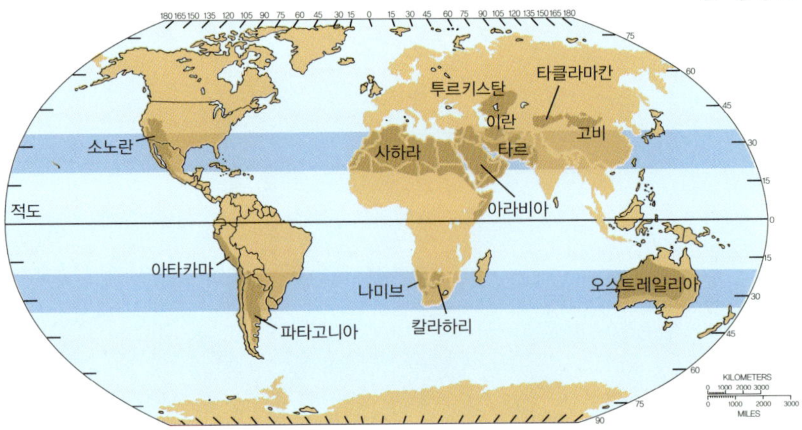

그림 14.2 지구 상의 대규모 사막은 북남위 30°에 집중되어 있다.

14.2 물과 사막

사막 하천들은 보통 1년 중 대부분 말라 있지만, 폭풍우가 일면 돌발 홍수가 발생하게 된다. 플라야 호수는 주기적으로 말라 버리는 사막 호수로서 호수 바닥에 황폐한 플라야를 남기게 된다. 사막 환경 내에서 충적선상지는 수 km까지 뻗어 있고 주위를 둘러싸고 있는 계곡의 바닥보다 수백 m 높아져 있다. 바하다는 선상지가 서로 합쳐져 사막 계곡 중심으로 확장된 넓고 완만한 경사를 이루는 퇴적 면이다. 페디먼트는 사막 산의 전면을 따라서 형성되고 바하다와 미세하게 합체되는 넓고 약간 경사진 침식 면이다.

14.3 미국에 있는 2개의 사막

콜로라도 강은 콜로라도 고원 사막을 가로질러 흐른다. 따라서 하천들은 한 지역으로부터 퇴적물을 멀리 이동시켜 협곡을 형성하고 고원들을 침식시켜 메사와 뷰트를 형성한다. 데스밸리와 대분지는 어떠한 외부 관개가 없기 때문에, 계곡은 주변 산에서 침식된 퇴적물로 채워지게 된다.

14.4 바람

식반작용은 바람에 의한 침식이다. 실트와 모래는 선별적으로 제거되고 지표면에 남은 더 큰 돌멩이들은 사막포도를 만든다. 모래 입자들은 비교적 크고 무거워 도약운동으로는 단지 짧은 거리만을 이동하여 지면 위를 1 m 이상 올라가는 경우는 거의 없다. 실트는 아주 높고 아주 먼 거리로 수송될 수 있다. 풍식은 와지를 형성한다. 바람에 날리는 입자들은 문질러 닳게 하지만, 가장 무거운 낟알들은 지면에 근접하여 움직이기 때문에, 삭마는 주로 땅 위에서 발생한다. 바람에 의해 퇴적된 모래의 언덕을 사구라고 한다. 대부분 사구들은 비대칭으로 풍상 측에는 약간의 경사를 나타내고 풍하 측에는 급한 급사면을 가진다. 사구들은 이동한다. 사구의 여러 가지 종류에는 바르한 사구, 횡 사구, 종 사구, 반달형 사구들이 포함된다. 바람에 의해 퇴적된 실트를 뢰스라고 하는데 일반적으로 수직 낭떠러지와 절벽을 형성한다.

14.5 사막화

사하라 사막은 지구 상에서 가장 큰 사막이다. 사하라의 남쪽에는 반 건조 사헬 지방이 있다. 강우량이 적어짐에 따라 사하라 사막은 사헬 지방으로 확장되고 있다. 여전히 사막 생태계가 적은 강우량에 의해서도 만들어지지만, 인간에 의한 효율적인 관리는 육지의 생산성을 뚜렷하게 향상시킬 수 있다.

그림 14.10 미국 서부의 콜로라도 고원과 대분지는 거대한 사막과 반 건조 지역으로 이루어져 있다. 콜로라도 강은 콜로라도 고원을 거쳐 캘리포니아만으로 흐르지만 대분지에서는 어떤 하천도 흘러나오지 않는다.

핵심용어

고원 plateau (14.3)
급사면 slip face (14.4)
도약운동 saltation (14.4)
돌발 홍수 flash flood (14.2)
뢰스 loess (14.4)
메사 mesa (14.3)
바르한 사구 barchan dune (14.4)
바하다 bajada (14.2)
반달형 사구 parabolic dune (14.4)
뷰트 butte (14.3)
비그늘 사막 rain-shadow desert (14.1)
사구 dune (14.4)
사막 desert (14.0)
사막포도 desert pavement (14.4)
사막화 desertification (14.5)
식반작용 deflation (14.4)
와시 wash (14.2)
종 사구 longitudinal dune (14.4)
페디먼트 pediment (14.2)
플라야 playa (14.2)
플라야 호수 playa lake (14.2)
횡 사구 transverse dune (14.4)

연습문제

1. 많은 사막들이 북남위 30° 를 따라서 집중되어 나타나는 이유는 무엇인가?
2. 전 지구의 사막 분포를 조절하는 3가지 인자들을 열거하시오.
3. 사막에는 왜 돌발 홍수와 이류가 발생하는가?
4. 충적선상지가 습윤 환경보다 사막에서 더 눈에 띄는 이유는 무엇인가?
5. 습윤 환경에서의 홍수와 사막에서의 홍수를 비교하고 대조하시오.
6. 페디먼트와 바하다를 비교하고 대조하시오.
7. 풍식이 습윤 환경보다 사막 환경에서 더욱더 뚜렷한 이유는 무엇인가?
8. 사막포도는 어떻게 형성되는가?
9. 사구의 진화와 모양에 대해서 설명하시오.
10. 바르한 사구, 횡 사구, 반달형 사구, 종 사구들 사이의 차이점을 설명하시오. 어떤 조건하에서 이러한 종류의 사구들이 형성되는가?
11. 사막 고원, 메사, 뷰트들을 비교하고 대조하시오.
12. 콜로라도 고원과 데스밸리 내의 하천 침식과 퇴적의 효과를 비교하시오.

찾아보기

[인 명]

지구시스템 과학 I

2012년 3월 5일 1판 1쇄 인쇄
2012년 3월 10일 1판 1쇄 발행

지은이 · **THOMPSON · TURK**

옮긴이 · **윤일희 · 최성희 · 박수인 · 경재복**
안건상 · 조규성 · 김종헌

발행인 · **조 승 식**

발행처 · (주) 도서출판 **북스힐**
서울시 강북구 수유2동 240-225

등 록 · 제22-457호

TEL (02) 994-0071~2

FAX (02) 994-0073

E-MAIL www.bookshill.com

값 23,000원

ISBN 978-89-5526-813-3
ISBN 978-89-5526-812-6(전2권)